建筑结构仿真分析与工程实例

李云贵　段　进　陈晓明　编著

中国建筑工业出版社

图书在版编目(CIP)数据

建筑结构仿真分析与工程实例/李云贵等编著. —北京：中国建筑工业出版社，2015.3
ISBN 978-7-112-17773-8

Ⅰ.①建… Ⅱ.①李… Ⅲ.①建筑结构-计算机仿真 Ⅳ.①TU311.41

中国版本图书馆 CIP 数据核字(2015)第 031457 号

本书围绕全面阐述建筑结构的数值模拟与仿真分析。全书共分 4 篇，分别是基础理论篇、软件篇、工程应用篇及附录。其中，基础理论篇包含 7 章，分别从有限元概述、有限元网格划分、有限元单元、有限元刚度集成和方程求解、几何非线性、弹塑性、隐式与显式动力学等方面来阐述有限元理论以及程序实现；软件篇包含 3 章，分别从土木工程分析与设计专业软件、大型通用有限元软件以及高性能结构仿真集成系统（ISSS）等方面来阐述结构仿真软件的特点、功能以及使用和操作情况；工程应用篇包含 3 章，分别从大跨钢结构的稳定性分析、超高层结构的动力弹塑性分析以及复杂结构的施工模拟等方面来阐述结构仿真集成系统（结合各专业软件和通用软件）在实际工程中的应用；附录篇包含 3 个附录，详细介绍了结构仿真集成系统（ISSS）的几个重要组成模块，包括底层网格算法、计算模型生成以及计算结果整理等。

本书适用于各建筑设计院和施工单位的技术人员与研发人员学习，也可作为土木工程相关专业在校大学生和研究生的辅助读物。

责任编辑：范业庶
责任设计：董建平
责任校对：陈晶晶　姜小莲

建筑结构仿真分析与工程实例
李云贵　段　进　陈晓明　编著
*
中国建筑工业出版社出版、发行（北京西郊百万庄）
各地新华书店、建筑书店经销
北京科地亚盟排版公司制版
北京建筑工业印刷厂印刷
*
开本：787×1092 毫米　1/16　印张：23¾　字数：590 千字
2015 年 5 月第一版　　2015 年 5 月第一次印刷
定价：**59.00** 元
ISBN 978-7-112-17773-8
(27043)

前　言

工程仿真兴起于20世纪中后期，它是计算机技术和数值计算方法（以有限元为代表）发展到一定阶段的必然产物。早期以单机单线程计算为主，20世纪八九十年代开始逐步发展为多机并行计算（又称网格计算）以及单机多线程并行计算。进入21世纪以后，随着互联网技术的发展，基于网络的"云计算"模式逐渐进入数值仿真的视线，但它还处于尝试与摸索阶段。就目前来说，数值仿真依然以局域网并行和单机多线程并行为主，不过考虑到以后的结构仿真会越来越接近真实的物理模型，其几何模型会越来越大且越来越复杂，同时各物理场的耦合作用也会越来越强，这必然导致计算量和数据处理量的海量增加，甚至有可能远远超出传统仿真的概念。在这种情况下，目前的仿真技术将不再满足要求，换言之，工程仿真将来有可能进入"云计算"和"大数据"时代。

在20世纪八九十年代以前，土木工程仿真主要以国外通用软件为主，典型的如ANSYS、ABAQUS、NASTRAN、MARC、ADINA、LS-DYNA等有限元软件以及大量的CFD软件（比如FLUENT、CFX、STAR-CD和PHOENICS等），它要求用户具备较高的理论水平，其计算功能非常强大，但其前处理模块不适用于建筑结构建模，且计算结果无法直接用于工程设计，因此不方便直接用来解决土木工程问题。基于此，20世纪后期国内外逐渐发展起了结构设计专业软件，比较有代表性的包括美国CSI系列、韩国MIDAS系列和中国PKPM系列等。这类软件专门针对结构设计进行开发，概念明确且操作方便，但其计算模块却相对简化，不利于复杂结构的分析与设计，因此其适用范围受到一定程度的限制。进入21世纪以后，随着计算机技术的发展和BIM概念的逐步推广，结构仿真的发展越来越向"系统集成"方向倾斜，也就是说将仿真软件（含建筑结构模块和通用有限元模块）集成到BIM系统，将结构仿真做成BIM系统的一个子集，以满足BIM应用与实施的需求。这其中比较著名的有美国AUTODESK公司的REVIT软件，另外法国达索系统公司的3DS也在尝试类似的事情。但由于仿真系统集成涉及多方面的知识（比如计算机、建筑结构、计算固体力学、流体动力学及流固耦合等），它需要复合型的人才团队协同开发而非各模块的简单捆绑，其考虑因素较杂且难度较高，因此到目前为止还没有任何一家软件产品能完全满足国内外的市场需求，但可以肯定的是："系统集成"将会成为土木工程仿真的必然发展方向。

源于上述考虑，中国建筑技术中心基于自主研发的数据处理内核（含模型处理和结果处理），采用接口模式集成了国内外常用结构设计软件（比如PKPM、YJK、MIDAS、ETABS等）和大型有限元商业软件（比如ANSYS、ABAQUS等）并对其进行二次开发，最终形成了建筑工程仿真集成系统（Integrated Simulation System for Structures，简称ISSS）。该系统能够为超高层和大跨度等复杂结构设计提供仿真咨询，适用于各种复杂混凝土结构、钢结构以及钢—混凝土混合结构的弹性和弹塑性动力时程分析，为复杂结构设计的安全性和舒适性提供计算保证，必要时还将提供结构优化方案。基于该集成系统，用户可采用 PKPM、YJK、ETABS 等软件进行结构常规设计（含建模、计算、配筋等），所得到的设计模型（包括结构模型和配筋信息）将自动转换为通用有限元计算模型并直接导入大型商业软件（ANSYS、ABAQUS 等）以进行各种复杂有限元分析，然后自动提取其有限元计算结果、会同原有结构模型信息并根据相关规范以进行各项指标整理和评估（包括安全性和舒适性等），并最终生成适用于工程设计的计算报告书。整个过程用户只需在交互界简单地指定部分参数和选项，其余工作全部由集成系统（ISSS）自动完成。

本书将围绕上述结构仿真集成系统（ISSS）来阐述大型复杂工程的数值模拟与仿真分析，主要包括四个组成部分，分别是：有限元基础理论、结构仿真软件、实际工程应用以及附录。第 1 篇为基础理论篇，包含第 1～7 章共 7 章，将从网格划分、有限元单元、刚度集成和方程求解、几何非线性、弹塑性、隐式和显式动力学等多个方面来阐述有限元理论以及程序实现，考虑到本书并不是有限元教程，因此只对少部分理论作了详细介绍，而大部分理论均采用文献引用的模式给出简要说明，但读者如果有需要的话，可以循着文献引用直接查找到各理论的详细说明；第 2 篇分为软件篇，包含第 8～10 章共 3 章，主要是介绍各土木工程分析与设计专业软件、有限元通用软件以及高性能结构仿真集成系统（ISSS）的主要功能、特点以及使用操作情况，本书的软件介绍是概述性介绍，关于各软件的详细说明可参阅其用户手册，而关于结构仿真集成系统（ISSS）则将在附录 A、B、C 中给出更详细的说明；第 3 篇为工程应用篇，包含第 11～13 章共 3 章，将介绍结构仿真集成系统（ISSS）结合各专业软件和通用软件在实际工程中的应用实例，主要包括三种应用类型，分别是：大跨钢结构的稳定性分析、超高层结构的弹塑性动力学分析以及复杂结构的施工模拟等；第 4 篇为附录篇，包含附录 A、B、C 共 3 个部分，将详细介绍结构仿真集成系统（ISSS）的 3 个重要组成模块，分别是：底层网格算法、计算模型生成、计算结果整理等。

本书由李云贵博士完成内容策划、统稿、审稿以及修订工作，由段进博士完成第 1～2 章、第 4～7 章、第 11 章以及附录 A、附录 B 的撰写工作，由陈晓明博士完成第 3 章、第 8 章、第 12、13 章以及附录 C 的撰写工作，由段进博士和陈晓明博士共同完成第 9、10 章的撰写工作。此外，齐虎博士给本书第 6.4 节、第 12.1 节、第 12.2 节、第 13.1 节提供了部分素材以及参考文献，在此表示衷心的感谢。

由于作者水平有限，本书肯定存在不足、不妥或者错误之处，敬请读者和同行专家提出批评和指正。

目　录

第1篇　基础理论篇

第 2 篇　软　件　篇

第4篇　附　　录

第 1 篇　基础理论篇

第 1 章　有限元概述

有限元法是当今工程计算领域应用最广泛的数值计算方法，由于其通用性和有效性而受到工程界以及学术界的一致重视，其基本思路可概况如下：

- **有限元离散**：将一个表示结构或连续体的求解域离散为若干个子域（单元），并通过边界上的结点相互联结为一个组合体，如图 1.0.1 所示，该过程又称为有限元网格划分；
- **单元构造**：用每个单元内所假设的近似函数分片表示全求解域内的未知场变量，而每个单元内的近似函数由未知场函数（或其导数）在单元各结点上的数值以及其对应的插值函数来表达。由于场函数在联结相邻单元的结点上具有相同数值，因此将它们作为数值求解的基本未知量，从而将“求解原待求场函数的无穷多自由度问题”转换为“求解场函数结点值的有限自由度问题”；

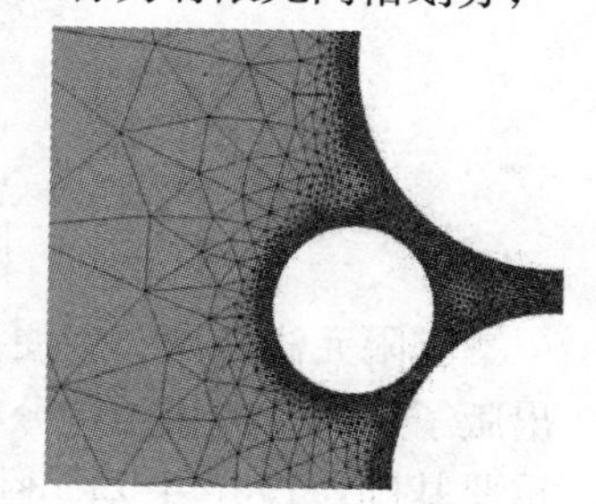

图 1.0.1　有限元离散示意图

- **方程建立及求解**：通过和原问题数学模型（例如基本方程、边界条件等）等效的变分原理或加权余量法，建立求解基本未知量（场函数结点值）的代数方程组或常微分方程组，并表述成规范化的矩阵形式，然后用相应的数值计算方法求解该方程组，从而得到原问题的解答。

1.1　有限元理论

早在 1870 年，英国科学家 Rayleigh 就采用假想的“试函数”来求解复杂的微分方程，1909 年 Ritz 将其发展成为完善的数值近似方法，为现代有限元方法打下坚实基础。1943 年，Courant 发表了第一篇使用三角形区域的多项式函数来求解扭转问题的论文。20 世纪 40 年代，由于航空事业的飞速发展，设计师需要对飞机结构进行精确的设计和计算，便逐渐在工程中产生了的矩阵力学分析方法。20 世纪 50 年代初期，美国波音公司开始尝试采用有限元的概念对机翼进行强度和振动校验，1956 年，Turner、Clough、Martin & Topp 发表了第一篇用有限元分析复杂结构的文章[14]，该文章系统研究了离散杆、梁、三角形的单元刚度表达式，1960 年，Clough 在研究平面弹性问题时正式提出“有限单元法(FEM)”这个名词[5]。到此为止，有限元方法正式面世（其大致发展历程如图 1.1.1 所示），之后，该方法迅速引起众多学者和工程师的广泛关注，并很快推广到非线性分析（包括几何、材料、接触等）以解决各种科学与工程问题。与此同时，我国的一些学者也在该领域做出了重要贡献，比如胡海昌（1954）提出了广义变分原理[10]，钱伟长（1980）最先研究了拉格朗日乘子法与广义变分原理之间的关系[12]，钱令希在 20 世纪 50 年代就研究了力学分析的余能原理，冯康在 20 世纪 60 年代独立于西方为有限元的收敛性奠定了理论基础。

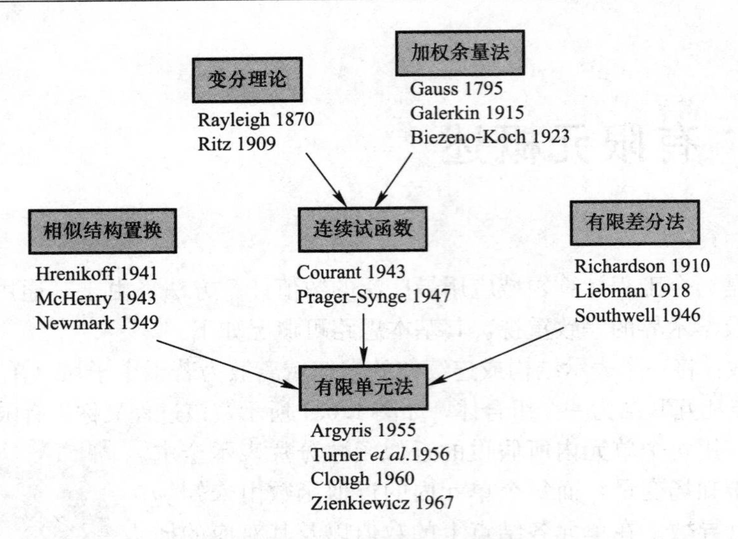

图 1.1.1　有限元法的发展历程（曾攀，2008）

有限元法从一诞生便备受关注，关于该问题的书籍和期刊数不胜数。1955 年 Argyris 出版了第一本关于结构分析中的能量原理和矩阵方法的书籍，为后续的有限元研究奠定了重要基础，1967 年 Zienkiewicz & Cheung 出版了第一本有关有限元分析的专著。到目前为止，国际上已出版了许多关于有限元法的教程和专著。其中，有些书籍是专门针对非线性问题，比如 Oden（1972）、Yang & Kuo（1994）、Crisfield（1991，1997）、Simo & Hughes（1998）、Belytschko，Liu，Moran & Elkhodary（2014）等的著作；还有一些书籍则同时针对线性和非线性分析，比如 Belytschko & Hughes（1983）、Cook，Malkus & Plesha（1989）、Bathe（1995）、Zienkiewicz & Taylor（2000）、王勖成（2003）等的著作。另外，目前国际上关于有限元方法的期刊种类繁多，仅 SCI 检索就有四五十种，表 1.1.1 列出了部分期刊名称及出版商。

刊登有限元分析论文的学术期刊（曾攀，2008）　　**表 1.1.1**

出版商	服务商	网　址	期刊名称
Academic Press	IDEAL	www. idealibrary. com	J. of Sound and Vibration
Elsevier	Science Direct	www. elsevier. nl	Acta Materialia Advances in Eng. Software Applied Math. Modelling Composite Structures Composites A，B Composites Science and Technology Computational Materials Science Computer Meth. in Appl. Mech and Eng. Computers & Structures Eng. Analysis with Boundary Elements Eng. Failure Analysis Eng. Fracture Mechanics Eng. Structures European J. of Mechanics A，B Finite Elements in Analysis and Design Int. J. of Mechanical Sciences Int. J. of Solids and Structures

续表

出版商	服务商	网　址	期刊名称
Elsevier	Science Direct	www. elsevier. nl	Int. J. of Impact Eng. Int. J. of Fatigue Int. J. of Plasticity Int. J. of Non-Linear Mechanics J. of Constructional Steel Research J. of Material Processing Technology J. of the Mech. and Physics of Solids Materials Science and Eng. A Mechanics of Materials Mechanics Research Communications Nuclear Eng. And Design Probabilistic Eng. Mechanics Structural Safety Theoretical and Appl. Fracture Mech. Thin-Walled Structures
IoP Publishing	Electronic J.	www. iop. org/EJ	Smart Materials and Structures
Kluwer Academic Publishing	Kluwer Online	www. wkap. nl/journals	Applied Composite Materials Int. J. of Fracture Meccanica Mechanics of Composite Materials
MCB University Press	Emerald Library	www. mcb. co. uk/portfolio. htm	Engineering Computations Int. J. of Num. Meth. For Heat&Fluid Flow
Springer Verlag	LINK	Link. springer. de/ol/eol/index. htm	Archive of Applied Mechanics Computational Mechanics Engineering With Computers
J.Wiley & Sons	Interscience	www. interscience. wiley. com	Communicat. in Numer. Meth. in Eng. Int. J. for Numerical Methods in Eng. Mech. of Cohesive-Frictional Mater. Progress in Structural Eng. and Mater.

1.2　有限元软件

在有限元的发展史上，商业软件（通用有限元程序，见表 1.2.1）的出现和推广是一个重要的转折点。在此之前，有限元分析主要局限于大学、研究所及少部分公司的实验室；而在此之后，有限元方法迅速应用于工程实践，其范围几乎涵盖了各行各业。20 世纪 60 年代，Wilson 以私人名义发布了一个有限元程序，美国加州大学 Berkeley 分校的部分学者和工程师对其进行改良和扩展，取名为“SAP”，专门做线性结构分析，这是有限元历史上第一个正式的通用软件（Belytschko 等，2014）。之后不久，他们在软件中添加了非线性功能，并改名为“NONSAP”。1969 年，Brown 大学的 Marcal 推出了第一个商用非线性有限元软件“MARC”，几乎同时，美国西屋公司的 Swanson 开发了另外一个非线性软件“ANSYS”，不过该软件主要是针对材料非线性问题，而不是几何非线性。1972 年，Brown 大学的 Habbitt 及其合作者开发了 ABAQUS 软件，这是第一个给用户预留接口的商业软件，用户可以根据实际需求添加单元和材料本构模型。同年，MIT（麻省理工学院）的Bathe改良了NONSAP源代码，增强了非线性和动力学功能，并改名为“ADINA”。1976年，LLL（劳伦斯利弗莫尔实验室）的Hallquist发布了DYNA程序，并在1989年将其改名为LS-DYNA。进入20世纪90年代以来，各商业软件相互兼并，比如ANSYS部分兼并LSDYNA，MSC.PATRAN/NASTRAN兼并MARC，CATIA兼并ABAQUS等，其程序功能相互整合，计算和分析能力均进一步增强，但必须指出的是：商业软件来源于有限元理论，商业软件的计算能力不可能超出现有的理论范围，因此在本书的后续章节中将首先介绍有限元理论，然后再介绍有限元软件及其在土木工程中的应用。

国际上比较著名的有限元分析软件（曾攀，2008） **表1.2.1**

年份	软件名称	开发者	网　址
1965	ASKA（PERMAS）	IKOSS GmbH，（INTES），Germany	www. intes. de
	STRUDL	MCAUTO，USA	www. gtstrudl. gatech. edu
1966	NASTRAN	MacNeal-Schwendler Corp.，USA	www. macsch. com
1967	BERSAFE	CEGB，UK（restructured in 1990）	
	SAMCEF	Univer. of Liege，Belgium	www. samcef. com
1969	ASAS	Atkins Res. &Devel.，UK	www. wsasoft. com
	MARC	MARC Anal. Corp.，USA	www. marc. com
	PAFEC	PAFEC Ltd，UK now SER Systems	
	SESAM	DNV，Norway	www. dnv. no
1970	ANSYS	Swanson Anal. Syst.，USA	www. ansys. com
	SAP	NISEE，Univ. of California，Berkeley，USA	www. eerc. berkeley. edu/ software _ and _ data
1971	STARDYNE	Mech. Res. Inc.，USA	www. reiusa. com
	TITUS（SYSTUS）	CITRA，France；ESI Group	www. systus. com
1972	DIANA	TNO，The Netherlands	www. diana. nl
	WECAN	Westinghouse R&D，USA	
1973	GIFTS	CASA/GIFTS Inc.，USA	
1975	ADINA	ADINA R&D，Inc.，USA	www. adina. com
	CASTEM	CEA，France	www. castem. org：8001/ HomePage. html
	FEAP	NISEE，Univ. of California，Berkeley，USA	www. eerc. berkeley. edu/ software _ and _ data
1976	NISA	Eng. Mech. Res. Corp.，USA	www. emrc. com
1978	DYNA2D，DYNA3D	LivermoreSoftw. Tech. Corp.，USA	www. lstc. com
1979	ABAQUS	Hibbit，Karlsson & Sorensen，Inc.，USA	www. abaqus. com
1980	LUSAS	FEA Ltd.，UK	www. lusas. com
1982	COSMOS/M	Structural Res. & Anal. Corp.，USA	www. cosmosm. com
1984	ALGOR	Algor Inc.，USA	www. algor. com

1.3 参考文献

［1］ Bathe K. J. Finite Element Procedures. NJ，USA：Prentice-Hall，1996.
［2］ Belytschko T. & Hughes T. J. R. Computational Methods for Transient Analysis. Amsterdam，

Netherlands：North-Holland，1983.
[3] Belytschko T.，Liu W. K.，Moran B. & Elkhodary K. I. Nonlinear Finite Elements for Continua and Structures（2nd Edition）. New York，USA：Wiley，2014.
[4] Clough R. W. Early History of the Finite Element Method from the View Point of a Pioneer. International Journal of Numerical Methods in Engineering，2004，60：283-287.
[5] Clough R. W. The Finite Element Method in Plane Stress Analysis. Proceedings of the Second ASCE Conference on Electronic Computation，Pittsburgh，PA，1960.
[6] Cook R. D.，Malkus D. S. & Plesha M. E. Concepts and Applications of Finite Element Analysis. New York，USA：Wiley，1989.
[7] Courant R. Variational methods for the solution of problems of equilibrium and vibrations，Bulletin of American Mathematical Society，1943，49：1-23.
[8] Crisfield M. A. Non-linear Finite Element Analysis of Solids and Structures，Volume1：Essentials. Chichester，UK：Wiley，1991.
[9] Crisfield M. A. Non-linear Finite Element Analysis of Solids and Structures，Volume2：Advanced Topics. Chichester，UK：Wiley，1997.
[10] 胡海昌. 论弹性体力学与受范性体力学中的一般变分原理. 物理学报，1954，10（3）.
[11] Oden J. T. Finite Element of Nonliear Continua. New York，USA：McGraw-Hill，1972.
[12] 钱伟长. 变分法及有限元. 北京：科学出版社，1980.
[13] Simo J. C. & Hughes T. J. R. Computational Inelasticity. New York，USA：Springer，1998.
[14] Turner M. J，Clough R. W.，Martin H. C. & Topp L. J. Stiffness and Deflection Analysis of Complex Structures. Journals of Aerospace Science，1956，23：805-823.
[15] 王勖成. 有限单元法. 北京：清华大学出版社，2003.
[16] Yang Y. B. & Kuo S. R. Theory & Analysis of Nonlinear Framed Structures. New York，USA：Prentice Hall，1994.
[17] 曾攀. 有限元分析基础教程. 北京：清华大学出版社，2008.
[18] Zienkiewicz O. C. & Taylor R. L. The Finite Element Method for Solid and Structural Mechanics，6th Edition. Oxford，UK：Butterworth-Heinemann，2000.

第 2 章　有限元网格划分

由于有限元的基本思想就是“先离散后集成”，因此为得到有限元解必须先对结构进行有限元离散，这就是网格划分，即本章将要介绍的内容。

2.1　网格划分概述

网格划分从拓扑关系上来说可分为映射网格（结构化网格）和自由网格（非结构化网格）。映射网格是指内部结点的拓扑关系一致，也就是说每个内部结点均连接相同数目的单元，该网格的生成方式很简单，网格划分速度很快，网格质量也很好，但它只适用于特殊的几何边界，在实际工程中很受限制。自由网格是指内部结点的拓扑关系可以任意，也就是说每个内部结点可连接任意数目的结点和单元，该网格的生成方式较为复杂，但理论上来说它适用于任意复杂的几何边界，因此在通用软件中被广泛采用。

网格划分的最基本要求是“能够适应各类复杂几何边界、网格离散结果能够真实反映原始几何模型”，而为了适应有限元分析的要求，网格划分还需满足如下几个条件（Blacker & Stephenson，1991）：

- **边界敏感性**：因为有限元计算结果对边界网格非常敏感，网格划分时需优先保证边界网格的质量，尽可能让边界网格与边界形状保持一致以确保边界网格的均匀性和方正性；
- **方向无关性**：旋转或转换一个给定的几何区域不能改变其网格划分的结果，也就是说，网格划分的结果由区域形状决定，而跟总体坐标系的选择无关，以避免总体坐标系的选择影响有限元计算结果；
- **奇异结点数目很少且远离边界**：对于四边形网格来说，奇异点是指与之相连的单元数目不等于 4 的内部结点，对于三角形网格来说，奇异点是指与之相连的单元数目不等于 6 的内部结点。这是网格划分中非常关键的一个问题，因为奇异点的数量和位置将直接决定优化后的最终网格质量。通常来说，自由网格划分中出现奇异点是不可避免的，但我们可以通过算法优化尽量减少奇异点的数目，同时尽可能避免奇异点出现在边界附近，因为边界网格对有限元结果的影响更为显著。

从有限元的角度来说，网格划分不仅是其前提和基础，同时网格质量也将直接影响有限元结果的可靠性和准确性。事实上，在有限元发展的早期阶段，网格划分曾经是制约有限元应用和推广的一个重要因素，即便到了今天，网格自动划分技术依然不够完善，特别是三维六面体网格，依然需要用户的大量干预。正因为如此，近几十年来，全世界各大高校、公司、科研机构均投入了大量的人力物力进行网格算法研究，发展了各种不同的网格划分算法并同时开发了大量的网格划分软件产品，有些产品仅限实验室和各大公司内部使用，还有一些则成为商业软件包公开发行。

ANSYS公司的Owen（1998）曾对全球八十多家相关领域的公司和机构做过专门调查，对现有的网格划分软件产品进行了一次比较详细的归类统计，其结果如表2.1.1所示。

网格划分软件产品统计（Owen，1998） **表2.1.1**

软件产品分类	详细分类	软件产品数量
	被调查的软件产品总数	81
单元形状	三角形单元	52
	四边形单元（非映射）	25
	四面体单元	39
	六面体单元（非映射）	20
	四边形或六面体单元（映射）	21
可用性	实验室代码	24
	商业化产品	33
	公司内部代码	40
	开源代码	21
	公开发布（无版权）	34
学科领域	结构分析	23
	CFD（计算流体）	47
	EMAG（电磁）	23
	热分析	9
	环境科学	12
三角形/四面体网格算法	Delaunay算法	37
	边界移动法	23
	四叉树/八叉树算法	4
四边形/六面体网格算法	边界移动法（铺砌法）	9
	中轴拆分法	2
	间接法（合并三角形）	5
	扫略/拉伸算法	8
	映射网格算法	11
其他特性	提供边界层定义	17
	自适应	18
	各向异性	16
	局部加密	27

从公开发表的文献资料来看，到目前为止，平面网格划分、空间曲面网格划分、四面体三维网格划分的算法均已基本成熟，但六面体三维网格划分还需做大量工作，复杂模型的六面体网格划分依然需要用户进行干预。

考虑到建筑结构分析时通常采用平面和曲面网格划分（即壳单元），与三维实体网格无关，因此本文将略过三维网格的相关内容，仅介绍平面和曲面网格划分的各类算法（包括三角形网格划分、四边形网格划分、空间曲面网格划分、网格后处理（结点抹平和拓扑优化）等）以及它们在建筑结构中的应用。

2.2　三角形网格划分

三角形网格划分是目前应用最广泛的网格划分技术，也是最成熟的网格划分技术，大致上来说，它可分为如下三类方法：（1）背景网格法（Coring）；（2）四叉树法（Quadtree）；（3）Delaunary 法；（4）移动边界法（Advancing Front）。下面分别进行介绍。

2.2.1　背景网格法

背景网格法（Coring）是指采用目标尺寸的背景网格铺设在几何区域上，然后截掉与几何边界相交的部分网格，于是剩下一个狭长空白区域，该区域很容易采用三角网格填充，最后可得到三角形和四边形的混合网格，如图 2.2.1 所示。这种网格的最大特点就是几何区域的内部单元全部是正方形单元（也可拆分成三角形单元），而边界附近几乎全部是三角形单元，并且通常还有很多畸变单元。因此，通常来说背景网格法不太适用于有限元分析，或者说还需进行大量的边界网格优化。

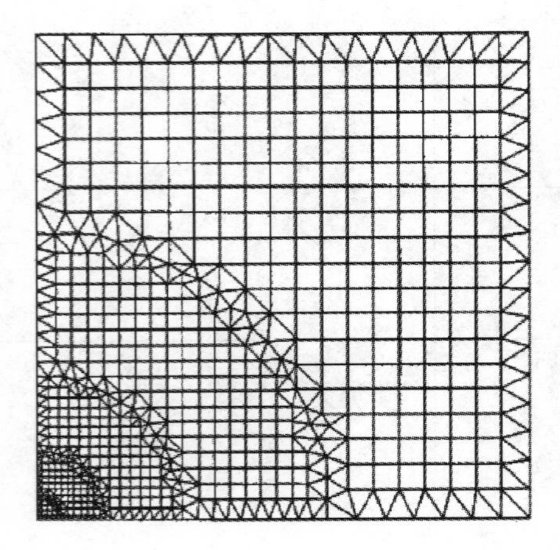

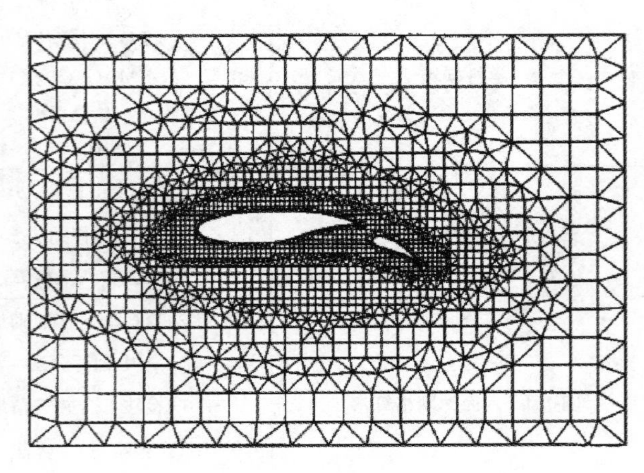

图 2.2.1　背景网格法示意图（Lo & Lau，1992）

2.2.2　四叉树法

四叉树法（Quadtree）最早是用来进行计算机图形学处理（模拟几何区域），直到 20 世纪 80 年代，美国 Rensselaer 学院的 Shephard（1988）及其团队才开始用它来生成有限元网格。四叉树法的原理非常简单，首先采用一个大正方形网格囊括全部的几何区域，然后采用递归模式不断将正方形网格一分为四，直到网格模式满足给定要求。在这个递归的过程中，如果遇到几何边界，通常会加密该区域的网格，也就是说该区域的递归级数会增加，其网格划分结果如图 2.2.2 所示。该方法和背景网格法一样，都具有方向性，当改变总体坐标或者改变几何区域摆放位置时，可能会得到完全不一样的网格结果，因此，从理论上来说，四叉树方法也不是有限元分析的最佳选择。

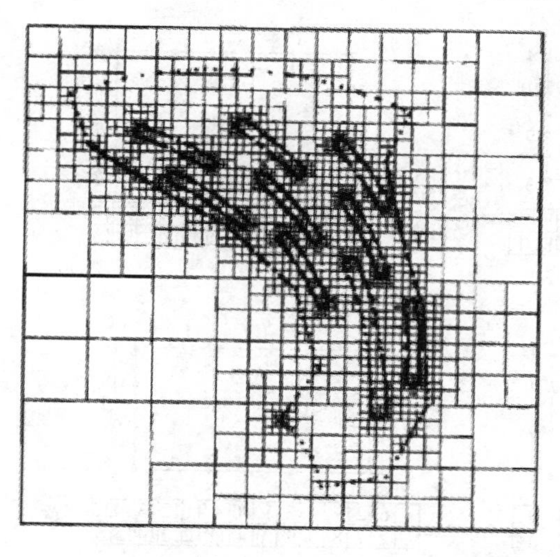
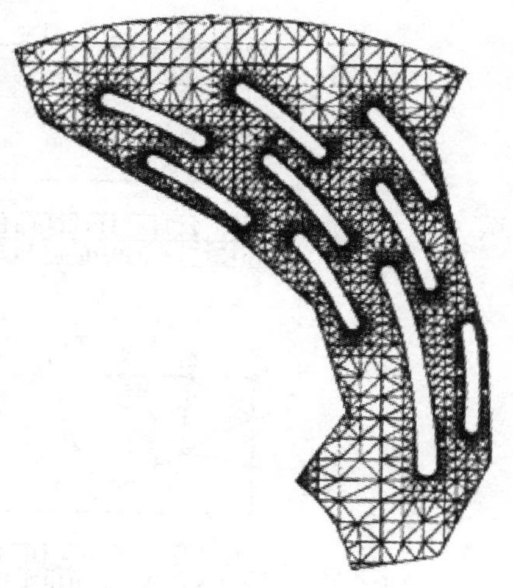

图 2.2.2　四叉树法网格划分示意图（Shephard，1988）

2.2.3　Delaunay 法

迄今为止，三角形网格划分中应用最广泛的就是 Delaunay 准则（Delaunay，1934）。该准则又被称为“空圆准则”（empty-circle），可简单描述如下：任何三角形的外接圆内不能包含任何其他结点，如图 2.2.3 所示，左边的两个三角形满足 Delaunay 准则，而右边则不满足。虽然 Delaunay 准则在 20 世纪 30 年代就已被提出并从数学上严格地证明，但直到 20 世纪 70 年代末期才被 Lawson（1977）和 Watson（1981）用来进行三角形网格划分。后来随着有限元的进一步发展，许多学者对该方法做了进一步的改进和完善，这其中包括美国 Princeton 大学的 Baker（1989）、英国 Swansea 大学的 Weatherill（1994）和法国 INRIA 研究所的 George（1991）等。

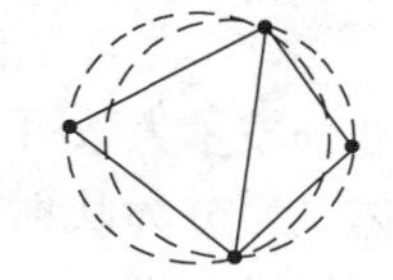
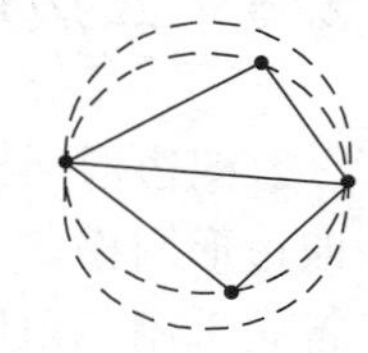

图 2.2.3　Delaunay 法则示意图

Delaunay 准则本身并不是网格划分算法，它仅仅是提供了一套利用现有离散结点构造三角形网格的准则。正因为如此，在执行 Delaunay 网格生成之前须事先布置好网格结点，事实上各种不同的 Delaunay 网格算法之间最大的区别就在于它们选用不同的离散网格结点生成方法。目前来说，最常用的一种网格结点生成方式是首先布置边界结点，然后利用该边界结点递归调用 Delaunay 准则生成三角形网格，然后根据网格形状和疏密程度不断地在域内插入新结点，并调整单元网格以确保加入新结点后依然满足 Delaunay 准则。

2.2.4　移动边界法

除了前面提到的 Delaunay 准则之外，移动边界法（Moving Front Method）是另一种被广泛应用的网格划分方法，该方法又被称为前沿边界法（Advancing Front Method）。该方法最早由香港大学的 Lo（1985）提出，并应用于 ANSYS 软件，其基本思路非常简单：首先布置边界结点，然后连接边界结点以构成初始的前沿边界，然后逐个生成三角形单元，并更新前沿边界，重复上述步骤，直到前沿边界闭合位置，具体如图 2.2.4 所示。

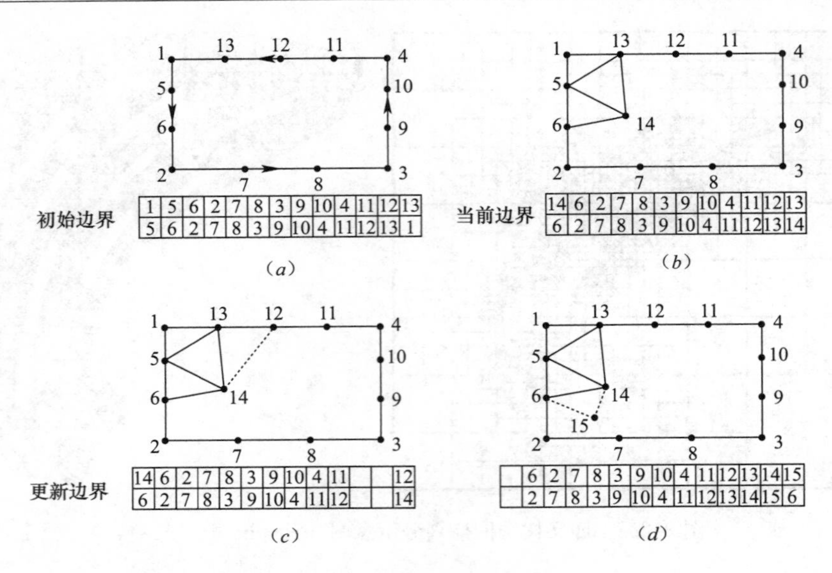

图 2.2.4　前沿边界法示意图

2.3　四边形网格划分

四边形网格划分技术大致可分为两类：(1) 直接法；(2) 间接法。前者是指直接生成四边形网格，具体又可分为映射网格法、几何拆分法、铺砌法（移动边界法）；后者是指首先采用三角形网格进行划分，然后将三角形网格转换为四边形网格，可以通过简单的拆分三角形或者合并三角形来转换，也可以通过其他比较复杂的方式来转换，下面分别叙述。

2.3.1　映射网格划分

映射网格是一种很规整的网格形式，它是结构化网格，也就说其每个内部结点均连接相同数目的单元，如图 2.3.1 所示。该网格的生成方式很简单，网格划分速度极快，但仅适用于广义四边形几何边界并要求对边结点数目相等，因此在实际工程中很受限制，为了扩展映射网格的适用范围，商业软件（比如 ANSYS）通常会增加过渡映射网格模式（又称为模板映射），它将放宽对边界条件的限制，不再要求对边结点数目相等，仅要求结点数目满足一定的关系，从而得到非结构化网格，如图 2.3.2 所示。

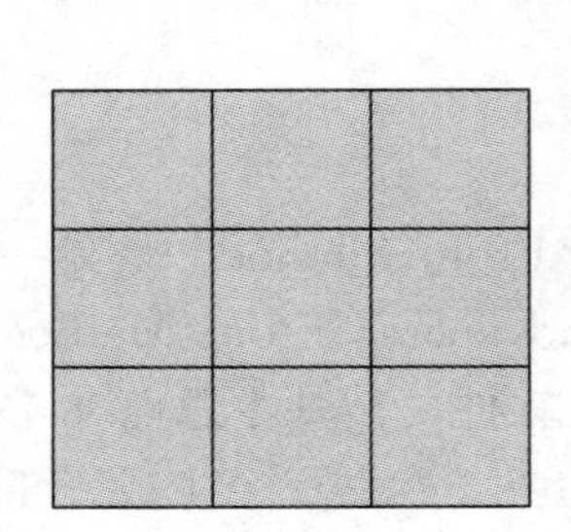

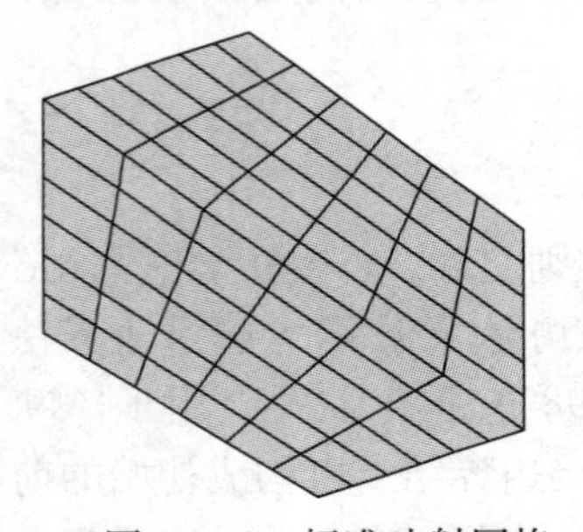

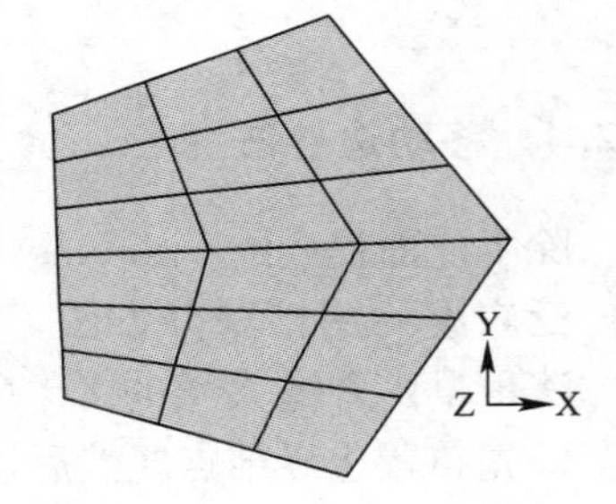

图 2.3.1　标准映射网格

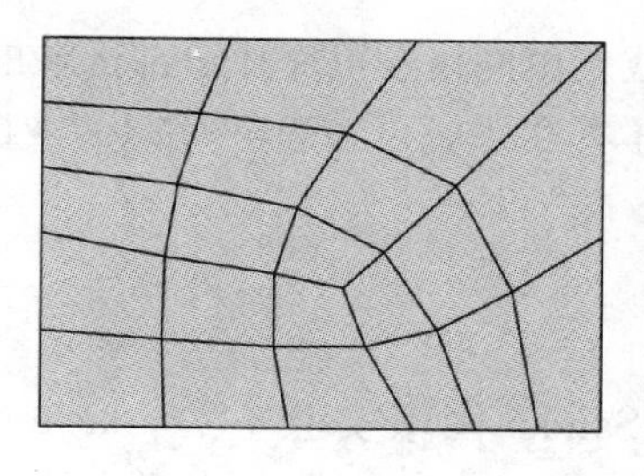
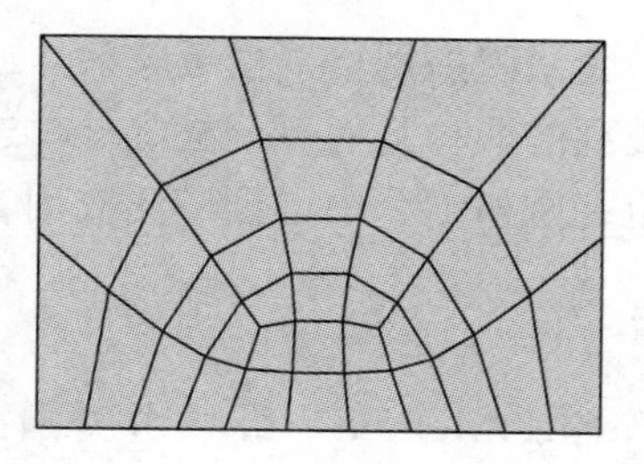

图 2.3.2　过渡映射网格

2.3.2　几何拆分法

几何拆分法的目的非常明确：将复杂的几何边界拆分成简单几何边界的集合（如图 2.3.3 所示），然后对简单几何边界套用映射网格（模板映射）或自由网格，从而简化复杂模型的网格划分问题，但同时也引入了另外一个问题：如何对复杂边界进行自动拆分？

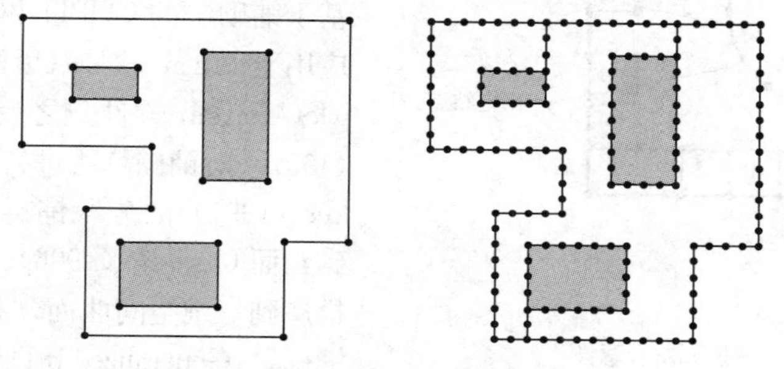

图 2.3.3　几何拆分示意图

从公开发表的文献来看，Baehmann（1987）提出的四叉树拆分法（Quad-tree Decomposition Technique）可能是最早的边界自动拆分技术，其基本思路如下：采用四叉树法将几何区域拆分成多个方形小块（Quad-tree leaves），然后采用模板映射网格划分各个方形小块并调整边界结点以满足几何边界条件。

1991 年 Tam 提出了一种基于中轴拆分技术（Medial Axis Decomposition）的四边形网格划分方法，中轴拆分的基本原理可概括如下：在几何区域内各个位置画内切圆（圆内不能包含除相切点之外的任何其他边界点），然后将内切圆的圆心连成线，我们称之为中轴线（Medial Axis），沿这些中轴线可对原始几何区域进行拆分，具体如图 2.3.4 所示，

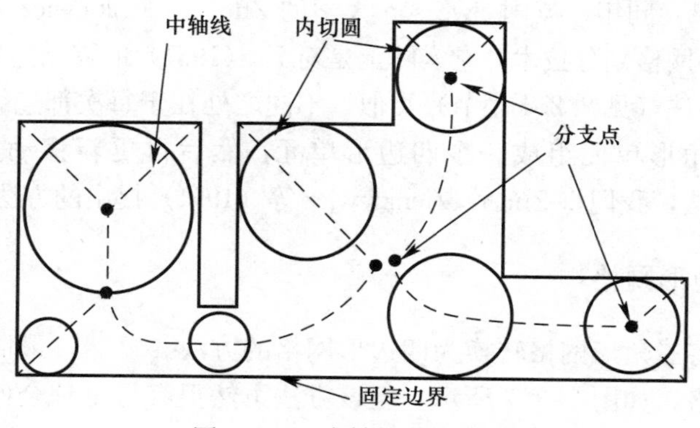

图 2.3.4　中轴拆分示意图

然后对拆分区域套用映射网格（模板映射）或自由网格则可完成全部区域的网格划分。

除了上面提到的两种几何拆分法之外，还有 Talbert（1991）和 Joe（1995）等提出的几何拆分技术也在网格划分中得到广泛应用。

2.3.3　铺砌法

铺砌法（Paving Method）最早由美国 Sandia 国家实验室的 Blacker & Stephenson（1991）提出，其详细介绍参见本书附录 A.1.1～A.1.3。简单来说，该方法的基本思路是沿边界开始往域内一圈一圈地铺砌四边形单元（如图 2.3.5 所示），直到满足一定的边界闭合条件，在这个过程中会出现大量的边界重合和相交问题，需要小心处理，如图 2.3.6 所示。该方法一经提出便获得很大程度的认可，Sandia 实验室也很快推出了基于铺砌法的 CUBIT 网格划分软件包，并应用于 Fluent 软件（后被 ANSYS 收购）和 MSC Patran 软件。之后，White & Kinney（1997）对铺砌算法进行小幅修正，将 Blacker（1991）的分段铺砌修改为单个单元铺砌，而 Cass 等（1996）则将该方法进一步推广到三维空间曲面，并取名为“广义 3-D 铺砌”（Generalized 3-D Paving）。

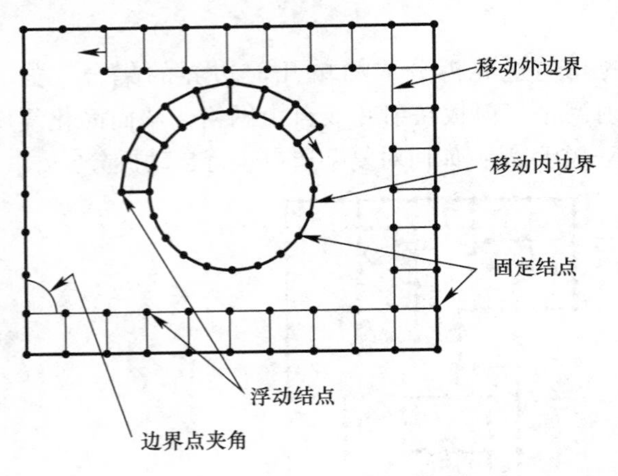

图 2.3.5　铺砌法示意图

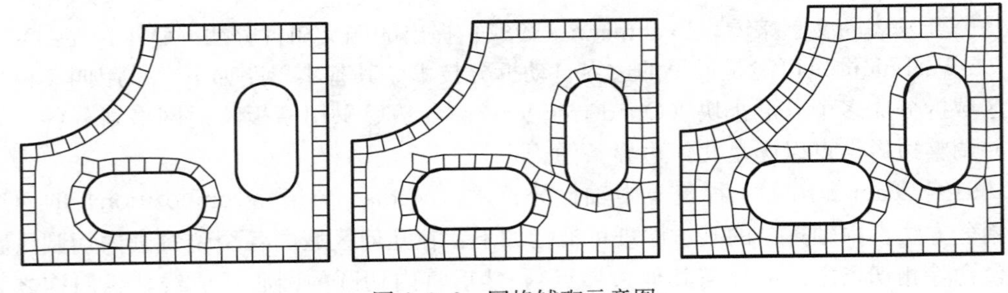

图 2.3.6　网格铺砌示意图

与 Blacker（1991）同年，英国 Sweason 大学的 Zhu & Zienkiewicz 等（1991）提出了一种移动边界法四边形网格划分技术，它实际上是对 Lo（1985）的移动边界法的一种扩展，其基本思路与移动边界法（见 2.2.4 小节）类似，不同之处在于每次都连续生成两个三角形单元，合并这两个三角形单元组成一个四边形单元，然后再更新移动边界。为了区分 Lo（1985）的移动边界法，我们将 Zhu & Zienkiewicz 等（1991）提出的方法也归类为铺砌法。

2.3.4　间接法四边形网格

间接法就是指将三角形网格转换为四边形网格的方法。显然，最简单最直接的间接法就是拆分三角形网格，如图 2.3.7 所示。但该方法虽然很容易得到全四边形的网格，却会产生很多奇异结点（单元连接数目不等于 4 的内部结点），因此其网格质量通常会比较差。

还有一种比较简单的方法就是合并相邻的两个三角形单元组成四边形，如图 2.3.8 所示，不过该方法虽然相对拆分法而言其网格质量有所提高，但通常会余留较多的三角形单元，因此也不建议采用。

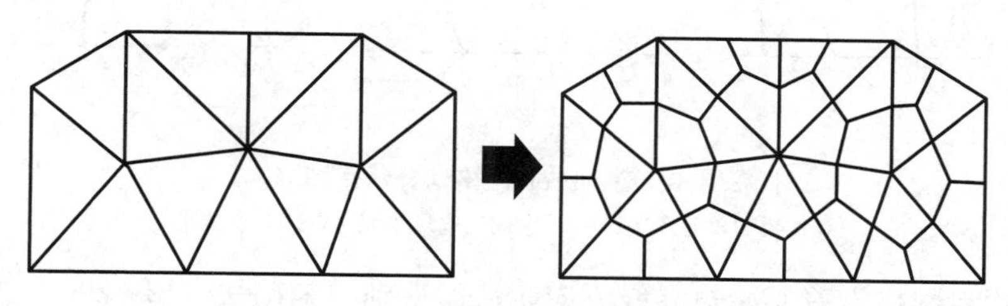

图 2.3.7　拆分三角形得到四边形

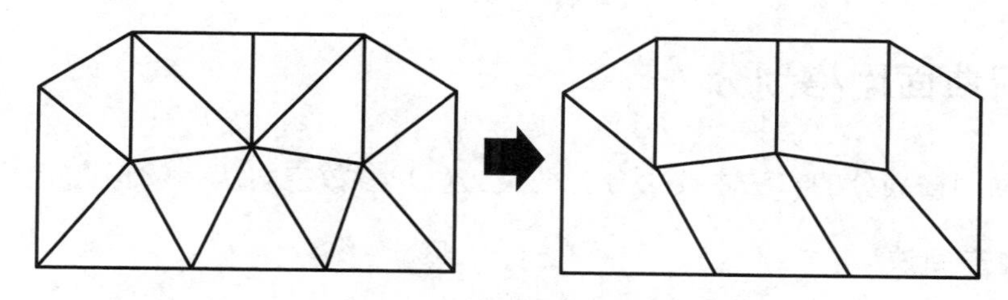

图 2.3.8　合并三角形得到四边形

很显然，图 2.3.7 和图 2.3.8 的直接拆分法和直接合并法都不能得到理想的网格质量，为此，需发展新的三角形网格转换算法，Lo（1981）、Johnston（1991）和 Lee（1994）等学者均在这一领域做了大量的工作。为了尽可能得到更多的四边形单元并减少奇异结点数量，Lo（1989）和 Johnston（1991）在三角形合并过程中会判断合并顺序，最后得到一种四边形绝对占优的混合网格。Lee（1994）进一步改良了 Lo（1989）的算法，只要原始边界结点个数是偶数，便可得到全四边形网格。

相比直接法而言（见 2.3.3 小节），间接法的速度通常要快很多，因为它不用处理边界相交问题，而通常来说相交问题是比较耗费时间的。但间接法也有一个很大的缺点，它通常不能保证边界网格质量，这在有限元分析中尤其重要，因为边界网格对有限元结果的影响通常远大于内部网格。基于上述问题的考虑，美国 Carnegie Mellon 大学的 Owen（1998）提出了一种的新的三角形转换法，命名为 Q-Morph，并应用于 ANSYS 软件。该方法的基本思路是在原始三角形网格的基础上执行移动边界法（Advancing Front），其示意图如图 2.3.9 所示，相比其他三角形转换法而言，该方法可显著地减少奇异结点数量，

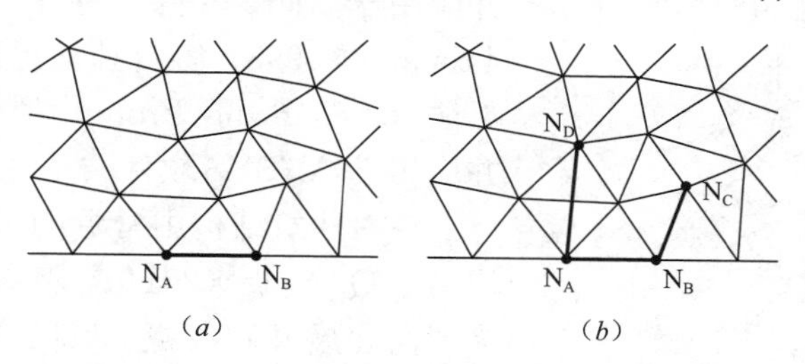

图 2.3.9　Q-Morph 网格划分示意图（一）

(*a*) 初始边界；(*b*) 定义两侧单元边

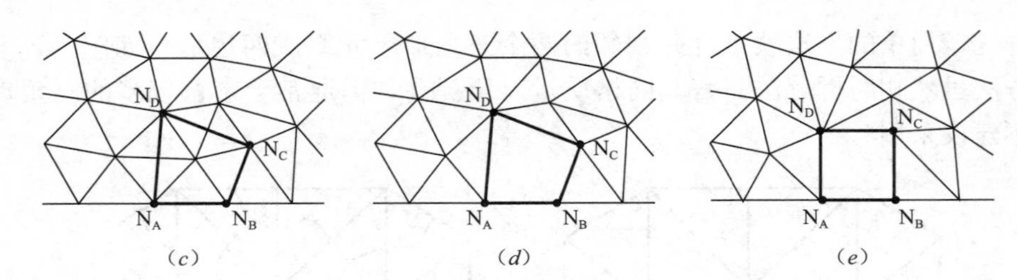

图 2.3.9　Q-Morph 网格划分示意图（二）
（c）找到单元顶边；（d）生成四边形单元；（e）节点抹平

并同时保证边界网格沿着原始边界线方向，从而得到与铺砌法（Blacker & Stephenson，1991）类似的网格结果。

2.4　空间曲面网格划分

空间曲面网格划分的方法主要可分为两类：（1）参数空间法；（2）直接三维法。

2.4.1　参数空间法

参数空间法是指将空间曲面映射为二维平面，在平面内划分网格然后再映射回三维空间曲面，其示意图如图 2.4.1 所示。该方法的最大优点是可直接利用平面网格划分的算法，其主要缺点是参数空间（二维平面）的网格质量与原始三维曲面的网格质量不一定完全一致，也即是说，参数空间下的优良网格转换到三维曲面后可能变成畸变网格。为解决上述问题，通常采用如下两种方法：（1）修改参数空间，即修改空间曲面和二维平面的映射函数，以避免两者的网格质量不一致；（2）修改平面网格划分算法，主要是修改平面网格质量的计算准则，在平面网格下生成各向异性单元甚至畸变单元，映射回空间曲面后这些单元将变成各向同性单元且形状良好。从实际经验来看，第一种方法很难完全解决参数空间与三维曲面的对应问题，因此大部分学者都采用第二种方法。George & Borouchaki（1998）提出了一种基于 Delaunay 方法的网格质量准则，将“空圆准则”（empty circle）修改成“椭圆准则”（empty ellipse），在二维平面内生成各向异性单元，然后映射回空间曲面得到各向同性单元。Chen & Bishop（1997）也提出了类似的算法，并应用于 Marc 软件。另外，Cuilliere（1998）和 Tristano（1998）各自独立提出了一种基于移动边界法（Advancing Front）的修正网格质量准则，并应用于 ANSYS 软件。

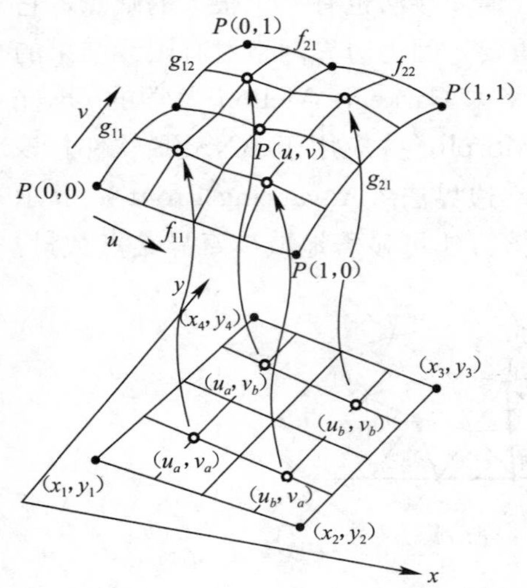

图 2.4.1　参数空间法示意图

针对建筑结构中常见的可展曲面问题，Duan、Chen、Qi & Li（2014a）将参数空间法进一步简化为“曲面展开和收拢”，即：将几何曲面展开为平面，在平面内划分有限元网格，然后将平面网格收拢为原始曲面而得到曲面网格，例如圆柱几何曲面的展开如图 2.4.2 所示，圆柱平面网格的收拢如图 2.4.3 所示；圆台几何曲面的展开如图 2.4.4 所示，圆台平面网格的收拢如图 2.4.5 所示，其详细算法参见本书附录 A.3。

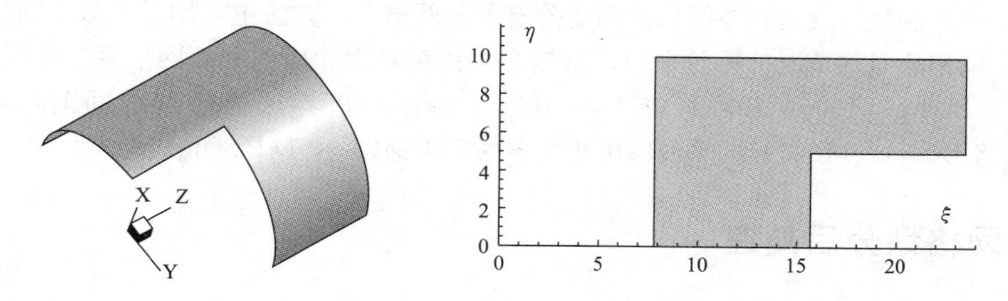

图 2.4.2　圆柱面展开（参数坐标系）

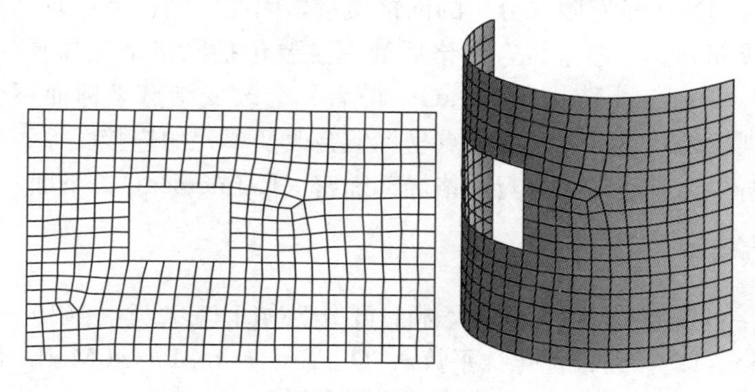

图 2.4.3　圆柱的平面网格转换为曲面网格

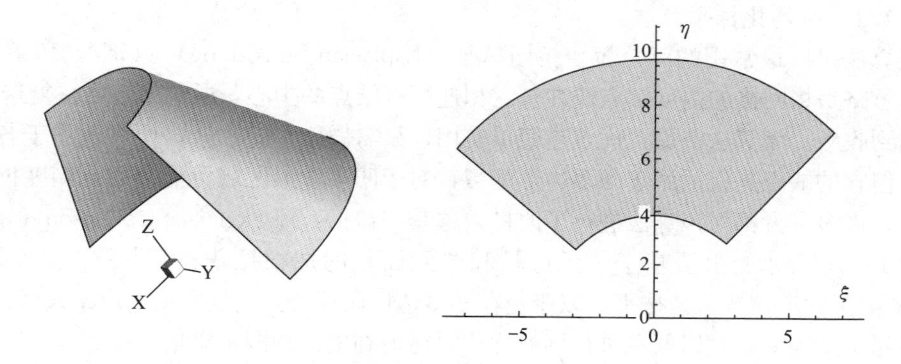

图 2.4.4　圆台面展开（参数坐标系）

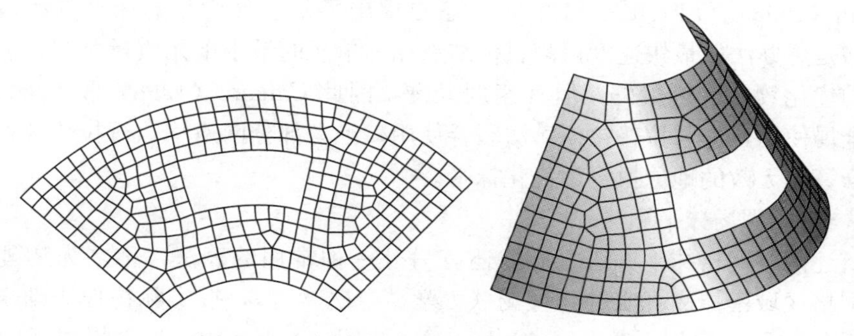

图 2.4.5　圆台的平面网格转换为曲面网格

2.4.2　直接三维法

直接三维法是指直接在空间曲面内划分有限元网格，该方法主要用于参数空间法不能得到理想网格质量的情况。通常来说，直接三维法都是由相应的平面网格算法扩展而来，比如 Lau & Lo（1996，1997）将 Lo（1985）的移动边界法推广到空间曲面，Cass（1996）将 Blacker（1991）的平面铺砌法扩展为三维铺砌（3-D Paving）等。

2.5　网格划分后处理

ANSYS 公司的 Owen（1998）曾指出：如果不进行网格后处理的话，几乎没有任何一种网格算法能得到适用于有限元分析的网格质量，因此，网格后处理从来都是网格划分中的一个重要组成部分。一般来说，网格后处理主要包括网格结点抹平（Smoothing）和网格拓扑优化（Topological Improvement），前者只会改变结点坐标而不会改变单元的连接关系，而后者则相反，它不会改变结点坐标但会改变单元的连接关系。除了上述两个操作外，有限元分析中通常还需要进行网格局部加密（Refinement），下面一并叙述。

2.5.1　网格结点抹平

关于网格抹平的算法非常多，但大体上可分为如下三大类：（1）平均化抹平算法（Averaging Methods）；（2）最优化抹平算法（Optimization-Based Methods）；（3）物理场抹平算法（Physical-Based Methods），下面分别介绍。

2.5.1.1　平均化抹平算法

该类算法里面最常用的就是拉普拉斯抹平（Laplacian Smoothing）（Field，1988），该算法的基本思路是将网格的内部结点放在与它相连所有结点的中心，通常都需要往复迭代 2～3 次才能达到收敛。该算法的最大优点是简单实用，只需做微小的修改，便可适用于各种形式的网格，但它的缺点是仅适用于凸多边形区域，对于凹多边形区域可能会得到畸变网格。正因为如此，许多学者都对该算法进行了改良，这其中包括：Blacker & Stephenson（1991）和 Hansbo（1995）分别提出了基于单元边长和单元面积的加权拉普拉斯抹平法；Canann 等（1998）提出了约束拉普拉斯抹平，以避免在凹多边形区域得到畸变网格；Freitag（1997）也对该算法做了适当修正，以便在进行网格优化时能得到更好的网格质量。

2.5.1.2　最优化抹平算法

Canann（1998）和 Freitag（1997）均各自提出了基于最优化的抹平算法，该类算法的基本思路是想办法以最快速度提高目标结点相邻单元的最小单元质量系数，但必须指出的是：它的优化效果虽然很好，但其速度太慢，因此 Canann（1998）和 Freitag（1997）均不建议全局使用，应与拉普拉斯算法联合使用，绝大部分网格均执行拉普拉斯抹平，少数拉普拉斯算法无效的地方执行最优化抹平。

2.5.1.3　物理场抹平算法

除了上述两种网格抹平算法之外，还有另外一种常用的算法，称之为物理场抹平算法，它将网格区域模拟成真实的物理场（力学、电磁学等），按实际物理法则来计算网格结点优化后的位置。比如 Lohner、Morgan & Zienkiewicz（1986）就提出了一种模拟弹簧-质点系统的网格抹平算法，假设每个结点为一个质点，与之连接的单元边界为线性弹簧，有统一的弹簧刚度，质点沿每根弹簧方向受到一个外力作用，外力大小等于单元边长与该点目标单元尺寸的比值，然后在该系统下计算平衡后的质点位置，重复上述步骤，直到所有质点均达到平衡。

2.5.2　网格拓扑优化

网格拓扑优化是以改变结点平衡度（Node Valence）为目的，结点平衡度是指内部结点所连接的单元数。对于三角形单元，结点平衡度为 6 是最优的，对于四边形单元，结点平衡度为 4 是最优的，之所以说它是最优的，是因为这种情况下经过结点抹平后可得到正三角形或正四边形网格。拓扑优化就是尽可能使得结点平衡度满足上述说明，该部分工作比较繁琐，但它是网格划分中的一个重要环节，只有通过拓扑优化和结点抹平，才能得到高质量的有限元网格。关于这部分工作，将在本书附录 A.1.4 进行更详细的讨论。

2.5.3　网格局部加密

网格局部加密（Refinement）是指在现有网格的基础上减小局部区域的网格尺寸以加密该区域的网格，如图 2.5.1 所示。随着有限元技术的发展，网格局部加密已成为自适应有限元分析的一个重要组成部分，它以前一步的有限元计算结果作为网格局部加密或整体加密的计算准则，以加密后的网格重新进行有限元分析，重复上述过程，直到前后两次的有限元结果满足给定误差要求。关于网格局部加密的方法有很多种，具体可参考文献（Staten & Canann，1997），本书不做详细介绍。

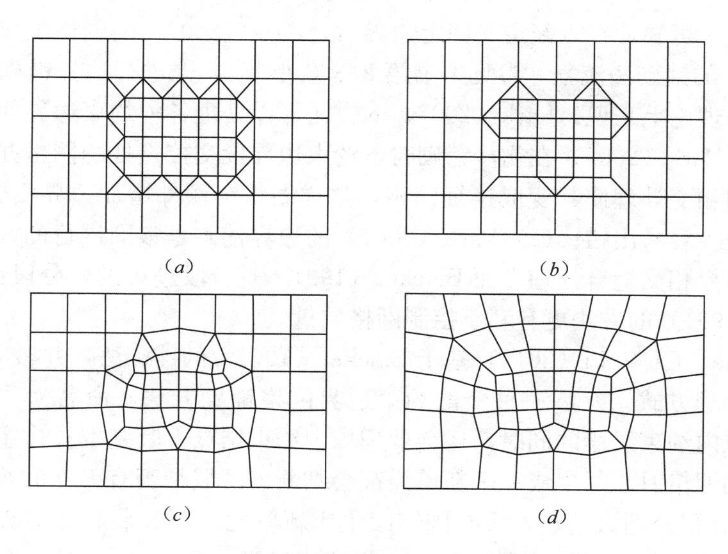

图 2.5.1　四边形网格加密示意图

2.6　域内约束网格划分

在桩筏基础有限元里经常会碰到约束网格划分问题，其桩基点和柱点可看做约束点，其剪力墙、筏基梁和桩承台可看做约束线段，在网格划分的时候，约束点处必须存在单元结点，约束线段必须位于单元边界上，否则就必须采用其他方法（比如拉格然日乘子或罚函数）引入额外约束条件，这显然会增加问题的复杂度，不如直接处理约束网格那么直观。

关于约束边界网格划分问题，Park 等（2007）曾经基于 Blacker（1991）的平面铺砌法发展了一种四边形网格划分方法，其基本思路如下：将域内约束边界以相交点为界分成多个边界段（开放边界段），每段边界都包括正反两面，然后将这些边界段以及原始边界（封闭边界段）按逆时针方向（外边界）或顺时针方向（内边界）连接成完整边界，然后采用铺砌法对其进行网格划分，如图 2.6.1 所示。

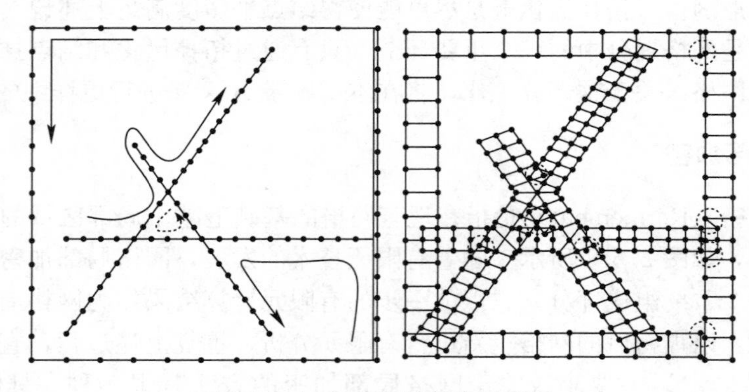

图 2.6.1　约束网格铺砌示意图

观察图 2.6.1 可知，在重新定义固定边界后，Park（2007）的网格生成方法基本采用 Blacker（1991）的铺砌法流程（参见本书第 2.3.3 小节），先进行边界铺砌然后进行边界相交缝合处理。理论上来说，Park（2007）的方法可以处理各种约束边界问题，但也存在少许缺点：（1）Park（2007）在初步铺砌时，约束边界段交接点处的网格并不连续，他是通过边界缝合和相交处理使其变成连续网格，这样做将会额外增加边界相交处理的难度，并且对于复杂边界容易出错；（2）Park（2007）的边界铺砌是整圈进行的，即铺砌完整圈网格后再执行边界相交缝合处理，而 Blacker（1991）是分段进行的，分段铺砌分段处理，显然 Blacker（1991）的方法更有利于控制网格质量。

Duan、Chen、Qi & Li（2014）基于 Blacker（1991）的铺砌法，并参考 Park（2007）对约束边界的处理方式，发展一种新的约束边界网格铺砌方法，命名为"广义铺砌法"，该方法在处理域内约束线段的同时，还会处理域内约束结点，其基本操作主要包括两个部分：（1）在铺砌网格时，每生成一个新单元都会判断该区域是否有孤立的约束结点（又称为定点），如果有则处理该结点，没有则继续生成新单元；（2）将初始边界分成闭合式边界和开放式边界（又称为裂纹边界）两类，连接这两类边界并统一定义成广义闭合边界，然后以以此边界作为初始固定边界调用铺砌法（Blacker & Stephenson，1991）进行网格铺砌。图 2.6.2 给出了一个该算法的准动态实例，其中每张图片均表征网格划分过程中的某个时刻。事实上，图中的广义铺砌流程只有图（*a*）和（*b*）与标准铺砌法稍有不同，因为这两个步骤在铺砌单元的同时还需根据裂纹边界修正边界结点的相关属性，而其余步骤与标准铺砌法基本完全一致，因为此时的裂纹边界已处理完毕，只剩下内部移动边界。

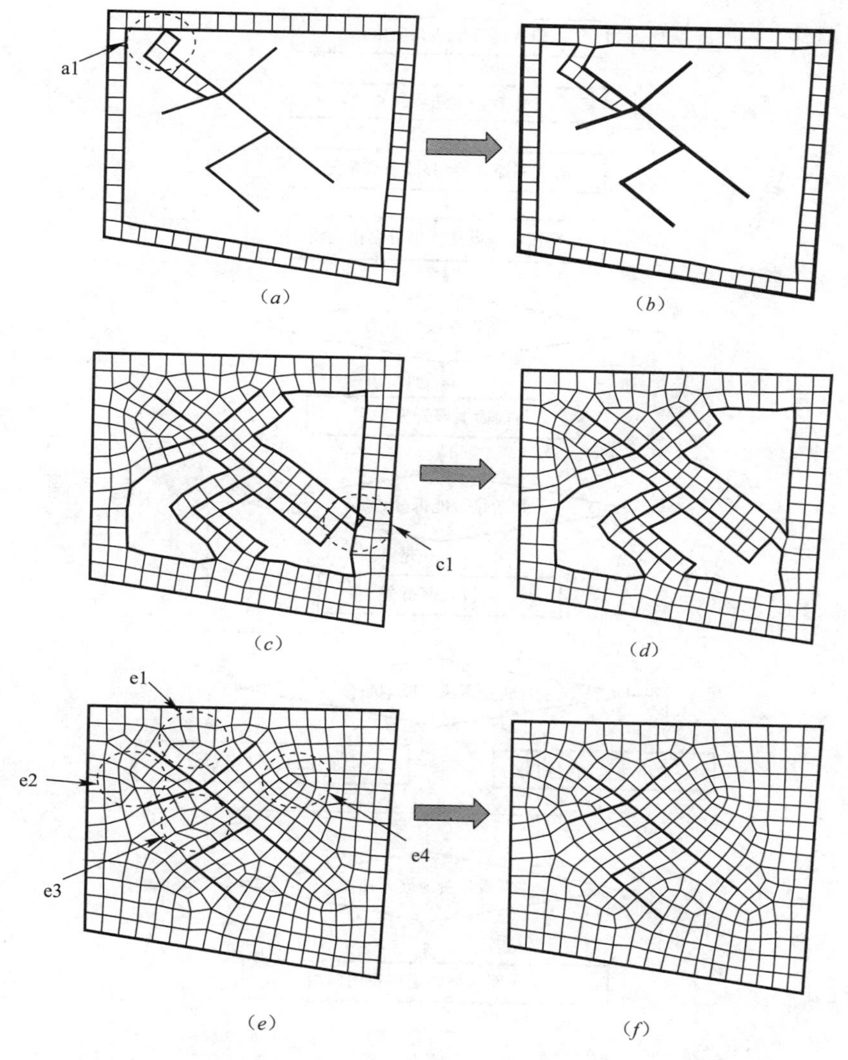

图 2.6.2　广义铺砌法的准动态实例

2.7　建筑结构网格自动划分

为提高建筑结构的网格划分质量、适应复杂结构模型的要求并确保网格划分的速度，Duan、Chen & Li（2014）提出了一种新的自由网格方案，它以铺砌法自由网格（Blacker & Stephenson，1991）为核心，并联合映射网格和几何拆分法，兼顾自由网格的通用性和映射网格的高效性，其基本流程如图 2.7.1 所示。观察该图可知，建筑结构网格划分主要包括四个组成部分：（1）对剪力墙和楼板的边界线布置边界结点，确保剪力墙之间、楼板之间、剪力墙和楼板之间的边界结点全部协调；（2）对于剪力墙，有条件地进行几何边界拆分；（3）如果结构图元（已拆分或未拆分）满足映射条件则采用映射网格划分；（4）对于不能采用映射网格的结构图元，均采用铺砌法自由网格划分。关于该算法的详细介绍参见本书附录 B.1。

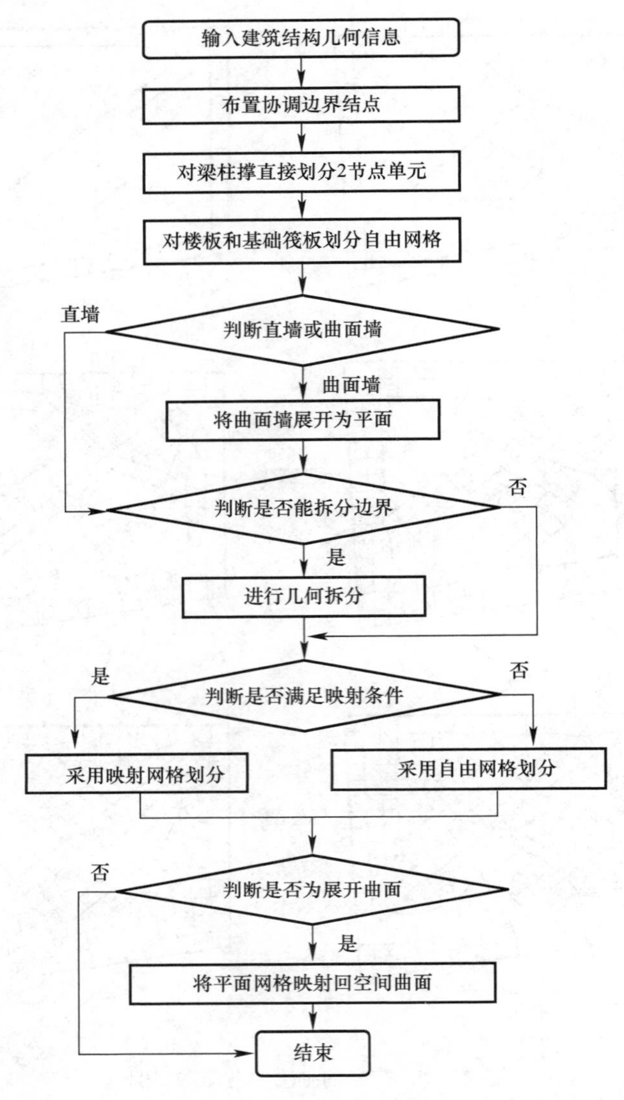

图 2.7.1 建筑结构网格划分流程

2.8 参考文献

[1] Baehmann P. L., Wittchen S. L., Shephard M. S., Grice K. R. & Yerry M. A. Robust Geometricallybased, Automatic Two-Dimensional Mesh Generation. International Journal for Numerical Methods in Engineering, 1987, Vol. 24, pp. 1043-1078.

[2] Baker T. J. Automatic Mesh Generation for Complex Three-Dimensional Regions Using a Constrained Delaunay Triangulation. Engineering with Computers, 1989, vol. 5, pp. 161-175.

[3] Barry J. Quadrilateral Mesh Generation in Polygonal Regions. Computer Aided Design, Vol. 27, pp. 209-222, 1995.

[4] Blacker T. D. & Stephenson M. B. "Paving: A New Approach to Automated Quadrilateral Mesh Generation", International Journal for Numerical Methods in Engineering, 1991, Vol 32, pp. 811-

847, 1991.

[5] Canann S. A., Tristano J. R. & Staten M. L. An Approach to Combined Laplacian and Optimization-Based Smoothing for Triangular, Quadrilateral, and Quad-Dominant Meshes. Proceedings, 7th International Meshing Roundtable, 1998.

[6] Cass R. J., Benzley S. E., Meyers R. J. & Blacker T. D. Generalized 3-D Paving: An Automated Quadrilateral Surface Mesh Generation Algorithm. International Journal for Numerical Methods in Engineering, 1996, Vol. 39, pp. 1475-1489.

[7] Chen H. & Bishop J. Delaunay Triangulation for Curved Surfaces. Proceedings, 6th International Meshing Roundtable, 1997, pp. 115-127.

[8] Cook W. A. & Oakes W. R. Mapping Methods for Generating Three-Dimensional Meshes. Computers in Mechanical Engineering, 1982, pp. 67-72.

[9] Cuilliere J. C. An adaptive method for the automatic triangulation of 3D parametric surfaces. Computer-Aided Design, 1998, vol 30, no. 2, pp. 139-149.

[10] David F. W. Computing the Delaunay Tesselation with Application to Voronoi Polytopes. The Computer Journal, 1981, Vol. 24 (2), pp. 167-172.

[11] Delaunay B. Sur la sphere vide. Bulletin, Acade′ mie des Sciences URSS. pp: 793-800, 1934.

[12] Duan J., Chen X. M. & Li Y. G. A Quadrilateral Meshing Method for Shear-Wall Structures. Applied Mechanics and Materials, 2014, Vol. 638-640 (2014) pp. 9-14.

[13] Duan J., Chen X. M., Qi H. & Li Y. G. An Automatic FE Model Generation System Used for ISSS. Civil Engineering and Urban Planning Ⅲ. Landon, UK: Taylor & Francis Group, 2014, pp: 29-32.

[14] Duan J., Chen X. M., Qi H. & Li Y. G. Boundary-Constraint Meshing Based on Paving Method. Applied Mechanics and Materials Vol. 627 (2014) pp. 262-267, 2014.

[15] Field D. A. Laplacian smoothing and Delaunay triangulations. Commuications in Applied Numerical Methods., 1988, vol. 4, pp. 709-712.

[16] Freitag L. A. On Combining Laplacian and Optimization-Based Mesh Smoothing Techniques. AMD-Vol. 220 Trends in Unstructured Mesh Generation, 1997, pp. 37-43.

[17] George P. L., Hecht F. & Saltel E. Automatic Mesh Generator with Specified Boundary. Computer Methods in Applied Mechanics and Engineering, North-Holland, 1991, vol. 92, pp. 269-288.

[18] George P. L. & Borouchaki H. Delaunay Triangulation and Meshing: Application to Finite Elements, Hermes, France, 1998, 413.

[19] Hansbo P. Generalized Laplacian smoothing of unstructured grids. Communications in Numerical Methods in Engineering, 1995, Vol. 11, p. 455-464.

[20] Johnston B. P., Sullivan Jr. J. M. & Kwasnik A. Automatic Conversion of Triangular Finite Element Meshes to Quadrilateral Elements. International Journal for Numerical Methods in Engineering, 1991, Vol. 31, pp. 67-84.

[21] Lau T. S. & Lo S. H. Finite Element Mesh Generation Over Analytical Surfaces. Computers and Structures, 1996, vol. 59, no. 2, pp. 301-309.

[22] Lau T. S., Lo S. H. & Lee C. K. Generation of Quadrilateral Mesh over Analytical Curved Surfaces. Finite Elements in Analysis and Design, 1997, vol. 27, pp. 251-272.

[23] Lawson C. L. Software for C1 Surface Interpolation. Mathematical Software Ⅲ, 1977, pp. 161-194.

[24] Lee C. K. & Lo S. H. A New Scheme for the Generation of a Graded Quadrilateral Mesh. Computers and Structures, 1994, Vol. 52, pp. 847-857.

[25] Lo S. H. A new mesh generation scheme for arbitrary planar domains. International Journal for Numerical Methods in Engineering, 1985, 21: 1403-1426.

[26] Lo S. H. Generating Quadrilateral Elements on Plane and Over Curved Surfaces. Computers and Structures, 1989, Vol. 31 (3), pp. 421-426.

[27] Lo S. H. Finite Element Mesh Generation and Adaptive Meshing. Prog. Struct. Engng Mater, 2002, 4: 381-399.

[28] Lo S. H. & Lau T. S. Generation of hybrid finite element mesh. Microcomputers in Civil Engineering, 1992, 7: 235-241.

[29] Lohner R., Morgan K. & Zienkiewicz O. C. Adaptive Grid Refinement for Compressible Euler Equations. Accuracy Estimates and Adaptive refinements in Finite Element Computations, I. Babuska et. al. eds., Wiley, 1986, pp. 281-297.

[30] Owen S. J. A survey of unstructured mesh generation technology. Proceedings of the 7th International Meshing Roundtable, Sandia National Laboratories, 1998, 239-267.

[31] Owen S. J., Staten M. L., Canann S. A. & Saigal S. Q-Morph: An Indirect Approach to Advancing Front Quad Meshing. International Journal for Numerical Methods in Engineering, 1998, Vol. 44, pp. 1317-1340.

[32] Park C., Noh J. S., Jang I. S. & Kang J. M. A new automated scheme of quadrilateral mesh generation for randomly distributed line constraints. Computer-Aided Design, 2007, 39: 258-267.

[33] Shephard M. S. Approaches to the automatic generation and control of finite element meshes. Applied Mechanics Reviews, 1988, 41: 169-185.

[34] Staten M. L. & Canann S. A. Post Refinement Element Shape Improvement for Quadrilateral Meshes. AMD-Vol. 220 Trends in Unstructured Mesh Generation, 1997, pp. 9-16.

[35] Tam K. H. & Armstrong C. G. 2D Finite Element Mesh Generation by Medial Axis Subdivision. Advances in Engineering Software, 1991, Vol. 13, pp. 313-324.

[36] Talbert J. A. & Parkinson A. R. Development of an Automatic, Two Dimensional Finite Element Mesh Generator using Quadrilateral Elements and Bezier Curve Boundary Definitions. International Journal for Numerical Methods in Engineering, 1991, Vol. 29, pp. 1551-1567.

[37] Tristano J. R., Owen S. J. & Canann S. A. Advancing Front Surface Mesh Generation in Parametric Space Using a Riemannian Surface Definition. 7th International Meshing Roundtable, 1998.

[38] Weatherill N. P. & Hassan O. Efficient Three-dimensional Delaunay Triangulation with Automatic Point Creation and Imposed Boundary Constraints. International Journal for Numerical Methods in Engineering, 1994, vol. 37, pp. 2005-2039.

[39] White D. R. & Kinney P. Redesign of the Paving Algorithm: Robustness Enhancements through Element by Element Meshing. Proceedings, 6th International Meshing Roundtable, Sandia National Laboratories, 1997, pp. 323-335.

[40] Zhu J. Z., Zienkiewicz O. C., Hinton E. & Wu J. A New Approach to the Development of Automatic Quadrilateral Mesh Generation. International Journal for Numerical Methods in Engineering, 1991, Vol. 32, pp. 849-866.

第 3 章　有限元单元

在高层建筑结构分析中常用单元主要是梁单元与壳单元，其中壳单元又是其中的关键。相对于曲面壳单元，平板型壳单元构造简单，应用方便，因此无论是各种设计软件还是通用有限元软件中均广泛采用这类单元。本章重点针对梁单元和平板型壳单元中的平面膜元与板弯曲单元分别进行介绍。

3.1　有限元单元概述

3.1.1　梁单元概述

作为一种简化力学模型，梁单元假定主要的求解变量只是沿轴方向坐标的函数，这种假定要求垂直于梁轴方向的尺度要明显小于沿轴方向。

梁单元理论主要分为欧拉—伯努利梁理论（经典梁理论）和铁木辛柯（Timoshenko）梁理论。两者的主要区别在于对截面剪切变形的处理方式不同。在变形前，两种理论均假设梁的截面垂直于梁中性轴，变形后欧拉—伯努利梁理论仍假定上述垂直关系成立，而铁木辛柯梁理论则无此假定，如图 3.1.1 所示。

这种认为初始垂直于轴线的截平面在变形时仍保持为平面且垂直于轴线的假设称为 Kirchhoff 假设，根据上图可以知道，在该假设下梁的变形需要满足的条件为：

$$\gamma = 0$$
$$\theta = \frac{\mathrm{d}w}{\mathrm{d}x} \tag{3.1.1}$$

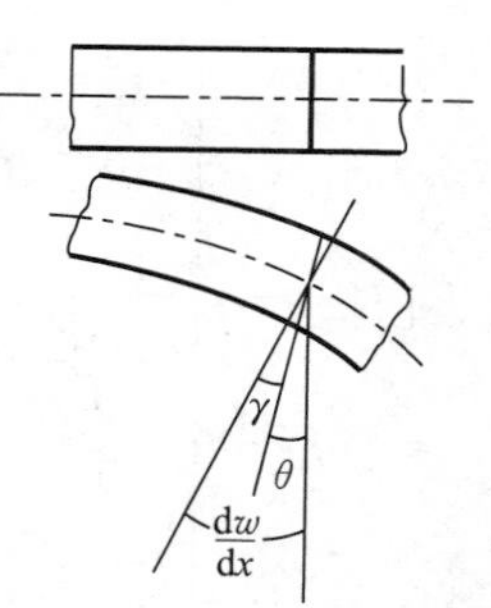

图 3.1.1　Kirchoff 假设

在这种情况下，欧拉-伯努利梁理论假设梁只有弯曲变形，忽略了剪切变形，此时虽然仍可计算剪切应力，但由于不考虑剪切变形，因此在物理方程上是矛盾的。

在这个假定中，实际上认为弯曲变形是主要的变形，因而忽略剪切变形，虽然这种假定并不精确成立，但这对于高度远小于跨度的实腹梁，并不会引起显著的误差，且由于只考虑弯曲变形，其形函数的假定更加简单，便于构造高次单元，用于模拟工程中的细长梁时，往往具有更高的精度。

假定剪切变形为 0 的梁单元仅适用于模拟细长梁情况，这种细长梁一般要求梁的截面尺寸小于梁长度的 1/15，但实际工程中梁的跨高比常常会超过这个限制条件，在我国《高层建筑混凝土结构技术规程》中建议混凝土梁的截面可按计算跨度的 1/10—1/18 确定，因此在实际工程中，多数情况下剪切变形是不能完全忽略的。

当需要考虑剪切变形时，可以采用 Timoshenko 梁理论。该理论可以自动处理梁内的横向剪力所产生的剪切变形引起梁的附加挠度，并使原来垂直于中性面的截面变形后不再与中性面垂直，且发生翘曲，此时：

$$\gamma = \frac{\mathrm{d}w}{\mathrm{d}x} - \theta \tag{3.1.2}$$

Timoshenko 梁单元通过对挠度和截面的转动各自独立插值构造，这种方法可以使单元的构造从 C_1 类连续问题退化为 C_0 类连续问题，因此构造更为简单，通常情况下也具有更广泛的适用范围，适用的梁跨高比可以达到 8 甚至更小的情况。但相对于同样是两结点单元欧拉-伯努利梁的三次挠度插值，由于 Timoshenko 梁单元的插值次数较低，因此通常其收敛速度较慢。

这种挠度与转动独立插值的构造方法，有时并不能一定保证上述表达式的精确成立，常见问题是当梁的跨度远大于截面高度时，此时剪切变形应退化为 0，但当实际挠度与转角采用相同次数的插值等情况时，会导致上述关系式的阶次不再匹配，因此使单元表现出无法弯曲的情况，即所谓的剪切闭锁现象，由于厚板单元多借鉴于 Timoshenko 梁单元，因此这种现象在板单元中更为突出，这一问题也将在板单元和闭锁问题中进一步阐述。

考虑剪切变形除了可以采用 Timoshenko 梁中的挠度与转角各自独立插值的方法外，也可以通过在经典欧拉-伯努利梁中引入剪切变形的影响来实现，这种方法目前也被众多软件广泛采用，如 ANAYS 中 BEAM4 三维弹性单元，如下式所示：

$$[K_e] = \begin{bmatrix}
\frac{AE}{L} & & & & & & & & & & & \\
0 & a_z & & & & & & & & & & \\
0 & 0 & a_y & & & & & & & & & \\
0 & 0 & 0 & \frac{GJ}{L} & & & & & & & symmetry & \\
0 & 0 & -c_y & 0 & e_y & & & & & & & \\
0 & c_z & 0 & 0 & 0 & e_z & & & & & & \\
-\frac{AE}{L} & 0 & 0 & 0 & 0 & 0 & \frac{AE}{L} & & & & & \\
0 & -a_z & 0 & 0 & 0 & -c_z & 0 & a_z & & & & \\
0 & 0 & -a_y & 0 & c_y & 0 & 0 & 0 & a_y & & & \\
0 & 0 & 0 & -\frac{GJ}{L} & 0 & 0 & 0 & 0 & 0 & \frac{GJ}{L} & & \\
0 & 0 & -c_y & 0 & f_y & 0 & 0 & 0 & c_y & 0 & e_y & \\
0 & c_z & 0 & 0 & 0 & f_z & 0 & -c_z & 0 & 0 & 0 & e_z
\end{bmatrix} \tag{3.1.3}$$

这种单元相对于前面的 Timoshenko 梁单元，由于单元挠度场具有更高的插值次数，因此在模拟梁的弯曲时往往具有更高的精度。

3.1.2　平面单元概述

平面单元除了可以解决平面应力或者平面应变问题以外，最大的意义在于同板弯曲单元相结合时可以合成平板壳单元，用于空间问题分析，因此是结构分析中非常重要的单元，且许多新的单元理论也往往从这类单元开始研究应用。

在连续体平面问题中，比较常见的位移型单元包括 Lagrange 单元、Hermite 单元、Serendipity 单元以及样条单元等。这些单元都是可以保证收敛的协调元，因而可靠性较好，早期的平板壳元多以它们来表示薄膜应力状态。然而在维持协调性不变的情况下改善这类膜元的性能，只能依靠增加边内或单元域内的结点数来实现，这给解决实际问题带来了麻烦。另外，随着单元网格的畸变，一些单元的性能迅速下降，例如四边形四结点等参单元 Q4 和八结点等参单元 Q8，这两个单元是在科研与生产中应用最为广泛的单元之一，它们的性能也早已被一些研究者仔细探讨过。这些单元虽然在规则网格下有较高次数的完备，但是在网格畸变情况下，位移场完备次数迅速下降，导致单元显得过刚，性能不佳。

为了克服协调元过刚的缺点，提高单元的精度和抗畸变性能，非协调元的出现是不可避免的。Wilson（1973）等人首先提出了非协调元 Q6，获得了较好的结果。这一成功的尝试为人们提供了新的思路，但是这个位移模式对任意四边形不能通过强式分片检验。鉴于强式分片检验一直作为大家公认的判别非协调元是否收敛的标准，Taylor（1976）等人在 Q6 元的基础上提出了非协调元 QM6，算例表明该单元有着良好的计算精度；此外，Wachspress（1978）提出了非协调元 QP6；Pian 等采用近似分片检验提出 NQ6；龙驭球（1988）等利用常应力和线性应力下的广义协调条件，提出了广义协调等参元 GC-Q6；另外还有应力杂交元、拟协调元、应变元等。这些单元仅包含角点自由度，且都可以通过强式分片检验，也都取得了较协调元更好的结果，然而对于克服网格畸变影响方面仍然不尽如人意，尤其是在解决 MacNeal 提出的细长悬臂梁的梯形闭锁问题上几乎显得无能为力。

在平面角点上增加旋转自由度是另外一种改善单元性能的有效途径，而且可以避免为增加自由度而增加内部结点所带来的麻烦。由于它只有角点自由度，因而可以非常方便地与其他类型单元，如板、壳及梁单元相连接，并且在壳体与折板分析中能自动处理相邻结点单元共面所产生的问题，这在有限元分析中具有比较重要的意义。对旋转自由度问题，早在 20 世纪 60 年代就有人进行研究，但没有得到有价值的结果。1979 年 Olson 和 Bearden 提出了具有旋转自由度的三角形膜元，但在单元中引入两边夹角在变形过程中保持不变这一不适当的约束，导致单元不能收敛于正确解。Irons 等人则认为不可能在平面应力元中引入旋转自由度。Mohr 用杂交位移方法提出一个三角形膜元，但是缺乏变分基础。含转角自由度膜元真正发展始于 Allman 首次构造成功以后，此后 Cook 提出了对上述 Allman 单元的改造方案，MacNeal 等将 Q8 单元通过将边中点线自由度由角点线自由度和转角自由度表示构造了四边形膜元，以及 Cook 和 Yunus 等人提出的含转角自由度的杂交应力膜元。这些单元都取得了较大成功，但是为了满足协调性要求，采用了各种方法强制通过分片检验，使得单元构造复杂且大多存在一定的不合理性。龙驭球等对平面膜元中的旋转自由度进行了研究和探讨，提出了具有明确含义，并能合理体现单元边界位移的平面内旋转自由度定义，为旋转自由度直接引入平面膜元提供了一个简单有效的方法和理论基础，并结合广义协调理论构造了平面膜元 GR 系列和 GQ 系列，取得了较好的结果，尤其是 GQ12M8 元性能优异，不足之处是为了采用等参坐标在网格畸变时实现直角坐标二次完备不得不引入八个内参，从而需要耗费过多的机时凝聚内参，进行矩阵求逆运算。

3.1.3　平板弯曲单元概述

与经典梁理论相同，早期的板单元大多基于经典的薄板理论，即 Kirchhoff 薄板单元。以该理论为基础的板单元能量泛函中，包含位移的二阶偏导数，要求位移为 C_1 类连续，这给构造板单元带来了困难。完全协调的板单元不但难以构造，而且在实际计算中，显得“过刚”，因此人们开始构造不满足 C_1 类连续条件的非协调元，如 Melsoh（1963）建立的 ACM 和 Bazeley（1965）等建立 BCIZ 元等。然而由于放弃了 C_1 类连续条件，又使得最小势能原理不再成立，如何保证单元的收敛性又成为构造非协调板元的障碍，同样的，只能以分片检验作为判断单元收敛与否的主要标准。

在薄板单元中，基于离散 Kirchhoff 方法的薄板单元 DKT 和 DKQ 单元，在构造方法上从中厚板理论出发，对挠度和转角实行独立插值，并在单元边界离散点上强迫实现挠度 w 和转角 ψ_x、ψ_y 之间的约束方程，使单元的泛函表达式最后又恢复为经典薄板理论的泛函表达式，单元的推导变得简单易行，因此这两个单元被广泛应用。

鉴于薄板的应用范围有限，而且在构造中又遇到了 C_1 连续的困难，研究人员将注意力转向了中厚板单元。中厚板单元采用的理论大多为 Mindlin-Reissner 中厚板理论，该理论的优点是能量泛函仅包含位移的一阶导数，因此只要求位移是 C_0 类连续，这就使得在弹性力学平面问题中的各类单元可以移植到厚板问题中，单元的构造相对薄板单元也变得简单了许多，而且许多研究成果都已证明了厚板理论比薄板理论的应用前景更为广阔。

因为厚板理论与薄板理论的差别，使得许多基于厚板理论建立的单元只对中厚板有效，当板逐渐变薄时，单元刚度矩阵中的剪切项占了主导地位，计算出的弯曲变形远小于实际变形，原因是当板非常薄时，由于剪切变形能得不到释放而使求得的位移趋于零，这就是困扰中厚板单元构造的剪切闭锁现象。

为了解决剪切闭锁现象，有限元研究者提出了各种各样的方法。例如 Zienkiewicz（1976）等人的减缩积分法；Hughes（1977）等的选择性减缩积分法以及离散的 Kirchhoff 理论法等等。这些方法虽然使剪切闭锁现象得到了一定的缓解，但都或多或少存在着某些不足，使问题没有得到彻底的根治。Zienkiewicz 以及 Hughes 等人又提出假设剪应变场的方法，Katili 将离散 Kirchhoff 法与假设剪应变场法相结合，以及近期提出的挠度与剪应变混合插值法，转角和剪应变混合插值法，厚板单元解析试函数法，成功地构造出一系列厚薄板通用单元，这些单元只包含角点自由度，每个结点又只有三个工程自由度，在计算中显示出较高的精度和很好的稳定性。

3.1.4　三维实体单元

常用三维实体单元主要为四面体单元和六面体单元，与板壳问题相同，在同等阶次情况下六面体单元的精度要优于四面体单元，但通常需要面对更加困难的网格剖分工作。

由于三维单元实体单元属于 C_0 连续条件，因此其构造理论相对于板壳单元反而简单，但列式往往较为复杂。四面体单元多采用体积坐标构造，而六面体单元则多采用等参坐标构造，根据单元结点的布置可以分为 Serendipity 单元和 Lagrange 单元，其中后者较前者具有更好的抗网格畸变能力，但由于增加了单元内部结点，因此在应用上较为不便。

六面体单元是在三维有限元分析中常见的单元，在很多性能的方面表现出与平面单元相似的特点，如传统的 8 结点六面体等参单元在弯曲等高阶问题中常常出现各类闭锁问题。为了构造出高性能的 8 结点六面体单元，国内外许多研究者都进行了相关的研究，并取得了一些进展，例如，Wilson（1973）和 Taylor（1976）等提出的非协调元方法的模型，Weissman（1996）和 Cao（2002）等基于 Hu-Washizu 变分原理的多变量模型，Simo（1986，1990）等基于增强假设应变（EAS）方法的模型，Cheung（1988）等基于杂交元方法的模型等，都在一定程度上提高了单元抗网格畸变能力。

3.2　有限元单元中的几个问题

3.2.1　协调性与收敛性

有限元发展的初期，在构造分片插值函数时，人们要求在各单元的交界处满足必要的 C_n 连续（$n+1$ 为能量泛函中场函数最高阶导数的阶数），这类单元被称为协调元。由于协调元要求位移场函数应事先精确满足单元间的几何协调条件，这个要求过于严格。虽然保证了单元的收敛性，但致使位移场函数难于确定，尤其是对很多高次的插值函数来讲更难得到满足，且在自由度一定的条件下单元刚度过硬。因此，非协调元的出现是必然的，如前面提到的在平面板弯曲问题中，R. J. Melosh 用直接刚度法构造的矩形单元 ACM；Irons 等提出的非协调单元模式构造的非协调三角形弯曲单元 BCIZ。这些非协调单元放松了单元间的连续性要求，不要求边界上完全连续，从而给单元构造上带来了极大的灵活性，但这类单元的缺点是往往不能保证收敛，这是因为采用非协调位移场，从变分意义上讲，是违背最小势能原理的，这正是某些非协调元不能保证收敛的根本原因。针对这一问题，Irons（1972）提出了“分片检验”的方法，作为检验非协调元是否收敛的标准。不过需要指出的是即使在分片试验的标准下，BCIZ 单元也是不能保证收敛的。

协调元的优点是严格符合数学的收敛条件要求，以四结点平面等参元 Q4 为例，在单元边界上位移为两个结点确定的线性函数，即：

$$\bar{u}_{ij}=(1-s)u_i+su_j s=[0,1],\quad ij=12,23,34,41 \tag{3.2.1}$$

而其位移场为：

$$u=\sum_{i=1}^{4}N_i u_i \tag{3.2.2}$$

其中：

$$N_i=\frac{1}{4}(1+\xi_i\xi)(1+\eta_i\eta)\quad i=1,2,3,4 \tag{3.2.3}$$

四个结点等参坐标（ξ_i，η_i）分别为：

$$(-1,-1),\quad(1,-1),\quad(1,1),\quad(-1,1) \tag{3.2.4}$$

以边界 12 为例，由于在边界 12 上 $\eta\equiv-1$，则有 $N_3\equiv0$ 且 $N_4\equiv0$，且根据定义区间有：

$$\xi=2s-1 \tag{3.2.5}$$

因此

$$\begin{aligned}u\mid_{12}&=\frac{1}{2}(1-\xi)u_1+\frac{1}{2}(1+\xi)u_2\\&=(1-s)u_1+su_2\end{aligned} \tag{3.2.6}$$

这种位移场在边界上的取值与结点位移确定的函数完全一致的情况即为协调单元；对于只包含平动自由度的八结点平面单元，由于每个边界上具有三个结点，而三个结点的位移可以唯一确定一个二次函数，因此只有当单元位移场在边界上取值为与此相同的二次函数时才能保证单元在边界上的准确协调；前面已经提到，虽然协调元可以保证协调，但在实际应用中表现出偏刚的特点，因此对位移元来讲，位移在总体水平上呈现出不大于精确解的特点，即所谓的下限性质。

非协调元相对于协调元，除了可以有效克服协调元过刚的问题，还可以降低构造单元的难度，不足是不能保证收敛，因此在工程应用中会受到限制。在非协调元中，最著名的单元当属 Wilson 在 Q4 单元基础上建立的 Q6 单元，该单元在 Q4 位移场基础上增加了一个非协调内参位移场，即：

$$\begin{aligned} u_\lambda &= \lambda_1(1-\xi^2)+\lambda_2(1-\eta^2) \\ v_\lambda &= \lambda_1'(1-\xi^2)+\lambda_2'(1-\eta^2) \end{aligned} \tag{3.2.7}$$

显然上述内参位移场在角点为 0，但在边界上为二次式，这与边界上两个结点确定的线性函数不一致，因此 Q6 单元只能保证结点位移协调，边界位移不协调。但由于增加了二次平方项，在矩形状态下即可以模拟二次纯弯问题，因此 Q6 单元的性能较 Q4 有了大幅提高。

由于数学上的收敛性判断变得更加困难，为了在协调与非协调之间寻求平衡点，工程师更倾向于采用分片检验作为收敛性判断准则。最有代表性单元当属由 Taylor 通过对 Q6 单元采用特别的数值积分进行修正得到 QM6 单元，虽然 QM6 单元不是严格意义的协调元，但因为可以通过分片检验因此其收敛性更加可靠。

与此相类似的还有陈晓明等（2004）采用四边形面积坐标构造的单 AGQ4 单元，增加了内参应变场的非协调元 AGQ6-Ⅰ单元和 AGQ6-Ⅱ单元，以及在 AGQ6-Ⅰ单元基础上对其修正并可以通过强式分片检验的 AGQ6M（2013）单元。

单元的协调性实际上是在单元的收敛可靠性与精度之间的一种平衡，协调性的增强会改善单元收敛的可靠性，反过来，约束条件的增加通常会使得单元变得较非协调元更刚。为了进一步降低单元的约束条件，甚至可以采用分片检验的弱形式作为收敛判别标准。对于强式分片检验，要求单元在有限网格情况下给出常应力问题的精确解，而弱式分片检验则不要求单元在粗网格时给出精确解，只要求当网格细分时收敛到精确解即可。图 3.2.1 所示为常用常应力分片检验例题的粗网格和加密网格。

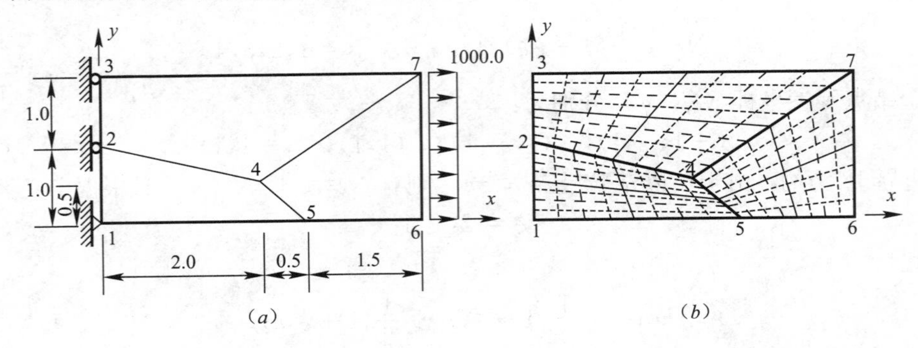

图 3.2.1　分片检验

对于强式分片检验要求对于图3.2.1（*a*）网格给出精确解，而弱式分片检验则要求如图3.2.1（*b*）模式加密时收敛到精确解即可。两者相比，强式分片检验更便于应用，但对单元的协调性要求更强，而弱式分片检验更贴合有限元收敛的本质，有利于进一步放松单元协调性要求改善单元性能，但不便于应用。

分片检验逐渐成为大家公认的判别非协调元是否收敛的标准，因此非协调元技术得到了很大程度的发展，包括广义协调元、应力杂交元、拟协调元、应变元等。这些单元的构造方法都可以通过强式分片检验，也都取得了较协调元更好的结果。分片检验作为一种实用工具虽然已被广泛采用，但围绕它是否是一个保证单元收敛的充要条件仍引起了不少讨论。

对于含转角自由度平面四结点单元，在边界上有转角位移和平动位移确定的位移场为三次式；同样对于板单元，由挠度和转角确定的边界位移也为三次式，这种不仅要求边界挠度协调，而且要求边界上转角协调的（C_1）连续条件，使得构造协调元变得较一般平面问题要困难得多。

3.2.2　单元畸变问题

单元畸变引起的精度下降是任何一个单元都无法避免的问题，虽然单元的精度可以通过放松协调条件及提高形函数的次数来改善，但当单元的形状变得不规则以及所求解问题的阶次更高时，其性能或多或少都会出现降低现象，降低幅度的大小则取决于单元的网格畸变敏感性。

以四边形平面单元为例，当单元形状为正方形时，其精度最高，且对于二次纯弯问题多数单元可以给出精确解，随着单元形状变得不规则，即使是二次纯弯问题也会有很多单元的精度逐渐下降，对于三次剪弯问题或者更复杂的问题，下降的速度则会更快。影响单元网格畸变敏感性的因素很多，除了变分原理基础、协调条件、插值函数及积分方案等主要因素外，还有一些尚不能确定的因素。

图3.2.2所示为常用的平面单元畸变敏感性测试例题，悬臂梁被划分为两个单元，梁端施加纯弯荷载，单元的形状由畸变参数e确定，随着e的增大，单元从矩形状态变为越来越不规则的梯形。

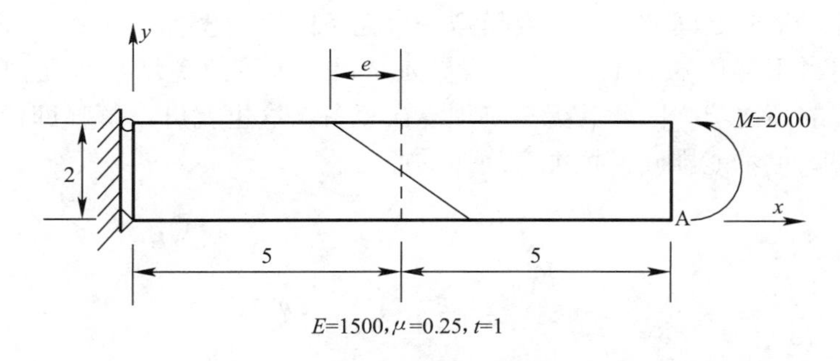

图3.2.2　带畸变因子e的网格畸变测试

表3.2.1所示为部分平面单元的网格畸变测试结果。

网格畸变测试汇总　　表 3.2.1

e	0	0.5	1	2	3	4	4.9
Q4	28.0	21.0	14.1	9.7	8.3	7.2	6.2
Q8	100	100	99.3	89.3	59.7	31.6	19.0
QM6	100	80.9	62.7	54.4	53.6	51.2	46.8
P-S	100	81.0	62.9	55.0	54.7	53.1	49.8
QE2	100	81.2	63.4	56.5	57.5	57.9	56.9
$\bar{B}$-Q4E	100	81.2	63.4	56.5	57.5	57.9	56.9
AGQ6-Ⅰ	100	100	100	100	100	100	100
GQ12	100	97.9	86.3	48.7	24.9	13.3	8.0
GQ12M	100	98.7	93.9	74.1	51.0	33.4	23.3
QAC4-θ	100	99.9	98.9	99.8	102.0	102.2	100.3
QAC4-θ2	100	100	100	100	100	100	100
Exact	100						

从计算结果可以看出，对于图示二次纯弯问题，大多数单元，即使是 8 结点等参元 Q8 或者是增加了转角自有度的平面四结点单元 GQ12，当网格畸变时单元的性能都可能会下降，且部分单元的结果变得不再具有价值，虽然一般情况下单元的畸变不太可能达到图示上表所示的极限状态，但狭长单元轻微的畸变导致单元只能保持 60%精度仍然是一个无法接受的结果。上表中 AGQ6-Ⅰ单元和 QAC4-θ2 单元与其他单元不同，这两个单元在网格畸变时仍然可以给出精确解（虽然它们在面对三次剪弯问题时仍然会有明显精度下降现象），这显示出克服网格畸变敏感性问题的重要性以及在这方面深入研究的可行性。

N S Lee 和 K J Bathe（1993）曾讨论过网格畸变对等参元性能的影响，并指出 Serendipity 等参元具有对网格畸变很敏感的缺点，即：Serendipity 等参元的位移场对等参坐标（ξ，η）为高次完备。当单元为规则矩形时，（ξ，η）与（x，y）为线性变换，位移场对（x，y）仍为高次完备，因而精度高。但当单元畸变时，（ξ，η）与（x，y）为非线性变换，位移场对（x，y）降为一次完备，因而精度显著下降。因此 Serendipity 等参元对畸变敏感的原因可归结如下：当单元由规则矩形畸变为不规则四边形时，其位移场对（x，y）的完备次数急剧下降，而这种降幂现象产生的根源是（ξ，η）与（x，y）之间的变换由线性转变为非线性。这种非线性关系可以用 Pascal 三角形表示，式（3.2.8）所示为直角坐标二次多项式与等参坐标之间的关系，要模拟一个完备的直角坐标二次式，等参坐标甚至要包含四次项，但对于常用的 Serendipity 等参元来讲，为了避免增加单元内部结点，通常并不能包含全部的高次项，因此其无法实现高次完备，这也就可以解释即使是八结点等参元在非矩形状态下也不能准确模拟纯弯问题的原因。

$$
\begin{array}{ccccc|ccccc}
 & & & & & & & 1 & & \\
 & & 1 & & & & \xi & & \eta & \\
 & x & & y & & \xi^2 & & \xi\eta & & \eta^2 \\
x^2 & & xy & & y^2 & & \xi^2\eta & & \xi\eta^2 & \\
 & & & & & & & \xi^2\eta^2 & &
\end{array}
\tag{3.2.8}
$$

为了解决这个问题，虽然已经有很多方法提出，但是却始终不能很好地克服网格畸变对单元性能的影响，因此不可避免地在计算中会出现因为网格畸变导致局部解答偏差较大甚至完全错误的情况。鉴于其中一个主要原因是等参坐标系的问题，因此发展新的自然坐标系是关键问题。

在实际工程中，尤其是高层建筑结构分析中，所采用的网格剖分尺度一般为 1m，且由于墙体开洞等因素会形成较多的短肢墙或者小尺寸窗间墙，以及上下层墙体不对齐等情况，都不可避免地会产生狭长单元及网格畸变，如图 3.2.3 所示剪力墙网格。

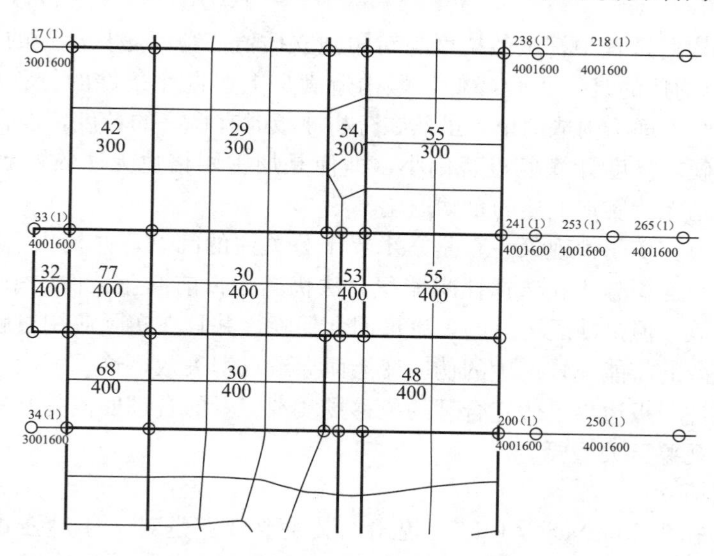

图 3.2.3　工程中的网格畸变

实际计算显示，在工程中部分墙柱或者墙梁由于网格畸变的影响可以使构件的内力误差达到 50%以上。在计算规模允许的情况下，多数网格畸变问题可以通过网格加密的方式加以改善，但在非线性计算中，加密网格所能达到的效果可能并不会像线弹性计算中那样明显。

3.2.3　闭锁现象

单元的闭锁现象与畸变引起的精度下降问题不同，虽然闭锁现象发生的可能性要小得多，但一旦发生所引起的影响往往要较网格畸变的影响大得多，这是由于畸变引起的是局部单元的精度损失，而闭锁引起的可能是求解任务的失败，另一方面由于闭锁问题是一个更深层次的问题，因此克服的难度更大。

单元的闭锁包括剪切闭锁、薄膜闭锁、梯形闭锁以及体积闭锁等现象。由于体积闭锁仅发生于不可压缩材料或者几乎不可压缩材料，而薄膜闭锁主要发生于曲面壳，因此在高层建筑结构分析中并不多见，相对而言常见问题是剪切闭锁和梯形闭锁。

（1）剪切闭锁

与 Timoshenko 梁理论相似，在 Mindlin-Reissner 中厚板理论中，放弃了 Kirchhoff 直法线假设，法线转角 ψ_x 和 ψ_y 在一般情况下与中面倾角 $\partial w/\partial x$ 和 $\partial w/\partial y$ 不再保持相等，两者的差值即为板的横向剪应变 γ_x 和 γ_y。因此当板较厚时，挠度 w 及两个转角 ψ_x、ψ_y 是三个独立的变量。但当板非常薄时，即 $t/l \ll 1$ 时，横向剪切应变应自动退化为 0，则此时 ψ_x、ψ_y 应是 w 的导数而不再是独立的量。因此在一个单元内的插值公式中，必须既能使

在厚板情形下 w、ψ_x 和 ψ_y 为三个独立的函数，而在薄板极限的情形下，又能使 ψ_x 和 ψ_y 与 w 的关系不再独立，即满足退化关系：

$$\begin{aligned}\gamma_x &= \frac{\partial w}{\partial x} - \psi_x \\ \gamma_y &= \frac{\partial w}{\partial y} - \psi_y\end{aligned} \quad \Rightarrow \quad \begin{aligned}\psi_x &= \frac{\partial w}{\partial x} \\ \psi_y &= \frac{\partial w}{\partial y}\end{aligned} \tag{3.2.9}$$

厚板单元的构造过程中，虽然挠度与转角独立插值使得问题从薄板的 C_1 连续问题简化为 C_0 类问题，构造的难度大幅降低，但构造满足上述退化条件的位移场却非常困难。实际上，许多按厚板理论构造的单元虽然在分析厚板时有良好的精度，但在分析薄板时出现了单元性能偏硬，挠度计算值显著偏小，即使是加密网格也无法收敛到正确解答的现象，其主要原因是无法实现上述的自动退化。

如何消除厚板剪切闭锁现象一直是学术界十分关注的问题，并提出了不少改进措施，其中前面提到的减速积分法和选择性减缩积分法仍然是目前商业软件中采用的主要方法。这些方法虽然有效，但是缺乏可靠的理论证明和保障，并且在实际应用过程中可能会因为减缩积分引起多余的零能模式产生的伪应变能而导致求解失败，这无疑会增加工程师应用的难度，因此通过在板边界上假定合理的位移场实现三者的合理匹配并自然退化，从理论上消除剪切闭锁现象至关重要。

（2）梯形闭锁

梯形闭锁最初由 MacNeal（1985）提出，其主要观点是对于通过强式分片检验的四结点八自由度平面单元在面对受弯作用下的细长梁梯形网格时必然发生闭锁现象，即 MacNeal 细长梁问题，如图 3.2.4 所示。

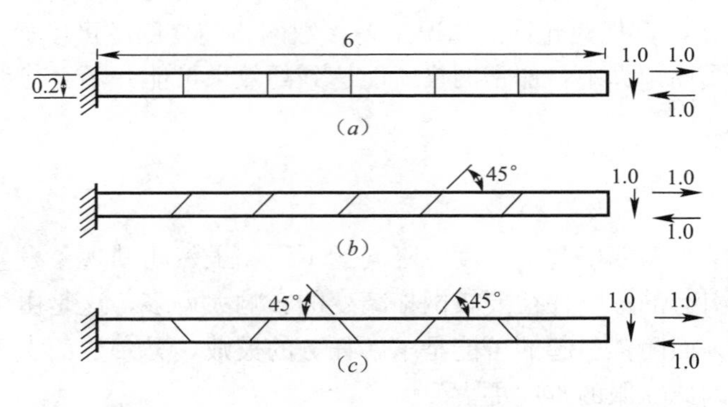

图 3.2.4　MacNeal 细长梁

MacNeal 细长梁中网格畸变形式是混合畸变模式，除长宽比畸变外，还考虑了长宽比畸变与平行四边形畸变或梯形畸变的综合畸变情况。梯形闭锁与一般网格畸变相比其引发的结果将会是质的区别。

从上面的结果可以看出，不论是纯弯问题还是剪弯问题，面对梯形网格众多著名单元发生了闭锁现象，包括了商业软件 MSC 中的 QUAD4 单元和 ANSYS 中的四结点八自由度单元。唯一没有发生闭锁的单元是采用了弱式分片检验和四边形面积坐标的 AGQ6-Ⅰ单元。上述现象 MacNeal（1987）做过详细的证明（见表 3.2.2），且同时也提出了其 QUADH 单元虽然可以避免闭锁，但同样也无法通过分片检验。

表 3.2.2

梁端竖向位移的归一化结果

Element type	Load P			Load M		
	mesh (a)	mesh (b)	mesh (c)	mesh (a)	mesh (b)	mesh (c)
Q4	0.093	0.035	0.003	0.093	0.031	0.022
Q6	0.993	0.677	0.106	1.000	0.759	0.093
QM6	0.993	0.623	0.044	1.000	0.722	0.037
QUAD4	0.904	0.080	0.071	—	—	—
P-S	0.993	0.798	0.221	1.000	0.852	0.167
PEAS7	0.982	0.795	0.217	—	—	—
RGD20	0.981	0.625	0.047	—	—	—
ANSYS	0.979	0.624	0.047			
AGQ6M	0.993	0.632	0.051	1.000	0.726	0.046
AGQ6-Ⅰ	0.993	0.994	0.994	1.000	1.000	1.000
Exact		1.000[a]			1.000[b]	

a 标准值为−0.1081.
b 标准值为−0.0054.

虽然在结构分析中出现与 MacNeal 细长梁完全相同的网格剖分概率较低，但在短墙肢中却常见与此相似的网格剖分结果。由于壳单元中平面膜的转角自由度定义仍然存在争议，且传统壳单元中多不包含该自由度，因此各商业软件中一般仍提供 5 自由度壳单元供用户选择，如存在闭锁可能，应尽可能避免选用这类单元以防止出现闭锁现象。

3.2.4 沙漏的控制

为了改善单元的性能以及提高计算效率，在实际计算中通常会采用减缩积分单元，如 ABAQUS 中的 S4R 或者 S8R 单元，但在采用减缩积分时必须对单元可能产生的沙漏效应进行控制，通常情况下这种现象只发生在单点积分的线性单元，减缩积分使这类单元产生了虚假的变形模式——多余的零能模式，即单元产生变形但却不产生变形能，这种现象有可能会使得整个求解过程失败。

产生这种现象的原因是一阶四边形减缩积分单元中，一般精确积分方案为 $3*3$ 的高斯积分，而减缩积分时积分点只能取单元中心的积分点，由于只有一个积分点，会使得单元刚度阵出现多余的 0 特征值，以平面单元为例，单元的刚度阵应包含三个 0 特征值以体现两个平动及一个转动共三个刚体位移（即零能模式），但减缩积分则会导致单元刚度阵的 0 特征值超过三个，而实际上并不存在与此对应的真实刚体位移，因此称为虚假的零能模式，此时单元会发生虚假的变形，通常情况下这种虚假变形模式会呈现出如多个梯形单元在一起像沙漏的形状，因此称为沙漏效应。

对沙漏进行控制，可以通过对刚度阵施加一个微小的扰动矩阵，即稳定化矩阵来实现。在 ABAQUS 中提供了四种沙漏控制方式，分别是：

- **积分粘滞弹性**：这种方法适用于突然施加的动力荷载，但只适用于显式计算；
- **Kelvin 粘滞弹性**：作为线性刚度与线性粘滞系数的组合，又可以演变为纯刚度模式、纯粘滞模式及混合模式，这种控制模式同样仅适用于显式计算；

- **总刚度模式**：这种方式只在隐式算法中可用，可以由 ABAQUS 确定默认沙漏刚度也可以通过用户子程序指定沙漏刚度；
- **增强沙漏控制模式**：这种沙漏控制模式在隐式与显式都可以采用，而且当涉及隐式与显式之间数据传递时应优先采用。

由于沙漏的控制仅是一种数值手段，因此一般计算完成后仍需要考察因为沙漏效应所产生的伪应变能，通常情况下，伪应变能应小于总应变能的 10%，否则计算结果可能不再可靠，此外也可以通过放大变形观察单元的变形模式来考察是否产生了明显的沙漏效应。在施加了沙漏控制后仍不能达到预期效果情况下可以通过网格加密降低其影响。

3.3　广义协调系列单元

3.3.1　广义协调简介

广义协调方法因为采用能量法与加权残值法相结合而综合了协调元与非协调元两个方面的优点，摒弃了它们两个方面的缺点。因为采用了退化型多变量泛函从而吸取了多变量泛函和单变量泛函的长处，克服了它们的不足。这样虽然它在本质上是非协调元，但是它可以从理论上保证收敛，而且不至于使单元过于刚硬；虽然采用了多变量泛函但是因为最终归结于单变量泛函而使单元场函数易于选择。这种方法的提出为有限元的深入研究和发展提供了一个简单有效的途径。

广义协调元作为一种非协调元，构造的关键是要如何做到使这种单元保证收敛。首先它以修正的势能原理或分区势能原理为理论出发点，从而使采用非协调位移场的做法具有明确的理论基础，另外采用权残方程使协调条件在各种平均的意义上得到满足，也就是说对于粗网格，在平均的意义上保证单元间位移的协调，当网格无限细分时，保证单元间的位移协调。例如对于板单元，修正势能原理的泛函为：

$$\prod_{mp} = \prod_{p} + U_{\partial A_e} = \text{驻值} \tag{3.3.1}$$

其中 $\prod_{mp}$ 表示修正势能；$\prod_{p}$ 是最小势能原理的能量泛函；$U_{\partial A_e}$是由单元的非协调位移引起的附加能量，此即广义协调条件：在网格无限细分的情况下，常应力状态下的单元边界力在不连续位移上做功的周积分趋于零。

由这一协调条件构造的广义协调元正确地处理了位移试探函数对边界位移协调条件的要求。放松了边界上每一点都协调这一过于苛刻的约束，代之以加权意义上的使能量模最小的点协调、边协调或周协调等条件。

如对于厚板弯曲问题，协调元的单元边界条件可以描述如下：

$$w = \tilde{w}, \quad \psi_n = \tilde{\psi}_n, \quad \psi_s = \tilde{\psi}_s \quad (\text{在单元边界 } \partial A_e \text{ 上}) \tag{3.3.2}$$

如采用非协调元，则由非协调位移引起的能量为：

$$U_{\partial A_e} = \oint_{\partial A_e} [M_n(\psi_n - \tilde{\psi}_n) + M_{ns}(\psi_s - \tilde{\psi}_s) - Q_n(w - \tilde{w})] \mathrm{d}s \tag{3.3.3}$$

在内力满足齐次平衡微分方程情况下，有：

$$\iint_{Ae}\left[M_x\frac{\partial\psi_x}{\partial x}+M_y\frac{\partial\psi_y}{\partial y}+M_{xy}\left(\frac{\partial\psi_x}{\partial y}+\frac{\partial\psi_y}{\partial x}\right)-Q_x\left(\frac{\partial w}{\partial x}-\psi_x\right)-Q_y\left(\frac{\partial w}{\partial y}-\psi_y\right)\right]\mathrm{d}x\mathrm{d}y$$

$$=\oint_{\partial Ae}(M_n\widetilde{\psi}_n+M_{ns}\widetilde{\psi}_s-Q_n\widetilde{w})\mathrm{d}s \tag{3.3.4}$$

其中，w、ψ_n、ψ_s 分别表示单元内部位移场在边界处的挠度、法向转角和切向转角。$\widetilde{w}$、$\widetilde{\psi}_n$、$\widetilde{\psi}_s$ 表示相应的边界位移。M_n、M_{ns} 和 Q_n 是 Lagrange 乘子，其物理意义为单元边界上的法向弯矩、扭矩和横向剪力，也可看作加权残数法中的权函数。协调元要求对任意权函数，对任意网格，$U_{\partial Ae}=0$。而广义协调元不要求单元间的协调条件如此精确地满足，只要求在网格无限细分，单元的应力和应变趋近于常应变和刚体位移时，附加能量 $U_{\partial Ae}\rightarrow 0$。此时根据选取权函数的不同可得到不同类型的协调条件：

点协调——如果选择的权函数为作用在某一结点 j 处的集中力和力偶，则权残方程为：

$$(w-\widetilde{w})_j=0,\quad(\psi_x-\widetilde{\psi}_x)_j=0,\quad(\psi_y-\widetilde{\psi}_y)_j=0 \tag{3.3.5}$$

它使 j 点的挠度和转角协调条件满足，相当于加权残数法中的配点法。

边平均协调——如果选用的权函数分别对应于在第 k 边 Γ_k 的均布力和力偶，则权残方程为：

$$\int_{\Gamma_k}(w-\widetilde{w})\mathrm{d}s=0,\quad\int_{\Gamma_k}(\psi_n-\widetilde{\psi}_n)\mathrm{d}s=0,\quad\int_{\Gamma_k}(\psi_s-\widetilde{\psi}_s)\mathrm{d}s=0 \tag{3.3.6}$$

它表示边 Γ_k 平均位移协调条件，相当于加权残数法中的配线法。

周协调——如果选用的权函数对应于自平衡的内力场，则由式（3.3.4）等于零可得到周协调条件。这时可假设不同的自平衡内力场，得到相应的广义协调条件。但内力场至少应含有表示常内力状态的常数项，才能保证收敛。

构造广义协调元的一般过程为：首先选定 n 个单元结点自由度（如对于三角形或四边形板单元可取 $n=9$ 或 $n=12$）；其次，将单元内部的位移场设为 m 个待定系数的多项式，且 $m\geqslant n$；最后，灵活选取 m 个广义协调条件（点协调，边协调或周协调）确定 m 个待定系数，即可得到问题的解。

广义协调条件通过放松对单元边界协调的要求，从而使得在构造单元的时候协调条件的选取灵活多样，但是协调条件的选择对单元的性能至关重要，合理的协调条件可以在保证收敛的前提下最大限度地放松对单元边界位移的约束，从而改善单元的性能。

自1987年广义协调理论首次提出之后，最先用来构造薄板单元，继而成功地构造了包括三角形元、矩形元、四边形元和扇形元多种优质单元，形成了广义协调薄板单元系列。之后，广义协调法在构造薄板弯曲单元时的多种成功经验被移植到其他领域中，目前已在构造厚薄板单元、壳体单元、膜元以及稳定与振动分析、几何非线性分析等方面取得许多成果。

近年来，关于广义协调元的论文已经发表近百篇，使其已经成为具有一定影响的新型有限元。广义协调元的一个特点是为解决非协调元不能保证收敛这个长期困扰人们的问题找到了简便实用的良策。已经有多位研究者对广义协调元的收敛性和几何不变性从数学的角度上给予严格的证明。广义协调元的另一个特点是其高精度，近百篇论文的数值算例都表明其精度优于其他的同类单元。

这些单元被国内的主要结构分析软件广泛采用，如中国建筑科学研究院研发的 SATWE，盈建科研发的 YJK 结构软件，广厦软件研发的 GSSAP，以及理正软件有限公司研发的 QSAP 和基础软件等，为我国有限元技术在工程中的应用起到极大的推进作用。除此之外，也被国内外研究者用于复杂力学问题的非线性分析，包括复杂结构的弹塑性分析以及金属成形等问题的研究。

3.3.2　自然坐标简介

物理方程的描述多数采用笛卡尔等整体坐标，而有限元方法只在单元内部局部插值，虽然单元的建立也可以采用整体坐标系，但是往往在推导上较为麻烦。相比之下，自然坐标的坐标只在单元边界内有定义，在边界之外无意义，坐标不随单元的转动而发生变化，它只与单元的形状有关，不像采用直角坐标有可能出现方向性，因此在构造单元时更加实用有效。

在自然坐标系中，四边形的等参坐标和三角形的面积坐标一直是深受研究人员青睐的主要工具，这两种坐标的应用都已经取得了巨大的成功。

等参坐标（ξ，η）与直角坐标（x，y）的变换关系可以表示为：

$$
\begin{aligned}
x &= \frac{1}{4}\sum_{i=1}^{4} x_i(1+\xi_i\xi)(1+\eta_i\eta) \\
y &= \frac{1}{4}\sum_{i=1}^{4} y_i(1+\xi_i\xi)(1+\eta_i\eta)
\end{aligned}
\tag{3.3.7}
$$

其中（x_i，y_i）和（ξ_i，η_i）分别为单元结点 i 的坐标值。

对等参单元来说，它的一个重要优点就是二次以上单元的边界可以拟合曲线，用于具有曲线边界的平面体可以很容易地与边界曲线吻合，而不需要用分割很细的方法去适合一个平面体的曲线边界，但还存在一些不便之处：

- 两者之间逆变换比较复杂，不便于应用。C. Hua 曾把四边形单元分成六类，分别求出了相应的具有不同形式的逆变换式：

$$
\begin{aligned}
\xi &= F_1(x,y) \\
\eta &= F_2(x,y)
\end{aligned}
\tag{3.3.8}
$$

但除四边形退化为平行四边形的特殊情况外，$F_1(x，y)$ 和 $F_2(x，y)$ 都不能用有限项的多项式来表示。

- 单元局部坐标（ξ，η）是直角坐标（x，y）的无理函数，一般不能用（x，y）的有限项来表示，逆变换复杂，不便于应用；
- 采用等参坐标构造的四边形单元刚度矩阵一般不能得出积分显式，而必须采用数值积分；
- 采用等参坐标构造板弯曲四边形单元时，由挠度求曲率的公式以及求单元边界法向导数的公式都比较复杂；
- 对应于常应变的位移场需要高阶多项式来表示。例如，对应于常曲率的挠度场必须含有四次项 $\xi^2\eta^2$；
- 在网格畸变时不能保证精度。

另一方面，构造三角形单元时，三角形面积坐标的应用也很成功，这是因为三角形面积坐标具有如下优点：

- 面积坐标 L_i 是自然坐标，具有不变性，即当直角坐标轴旋转时，给定点的面积坐标

L_i 保持为不变量；

- 单元边线方程为 $L_i=0$，因此单元边界条件易于表述，易于满足；
- 采用面积坐标时，易于求得三角形单元刚度矩阵的积分显式；
- 两种坐标之间互为线性关系。

鉴于等参坐标（ξ，η）的上述缺点，龙驭球（1999）等提出四边形面积坐标，作为等参坐标的一种并立互补的坐标形式，为构造四边形单元提供了一个新工具。这两种坐标都是自然坐标，但四边形面积坐标有一个优点，它与直角坐标之间始终是线性关系，因而在网格畸变的情况下位移场对（x，y）的完备次数保持不变，从而有利于克服网格畸变的影响。

四边形具有各种不同的形状。坐标的定义通过先定义四个无量纲参数 g_1、g_2、g_3 和 g_4 作为四边形的形状特征参数实现（见图 3.3.1）。

$$g_1=\frac{A(\triangle 124)}{A}\quad g_2=\frac{A(\triangle 123)}{A}\qquad (3.3.9)$$
$$g_3=1-g_1\quad g_4=1-g_2$$

图 3.3.1　g_1、g_2、g_3 和 g_4 的定义

其中 A 表示四边形面积，$A(\triangle 124)$ 和 $A(\triangle 123)$ 分别表示△124 和△123 的三角形面积。

四边形内任一点 P 的面积坐标（L_1，L_2，L_3，L_4）定义为：

$$L_i=\frac{A_i}{A}\quad (i=1,2,3,4)\qquad (3.3.10)$$

A_1、A_2、A_3、A_4 是点 P 分别与四边形单元各边所组成的四个三角形的面积，见图 3.3.2-*a*，其各结点的面积坐标取值如图 3.3.2-*b* 所示。

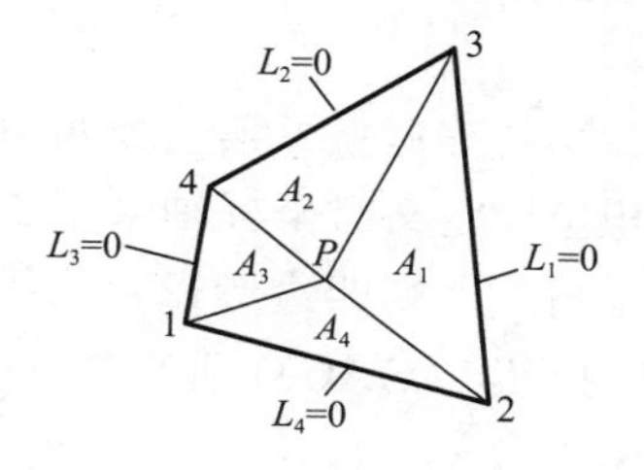

图 3.3.2-*a*　四边形面积坐标的定义

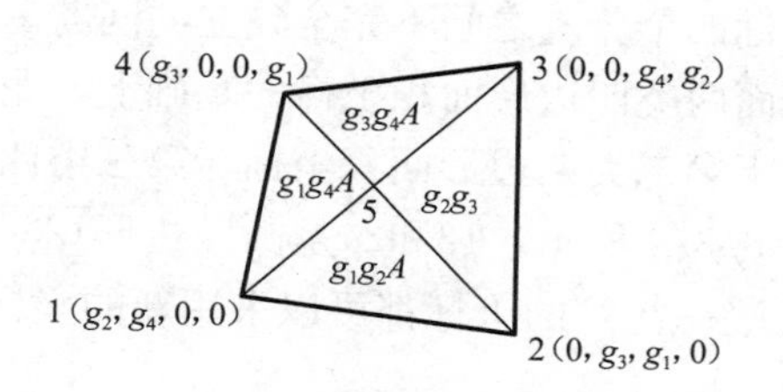

图 3.3.2-*b*　四边形单元结点面积坐标

平面内一点只有两个自由度，显然在四个面积坐标分量中只有两个是独立的，即四个面积坐标分量之间存在两个恒等式。它们是：

$$L_1+L_2+L_3+L_4=1\qquad (3.3.11)$$

$$g_4g_1L_1-g_1g_2L_2+g_2g_3L_3-g_3g_4L_4=0\qquad (3.3.12)$$

上式中两个恒等式的建立，尤其是第二个恒等式是四边形面积坐标从设想到实现的关键。上述坐标系为第一类四边形面积坐标 QACM-Ⅰ。

可以看出，在 QACM-Ⅰ中，四个坐标分量之间只有两个是独立的，这在一定程度上增加了多项式选择的难度，针对这一问题，陈晓明（2008）等建立了第二类四边形面积坐标系 QACM-Ⅱ，它保留第一类面积坐标系的基本优点，坐标分量的定义仍然采用面积比例的形式，且引入等参坐标的坐标轴定义，使坐标分量的个数减少为两个。具体

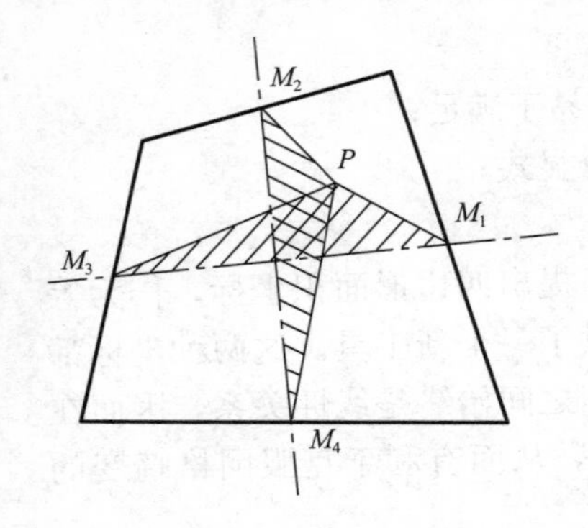

图 3.3.3　第二类四边形面积坐标定义

的物理意义可解释如下：图 3.3.3 表示某四边形单元，其中 P 为单元内任意一点，而 M_i（$i=1$，2，3，4）为各边的中点，中点的连线作为单元的两个坐标轴，并形成一个斜交坐标系，所采用的面积不再采用 P 点与边界围成的三角形的面积，而是与两个坐标轴围成的三角形的面积。

在上述基本假定下，P 点的坐标定义为如下形式：

$$Z_1 = 4\frac{A_1}{A} \qquad Z_2 = 4\frac{A_2}{A} \tag{3.3.13}$$

其中 A 为四边形的面积，而 A_1、A_2 为两个阴影三角形的面积：

$$A_1 = S(\triangle PM_2M_4) \qquad A_2 = S(\triangle PM_3M_1) \tag{3.3.14}$$

需要强调的是，上式中 M_1、M_2、M_3 和 M_4 为各边中点，当三角形结点顺序为逆时针时，面积 A_1、A_2 为正，否则为负。从上图可以看出，显然每个点的坐标是唯一的，且两个坐标是相互独立的。与第一类四边形面积坐标与三角形面积坐标的直接沟通不同，这个新的坐标系同时具有了面积坐标和等参坐标的部分属性，因此可以实现与等参坐标的部分沟通。

尽管这两类面积坐标采用完全不同的定义方式，但实际上二者之间仍然满足如下的线性关系：

$$\begin{aligned} Z_1 &= 2(L_3 - L_1) + (g_2 - g_1) \\ Z_2 &= 2(L_4 - L_2) + (g_3 - g_2) \end{aligned} \tag{3.3.15}$$

可以看出，第二类四边形面积坐标由于仅包含两个坐标分量，因此解决了第一类四边形面积坐标四个分量之间不完全独立的问题。

在前面两类四边形面积坐标的基础上，龙志飞（2010）等建立了第三类四边形面积坐标，区别于第二类四边形面积坐标，第三类四边形面积坐标定义时坐标轴采用了两个对角线。如图 3.3.4 所示，$\overline{13}$和$\overline{24}$是凸四边形$\overline{1234}$的两条对角线。则四边形$\overline{1234}$内任意一点或者外部任意一点 P 的坐标都可以采用新的坐标分量 T_1 和 T_2（QACM-Ⅲ）唯一表示如下：

$$T_1 = \frac{S_1}{A}, \quad T_2 = \frac{S_2}{A} \tag{3.3.16}$$

上式中 A 是四边形单元的面积；S_1 和 S_2 分别是三角形△P42 和△P13 的广义面积。

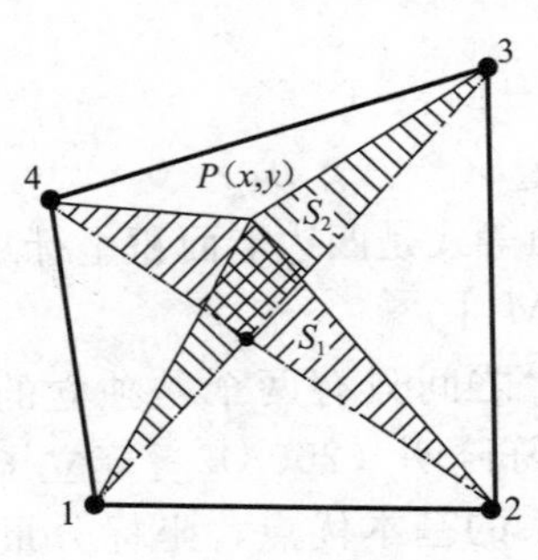

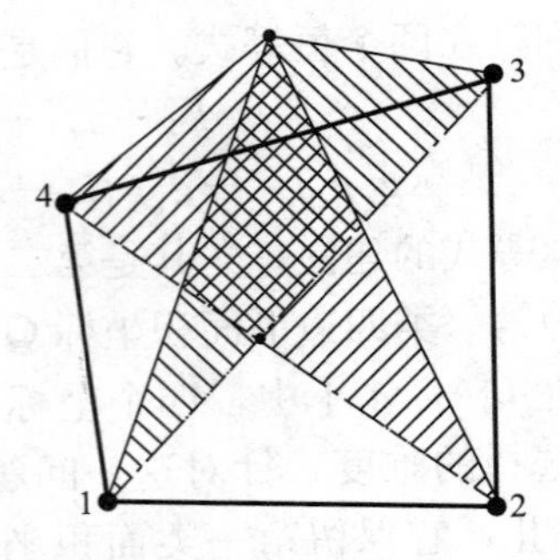

图 3.3.4　第三类四边形面积坐标的定义

广义面积的数值 S_1 和 S_2 可以是正值也可以是负值：对△$P42$（或△$P13$），如果结点顺序是逆时针的，即排序为 P、4 和 2（或者 P、1 和 3），则面积 S_1（or S_2）是正值，否则 S_1（或 S_2）为负值。

非常有趣的是，对于任意一点，无论是在凸四边形内部还是外部，都可以采用该坐标系定位，因此该坐标系可以直接用于曲边单元的构造。

上述三类四边形面积坐标自提出以来已用于平面单元、薄板单元、中厚板单元以及层合板单元的构造，在此基础上陈晓明等（2008）还将四边形面积坐标推广到解析试函数法。在平面单元中，新型单元相对于等参元解决了对于纯弯问题网格畸变精度衰减的问题。在板单元中，这些新型板单元除了在计算方板及圆板的较规则网格下精度高以外，在计算 Razzaque 斜板和 Morley 斜板等特殊问题上都有着良好的性能，最重要的是与采用四边形面积坐标构造的平面单元一样，由于面积坐标比等参坐标更容易实现多项式的完备，因此对于抗网格畸变的能力也远胜于其他单元。

借鉴四边形面积坐标方法在二维问题中的成功应用，岑松等（2008）提出了针对三维单元的六面体体积坐标方法。该方法把六面体内任一点与单元表面形成的四棱锥体积与单元总体积的比值作为该点的坐标分量。由于这种体积坐标与整体坐标之间的线性关系，使得构造对网格畸变不敏感的新型六面体单元成为可能。同时，这种坐标也可以用等参坐标来表示，因此也可以应用于各类复杂形状。将六面体体积坐标与广义协调理论相结合，构造出一种新型的六面体单元 HV3D8（2009）。

六面体体积坐标的建立同时借鉴了四边形单元面积坐标方法和四面体体积坐标方法。定义时首先引入形状参数 g，相对于二维问题，该形状参数对六面体的每个角点单独定义，即：

$$g_{iJ} = \frac{V_{iJ}}{V} \tag{3.3.17}$$

其中 i 为角点号（i=1～8），J 为不通过角点 i 的六面体面的编号，对于每个角点有三个这样的面，V_{iJ} 表示由角点 i 和面 J 围成的棱锥体的体积，V 为六面体的总体积。

六面体各面以及 V_{56} 的定义如图 3.3.5 所示。则六面体内任意一点 P 的体积坐标用体积的比例关系表示为：

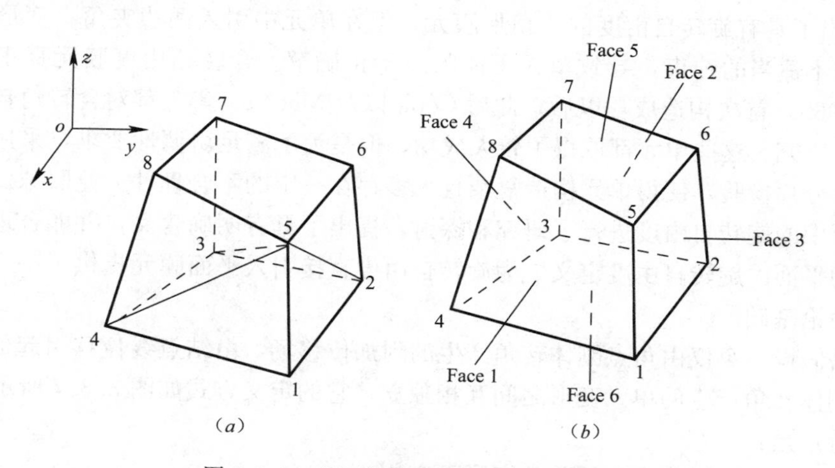

图 3.3.5　六面体体积坐标形状参数定义

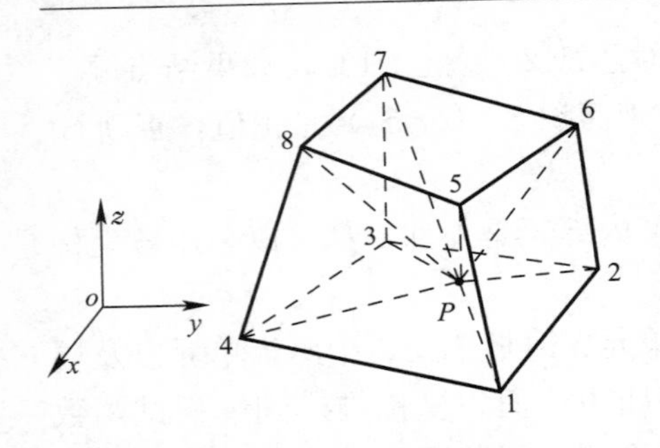

图 3.3.6　六面体体积坐标定义

$$L_I = \frac{V_I}{V}(I = 1 \sim 6) \tag{3.3.18}$$

其中 V_I 分别是结点 P 与六面体的六个面围成的四棱锥的体积，V 为六面体的总体积，如图 3.3.6 所示。

在 QACM-Ⅰ中四个面积坐标只有两个是独立的，除此之外还存在两个关系式。与 QACM-Ⅰ相似，上述六个体积坐标只有三个相互独立，除此之外显然还应存在三个恒等关系式，其中，显然成立的关系式为：

$$L_1 + L_2 + L_3 + L_4 + L_5 + L_6 = 1 \tag{3.3.19}$$

而另外两个恒等关系式的建立相对于四边形面积坐标变得更加困难。

同样体积坐标也可以与直角坐标之间实现线性变换，或者用等参坐标表示。

采用六面体体积坐标构造的 HVCC8 系列单元，在抗网格畸变方面的性能明显优于 ABAQUS 中的 C3D8 系列单元。

3.3.3　平面单元

在建筑结构的分析中，对于剪力墙以及楼板的模拟主要采用平板壳单元，即平面内刚度采用膜单元，平面外刚度采用板单元，由于剪力墙一般是结构的主要抗侧力体系，因此对其面内刚度的模拟尤为重要。通常情况下，由于开洞等因素的影响，结构中会存在一些短肢墙，或者高度较小的墙梁，这些构件的模拟不可避免地会出现一些狭长畸变单元，使得这些构件的应力分析成为一个难点，对单元提出了非常高的要求。

在平面角点上增加旋转自由度是一种改善单元性能的有效途径，而且可以避免为增加自由度而增加内部结点所带来的麻烦。由于它只有角点自由度，因而可以非常方便地与其他类型单元，如板、壳及梁单元相连接，并且在壳体与折板分析中能自动处理相邻结点单元共面所产生的问题，这在有限元分析中具有比较重要的意义。对旋转自由度问题，早在20世纪60年代就有人进行研究，但没有得到有价值的结果。1979年 Olson 和 Bearden（1979）提出了具有旋转自由度的三角形膜元，但在单元中引入两边夹角在变形过程中保持不变这一不适当的约束，导致单元不能收敛于正确解。含转角由度膜元真正发展始于 Allman（1988）首次构造成功以后，此后 Cook 以及 MacNeal 等人都对含转角自由度膜元进行了深入研究。这些单元都取得了较大成功，但是为了满足协调性要求，采用了各种方法强制通过分片检验，使得单元构造复杂且大多存在一定的不合理性。龙驭球（1993）等对平面膜元中的旋转自由度进行了研究和探讨，提出了具有明确含义，并能合理体现单元边界位移的平面内旋转自由度定义，为旋转自由度直接引入平面膜元提供了一个简单有效的方法和理论基础。

该方法假设一个仅由角点刚体转角产生的附加位移场，由结点线位移引起的单元变形和由结点刚体转角产生的单元变形之间互相独立。它的定义方式如图 3.3.7 所示。

它的特点是：

- 允许相邻两边之间的夹角随单元变形而变化；

结点转角与单元边的转动有直接的联系。

基于上述转角自由度定义的三角形单元 GT9 和 GT9M8 是目前国内设计软件广泛应用的两个单元。

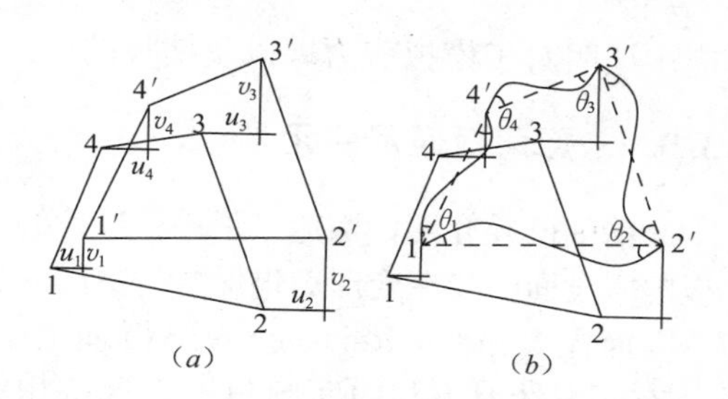

图 3.3.7　平面膜元变形

(a) 角点线位移示意图；(b) 角点转角示意图

由于采用了八个内参，使得 GT9M8 单元的位移场可以达到直角坐标的二次完备，因此即使在较粗网格下，也可以保持良好的精度，不至于因为采用三角形单元过渡而造成较大误差。

由于阶次相同的情况下，四边形单元相对于三角形单元具有更多的自由度以实现更高次数的插值，因此四边形单元具有精度更高的优点，这也是几乎所有有限元软件都建议采用四边形单元的主要原因。与上述平面三角形 GT9 系列单元对应的有四边形单元 GQ12 系列单元，但 GQ12 单元由于采用等参坐标构造，为了实现位移场直角坐标的二次完备，同样增加了八个内参，即 GQ12M8 单元，该单元同三角形单元 GT9M8 一样计算单刚时需要大量的凝聚计算。

四边形面积坐标的建立为构造精度高、抗网格畸变能力强的单元提供了有效工具。在新的坐标工具的基础上先后建立了基于弱式分片检验的 AQ6 单元系列，广义协调 AGQ 单元系列，为了平板型壳元的应用，陈晓明等（2003）还构造了含转角自由度的 AQ4θ 系列等众多平面单元。

这些采用四边形面积坐标构造的新型单元，相对于采用等参坐标的单元，尤其是 Serendipity 等参单元，在不规则网格下具有更高的精度，适用于各种复杂的网格剖分。

其中，AGQ6 系列单元，由于采用了弱式分片检验作为单元收敛的判别标准，结合四边形面积坐标。单元具有列式简单，在网格畸变时，单元位移场的直角坐标完备次数不变，且可破解 MacNeal 提出的梯形闭锁难题等特点。

众所周知，著名的 Q6 单元由于在 Q4 单元的基础上增加了一个泡状位移场使其性能得到大幅提高，其对应的两个内参形函数为：

$$\begin{aligned} N_{\lambda 1} &= (1-\xi^2) \\ N_{\lambda 2} &= (1-\eta^2) \end{aligned} \tag{3.3.20}$$

而 AQ6 系列单元也是在基本单元 ACGQ4 基础上，假设一个与 Q6 单元类似的内参位移场：

$$\begin{aligned} N_{\lambda 1} &= L_1 L_3 \\ N_{\lambda 2} &= L_2 L_4 \end{aligned} \tag{3.3.21}$$

该内参位移场在矩形状态下与 Q6 单元相同，即 AGQ6 系列单元在矩形状态下可退化为 Q6 单元，但由于采用了四边形面积坐标，任意四边形下其精度却可以远超 Q6 单元。对图 3.2.3 中所示网格畸变测试例题中，在极端情况下，Q6 单元的精度仅可达到 50%，而 AGQ6 系列单元却可以始终保持精确解。

在平板型四边形壳单元的应用中，具备良好性能的含转角自由度的平面膜元相对于只含平动自由度的平面单元更加重要。采用四边形面积坐标建立的 AQ4θ 系列单元，虽然采用了与 GT9 和 GQ12 单元系列相同的转角自由度定义和类似的构造方法，但却得益于四边形面积坐标的优势，将内参的个数从 8 个减少到 2 个，从而大大降低了凝聚计算，实际应用证明对于模拟剪力墙以及楼板的面内刚度更加有效。

3.3.4　厚薄板通用单元

前面已经介绍，构造基于厚板理论的单元主要的困难在于如何避免剪切闭锁问题。即薄板中假设面法线在变形后仍保持为中面的法线，忽略横向剪应变，即 Kirchhoff 直法线假设。

而在 Mindlin-Reissner 中厚板理论中，放弃了 Kirchhoff 直法线假设，法线转角 ψ_x、ψ_y 在一般情况下与中面倾角不再保持相等，两者的差值即为板的横向剪应变 γ_x、γ_y，挠度 w 和转角 ψ_x、ψ_y 三个位移分量之间相互独立，即：

$$\gamma_x = \frac{\partial w}{\partial x} - \psi_x \qquad \gamma_y = \frac{\partial w}{\partial y} - \psi_y \tag{3.3.22}$$

如何解决剪切闭锁问题是构造厚薄板通用单元的一个关键问题。实际上，许多按照厚板理论构造的单元虽然在分析厚板时有很好的精度，但是在分析薄板时出现了单元性能显著偏硬，挠度计算值显著偏小甚至不发生弯曲的现象。究其原因是三个位移分量之间匹配不当，没有解决好单元在厚板时要求三个位移分量相互独立而当板很薄时又要求转角依赖于挠度这一个对立统一的关系。因此导致在板变薄时出现了不应有的虚假剪应变，不恰当地夸大了剪切应变能的量级。

虽然可以通过减缩积分、选择性减缩积分、代替剪应变法、混合插值法、假设剪应变法等方法解决这个问题，但这些方法只能缓减闭锁现象，而不能从理论上根除。

另一方面，由于工程中实际问题的复杂性，要判断是否可以采用薄板单元，以及采用厚板单元时是否发生了闭锁现象都是比较困难的，因此构造可靠的厚薄板通用单元对于工程应用来讲具有非常重要的意义。

近些年，岑松（1998）球等应用 Timoshenko 厚梁的位移插值函数来模拟单元边界位移模式，根据厚梁位移确定单元边界的剪应变，再确定单元的增补位移场（即由于剪切变形所引起的附加位移场），并将增补位移场叠加到薄板位移场中去，以此构造厚板元。当板厚趋向于薄板时，增补位移场自动趋向于零（由 Timoshenko 梁函数控制），单元自动退化为原薄板单元，不会出现剪切闭锁现象，从理论上消除了剪切闭锁的影响，为建立厚薄板通用单元开辟了一条新的途径。该方法可简述如下，对于厚梁单元，其挠度 w、转角 ψ_s 和剪应变 γ_s 的公式为：

$$w = w_i(1-t) + w_j t + \frac{l}{2}(\psi_{si} - \psi_{sj})F_2 - \frac{l}{2}\Gamma(1-2\delta)F_3 \tag{3.3.23}$$

$$\psi_s = \psi_{si}(1-t) + \psi_{sj}t + 3(1-2\delta)\Gamma F_2 \tag{3.3.24}$$

$$\gamma_s = \delta\Gamma \tag{3.3.25}$$

其中

$$\begin{cases} \Gamma = \dfrac{2}{l}(-w_i + w_j) - \psi_{si} - \psi_{sj} \\ F_2 = t(1-t) \\ F_3 = t(1-t)(1-2t) \\ \delta = \dfrac{6\lambda}{1+12\lambda} \\ \lambda = \dfrac{D}{Cl^2} \end{cases} \tag{3.3.26}$$

式（3.3.26）中的D和C分别为梁的抗弯刚度和抗剪刚度。由于式（3.3.23）和式（3.3.24）是用来模拟板单元边界的位移模式的，所以D和C应用板的抗弯刚度和抗剪刚度代替。对于各向同性板有：

$$D=\frac{Eh^3}{12(1-\mu^2)}, \qquad C=\frac{5}{6}Gh=\frac{5Eh}{12(1+\mu)} \tag{3.3.27}$$

其中E为杨氏弹性模量；μ为泊松比；G为剪切弹性模量，$G=E/2(1+\mu)$。

最后，式（3.3.26）中的λ和δ可表示为：

$$\lambda=\frac{D}{Cl^2}=\frac{h^2}{5(1-\mu)l^2} \tag{3.3.28}$$

$$\delta=\frac{6\lambda}{1+12\lambda}=\frac{\left(\frac{h}{l}\right)^2}{\frac{5}{6}(1-\mu)+2\left(\frac{h}{l}\right)^2} \tag{3.3.29}$$

可以注意到，当$h\to 0$时，有$\delta\to 0$，则式（3.3.25）中的γ_s也将趋向于零，不会出现剪切闭锁现象。

三角形厚薄板通用单元TMT和四边形厚薄板通用单元TMQ均为采用该理论，并分别基于直接假设转角场构造的著名薄板三角形单元DKT四边形单元DKQ建立的。

这两个单元可以自动消除剪切闭锁现象。数值算例表明，适用于从薄板到厚板较大范围。当厚跨比达到10^{-30}仍不存在闭锁现象，即使厚跨比达到0.35仍可以保持较高的精度。此外，由于这两个厚薄板通用单元列式简洁，因此被国内设计软件广泛采用。

除了上述方法外，与广义协调理论相结合厚板单元解析试函数法的提出是解决剪切闭锁的另一蹊径，即在厚板单元解析试函数法中，从厚板位移法的基本微分方程出发，求解Mindlin-Reissner理论的基本解析解，并以它们作为位移w、ψ_x和ψ_y的试函数，使横向剪应变为：

$$\begin{aligned}\gamma_x&=\frac{\partial w}{\partial x}-\psi_x=-\frac{D}{C}\frac{\partial}{\partial x}(\nabla^2\boldsymbol{F\lambda}),\\ \gamma_y&=\frac{\partial w}{\partial y}-\psi_y=-\frac{D}{C}\frac{\partial}{\partial y}(\nabla^2\boldsymbol{F\lambda}).\end{aligned} \tag{3.3.30}$$

其中

$$\frac{D}{C}=\frac{h^2}{5(1-\mu)} \tag{3.3.31}$$

当板变薄时，上式比值趋于零，剪应变趋于零，厚板单元自动退化为薄板单元，保证了从理论源头上消除剪切闭锁现象

按照Reissner厚板理论，单元位移w、ψ_x、ψ_y的试函数可设为如下的匹配形式：

$$w=\left([\boldsymbol{F}]-\frac{D}{C}\nabla^2[\boldsymbol{F}]\right)[\boldsymbol{\lambda}] \tag{3.3.32}$$

$$\psi_x=\frac{\partial}{\partial x}[\boldsymbol{F}]\{\boldsymbol{\lambda}\} \tag{3.3.33}$$

$$\psi_y=\frac{\partial}{\partial y}[\boldsymbol{F}]\{\boldsymbol{\lambda}\} \tag{3.3.34}$$

其中［$\boldsymbol{F}$］为薄板试函数矩阵，$\{\boldsymbol{\lambda}\}$为待定参数，D为板的抗弯刚度，C为板的抗剪刚度。

该方法可以将一般薄板单元薄板基础上进行简单改造，如陈晓明（2004）等采用该方法将薄板 GPL-T9 单元改的厚薄板通用的单元 RPAT 以及按照该方法建立的 RPAQ 等单元。

3.4　参考文献

[1]　AllMan D. J. Evaluation of constant strain triangle with drilling rotation. Int. J. Numer. Meth. Engng，1998，26：2645-2655.

[2]　Bazeley G. P.，Cheung Y. K.，Irons B. M. and Zienkiewicz O. C. Triangular element in bending-conforming and nonconforming solutions. In：Proc. Conf. Matrix Method in Structural Mechanics. Ohio：WPAFB，1965，547～576.

[3]　Cao Y. P.，Hu N.，Lu J.，Fukunaga H.，Yao Z. H，A 3D brick element based on Hu-Washizu variational principle for mesh distortion，Int. J. Numer. Methods Engrg. 2002，53：2529-2548.

[4]　岑松，龙志飞. 对转角场和剪应变场进行合理插值的厚板元. 工程力学，1998，15（3）：1～14.

[5]　Chen X. M.，Cen S.，Long Y. Q.，Yao Z. H. Membrane elements insensitive to distortion using the quadrilateral area coordinate method. Computers & Structures；2004，Vol82（1）：35-54.

[6]　Chen X. M.，Cen S.，Li Y. G.，Sun J. Y. Several treatments on nonconforming element failed in the strict patch test. Mathematical Problems in Engineering. Vol2013.

[7]　陈晓明，岑松. 基于四边形面积坐标的平面单元解析试函数法. 清华大学学报，2008，Vol48（2）：289-293.

[8]　陈晓明，岑松，龙志飞，龙驭球. 将三角形薄板元推广为厚板元的解析试函数法. 清华大学学报，2004，44（3）：376-378.

[9]　陈晓明，龙驭球，须寅. 面积坐标法构造含转角自由度的四结点膜元. 工程力学，2003，20（6）：6-11.

[10]　Chen X. M.，Cen S.，Fu X. R.，Long Y. Q. A new quadrilateral area coordinate method（QACM-Ⅱ）for developing quadrilateral finite element models，Int. J. Numer. Meth. Engrg，2008，73（13）：1911-1941.

[11]　Cheung Y. K.，Chen W. J. Isoparametric hybrid hexahedral elements for three dimensional stress analysis，Int. J. Numer. Methods Engrg，1988，26：677-693.

[12]　Hinton E. and Huang H. C. A family of quadrilateralMindlin plate element with substitute shear strain fields. Computers & Structrues，1986，23（3）：409～431

[13]　Hughes T. J.，Taylor R. L. and Kanoknukulchai W. A simple and efficient finite element for plate bending. Int. J. Numer. Meth. Engng.，1977，11（10）：1529～1543.

[14]　Irons B. M. and Razzaque A. Experience with the patch test for convergence of finite element methods. In：A. K. Aziz，eds. Mathematical Foundations of the Finite Element Method. Academic Press，1972，557～587.

[15]　Lee N. S.，Bathe K. J. Effects of element distortion on the performance of isoparametric elements. Int. J. Numer. Meth. Engrg，1993，36：3553-3576.

[16]　李宏光，岑松，龙驭球，岑章志. 六面体单元体积坐标方法. 工程力学，2008，25（10）：12-18.

[17]　李宏光，岑松，岑章志. 基于六面体单元体积的新型 8 结点实体单元. 清华大学学报，2009，49（11）：1856-1860.

[18]　龙驭球，陈晓明，岑松. 一个不闭锁和抗畸变的四边形厚板元. 计算力学学报. 2005，Vol22（4）：385-391.

[19] 龙驭球，黄民丰. 广义协调等参元. 应用数学和力学，1988，9（10）：871～877.

[20] Long Y. Q.，Li J. X.，Long Z. F.，Cen S. Area coordinates used in quadrilateral elements. Communications in Numerical Methods in Engineering，1999，15（8）：533-545.

[21] Long Z. F.，Li J. X.，Cen S.，Long Y. Q. Some basic formulae for Area coordinates used in quadrilateral elements. Communications in Numerical Methods in Engineering，1999，15（12）：841-852.

[22] Long Z. F.，Cen S.，Wang L.，Fu X. R.，Long Y. Q. The third form of the quadrilateral area coordinate method（QACM-Ⅲ）：theory，application，and scheme of composite coordinate interpolation. Finite Elements in Analysis and Design，2010，46（10）：805～818.

[23] MacNeal R. H. A theorem regarding the locking of tapered four-noded membrane elements. Int. J. Numer. Meth. Engng.，1987，24：1793-1799.

[24] MacNeal R. H.，Harder R. L. A proposed standard set of problems to test finite element accuracy. Finite Elements in Analysis and Design，1985，1：3-20.

[25] Melsoh R. J. Basis for derivation of matrics for the direct stiffness method. AIAA J.，1963，1（7）：1631～1637.

[26] Olson M. D. andBearden T. W. A simple flat shell element revisited. Int. J. Numer. Meth. Engng.，1979，14：51-68.

[27] Pian T. H. H. and Wu. C. C. General formulation of incompatible shape function and an incompatible isoparametric element. In：Proc. of theInviational China-American Workshop on FEM. Chengde，1986.

[28] Simo J. C.，Rifai M. S. A class of mixed assumed strain methods and the method of incompatible modes，Int. J. Numer. Meth. Engrg. 1990，29：1595-1638.

[29] Simo J. C.，Hughes T. J. R. On the variational foundations of assumed strain methods. Journal of Applied Mechanics，1986，53：51-54.

[30] Taylor R. L.，Beresford P. J. and Wilson E. L. A non-conforming element for stress analysis. Int. J. Numer. Meth. Engng.，1976，10：1211～1219.

[31] Wachspress E. L. Incomptiable quadrilateral basis functions. Int. J. Numer. Meth. Engng.，1978，12：589～595.

[32] Weissman S. L. High-accuracy low-order three-dimensional brick elements，Int. J. Numer. Methods Engrg.，1996. 39：2337-2361.

[33] Wilson E. L.，Taylor R. L.，Doherty W. P. and Ghabussi T. Incompatible displacement models. In：S. T. Fenven et. al.，eds. Numerical and Computer Methods in Structural Mechanics. New York：Academic Press，43～57，1973.

[34] 须寅，龙驭球. 采用广义协调条件构造具有旋转自由度的三角形膜元. 工程力学，1993，10（2）：31～38.

[35] Zienkiewicz O. C. and Hinton E. Reduced integration function smoothing and nonconforning in finite element analysis. J. Franklin Inst.，1976，302（5-6）：443～461.

第4章　有限元刚度集成和方程求解

对于有限元分析以及大型有限元软件开发而言，刚度集成和方程求解一直是其核心问题之一。虽然部分时候可以通过显式动力学方法（详见本书第7章）绕开上述问题，但显示动力学也有其自身的局限性，比如它通常更适用于强非线性动力学问题，对于弱非线性动力学其优势并不明显，而对于稳定性、特征值等问题则基本不适用，并且从另一方面来说，即便采用显式方法，有时候依然需要计算结构的固有频率以便估算稳定时间步长，因此依然需要进行刚度集成和方程求解。

4.1　大型有限元总刚集成

矩阵的存储技术以及对应的刚度集成技术一直是有限元编程的重点关注对象之一，尤其是对于隐式有限元算法而言。考虑到有限元矩阵的稀疏性和带状分布特性，满阵存储显然是编程人员首先应该抛弃的模式。早期的有限元程序大多采用二维等带宽存储技术，它只存储刚度阵带宽以内或半带宽内的元素，而忽略带宽以外的零元素，因为有限元矩阵具有稀疏性，该技术较满阵存储而言会极大地节省内存并提高速度。但由于该方法取最大带宽为存储范围，因此它不能排除在带宽范围内的零元素，正因为如此，后来又发展了一维变带宽存储技术（skyline）。该技术将变化的带宽内元素按一定的顺序（按行或者按列）存储在一维数组中，由于它不按最大带宽存储，因此较二维等带宽存储更能节省空间，但它也存在两个明显的缺点：（1）其元素个数与结点编号有关，或者说矩阵带宽与自由度优化直接有关；（2）其带宽内依旧有很多零元素，而且随着结构规模的增大，带宽内零元素的比例会越来越高，某些情况下非零元可能少于1%甚至1‰。正因为如此，从20世纪90年代开始，国外很多商业软件都改用非零元压缩存储格式，这正是本书要重点介绍的方案。

4.1.1　非零元压缩存储的基本格式

$$A=\begin{bmatrix}1&0&0&2&0\\0&3&0&4&0\\0&0&5&0&6\\2&4&0&7&0\\0&0&6&0&8\end{bmatrix}\tag{4.1.1}$$

非零元压缩存储格式只存储矩阵中的非零元素，忽略矩阵内的一切零元素，包括带宽内和带宽外（Pissanetzky，1984）。与一维变带宽存储类似，非零元压缩存储也分为按行存储格式和按列存储格式，下面以按行为例来介绍非零元存储。如公式（4.1.1）所示的某对称矩阵，其非零元压缩存储格式如表4.1.1所示。其存储内容包括：非零元数值、列号、一维变带宽序号、行索引号，具体意义可简述如下：

- **非零元数值**：按行记录上三角阵的非零元素值，忽略一切零元素，包括带宽内；
- **列号**：记录非零元素值对应的列号；
- **一维变带宽序号**：记录非零元素值对应的一维变带宽序号（按行存储）；
- **行索引号**：记录对角元在非零元压缩存储中的序号；

对称矩阵A的非零元压缩存储格式（按行存储） **表4.1.1**

矩阵数值	1	2	3	4	5	6	7	8
列号	1	4	2	4	3	5	4	5
对应的一维变带宽序号	1	4	5	7	8	10	11	12
行索引号	1	3	5	7	8	9		

其中，列号和行索引号用来唯一确定非零元素在稀疏矩阵中的位置，而一维变带宽序号仅用来辅助有限元刚度集成。显然，对于矩阵A来说，如果采用一维变带宽存储模式（按行）则需要存储12个刚度值，而采用非零元压缩存储则仅需8个。更重要的是，对于有限元模型来说，随着自由度规模的增大，这两种存储格式的差距会越来越大，以作者的测试结果来看，当结构的自由度规模大于一百万时，压缩存储所需要的空间将小于一维变带宽存储的百分之一。

4.1.2 用于压缩存储的数据结构

对于传统的一维变带宽存储格式，可以通过单元结点关系直接计算出总体刚度阵各自由度所对应的带宽（列高）信息（王勖成，2003），而对于非零元压缩存储格式，因为需要剔除带宽内的零元素，其计算方法要相对复杂得多，本书采用红黑树数据结构（Red-Black Tree）来辅助生成该位置信息。红黑树的基本结构如图4.1.1所示，它由二叉树演化而来，简单来说，满足如下规则的二叉树则称之为红黑树：

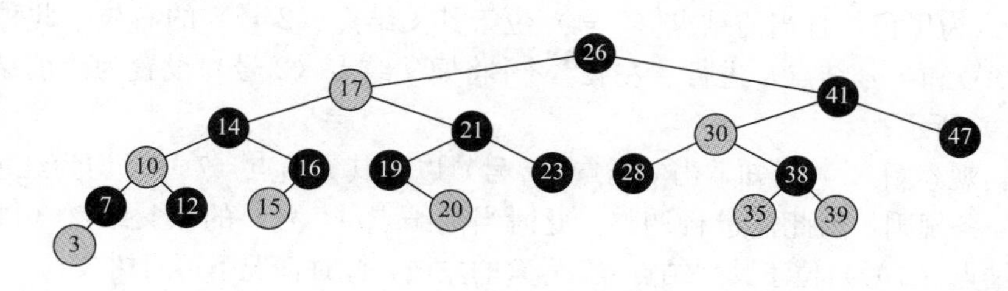

图4.1.1 红黑树示意图

(1) 每个对象都包含红黑属性，要么是红色，要么是黑色；
(2) 树根对象强制为黑色；
(3) 树枝末尾的新插入对象默认为红色，然后进行调整；
(4) 如果某个结点对象为红色，那么它的两个子对象必须为黑色；
(5) 从任意结点出发沿任意树枝遍历对象至末尾，其遍历的黑色数目必须相同。

上述规则配合适当的调整算法（包括树枝旋转、对象插入、对象删除等）就能够确保

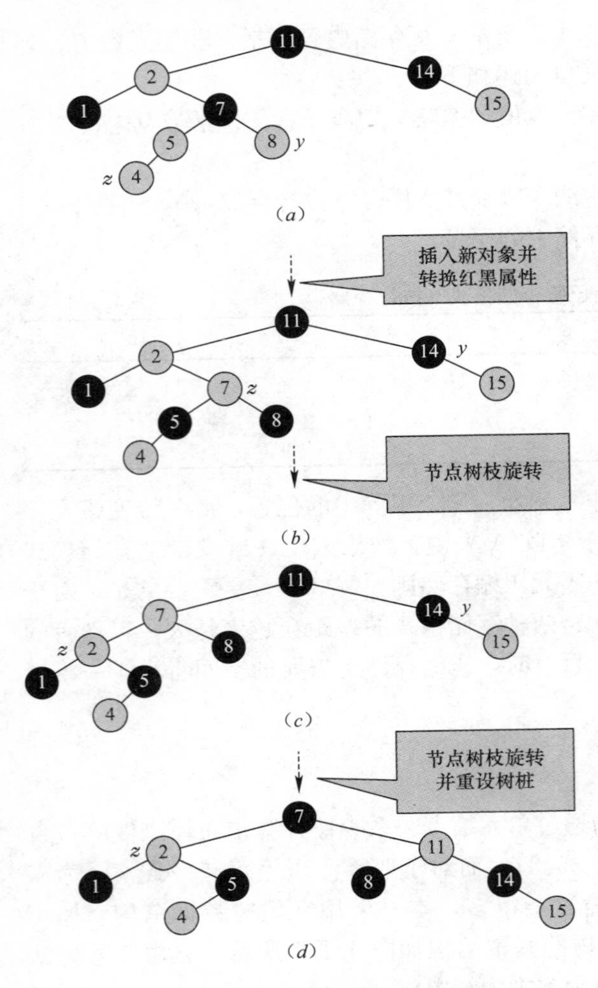

图 4.1.2　红黑树对象插入实例

红黑树各树枝的结点数目相差不大于 2，换言之，它能自动确保红黑树的平衡性，其具体算法可参阅《Introduction to Algorithms》（Cormen 等，2001），该处仅以结点对象的插入为例对其作简要介绍。

图 4.1.2 给出了一个红黑树对象插入实例，原始红黑树包含 8 个结点，其中 1、7、11、14 为黑结点，2、5、8、15 为红结点，带插入对象为结点 4，其操作步骤如下：

第 1 步：对原始红黑树按照标准二叉树规则插入结点 4，暂时默认为红结点，此时结点 4 表示当前结点，其插入结果如图（a）所示；

第 2 步：观察图（a）可知，当前结点（4 号）以及它的父结点（5 号）均为红色，这违背了红黑树第 4 条规则，因此需进行调整。此时当前结点（4 号）的叔父结点（8 号）也为红结点，此种情况下可修改其父结点（5 号）和叔父结点（8 号）为黑色，修改其祖父结点（7 号）为红色并将其设置为当前结点，调整结果如图（b）所示；

第 3 步：观察图（b）可知，当前结点（7 号）以及其父结点（2 号）均为红色，依然违背红黑树第 4 条规则，因此需进行调整。此时当前结点（7 号）的叔父结点（14 号）为黑色，且当前结点（7 号）位于其父结点（2 号）的右枝，此种情况下看可对树枝（2 号和 7 号结点）进行“左旋”，并将原父结点（2 号）设置为当前结点，调整结果如图（c）所示；

第 4 步：观察图（c）可知，当前结点（2 号）以及其父结点（7 号）均为红色，依然违背红黑树第 4 条规则，因此需进行调整。此时当前结点（2 号）的叔父结点（14 号）为黑色，且当前结点（2 号）位于其父结点（7 号）的左枝，此种情况下可对树枝（7 号和 11 号）进行“右旋”，并且因为旋转结点（11 号）为树根结点，因此重新设置旋转后的 7 号结点为树根结点，调整结果如图（d）所示，显然，此时已满足红黑树的全部条件。

4.1.3　对应压缩存储的刚度集成

利用红黑树进行有限元总体刚度集成时有多种操作方法，比较常用的做法是以单元刚度元素对应的一维变带宽序号为参考值，将单元刚度对象（含刚度值、对应行号和列号等）插入红黑树，并根据红黑树规则进行相应修正（如图 4.1.2 所示），在完成全部单元对象插入后，遍历该红黑树并提取有限元总刚的数组信息（含刚度值、对应列号、行索引号等）以供后续计算使用。

4.2　大型线性代数方程求解

大型线性代数方程的求解从来都是有限元分析的关键问题之一，这不仅是针对线性有限元分析而言，对于非线性分析同样重要，因为非线性分析的求解过程会包含多个线性方程求解，详见 4.4 节。对于大型有限元结构分析来说，线性代数方程的求解通常是最耗时的部分，因此，如何快速求解大型线性方程通常是有限元软件开发者的重点任务之一。线性方程的求解通常可以分成两大类，即迭代法和直接法。迭代法是指先假定一个初始解，然后按一定的算法进行迭代，在迭代过程中会进行误差检查，通过不断的迭代来降低误差，直至满足给定的精度条件并得到最终的解答；而直接法是指不迭代而直接求出方程的解，其数学表述上可以理解为矩阵求逆，但实际操作上是通过矩阵分解和回代来完成。大型有限元程序开发通常更青睐于直接解法，这是因为直接法比迭代更通用更健壮，主要包括如下两个原因：（1）直接法的分解结果可重复利用，对于多列右端项问题仅需一次分解然后多次回代即可，这在有限元分析中是常见问题，比如多工况、特征值求解等；（2）对于很多大型矩阵而言，迭代法所需要的条件数预处理太复杂，以至于算法上很难实现，或者说为实现该预处理所做的工作量已经超过直接法求解本身。正因为如此，直接法相对迭代法而言受到更广泛的关注。

4.2.1　直接法的基本理论简介

对于有限元分析来说，绝大多数情况下其线性方程组的系数矩阵是对称正定的，当然也有例外，比如采用 Lagrange 乘子法引入约束方程便会造成刚度矩阵对称非正定（Cook，1995），而对于部分几何非线性分析和非线性动力学分析则有可能出现非对称的刚度阵（Yang & Kuo，1994），但有限元方程总体上以对称正定为主，因此本书主要针对这类方程来简要介绍直接法的基本理论，关于其详细算法可参阅文献（Duff，Erisman & Reid，1986；George & Liu，1981）。

考虑如下线性方程组：

$$\boldsymbol{A}\boldsymbol{x} = \boldsymbol{b} \tag{4.2.1}$$

其中 $\boldsymbol{A}$ 表示刚度矩阵，是对称正定的，$\boldsymbol{b}$ 表示荷载向量，是已知的，$\boldsymbol{x}$ 表示结点位移，是待求量。

对 $\boldsymbol{A}$ 矩阵直接进行 Cholesky 分解：

$$\boldsymbol{A} = \boldsymbol{L}\boldsymbol{L}^{\mathrm{T}} \tag{4.2.2}$$

其中 $\boldsymbol{L}$ 表示全部正对角元的下三角矩阵，那么未知量 $\boldsymbol{x}$ 的求解可以通过下三角矩阵的向前和向后回代得到，具体如下：

$$\boldsymbol{L}\boldsymbol{y} = \boldsymbol{b};\quad \boldsymbol{L}^{\mathrm{T}}\boldsymbol{x} = \boldsymbol{y} \tag{4.2.3}$$

有限元方程系数矩阵 $\boldsymbol{A}$ 的显著特点是稀疏性，也就是说，该矩阵的绝大多数元素值均为 0，而在三角分解过程中，下三角矩阵的部分零元素位置会变成非零，这个过程被称为“非零元填充”。但总体上来说，非零元填充所占的比例非常小，下三角阵的绝大部分零元素位置经过分解后依然是 0。因此，为了加快矩阵分解速度，在算法设计时应尽可能地降低非零元填充的比例。众所周知，当系数矩阵 **A** 为对称正定时，各未知元素的行列置换并不会影响求解过程的稳定性，若进一步忽略计算截断误差，则对于一个给定的线性方程组，无论采用何种未知元素编号顺序都不会影响其最终求解的数值。上述特性可用来对有限元方程进行自由度重新排序，这种排序对有限元求解效率的提升是非常显著的，而且结构越大其效果越好。正因为如此，从 20 世纪 60 年代开始，边有许多学者陆续展开自由度排序的优化算法研究。Tinney & Walker（1967）发展了一套基于最小自由度的优化排序算法（MD），该算法及其变种［包括多重最小自由度（MMD）算法（Liu，1985）和近似最小自由度（AMD）算法（Amestoy，Davis & Duff，1996，2004）］由于其通用性和灵活性而成为自由度优化算法的一个重要分支并获得广泛应用。另外一个重要分支则来自 George（1973）提出的嵌套解剖算法（ND），该算法被 Karypis & Kumar（1998，1999）改进后编入 METIS 程序包，一度成为自由度优化排序的主流算法，成为国际上众多商业求解器的默认排序方案。除此之外，还有另外两个自由度优化算法也值得特别关注，它们分别是 Ashcraft&Liu（1998）提出的多截面算法（MS）和 Tinney&Walker（1967）年提出的最少填充算法（MF）。应该说，上述各种自由度优化排序方案各有优缺点，详见文献（Gould，Hu & Scott，2007），不存在绝对意义上的最佳方案，用户可根据实际情况经过对比测试后选用合适的方案或者另外开发自定义算法。

如前所述，有限元方程的系数矩阵 **A** 是稀疏矩阵，部分零元素位置会在分解过程中被非零元填充，但绝大部分均保持不变。因此，为了有效地利用计算机内存，在矩阵存储时只需考虑其非零元素（含填充后）。换言之，在对矩阵进行三角分解之前，应事先确定其哪些零元素位置将被非零元填充，这些填充位置与原始非零位置一起构成了该矩阵的“非零元拓扑结构图”，如图所示，其中“×”表示原始非零位置，“•”表示将被填充的位置，其余位置则表示绝对零元素（即由始至终均为 0），只有“×”和“•”所表示的位置对三角分解算法有意义，因此只需要存储和访问这些非零元而忽略绝对零元素。也就是说，只要在执行矩阵数值分解前先确定其非零元和填充元的位置，那么后续的所有操作均只针对这些元素而不是矩阵的全部元素，因此其计算速度将得到显著提升，而确定非零元和填充元的过程则被称为“矩阵符号分解”，关于符号分解的算法一直是大型线性方程组直接解法的重点研究对象之一。1980 年，George&Liu 针对稀疏矩阵符号分解提出了一套优化算法，这可能是关于符号分解的最早公开发表文献。之后，George&Ng（1987）又对这套算法进行了修正与改良。同时期的 Coleman，Edenbrandt&Gilbert（1986）也提出了相应的矩阵分解填充位置预测算法，其实质就是矩阵符号分解。进入 1990 年后，随着并行计算的盛行，关于矩阵符号分解的并行算法也相应涌现，Gilbert（1990）和 Kumar（1992）等均提出各自的并行方案。

在完成自由度排序和矩阵符号分解的前提下，则可进行矩阵数值分解。如果不考虑矩阵的稀疏性，也就是说对于密集矩阵而言其三角分解可简单表示为如下公式：

$$a_{ij} = a_{ij} - \frac{(a_{ik}a_{kj})}{a_{kk}} \tag{4.2.4}$$

其中，i、j 和 k 表示循环系数（与矩阵维数一致），三个系数可以采用任意方式嵌套循环，每种方式均对应一种不同的内存管理模式。大体上来说，根据最外层的循环系数，可以分成如下三类基本算法：按行分解、按列分解、子阵分解，如图 4.2.2 所示。

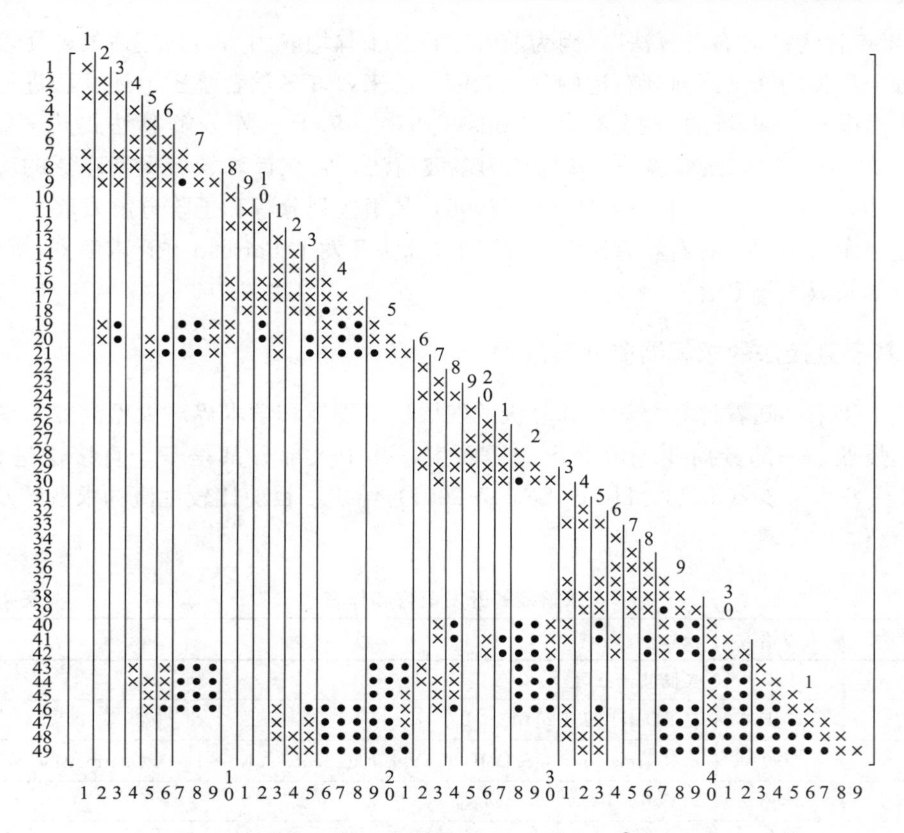

图 4.2.1　非零元拓扑结构示意图（Health，Ng&Peyton，1991）

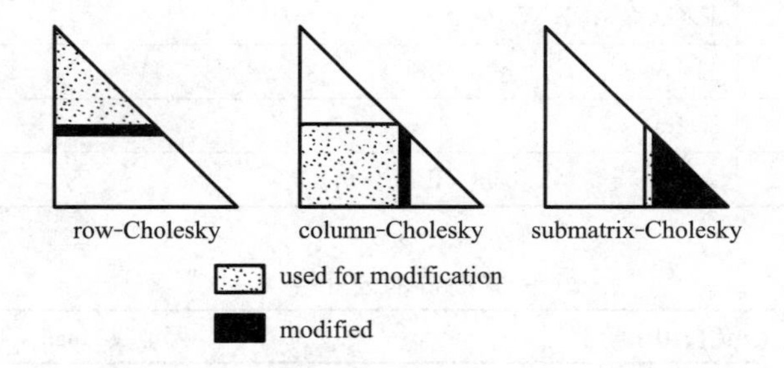

图 4.2.2　矩阵分解的三类算法示意图（Health，Ng&Peyton，1991）

- **按行分解**：将系数 i 置于最外层循环，逐行计算三角矩阵 $\boldsymbol{L}$ 的元素值，内层循环则根据已有行元素值计算当前行元素值；
- **按列分解**：将系数 j 置于最外层循环，逐列计算三角矩阵 $\boldsymbol{L}$ 的元素值，内层循环则计算已有列元素对当前列元素的影响；
- **子阵分解**：将系数 k 置于最外层循环，逐列计算三角矩阵 $\boldsymbol{L}$ 的元素值，内层循环则应用当前列元素对右方子矩阵进行秩 1 更新。

其中，按行分解因为不利于向量化运算和并行运算从而很少用于大型稀疏矩阵的求解，在有限元分析中被广泛应用的是按列分解和子阵分解算法，前者又被称为“向左看算法”，后者被称为“向右看算法”，因为前者在每个步骤均取用当前列左边的列元素值，而后者则每个步骤均修正当前列右边的列元素值。后来，许多学者基于上述算法进行修正和改善，进而提出一些新的分解算法。Irons（1970）基于子阵分解算法提出了波前法，Duff&Reid（1983）对该算法进一步修正为多波前法，它在计算领域得到广泛的应用。此外，Schenk，Gartner&Fichtner（2000，2006）基于按列分解和子阵分解发展了一种混合分解算法，命名为“左看右看算法”，并采用该算法开发了 Pardiso 并行求解器，该求解器在计算力学领域声誉卓著。

4.2.2　基于直接法的求解器简介及应用

近几十年来，随着计算力学和计算机的发展，工程界和学术界对大型高效求解器的需求越来越强烈，一部分商业求解器也应运而生，其中大部分都是基于直接法进行开发，表 4.2.1～表 4.2.3（Gould，Hu & Scott，2007）给出了目前比较主流的求解器及其算法的简要介绍。

求解器的开发语言和作者　　表 4.2.1

求解器	开发语言	作　者
BCSLIB-EXT	F77	美国波音公司
MA57	F77/F90	I. S. Duff（HSL 公司）
MUMPS	F90	P. R. Amestoy，I. S. Duff，J. -Y. L'Excellent，J. Koster，A. Guermouche & S. Parlet
Oblio	C++	F. Dobrian & A. Pothen
PARDISO	F77 & C	O. Schenk & K. Gartner
SPOOLES	C	C. Ashcraft & R. Grimes
SPRSBLKLLT	F77	E. G. Ng & B. W. Peyton
TAUCS	C	S. Toledo
UMFPACK	C	T. Davis
WSMP	F90 & C	A. Gupta & M. Joshi（IBM 公司）

求解器的公开性　　表 4.2.2

求解器	免费用于学术	网址或 email
BCSLIB-EXT	否	www. boeing. com/phantom/BCSLIB-EXT/index. html
MA57	否	www. cse. clrc. ac. uk/nag/hsl
MUMPS	是	www. enseeiht. fr/lima/apo/MUMPS/
Oblio	是	dobrian@cs. odu. edu；pothen@cs. odu. edu
PARDISO	是	www. computational. unibas. ch/cs/scicomp/software/pardiso
SPOOLES	是	www. netlib. org/linalg/spooles/spooles. 2. 2. html
SPRSBLKLLT	是	EGNg@lbl. gov
TAUCS	是	www. cs. tau. ac. il/～stoledo/taucs/
UMFPACK	是	www. cise. ufl. edu/research/sparse/umfpack/
WSMP	是	www-users. cs. umn. edu/～agupta/wsmp. html

求解器的算法　　**表 4.2.3**

求解器	自由度重新编号算法								三角分解算法
	MD	AMD	MMD	ND	METIS	MS	MF	自定义	
BCSLIB-EXT	×	×	√	×	√*	×	×	√	多波前
MA57	√	√*	×	×	√*	×	×	√	多波前
MUMPS	√	√*	×	×	√*	√	√	√	多波前
Oblio	×	×	√	×	√*	×	×	√	向左看，向右看，多波前
PARDISO	×	×	√	×	√*	×	×	√	左右看混合
SPOOLES	×	×	√	√*	×	√*	×	√	向左看
SPRSBLKLLT	×	×	√*	×	×	×	×	√	向左看
TAUCS	√	√	√	×	√*	×	×	√	向左看，多波前
UMFPACK	×	√*	×	×	×	×	×	×	非对称多波前
WSMP	×	×	×	√*	×	×	√*	√	多波前

对于上述求解器，英国卢瑟福实验室的 Gould 等（2007）曾对其做过测试对比，结果显示各有优点，不能一概而论。而对于用户来说，可根据方便程度选择合适的求解器，而本书想重点介绍的是 Pardiso 求解器（Parallel Sparse Direct Solver），它由 O. Schenk（瑞士，Basel 大学）和 K. Gartner（德国，Weierstrass 研究所）在 2000 年左右主导开发，并被整合到 Intel 的 MKL 数学库，如果采用 visual studio 和 intel fortran 开发计算程序，则 Pardiso 能够被很方便的调用。该求解器最大的优点在于"高效并行"，它不仅支持多核并行和多 CPU 并行，还支持局域网多台机器并行，不仅支持集群式内存（单机上的内存或服务器上的内存），还支持分布式内存（多台机器上的内存），因此，从理论上来说，只要硬件配置足够，便可以求解任意规模的线性方程组。

Pardiso 求解器本质上属于内存求解，它只支持内存模式（in-core），因为从 Pardiso 开发者的角度来说，他们的目的是采用分布式内存进行并行计算，理论上来说内存容量可以不受限制，但实际上，绝大部分用户都是采用单机工作，内存容量必然受到主板和操作系统的制约，Pardiso 不能调用硬盘求解始终是个比较大的缺陷。为了从一定程度上弥补这个缺陷，也为了提高 Pardiso 在个人 PC 上求解大型方程的能力，Intel 公司对 Pardiso 求解器进行了扩展，增加了内外存交换模式（out-of-core），将矩阵分解后的系数矩阵存入硬盘，从而降低对内存的占用。但是，Intel 公司所增加的 out-of-core 模式并不完备，它只是将分解后的矩阵元素（***L*** 和 ***U***）存入硬盘，而其他的所有信息（包括自由度重新编号信息、矩阵预处理信息等）依旧存放在内存里。虽然后者相对前者来说所需要的内存很少，但对于计算规模很大的结构，其内存消耗的绝对数量依然很大，因此依然可能出现物理内存不足的现象。换句话说，对于超大型线性方程组来说，Intel 的 Pardiso 求解器同样存在内存瓶颈问题。

若想从根本上解决内存瓶颈问题，需将方程求解的所有信息存入硬盘（包括自由度排序、矩阵符号分解、矩阵数值分解等），目前 Pardiso 求解器还做不到这一点。事实上，为了加快求解速度，目前国外的大部分求解器均采用类似 Pardiso 的 out-of-core 模式，只有极少数求解器提供了完整的硬盘模式，其中最著名的可能是波音公司（Boeing）的 BCS-LIB-EXT 求解包，该求解包不仅提供线性方程求解，还提供特征值求解，其功能非常强大，不存在内存瓶颈问题，但是，当内存足够的时候，其求解效率将不如 Pardiso。当然，对于 64 位的操作系统来说，可在硬盘上开设足够多的虚拟内存（页面文件）来补充物理内存，虽然它的运行速度远低于物理内存，但从功能上来说可当作物理内存来使用，因此，从理论上来说，只要硬盘足够大，就不存在内存不足的问题。但本书作者测试后发现，如果过渡使用虚拟内存（消耗内存远大于物理内存），Pardiso 的求解速度会变得非常慢，已经不满足工程计算的需求，因此这种情况下建议增加物理内存以提高计算速度。

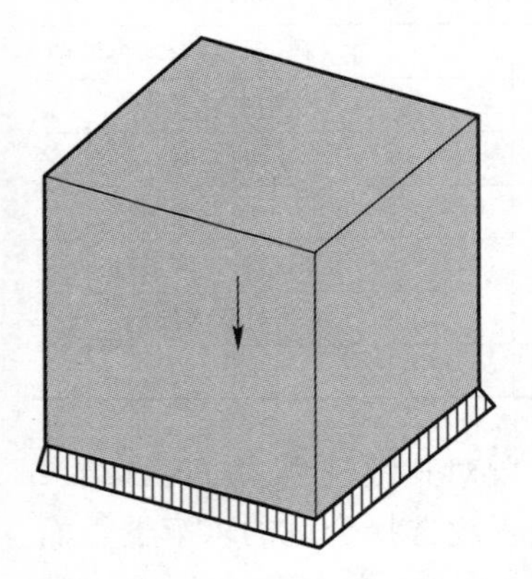

图 4.2.3　等边立方体模型图

Duan、Chen & Li 等人（2013，2014）将 Pardiso 求解器接入自开发的有限元计算内核，并对其进行测试，下面给出一个基于 Ansys 的对比算例。如图 4.2.3 所示的等边立方体结构，底部固定约束，受自重作用，采用 50 * 50 * 50 实体网格离散（8 结点实体单元），约 40 万自由度，分别采用 ANSYS 软件和基于 Pardiso 的有限元内核计算，两者均采用 4 核并行，ANSYS 的计算时间约为 3 分钟，Pardiso 的计算时间约为 1.5 分钟，其 XYZ 三个方向的最大位移值如表 4.2.4 所示，位移云图如图 4.2.4 所示，显然，两者的计算结果几乎完全一致。

最大位移值的比较　　**表 4.2.4**

	网格密度	自由度	计算时间	最大 Z 向位移	最大 X 向位移	最大 Y 向位移
ANSYS	50 * 50 * 50	40 万	3 分	0.65398	0.13075	0.13075
Pardiso	50 * 50 * 50	40 万	1.5 分	0.65376	0.13061	0.13061
误差				0.03%	0.11%	0.11%

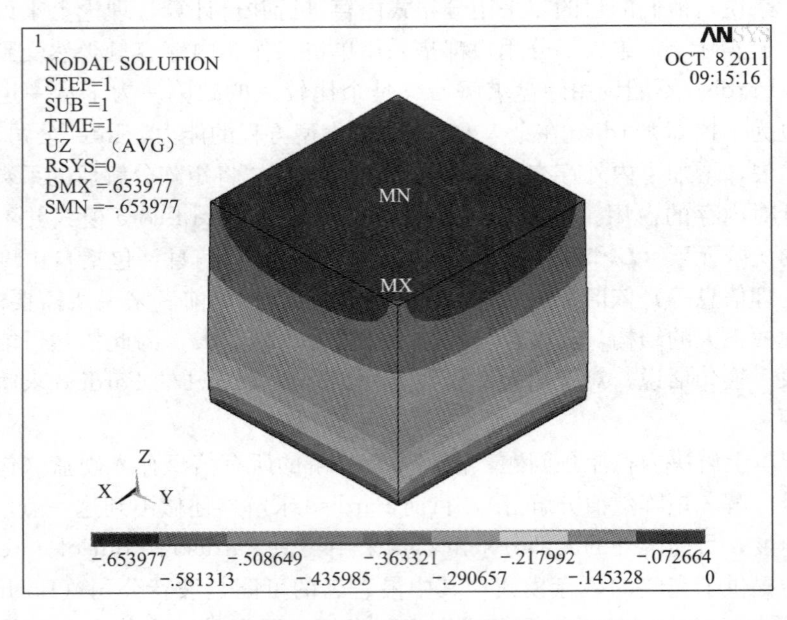

图 4.2.4（a）　Z 向（竖向）位移图（ANSYS）

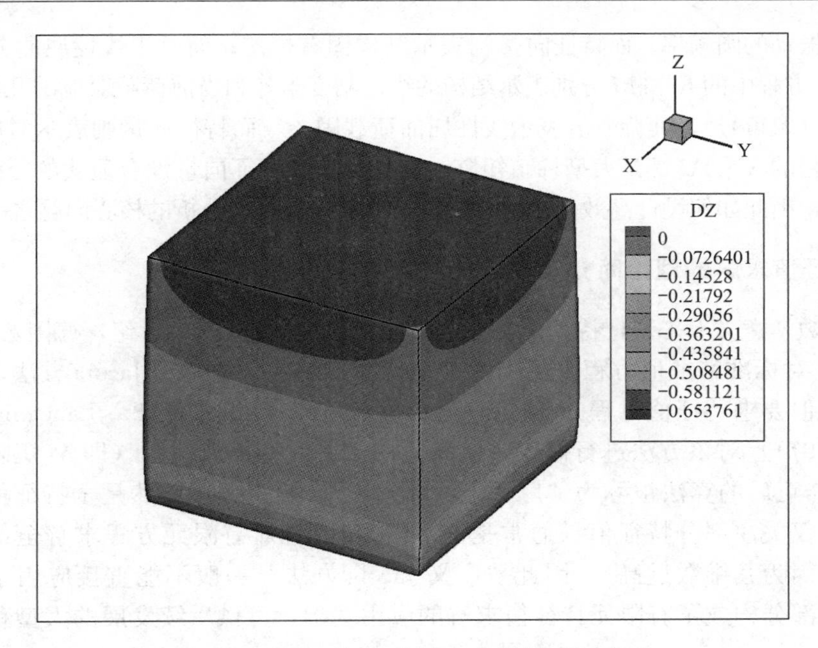

图 4.2.4（*b*）　*Z* 向（竖向）位移图（Pardiso）

对于图 4.2.3 所示的立方体模型，如果逐渐加密网格，自由度数会随之上升，当网格加密一倍时（即采用 100 * 100 * 100 网格密度），自由度总数将达到 310 万。该立方体结构网格加密各阶段的计算结果如表 4.2.5 所示，很显然，当采用 40 万自由度时，其有限元计算结果已基本收敛，即便进一步加密有限元网格，计算结果也几乎不再变化（最大误差仅为 0.09%）。

等边立方体加密网格的计算结果　　　　表 4.2.5

网格密度	自由度	计算时间（分）	最大 *Z* 向位移	最大 *X* 向位移	最大 *Y* 向位移
50 * 50 * 50	40 万	内存：1.5	0.65376	0.13061	0.13061
60 * 60 * 60	70 万	内存：4 外存：6.5	0.65386	0.13063	0.13063
70 * 70 * 70	110 万	外存：15	0.65392	0.13067	0.13067
80 * 80 * 80	160 万	外存：30	0.65397	0.13070	0.13070
90 * 90 * 90	220 万	外存：70	0.65400	0.13070	0.13070
100 * 100 * 100	310 万	外存：130	0.65403	0.13073	0.13073

4.3　大型特征值求解

在模态分析和线性屈曲分析中，都会碰到特征值和特征向量的求解问题，它可简单表述为如下方程：

$$\boldsymbol{K\Phi} = \boldsymbol{M\Phi\Lambda} \tag{4.3.1}$$

其中，$\boldsymbol{\Lambda}=\mathbf{diag}\{\lambda_i\}$ 表示特征值对角矩阵，$\boldsymbol{\Phi}=\{\boldsymbol{\phi}_1, \cdots\cdots, \boldsymbol{\phi}_p\}$ 表示特征向量矩阵。

对于模态分析而言，上述方程中的 $\boldsymbol{K}$ 和 $\boldsymbol{M}$ 分别表示刚度矩阵和质量矩阵，其特征值表示结构固有振动的圆频率，而特征向量则表示结构固有模态；而对于线性屈曲分析（buckling）而言，方程中的$\boldsymbol{K}$和$\boldsymbol{M}$分别表示结构的线性刚度矩阵和当前荷载对应的几何非线性应力刚度矩阵（取负号），其特征值表示线性屈曲荷载因子，而特征向量则表示对应的屈曲模态。上述方程的$\boldsymbol{K}$和$\boldsymbol{M}$都是大型稀疏矩阵，其特征值和特征向量没有显式的公式解，而必须通过迭代，因此如何设计高效准确的迭代算法就成为有限元分析的核心问题之一。

4.3.1　特征值求解的理论简介

单纯从数学意义上来说，特征值是个很传统的问题，早在19世纪，德国数学家Jacobi（1846）就针对标准特征值方程提出了一套全特征值解法，被称为Jacobi方法，其算法简单且稳定，但要求特征值方程的$\boldsymbol{M}$矩阵为单位对角阵。后来，Falk&Langemyer（1960）和Bathe（1971）对该方法进行修正，使其适用于一般特征值问题（即$\boldsymbol{M}$矩阵可以为任意矩阵），修正后的算法被称为“广义Jacobi方法”，但该方法依然是全特征值求解，而有限元分析仅关注部分特征值（通常是前p阶），并且对有限元方程求解全部特征值是不现实的（因为其维数过高），因此“广义Jacobi方法”一般不能直接应用于有限元分析，但它却部分构成了有限元特征值求解的应用基础，可供后续发展的大型稀疏特征值算法所调用。

20世纪中期，Lanczos（1950）针对大型特征值问题提出了一套三对角线转换算法，将普通特征值问题转换为三对角线标准特征值问题，然后求解该三对角线标准特征值方程的全部特征值并还原为原始方程的特征值。也就是说，将方程（4.3.1）所示的特征值求解问题转换为如下形式：

$$\boldsymbol{T}_p \widetilde{\boldsymbol{\Phi}} = \widetilde{\boldsymbol{\Lambda}} \widetilde{\boldsymbol{\Phi}} \tag{4.3.2}$$

其中$\boldsymbol{T}_p$表示三对角线矩阵，p表示矩阵T的维数（即待求的目标维数），它可以等于（但通常远小于）方程（4.3.1）的原始维数n。这套方法后来被称为“Lanczos迭代法”，它在有限元商业软件中得到广泛应用，甚至是大多数有限元软件的默认特征值选项。该方法能快速求解大型特征值方程的低阶特征值问题，但正如Lanczos本人在文献（Lanczos，1950）中指出的那样，该方法存在一个关键性缺陷：其矩阵三对角线转换过程需要重复构造正交化矢量（关于特征值方程的$\boldsymbol{M}$矩阵正交），而因为计算误差（比如截断误差）的存在导致这些矢量只能确保近似正交而非绝对正交，这种正交近似性将会导致方程特征值的虚假拷贝，也就是说将会额外产生一些跟真实特征值很接近的虚假特征值，这在后续求解过程中必须被剔除，其剔除流程非常复杂且耗费时间，这将大幅降低Lanczos的求解效率。为了避免虚假拷贝的产生，许多学者对Lanczos算法进行修正，比如Parlett&Scott（1979）采用“选择性正交化算法”修正Lanczos矩阵转换过程的正交化处理，另外Golub&Underwood（1977）、Matthies（1985）等均对Lanczos算法做了修正和改进。这些修正有利于确保矩阵转换过程中的向量正交性，但同时也会增加Lanczos算法实际应用的复杂程度。

20世纪70年代初，Bathe（1971）和Bathe&Wilson（1972）在前人的工作基础上（主要包括Bauer（1957）、Jennings（1967）、Rutishuaser（1969）等），针对大型有限元特征值问题提出了子空间迭代法。该算法将原始n维特征值方程映射到由q个迭代向量所围成的子空间、然后对整个子空间进行迭代求解q维特征值和特征向量。子空间算法由于理论直观且程序实现便捷，因而在有限元商业软件中获得广泛应用，跟前面提到的 Lanczos 方法一起成为有限元特征值问题求解的主流算法，但相对 Lanczos 算法的快速收敛而言，子空间迭代法的收敛速度相对一般，这也是其被诟病的主要因素，正因为如此，Bathe（1980）以及很多其他学者围绕子空间迭代的加速收敛问题作了大量修正和改进工作，包括 Yamamoto & Ohtsubo（1976）、Akl，Dlger & Irons（1982）、Dul & Arczewski（1994）、Zhao & Chen（2007）等，加速收敛的算法多种多样，但最常见的是超松弛和移频算法，详细算法可参阅上述文献，该处不再赘述。

上述 Lanczos 迭代法和子空间迭代均是针对大型特征值方程求解前 n 阶特征根和特征向量，但对于实际的有限元动力学方程而言，通常只关注荷载所激发的模态与振型，未激发的部分对求解结果不产生实际意义。从这个角度出发，Wilson、Yuan & Dickens（1982）提出了里兹向量叠加法，又被称为“WYD 特征值解法”，后来 Yuan、Chen 等人（1989）对其做了进一步修正。该方法按照荷载空间分布模式迭代产生一组里兹向量，将特征值方程转换到这组里兹向量空间，然后求解减缩后的全部特征值并通过变换得到原方程的特征值和向量。该方法将特征值求解的迭代问题转换里兹向量的求解迭代，同时将避免漏掉荷载可能激发的高阶振型和引入未激发的低阶振型，很适合于动力学方程的模态叠加解法。

4.3.2　子空间迭代法的程序实现

从计算机程序实现的角度来说，子空间迭代法的基本流程如表 4.3.1 所示，而决定其计算效率的因素主要包括如下几点：

- 如何快速地进行矩阵分解和回代；
- 如何快速地将 n 维特征值问题映射到 q 维子空间；
- 如何快速地求解低维特征值问题；
- 如何加快子空间的迭代收敛速度。

对于以上问题，Duan、Chen & Li（2014）采用如下解决方案：

- 调用 PARDISO 进行矩阵并行分解和并行回代；
- 采用 Do Concurrent 执行矩阵并行运算，将 n 维原始空间快速映射到 q 维子空间；
- 采用广义 Jacobi 方法求解低维特征值问题；
- 采用移频法（Bathe，1996；Zhao 等，2007）加快子空间的迭代收敛速度。

子空间迭代法　　**表 4.3.1**

操作名称	操作公式	补充说明
刚度矩阵分解	$\boldsymbol{K}=\boldsymbol{LDL}^{\mathrm{T}}$	调用 PARDISO 分解
子空间迭代	$\boldsymbol{K}\overline{\boldsymbol{X}}_{k+1}=\boldsymbol{Y}_k$	调用 PARDISO 回代
	$\boldsymbol{K}_{k+1}=\overline{\boldsymbol{X}}_{k+1}^{\mathrm{T}}\boldsymbol{Y}_k$	采用 Do Concurrent
	$\overline{\boldsymbol{Y}}_{k+1}=\boldsymbol{M}\overline{\boldsymbol{X}}_{k+1}$	采用 Do Concurrent
	$\boldsymbol{M}_{k+1}=\overline{\boldsymbol{X}}_{k+1}^{\mathrm{T}}\overline{\boldsymbol{Y}}_{k+1}$	采用 Do Concurrent
	$\boldsymbol{K}_{k+1}\boldsymbol{Q}_{k+1}=\boldsymbol{M}_{k+1}\boldsymbol{Q}_{k+1}\boldsymbol{\Lambda}_{k+1}$	采用广义 Jacobi 方法求解
	$\boldsymbol{Y}_{k+1}=\overline{\boldsymbol{Y}}_{k+1}\boldsymbol{Q}_{k+1}$	采用 Do Concurrent
特征值遗漏检查	$\overline{\boldsymbol{K}}=\boldsymbol{K}-\mu\boldsymbol{M}$	采用 Do Concurrent
	$\overline{\boldsymbol{K}}=\boldsymbol{LDL}^{\mathrm{T}}$	调用 PARDISO 分解（非正定）

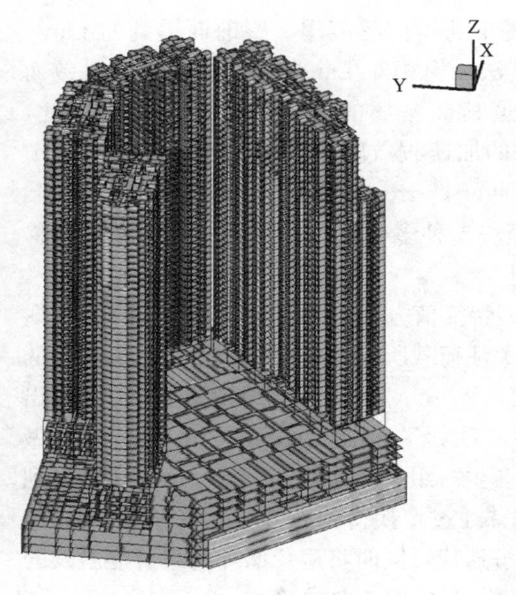

图 4.3.1　结构模型图

Duan、Chen & Li 等人（2013，2014）采用如上流程开发了一个子空间特征值求解器，并接入自开发的有限元计算内核进行测试，下面给出一个基于 PKPM/SATWE 的测试算例。如图 4.3.1 所示的多塔结构，分别采用 SATWE 软件和 Duan、Chen & Li（2013，2014）程序计算前 30 阶侧向固有频率，均采用 1.5m 网格进行单元划分，但前者采用刚性楼板假定，共计 60 万自由度（约 690 个动力自由度），后者采用全楼弹性板模型，共计 150 万自由度（约 50 万动力自由度），前者的计算时间约为 10 分钟，后者的计算时间约为 4 分钟，其计算规模和计算时间统计见表 4.3.2，计算结果见表 4.3.3 和图 4.3.2。显然，两个程序计算的前三十阶固有频率是比较接近的，其各阶频率的误差约为 7%～8%左右，产生该误差的原因可能包括多个方面，比如刚性楼板假定、梁-墙连接处理、楼层质量施加等。

计算规模和计算时间比较　　　　**表 4.3.2**

	机器配置	网　格	楼板模型	静力自由度	动力自由度	计算时间
SATWE	2 核 4G（32 位）	1.5m	刚性楼板	60 万	690	10 分钟
本文程序	4 核 16G（64 位）	1.5m	弹性楼板	150 万	50 万	4 分钟

计算结果比较　　　　**表 4.3.3**

	固有频率（第 1 阶和第 30 阶）		有效质量系数（x 向和 y 向）	
SATWE	0.25825	1.7944	60.29%	61.20%
本文程序	0.24003	1.6487	62.28%	62.60%
误差	7.06%	8.12%	3.3%	2.3%

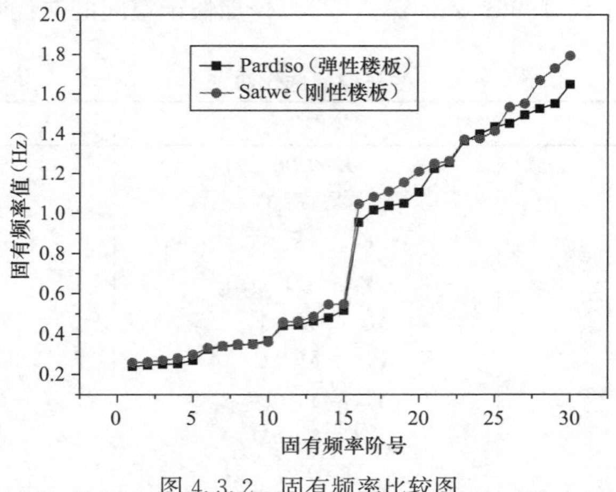

图 4.3.2　固有频率比较图

对于图 4.3.1 所示的多塔框剪结构，如果逐渐加密网格，其总自由度数会随之上升，当网格加密到 0.5m 时，自由度总数将达到 1092 万。该剪力墙结构网格加密各阶段的计算结果如表 4.3.4、图 4.3.3 所示。很显然，随着网格的加密，结构的固有频率将逐渐减小并趋于收敛。

多塔框剪结构加密网格的计算结果　　**表 4.3.4**

网格尺寸	自由度总数	计算时间（分）	固有频率（最低和最高，Hz）		最大误差
1.5m	160 万	内存：3.5	0.2364	1.6316	19.04%
1.2m	200 万	内存：4.5	0.2321	1.5926	15.44%
1.0m	308 万	内存：6.0	0.2256	1.5409	10.37%
0.8m	470 万	外存：55	0.2200	1.4800	3.76%
0.5m	1092 万	外存：90	0.2156	1.4375	参考值

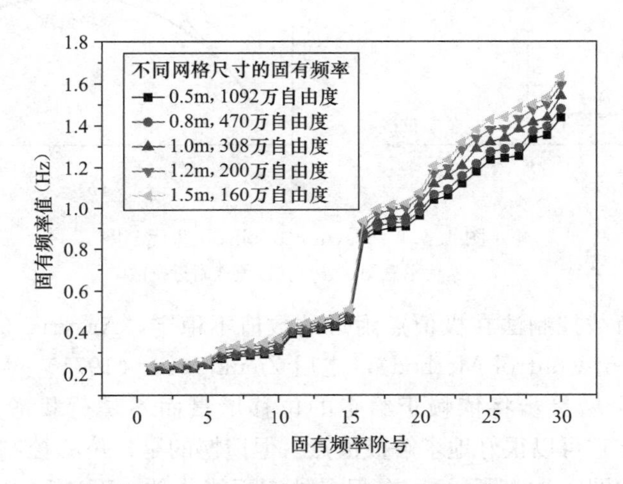

图 4.3.3　不同网格尺寸的固有频率图

关于特征值的求解方法还有很多，比如向量迭代法（包括正迭代和逆迭代，前者可求解方程的最大特征向量和特征值，后者可求解方程的最小特征向量和特征值，而通过移频处理也可求解其他特征值及向量）、多项式迭代法（将特征值方程展开成多项式方程，将特征值问题的求解转换为多项式方程的求解），但总体来说，这些方法都不适合直接用于大型有限元方程的求解，因此本书不再一一赘述，其详细理论可参阅相关文献（Bathe，1996）。

4.4　非线性方程求解

非线性是计算力学领域的常见问题，根据非线性形式可分为几何非线性（比如大应变、大转动）、材料非线性（比如弹塑性）、边界非线性（比如接触）等，根据是否考虑惯性影响又可分为静力分线性和动力非线性。非线性方程可简单表示为如下形式：

$$\boldsymbol{A}(\boldsymbol{x})\boldsymbol{x}=\boldsymbol{b} \tag{4.4.1}$$

它必须通过迭代求解，否则结果会明显漂移，而因为非线性求解算法的复杂性和重要性，它一直是有限元领域的重点研究对象之一。

4.4.1　非线性算法简介

对于静力非线性方程，最经典也最常用的算法是 Newton-Raphson 迭代算法，该方法属于荷载控制法，其特征是每个求解增量步都对应于一个给定的常荷载增量，如图 4.4.1（*a*）所示，它适用于刚度阵正定的情况，对于刚度阵非正定的情况无法收敛，如图 4.4.1（*b*）所示。换言之，当方程曲线出现极值点（Limit point）的时候，Newton-Raphson 迭代法已不再适用，事实上，所有荷载控制法均不适用于非线性方程的极值点问题。

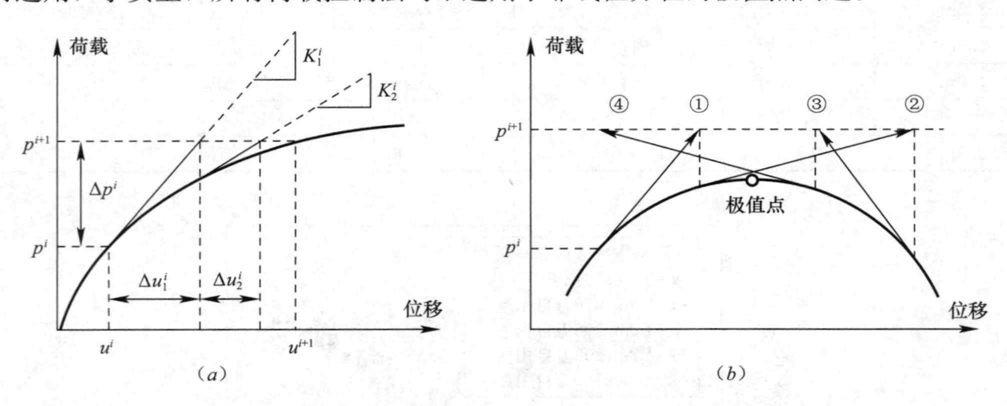

图 4.4.1　Newton-Raphson 迭代

（*a*）迭代示意图；（*b*）在极值点附近发散

为了克服上述荷载控制法在极值点附近的数值不稳定，Argyris（1965）提出了位移控制法（Displacement Control Method），之后 Zienkiewicz（1971）对该算法作了进一步修正。该算法的每个增量步将依赖于给定的位移增量而不是荷载增量，其迭代过程如图 4.4.2 所示，因此它可以很好地求解极值点。但遗憾的是，位移控制法不适用于方程曲线有拐点的情况（如图 4.4.3 所示），在拐点处它不能收敛，而这种拐点是非线性分析时的常见情况，比如后几何非线性的后屈曲问题、弹塑性的损伤问题等。

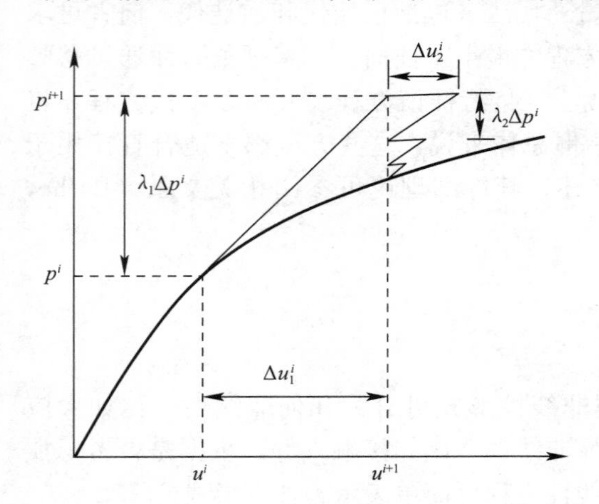

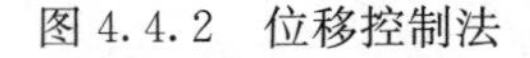
图 4.4.2　位移控制法

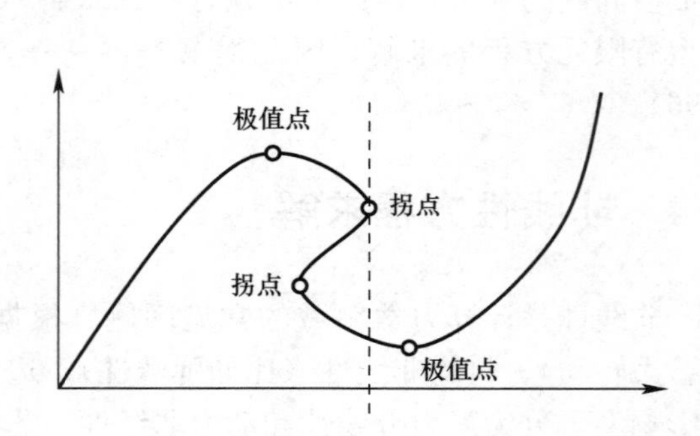

图 4.4.3　非线性方程曲线的极值点和拐点示意图

由于上述荷载控制法和位移控制法均不能很好地求解非线性方程，Riks（1979）针对结构后屈曲问题提出了荷载-位移联合控制法，即后来被广泛采用的弧长法。该方法的主导思想是引入一个可正可负的荷载系数用来控制迭代过程中的荷载增加或减少，从而能顺利地求解极值点和拐点附近的方程曲线值，其迭代过程如图 4.4.4 所示。该算法一经提出便备受欢迎，许多学者陆续对其作了一定程度的修正，其中包括 Ramm（1981）、Crisfield（1981）、Bathe & Doverkin（1983）、Yang & McGuire（1985）等。

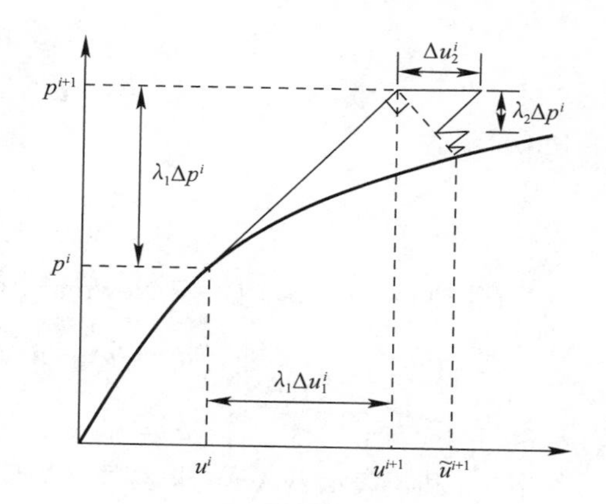

图 4.4.4　弧长法迭代示意图

前面介绍的迭代法是针对静力学方程，而对于非线性动力学而言，Bathe 曾在在文献［7］中指出其解法实际上就是线性动力学差分与非线性静力学迭代法的混合，他本人也早在 1973 年就跟 Wilson 一起将 Newmark 方法与 Newton-Raphson 迭代法结合起来求解复杂结构的非线性动力学问题，还将其编入 NONSAP 软件，也就是后来的 ADINA。当然，Bathe（1996）的上述说法是针对隐式动力学而言，对于显式动力学求解，我们通常会尽量避免迭代而改用子步细分，关于该问题，将在本书第 7 章给予详细讨论。为直观地说明非线性方程求解方法在有限元中的应用，下面给出 Newton-Raphson 迭代法求解静力方程以及它跟 Newmark 方法[39]联合求解动力方程的有限元实现，其详细论述可参考文献［17］。

4.4.2　静力非线性求解的有限元实现

增量格式的静力非线性方程可表述如下：

$$ {}^{t}\boldsymbol{K}({}^{t}\boldsymbol{a},K)\boldsymbol{a} = {}^{t+\Delta t}\boldsymbol{R} - {}^{t}\boldsymbol{F}({}^{t}\boldsymbol{a},K) \tag{4.4.2} $$

其中 $\boldsymbol{a}$ 表示位移增量，${}^{t}\boldsymbol{a}$ 表示当前时刻的位移全量，$\boldsymbol{K}$ 表示描述材料非线性的内部参数。从形式上看上式是显式的，其刚度阵和荷载阵均已知，可直接求解位移增量 $\boldsymbol{a}$，与 t 时刻的位移 ${}^{t}\boldsymbol{a}$ 相加便可得 $t+\Delta t$ 时刻的位移 ${}^{t+\Delta t}\boldsymbol{a}$。但实际上，如果直接采用上述方法求解非线性方程，其计算结果很可能出现漂移，即偏离方程的真实解甚至出现错误，为避免这种情况的发生，需进行迭代，以 Newton-Raphson 迭代法为例，其求解公式如下：

$$ {}^{t+\Delta t}\boldsymbol{a}^{(k)} = {}^{t+\Delta t}\boldsymbol{a}^{(k-1)} + \boldsymbol{a}^{(k)},\quad (k = 1,2,3\cdots\cdots) \tag{4.4.3} $$

$$ \boldsymbol{a}^{(k)} = \left[{}^{t+\Delta t}\boldsymbol{K}^{(k-1)}\right]^{-1}\left[{}^{t+\Delta t}\boldsymbol{R} - {}^{t+\Delta t}\boldsymbol{F}^{(k-1)}\right] \tag{4.4.4} $$

$$ {}^{t+\Delta t}\boldsymbol{a}^{(0)} = {}^{t}\boldsymbol{a},\quad {}^{t+\Delta t}\boldsymbol{K}^{(0)} = {}^{t}\boldsymbol{K},\quad {}^{t+\Delta t}\boldsymbol{F}^{(0)} = {}^{t}\boldsymbol{F} \tag{4.4.5} $$

上式中，当 $\|\boldsymbol{a}^{(k)}\| \leqslant$ TOL 时（TOL 指设定的容差）终止迭代，进入下一个时间步。

4.4.3　动力非线性求解的有限元实现

为简单说明动力非线性求解的有限元实现，下面采用 Newmark 算法（Newmark, 1959）与 Newton-Raphson 迭代法联合求解增量格式的动力方程，而关于非线性动力学求解的详细讨论（含隐式和显式）可参见本书第 7 章。

增量格式的非线性动力方程可表示如下：

$$ \boldsymbol{M}^{t+\Delta t}\ddot{\boldsymbol{a}} + \boldsymbol{D}^{t+\Delta t}\dot{\boldsymbol{a}} + {}^{t}\boldsymbol{K}({}^{t}\boldsymbol{a},K)\Delta\boldsymbol{a} = {}^{t+\Delta t}\boldsymbol{R} - {}^{t}\boldsymbol{F}({}^{t}\boldsymbol{a},K) \tag{4.4.6} $$

其中各变量的含义跟公式（4.4.2）一致。

采用 Newton-Raphson 迭代法可将上述方程改写为如下迭代形式：

$$ {}^{t+\Delta t}\boldsymbol{K}^{(k-1)}\Delta\boldsymbol{a}^{(k)} = {}^{t+\Delta t}\boldsymbol{R} - {}^{t+\Delta t}\boldsymbol{F}^{(k-1)} - \boldsymbol{M}\,{}^{t+\Delta t}\ddot{\boldsymbol{a}} - \boldsymbol{D}\,{}^{t+\Delta t}\dot{\boldsymbol{a}} \tag{4.4.7} $$

$$ {}^{t+\Delta t}\boldsymbol{a}^{(k)} = {}^{t+\Delta t}\boldsymbol{a}^{(k-1)} + \Delta\boldsymbol{a}^{(k)} \tag{4.4.8} $$

其中

$$ {}^{t+\Delta t}\boldsymbol{a}^{(0)} = {}^{t}\boldsymbol{a} \tag{4.4.9} $$

$$ {}^{t+\Delta t}\boldsymbol{K}^{(0)} = {}^{t}\boldsymbol{K},\quad {}^{t+\Delta t}\boldsymbol{F}^{(0)} = {}^{t}\boldsymbol{F} \tag{4.4.10} $$

在时间 $t \sim t+\Delta t$ 内，按 Newmark 积分方案，采用如下假设：

$$ \begin{cases} {}^{t+\Delta t}\boldsymbol{a} = {}^{t}\boldsymbol{a} + {}^{t}\dot{\boldsymbol{a}}\Delta t + \left(\left(\dfrac{1}{2}-\alpha\right){}^{t}\ddot{\boldsymbol{a}} + \alpha\,{}^{t+\Delta t}\ddot{\boldsymbol{a}}\right)\Delta t^2 \\ {}^{t+\Delta t}\dot{\boldsymbol{a}} = {}^{t}\dot{\boldsymbol{a}} + ((1-\delta){}^{t}\ddot{\boldsymbol{a}} + \delta\,{}^{t+\Delta t}\ddot{\boldsymbol{a}})\Delta t \end{cases} \tag{4.4.11} $$

其中：α 和 δ 表示 Newmark 参数，为保证该隐式积分法无条件稳定，要求：

$$ \delta \geqslant 0.5 \text{ 且 } \alpha \geqslant 0.25(0.5+\delta)^2 \tag{4.4.12} $$

将式（4.4.11）的 ${}^{t+\Delta t}\boldsymbol{a}$ 采用式（4.4.8）近似，得：

$$ \begin{cases} {}^{t+\Delta t}\boldsymbol{a}^{(k-1)} + \Delta\boldsymbol{a}^{(k)} = {}^{t}\boldsymbol{a} + {}^{t}\dot{\boldsymbol{a}}\Delta t + \left(\left(\dfrac{1}{2}-\alpha\right){}^{t}\ddot{\boldsymbol{a}} + \alpha\,{}^{t+\Delta t}\ddot{\boldsymbol{a}}\right)\Delta t^2 \\ {}^{t+\Delta t}\dot{\boldsymbol{a}} = {}^{t}\dot{\boldsymbol{a}} + ((1-\delta){}^{t}\ddot{\boldsymbol{a}} + \delta\,{}^{t+\Delta t}\ddot{\boldsymbol{a}})\Delta t \end{cases} \tag{4.4.13} $$

所以

$$ \begin{cases} {}^{t+\Delta t}\ddot{\boldsymbol{a}} = c_0({}^{t+\Delta t}\boldsymbol{a}^{(k-1)} - {}^{t}\boldsymbol{a} + \Delta\boldsymbol{a}^{(k)}) - c_2\,{}^{t}\dot{\boldsymbol{a}} - c_3\,{}^{t}\ddot{\boldsymbol{a}} \\ {}^{t+\Delta t}\dot{\boldsymbol{a}} = c_1({}^{t+\Delta t}\boldsymbol{a}^{(k-1)} - {}^{t}\boldsymbol{a} + \Delta\boldsymbol{a}^{(k)}) - c_4\,{}^{t}\dot{\boldsymbol{a}} - c_5\,{}^{t}\ddot{\boldsymbol{a}} \end{cases} \tag{4.4.14} $$

其中：$c_0 \sim c_5$ 表示 Newmark 积分常数，具体如下：

$$ \begin{cases} c_0 = \dfrac{1}{\alpha\Delta t^2},\quad c_1 = \dfrac{\delta}{\alpha\Delta t},\quad c_2 = \dfrac{1}{\alpha\Delta t} \\ c_3 = \dfrac{1}{2\alpha} - 1,\quad c_4 = \dfrac{\delta}{\alpha} - 1,\quad c_5 = \dfrac{\Delta t}{2}\left(\dfrac{\delta}{\alpha} - 2\right) \end{cases} \tag{4.4.15} $$

将（4.4.14）代入（4.4.7）可得：

$$ {}^{t}\hat{\boldsymbol{K}}\Delta\boldsymbol{a}^{(k)} = \hat{\boldsymbol{R}} \tag{4.4.16} $$

其中：

$$ {}^{t}\hat{\boldsymbol{K}} = {}^{t+\Delta t}\boldsymbol{K}^{(k-1)} + c_0\boldsymbol{M} + c_0\boldsymbol{D} \tag{4.4.17} $$

$$ \begin{aligned} \hat{\boldsymbol{R}} = {}& {}^{t+\Delta t}\boldsymbol{R} - {}^{t+\Delta t}\boldsymbol{F}^{(k-1)} + \boldsymbol{M}[c_0({}^{t}\boldsymbol{a} - {}^{t+\Delta t}\boldsymbol{a}^{(k-1)}) + c_2\,{}^{t}\dot{\boldsymbol{a}} + c_3\,{}^{t}\ddot{\boldsymbol{a}}] \\ & + \boldsymbol{D}[c_1({}^{t}\boldsymbol{a} - {}^{t+\Delta t}\boldsymbol{a}^{(k-1)}) + c_4\,{}^{t}\dot{\boldsymbol{a}} + c_5\,{}^{t}\ddot{\boldsymbol{a}}] \end{aligned} \tag{4.4.18} $$

方程（4.4.16）中，当 $\|\Delta\boldsymbol{a}^{(k)}\| \leqslant \text{TOL}$ 时（TOL 指设定的容差）终止迭代，进入下一个时间步。

由方程（4.4.16）～方程（4.4.18）和方程（4.4.8）～方程（4.4.10）可知，非线性动力学问题的求解大致可分为“预测”和“校正”两个步骤，具体如下：

步骤 1：预测（$k=1$）

（1）按公式（4.4.15）计算 Newmark 积分常数；

（2）按公式（4.4.9）和公式（4.4.10）计算结点位移和结点内力的初始值；

（3）按公式（4.4.17）和公式（4.4.18）计算等效刚度阵 ${}^{t}\hat{\boldsymbol{K}}$ 和等效荷载阵 $\hat{\boldsymbol{R}}$；

（4）利用公式（4.4.16）求解 $\Delta\boldsymbol{a}^{(1)}$；

(5) 按公式 (4.4.8) 计算 ${}^{t+\Delta t}\boldsymbol{a}^{(1)}$；

(6) 判断 $\|\Delta\boldsymbol{a}^{(1)}\|\leqslant TOL$，如果成立，则终止迭代，按公式 (4.4.14) 计算其结点速度和加速度，并进入 $t+\Delta t$ 时间步；如果不成立，则进入步骤2。

步骤2：校正 $(k=k+1)$

(1) 按公式 (4.4.17) 计算刚度阵 ${}^{t}\hat{\boldsymbol{K}}$，按公式 (4.4.18) 计算不平衡荷载 $\hat{\boldsymbol{R}}$；

(2) 利用公式 (4.4.16) 求解 $\Delta\boldsymbol{a}^{(k)}$；

(3) 按公式 (4.4.8) 计算 ${}^{t+\Delta t}\boldsymbol{a}^{(k)}$；

(4) 判断 $\|\Delta\boldsymbol{a}^{(k)}\|\leqslant TOL$，如果成立，则终止迭代，按公式 (4.4.14) 计算其结点速度和加速度，并进入 $t+\Delta t$ 时间步；如果不成立，则重复步骤2。

4.5 参考文献

[1] Akl F. A., Dilger W. H. & Irons B. M. Acceleration of Subspace Iteration. International Journal for Numerical Methods in Engineering. 1982, Vol. 18, pp. 583-589.

[2] Amestoy P. R., Davis T. A. & Duff I. S. An approximate minimum degree ordering algorithm. SIAM J. Matrix Analysis and Applications, 1996, 17, 886-905.

[3] Amestoy P. R., Davis T. A. & Duff I. S. Algorithm 837: AMD, an approximate minimum degree ordering algorithm. ACM Trans. Mathematical Software, 2004, 30 (3), 381-388.

[4] Argyris J. H. Continua and Discontinua. Proc of 1st Matrix Methods in Structural Mechanics. Ohio: Wright-Patterson Air Force Base, 1965, 11-89.

[5] Ashcraft C. & Liu J. W. H. Robust ordering of sparse matrices using multisection. SIAM J. Matrix Analysis and Applications, 1998, 19, 816-832.

[6] Bathe K. J. Solution Methods of Large Eigenvalue Problems in Structural Engineering. Report UC SESM 71-20, Civil Engineering Department, University of California, Berkeley, 1971.

[7] Bathe K. J. Finite Element Procedures. NJ, USA: Prentice-Hall, 1996.

[8] Bathe K. J. & Dvorkin E. N. On the Automatic Solution of Nonlinear Finite Element Equations, Computers & Structures, 1983, Vol. 17, 871-879.

[9] Bathe K. J. & Wilson E. L. Large Eigenvalue Problems in Dynamic Analysis. ASCE Journal of Engineering Mechanics Division, 1972, Vol. 98, pp. 1471-1485.

[10] Bathe K. J. & Wilson E. L. NONSAP-A General Finite Element Program for Nonlinear Dynamic Analysis of Complex Structures. Paper No. M3-1, Proceedings, Second Conference on Structural Mechanics in Reactor Technology, Berlin, Sept. 1973.

[11] Coleman T. F., Edenbrandt A. & Gilbert J. R. Predicting fill for sparse orthogonal factorization. Journal of the ACM (JACM), 1986, Volume 33 Issue 3. Pages 517-532.

[12] Cormen T. H., Leiserson C. E., Rivest R. L. & Stein C. Introduction to Algorithms (Second Edition) [M]. Cambridge, Massachusetts, USA: the MIT Press, 2001.

[13] Cook R. D. Finite Element Modeling for Stress Analysis [M]. New York, USA: John Wiley & Sons, Inc., 1995.

[14] Crisfield M. A. A Fast Incremental/Iterative Solution Procedure that Handles Snap-Through. Comput. Struct., 1981, 13: 55-62.

[15] Crisfield M. A. Non-linear Finite Element Analysis of Solids and Structures, Volume1: Essentials. Chichester, England: Wiley, 1991.

[16] Crisfield M. A. Non-linear Finite Element Analysis of Solids and Structures, Volume2: Advanced Topics. Chichester, England: Wiley, 1997.

[17] 段进. 大型柔性空间结构的热一动力学耦合有限元分析［博士学位论文］. 北京：清华大学工程力学系，2007.

[18] Duan J., Li Y. G., Chen X. M., Qi H. & Sun J. Y. A Parallel FEA Computing Kernel for Building Structures. Journal of Applied Mathematics and Physics, 2013, 1: 26-30.

[19] Duan J., Chen X. M., Qi H. & Li Y. G. A Parallel FEA Computing Kernel for ISSS. Proceedings of GBMCE 2014 (to be published). Landon, UK: CRC Press, 2014.

[20] Duff I. S., Erisman A. M. & Reid J. K. Direct Methods for Sparse Matrices [M]. England: Oxford University Press, 1986.

[21] Duff I. & Reid J. The multifrontal solution of indefinite sparse symmetric linear equations, ACM Trans. Math. Software, 1983, Vol. 9, pp. 302-325.

[22] Dul F. A. & Arczewski K. The Two-Phase Method for Finding a Great Number of Eigenpairs of the Symmetric or Weakly Non-symmetric Large Eigenvalue Problems. Journal of Computational Physics, 1994, Vol. 111, pp. 89-109.

[23] George A. Nested dissection of a regular finite-element mesh. SIAM J. Numerical Analysis, 1973, 10, 345-363.

[24] George A. & Liu J. W. H. An optimal algorithm for symbolic factorization of symmetric matrices, SIAM J. Comput., 1980, 9, pp. 583-593.

[25] George A. & Liu J. W. H. Computer Solution of Large Sparse Positive Definite Systems [M]. Prentice-Hall, New Jersey, U. S. A., 1981.

[26] GeorgeA. & Ng E. Symbolic Factorization for Sparse Gaussian Elimination with Partial Pivoting. SIAM J. Sci. and Stat. Comput., 1987, Vol. 8 (6), pp. 877-898.

[27] Gilbert J. R. Parallel symbolic factorization of sparse linear systems. Parallel Computing, 1990, Volume 14, Issue 2, Pages 151-162.

[28] Golub G. H. & Underwood R. The Block Lanczos Method for Computing Eigenvalues. In Mathematical Software 3rd (J. R. Rice, ed.), USA, New York: Academic Press, 1977, pp. 361-377.

[29] Gould N. I. M., Hu Y. & Scott J. A. A Numerical Evaluation of Sparse Direct Solvers for the Solution of Large Sparse, Symmetric Linear Systems of Equations [J]. *ACM Transactions on Mathematical Software*, 2007, Vol. 33, No. 2, Article No. 10.

[30] Ironsa B. Frontal solution program for finite element analysis, Internat. J. Numer. Methods Engrg., 1970, Vol. 2, pp. 5-32.

[31] Jennings A. A Direct Iteration Method of Obtaining Latent Roots and Vectors of a Symmetric Matrix. Proceedings of the Cambridge Philosophical Society, 1967, Vol. 63, pp. 755-765.

[32] Heath M. T., Ng E. & Peyton B. W. Parallel Algorithms for Sparse Linear Systems. SIAM Review, 1991, Vol. 33, No. 3, pp. 420-460.

[33] Karypis G. & Kumar V. METIS: A software package for partitioning unstructured graphs, partitioning meshes and computing fill-reducing orderings of sparse matrices - version 4. 0, 1998, http://www-users. cs. umn. edu/karypis/metis/.

[34] Karypis G. & Kumar V. A fast and high quality multilevel scheme for partitioning irregular graphs. SIAM Journal on Scienti _ c Computing, 1999, 20, 359-392.

[35] Kumar P. S., Kumar M. K. & Basu A. A parallel algorithm for elimination tree computation and symbolic factorization. Parallel Computing, 1992, Volume 18, Issue 8, Pages 849-856.

[36] Lanczos C. An Iteration Method for the Solution of the Eigenvalue Problem of Linear Differential and Integral Operators. Journal of Research of the National Bureau of Standards，1950，Vol. 45. pp. 255-282.

[37] Liu J. W. H. Modification of the Minimum-Degree algorithm by multiple elimination. ACM Transactions on Mathematical Software，1985，11 (2)：141-153.

[38] Matthies H. A Subspace Lanczos Method for the Generalized Symmetric Eigen-problem. Computers & Structures，1985，Vol. 21，pp. 319-325.

[39] Newmark N. M. A Method of Computation for Structural Dynamics. ASCE Journal of Engineering Mechanics Division，1959，85：67-94.

[40] Parlett B. N. & Scott D. S. The Lanczos Algorithm with Selective Orthogonalization. Mathematics of Computation，1979，Vol. 33. No. 145. pp. 217-238.

[41] Pissanetzky S. Sparse Matrix Technology. New York，USA：Academic Press，1984.

[42] Ramm E. Strategies for Tracing the Nonlinear Response near Limit Point. Nonlinear Finite Element Analysis in Struct. Mech.，ed. Wunderlich W，Stein E & Bathe K J，Berlin：Springer-Verlag，1981，pp. 63-69.

[43] Riks E. An Incremental Approach to the Solution of Snapping and Buckling Problems. *International Journal of Solids and Structures*，1979，15 (7)：529-551.

[44] Rutishauser H. Computational Aspects of F. L. Bauer's Simultaneous Iteration Method. Numerical Mathematics，1969，Vol. 13，pp. 4-13.

[45] Schenk O.，Gartner K. & Fichtner W. Efficient Sparse LU Factorization with Left-Right Looking Strategy on Shared Memory Multiprocessors [J]. BIT Numerical Mathematics，2000，Vol. 40，No. 1，pp. 158-176. http://dx.doi.org/10.1023/A:1022326604210.

[46] SchenkO. & Gartner K. On Fast Factorization Pivoting Methods for Symmetric Indefinite Systems [J]. Electronic Transactions on Numerical Analysis，2006，Vol. 23，pp. 158-179.

[47] Tinney W. F. & Walker J. W. Direct solutions of sparse network equations by optimally ordered triangular factorization. Proc. IEEE，1967，55，1801-1809.

[48] Wilson E. L.，Yuan M. W. & Dickens J. M. Dynamic analysis by direct superposition of Ritz vectors. Earthquake Engineering & Structural Dynamics，1982，10 (6)：813 - 821.

[49] Yamamoto Y. & Ohtsubo H. Subspace Iteration Accelerated by Using Chebyshev Polynomials for Eigenvalue Problems with Symmetric Matrices. International Journal for Numerical Methods in Engineering，1976，Vol. 10，pp. 935-944.

[50] Yang Y. B. & Kuo S. R. Theory & Analysis of Nonlinear Framed Structures. New York：Prentice Hall，1994.

[51] Yang Y. B. & McGuire W. A. Work Control Method for Geometrically Nonlinear Analysis. Proc of Int Conf on Num Methods in Engineering：Theory & Appl，ed. Middleton J & Pande G N，Wales：Univ College Swansea，1985，pp. 913-921.

[52] Yuan M. W.，Chen P.，Xiong S. J.，Li Y. N. & Wilson E. L. The WYD method in large eigenvalue problems. Engineering Computations，1989，6 (1)：49-57.

[53] 王勖成. 有限单元法. 北京：清华大学出版社，2003.

[54] Zhao Q. C.，Chen P.，Peng W. B.，Gong Y. C. & M. W. Yuan. Accelerated subspace iteration with aggressive shift. *Computers & Structures*，2007，Vol. 85，pp. 1562-1578.

[55] Zienkiewicz O. C. Incremental Displacement in Non-linear Analysis. Ing. J. Num. Meth. Engng，1971，3：587-592.

第 5 章　几何非线性

几何非线性分析中，实体的运动如图 5.0.1 所示，0 时刻表示初始时刻，t 时刻表示当前时刻，是已知的，$t+\Delta t$ 时刻表示下一时刻，是待求的未知量。根据选择不同时刻的构型作为参考状态，几何非线性问题的解法可分为以下三种格式：全 Lagrange 格式（TL）、更新 Lagrange 格式（UL）和 Euler 格式。TL 格式选择 0 时刻的构型作为参考状态，UL 格式选择 t 时刻的构型作为参考状态，这两种方法均可看作广义 Lagrange 格式（GL）的特例。Euler 格式选择 $t+\Delta t$ 时刻的构型作为参考状态，该构型本身是未知的，这给计算带来很大不便，正因为如此，Eulerian 格式较少被采用。

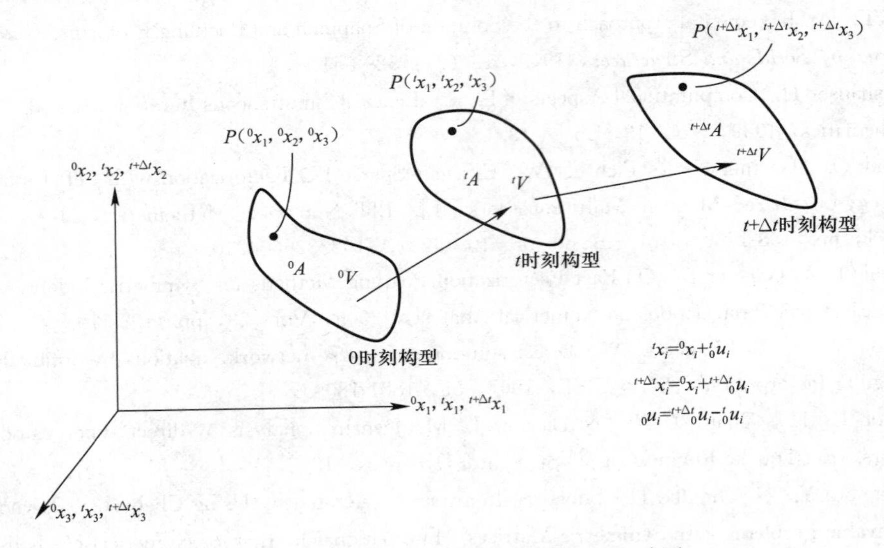

图 5.0.1　变形体在固定笛卡尔系的运动图

从公式推导的角度来说，三维实体的几何非线性最为繁杂，但从有限元实际应用的角度来说，梁壳结构的几何非线性却要比三维实体复杂得多，因为梁壳构件需要从三维实体进行退化，既要满足三维实体非线性的普适性规则，又要根据梁壳构件的自身特性（比如平截面假定、直法线假定等）进行合理的假设，以得到适用于梁壳结构的最终表达式。由于梁结构与壳结构的几何非线性有一定的共性，通常都是基于同步转动理论进行扩展，因此本书仅以梁单元为代表来简要介绍几何非线性理论，壳单元的几何非线性理论可参阅 Crisfield 的《Non-linear Finite Element Analysis of Solids and Structures》(1997)，该处不再赘述。

5.1　几何非线性的一般性描述

对于连续介质力学的几何非线性问题，常用的求解格式有两种：全 Lagrange 格式

(TL) 和更新的 Lagrange 格式 (UL),此处重点介绍后者。变形体在固定笛卡尔坐标系下的运动如图 5.0.1 所示,假定 0 时刻,Δt 时刻,$2\Delta t$ 时刻,…,以及 t 时刻的构型均已知,而 $t+\Delta t$ 时刻的构型及内力均未知。

以 t 时刻构型为参考构型,考虑 $t+\Delta t$ 时刻变形体依然平衡,由虚功原理建立方程:

$$\int_{^tV} {}^{t+\Delta t}_{t}S_{ij}\delta\, {}^{t+\Delta t}_{t}\varepsilon_{ij}\ {}^{0}\mathrm{d}V = {}^{t+\Delta t}A \tag{5.1.1}$$

其中,${}^{t+\Delta t}_{t}S_{ij}$ 和 ${}^{t+\Delta t}_{t}\varepsilon_{ij}$ 分别表示 $t+\Delta t$ 时刻的第二类 P-K 应力张量和 Green 应变张量,它们均以 t 时刻构型为参考构型;${}^{t+\Delta t}A$ 表示外力虚功,它与变形体的表面力 ${}^{t+\Delta t}_{t}t_k$ 和体力 ${}^{t+\Delta t}_{t}f_k$ 有关,具体公式为:

$${}^{t+\Delta t}A = \int_{^tA} {}^{t+\Delta t}_{t}t_k\delta\, {}^{t+\Delta t}_{t}u_k\, {}^{t}\mathrm{d}A + \int_{^tV} {}^{t}\rho\, {}^{t+\Delta t}_{t}f_k\delta\, {}^{t+\Delta t}_{t}u_k\, {}^{t}\mathrm{d}V \tag{5.1.2}$$

上式中,${}^{t}\rho$ 表示 t 时刻的密度(如果不考虑密度的变化,则 ${}^{t}\rho \equiv {}^{0}\rho \equiv \rho$);${}^{t+\Delta t}_{t}u_k$ 表示 $t+\Delta t$ 时刻的位移,它以 t 时刻构型为参考构型。

第二类 P-K 应力张量 ${}^{t+\Delta t}_{t}S_{ij}$ 可写成增量的形式:

$${}^{t+\Delta t}_{t}S_{ij} = {}^{t}\tau_{ij} + {}_{t}S_{ij} \tag{5.1.3}$$

其中,${}^{t}\tau_{ij}$ 表示 t 时刻的 Cauchy 应力张量,${}_{t}S_{ij}$ 表示 t 时刻第二类 P-K 应力张量的增量。

记 t 到 $t+\Delta t$ 时刻的应变增量为 ${}_{t}\varepsilon_{ij}$,则它与 $t+\Delta t$ 时刻 Green 应变张量存在如下关系式:

$${}^{t+\Delta t}_{t}\varepsilon_{ij} = {}_{t}\varepsilon_{ij} \tag{5.1.4}$$

其中

$${}_{t}\varepsilon_{ij} = {}_{t}e_{ij} + {}_{t}\eta_{ij} \tag{5.1.5}$$

上式中,${}_{t}e_{ij}$ 和 ${}_{t}\eta_{ij}$ 分别表示应变增量的线性部分和非线性部分,具体如下:

$${}_{t}e_{ij} = \frac{1}{2}({}_{t}u_{i,j} + {}_{t}u_{j,i}),\quad {}_{t}\eta_{ij} = \frac{1}{2}\,{}_{t}u_{k,i}\,{}_{t}u_{k,j} \tag{5.1.6}$$

第二类 P-K 应力张量增量与 Green 应变张量增量的关系可表示如下:

$${}_{t}S_{ij} = {}_{t}C_{ijrs}\,{}_{t}\varepsilon_{rs} \tag{5.1.7}$$

其中 ${}_{t}C_{ijrs}$ 表示本构张量 (constitutive tensor)。

将式 (5.1.3)~式 (5.1.7) 代入式 (5.1.1),可得连续介质力学更新 Lagrange 格式的一般表达式:

$$\int_{^tV} {}_{t}C_{ijrs}\,{}_{t}e_{rs}\delta_{t}e_{ij}\,{}^{t}\mathrm{d}V + \int_{^tV} {}^{t}\tau_{ij}\delta_{t}\eta_{ij}\,{}^{t}\mathrm{d}V = {}^{t+\Delta t}A - \int_{^tV} {}^{t}\tau_{ij}\delta_{t}e_{ij}\,{}^{t}\mathrm{d}V \tag{5.1.8}$$

5.2 梁杆结构的几何非线性

公式 (5.1.8) 给出了三维实体的几何非线性描述,若引入梁单元的基本假定(平截面假定)则可推导梁杆构件的几何非线性表达式,下面详细叙述。

5.2.1 梁结构几何非线性简介

1973 年,Belytschko & Hsieh 针对二维梁的几何非线性问题,第一次提出"同步转动格式 (Co-Rotational formulation)",梁的位移被分解成刚体位移和自然变形的迭加,具体公式如下：

$$\boldsymbol{a}=\boldsymbol{a}^{\mathrm{rig}}+\boldsymbol{a}^{\mathrm{def}} \tag{5.2.1}$$

后来，Belytschko & Schwer（1977）、Belytschko & Glaum（1979）将该方法推广至三维梁结构，进一步扩大其适用范围。按此理论，梁单元由初始构型运动到变形后构型，如图 5.2.1 所示，其运动过程可分解为两部分的迭加：（1）梁单元通过刚体运动至虚线位置，该过程可能发生大转动，但不产生弹性变形，不改变内力大小，只改变内力（预应力）方向，比如预轴力由 x 方向转变为 $\hat{x}$ 方向；（2）梁单元在虚线位置发生自然变形（即弹性变形），包括轴向变形、弯曲变形和扭转变形等，产生新的变形能，如果不考虑梁的轴向大应变，该过程满足小变形假设。

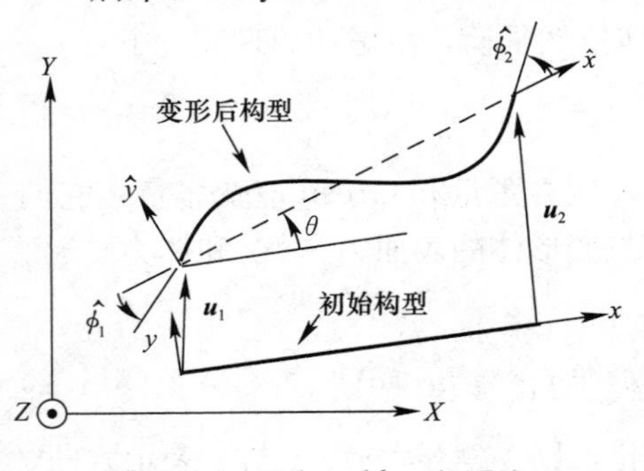

图 5.2.1　Belytschko（1973）同步转动示意图

1979 年，Bathe & Bolourchi 针对三维梁单元提出一种新的几何非线性增量法，t 时刻（已知）和 $t+\Delta t$ 时刻（未知）的梁构型如图 5.2.2 所示，梁变形分解为刚体位移和弹性变形的迭加，分别对应于图中虚线和实线部分。假定 t 时刻到 $t+\Delta t$ 时刻的增量位移满足小转动和小变形，在 t 时刻梁单元虚线位置建立局部坐标，那么对于增量位移，在该单元坐标系下可采用线性分析中常用的位移插值函数。观察图 5.2.1 和图 5.2.2 可知，Belytschko & Hsieh（1973）和 Bathe & Bolourchi（1979）方法的主要区别在于：Belytschko & Hsieh（1973）用刚体转动后的局部坐标（$\hat{x}$，$\hat{y}$，$\hat{z}$）（参见图 5.2.1）度量梁单元的弹性变形，该情况下梁结点的四个横向位移（$\hat{v}_1$ 和 $\hat{w}_1$ 以及 $\hat{v}_2$ 和 $\hat{w}_2$）恒为 0，但从初始构型旋转到该局部坐标的三个转角分量（θ_1、θ_2 和 θ_3）均未知，需给定初始值进行迭代；Bathe & Bolourchi（1979）用 t 时刻局部坐标（${}^{t}x$，${}^{t}y$，${}^{t}z$）（参见图 5.2.2）度量 t 到 $t+\Delta t$ 时刻的增量位移，该局部坐标系是已知的。实际上，为了防止计算结果出现“漂移”，Bathe 的方法同样需要迭代，迭代过程中度量增量位移的局部坐标不断被上一迭代步的结果所更新，当迭代收敛时，该局部坐标已位于（或接近于）$t+\Delta t$ 时刻梁构型的虚线位置。因此，通常认为这两种方法本质上一致。

1979 年，Argyris 等人针对梁问题提出“自然格式（Natural approach）”，其本质也跟 Belytschko 的同步转动类似。之后，Crisfield & Cole（1989）、Crisfield（1990）、Crisfield & Moita（1996）、Rankin & Brogan（1984）、Yang & Chiou（1987）、Yang，Chiou & Leu（1992）、Yang，Kuo & Wu（2002）等对该方法进一步完善，其单元类型包括 Timoshenko 梁和 Bernoulli 梁，方程形式包括更新 Lagrange 格式（TL）和全 Lagrange 格式（UL）。事实上，Bathe & Bolourchi（1979）曾经指出：梁单元的 TL 格式和 UL 格式完全等效，但通常 UL 格式效率更高。除上述学者外，Wood & Zienkiweicz（1977）、Simo（1985）、Simo & Vu-Quoc（1986）、Mondkar & Powell（1977）等均对早期

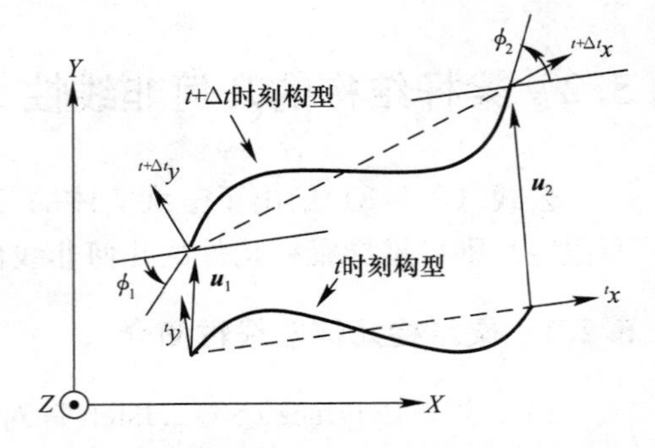

图 5.2.2　Bathe（1979）同步转动示意图

的梁结构几何非线性问题做出重要贡献。

5.2.2　一种基于同步转动理论的梁单元

段进（2007）以及 Duan，Xiang & Xue（2007，2008a，2008b）基于 Belytschko & Hsieh（1977）的同步转动理论、并采用大位移小应变假定（梁单元在发生大位移和大转动的同时，其应变必须足够小，以确保截面性质保持不变，比如面积和惯性矩等），发展了一种适用于几何非线性分析的两结点 Euler-Bernoulli 梁单元。该方法可将梁单元的位移分解为刚体位移和弹性变形的叠加，其中刚体位移指原始的直梁单元作任意大小的平动和转动，但始终保持直梁模型，弹性变形相当于在梁单元刚体位移的基础上发生小转动和小应变。在梁单元作刚体位移的过程中，固定于单元上的局部坐标系也跟着做相应的平动和转动，如图 5.2.3 所示，初始（0 时刻）构型的单元局部坐标（${}^0x$，${}^0y$，${}^0z$）随着梁单元的刚体位移转动到 t 时刻构型（${}^tx$，${}^ty$，${}^tz$），之后进一步转动到 $t+\Delta t$ 时刻构型（${}^{t+\Delta t}x$，${}^{t+\Delta t}y$，${}^{t+\Delta t}z$）。采用更新 Lagrange 格式（TL）、以 t 时刻梁构型为参考构型，梁截面内任意点 P 的增量位移可用形心 O 处的轴向位移 ${}_tu$、横向位移 ${}_tv$ 和 ${}_tw$、截面扭转角 ${}_t\theta_x$ 来表示，具体如下：

$$\begin{aligned} {}_tu^p &= {}_tu - y\frac{\partial_t v}{\partial x} - z\frac{\partial_t w}{\partial x} \\ {}_tv^p &= {}_tv - z_t\theta_x \\ {}_tw^p &= {}_tw + z_t\theta_x \end{aligned} \tag{5.2.2}$$

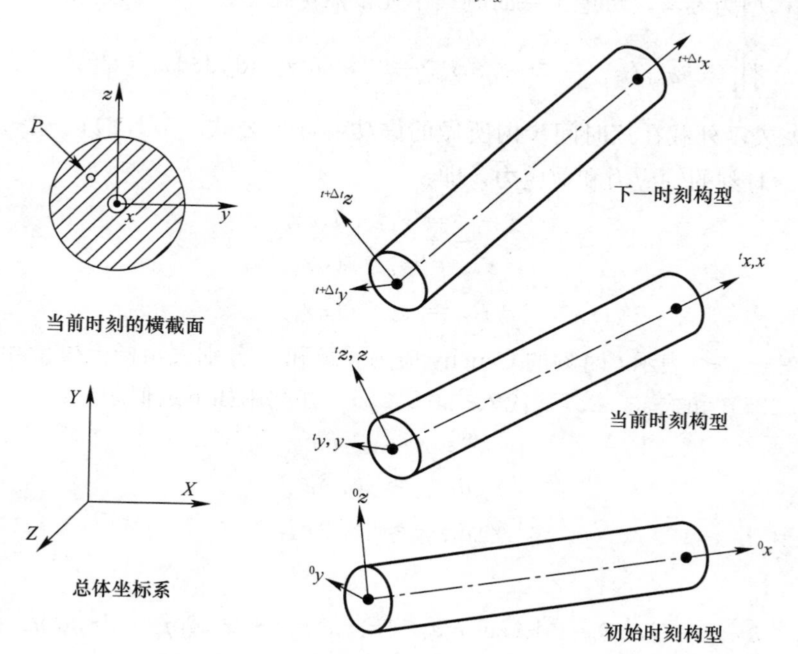

图 5.2.3　梁单元的运动图

对轴向位移 ${}_tu$ 和扭转角 ${}_t\theta_x$ 采用线性插值，对横向位移 ${}_tv$ 和 ${}_tw$ 采用 Hermit 插值，式（5.2.2）可改写为：

$$[{}_tu^p \quad {}_tv^p \quad {}_tw^p]^{\mathrm{T}} = {}_t\overline{\boldsymbol{H}}\,{}_t\boldsymbol{a}^e \tag{5.2.3}$$

$$
{}_t\overline{\boldsymbol{H}}=\begin{bmatrix}N_1 & -yN^a_{1,x} & -zN^a_{1,x} & N_1 & zN^b_{1,x} & -yN^b_{1,x} \\ 0 & N_3 & 0 & -zN^a_1 & 0 & N^b_1 \\ 0 & 0 & N_3 & yN^a_1 & -N^b_1 & 0 \end{bmatrix.
$$

$$
\begin{matrix} N_2 & -yN^a_{2,x} & -zN^a_{2,x} & N_2 & zN^b_{2,x} & -yN^b_{2,x} \\ 0 & N_5 & 0 & -zN^a_2 & 0 & N^b_2 \\ 0 & 0 & N_5 & yN^a_2 & -N^b_2 & 0 \end{matrix}\Bigg] \tag{5.2.4}
$$

上式中，$(\quad)_{,x}=d(\quad)/dx$，N_1 和 N_2 表示两结点线性插值函数，N^a_1、N^a_2 和 N^b_1、N^b_2 表示 Hermit 插值函数，${}_t\boldsymbol{a}^e$ 表示单元结点的增量位移，具体参阅文献［12］。

如 5.1 节所述，三维实体内任意点的应变可由公式（5.1.4）和式（5.1.5）表示，对于梁单元，只需考虑轴向应变 ${}_t\varepsilon_{xx}$ 和工程剪应变 ${}_t\gamma_{xy}$、${}_t\gamma_{xy}$ 即可，又由式（5.2.2）知：$\partial_t v^p/\partial y=\partial_t w^p/\partial z\equiv 0$，因此，梁单元内任意点的应变位移关系为：

$$
\begin{aligned}
{}_t\varepsilon_{xx}&={}_te_{xx}+{}_t\eta_{xx}=\frac{\partial_t u^p}{\partial x}+\frac{1}{2}\left[\left(\frac{\partial_t u^p}{\partial x}\right)^2+\left(\frac{\partial_t v^p}{\partial x}\right)^2+\left(\frac{\partial_t w^p}{\partial x}\right)^2\right]\\
{}_t\gamma_{xy}&={}_te_{xy}+{}_t\eta_{xy}=\left(\frac{\partial_t u^p}{\partial y}+\frac{\partial_t v^p}{\partial x}\right)+\left(\frac{\partial_t u^p}{\partial x}\frac{\partial_t u^p}{\partial y}+\frac{\partial_t w^p}{\partial x}\frac{\partial_t w^p}{\partial y}\right)\\
{}_t\gamma_{xz}&={}_te_{xz}+{}_t\eta_{xz}=\left(\frac{\partial_t u^p}{\partial z}+\frac{\partial_t w^p}{\partial x}\right)+\left(\frac{\partial_t u^p}{\partial x}\frac{\partial_t u^p}{\partial z}+\frac{\partial_t v^p}{\partial x}\frac{\partial_t v^p}{\partial z}\right)
\end{aligned} \tag{5.2.5}
$$

其中：${}_te_{xx}$、${}_te_{xy}$、${}_te_{xz}$ 表示增量应变的线性部分，${}_t\eta_{xx}$、${}_t\eta_{xy}$、${}_t\eta_{xz}$ 表示增量应变的非线性部分。

以 t 时刻构型为参考，考虑下一时刻梁单元依然保持平衡，由虚功原理可得：

$$
\iiint_{0\,A}^{l}\left({}^{t+\Delta t}_{\ \ t}\sigma_{xx}\delta_t\varepsilon_{xx}+{}^{t+\Delta t}_{\ \ t}\sigma_{xy}\delta_t\gamma_{xy}+{}^{t+\Delta t}_{\ \ t}\sigma_{xz}\delta_t\gamma_{xz}\right)\mathrm{d}y\mathrm{d}z\mathrm{d}x={}^{t+\Delta t}A \tag{5.2.6}
$$

上式中，${}^{t+\Delta t}A$ 表示外载在该时间步内所做的虚功，详见公式（5.1.2）；${}^{t+\Delta t}_{\ \ t}\sigma_{xx}$，${}^{t+\Delta t}_{\ \ t}\sigma_{xy}$ 和 ${}^{t+\Delta t}_{\ \ t}\sigma_{xz}$ 表示下一时刻的轴应力和剪应力，即：

$$
\begin{aligned}
{}^{t+\Delta t}_{\ \ t}\sigma_{xx}&={}^t\tau_{xx}+E_t\varepsilon_{xx}\\
{}^{t+\Delta t}_{\ \ t}\sigma_{xy}&={}^t\tau_{xy}+G_t\gamma_{xy}\\
{}^{t+\Delta t}_{\ \ t}\sigma_{xz}&={}^t\tau_{xz}+G_t\gamma_{xz}
\end{aligned} \tag{5.2.7}
$$

其中，${}^t\tau_{xx}$、${}^t\tau_{xy}$、${}^t\tau_{xz}$ 表示 t 时刻的 Cauchy 应力，E 和 G 分别表示杨氏模量和剪切模量。

将式（5.2.5）和式（5.2.7）代入式（5.2.6）并利用如下近似条件：

$$
\begin{cases}
{}_t\varepsilon_{xx}\delta_t\varepsilon_{xx}\approx{}_te_{xx}\delta_te_{xx}\\
{}_t\gamma_{xy}\delta_t\gamma_{xy}\approx{}_te_{xy}\delta_te_{xy}\\
{}_t\gamma_{xz}\delta_t\gamma_{xz}\approx{}_te_{xz}\delta_te_{xz}
\end{cases} \tag{5.2.8}
$$

得：

$$
\begin{aligned}
&\iint_{l\,A}\left[E_te_{xx}\delta_te_{xx}+G_te_{xy}\delta_te_{xy}+G_te_{xz}\delta_te_{xz}+{}^t\tau_{xx}\delta_t\eta_{xx}+{}^t\tau_{xy}\delta_t\eta_{xy}+{}^t\tau_{xz}\delta_t\eta_{xz}\right]\mathrm{d}y\mathrm{d}z\mathrm{d}x\\
&={}^{t+\Delta t}A-\iiint_{l\,A}\left[{}^t\tau_{xx}\delta_te_{xx}+{}^t\tau_{xy}\delta_te_{xy}+{}^t\tau_{xz}\delta_te_{xz}\right]\mathrm{d}y\mathrm{d}z\mathrm{d}x
\end{aligned} \tag{5.2.9}
$$

将式（5.2.3）和式（5.2.5）代入式（5.2.9）并积分可得：

$$
({}^t_t\boldsymbol{K}_L+{}^t_t\boldsymbol{K}_G)\,{}_t\boldsymbol{a}^e={}^{t+\Delta t}_{\ \ t}\boldsymbol{P}_e-{}^t_t\boldsymbol{P} \tag{5.2.10}
$$

上式中，${}^t_t\boldsymbol{K}_L$、${}^t_t\boldsymbol{K}_G$ 分别表示线性刚度阵和几何非线性刚度阵，${}^t_t\boldsymbol{P}$ 表示单元内力，${}^{t+\Delta t}_{t}\boldsymbol{P}_e$ 表示梁单元所受的外载（与线性分析一致）。

公式（5.2.10）中，几何非线性刚度阵 ${}^t_t\boldsymbol{K}_G$ 与 t 时刻的结点位移有关，对于大转动小应变问题可作出如下简化：${}^t_t\boldsymbol{K}_G$ 中仅保留与杆轴力相关的项，且杆轴力的计算直接采用单元长度，从而避开应变位移关系，具体如下：

$$ {}^t_tF_x = EA\left[\frac{{}^tl - l}{l}\right] \tag{5.2.11} $$

上式中，l 表示杆单元的原始长度，${}^tl$ 表示 t 时刻的单元杆长，具体为：

$$ {}^tl = \sqrt{(l + ({}^t_0u_2 - {}^t_0u_1))^2 + ({}^t_0v_2 - {}^t_0v_1)^2 + ({}^t_0w_2 - {}^t_0w_1)^2} \tag{5.2.12} $$

其中，$i=1$，2 表示单元的结点号，${}^t_0u_i$、${}^t_0v_i$、${}^t_0w_i$ 分别表示沿 ${}^0x$、${}^0y$、${}^0z$ 三个方向的全量位移

关于方程（5.2.10），如果想用其进行几何非线性分析，则还需解决两个关键问题：首先，该方程是基于当前构型（即 t 时刻构型）建立的，为方便后续的分析与求解，需将它转换到原始构型（即 0 时刻构型），这就牵涉到几何非线性分析的一个关键问题——梁构件的大转动，该问题将在 5.4 节进行介绍；其次，在单元构型变换的过程中（比如 t 时刻到 $t+\Delta t$ 时刻），其单元内力 ${}^t_t\boldsymbol{P}$ 应该如何进行变换，这就牵涉到几何非线性分析的另一个关键问题——梁构件的刚体试验，该问题将在本书第 5.5 节进行介绍。

5.3　几何非线性的关键之大转动

下面从三个方面来阐述几何非线性的大转动问题，即：定点转动、定轴转动、梁单元的大转动矩阵。

5.3.1　定点转动（Euler 转角）

大转动问题源于刚体定点转动，早在十八世纪中期，Euler 就提出采用三个独立一组的角参量来确定刚体定点转动的位置，被称为 Euler 角，它有许多种取法，图 5.3.1 是较常见的一种，即原始坐标系 x_1，y_1，z_1 首先绕坐标轴 z_1 旋转 γ 角，接着绕 x_2 旋转 α 角，然后绕 y_3 旋转 β 角至 x_4，y_4，z_4 位置，相应的转动矩阵称为 Euler 转角公式，具体如下[11]：

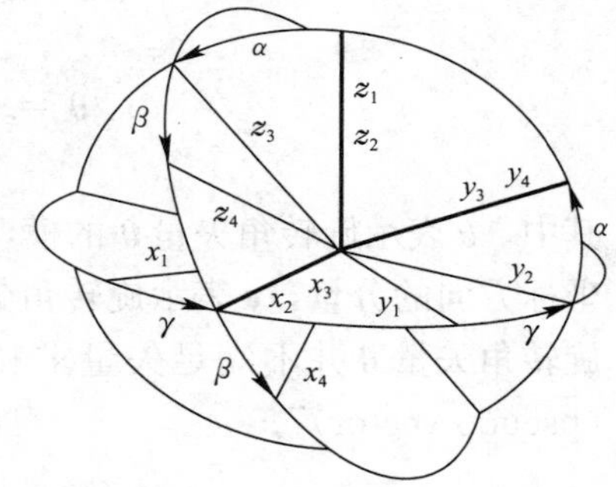

图 5.3.1　Euler 角（Crouch，1981）

$$ [l_4]_1 = \begin{bmatrix} \cos\gamma\cos\beta - \sin\gamma\sin\alpha\sin\beta & -\sin\gamma\cos\alpha & \cos\gamma\sin\beta + \sin\gamma\sin\alpha\cos\beta \\ \sin\gamma\cos\beta + \cos\gamma\sin\alpha\sin\beta & \cos\gamma\cos\alpha & \sin\gamma\sin\beta - \cos\gamma\sin\alpha\cos\beta \\ -\cos\alpha\sin\beta & \sin\alpha & \cos\alpha\cos\beta \end{bmatrix} \tag{5.3.1} $$

观察图 5.3.1 可知，Euler 转角公式是按顺序绕三根轴 z_1，x_2，y_3 作复合转动的结果，Argyris（1982）、Crisfield（1997）、Crouch（1981）等学者均指出：大转动分析中，由于复合转动依赖于转动顺序，因此对于 Euler 角而言，采用不同的转动顺序其转动结果并不相同，因此如果采用 Euler 角分析大转动问题须事先给定其转角顺序，而在实际分析中（比如梁单元大转动）这往往是最困难的一点。

5.3.2　定轴转动（Rodrigues 转角）

1982 年，Argyris 针对矢量绕任意空间轴的大转动问题（如图 5.3.2 所示），推导相应的大转动矩阵，这就是后来被许多学者［如 Crisfield（1990）、Rankin & Brogan（1984）、Schulz & Filippou（2001）等］所采用的 Rodrigues 公式，具体如下：

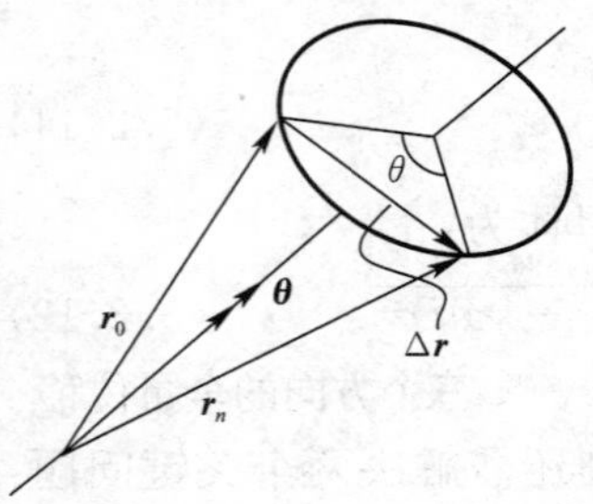

$$\boldsymbol{R}(\boldsymbol{\theta}) = \boldsymbol{I} + \frac{\sin\theta}{\theta}\boldsymbol{S} + \frac{1}{2}\left(\frac{\sin\theta/2}{\theta/2}\right)^2 \boldsymbol{S}^2 \tag{5.3.2}$$

图 5.3.2　矢量绕任意空间轴作大转动

其中，$\boldsymbol{\theta}$ 指空间转轴矢量［Argyris（1982）称之为伪矢量］，θ 是矢量 $\boldsymbol{\theta}$ 的模，$\boldsymbol{I}$ 表示 3×3 单位矩阵，$\boldsymbol{S}$ 表示相关的反对称矩阵，见公式（5.3.3）：

$$\boldsymbol{S}(\boldsymbol{\theta}) = \begin{bmatrix} 0 & -\theta_3 & \theta_2 \\ \theta_3 & 0 & -\theta_1 \\ -\theta_2 & \theta_1 & 0 \end{bmatrix} \tag{5.3.3}$$

式中，θ_1、θ_2 和 θ_3 是矢量 $\boldsymbol{\theta}$ 的三个分量。

显然，只要能确定空间转轴 $\boldsymbol{\theta}$，采用 Rodrigues 公式可以方便地分析矢量大转动问题。需特别指出的是：公式（5.3.2）之所以被命名为 Rodrigues 转角公式，是因为早在 1840 年 Rodrigues 就针对刚体定点转动问题采用 Rodrigues 参数推导出该公式的另一种形式，但由于它不适合描述一般的姿态运动，因此在历史上被长期遗忘。

公式（5.3.2）可以从数学上严格推导，下面简述其过程。如图 5.3.3 所示，矢量 $\boldsymbol{r}_0$ 绕 OC 轴旋转 θ 至 $\boldsymbol{r}_n$，可定义旋转角矢量：

$$\boldsymbol{\theta} = \begin{Bmatrix} \theta_1 \\ \theta_2 \\ \theta_3 \end{Bmatrix} = \theta_1 \boldsymbol{e}_1 + \theta_2 \boldsymbol{e}_2 + \theta_3 \boldsymbol{e}_3 = \theta \boldsymbol{e} \tag{5.3.4}$$

其中，θ 表示旋转角矢量 $\boldsymbol{\theta}$ 的模，见公式（5.3.5），θ_1、θ_2 和 θ_3 表示旋转角矢量 $\boldsymbol{\theta}$ 沿三个坐标方向的分量，$\boldsymbol{e}$ 表示旋转角矢量 $\boldsymbol{\theta}$ 的单位矢量（沿旋转轴 OC 方向）。但需指出的是：旋转角矢量 $\boldsymbol{\theta}$ 并不满足矢量求和规则和交换律，因此 Argyris（1982）称之为“伪矢量（pseudo-vector）”。

$$\theta = \|\boldsymbol{\theta}\| = \sqrt{\theta_1^2 + \theta_2^2 + \theta_3^2} = \sqrt{\boldsymbol{\theta}^{\mathrm{T}}\boldsymbol{\theta}} \tag{5.3.5}$$

观察图 5.3.3（b）可知，

$$\boldsymbol{r}_n = \boldsymbol{r}_0 + \Delta\boldsymbol{r}, \quad \Delta\boldsymbol{r} = \Delta\boldsymbol{a} + \Delta\boldsymbol{b} \tag{5.3.6}$$

其中：$\Delta\boldsymbol{a}$ 与 $\Delta\boldsymbol{b}$ 垂直，由图 5.3.3（b）可知后者的长度为：

$$\Delta b = R\sin\theta \tag{5.3.7}$$

因此：

$$\Delta\boldsymbol{b} = \frac{\Delta b}{\|\boldsymbol{e}\times\boldsymbol{r}_0\|}(\boldsymbol{e}\times\boldsymbol{r}_0) = \frac{R\sin\theta}{\|\boldsymbol{e}\times\boldsymbol{r}_0\|}(\boldsymbol{e}\times\boldsymbol{r}_0) \tag{5.3.8}$$

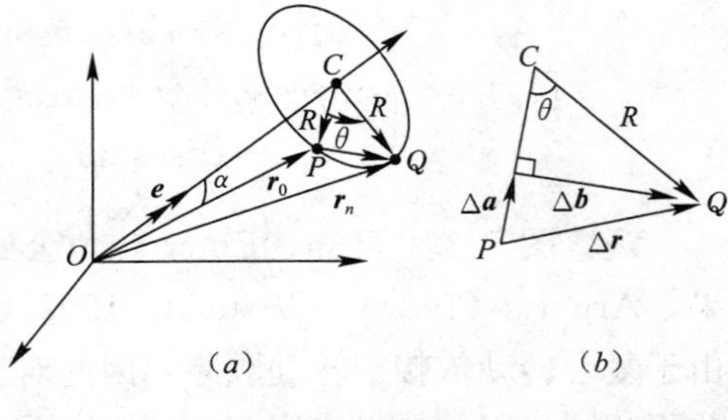

图 5.3.3　矢量绕空间轴的大转动示意图

（a）绕 OC 轴转动；（b）投影图

由图 5.3.3（a）可知，

$$\| \boldsymbol{e} \times \boldsymbol{r}_0 \| = r_0 \sin\alpha = R \tag{5.3.9}$$

式中 r_0 为矢量 $\boldsymbol{r}_0$ 的模，将式（5.3.9）代入式（5.3.8）得：

$$\Delta \boldsymbol{b} = \sin\theta (\boldsymbol{e} \times \boldsymbol{r}_0) = \frac{\sin\theta}{\theta} (\boldsymbol{\theta} \times \boldsymbol{r}_0) \tag{5.3.10}$$

观察图 5.3.3（a）可知，矢量 $\Delta \boldsymbol{a}$ 不仅垂直于 $\Delta \boldsymbol{b}$，还垂直于 $\boldsymbol{e}$，所以

$$\Delta \boldsymbol{a} = \frac{\Delta a}{\| \boldsymbol{e} \times \boldsymbol{r}_0 \|} [\boldsymbol{e} \times (\boldsymbol{e} \times \boldsymbol{r}_0)] = \frac{\Delta a}{R} [\boldsymbol{e} \times (\boldsymbol{e} \times \boldsymbol{r}_0)] \tag{5.3.11}$$

式中 Δa 是矢量 $\Delta \boldsymbol{a}$ 的模，由图 5.3.3（b）可知：

$$\Delta a = R(1 - \cos\theta) \tag{5.3.12}$$

所以，公式（5.3.11）可表示为：

$$\Delta \boldsymbol{a} = (1 - \cos\theta) [\boldsymbol{e} \times (\boldsymbol{e} \times \boldsymbol{r}_0)] = \frac{(1 - \cos\theta)}{\theta^2} [\boldsymbol{\theta} \times (\boldsymbol{\theta} \times \boldsymbol{r}_0)] \tag{5.3.13}$$

将公式（5.3.11）和式（5.3.13）代入式（5.3.6）可得

$$\boldsymbol{r}_n = \boldsymbol{r}_0 + \frac{\sin\theta}{\theta} (\boldsymbol{\theta} \times \boldsymbol{r}_0) + \frac{(1 - \cos\theta)}{\theta^2} [\boldsymbol{\theta} \times (\boldsymbol{\theta} \times \boldsymbol{r}_0)] \tag{5.3.14}$$

容易证明

$$\boldsymbol{\theta} \times \boldsymbol{r}_0 = \boldsymbol{S}(\boldsymbol{\theta}) \boldsymbol{r}_0, \quad \boldsymbol{\theta} \times (\boldsymbol{\theta} \times \boldsymbol{r}_0) = \boldsymbol{S}(\boldsymbol{\theta}) \boldsymbol{S}(\boldsymbol{\theta}) \boldsymbol{r}_0 \tag{5.3.15}$$

其中 $\boldsymbol{S}(\boldsymbol{\theta})$ 为反对称张量，见公式（5.3.3）。

将式（5.3.15）代入式（5.3.14）得：

$$\boldsymbol{r}_n = \boldsymbol{R} \boldsymbol{r}_0 \tag{5.3.16}$$

上式中，$\boldsymbol{R}$ 被称为 Rodrigues 公式，具体形式为：

$$\begin{aligned} \boldsymbol{R} &= \left[\boldsymbol{I} + \frac{\sin\theta}{\theta} \boldsymbol{S}(\boldsymbol{\theta}) + \frac{(1 - \cos\theta)}{\theta^2} \boldsymbol{S}(\boldsymbol{\theta}) \boldsymbol{S}(\boldsymbol{\theta}) \right] \\ &= [\boldsymbol{I} + \sin\theta \boldsymbol{S}(\boldsymbol{e}) + (1 - \cos\theta) \boldsymbol{S}(\boldsymbol{e}) \boldsymbol{S}(\boldsymbol{e})] \end{aligned} \tag{5.3.17}$$

其中 $\boldsymbol{I}$ 表示 3×3 单位矩阵。

上式中的 $\sin\theta$ 和 $\cos\theta$ 可展开成幂级数，

$$\sin\theta = \theta - \frac{\theta^3}{3!} + \frac{\theta^5}{5!} \cdots, \quad \cos\theta = 1 - \frac{\theta^2}{2!} + \frac{\theta^4}{4!} \cdots \tag{5.3.18}$$

将式（5.3.18）代入式（5.3.17），大转动矩阵 $\boldsymbol{R}$ 可展开成幂级数形式：

$$\boldsymbol{R} = \exp(\boldsymbol{S}(\boldsymbol{\theta})) = \boldsymbol{I} + \boldsymbol{S}(\boldsymbol{\theta}) + \frac{\boldsymbol{S}(\boldsymbol{\theta})^2}{2!} + \frac{\boldsymbol{S}(\boldsymbol{\theta})^3}{3!} + \cdots\cdots \tag{5.3.19}$$

对于小转动问题，只取公式（5.3.19）的前两项即可：

$$\boldsymbol{R} \approx \boldsymbol{I} + \boldsymbol{S}(\boldsymbol{\theta}) \tag{5.3.20}$$

该处需指出的是：公式（5.3.17）采用伪矢量 $\boldsymbol{\theta}$ 作为基本参数，是 Rodrigues 公式的一种形式，在实际的大转动分析特别是复合转动分析中，经常采用其他的参数替换 $\boldsymbol{\theta}$，比如 Rodrigues 参数（Rodrigues，1840）、Rankin 参数（Rankin，1984）和四元数(Spring，1986）等，具体可参阅相关文献，该处不再赘述。

5.3.3　梁单元的大转动矩阵

利用前面介绍的 Euler 转角公式和 Rodrigues 转角公式，可以构造梁单元的大转动矩阵（即结点位移转换矩阵），比如 Bathe & Bolourchi（1979）利用 Euler 角来构造，Crisfield（1997）利用 Rodrigues 转角公式来构造，而段进（2007）以及 Duan，Xiang & Xue（2007，2008a，2008b）则联合 Euler 角和 Rogrigues 转角来构造，下面重点介绍最后一种方法。

记梁单元结点位移在 t 时刻构型与 0 时刻构型之间的转换关系为：

$$ {}_t\boldsymbol{a}^e = {}_0^t\bar{\boldsymbol{R}}_0\boldsymbol{a}^e \tag{5.3.21}$$

式中，${}_t\boldsymbol{a}^e$ 和${}_0\boldsymbol{a}^e$ 分别指单元结点位移向量在（${}^0x$，${}^0y$，${}^0z$）和（${}^tx$，${}^ty$，${}^tz$）的分量，${}_0^t\bar{\boldsymbol{R}}$ 表示单元结点位移向量在两个坐标系之间的转换矩阵，可表示如下：

$$ {}_0^t\bar{\boldsymbol{R}} = \begin{bmatrix} {}_0^t\bar{\underset{\sim}{\boldsymbol{R}}} & & & \boldsymbol{0} \\ & {}_0^t\bar{\underset{\sim}{\boldsymbol{R}}} & & \\ & & {}_0^t\bar{\underset{\sim}{\boldsymbol{R}}} & \\ \boldsymbol{0} & & & {}_0^t\bar{\underset{\sim}{\boldsymbol{R}}} \end{bmatrix} \tag{5.3.22}$$

其中，${}_0^t\bar{\underset{\sim}{\boldsymbol{R}}}$ 为 3×3 的矩阵，它表示三维矢量从 0 时刻坐标系到 t 时刻坐标系的转换矩阵。

为求解坐标转换矩阵 ${}_0^t\bar{\underset{\sim}{\boldsymbol{R}}}$，可将梁单元的转动过程分解为两个步骤：

步骤 1：梁单元绕某空间角矢量 ${}^t\boldsymbol{\beta}$ 转动 ${}^t\boldsymbol{\beta}=|{}^t\boldsymbol{\beta}|$ 角，单元局部坐标系的各坐标轴 ${}^0x$，${}^0y$，${}^0z$ 跟着绕 ${}^t\boldsymbol{\beta}$ 旋转 ${}^t\beta=|{}^t\boldsymbol{\beta}|$ 角至 ${}^tx$，${}^t\tilde{y}$，${}^t\tilde{z}$，该步骤为侧向转动，如图 5.3.4 所示，转换矩阵记为 ${}^t\bar{\underset{\sim}{\boldsymbol{R}}}^d({}^t\boldsymbol{\beta})$；

步骤 2：梁单元绕轴线方向即 ${}^tx$ 方向旋转 ${}^t\gamma=\|{}^t\boldsymbol{\gamma}\|$，其坐标轴 ${}^t\tilde{y}$，${}^t\tilde{z}$ 旋转至 ${}^ty$，${}^tz$ 位置，该步骤为轴向转动，如图 5.3.5 所示，转换矩阵记为 ${}^t\bar{\underset{\sim}{\boldsymbol{R}}}^a({}^t\boldsymbol{\gamma})$。

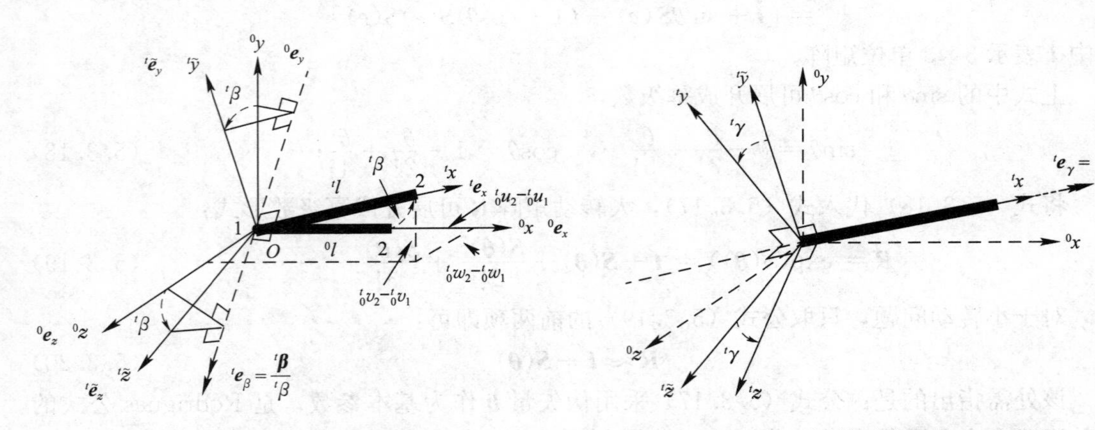

图 5.3.4　梁单元侧向转动示意图　　　图 5.3.5　梁单元轴向转动示意图

显然，矩阵 ${}_0^t\bar{\underset{\sim}{\boldsymbol{R}}}$ 可写成如下形式：

$$ {}_0^t\bar{\underset{\sim}{\boldsymbol{R}}} = {}^t\bar{\underset{\sim}{\boldsymbol{R}}}^a({}^t\boldsymbol{\gamma}){}^t\bar{\underset{\sim}{\boldsymbol{R}}}^d({}^t\boldsymbol{\beta}) \tag{5.3.23}$$

观察图 5.3.4，由公式（5.3.16）得：

$$ [{}^t\boldsymbol{e}_x \quad {}^t\tilde{\boldsymbol{e}}_y \quad {}^t\tilde{\boldsymbol{e}}_z] = \boldsymbol{R}({}^t\boldsymbol{\beta})[{}^0\boldsymbol{e}_x \quad {}^0\boldsymbol{e}_y \quad {}^0\boldsymbol{e}_z] \tag{5.3.24}$$

其中，

$$^0\boldsymbol{e}_x=\{1\quad 0\quad 0\}^{\mathrm{T}},\quad ^0\boldsymbol{e}_y=\{0\quad 1\quad 0\}^{\mathrm{T}},\quad ^0\boldsymbol{e}_z=\{0\quad 0\quad 1\}^{\mathrm{T}} \tag{5.3.25}$$

在坐标系（^0x，^0y，^0z）下，坐标轴 ^tx、$^t\bar{y}$ 和 $^t\bar{z}$ 的方向余弦分别记为：$\{^t_0l_{xx}\ \ ^t_0l_{xy}\ \ ^t_0l_{xz}\}^{\mathrm{T}}$、$\{^t_0l_{\bar{y}x}\ \ ^t_0l_{\bar{y}y}\ \ ^t_0l_{\bar{z}z}\}^{\mathrm{T}}$ 和 $\{^t_0l_{\bar{z}x}\ \ ^t_0l_{\bar{z}y}\ \ ^t_0l_{\bar{z}z}\}^{\mathrm{T}}$，公式（5.3.24）可改写为：

$$\begin{bmatrix} ^t_0l_{xx} & ^t_0l_{\bar{y}x} & ^t_0l_{\bar{z}x} \\ ^t_0l_{xy} & ^t_0l_{\bar{y}y} & ^t_0l_{\bar{z}y} \\ ^t_0l_{xz} & ^t_0l_{\bar{y}z} & ^t_0l_{\bar{z}z} \end{bmatrix}=\boldsymbol{R}(^t\boldsymbol{\beta}) \tag{5.3.26}$$

所以，矢量从（^0x，^0y，^0z）到（^tx，$^t\bar{y}$，$^t\bar{z}$）的转换矩阵为

$$^t\underset{\sim}{\bar{\boldsymbol{R}}}{}^d(^t\boldsymbol{\beta})=\begin{bmatrix} ^t_0l_{xx} & ^t_0l_{\bar{y}x} & ^t_0l_{\bar{z}x} \\ ^t_0l_{xy} & ^t_0l_{\bar{y}y} & ^t_0l_{\bar{z}y} \\ ^t_0l_{xz} & ^t_0l_{\bar{y}z} & ^t_0l_{\bar{z}z} \end{bmatrix}^{\mathrm{T}}=\boldsymbol{R}(^t\boldsymbol{\beta})^{\mathrm{T}} \tag{5.3.27}$$

同理可得：

$$^t\underset{\sim}{\bar{\boldsymbol{R}}}{}^a(^t\boldsymbol{\gamma})=\boldsymbol{R}(^t\boldsymbol{\gamma})^{\mathrm{T}} \tag{5.3.28}$$

因此，公式（5.3.23）可写成如下形式：

$$^t_0\underset{\sim}{\bar{\boldsymbol{R}}}=\boldsymbol{R}(^t\boldsymbol{\gamma})^{\mathrm{T}}\boldsymbol{R}(^t\boldsymbol{\beta})^{\mathrm{T}} \tag{5.3.29}$$

由上式及 Rodrigues 公式（5.3.2）可知：（1）侧向转动中，只需确定空间角矢量 $^t\boldsymbol{\beta}$（包括方向 $^t\boldsymbol{e}_\beta$ 和模 $^t\boldsymbol{\beta}$），便可确定 ^tx，$^t\bar{y}$，$^t\bar{z}$ 坐标轴的方向，由此可确定侧向转动矩阵 $^t\underset{\sim}{\bar{\boldsymbol{R}}}{}^d(^t\boldsymbol{\beta})$；（2）轴向转动中，空间转角矢量 $^t\boldsymbol{\gamma}$ 的方向为已知（沿 ^tx 方向），只需确定转角大小 $^t\boldsymbol{\gamma}$ 便可确定轴向转动矩阵 $^t\underset{\sim}{\bar{\boldsymbol{R}}}{}^a(^t\boldsymbol{\gamma})$。因此，求解坐标转换矩阵 $^t_0\underset{\sim}{\bar{\boldsymbol{R}}}$ 的问题可转化为求解空间角矢量 $^t\boldsymbol{\beta}$ 和 $^t\boldsymbol{\gamma}$ 的问题，下面分别叙述。

图 5.3.4 中，$^t\boldsymbol{\beta}$ 垂直 ^0x 和 ^tx 坐标轴，记 ^0x 和 ^tx 的单位方向矢量分别为 $^0\boldsymbol{e}_x$ 和 $^t\boldsymbol{e}_x$，则：

$$^t\boldsymbol{e}_\beta=\frac{^0\boldsymbol{e}_x\times{}^t\boldsymbol{e}_x}{|^0\boldsymbol{e}_x\times{}^t\boldsymbol{e}_x|} \tag{5.3.30}$$

$$\cos(^t\beta)={}^0\boldsymbol{e}_x\cdot{}^t\boldsymbol{e}_x \tag{5.3.31}$$

$^0\boldsymbol{e}_x$ 是已知的，见式（5.3.25），$^t\boldsymbol{e}_x$ 可通过 t 时刻的结点位移表示：

$$^t\boldsymbol{e}_x=\left\{\frac{l+(^t_0u_2-{}^t_0u_1)}{^tl}\quad \frac{(^t_0v_2-{}^t_0v_1)}{^tl}\quad \frac{(^t_0w_2-{}^t_0w_1)}{^tl}\right\}^{\mathrm{T}} \tag{5.3.32}$$

其中 $i=1$，2 表示单元的结点号，$^t_0u_i$、$^t_0v_i$、$^t_0w_i$ 分别表示沿 ^0x、^0y、^0z 三个方向的位移，l 为 0 时刻的杆单元长度（原始杆长），^tl 为 t 时刻的杆单元长度（当前杆长）。

将式（5.3.25）和式（5.3.32）代入式（5.3.30）和式（5.3.31）可得：

$$^t\boldsymbol{e}_\beta=\frac{\{0\quad ^t_0w_1-{}^t_0w_2\quad ^t_0v_2-{}^t_0v_1\}^{\mathrm{T}}}{\sqrt{(^t_0v_2-{}^t_0v_1)^2+(^t_0w_2-{}^t_0w_1)^2}} \tag{5.3.33}$$

$$\cos(^t\beta)=\frac{^0l+(^t_0u_2-{}^t_0u_1)}{^tl} \tag{5.3.34}$$

所以，

$$^t\boldsymbol{\beta}=\frac{\{0\quad ^t_0w_1-{}^t_0w_2\quad ^t_0v_2-{}^t_0v_1\}^{\mathrm{T}}}{\sqrt{(^t_0v_2-{}^t_0v_1)^2+(^t_0w_2-{}^t_0w_1)^2}}\arccos\left(\frac{^0l+(^t_0u_2-{}^t_0u_1)}{^tl}\right) \tag{5.3.35}$$

将上式代入式（5.3.27）即可得侧向转动矩阵 $^t\underset{\sim}{\bar{\boldsymbol{R}}}{}^d(^t\boldsymbol{\beta})$。须指出的是，式（5.3.35）

要满足条件 $({}_0^tv_2-{}_0^tv_1)^2+({}_0^tw_2-{}_0^tw_1)^2\neq 0$ 才有意义，当 ${}_0^tv_2={}_0^tv_1$ 且 ${}_0^tw_2={}_0^tw_1$ 时，上述条件不满足。在实际问题中，当梁单元受轴压或者轴拉时可能出现这种极端情况，此时不作坐标转换即可。

图 5.3.5 中，${}^t\boldsymbol{\gamma}$ 的方向与 ${}^tx$ 轴方向一致，换言之，在坐标系（${}^tx$，${}^t\bar{y}$，${}^t\bar{z}$）中，

$$ {}^t\boldsymbol{\gamma}=\{{}^t\gamma\quad 0\quad 0\}^{\mathrm{T}} \tag{5.3.36}$$

将上式代入 Rodrigues 公式（5.3.2），并将结果代入式（5.3.28）得：

$$ {}^t\underset{\sim}{\bar{\boldsymbol{R}}}{}^a=\boldsymbol{R}({}^t\boldsymbol{\gamma})^{\mathrm{T}}=\begin{bmatrix}1 & 0 & 0\\ 0 & \cos({}^t\gamma) & \sin({}^t\gamma)\\ 0 & -\sin({}^t\gamma) & \cos({}^t\gamma)\end{bmatrix} \tag{5.3.37}$$

显然，式（5.3.37）与平面转动矩阵一致，是 Rodrigues 公式的一种特殊形式，转角 ${}^t\gamma$ 可按如下公式计算（Bathe & Bolourchi，1979）：

$$ {}^t\gamma={}^{t-\Delta t}\gamma+\gamma \tag{5.3.38}$$

其中，γ 为坐标系（${}^tx$，${}^t\bar{y}$，${}^t\bar{z}$）内刚体转动的增量，

$$ \gamma=\frac{1}{2}\{{}^t\underset{\sim}{\bar{\boldsymbol{R}}}{}^d_{11}({}_0\theta_{x1}+{}_0\theta_{x2})+{}^t\underset{\sim}{\bar{\boldsymbol{R}}}{}^d_{12}({}_0\theta_{y1}+{}_0\theta_{y2})+{}^t\underset{\sim}{\bar{\boldsymbol{R}}}{}^d_{13}({}_0\theta_{z1}+{}_0\theta_{z2})\} \tag{5.3.39}$$

其中，$i=1$，2 表示单元的结点号；${}_0\theta_{xi}$、${}_0\theta_{yi}$、${}_0\theta_{zi}$ 分别表示单元结点绕 ${}^0x$，${}^0y$，${}^0z$ 三个方向的弯曲和扭转角增量

将式（5.3.35）、式（5.3.38）和式（5.3.39）代入式（5.3.37），并将结果代入式（5.3.22），便可得梁单元结点位移向量的转换矩阵 ${}_0^t\bar{\boldsymbol{R}}$，利用该矩阵可将单元平衡方程（5.2.10）从 t 时刻构型转换到 0 时刻构型，以便进行后续的求解分析。但该处需指出的是：上述梁单元大转动方法属于复合转动，包括侧向转动与轴向转动两个组成部分，其本质依然是一种近似方法。

5.4　几何非线性的关键之刚体试验

在传统的线性有限元分析中，为了使单元能够描述常应变状态，通常需要进行分片试验，而在梁的几何非线性分析中，为了使其能够描述刚体位移，同样需要满足一定的条件，事实上，正确地考虑刚体位移是保证梁单元几何非线性分析精确性和可靠性的前提。关于该问题，Yang & Chiou 于 1987 年首次明确提出了非线性梁刚体试验准则：在增量分析的任意时刻，梁单元受到一组自平衡的结点力作用，随着梁单元的转动，该组结点力也会跟着转动相同的角度，其数值保持不变，以确保梁单元在新的构型位置依然满足自平衡，具体如图 5.4.1 所示。同年，Gattass & Abel（1987）提出类似的准则。该准则的提出为非线性分析梁单元内力的传递提供了依据，在梁的大转动分析中，梁单元的结点力可以通过一种很简单的方式传递到下一个计算步，而不需要作任何坐标转换。

为了更直观地描述该刚体试验准则，Yang，Kuo & Wu（2002）指出：可以将地球看作一个刚体，那么当地球转动 θ 角时，其表面受轴向压力的梁单元（包括结点荷载）显然会随地球作同步转动，而荷载（p）的数值将保持不变，具体如图 5.4.2 所示。关于该刚体试验准则这里还需补充说明的是：Bathe & Bolourchi（1979）也曾经利用该准则进行几何非线性分析，但没有将其归纳为明确的理论。

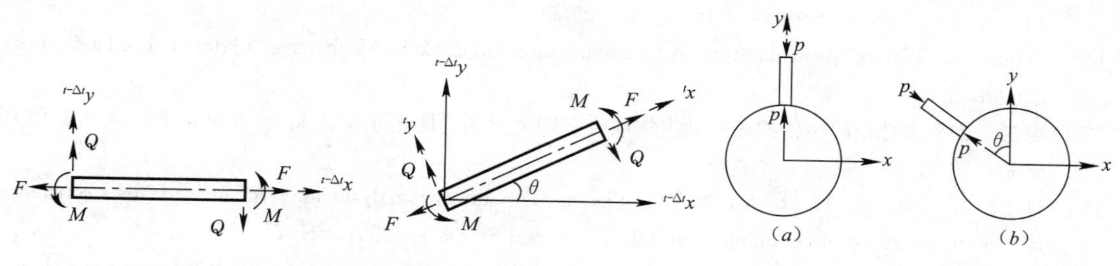

图 5.4.1　梁单元刚体试验示意图

图 5.4.2　轴压梁
(a) 刚体转动前；(b) 刚体转动后

利用 Yang & Kuo (1987) 的刚体试验准则，方程（5.2.10）中的单元内力 ${}_{t}^{t}\boldsymbol{P}$ 可由 $t-\Delta t$ 时刻的单元内力 ${}_{t-\Delta t}^{t-\Delta t}\boldsymbol{P}$ 以及 $t-\Delta t$ 到 t 时刻的增量位移 ${}_{t-\Delta t}\boldsymbol{a}^{e}$ 计算得到，具体包括两个步骤：

步骤 1：按公式（5.4.1）计算 $t-\Delta t$ 构型下 t 时刻的单元结点力 ${}_{t-\Delta t}^{t}\boldsymbol{P}$；

$$ {}_{t-\Delta t}^{t}\boldsymbol{P} = {}_{t-\Delta t}^{t-\Delta t}\boldsymbol{P} + ({}_{t-\Delta t}^{t-\Delta t}\boldsymbol{K}_{L} + {}_{t-\Delta t}^{t-\Delta t}\boldsymbol{K}_{G})_{t-\Delta t}\boldsymbol{a}^{e} \tag{5.4.1} $$

步骤 2：按 Yang & Chiou (1987) 刚体试验准则将 $t-\Delta t$ 构型下的单元内力直接转到 t 构型，见公式（5.4.2）。

$$ {}_{t}^{t}\boldsymbol{P} = {}_{t-\Delta t}^{t}\boldsymbol{P} \tag{5.4.2} $$

5.5　参考文献

[1]　Argyris J. An Excursion into Large Rotations. Comp. Meth. in Appl. Mech. & Engng., 1982, 32: 85-155.

[2]　Argyris J. H., Balmer H., Doltsinis J. S., Dunne P. C., Haase M., Klieber M., Malejannakis G. A., Mlejenek J. P., Muller M. & Scharpf D. W. Finite Element Method—the Natural Approach. Comp. Meth. in Appl. Mech & Engng., 1979, 17/18: 1-106.

[3]　Belytschko T. & Hseih B. J. Non-linear Transient Finite Element Analysis with Convected Co-ordinates. Int. J. Num. Meth. Engng., 1973, 7: 255-271.

[4]　Belytschko T. & Schwer L. Large Displacement, Transient Analysis of Space Frames. Int. J. Num. Meth. Engng., 1977, 11: 65-84.

[5]　Belytschko T. & Glaum L. W. Applications of Higher Order Corotational Stretch Theories to Nonlinear Finite Element Analysis. Computers & Structures, 1979, 10: 175-182.

[6]　Bathe K. J. & Bolourchi S. Large Displacement Analysis of Three-Dimensional Beam Structures. Int. J. Num. Mech. Engng., 1979, 14: 961-986.

[7]　Crisfield M. A. A Consistent Co-rotational Formulation for Non-linear Three-Dimensional Beam Elements. Comp. Meth. in Appl. Mech & Engng., 1990, 81: 131-150.

[8]　Crisfield M. A. Non-linear Finite Element Analysis of Solids and Structures, Volume2: Advanced Topics. Chichester, England: Wiley, 1997.

[9]　Crisfield M. A. & Cole G. Co-rotational Beam Elements for Two and Three-Dimensional Non-linear Analysis. Discretisation Methods in Structural Mechanics, ed. Kuhn G & Mang H, Spring-Verlag, 1989, 115-124.

[10]　Crisfield M. A. & Moita G. F. A Unified Co-rotational Framework for Solids, Shells and Beams.

Int. J. for Solids & Structs.，1996，33：2969-2992.

[11] Crouch T. Matrix Methods Applied to Engineering Rigid Body Mechanics. Oxford，England：Pergamon，1981.

[12] 段进. 大型柔性空间结构的热—动力学耦合有限元分析［博士学位论文］. 北京：清华大学工程力学系，2007.

[13] Duan J.，Xiang Z. H. & Xue M. D. Geometric nonlinear analyses for large space frames considering thermal-structural coupling. Journal of Thermal Stresses，2007，31 (1)：40-58.

[14] Duan J.，Xiang Z. H. & Xue M. D. Thermal-dynamic coupling analysis of large space structures considering geometric nonlinearity. International Journal of Structural Stability and Dynamics，2008a，8 (4)：569-596.

[15] 段进，向志海，薛明德. 大型空间结构几何非线性热-动力学有限元分析. 清华大学学报，2008b，48 (2)：276-279+284.

[16] Gattass M. & Abel J. F. Equilibrium Considerations of the Updated Lagrangian Formulation of Beam Columns with Natural Concepts. Int. J. Num. Meth. Engng，1987，24：2119-2143.

[17] Mondkar D. P. & Powell G. H. Finite Element Analysis of Non-linear Static and Dynamic Response. International Journal for Numerical Methods in Engineering，1977，11：499-520.

[18] Rankin C. C. & Brogan F. A. An Element Independent Corotational Procedure for the Treatment of Large Rotations. Collapse Analysis of Structures，ed. Sobel L H & Thomas K，New York：ASME，1984，85-100.

[19] Rodrigues O. Des lois géométriques qui régissent les déplacements d'un système solide dans l'space，et de la variation des coordonnées provenant de ces déplacements consideéres indépendamment des causes qui peuvent les produire. J. Math. Pures Appl.，1840，5：380-440.

[20] Schulz M. & Filippou F. C. Non-linear Spatial Timoshenko Beam Element with Curvature Interpolation. International Journal for Numerical Methods in Engineering，2001，50：761-785.

[21] Simo J. C. A Finite Strain Beam Formulation—the Three-Dimensional Dynamic Problem，Part 1. Comp. Mech. in Appl. Mech. & Engng.，1985，49：55-70.

[22] Simo J. C. & Vu-Quoc L. A Three-Dimensional Finite-Strain Rod Model，Part 2. Comp. Mech. in Appl. Mech. & Engng，1986，58：79-116.

[23] Spring K. W. Euler Parameters and the Use of Quaternion Algebra in the Manipulation of Finite Rotations：a Review. Mechanism and Machine Theory，1986，21 (5)：365-373.

[24] Yang Y. B. & Chiou H. T. Rigid Body Motion Test for Nonlinear Analysis with Beam Elements. Journal of Engineering Mechanics，1987，113 (9)：1404-1419.

[25] Yang Y. B.，Chou J. H. & Leu L. J. Rigid Body Considerations for Nonlinear Finite Element Analysis. Int. J. Num. Meth. Engng，1992，33 (8)：1597-1610.

[26] Yang Y. B.，Kuo S. R. & Wu Y. S. Incrementally Small Deformation Theory for Nonlinear Analysis of Structural Frames. Eng. Struct，2002，24：783-798.

[27] Wood R. D. & Zienkiewicz O. C. Geometrically Nonlinear Finite Element Analysis of Beams，Frames，Arches and Axisymmetric shells. Comp. & Struct.，1977，7：725-735.

第 6 章　弹塑性

弹塑性是个非常古老的问题，早在 1864 年，Tresca 就开始进行弹塑性理论研究并用以解决实际工程问题。这之后，St. Venant（1870）、Levy（1870）、von Mises（1913）、Prandtl（1924）、Reuss（1930）等均对该问题的研究及其应用做出了重要贡献，关于弹塑性理论发展的早期资料可参阅 Timoshenko 的著作《History of strength of materials》（1953），该处不再赘述。常规意义上来说，弹塑性可分为两大类：微观弹塑性理论和宏观弹塑性理论。前者是指从微观角度（比如晶体和微粒等）来计算塑性变形和解释塑性流动，而后者是指从宏观层面（比如应力、应变、位移等）来描述塑性变形并基于力学原理和实验结果建立宏观变量的关联关系。应该说，微观弹塑性理论更偏于科学研究，而宏观弹塑性理论则更偏于工程应用，因此，本章仅介绍后者。而对于宏观弹塑性理论而言，它大致又可分为两大类：全量理论和增量理论。前者认为塑性状态下依然是应力和应变全量之间的关系，也被称为形变理论；而后者认为塑性状态下应该是塑性应变增量（或应变率）与应力及应力增量（或应力率）之间的关系，又被称为流动理论。

6.1　弹塑性全量本构理论

全量理论从形式上来说类似于非线性弹性理论，其表达式非常简洁，它是弹塑性理论早期发展的一种常见形式，但由于仅适用于简单加载的情况，后期发展缓慢，尤其是二十世纪中期有限元理论出现以后，它逐渐被增量弹塑性本构所取代。该类理论比较有代表性的是 Hencky（1924）针对刚塑性金属材料提出的理论，后来 Nadai（1938）和 Il'yushin（1943）对其作了进一步修正使其适用于弹塑性硬化金属材料，其弹塑性加载过程的表达式如下（弹性加载过程和卸载过程均采用广义胡克定律）：

$$\varepsilon_{ii} = \frac{1-2v}{E}\sigma_{ii} \tag{6.1.1}$$

$$e_{ij} = \frac{3\varepsilon_i}{2\sigma_i}S_{ij} \tag{6.1.2}$$

$$\sigma_i = \boldsymbol{\Phi}(\varepsilon_i) \tag{6.1.3}$$

公式（6.1.1）描述体积应变（ε_{ii}）和体积应力（σ_{ii}）之间的弹性关系，公式（6.1.2）描述应变偏量（e_{ij}）和应力偏量（S_{ij}）的非线性关系，公式（6.1.3）描述应力强度（σ_i）和应变强度（ε_i）的函数关系，即按单一曲线假定确立的硬化条件。应该说，全量理论只能在一定条件下反映塑性变形的规律，目前已经证实该理论在小变形且简单加载的条件下接近实验结果（夏志皋，1991），在这种情况下可认为是正确的。而对于绝大多数复杂工程而言，该理论是不适用的。

所谓简单加载，是指在加载过程中各点的应力分量按比例增长，在这种情况下，各点的应力和应变主方向保持不变，其数值也保持不变。通常来说，如果满足如下三个条件则为简单加载：

条件 1：荷载（包括体力）按比例增长，若有位移边界，则只能是固定约束；

条件 2：材料是不可压缩的，即泊松比为 0.5；

条件 3：应力强度与应变强度之间存在幂函数的关系；

上述条件即 Il'yushin（1943）简单加载定律，但必须指出的是，上述条件是简单加载的充分条件，而非必要条件，文献（夏志皋，1991）指出：对于多数工程材料而言，只要满足条件 1 则可近似认为是简单加载。

6.2　弹塑性增量本构理论

正如上一节所述，弹塑性全量理论仅适用于简单加载的情况，对于复杂工程问题，必须采用增量理论求解。增量弹塑性理论又称为流动理论，它包含三个关键要素：屈服条件、流动法则、硬化法则。屈服条件是指材料由弹性状态第一次进入塑性状态的条件，又称初始屈服条件；流动法则是指材料进入弹塑性状态后其应变增量与应力状态的关系；硬化法则是指材料进入初始屈服状态后其屈服面的发展变化规律，又称后继屈服函数。实际上，屈服条件和硬化法则也是全量弹塑性模型的关键因素，但因为全量模型的屈服和硬化相对比较简单，因此将它们挪到本小节统一介绍，以便更系统地讲述增量本构理论。

在详细介绍该理论之前，有必要先介绍一下**"等效塑性功假说"**，因为只有在该假说成立的前提下，才能用单轴实验数据来标定双轴和三轴本构模型。它可简单描述如下：任意加载条件下的塑性功增量（dW_{gen}^{P}）均等价于某单轴加载条件下的塑性功增量（dW_{uniax}^{P}），即：

$$dW_{gen}^{P}=dW_{uniax}^{P}=dW^{P} \tag{6.2.1}$$

满足上述"等效塑性功假说"的前提下，可得如下推论：对于通用加载情况下的任意塑性流动状态，都可以在单轴骨架曲线上确定对应于该三向应力状态的屈服应力 σ_y，换言之，复杂三维本构理论可通过单轴实验数据（骨架曲线）来进行参数标定。

6.2.1　屈服条件

1864 年，法国的 Tresca 通过一系列韧性金属挤压实验提出了一个屈服条件，即最大剪应力条件，又称 Tresca 条件（它应该是文献记载的最早的屈服条件），该屈服条件可以这样描述：当最大剪应力达到材料的某一固有数值时，材料开始进入塑性状态，其公式表达如下：

$$\tau_{\max}=\frac{\sigma_1-\sigma_3}{2}=\frac{k}{2} \tag{6.2.2}$$

上述屈服条件在三维空间内将构成一个正六棱柱体，这显然会引起数学表达上的不便，因此 von Mises 于 1913 年提出以外接圆柱替代六棱柱的想法，并由此提出了应力强度不变条件，又称 Mises 条件，它可以这样描述：当应力强度达到一定数值时，材料将进入塑性状态，其公式表达如下：

$$\sigma_i=\sqrt{(\sigma_1-\sigma_3)^2+(\sigma_2-\sigma_3)^2+(\sigma_1-\sigma_2)^2}=k' \tag{6.2.3}$$

但有趣的是，Mises（1913）在提出上述条件的时候，其出发点是数学描述的简单性，他并没有理论依据或实验数据，事实上他自己也认为最大剪应力条件（Tresca 条件）应该更接近材料本质，而应力强度不变条件仅仅是该屈服条件的一种数学近似。但 Taylor & Quinney（1931）所做的实验却显示出完全相反的结论（其实验结果如图 6.2.1 所示）：Mises 条件能够更准确地描述各种金属材料的屈服，而 Tresca 条件则有明显偏差，换言之，Mises 条件更接近金属材料本质。

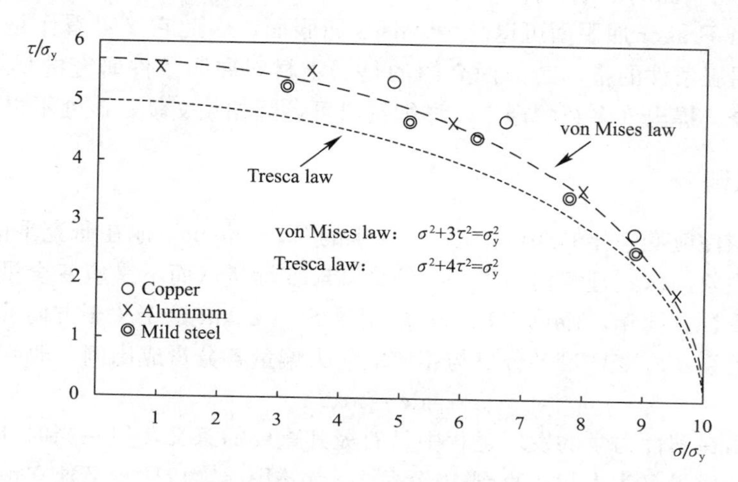

图 6.2.1 屈服条件的实验验证（Taylor&Quinney，1931）

为解释上述问题，Mendelson（1968）提出了扭转能量假说，该假说认为：对于金属材料而言，不论其处于何种应力状态，只要其弹性扭转应变能达到某一临界值 W'_E，则材料将达到弹性极限并进入塑性变形阶段，其公式描述如下：

$$W'_E = \frac{1}{2}S_{ij}e_{ij} = \frac{1}{4G}S_{ij}S_{ij} \tag{6.2.4}$$

基于"等效塑性功假说"采用一维单轴实验对上述公式进行参数标定可得：

$$f_y(S_{ij}) = \frac{1}{2}S_{ij}S_{ij} - \frac{1}{3}\sigma_{yv}^2 = 0 \tag{6.2.5}$$

对比公式（6.2.3）和式（6.2.5）可知，根据扭转能量假说推导的屈服条件与 Mises 屈服条件完全一致，也就是说，Mises 条件的理论基础可看作是扭转能量假说。

公式（6.2.5）可进一步改写成应力张量不变量的格式，即：

$$f_y(J_{2D}) = J_{2D} - \frac{1}{3}\sigma_{yv}^2 = 0 \tag{6.2.6}$$

其中 $J_{2D}=\frac{1}{2}S_{ij}S_{ij}$ 表示应力偏张量的第二不变量，这是金属材料中最常见的屈服条件表达式，但它并不适用于岩土、混凝土等材料，实验结果显示这些材料的屈服与三个应力不变量 I_1、I_2、I_3 均有关系，因此从更通用的角度来说，公式（6.2.6）可改写为如下形式：

$$f_y(I_1, I_2, I_3) = 0 \tag{6.2.7}$$

对于金属材料而言，公式（6.2.7）可退化为公式（6.2.6），而对于岩土、混凝土以及其他多孔材料而言，则需根据经验、实验以及理论推断来确定其具体的屈服条件表达式。早在 1773 年，Coulomb 就针对土体材料提出了一个屈服准则，该屈服准则在表述时采用了 More 圆而被称为 More-Coulomb 屈服准则。20 世纪上半叶的一系列实验研究表明 More-Coulomb 屈服准则是符合岩土材料特性的，但其屈服面形状为六棱锥，由于锥顶和棱线上导数方向不确定从而形成奇异性，为克服该缺点，Drucker & Prager（1952）对其作了重要改进，提出一个内切于 More-Coulomb 六棱锥的圆锥形屈服面，被称为 Drucker-Prager 屈服准则，它后来被广泛应用于岩土材料的弹塑性分析。该屈服面可以看作是 More-Coulomb 屈服面的下限，但从另外一个角度来说，如果忽略静水应力的影响（即忽略 I_1），Drucker-Prager 屈服面可退化为 Mises 屈服面，因此它又可看作是考虑静水应力影响下 Mises 屈服条件的推广。前面介绍的是岩土材料屈服条件研究的早期成果，而 20 世纪后半叶至今又提出许多新的理论，详细资料可参阅相关文献，该处不再展开细说。

6.2.2　流动法则

历史上对塑性应变规律的探讨始于 1870 年的 St. Venant，他在研究平面应变问题时、根据其对物理现象的深刻理解提出了一个假说：应变增量（而不是应变全量）的主轴应该跟应力主轴相重合。同年，Levy（1870）沿用了 St. Venant 这个关于方向的假说，并进一步提出了分配关系：应变增量各分量与相应的应力偏量各分量成比例，即：

$$\mathrm{d}\boldsymbol{e} = \mathrm{d}\lambda \boldsymbol{S} \tag{6.2.8}$$

上述公式的提出在塑性力学的发展过程中具有极其重要的意义，但在当时却并没有引起人们的重视，这一成果鲜为人知，直到 40 年后，von Mises（1913）又独立地提出完全相同的理论，它才被广泛地作为塑性力学的基本关系式。正因为如此，上述应力应变关系式（即流动法则）被合称为 Levy-Mises 法则，但后来的实验表明，该法则仅适用于刚塑性材料，因此又被称为刚塑性流动法则。1924 年，Prandtl 将 Levy-Mises 法则推广到平面应变弹塑性问题，Reuss（1930）又将 Prandtl 的理论进一步推广到三维弹塑性问题，根据该理论建立起来的关系式被称为 Prandtl-Reuss 流动法则，而基于该法则建立的塑性理论则被称为增量塑性理论或流动塑性理论，其具体见公式如下：

$$\mathrm{d}\boldsymbol{e}^{P} = \mathrm{d}\lambda \boldsymbol{S} \tag{6.2.9}$$

从形式上来说，Prandtl-Reuss 法则与 Levy-Mises 法则的区别仅在于用塑性应变增量替换应变增量；但从物理意义上来说，两则有本质区别，因为 Levy-Mises 法则认为应变增量与应力主轴重合且与相应的应力偏量成比例，而 Prandtl-Reuss 法则认为只有应变增量的塑性部分才满足上述关系，而弹性部分则与应力增量成比例，换言之，流动法则仅对塑性应变增量成立，弹性应变增量依然符合广义胡克定律。当然，对于刚塑性材料而言，两者是完全一致的，因为此时弹性应变增量为零。

关于塑性流动法则，Taylor & Quinney（1931）曾进行实验验证：针对薄壁金属圆管做拉扭非比例加载实验并由实验结果计算其 Lode 参数：

$$\mu_s = \frac{2S_{22} - S_{33} - S_{11}}{S_{33} - S_{11}} = \frac{2\sigma_{22} - \sigma_{33} - \sigma_{11}}{\sigma_{33} - \sigma_{11}} \tag{6.2.10a}$$

$$\mu_e = \frac{2de_{22}^{P} - de_{33}^{P} - de_{11}^{P}}{de_{33}^{P} - S_{11}} \tag{6.2.10b}$$

如果 Prandtl-Reuss 法则［即公式（6.2.9）］成立，则上述两个 Lode 参数相等，即在 Lode 参数曲线图中表现为一条对角线，如图 6.2.2 所示，而各种金属材料（铜、铝、低碳钢）的实验测试值如图 6.2.2 所示，可见两者有一定的偏差，但从工程应用的角度来说均在可接受范围之内。

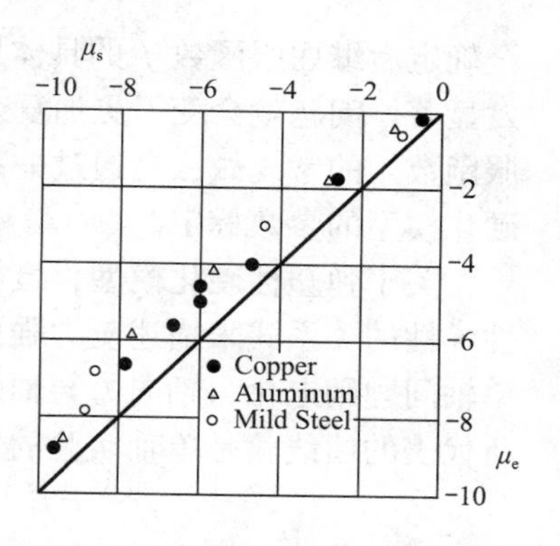

图 6.2.2 流动法则的实验验证（Taylor&Quinney，1931）

在弹塑性发展的初期阶段，屈服和流动被认为是彼此独立的，直到 20 世纪初期 von Mises（1928）将弹性势能的概念推广到塑性势。对于弹性力学而言，应变 ε_{ij} 和弹性应变能 v_0（它仅跟当前应力状态 σ_{ij} 有关）存在如下关系（即 Castigliano 公式）：

$$\varepsilon_{ij}=\frac{\partial v_0(\sigma_{ij})}{\partial\sigma_{ij}} \tag{6.2.11}$$

参照上述公式，von Mises（1928）指出：如果引进塑性势函数 g 概念（它跟当前应力状态 σ_{ij} 和加载历史 K 有关），应该存在类似于弹性势的如下关系式：

$$\mathrm{d}\varepsilon_{ij}^{P}=\mathrm{d}\lambda\frac{\partial g(\sigma_{ij},K)}{\partial\sigma_{ij}} \tag{6.2.12}$$

因为 $\mathrm{d}\lambda$ 表示一非负的比例系数，因此塑性应变增量 $\mathrm{d}\varepsilon_{ij}^{P}$ 沿着塑性势面 g 的法向方向。如果取塑性势函数 g 等于屈服函数 f_y，则上述关系式称为联合流动法则，其屈服与流动是互相关联的；如果取塑性势函数 $g\neq f_y$，则称为非联合流动法则，其屈服与流动是彼此无关的。对于联合流动而言，如果取用 Mises 屈服条件，那么上述可进一步退化为 Prandtl-Reuss 流动法则，换言之，Prandtl-Reuss 流动法则可看作是联合流动法则采用 Mises 屈服条件所推导的一个特例。

显然，对于弹塑性分析而言，选用联合流动法则比非联合流动法则要简便很多，但问题在于“什么情况下可选用联合流动法则”？在阐述该问题之前先介绍一下稳定材料和非稳定材料。如果材料的塑性功为正，即对应于单轴拉伸试验曲线的上升阶段，此阶段的材料被称为稳定材料，又称为硬化材料；而相反，如果材料的塑性功为负，即对应于单轴拉伸试验曲线的下降阶段，此阶段的材料被称为非稳定材料，又称为软化材料。对于稳定材料，Drucker（1951）在 20 世纪 50 年代提出了塑性功不可逆公设，又称 Drucker 公设，基于该公设可进一步证明屈服面（包括硬化阶段的后继屈服面）的外凸性和应变增量的法向性（即垂直于屈服面），对比塑性势函数的特性可知，该情况下可以取塑性势函数为屈服函数，因此可选用联合流动法则。而对于非稳定材料，实验证明（Kojic & Bathe，2005）：多数情况下其塑性应变增量并不垂直于屈服面（但也有少量垂直），因此原则上应选用非联合流动法则。1984 年，Lubliner 基于稳定材料提出最大塑性耗散原理，该原理与 Drucker 公式实质上等价，其结论亦是联合流动法则仅适用于稳定材料（即硬化材料）。在弹塑性实际应用中，金属材料普遍属于稳定材料，因此可选用联合流动法则，实际上多数金属直接选用 Prandtl-Reuss 流动法则；而岩土和混凝土材料在弹塑性加载情况下很容易进入软件阶段，因此原则上不适用于联合流动法则，需另外给定独立于屈服函数的塑性势函数。

6.2.3 硬化法则

材料硬化问题又称为后继屈服问题，它是一个非常复杂的问题，不易用实验方法来完全确定后继屈服函数 f 的具体形式，特别是随着塑性变形的增长，材料的各向异性效应愈发显著，问题就会变得更加复杂。从弹塑性理论的角度来说，确定材料硬化函数（后继屈服函数）的常规做法是通过一系列实验资料来提出硬化模型假定，然后通过实验数据进行硬化模型的参数标定。

关于弹塑性硬化模型，最简单直观的就是单一曲线假设模型，该模型采用类似于非线性弹性的关系式来描述应力强度 σ_i 和应变强度 ε_i 的关系［具体见公式（6.2.13）］，对于单轴问题则退化为轴向力与轴向应变之间的关系，因此，该硬化模型［即公式（6.2.13）］所代表的曲线就是单轴实验的应力-应变曲线。

$$\sigma_i = \Phi(\varepsilon_i) \tag{6.2.13}$$

虽然公式（6.2.13）所示的单一曲线假设模型概念简单且使用方便，但遗憾的是它只适用于简单加载的情况而无法描述复杂的材料硬化关系，因此该模型通常只用于全量弹塑性本构，而对于增量本构而言，需采用更复杂更通用的硬化模型。

对于多数材料而言，其单轴实验的理想滞回曲线如图 6.2.3 所示，如果忽略 Bauschinger 效应（即因为塑性变形而引起的各向异性）的影响，则得到等向硬化模型（Isotropic hardening），如果忽略屈服面本身的变化，则得到运动硬化模型（Kinematic hardening），而更一般的情况是需同时考虑 Bauschinger 效应和屈服面变化，此时得到的硬化模型称为混合硬化模型（Mixed Hardening），该模型最早由 Drucker（1951）提出，后来 Prager（1956）、Hodge（1959）、Johnson & Mellor（1983）等对其做过进一步修正和补充。Pugh & Robinson（1978）曾对铬锰钢材料进行拉剪双轴实验，其屈服面的变化历程如图 6.2.4 所示，显然，该材料属于非常典型的混合硬化模型。

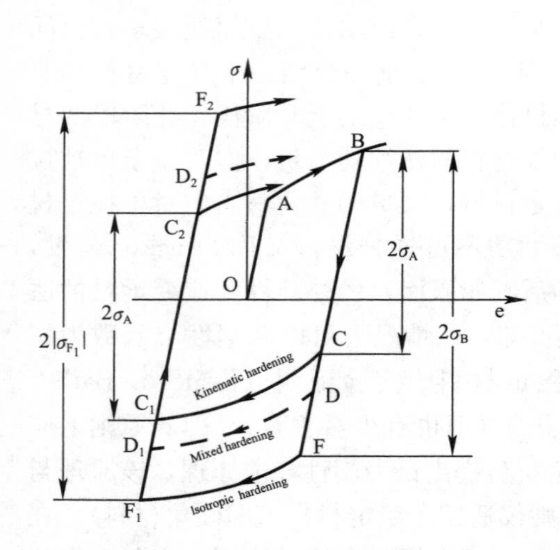

图 6.2.3　单轴实验的理想滞回曲线

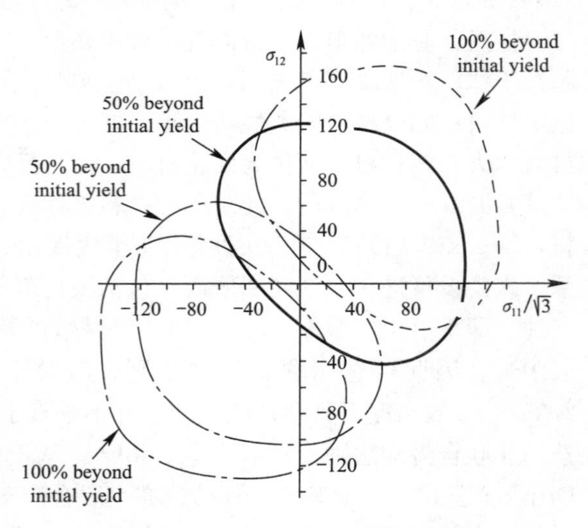

图 6.2.4　双轴实验的屈服面曲线
（Pugh&Robinson，1978）

前面 6.2.1 节说过，金属材料的屈服函数比岩土或混凝土要简单很多，因此为阐明混合硬化的基本理论，本书针对金属材料并采用 Mises 屈服准则进行描述，此条件下的后继屈服函数公式如下：

$$f_y = \frac{1}{2}(S_{ij} - \alpha_{ij})(S_{ij} - \alpha_{ij}) - \frac{1}{3}\hat{\sigma}_y^2 = 0 \tag{6.2.14}$$

其中 α_{ij} 是背应力分量（back stress），它描述后继屈服面的中心位置，$(S_{ij}-\alpha_{ij})$ 表示后继屈服面的半径分量，它描述后继屈服面的形状（Mises 条件下为圆形），$\hat{\sigma}_y$ 表示后继屈服应力，它描述后继屈服面的尺寸。

上式中，背应力 α（或 α_{ij}）是未知的，通常可采用 Prager（1956）提出的如下硬化准则（称之为 Prager 硬化准则）：

$$\boldsymbol{\alpha}=(1-M)C\mathrm{d}\boldsymbol{e}^{\mathrm{P}} \tag{6.2.15}$$

其中 M 表示混合硬化参数（mixed hardening parameter）（其取值范围为 0～1，等于 1 时对应等向硬化模型，等于 0 时对应随动硬化模型），C 表示运动硬化模量，它们均是材料内置参数，可通过单轴实验的滞回曲线进行标定；$\mathrm{d}\boldsymbol{e}^{\mathrm{P}}$ 表示塑性应变增量，它由两个部分构成，即等向塑性应变增量 $\mathrm{d}\boldsymbol{e}^{i\mathrm{P}}$ 和随动塑性应变增量 $\mathrm{d}\boldsymbol{e}^{k\mathrm{P}}$，具体表达式如下：

$$\mathrm{d}\boldsymbol{e}^{P}=\mathrm{d}\boldsymbol{e}^{iP}+\mathrm{d}\boldsymbol{e}^{kP} \tag{6.2.16a}$$

$$\mathrm{d}\boldsymbol{e}^{iP}=M\mathrm{d}\boldsymbol{e}^{P};\quad \mathrm{d}\boldsymbol{e}^{kP}=(1-M)\mathrm{d}\boldsymbol{e}^{P} \tag{6.2.16b}$$

上述公式是针对金属材料并采用 Mises 屈服函数来描述混合硬化准则，对于其他材料（比如岩土、混凝土等）而言，其数学表达式可能会复杂很多（比如需采用更复杂的屈服函数以及更复杂的背应力硬化准则等），但基本思路跟金属一致，具体可参阅相关资料，本文不再赘述。

6.2.4 增量弹塑性本构的建立

前面 6.2.1～6.2.3 小节介绍了材料的屈服、流动和硬化准则，联合起来便可构成完整的增量弹塑性本构理论，简述如下：利用屈服函数判断当前荷载步的加载或卸载状态，若为卸载则采用弹性本构，若为加载则利用流动法则（含联合流动或非联合流动）计算其弹塑性应变增量，然后根据硬化法则更新屈服函数。其相关计算公式如下：

- **弹性本构**：

$${}^{t+\Delta t}\boldsymbol{\sigma}={}^{t+\Delta t}\boldsymbol{\sigma}^{E}-\boldsymbol{C}^{E}\Delta\boldsymbol{e}^{P} \tag{6.2.17}$$

其中 $\boldsymbol{C}^{E}$ 表示弹性本构矩阵，若不考虑损伤则为常量；${}^{t+\Delta t}\boldsymbol{\sigma}^{\mathrm{E}}$ 表示假定当前荷载步为弹性变形所对应的应力；$\Delta\boldsymbol{e}^{P}$ 表示当前荷载步的塑性应变增量。

- **屈服函数**：

$${}^{t+\Delta t}f_y({}^{t+\Delta t}\boldsymbol{\sigma},{}^{t+\Delta t}\boldsymbol{\beta})={}^{t+\Delta t}f_y({}^{t+\Delta t}\boldsymbol{S},{}^{t+\Delta t}\boldsymbol{\sigma}_m,{}^{t+\Delta t}\boldsymbol{\beta})=0 \tag{6.2.18}$$

其中 ${}^{t+\Delta t}f_y$ 的具体表达式是已知的；${}^{t+\Delta t}\sigma_m$ 表示静水应力；${}^{t+\Delta t}\boldsymbol{\beta}$ 表示材料内变量，比如混合硬化参数 M、运动硬化模量 C 等。

- **流动法则**：

$$\Delta\boldsymbol{e}^{P}=\Delta\lambda\frac{\partial\,{}^{t+\Delta t}f_y}{\partial\,{}^{t+\Delta t}\boldsymbol{\sigma}} \tag{6.2.19}$$

其中 $\Delta\lambda$ 表示一非负的比例系数，是未知量；另外，若是非联合流动则将屈服函数 f_y 替换成塑性势函数 g。

- **硬化法则**（基于联合塑性硬化）（Kojic&Bathe，2005）：

$${}^{t+\Delta t}\boldsymbol{\beta}={}^{t}\boldsymbol{\beta}+\Delta\boldsymbol{\beta} \tag{6.2.20a}$$

$$\Delta\boldsymbol{\beta}=-\Delta\lambda\boldsymbol{C}^{P}\frac{\partial\,{}^{t+\Delta t}f_y}{\partial\,{}^{t+\Delta t}\boldsymbol{\beta}} \tag{6.2.20b}$$

其中 $\boldsymbol{C}^{p}$ 表示塑性模量矩阵，是已知量。

6.3　增量弹塑性分析的关键—应力积分

对于弹塑性全量本构而言，其本构方程可显示表达，因此计算非常便捷，但正如 6.1 节所述，全量本构理论原则上仅适用于简单加载的情况，对于复杂工程需采用增量本构理论，而增量本构理论通常不能给出显示表达，需通过积分迭代，因此其数值计算方法就显得尤其重要，一定程度上来说，它是决定弹塑性分析成败的关键因素。

6.3.1　增量弹塑性分析的一般性步骤

为求解材料非线性问题（包括弹塑性），通常采用增量有限元格式，其每个加载步的大致求解流程如下（Kojic&Bathe，2005）：

步骤 1：设置当前加载步的起始条件：

$$ {}^{t+\Delta t}\boldsymbol{U}^{(0)} = {}^{t}\boldsymbol{U};\quad {}^{t+\Delta t}\boldsymbol{R};\quad i=0 \tag{6.3.1}$$

步骤 2：迭代求解当前加载步的目标量，首先对结点内力和刚度阵赋初值：

$$ i=i+1;\quad {}^{t+\Delta t}\boldsymbol{F}^{(i-1)}=0;\quad {}^{t+\Delta t}\boldsymbol{K}_{L}^{(i-1)}=0 \tag{6.3.2}$$

下面针对所有积分点循环，首先计算应变：

$$ {}^{t+\Delta t}\boldsymbol{e}^{(i-1)} = \boldsymbol{B}_{L}\,{}^{t+\Delta t}\boldsymbol{U}^{(i-1)} \tag{6.3.3}$$

- **应力积分**，该步骤的已知量和待求量分别见公式（6.3.4a）和（6.3.4b），其中 ${}^{t}\boldsymbol{e}^{IN}$ 表示非弹性应变（比如塑性应变），${}^{t}\boldsymbol{\beta}$ 表示描述材料硬化的内变量：

$$ {}^{t}\boldsymbol{\sigma},\quad {}^{t}\boldsymbol{e},\quad {}^{t}\boldsymbol{e}^{IN},\quad {}^{t}\boldsymbol{\beta},\quad {}^{t+\Delta t}\boldsymbol{e}^{(i-1)} \tag{6.3.4a}$$

$$ {}^{t+\Delta t}\boldsymbol{\sigma}^{(i-1)},\quad {}^{t+\Delta t}\boldsymbol{e}^{IN(i-1)},\quad {}^{t+\Delta t}\boldsymbol{\beta}^{(i-1)} \tag{6.3.4b}$$

- **本构矩阵计算**：

$$ {}^{t+\Delta t}\boldsymbol{C}^{(i-1)} = \frac{\partial^{t+\Delta t}\boldsymbol{\sigma}^{(i-1)}}{\partial^{t+\Delta t}\boldsymbol{e}^{(i-1)}} \tag{6.3.5}$$

- **累加结点内力**（其中 W 和 ΔV 分别表示权系数和单元体积）：

$$ {}^{t+\Delta t}\boldsymbol{F}^{(i-1)} \Leftarrow {}^{t+\Delta t}\boldsymbol{F}^{(i-1)} + \boldsymbol{B}_{\mathrm{L}}\,{}^{t+\Delta t}\sigma^{(i-1)}W\Delta V \tag{6.3.6}$$

- **累加刚度值**：

$$ {}^{t+\Delta t}\boldsymbol{K}_{L}^{(i-1)} \Leftarrow {}^{t+\Delta t}\boldsymbol{K}_{L}^{(i-1)} + \boldsymbol{B}_{\mathrm{L}}^{\mathrm{T}}\,{}^{t+\Delta t}\boldsymbol{C}^{(i-1)}\boldsymbol{B}_{\mathrm{L}}W\Delta V \tag{6.3.7}$$

完成积分点循环，得到总体控制方程并求解该方程：

$$ {}^{t+\Delta t}\boldsymbol{K}_{L}^{(i-1)}\Delta\boldsymbol{U}^{(i)} = {}^{t+\Delta t}\boldsymbol{R} - {}^{t+\Delta t}\boldsymbol{F}^{(i-1)} \tag{6.3.8}$$

$$ {}^{t+\Delta t}\boldsymbol{U}^{(i)} = {}^{t+\Delta t}\boldsymbol{U}^{(i-1)} + \Delta\boldsymbol{U}^{(i)} \tag{6.3.9}$$

判断增量位移是否满足收敛条件，不满足则继续循环，满足则进入步骤 3。

步骤 3：进入下一个加载步（回到步骤 1）。

以上三个步骤是材料非线性问题的标准求解流程（暂不考虑几何非线性的影响，否则要复杂很多），而对于弹塑性而言，上述求解流程中最困难的部分是应力积分（有时候也将应力积分和本构矩阵计算统称为本构积分），一定程度上来说，应力积分是整个弹塑性分析的关键和难点，也正因为如此，该问题吸引了众多学者以及有限元软件开发人员的注意。

6.3.2 应力积分简介

早在1943年，Ilyushin就针对弹塑性问题提出了一套应力积分方案，被称为“连续弹性求解”。该方法的基本思路是在当前荷载步（t时刻）求解结果的基础上，逐级假定塑性应变增量，直到满足下一个荷载步的条件。后来，Mendelson（1968）将该积分方案应用于有限差分法，并针对von mises材料分析了一些简单问题，同时还对其作了进一步修正，使其适用于计算机编程（仅针对等向硬化材料）。1972年，Nayak & Zienkiewicz首次将该方法针对通用有限元格式进行改写，改写后的积分方案在20世纪70年代获得了广泛应用，关于该算法的详细理论会在本书6.3.3小节作进一步介绍。

上述算法可看作是“正向计算”，即从当前加载位置逐级累加直到屈服面，而另一类算法则是“返回计算”，即根据弹性假定计算虚假的应力状态位置，然后将其拉回到屈服面。MARC软件的创始人Marcal（1965）针对理想弹塑性问题提出了一套“切向刚度-径向返回算法”，其计算示意图如图6.3.1所示，首先根据当前应力状态点A和弹性预测点P^E连线找到屈服面对应点B（该屈服面是已知的），然后通过屈服面切线找到点C并拉回到最终点P。该算法后来被Shreyer等（1979）扩展到硬化材料并在商业软件中得到广泛应用（其中包括MARC本身）。除此之外，Rice & Tracey（1973）提出了“割线刚度算法”，其计算示意图如图6.3.2所示，其基本思路与Marcal（1965）的算法类似，只不过采用割线刚度代替了切线刚度。

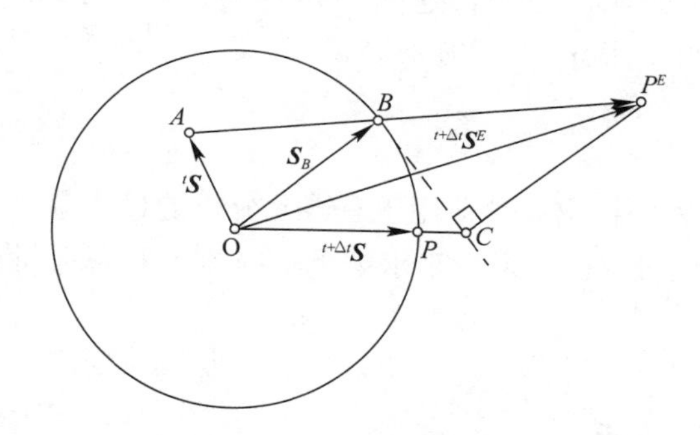

图6.3.1 切向刚度—径向返回算法

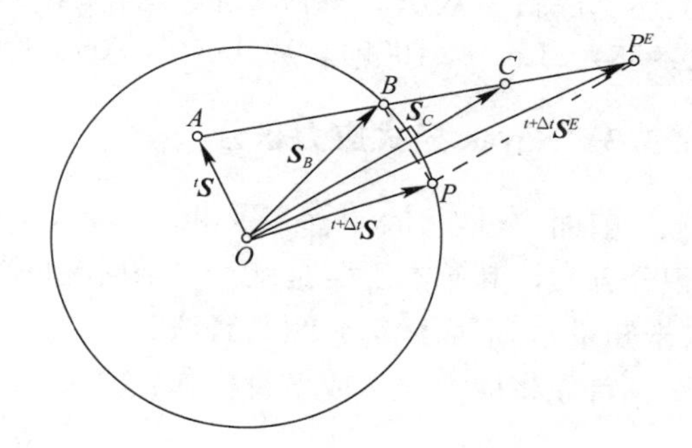

图6.3.2 割线刚度法

上述应力积分方案均属于显式方案，与之相对应的另一大类积分算法则属于隐式方案。显式方案针对当前时刻（即t时刻）来描述应力应变关系（及流动法则）和屈服面变化（即硬化法则），这是已知时刻，而隐式方案则针对下一时刻（即$t+\Delta t$时刻）来描述塑性流动和材料硬化，这是未知时刻。在过去几十年里，显式积分方案由于其算法的便捷性和高效性而受到广泛应用，但对于复杂弹塑性模型而言，它存在两个明显的缺点：(1) 其计算精度相对较低；(2) 其收敛性和计算稳定性均不如隐式算法。正因为如此，在显式算法获得蓬勃发展的同时，隐式算法也吸引了业界的广泛关注。

从公开发表的文献来看，Wilkins（1964）针对理想弹塑性Mises材料模型提出的应力积分方案应该是最早的隐式算法，命名为“返回映射算法”（return mapping algorithm），又被称为“回映算法”。该算法将应力积分分解为两个步骤，即弹性预测和塑性校正，具体做法是先假定应变增量全部为弹性计算其预测应力值，然后根据加卸载条件对

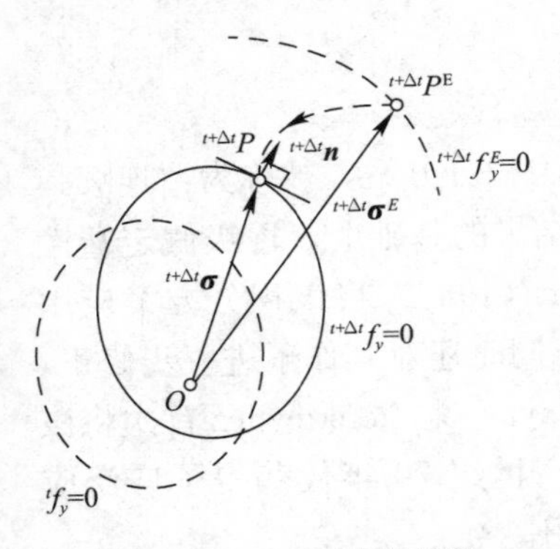

图6.3.3　返回映射算法

其进行校正，如果是加载则将其拉回到屈服面，其大致过程如图6.3.3所示。后来，Ortiz等（1983）对上述“回映算法”做了进一步修正，使其适用于硬化弹塑性材料以及黏塑性材料；Simo & Ortiz（1985）提出了“全隐式欧拉返回算法”，它跟Wilkins（1964）算法比较类似，1990年，Moran & Ortiz等提出了“半隐式欧拉返回算法”，其部分元素采用当前时刻的已知量来计算（主要指塑性流动方向和切向模量），可看作是对Simo & Ortiz（1985）算法的一种修正。除此之外，还有众多学者对“回映算法”做过改进和修正，Crisfield（1991）、Simo & Hughes（1998）、Kojic & Bathe（2005）、Belytschko & Liu（2014）等均对该问题做过系统的介绍，该处不再赘述。

除了上述“回映算法”之外，隐式积分方案还有另外一大类算法，它源自于Kojic & Bathe（1987）在20世纪80年代提出的“有效应力函数”(Effective Stress Function)，后来Kojic（1996）对该算法做了进一步修正和标准化，并正式命名为“控制参数法”(Governing Parameter Method)，之后该算法被大量应用于各有限元商业软件（包括Bathe主导开发的Adina），在岩土领域尤其是石油钻井领域获得很好效果。关于该算法的详细理论会在本书6.3.4小节作进一步介绍，该处需特别指出的是：许多学者曾独立提出类似于上述“控制参数法”的隐式积分方案，只不过未明确命名，这其中包括Simo & Talor（1985）、Lush（1989）、Weber & Anand（1990）、Borja（1991）等。

6.3.3　Nayak显式应力积分

前面说过，Nayak & Zienkiewicz（1972）曾经提出一种适用于有限元分析的显式应力积分方案，其基本思路是基于当前时刻的状态变量（已知量）来求解下一时刻的状态变量（未知量），下面详细介绍其算法。

首先将应力表达成增量格式：

$$^{t+\Delta t}\boldsymbol{\sigma} = {}^{t}\boldsymbol{\sigma} + \Delta\boldsymbol{\sigma} \tag{6.3.10}$$

其中$^{t+\Delta t}\boldsymbol{\sigma}$表示下一个时刻的应力，是未知的，$^{t}\boldsymbol{\sigma}$表示当前时刻的应力，是已知的，$\Delta\boldsymbol{\sigma}$表示当前步的应力增量，对于弹性加载或者卸载（即$^{t+\Delta t}f\leqslant0$）可直接表示为弹性模量矩阵与应变增量的乘积，而对于弹塑性加载（$^{t+\Delta t}f>0$）则可表示为如下公式：

$$\Delta\boldsymbol{\sigma} = \boldsymbol{C}^E \cdot (\Delta\boldsymbol{e} - \Delta\boldsymbol{e}^P) \tag{6.3.11}$$

其中$\boldsymbol{C}^E$表示弹性模量矩阵，$\Delta\boldsymbol{e}$表示当前步的应变增量，是已知的，而$\Delta\boldsymbol{e}^P$表示当前步的塑性应变增量，是未知的。

如果采用联合流动法则（参考6.2.4节）：

$$\Delta\boldsymbol{e}^P = \Delta\lambda\, {}^{t}\boldsymbol{f}_{y,\boldsymbol{\sigma}} \tag{6.3.12}$$

其中$\Delta\lambda$表示大于0的参数，$^{t}\boldsymbol{f}_{y,\boldsymbol{\sigma}}=\partial\, {}^{t}f_y/\partial\, {}^{t}\boldsymbol{\sigma}$，$f_y$表示屈服函数，可表述如下（参考6.2.4节）：

$$^{t}f_y = {}^{t}f_y({}^{t}\boldsymbol{\sigma}, {}^{t}\boldsymbol{\beta}, {}^{t}\boldsymbol{e}^P) = 0 \tag{6.3.13}$$

根据一致性条件（Simo & Hughes，1998）：在弹塑性加载过程中，应力点始终停留在屈服面上（黏塑性材料不满足上述条件，但该问题不在本文讨论范围之内），可得：

$$\Delta^{t} \boldsymbol{f}_{y} = {}^{t}\boldsymbol{f}_{y,\boldsymbol{\sigma}}^{T} \cdot \Delta\boldsymbol{\sigma} + {}^{t}\boldsymbol{f}_{y,\boldsymbol{\beta}}^{T} \cdot \Delta\boldsymbol{\beta} + {}^{t}\boldsymbol{f}_{y,\boldsymbol{e}^{P}}^{T} \cdot \Delta\boldsymbol{e}^{P} = 0 \tag{6.3.14}$$

如果采用联合塑性硬化（Kojic & Bathe，2005）（参考 6.2.4 节）：

$$\Delta\boldsymbol{\beta} = -\Delta\lambda {}^{t}\boldsymbol{C}^{P\,t} f_{y,\boldsymbol{\beta}} \tag{6.3.15}$$

其中 ${}^{t}\boldsymbol{C}^{P}$ 表示塑性模量矩阵，是已知的。

将上式连同公式（6.3.11）和式（6.3.12）带入式（6.3.14）可得：

$$\Delta\lambda = \frac{{}^{t}\boldsymbol{f}_{y,\sigma}^{T} \cdot \boldsymbol{C}^{E}}{{}^{t}c} \cdot \Delta\boldsymbol{e}^{P} \tag{6.3.16a}$$

其中

$${}^{t}\boldsymbol{c} = {}^{t}\boldsymbol{f}_{y,\boldsymbol{\sigma}}^{T} \cdot \boldsymbol{C}^{E} \cdot {}^{t}\boldsymbol{f}_{y,\boldsymbol{\sigma}} + {}^{t}\boldsymbol{f}_{y,\boldsymbol{\beta}}^{T} \cdot {}^{t}\boldsymbol{C}^{P} \cdot {}^{t}\boldsymbol{f}_{y,\boldsymbol{\beta}} + {}^{t}\boldsymbol{f}_{y,\boldsymbol{e}^{P}}^{T} \cdot {}^{t}\boldsymbol{f}_{y,\boldsymbol{e}^{P}} \tag{6.3.16b}$$

将公式（6.3.15）带入式（6.3.11）可得：

$$\Delta\sigma = \boldsymbol{C}^{EP} \cdot \Delta\boldsymbol{e} \tag{6.3.17}$$

其中 $\boldsymbol{C}^{EP}$ 表示弹塑性模量矩阵，具体表达式如下：

$$\boldsymbol{C}^{EP} = \boldsymbol{C}^{E} - \frac{(\boldsymbol{C}^{E} \cdot {}^{t}\boldsymbol{f}_{y,\boldsymbol{\sigma}}) \otimes ({}^{t}\boldsymbol{f}_{y,\sigma}^{T} \cdot \boldsymbol{C}^{E})}{{}^{t}c} \tag{6.3.18}$$

其中⊗表示“并乘”符号，其含义可参考文献［11］。

由上述流程可知：Nayak 显式积分方案可基于当前应力状态直接求解下一荷载步的应力状态，无需迭代，该算法一般用于显式动力分析，结合显式时间差分方案（比如中心差分法）一起构造全显式动力积分方案，详见本书 7.3 小节。但需指出的是：上述应力积分方案显然存在一定的误差，因此在实际应用过程中通常将当前荷载步细分成多个子步进行计算。

6.3.4　GPM 隐式应力积分

前面 6.2.4 小节给出了完整的弹塑性增量理论表达式，为方便应力积分以及本构矩阵计算，“控制参数法”（GPM）将其中的流动和硬化法则改写成如下形式：

- **流动法则**（对于非联合流动则将屈服函数 f_y 替换成塑性势函数 g）：

$$\Delta\boldsymbol{e}^{P} = \|\Delta\boldsymbol{e}^{P}\| \,{}^{t+\Delta t}\boldsymbol{n} \tag{6.3.19a}$$

$${}^{t+\Delta t}\boldsymbol{n} = \frac{{}^{t+\Delta t}\boldsymbol{f}_{y,\sigma}}{\|{}^{t+\Delta t}\boldsymbol{f}_{y,\sigma}\|} \tag{6.3.19b}$$

- **硬化法则**（$\boldsymbol{C}^{P}$ 表示塑性模量矩阵，是已知量，在当前步假定为常量）：

$$\Delta\boldsymbol{\beta} = -\|\Delta\boldsymbol{e}^{P}\| \hat{\boldsymbol{C}}^{P}\,{}^{t+\Delta t}\boldsymbol{n}_{\beta} \tag{6.3.20a}$$

$$\hat{\boldsymbol{C}}^{P} = \frac{\|{}^{t+\Delta t}\boldsymbol{f}_{y,\beta}\|}{\|{}^{t+\Delta t}\boldsymbol{f}_{y,\sigma}\|}\boldsymbol{C}^{P}, \quad {}^{t+\Delta t}\boldsymbol{n}_{\beta} = \frac{{}^{t+\Delta t}\boldsymbol{f}_{y,\beta}}{\|{}^{t+\Delta t}\boldsymbol{f}_{y,\beta}\|} \tag{6.3.20b}$$

观察公式（6.3.10）、公式（6.3.11）可知：弹塑性应力、应变以及内变量的计算全部归结为塑性应变增量模量（$\|\Delta\boldsymbol{e}^{P}\|$）的计算，这是一个单参数问题，具体求解流程如下：

（1）已知量：${}^{t}\boldsymbol{\sigma}$，${}^{t}\boldsymbol{e}$，${}^{t}\boldsymbol{e}^{P}$，${}^{t}\boldsymbol{\beta}$，${}^{t+\Delta t}\boldsymbol{e}$

（2）弹性预测（即 $k=0$）

$${}^{t+\Delta t}\boldsymbol{\sigma}^{E} = \boldsymbol{C}^{E}({}^{t+\Delta t}\boldsymbol{e} - {}^{t}\boldsymbol{e}^{P}) \tag{6.3.21}$$

若 ${}^{t+\Delta t}f^{E} \leqslant 0$ 则说明该加载步是弹性变形，赋值 ${}^{t+\Delta t}\boldsymbol{\sigma} = {}^{t+\Delta t}\boldsymbol{\sigma}^{E}$ 然后退出；

若 ${}^{t+\Delta t}f^E>0$ 则说明当前加载步存在塑性流动，需进一步计算其塑性变形，首先给后续的塑性迭代赋初值：

$$ {}^{t+\Delta t}\boldsymbol{n}^{(0)}=\frac{{}^{t+\Delta t}\boldsymbol{f}^{E}_{y,\sigma}}{\|{}^{t+\Delta t}\boldsymbol{f}^{E}_{y,\sigma}\|},\quad {}^{t+\Delta t}\boldsymbol{n}^{(0)}_{\beta}=\frac{{}^{t+\Delta t}\boldsymbol{f}^{E}_{y,\beta}}{\|{}^{t+\Delta t}\boldsymbol{f}^{E}_{y,\beta}\|} \tag{6.3.22a}$$

$$ {}^{t+\Delta t}\boldsymbol{\sigma}^{(0)}={}^{t+\Delta t}\boldsymbol{\sigma}^{E},\quad {}^{t+\Delta t}\boldsymbol{\beta}^{(0)}={}^{t}\boldsymbol{\beta},\quad \|\Delta\boldsymbol{e}^{P}\|^{(0)}=0,\quad {}^{t+\Delta t}\boldsymbol{e}^{P(0)}={}^{t}\boldsymbol{e}^{P} \tag{6.3.22b}$$

（3）塑性迭代（即 k=k+1）

选择塑性应变增量模量（$\|\Delta\boldsymbol{e}^P\|^{(k)}$）并计算当前迭代步的塑性应变：

$$ {}^{t+\Delta t}\boldsymbol{e}^{P(k)}={}^{t+\Delta t}\boldsymbol{e}^{P(k-1)}+(\|\Delta\boldsymbol{e}^{P}\|^{(k)}-\|\Delta\boldsymbol{e}^{P}\|^{(k-1)})\,{}^{t+\Delta t}\boldsymbol{n}^{(k-1)} \tag{6.3.23}$$

计算当前迭代步的应力值和硬化内变量：

$$ {}^{t+\Delta t}\boldsymbol{\sigma}^{(k)}={}^{t+\Delta t}\boldsymbol{\sigma}^{(k-1)}-(\|\Delta\boldsymbol{e}^{P}\|^{(\mathrm{k})}-\|\Delta\boldsymbol{e}^{P}\|^{(k-1)})\boldsymbol{C}^{E}\,{}^{t+\Delta t}\boldsymbol{n}^{(k-1)} \tag{6.3.24}$$

$$ {}^{t+\Delta t}\boldsymbol{\beta}^{(k)}={}^{t+\Delta t}\boldsymbol{\beta}^{(k-1)}-(\|\Delta\boldsymbol{e}^{P}\|^{(k)}-\|\Delta\boldsymbol{e}^{P}\|^{(k-1)})\hat{\boldsymbol{C}}^{P(k-1)}\,{}^{t+\Delta t}\boldsymbol{n}^{(k-1)}_{\beta} \tag{6.3.25}$$

收敛性检查：

$$ {}^{t+\Delta t}f^{(k)}_{y}\leqslant\varepsilon_f,\quad \left|\,\|\Delta\boldsymbol{e}^{P}\|^{(k)}-\|\Delta\boldsymbol{e}^{P}\|^{(k-1)}\right|\leqslant\varepsilon_{\Delta} \tag{6.3.26}$$

如果满足上述收敛条件则跳转到步骤（4），否则计算如下变量并重复步骤（3）。

$$ {}^{t+\Delta t}\boldsymbol{f}^{(k)}_{y,\sigma},\quad {}^{t+\Delta t}\boldsymbol{f}^{(k)}_{y,\beta},\quad {}^{t+\Delta t}\boldsymbol{n}^{(k)},\quad {}^{t+\Delta t}\boldsymbol{n}^{(k)}_{\beta},\quad \hat{\boldsymbol{C}}^{P(k)} \tag{6.3.27}$$

（4）计算弹塑性本构矩阵

$$ {}^{t+\Delta t}\boldsymbol{C}^{EP}={}^{t+\Delta t}\boldsymbol{C}^{E}-\Delta\boldsymbol{\sigma}'\left[\frac{\partial\|\Delta\boldsymbol{e}^{P}\|}{\partial\,{}^{t+\Delta t}\boldsymbol{e}}\right]^{\mathrm{T}} \tag{6.3.28a}$$

其中：

$$ \Delta\boldsymbol{\sigma}'=\frac{\partial(\Delta\boldsymbol{\sigma})}{\partial(\|\Delta\boldsymbol{e}^{P}\|)}=\frac{\partial({}^{t+\Delta t}\boldsymbol{\sigma}^{E}-{}^{t+\Delta t}\boldsymbol{\sigma})}{\partial(\|\Delta\boldsymbol{e}^{P}\|)}=-\frac{\partial({}^{t+\Delta t}\boldsymbol{\sigma})}{\partial(\|\Delta\boldsymbol{e}^{P}\|)}=-{}^{t+\Delta t}\boldsymbol{\sigma}' \tag{6.3.28b}$$

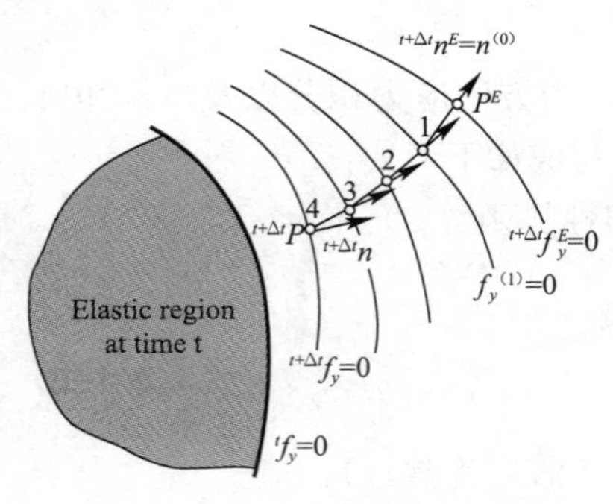

图 6.3.4　参数控制法（GPM）

从上述求解过程可知，控制参数法（GPM）广义上依然可归类于“回映算法”的一种，其最大特点是返回映射路径总是垂直于当前迭代位置的屈服面（如图 6.3.4 所示），因此即便对于非常复杂的材料本构模型，该算法的效率、精度和稳定性依然有较高的保证（Kojic & Bathe，2005）。另外还需特别指出的是：本书在介绍“参数控制法”时选用“塑性应变增量模量”（$\|\Delta\boldsymbol{e}^P\|$）为计算控制参数，但这并非唯一选择，根据材料本构特性也可选择其他标量，比如用于描述流动法则的比例系数 $\Delta\lambda$，但从经验上来说，选择 $\|\Delta\boldsymbol{e}^P\|$ 可能是最有效的一种方案。

6.4　混凝土本构模型

前面 6.1～6.3 节针对常规材料（主要指金属）简要介绍了弹塑性本构模型的建立及其应力积分方案，上述理论和操作流程可直接推广至岩土以及混凝土材料，只不过需注意以下几个问题：

（1）金属材料通常是稳定材料，它符合 Drucker 公设（Drucker，1951），一般不允许

（或者不考虑）出现软件阶段，而岩土和混凝土则属于典型的非稳定材料，在结构分析中必须考虑其材料软化阶段。对于稳定材料和非稳定材料，其本构的区别主要体现在流动法则的选用上，前者可以采用联合流动发动，即直接塑性势函数为屈服函数，而后者一般需要采用非联合流动法则，即单独定义塑性势函数。

（2）金属材料的屈服准则（yield criterion）通常建立在剪切屈服的基础上，而混凝土材料的屈服准则不仅需要考虑剪切屈服，还需要考虑体积应变屈服，也就是说，金属材料的屈服准则可表达成应力偏量第二不变量的函数，而混凝土材料则需要表达成三个应力不变量的函数。尤其重要的是，混凝土在三向受压状态下其强度和延性都会得到显著改善，因此在实际工程中通常采用配筋混凝土，因此在计算分析时通常需要考虑约束混凝土本构模型。

（3）金属材料通常只需考虑屈服问题，而混凝土则还需要考虑破坏问题，并针对此问题建立破坏准则（failure criterion）。理论上来说，破坏准则是用于检查混凝土开裂和压碎用的，而混凝土的塑性可以另外考虑（当然是在开裂和压碎之前），因此理论上破坏准则和屈服准则是不同的，例如在高静水压力下会发生相当的塑性变形，表现为屈服，但没有破坏。但从工程角度来说，通常将二者等同，其原因是工程结构不容许有很大的塑性变形，且混凝土等材料的屈服点不够明确，但破坏点却非常清晰。当然，有时候也需要区分屈服面和破坏面，但两者会取同一种函数形式，只不过参数不同。

（4）对于金属材料，其弹性系数通常与塑性应变无关，即弹塑性不耦合，但对于混凝土材料，其弹性系数通常随塑性发展（或者裂纹扩展）而发生变化，体现在塑性区（或者说非弹性区）卸载以及再加载的斜率会小于初始斜率，我们称之为弹塑性耦合现象，对于该问题，通常采用弹塑性损伤理论引入损伤因子来描述。

6.4.1 混凝土破坏准则

将试验中获得的混凝土多轴强度（f_1，f_2，f_3）数据，逐个地标在主应力（σ_1，σ_2，σ_3）坐标空间，相邻各点以曲面相连，就可得到混凝土的破坏包络曲面，如图6.4.1所示。破坏包络面与坐标平面的交线，即混凝土的双轴破坏包络线。将混凝土的破坏包络曲面用数学函数加以描述，作为判定混凝土是否达到破坏状态或极限强度的条件，称为破坏准则或强度准则。混凝土材料在不同条件时承载力显示出极大变化。多向应力状态下混凝土的强度是应力状态的函数，而不能由互不关联的纯拉、纯压、纯剪应力的极限值来预测，因此只能通过考虑应力状态各种分量的相互作用来得到混凝土材料的强度。在复杂应力条件下，如何建立强度破坏条件一直是个值得研究的问题。目前，各国学者建立了许多破坏准则以描述混凝土材料的强度特征，包括单参数、双参数、三参数、四参数和五参数准则，下面简要介绍后面常用的三种强度准则。

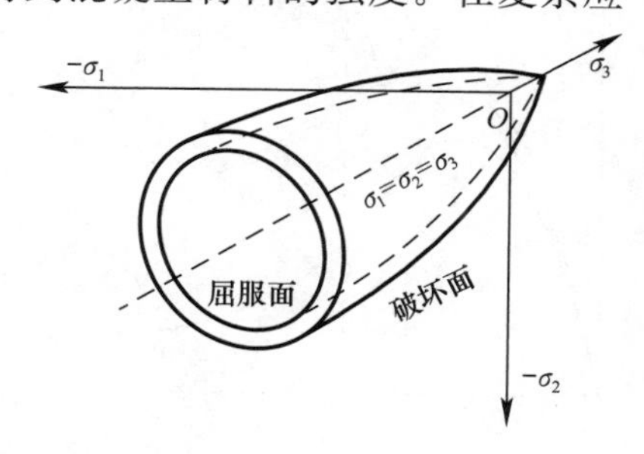

图6.4.1 三维主应力空间中混凝土屈服面和破坏面

1958年，Bresler & Pister 提出了一个σ_{oct}与τ_{oct}抛物线关系且具有圆形偏截面的三参数破坏准则。1975年，Willam & Warnke 建立了一个具有直的子午线且非圆形偏平面的三参数破坏面。1990年，黄克智和张远高在分析了破坏面的特点以后，提出了一个新的三参数公式，它既能满足混凝土破坏面在子午面上投影为曲线和在偏平面上投影非圆的特点，又在 π 平面上的投影随着 ξ 的增大而愈来愈接近圆形，同时它的表达式相对比较简单，是三参数中较好的一个破坏准则，具体如图 6.4.2 所示。

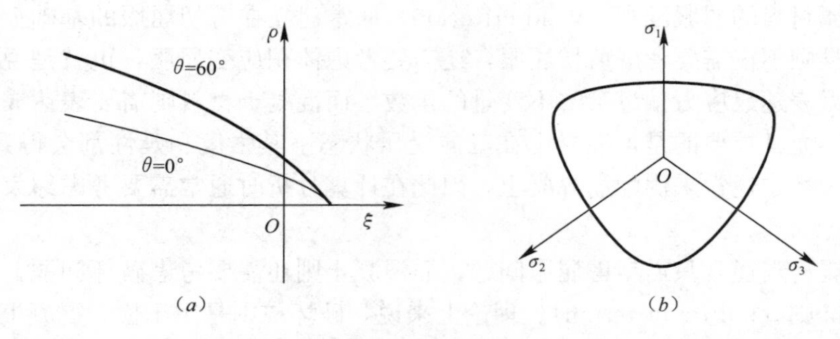

图 6.4.2　黄克智-张远高三参数破坏面

(a) 破坏面在子午面上投影；(b) 偏平面

四参数破坏准则中比较有代表性的几种模型分别由 Ottosen（1977）、Reimenn（1965）、Hsieh-Ting-Chen（1980）提出，这些破坏准则的优点是拉压子午线均为曲线，而且偏平面上的三角形是凸三角形，与混凝土的试验结果比较相符。而五参数准则中比较有代表性的几种模型分别由 William & Warnke（1975）、Kotsovos（1977）、Podgorski（1985）、过镇海（1995）、江见鲸（2002）、宋玉普（1994）以及俞茂鋐（1988）提出，与其他破坏准则相比，五参数破坏准则能更好地描述混凝土的破坏特征，但由于参数过多，有时不便应用。

6.4.2　约束效应对混凝土的影响

混凝土由于其抗拉强度小、变形性能差，在实际建筑结构中很少直接使用素混凝土，通常配以一定的箍筋以提高其强度和延性，从而达到降低构件截面面积，提高房屋使用空间，提高结构抗震能力的目的。箍筋约束混凝土的力学性能与素混凝土有很大的不同，约束混凝土处于三轴受压应力状态，混凝土的强度和变形能力将得到显著提高，该做法成为工程中改善受压构件或结构中受压部分混凝土力学性能的重要措施。

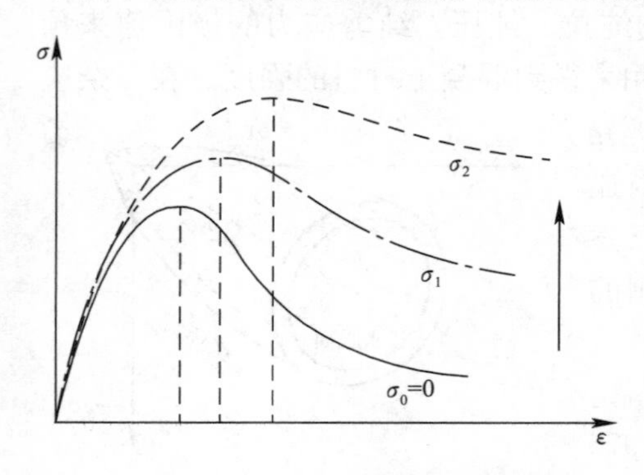

图 6.4.3　侧向压力对混凝土应力—应变曲线的影响

侧向压应力对普通混凝土应力—应变曲线的影响如图 6.4.3 所示，与素混凝土相比，约束混凝土的抗压强度显著提高，其延性显著增强，初始弹性模量变化不大但稍稍有所提高，超过混凝土极限强度后，在侧向约束作用下应力—应变曲线下降段较素混凝土平缓。约束混凝土的作用机理与三轴受压混凝土中侧向压应力的作用机理相同，即在轴向压力或最大主压应力的垂直方向（横向）施加约束，以限制其内部混凝土的横向膨胀变形，从而提高混凝土轴向抗压承载力。

关于约束效应对混凝土抗压强度的影响，

Saatcioglu（1992）曾给出如下直观解释：混凝土承受轴向压力时，不仅会产生轴向的压缩应变，还会产生侧向的拉伸应变，如果存在侧向约束，则混凝土处于三维应力状态，侧向约束产生的压缩应变会抵消一部分轴向压力引起的侧向拉伸应变，从而提高混凝土的轴向抗压强度。对于各向同性的线弹性材料而言，其侧向应变可表示如下（假定 x 方向为轴向）：

$$\varepsilon_y = \frac{1}{E}[f_y - \mu(f_x + f_z)] \tag{6.4.1}$$

式中 ε_y 表示 y 方向的应变，f_x、f_y、f_z 分别表示 x、y、z 方向的应力，E 表示弹性模量，μ 表示伯松比。

对于承受均匀侧向压力 f_l 的圆柱截面构件而言，$f_y = f_z = f_l$，因此公式（6.4.1）可转换如下：

$$\varepsilon_y = \frac{1}{E}[f_l - \mu(f_x + f_l)] \tag{6.4.2}$$

如果忽略侧向压力而只考虑轴向压力 f_{xo} 则：

$$\varepsilon_y = \frac{-\mu f_{xo}}{E} \tag{6.4.3}$$

令式（6.4.2）与式（6.4.3）的 ε_y 相等，则可得：

$$f_x = f_{xo} + \frac{1-\mu}{\mu} f_l \tag{6.4.4}$$

由上式可知：同等侧向变形下，约束混凝土的轴向压力等于非约束混凝土轴向压力再累加部分侧向约束力。当然，上述公式是针对线弹性材料推导所得，不能直接用于混凝土材料，但 Saatcioglu（1992）指出，工程中可近似采用如下抗压强度公式：

$$f_{cc} = f_{co} + k_1 f_l \tag{6.4.5}$$

式中：f_{cc} 为约束混凝土峰值应力，f_{co} 为素混凝土峰值应力，f_l 为侧向压应力，k_1 为侧向压力效应系数。

6.4.3　混凝土单轴约束本构

1981 至 1982 年，过镇海、张秀琴等通过试验研究了不同形式反复荷载对素混凝土试件的应力—应变曲线的影响，量测了素混凝土的应力—应变全曲线。在分析卸载和再加载曲线的变化规律的基础上，提出了一个反复荷载作用下素混凝土单轴滞回规则。随后又在该试验的基础上对不同配箍率的约束混凝土在反复荷载作用下的应力—应变全曲线进行了试验研究，提出了一个考虑箍筋约束效应的混凝土单轴滞回本构模型如图 6.4.4 所示。该模型的主要缺点是只适用于混凝土受压区反复加卸载，对混凝土开裂后再加载部分未提供计算公式。

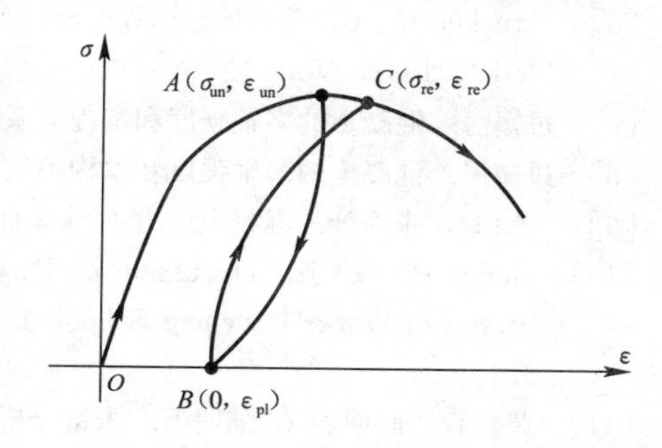

图 6.4.4　过-张滞回本构模型

1988 年，Mander 等人完成了一系列钢筋混凝土柱轴心受压试验，试件考虑了多种箍筋形式，比如螺旋箍、菱形箍、矩形箍等。在试验结果的基础上，他们提出了一个适用于不同箍筋形式、上升段和下降段均采用一个方程表达的约束混凝土应力—应变全曲线，同时还根据试验结果给出了加卸载滞回规则。该模型如图 6.4.5 所示，图中 $ABCE$ 曲线表示混凝土受压卸载至受拉区然后再加载时应力—应变曲线，FGI 曲线表示混凝土受压不完全卸载时再加载的应力—应变曲线。

上述过-张模型和 Mander 模型相对比较复杂，不利于工程应用，中国《混凝土结构设计规范》(GB 50010—2010) 从工程应用角度出发、结合上述两种本构模型的优点给出了一个实用本构模型，如图 6.4.6 所示。该模型的滞回规则相对简单，其上升段与 Mander 模型基本一致，而下降段与过-张模型基本一致。

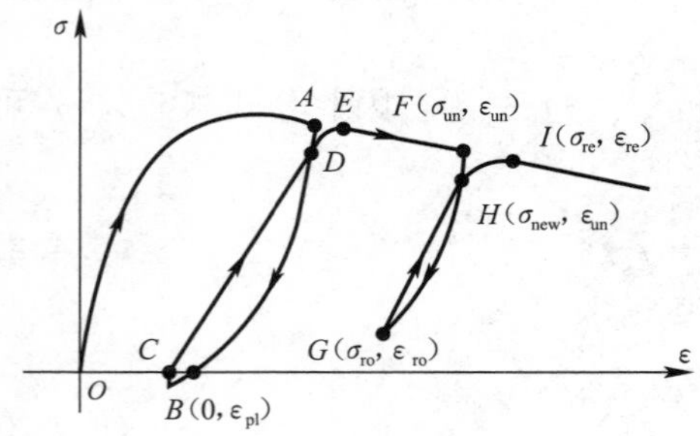

图 6.4.5　Mander 滞回本构模型

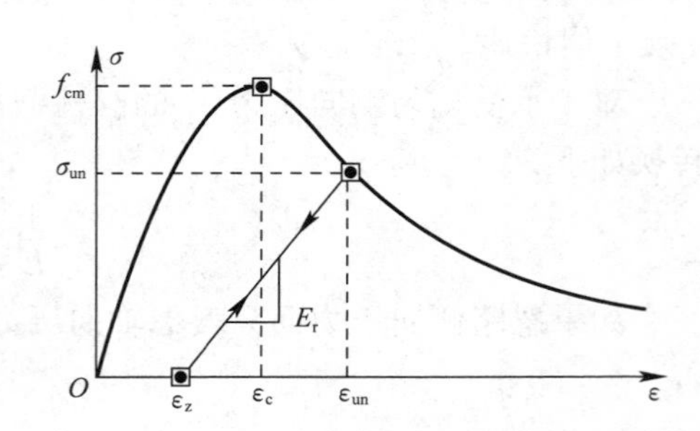

图 6.4.6　中国规范本构模型

另外，关于混凝土单轴约束本构，齐虎、李云贵 & 吕西林等（2010，2011，2013）也做过大量工作，具体可参阅相关文献，该处不再细说。

6.5　参考文献

[1]　Belytschko T., Liu W. K., Moran B. & Elkhodary K. I. Nonlinear Finite Elements for Continua and Structures. UK：John Weily & Sons，Ltd，2014.

[2]　Borja R. I. Cam-Clay Plasticity，Part 2：Implicit Integration of Constitutive Equation Based on Nonlinear State Predictor，Comp. Meth. Appl. Mech. Engng.，1991，Vol. 88，pp. 225-240.

[3]　Bresler B. & Pister K. S. Strength of Concrete Under Combined Stresses [C]. ACI Journal Proceedings，1958，55 (9).

[4]　Crisfield M. A. Non-Linear Finite Element Analysis of Solids and Structures. Chichester，England：J. Wiley & Sons，1991.

[5]　Drucker D. C. A More Fundamental Approach to Plastic Stress-Strain Relations. Proc. 1st National Congress of Applied Mechanics. ASME，Chicago，1951，pp. 487-491.

[6]　Drucker D. C. & Prager W. Soil Mechanics and Plastic Analysis or Limit Design. Q. Appl. Math.，1952，Vol. 10，No. 2，pp. 157-164.

[7]　过镇海. 混凝土的多轴强度和本构关系（Ⅰ）. 建筑结构，1995，31 (8)：50～57.

[8]　过镇海. 混凝土的多轴强度和本构关系（Ⅱ）. 建筑结构，1995，31 (9)：50～53.

[9]　过镇海，张秀琴. 混凝土应力-应变全曲线的试验研究 [J]. 建筑结构学报，1982，3 (1)：112.

[10]　Hodge P. G. Jr. Discussion of Paper：Prager W.，A New Method of Analyzing Stresses and Strains in Work-Hardening Solids，J. Appl. Mech.，Trans. ASME，1957，Vol. 23，pp. 482-484.

[11]　黄克智，薛明德 & 陆明万. 张量分析. 北京：清华大学出版社，2003.

[12]　Johnson W. & Mellor P. Engineering Plasticity. Chichester，England：Ellis Horwood Ltd.，

1983.

[13] Kojic M. & Bathe K. J. The Effective-Stress-Function Algorithm for Thermo-Elasto-Plasticity and Creep. Int. J. Num. Meth. Engng., 1987, Vol. 24, pp. 1509-1532.

[14] Kojic M. The Governing Parameter Method for Implicit Integration of Visco-plastic Constitutive Relations for Isotropic and Orthotropic Metals. Computational Mechanics, 1996, Vol. 19, pp. 49-57.

[15] Kojic M. & Bathe K. J. Inelastic Analysis of Solids and Structures. Germany, Berlin: Springer, 2005.

[16] Kotsovos, M. D. & Newman J. B. Behavior of Concrete Under Multi-axial Stress. ACI Journal, 1977, 74 (9): 443-446.

[17] Lubliner J. A Maximum-Dissipation Principle in Generalized Plasticity, Acta Mechanica, 1984, Vol. 52, pp. 225-237.

[18] Lush A. M., Weber G. & Anand L. An Implicit Time-Integration Procedure for a Set of Internal Variable Constitutive Equations for Isotropic Elasto-Visco-plasticity. Int. J. Plasticity, 1989, Vol. 5, pp. 521-549.

[19] Marcal P. V. A Stiffness Method for Elastic-Plastic Problems. Int. J. Mech. Sci., 1965, pp. 229-238.

[20] Mendelson A. Plasticity: Theory and Application. USA, New York: The Macmillan Co.

[21] Mander J. B., Priestly M. J. N. & Park R. Theoretical Stress—Strain Model for Confined Concrete. ASCE, Journal of Structural Division, 1988, Vol. 114, No. 8, pp. 1804-1826.

[22] Moran B., Ortiz M. & Shih C. F. Formulation of implicit finite element methods for multiplicative finite deformation plasticity. International Journal for Numerical Methods in Engineering, 1990, Volume 29, Issue 3, pp. 483-514.

[23] Nayak G. C. & Zienkiewicz O. C. Elasto-Plastic Stress Analysis: a Generalization for Various Constitutive Relations Including Strain Softening. Int. J. Num. Meth. Engng, 1972, 5: 113-135.

[24] Ortiz M., Pinsky P. M. & Taylor R. L. Operator Split Methods for the Numerical Solution of the Elasto-Plastic Dynamic Problem. Comp. Meth. Appl. Mech. Engng., 1983, Vol. 39, pp. 137-157.

[25] Ottosen N. S. A Failure Criterion for Concrete. Journal of Engineering Mechanics Division, ASCE, 1977, 103 (4): 527-535.

[26] Prager W. A New Method of Analyzing Stresses and Strains in Work-Hardening Plastic Solids, J. Appl. Mech., Trans. ASME, 1956, Vol. 23, pp. 493-496.

[27] Podgórski J. General failure criterion for isotropic media. Journal of engineering mechanics, 1985, 111 (2): 188-201.

[28] Pugh C. E. & Robinson D. N. Some Trends in Constitutive Equation Model Development for High-Tmeprature Behaviour of Fast-Reactor Structural Alloys. Nucl. Eng. Des., 1978, Vol. 48, pp. 269-276.

[29] 齐虎，李云贵，吕西林. 混凝土非线性本构模型开发及工程应用. 土木建筑与环境工程增刊，2010，32 (2)：214-216.

[30] 齐虎，李云贵，吕西林. 箍筋约束混凝土单轴滞回本构实用模型. 工程力学，2011，28 (9)：95-102.

[31] 齐虎，李云贵，吕西林. 混凝土弹塑性本构模型研究. 建筑科学，2011，27 (1)：33-38.

[32] 齐虎，李云贵，吕西林. 箍筋约束混凝土的单轴力学性能研究. 建筑结构，2011，41 (1)：79-82.

[33] Qi H.，Li Y. G & Lu X. L. A practical elastic plastic damage model for concrete. Advanced Materials Research，2011，v 243-249，p 313-318.

[34] Qi H.，Li Y. G. & Lu XLl. A plastic damage model for practical application. Advanced Materials Research，2011，v 255-260，p 142-145.

[35] Qi H.，Li Y. G. & Lu X. L. A elastic plastic damage model for concrete considering strain rate effect and stiffness damping，Communications in Computer and Information Science，2011，v 164 CCIS，pp. 425-429.

[36] 齐虎，李云贵，吕西林. 基于能量的弹塑性损伤实用本构模型，工程力学，2013，30（5）：172-180.

[37] Qi H.，Li Y. G. & Lu X. L. A practical elastic plastic damage model for dynamic loading and nonlinear analysis of Koyna concrete dam，Journal of Central South University，2013，20（9）：2586-2592.

[38] 齐虎，李云贵，吕西林. 混凝土弹塑性损伤本构模型的动力扩展，同济大学学报，2013，41（3）：324-329.

[39] Rice J. R. &Tracey D. M. Computational Fracture Mechanics，in：Fendes S. J.，ed.，Numerical and Computer Methods in Structural Mechanics，New York：Academic Press，1973.

[40] Saatcioglu M. & Razvi R. Strength and ductility of confined concrete. ASCE Journal of Structure Engineering，1992，118（6）：1590-1607.

[41] Shreyer H. l.，Kulak R. F. & Kramer J. M. Accurate Numerical Solutions for Elastic-Plastic Models. ASME J. Press. Vess. Tech.，1979，Vol. 101，pp. 226-234.

[42] Simo J. C. & Ortiz M. A Unified Approach to Finite Deformation Elasto-Plasticity Based on Use of Hyper-elastic Constitutive Equations. Comp. Meth. Appl. Mech. Engng.，1985，Vol. 49，pp. 221-245.

[43] Simo J. C. & Taylor R. L. Consistent Tangent Operators for Rate Independent Elasto-Plasticity. Comp. Meth. Appl. Mech. Engng.，1985，Vol. 48，pp. 101-118.

[44] Simo J. c & Hughes T. J. R. Computational Inelasticity. New York：Springer-Verlag，1998.

[45] 宋玉普等. 钢筋混凝土结构分析中的有限元法. 大连：大连理工大学出版社，1994.

[46] Taylor G. I. & Quinney H. The Plastic Distortion of Metals. Phil. Trans. Roy. Soc.，London，1931，Vol. A230，PP. 323-362.

[47] Timoshenko S. History of Strength of Materials. USA，New York：McGrow-Hill Book Co.，1953.

[48] Weber G. &Anand L. Finite Deformation Constitutive Equations and a Time Integration Procedure for Isotropic，Hyperelastic-Viscoplastic Solids. Comp. Meth. Appl. Mech. Engng.，1990，Vol. 79，pp. 173-202.

[49] Wilkins M. L. Calculation of Elastic-Plastic Flow，in：Alder B.，Fernback S. & Rotenberg M.，eds.，Methods of Computational Physics，Vol. 3，New York：Academic Press，1964.

[50] Willam K. J. & Warnke E. P. Constitutive Model for the Triaxial Behavior of Concrete. International Association for Bridge and Structural Engineering，Seminar on Concrete Structure Subjected to Tri-axial Stresses，Paper Ⅲ-1 Bergamo，Italy，May 1974，IABSE Proceedings，1975，（19）：1～30.

[51] 夏志皋. 塑性力学. 上海：同济大学出版社，1991.

[52] 俞茂鋐. 双剪应力强度理论. 西安：西安交通大学出版社，1988.

[53] 张远高. 钢筋混凝土结构的本构关系及有限元模式. 北京：清华大学出版社，1990.

第 7 章　隐式与显式动力学

动力学问题的标准有限元方程如下：

$$\boldsymbol{M}\ddot{\boldsymbol{d}} + \boldsymbol{C}^{\mathrm{damp}}\dot{\boldsymbol{d}} + \boldsymbol{f}^{\mathrm{int}}(\boldsymbol{d},t) = \boldsymbol{f}^{\mathrm{ext}}(\boldsymbol{d},t) \tag{7.0.1}$$

其中，$\boldsymbol{M}$ 表示质量矩阵，包括集中质量矩阵和一致质量矩阵（协调质量）两种形式；$\boldsymbol{C}^{\mathrm{damp}}$ 表示阻尼矩阵，通常会采用阻尼比、Rayleigh 阻尼或拟模态阻尼对其做线性化处理，$\boldsymbol{f}^{\mathrm{int}}$ 表示结构内力，它是结构变形以及时间的函数；$\boldsymbol{f}^{\mathrm{ext}}$ 表示结构外荷载，通常情况下它仅为时间的函数，但如果考虑几何非线性的影响，它还跟结构变形有关（源自于构型影响）；$\dot{\boldsymbol{d}}$ 和 $\ddot{\boldsymbol{d}}$ 分别结点速度和加速度。

上述动力学方程的具体推导可参见任何一本有限元书籍［比如《Finite Element Procedure》（Bathe，1996）、《有限单元法》（王勖成，2003）等］，该处不再赘述。从形式上来说，该方程是以时间为导算的二阶微分方程，通常又被称为“半离散方程”，因为它已经对空间域进行有限元离散，但时间域是连续的，下面详细讨论其时间域离散问题，即动力学方程的数值求解问题。

7.1　隐式和显式概述

为求解动力学方程（7.0.1），需对时间域进行离散，将时间导数变量（比如速度、加速度等）改写成差分格式然后进行数值积分，其完整的差分格式可表述如下[6]：

$$\sum_{k=0}^{n_s}(\alpha_k \boldsymbol{d}^{n_s-k} - \Delta t \beta_k \dot{\boldsymbol{d}}^{n_s-k}) = \boldsymbol{0} \tag{7.1.1a}$$

$$\sum_{k=0}^{n_s}(\bar{\alpha}_k \boldsymbol{d}^{n_s-k} - \Delta t^2 \bar{\beta}_k \ddot{\boldsymbol{d}}^{n_s-k}) = \boldsymbol{0} \tag{7.1.1b}$$

其中，n_s 差分方程的时间步数，Δt 表示时间步长，α_k、β_k、$\bar{\alpha}_k$、$\bar{\beta}_k$ 表示常系数。

根据上述时间差分格式，可将动力学数值求解方案分为“显式方案”和“隐式方案”。具体来说，如果 $\beta_0=0$ 且 $\bar{\beta}_0=0$，那么上述差分格式是显式差分，其对应的时间积分格式为显式积分，反之则为隐式积分。换句话说，如果 n_s 时间步对应的差分公式中仅包括该时间步之前的时间导数则表示该差分格式为显式差分，否则为隐式差分。从动力学方程（7.0.1）的角度来说，如果通过满足 t 时刻的运动方程来求解 $t+\Delta t$ 时刻的位移，那么该动力学的求解算法被称为显式算法，而如果通过满足 $t+\Delta t$ 时刻的运动方程来解答 $t+\Delta t$ 时刻的位移则为隐式算法。显然，对于非线性动力学而言，t 时刻是已知时刻，其所有变量均是已知的，而 $t+\Delta t$ 是未知时刻，其位移、应力、弹塑性内变量（比如描述材料硬化的内变量）以及几何构型均是未知的。因此，只要能构造合适的弹塑性应力积分方案（比如显示应力积分方案，详见本书 6.3 节），那么显示求解算法可以不经过迭代直接求解非线性动力学方程，从而避开非线性方程的迭代收敛问题，另外，显示算法不必集成有限元总体刚度而直接集成结点（或单元积分点）内力向量，如果质量矩阵 $\boldsymbol{M}$ 采用集中质量模式（对角模式），那么动力学方程（7.0.1）的求解过程不需要进行任何矩阵分解和向量回代，其求解效率较高，这是显示算法的最大优点，但该算法是“条件稳定”，它要求时间步长必须小于一定数值才能确保结果的稳定性，因此时间步长的估算和求解稳定性的监测是显式算法的关键问题；而对于隐式算法而言，非线性方程的求解必须经过反复迭代，经常会碰到收敛速度过低或不收敛的问题，而且隐式算法的每个求解步骤都要求重新集成总体刚度刚度矩阵并求解线性代数方程组，因此其计算效率相对较低，但是隐式算法是“非条件稳定”，它对计算时间步长没有限制，当然，在实际计算中，其时间步长不能太长，否则很容易碰到时间步内迭代不收敛的问题。

7.2　隐式算法

早期的动力学方程在时间域内通常采用线性差分法求解，最常用的是中心差分法，该方法通过满足 t 时刻的运动方程来求解 $t+\Delta t$ 时刻的位移，属于显式积分格式，该问题将在本书7.3小节详细讨论。1950年，Houbolt改良了中心差分法，提出一种新的直接积分格式，被称为Houbolt方法，该方法通过满足 $t+\Delta t$ 时刻的运动方程来解答 $t+\Delta t$ 时刻的位移，属于隐式积分格式。同时期，Newmark（1959）发展了另一种隐式积分法，被称为Newmark方法，该方法后来成为动力学领域应用最广泛的隐式算法。后来，Wilson、Farhoomand & Bathe（1973）也发展了一种隐式积分法，被称为Wilson-θ 方法，该方法对于一阶偏微分方程（比如瞬态热传导方程）的求解效率非常高。对于线性动力学问题，隐式算法是非条件稳定的，这是隐式算法相对于显示算法的最大优点，但对于非线性动力学方程，线性分析中非条件稳定的积分方案可能变成不稳定的，位移、速度和加速度都可能出现明显的偏大，其高阶频率也可能对求解精度造成明显影响，关于该问题，Bathe & Baig（2005）、Belytschko，Liu，Moran & Elkhodary（2014）在文献中均有过讨论。为了提高非线性动力学隐式积分方案的稳定性，Simo& Tarnow（1992）、Kuhl & Crisfield（1999）、Laursen & Meng（2001）均提出了相应的积分方案，取得一定的效果。2005年，Bathe & Baig提出一种隐式的复合积分方案，通过简单算例与Wilson-θ 法作对比，显示出良好的稳定性，不过对于大型复杂结构的计算效率、精度和稳定性依然有待证明。总体来说，隐式算法结合非线性方程迭代法目前是结构动力学方程的主流求解算法，已被广泛应用于各大商业软件，比如ABAQUS、ADINA、NASTRAN等，但对于复杂非线性分析而言，其计算效率以及非线性收敛性依然有待提高。下面以最常用的Newmark算法为例，简要介绍隐式算法的基本思想和流程，而在此之前，首先需要将方程（7.0.1）改写为离散形式，其 $n+1$ 时间步所对应的动力平衡方程如下：

$$\mathbf{0}=\boldsymbol{r}(\boldsymbol{d}^{n+1},t^{n+1})=\boldsymbol{M}\ddot{\boldsymbol{d}}^{n+1}+\boldsymbol{C}^{damp}\dot{\boldsymbol{d}}^{n+1}+\boldsymbol{f}^{int}(\boldsymbol{d}^{n+1},t^{n+1})-\boldsymbol{f}^{ext}(\boldsymbol{d}^{n+1},t^{n+1}) \tag{7.2.1}$$

其中 $\boldsymbol{r}(\boldsymbol{d}^{n+1},\ t^{n+1})$ 表示当前时间步的不平衡余量，如果不考虑惯性力的影响，上式可退化为静力平衡方程，如公式（7.2.2）所示，这种情况下，变量 t^{n+1} 仅表示加载步而非真实的时间（除非在材料本构中考虑时间效应，比如采用粘塑性本构模型）。

$$\mathbf{0}=\boldsymbol{r}(\boldsymbol{d}^{n+1},t^{n+1})=\boldsymbol{f}^{int}(\boldsymbol{d}^{n+1},t^{n+1})-\boldsymbol{f}^{ext}(\boldsymbol{d}^{n+1},t^{n+1}) \tag{7.2.2}$$

7.2.1 Newmark 差分格式

Newmark 差分格式可表述如下[15]：

$$\begin{cases} \boldsymbol{d}^{n+1} = \tilde{\boldsymbol{d}}^{n+1} + \beta\Delta t^2 \ddot{\boldsymbol{d}}^{n+1} \\ \dot{\boldsymbol{d}}^{n+1} = \tilde{\dot{\boldsymbol{d}}}^{n+1} + \gamma\Delta t \ddot{\boldsymbol{d}}^{n+1} \end{cases} \tag{7.2.3}$$

其中，$\tilde{\boldsymbol{d}}^{n+1}$ 和 $\tilde{\dot{\boldsymbol{d}}}^{n+1}$ 仅跟上一时间步有关，其计算公式如下：

$$\begin{cases} \tilde{\boldsymbol{d}}^{n+1} = \boldsymbol{d}^n + \Delta t \dot{\boldsymbol{d}}^n + \dfrac{\Delta t^2}{2}(1-2\beta)\ddot{\boldsymbol{d}}^n \\ \tilde{\dot{\boldsymbol{d}}}^{n+1} = \dot{\boldsymbol{d}}^n + (1-\gamma)\Delta t \ddot{\boldsymbol{d}}^n \end{cases} \tag{7.2.4}$$

其中 n 表示时间步，Δt 表示时间步长，可表述为 $\Delta t = t^{n+1} - t^n$，β 和 γ 表示 Newmark 参数。

将公式（7.2.4）跟式（7.1.1）作比较可知：

$$\beta_0 = \beta;\quad \bar{\beta}_0 = \beta \tag{7.2.5}$$

因此，只要 $\beta \neq 0$，公式（7.2.3）就是隐式差分格式，反之，如果 $\beta = 0$ 则表示显式差分。事实上，如果 $\beta = 0$ 且 $\gamma = 0.5$，公式（7.2.3）将退化为中心差分格式（详见本书 7.3.1 小节）。通常来说，我们取 $\beta = 0.25$ 且 $\gamma = 0.5$，此时的 Newmark 差分格式将简化为梯形公式。

将公式（7.2.3）所示的差分格式代入公式（7.2.1）所示的动力方程，便可构造时间积分公式，称之为 Newmark 积分，它被广泛应用于各大商业软件用以求解动力学问题。关于 Newmark 积分，可以从理论上证明[17]：对于线性动力系统而言，只要满足条件 $\beta \geqslant \dfrac{\gamma}{2} \geqslant \dfrac{1}{4}$，那么该数值积分就是无条件稳定的，而如果不满足上述条件，那么该积分是条件稳定的，其稳定条件如下：

$$\omega_{\max}\Delta t = \frac{\xi\bar{\gamma} + \sqrt{\bar{\gamma} + \dfrac{1}{4} - \beta + \xi^2\bar{\gamma}^2}}{\left(\dfrac{\gamma}{2} - \beta\right)},\quad \bar{\gamma} \equiv \gamma - \frac{1}{2} \geqslant 0 \tag{7.2.6}$$

上式中，$\omega_{\max}$ 表示结构的最大固有频率，ξ 表示结构阻尼比，$\bar{\gamma}$ 表示人工阻尼比，又称数值阻尼比。事实上，Newmark 参数 γ 的引入就是为了控制动力方程的人工阻尼，以便消除高阶频率带来的噪声影响。当 $\gamma = 0.5$ 时，Newmark 算法不引入人造阻尼；当 $\gamma > 0.5$ 时，Newmark 算法将引入人工阻尼，其数值为 $\left(\gamma - \dfrac{1}{2}\right) > 0$；而当 $\gamma < 0.5$ 将引入负阻尼，但该情况通常不在我们考虑的范围之内。

Newmark 积分有很高的求解精度，非常适用于动力学分析，不过也存在一个主要缺陷，即：该方法不能很好地消除高阶频率所带来的噪声影响。虽然通过设置 $\gamma > 0.5$ 可自动引入人工阻尼以消除噪声影响，但此时数值积分的求解精度将会受到较大影响，因此在实际计算中并不建议引入较大的 γ 参数。为了消除高阶频率噪声影响同时又不降低 Newmark 积分的求解精度，Hilber，Hughes & Taylor（1977）通过引入 α 参数对上述公式进行修正，这类方法被称为“α 法”（也被称为“HHT 方法”），其基本思想是采用半步长对应的结点位移（记为 $\boldsymbol{d}^{n+\alpha}$）来计算动力平衡方程，因此有时候也被称为“半步长法”，具体公式如下：

$$\boldsymbol{d}^{n+\alpha} = (1+\alpha)\boldsymbol{d}^{n+1} - \alpha\boldsymbol{d}^{n} \tag{7.2.7}$$

将上述半步长位移代入动力平衡方程（7.2.1）可得：

$$\boldsymbol{0} = \boldsymbol{r}(\boldsymbol{d}^{n+1}, t^{n+1}) = \boldsymbol{M}\ddot{\boldsymbol{d}}^{n+1} + \boldsymbol{C}^{damp}\dot{\boldsymbol{d}}^{n+1} + \boldsymbol{f}^{int}(\boldsymbol{d}^{n+\alpha}, t^{n+1}) - \boldsymbol{f}^{ext}(\boldsymbol{d}^{n+\alpha}, t^{n+1}) \tag{7.2.8}$$

对于线性系统而言，上式中的内力向量 $\boldsymbol{f}^{int}$ 可采用如下公式计算：

$$\boldsymbol{f}^{int} = \boldsymbol{K}\boldsymbol{d}^{n+\alpha} \tag{7.2.9}$$

将公式（7.2.7）代入上式可得：

$$\boldsymbol{f}^{int} = \boldsymbol{K}\boldsymbol{d}^{n+1} + \alpha\boldsymbol{K}(\boldsymbol{d}^{n+1} - \boldsymbol{d}^{n}) \tag{7.2.10}$$

显然，α 参数的引入相当于对原动力方程引入了比例刚度阻尼，而如果 α 为零，上述方法将退化为标准 Newmark 方法。对于线性动力系统而言，可以从理论上证明[10]：当满足公式（7.2.11）条件时，α 方法是无条件稳定的：

$$\alpha \in \left[-\frac{1}{3}, 0\right], \quad \gamma = \frac{1}{2} - \alpha \text{ 且 } \beta = \left(\frac{1-\alpha}{2}\right)^2 \tag{7.2.11}$$

上述方法被直接用于 ABAQUS 软件，用户可以在 CAE 对话框中修改 α 参数（如图 7.2.1 所示），其 β 和 γ 参数将根据公式（7.2.11）自动设置。

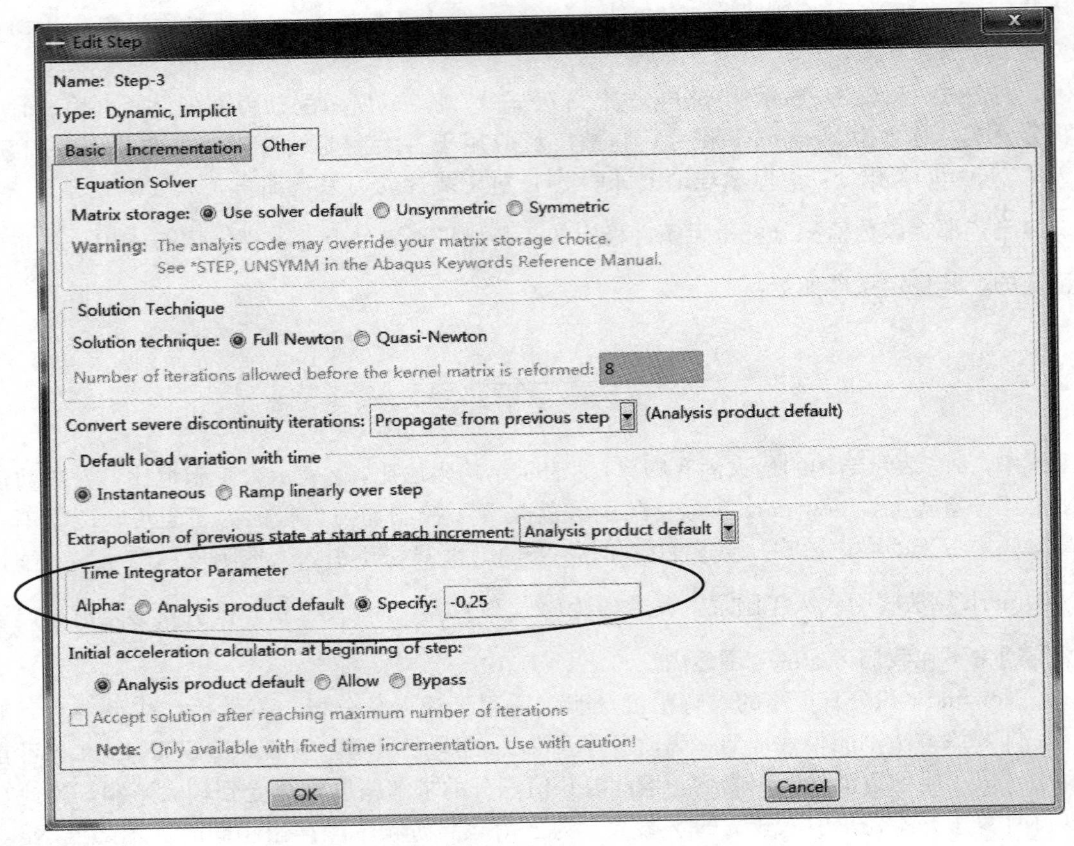

图 7.2.1　ABAQUS 软件的动力参数设置

后来，Chung & Hulbert（1993）对上述 α 法做了进一步修正，其位移和加速度均采用半步长位置，公式（7.2.7）和公式（7.2.8）分别修正为公式（7.2.12）和公式（7.2.13）。

$$\begin{cases}\ddot{\boldsymbol{d}}^{n+1-\alpha_m}=(1-\alpha_m)\ddot{\boldsymbol{d}}^{n+1}+\alpha_m\ddot{\boldsymbol{d}}^n\\ \boldsymbol{d}^{n+1-\alpha_f}=(1-\alpha_f)\boldsymbol{d}^{n+1}+\alpha_f\boldsymbol{d}^n\end{cases}\tag{7.2.12}$$

$$\mathbf{0}=\boldsymbol{M}\ddot{\boldsymbol{d}}^{n+1-\alpha_m}+\boldsymbol{C}^{damp}\dot{\boldsymbol{d}}^{n+1}+\boldsymbol{f}^{int}(\boldsymbol{d}^{n+1-\alpha_f},t^{n+1})-\boldsymbol{f}^{ext}(\boldsymbol{d}^{n+1-\alpha_f},t^{n+1})\tag{7.2.13}$$

可以证明[7]：对于线性动力系统，只要满足公式（7.2.14）条件，上述方法就是无条件稳定的：

$$\alpha_m\leqslant\alpha_f\leqslant\frac{1}{2},\quad \gamma=\frac{1}{2}-\alpha_m+\alpha_f\ 且\ \beta=\left(\frac{1-\alpha_m+\alpha_f}{2}\right)^2\tag{7.2.14}$$

对比公式（7.2.7）、公式（7.2.8）和公式（7.2.12）、公式（7.2.13）可知：（1）当 $\alpha_m=0$ 时，Chung & Hulber（1993）方法将退化为 Hilber，Hughes & Taylor（1977）方法，等同于 α 取值为 $-\alpha_f$；（2）当 $\alpha_m=0$ 且 $\alpha_f=0$ 时，Chung & Hulber（1993）方法将退化为标准 Newmark 方法。上述方法被直接应用于 ANSYS 软件，其参数设置如图 7.2.2 所示。

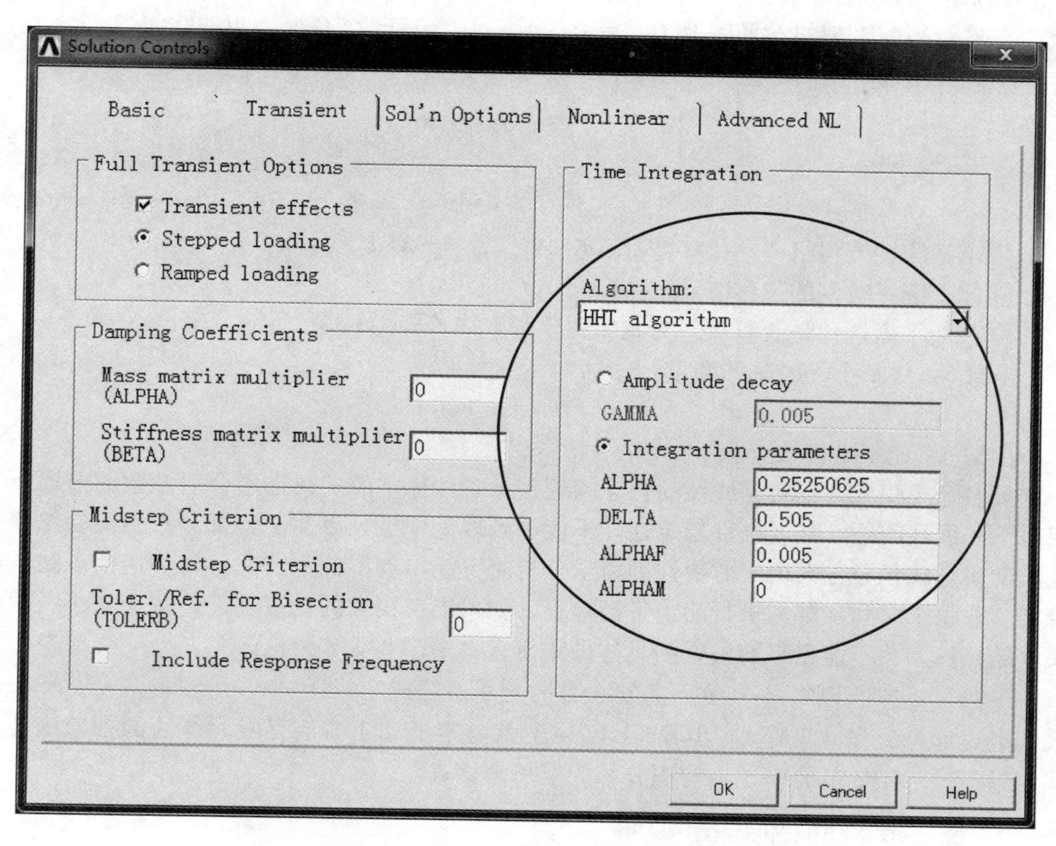

图 7.2.2　ANSYS 软件的动力参数设置

7.2.2　隐式积分流程

对于非线性动力学方程的隐式积分求解，为防止计算结果出现“漂移”，通常需要结合非线性静力方程的迭代算法（详见本书 4.4.1 节），比如 Newton-Raphson 迭代法（又称 Newton 法）、位移法、弧长法等，下面以 Newmark 方法结合 Newton-Raphson 迭代为例来阐述结构动力学隐式积分的基本流程（为简化书写，忽略速度阻尼项）。

步骤1：设置初始条件，包括初始位移 $\boldsymbol{d}^0=\boldsymbol{0}$，时间步 $n=0$，时刻 $t=0$，初始速度 $\dot{\boldsymbol{d}}^0$，初始应力（预应力）$\boldsymbol{\sigma}^0$，并计算结构质量矩阵 $\boldsymbol{M}$。

步骤2：计算初始不平衡力 $\boldsymbol{f}^0$ 和初始加速度 $\ddot{\boldsymbol{d}}^0$：

$$\boldsymbol{f}^0=\boldsymbol{f}^{ext}(t^0)-\boldsymbol{f}^{int}(\boldsymbol{\sigma}^0)$$

$$\ddot{\boldsymbol{d}}^0=\boldsymbol{M}^{-1}\boldsymbol{f}^0$$

步骤3：预测下一时刻的位移解 $\boldsymbol{d}_{\text{new}}$

$\boldsymbol{d}_{new}=\boldsymbol{d}^n$ 或者 $\boldsymbol{d}_{new}=\tilde{\boldsymbol{d}}^{n+1}$ ［详见公式（7.2.4）］

步骤4：迭代计算下一时刻的位移、速度和加速度。

① 基于位移 $\boldsymbol{d}_{new}$ 计算单元积分点应力 $\boldsymbol{\sigma}^{n+1}$ 以及本构矩阵 $\boldsymbol{C}^{n+1}$（参见本书6.3节），并由此计算结构的Jacobi矩阵（又称切向矩阵）$\boldsymbol{A}(\boldsymbol{d})$。

② 计算当前时刻的不平衡力 $\boldsymbol{f}^{n+1}=\boldsymbol{f}^{ext}(\boldsymbol{d}_{new},\ t^{n+1})-\boldsymbol{f}^{int}(\boldsymbol{\sigma}^{n+1},\ \boldsymbol{d}_{new},\ t^{n+1})$。

③ 计算当前时刻的加速度和速度：

$$\begin{cases}\ddot{\boldsymbol{d}}^{n+1}=\dfrac{1}{\beta\Delta t^2}(\boldsymbol{d}_{\text{new}}-\tilde{\boldsymbol{d}}^{n+1})\\[2ex]\dot{\boldsymbol{d}}^{n+1}=\tilde{\dot{\boldsymbol{d}}}^{n+1}+\gamma\Delta t\ddot{\boldsymbol{d}}^{n+1}\end{cases}$$

④ 求解线性方程组得到位移增量 $\Delta\boldsymbol{d}=\boldsymbol{A}^{-1}(\boldsymbol{f}^{n+1}-\boldsymbol{M}\ddot{\boldsymbol{d}}^{n+1})$。

⑤ 修正下一时刻的位移解 $\boldsymbol{d}_{new}=\boldsymbol{d}_{new}+\Delta\boldsymbol{d}$。

⑥ 判断平衡迭代是否收敛，为收敛则重复上述步骤①～⑤。

步骤5：更新下一时刻的变量：

$$\boldsymbol{d}^{n+1}=\boldsymbol{d}_{new};\quad n\Leftarrow n+1;\quad t\Leftarrow t+\Delta t$$

步骤6：能量平衡检查。

虽然隐式积分方案对于线性动力学问题是无条件稳定的（在选用合适参数的前提下），但对于非线性问题，其无条件稳定性并不能得到理论保证，事实上，部分数值实验结果[2]已经证实隐式积分方案用于非线性动力学分析时可能出现不稳定情况，为了避免该数值不稳定，在每个时间步都需进行能量平衡检查，如果出现较大的伪应变能，则需减小时间步长重新计算。关于能量平衡检查的具体做法将在本书7.3.4节讨论。

步骤7：重复步骤3～步骤7直至全部时刻求解完成。

上述计算流程（步骤1～步骤7）实质上就是本书4.4.3节有限元算法的抽象描述形式，只不过4.4.3节忽略了本构积分和能量平衡检查。

7.2.3　隐式积分的时间步长

隐式积分相对显式积分而言，其最大的优点是：在参数设置合理的前提下，隐式积分对于线性动力系统是无条件稳定的，也就是说其计算稳定性与时间步长的选择无关。该特性对于线性动力系统可以从理论上严格证明[6]，但对于非线性系统，它并不严格成立，但从实际使用经验来说，其稳定时间步长依然远大于显示积分算法，因此对于分线性动力系统而言，隐式算法的时间步长通常并不由计算稳定性决定，而是由平衡迭代收敛性以及计算结果精确性来决定。换句话说，如果计算时间步长太长，那么步骤3的位移预测值将远远偏离其真实值，从而导致平衡迭代很难收敛甚至不收敛，在实际的隐式算法编写中，需根据迭代收敛速度来自动调整计算时间步长。

7.3　显式算法

对于动力学问题，构造显式积分算法的基本思路可简述如下（Kojic & Bathe，2005）：假设当前时刻（即 t 时刻，对应于第 n 步）的所有状态变量都是已知的，为了求解下一时刻（即 $t+\Delta t$ 时刻，对应于第 $n+1$ 步）的状态变量，我们以当前时刻（t 时刻或第 n 步）的动力平衡方程为基准，将惯性项和阻尼项（即加速度 $\ddot{\boldsymbol{d}}^n$ 和速度 $\dot{\boldsymbol{d}}^n$）采用位移差分格式离散，即采用所有已知时刻（第 1 步、第 2 步、……、第 n 步）的位移和下一未知时刻（$t+\Delta t$ 时刻或第 $n+1$ 步）的位移来表示当前时刻（第 n 步）的加速度和速度，那么当前时刻（t 时刻或第 n 步）的动力平衡方程可表述为如下形式：

$$\boldsymbol{M}\ddot{\boldsymbol{d}}^n(\boldsymbol{d}^{n+1})+\boldsymbol{C}^{damp}\dot{\boldsymbol{d}}^n(\boldsymbol{d}^{n+1})+\boldsymbol{f}^{int}(\boldsymbol{d}^n,t^n)=\boldsymbol{f}^{ext}(\boldsymbol{d}^n,t^n) \tag{7.3.1}$$

采用上式可直接求解下一时刻（$t+\Delta t$ 时刻）的位移，然后可依次求解下一时刻的速度、加速度、应力等未知量。观察公式（7.3.1），可得出如下几个结论：

（1）由于第 n 步的所有状态变量均是已知的，如果阻尼矩阵 $\boldsymbol{C}^{\mathrm{damp}}$ 与位移无关，那么第 $n+1$ 步的位移可以由式（7.3.1）直接计算得出，无需任何迭代，然后利用差分公式可直接计算其速度和加速度。如果可以构造显式的本构积分方案，那么第 $n+1$ 步的内力 $\boldsymbol{f}^{int}(\boldsymbol{d}^{n+1},\ t^{n+1})$ 也可不用迭代而直接计算，由此该时间步的全部变量计算都无需迭代，既节省计算时间又避免迭代不收敛问题，进一步说，如果质量矩阵 $\boldsymbol{M}$ 和阻尼矩阵 $\boldsymbol{C}^{\mathrm{damp}}$ 都是对角阵，那么其整个计算过程将无需求解任何方程，这是显式算法的最大优势；

（2）积分方程（7.3.1）的未知量 $\boldsymbol{d}^{n+1}$ 仅出现在惯性项和阻尼项中，因此显式算法只能求解动力方程，不能直接用于静力方程的求解，但如果引入“动力松弛”，那么显式算法也可推广至静力方程求解，该问题将在本书第 6.3.6 节讨论。

在所有动力学显示算法中，中心差分法具有绝对垄断地位[6]，该算法在各大有限元商业软件中（比如 ABQUS、LS-DYNA 等）均被采用，下面以该算法为例来简要介绍显示积分的基本流程和注意事项。

另外需指出的是：本书显示算法仅针对 Lagrange 网格（又称 Lagrange 有限元），该方法通过网格的变形来描述结构的构型变化，这是结构动力学中最常用的方法，适用于所有结构变形不是特别大的情况，而当结构变形过大时，由于网格畸变将导致其计算精度急剧下降，其雅可比矩阵（切向刚度矩阵）在单元积分点位置也有可能变为负值，这就要求在计算过程中不断重划网格，这将显著降低求解效率，而对于某些极端情况，比如金属冲压问题，重划网格依然不能解决求解精度和稳定性问题，此时就需要改用 Euler 网格（或 Euler-Lagrange 联合格式，简称 ALE），关于 Euler 网格（或 ALE）的显示积分算法可参考相关文献[6]，本书不做介绍。但通常来说，Lagrange 网格对于结构动力学问题是足够适用的，因此本书介绍的显示算法在土木工程领域是足够适用的。

7.3.1　中心差分格式

中心差分法的标准格式如下：

$$\begin{cases} \ddot{\boldsymbol{d}}^n = \dfrac{1}{\Delta t^2}(\boldsymbol{d}^{n-1} - 2\boldsymbol{d}^n + \boldsymbol{d}^{n+1}) \\ \dot{\boldsymbol{d}}^n = \dfrac{1}{2\Delta t}(\boldsymbol{d}^{n+1} - \boldsymbol{d}^{n-1}) \end{cases} \tag{7.3.2}$$

对比公式（7.3.2）和式（7.1.1）可知，中心差分法表示完整差分格式（7.1.1）中的 β_0 和 $\widetilde{\beta}_0$ 取值为 0，因此该方法属于显式差分格式。

公式（7.3.2）表示常步长中心差分法，而如前所述，显式算法是条件稳定的，它要求计算时间步长小于某给定值（具体计算见本书 7.3.3 小节），在实际结构中，由于结构变形将导致稳定计算步长发生变化，因此有必要构造变步长的显式算法。为实现该目的，首先需定义如下几个变量：

$$\Delta t^{n+\frac{1}{2}} = t^{n+1} - t^n, \quad t^{n+\frac{1}{2}} = \frac{1}{2}(t^{n+1} + t^n), \quad \Delta t^n = t^{n+\frac{1}{2}} - t^{n-\frac{1}{2}} \tag{7.3.3}$$

上式中，n 和 $n+1$ 分别表示第 n 步和第 $n+1$ 步，$n+\frac{1}{2}$第 n 步到 $n+1$ 步的中间时刻。

采用公式（7.3.3）的描述方法，速度项和加速度项的中心差分格式可表述为：

$$\dot{\boldsymbol{d}}^{n+\frac{1}{2}} = \frac{\boldsymbol{d}^{n+1} - \boldsymbol{d}^n}{t^{n+1} - t^n} = \frac{1}{\Delta t^{n+\frac{1}{2}}}(\boldsymbol{d}^{n+1} - \boldsymbol{d}^n) \tag{7.3.4a}$$

$$\ddot{\boldsymbol{d}}^n = \frac{\dot{\boldsymbol{d}}^{n+\frac{1}{2}} - \dot{\boldsymbol{d}}^{n-\frac{1}{2}}}{t^{n+\frac{1}{2}} - t^{n-\frac{1}{2}}} = \frac{1}{\Delta t^n}(\dot{\boldsymbol{d}}^{n+\frac{1}{2}} - \dot{\boldsymbol{d}}^{n-\frac{1}{2}}) \tag{7.3.4b}$$

显然，上式等同于如下公式：

$$\boldsymbol{d}^{n+1} = \boldsymbol{d}^n + \Delta t^{n+\frac{1}{2}}\dot{\boldsymbol{d}}^{n+\frac{1}{2}} \tag{7.3.5a}$$

$$\dot{\boldsymbol{d}}^{n+\frac{1}{2}} = \dot{\boldsymbol{d}}^{n-\frac{1}{2}} + \Delta t^n \ddot{\boldsymbol{d}}^n \tag{7.3.5b}$$

上述变步长方法定义了第 n 到 $n+1$ 步中间时刻的速度 $\dot{\boldsymbol{d}}^{n+\frac{1}{2}}$，因此该方法又被称为“半步长法”，其加速度表达式（7.3.4b）也可改写成位移表达，具体如下：

$$\ddot{\boldsymbol{d}}^n = \frac{\Delta t^{n-\frac{1}{2}}(\boldsymbol{d}^{n+1} - \boldsymbol{d}^n) - \Delta t^{n+\frac{1}{2}}(\boldsymbol{d}^n - \boldsymbol{d}^{n-1})}{\Delta t^{n-\frac{1}{2}}\Delta t^n \Delta t^{n+\frac{1}{2}}} \tag{7.3.6}$$

显然，对于等步长情况，上式将退化为公式（7.3.2）的第一式。另外，上述表达式中缺少当前时刻（第 n 步）的速度表达式，即 $\dot{\boldsymbol{d}}^n$，为得到该项表达式，通常将公式（7.3.5b）拆分成如下形式：

$$\dot{\boldsymbol{d}}^n = \dot{\boldsymbol{d}}^{n-\frac{1}{2}} + (t^n - t^{n-\frac{1}{2}})\ddot{\boldsymbol{d}}^n \tag{7.3.7a}$$

$$\dot{\boldsymbol{d}}^{n+\frac{1}{2}} = \dot{\boldsymbol{d}}^n + (t^{n+\frac{1}{2}} - t^n)\ddot{\boldsymbol{d}}^n \tag{7.3.7b}$$

7.3.2　显式积分流程

利用 7.3.1 小节的中心差分公式，可对动力学方程构造不同的显示积分流程，通常会尽可能构造全显式算法（整个积分过程都无需迭代和方程求解），比较常用的显式积分流程如下（Belytschko，Liu，Moran & Elkhodary，2014）：

步骤 1：设置初始条件：

设置初始速度 $\dot{\boldsymbol{d}}^0$ 和初始应力 $\boldsymbol{\sigma}^0$，以及其他材料状态变量；

置零初始位移 $\boldsymbol{d}^0=0$，初始步骤 $n=0$，初始时间 $t=0$；

计算结构质量矩阵 $\boldsymbol{M}$（通常采用集中质量矩阵）。

步骤 2：调用子程序 Get _ Force(n) 计算不平衡力 $\boldsymbol{f}^n$ 和时间步长 Δt；

步骤 3：计算加速度：

$$\ddot{\boldsymbol{d}}^0=\boldsymbol{M}^{-1}(\boldsymbol{f}^0-\boldsymbol{C}^{\text{damp}}\dot{\boldsymbol{d}}^0)$$

步骤 4：更新计算时间步：

$$t^{n+1}=t^n+\Delta t^{n+\frac{1}{2}};\quad t^{n+\frac{1}{2}}=\frac{1}{2}(t^{n+1}+t^n)$$

上式中，$\Delta t^{n+\frac{1}{2}}$ 取用步骤 2 或步骤 7 计算的 Δt。

步骤 5：计算半步长速度：

$$\dot{\boldsymbol{d}}^{n+\frac{1}{2}}=\dot{\boldsymbol{d}}^n+(t^{n+\frac{1}{2}}-t^n)\ddot{\boldsymbol{d}}^n$$

步骤 6：更新结点位移：

$$\boldsymbol{d}^{n+1}=\boldsymbol{d}^n+\Delta t^{n+\frac{1}{2}}\dot{\boldsymbol{d}}^{n+\frac{1}{2}}$$

步骤 7：调用子程序 Get _ Force($n+1$) 计算不平衡力 $\boldsymbol{f}^{n+1}$ 和时间步长 Δt；

步骤 8：计算加速度：

$$\ddot{\boldsymbol{d}}^{n+1}=\boldsymbol{M}^{-1}(\boldsymbol{f}^{n+1}-\boldsymbol{C}^{\text{damp}}\dot{\boldsymbol{d}}^{n+\frac{1}{2}})$$

步骤 9：更新结点速度：

$$\dot{\boldsymbol{d}}^{n+1}=\dot{\boldsymbol{d}}^{n+\frac{1}{2}}+(t^{n+1}-t^{n+\frac{1}{2}})\ddot{\boldsymbol{d}}^{n+1}$$

步骤 10：能量平衡检查：

通过检查“伪应变能”的比例来判断显式积分是否失稳，如果失稳则需减小计算步长，其详细公式参见本书 7.3.4 小节。

步骤 11：更新计算步：$n\Leftarrow n+1$，并重复步骤 4～步骤 11 直至结束。

子程序 Get _ Force(n)

1）置零不平衡力 $\boldsymbol{f}^n=\boldsymbol{0}$ 和临界时间步长 $\Delta t_{crit}=0$。

2）计算外荷载 $\boldsymbol{f}_{ext}^n$，并赋给结点不平衡力 $\boldsymbol{f}^n=\boldsymbol{f}_{ext}^n$。

3）按单元循环计算不平衡力 $\boldsymbol{f}^n$ 和临界时间步长 Δt_{crit}。

① 计算单元临界时间步长 $\Delta t_{\text{crit}}^{\text{e}}$（其详细计算公式参见本书第 7.3.3 小节），如果 $\Delta t_{\text{crit}}^{\text{e}}<\Delta t_{crit}$，那么 $\Delta t_{crit}=\Delta t_{crit}^{\text{e}}$；

② 计算单元积分点应力 $\boldsymbol{\sigma}^n$（具体计算参见本书 6.3 节），并由此计算内力向量 $\boldsymbol{f}_{int,e}^n$；

③ 累计结点不平衡力 $\boldsymbol{f}^n=\boldsymbol{f}^n-\boldsymbol{f}_{int,e}^n$。

4）计算最终时间步长（又称网格时间步长）：$\Delta t=\alpha\Delta t_{crit}$（$\alpha$ 一般取值 [0.8，0.98]）。

上述显式积分计算流程中，有如下几个问题需特别强调：

- 在步骤 8 的加速度 $\ddot{\boldsymbol{d}}^{n+1}$ 计算中，其阻尼项是采用半步长速度 $\dot{\boldsymbol{d}}^{n+\frac{1}{2}}$ 计算的，也就是说，结构阻尼滞后于正常计算的半个步长，该做法的目的是确保加速度计算无需迭代，因为 $\dot{\boldsymbol{d}}^{n+1}$ 的计算中包含 $\ddot{\boldsymbol{d}}^{n+1}$ [见公式 (7.37)]。另外，对于黏塑性本构模型，其单元积分点应力 $\boldsymbol{\sigma}^n$ 计算时同样需要采用半步长速度 $\dot{\boldsymbol{d}}^{n+\frac{1}{2}}$，否则无法构造全显式应力积分算法。从经验来说，只要计算步长足够小，采用半步长速度参与计算对结果的影响非常小，或者说，该影响在显式计算中通常可以忽略。

- 上述流程中每个计算步都重新计算时间步长 Δt，但在实际编程中，可以根据能量平衡检查的结果来判断是否需要重新计算，以便节省计算时间。另外，上述流程采用基于单元的网格时间步长，该时间步长计算速度较快但偏于保守，因此对于时间步数较多的情况，其初始时间步长可采用结构频率来计算，详见本书 7.3.3 小节。
- 在计算单元积分点应力 $\boldsymbol{\sigma}^n$ 时（步骤②），通常也采用显式本构积分算法，为确保弹塑性本构积分的正确性，可将当前时间步拆分成多个子步逐级累加计算。

7.3.3　显示积分的关键——时间步长

如前所述，显示积分因为避免了迭代计算，因此其算法非常“健壮”，换言之，在隐式积分里经常碰到的迭代不收敛或者求解崩溃现象不会出现在显式积分里，这是显式积分的最大优点。但与此同时，显式积分是“条件稳定的”，它要求时间步长小于某一给定值（通常称为临界步长或稳定步长），否则计算结果可能会发散。

关于时间计算步长的取值，早在 1928 年，Courant、Friedrichs & Lewy 就针对有限差分格式提出了一个稳定条件，被称为 Courant 条件，其表述如下：

$$\Delta t = \alpha \Delta t_{crit}, \quad \Delta t_{crit} = \frac{2}{\omega_{\max}} \tag{7.3.8}$$

其中，Δt 表示实际计算步长，Δt_{crit} 表示临界步长或稳定步长，α 表示 Courant 常数，建议取值［0.8，0.98］，$\omega_{\max}$ 表示结构最高阶固有频率。

公式（7.3.8）是针对有限差分格式提出的，而对于有限元格式，可以从理论上证明该公式同样成立（详见本章文献［6］），而对于有阻尼的情况，公式（7.3.8）可改写为：

$$\Delta t_{\mathrm{crit}} = \min_{\mathrm{I}}\left[\frac{2}{\omega_{\mathrm{I}}}\left(\sqrt{\xi_{\mathrm{I}}^2+1}-\xi_{\mathrm{I}}\right)\right] \tag{7.3.9}$$

其中，ω_{I} 表示第 i 阶无阻尼固有频率，ξ_{I} 表示第 i 阶模态阻尼比，显然，阻尼会降低结构的稳定时间步长。

对于有限元结构的计算步长取值，公式（7.3.9）提供了一种有效方法，如果进一步取常阻尼模式（包括无阻尼），那么临界步长的计算问题可转换为结构最高阶固有频率 $\omega_{\max}$（或者说最大特征值）的计算，该问题并无理论难度，可采用“正迭代法”直接求解其最大特征值，详见文献（王勖成，2004）和（Bathe，1995）。但对于大型结构来说，特征值的求解非常耗费资源（包括计算机硬件资源和时间），因此业界提出采用基于单元频率的临界网格步长取代基于结构频率的临界步长，其计算公式如下［下式为不考虑阻尼的形式，若要考虑阻尼可参考（7.3.9）式改写］：

$$\Delta t_{crit}^{E} = \min_{\mathrm{e,I}} \frac{2}{\omega_{\mathrm{I}}^{\mathrm{e}}} \tag{7.3.10}$$

其中，Δt_{crit}^{E} 表示基于单元（或者说网格）计算的临界时间步长，$\omega_{\mathrm{I}}^{\mathrm{e}}$ 表示单元 e 的第 i 阶固有频率。

公式（7.3.10）实际上来源于 Rayleigh 的特征值嵌套理论（nesting theorem），该理论可简述如下：假如 λ_i 表示某特征值系统 $\boldsymbol{Ay}=\lambda\boldsymbol{By}$ 的第 i 阶特征值，那么如果对该系统增加约束方程 $\boldsymbol{g}^{\mathrm{T}}\boldsymbol{y}=\boldsymbol{a}$（$\boldsymbol{g}$ 和 $\boldsymbol{a}$ 均表示常系数列向量），其特征值 $\bar{\lambda}_i$ 将被原非约束系统的特征值 λ_i 嵌套包含，即：

$$\lambda_1 \leqslant \bar{\lambda}_1 \leqslant \lambda_2 \leqslant \bar{\lambda}_2 \leqslant \lambda_3 \leqslant \cdots\cdots \leqslant \lambda_{n_{dof}} \tag{7.3.11}$$

基于上述特征值嵌套理论，Belytschko，Smolinski & Liu（1985）从理论上严格证明：对于有限元系统而言，结构最大特征值 $\lambda^{\max}$ 与单元最大特征值 $\lambda_E^{\max}$ 存在如下关系式：

$$\lambda^{\max} \leqslant \lambda_E^{\max} = \max_{i,e} \lambda_i^e \tag{7.3.12}$$

对比公式（7.3.8）、式（7.3.10）、式（7.3.12），同时考虑特征值等于固有频率的平方，即 $\lambda=\omega^2$，可得如下关系式：

$$\Delta t_{\text{crit}} = \frac{2}{\omega_{\max}} \geqslant \Delta t_{crit}^E = \min_{e,I} \frac{2}{\omega_I^e} \tag{7.3.13}$$

显然，临界网格步长比临界步长更保守，因此临界步长的计算问题可转换为单元固有频率（或特征值）的计算，它比计算结构固有频率要简单高效得多，而且从编程上来说它更容易实现并行。为了进一步简化单元频率的计算，通常采用如下估算公式：

$$\omega_e^{\max} = \frac{l_e}{c_e} \tag{7.3.14}$$

其中，l_e 表示单元等效最小尺寸，它跟单元类型有关，c_e 表示单元即刻应力波速，它跟当前材料密度和刚度相关。

如果不考虑由于大变形引起的单元尺寸变化，那么单元等效尺寸 l_e 只跟单元类型及其插值函数有关，对于 Timoshenko 梁单元，可采用如下公式[6]：

$$l_e = \begin{cases} l & (2\text{结点梁}) \\ l/\sqrt{6} & (3\text{结点梁}) \end{cases} \tag{7.3.15}$$

其中 l 表示梁单元的原始长度。

对于 Euler 梁单元，可采用如下公式[6]：

$$l_e = \min \begin{cases} \sqrt{3}l^2/12r_g \\ l \end{cases} \tag{7.3.16}$$

其中 r_g 表示截面回转半径。

对于二维单元，可采用如下公式[9]：

$$l_e = \frac{A}{\sqrt{\boldsymbol{B}_{iI}\boldsymbol{B}_{iI}}} \tag{7.3.17}$$

其中，A 表示单元面，$\boldsymbol{B}_{iI}$ 表示插值函数的导数，即

$$\boldsymbol{B}_{iI} = \partial \boldsymbol{N}_I / \partial x_i \tag{7.3.18}$$

对于三维单元，可采用如下公式[9]：

$$l_e = \frac{V}{\sqrt{2\boldsymbol{B}_{iI}\boldsymbol{B}_{iI}}} \tag{7.3.19}$$

其中，V 表示单元体积，$\boldsymbol{B}_{iI}$ 表示插值函数的导数，见公式（7.3.18）。

对于单元的即刻应力波速 c_e，它跟当前的材料密度和刚度有关，具体来说它跟材料本构、应力状态、加载历史等因素均有关系，ABAQUS 理论手册和本章文献［6］均采用当前应力状态给出了相应的简化表达式，但目前还无法给出通用的完备表达形式（涵盖弹塑性状态和几何非线性的影响）。而在实际应用中，通常会忽略非线性（包括弹塑性和几何非线性）对应力波速的影响，此时应力波速可表达为弹性模量和材料密度的简化关系式：

$$c_e = \sqrt{\frac{E}{\rho}} \tag{7.3.20}$$

综合来说，采用临界网格步长要比直接计算结构最大固有频率高效的多，但问题是临界网格步长比实际稳定步长更保守，因此会增加计算步骤从而增加总体计算时间。对于均匀网格而言，该问题并不明显，一般仅增加 2%～5%，极端情况下可能增加 7%～20%[6]；但对于非均匀网格，尤其是存在少量畸变网格的情况下，由于其计算时间步长由最小网格尺寸所控制，有可能导致总体计算时间成倍地增加，因此在这种情况下，必须重新考虑时间步长的计算方法。对于该问题，大部分商业软件（比如 LS-Dyna 和 Abaqus）均提供"结构最大固有频率"选项，即直接采用公式（7.3.8）［或公式（7.3.9）］计算临界步长。虽然固有频率的计算会耗费很多时间，但它得到的临界步长会显著高于由畸变网格计算的步长，因此对于整个时程来说该耗费是值得的。

另外需指出的是：采用公式（7.3.14）估算单元的最大频率时，通常并不考虑弹塑性和几何非线性对单元刚度的影响，但实际上，弹塑性会降低结构刚度，而几何非线性则可能降低（受压状态）或提高（受拉状态）结构刚度，因此在非线性分析时，采用公式（7.3.14）估算的时间步长有可能大于实际结构的临界步长（即稳定步长），从而导致显式积分失稳，该问题在非线性显式动力分析中需特别重视，其处理方法详见 7.3.4 小节。

7.3.4　稳定性的检测（能量平衡）

稳定性问题是显式算法的核心问题，它是决定显式积分成败的关键。前面说过，显式积分是条件稳定的，其时间步长必须小于临界步长，但问题是对于非线性动力学而言，其临界步长是动态的，很难严格确定，如果计算时间步长大于临界步长，则有可能出现失稳问题。对于线性分析而言，显式积分如果失稳，那么其计算结果会发散，因此该问题很容易被发现；但对于非线性分析而言，显式积分结果的稳定性则没有那么直观，有可能出现看似稳定的计算结果，实际上却已经失稳，Belytschko（1983）曾经描述过这种现象，他称之为"隐性失稳"（arrested instability），具体介绍如下：由于几何非线性的影响导致出现"应力刚化"现象，此时结构刚度增加从而使得"临界步长"减小，原始计算步长已经小于即刻临界步长，因此显式积分出现失稳现象，其位移逐步增大，导致材料进入弹塑性状态，从而减小结构的刚度（或者说减小应力波速），导致临界步长增大，使得显式积分又回到稳定状态，因此最后的计算结果并未发散，但问题是该结果并不正确，减小步长重新计算会发现该结构实际上不会进入弹塑性状态。

为避免显式动力计算结果失稳（尤其是"隐性失稳"），通常在计算过程中进行"能量平衡检查"，也就是说：通过检查结构的应变能、动能、外力功是否满足平衡关系，从而判断是否存在"伪应变能"，如果"伪应变能"所占比例较高，则说明显式积分已经失稳，需重新计算时间步长。该处需指出的是："单元沙漏"也会导致"伪应变能"的出现，为了避免它干扰动力积分的稳定性检测，"沙漏"现象应该通过静力分析首先排除，也就是说，在进行动力分析前，应确保结构所采用的单元不会出现"沙漏"现象，否则需进行沙漏控制。

为执行能量平衡检查，首先需要计算其应变能、外力功以及动能，公式如下：

$$W_{\text{int}}^{n+1}=W_{\text{int}}^{n}+\frac{\Delta t^{n+\frac{1}{2}}}{2}(\dot{\boldsymbol{d}}^{n+\frac{1}{2}})^{T}(\boldsymbol{f}_{\text{int}}^{n}+\boldsymbol{f}_{\text{int}}^{n+1})=W_{\text{int}}^{n}+\frac{1}{2}\Delta\boldsymbol{d}^{\mathrm{T}}(\boldsymbol{f}_{\text{int}}^{n}+\boldsymbol{f}_{\text{int}}^{n+1}) \tag{7.3.21}$$

$$W_{\text{ext}}^{n+1}=W_{\text{ext}}^{n}+\frac{\Delta t^{n+\frac{1}{2}}}{2}(\dot{\boldsymbol{d}}^{n+\frac{1}{2}})^{T}(\boldsymbol{f}_{\text{ext}}^{n}+\boldsymbol{f}_{\text{ext}}^{n+1})=W_{\text{ext}}^{n}+\frac{1}{2}\Delta\boldsymbol{d}^{\mathrm{T}}(\boldsymbol{f}_{\text{ext}}^{n}+\boldsymbol{f}_{\text{ext}}^{n+1}) \tag{7.3.22}$$

$$W_{\mathrm{kin}}^{n+1}=\frac{1}{2}(\dot{\boldsymbol{d}}^{n+1})^{\mathrm{T}}\boldsymbol{M}\dot{\boldsymbol{d}}^{n+1} \tag{7.3.23}$$

上式中，W_{int}表示应变能（或者说内能），W_{ext}表示外力功，W_{kin}表示动能，$\Delta\boldsymbol{d}=\boldsymbol{d}^{n+1}-\boldsymbol{d}^{n}$表示当前时间步的位移增量，$\boldsymbol{f}_{\mathrm{int}}$表示结点内力，$\boldsymbol{f}_{\mathrm{ext}}$表示结点外力，其余变量说明参见本书第 7.3.1 小节。

关于应变能的计算，除了采用上述结点模式外，还可以采用单元模式，具体如下：

$$W_{\mathrm{int}}^{n+1}=W_{\mathrm{int}}^{n}+\frac{1}{2}\sum_{e}\Delta\boldsymbol{d}_{e}^{\mathrm{T}}(\boldsymbol{f}_{e,\mathrm{int}}^{n}+\boldsymbol{f}_{e,\mathrm{int}}^{n+1}) \tag{7.3.24}$$

能量平衡要求结构的应变能、外力功以及动能满足如下关系式：

$$|W_{\mathrm{int}}^{n+1}+W_{\mathrm{int}}^{n+1}-W_{\mathrm{int}}^{n+1}|\leqslant\varepsilon\min(W_{\mathrm{int}}^{n+1},W_{\mathrm{int}}^{n+1},W_{\mathrm{int}}^{n+1}) \tag{7.3.25}$$

其中 ε 表示容差系数，通常取 10^{-2}量级。

7.3.5 计算效率的提升（质量缩放和子域循环）

采用显式积分进行动力学分析时，通常整个结构采用统一的时间步长，因此如果结构中存在少量的“小网格”、“畸变网格”或者“刚度较大网格”，显式算法的计算效率将会大打折扣。为解决该问题，本书 7.3.3 小节指出可采用结构最高阶频率来计算临界时间步长，但该方法需对整个结构进行特征值分析，如果结构自由度规模很大，特征值求解的效率很低，需要耗费很长的时间。另外一种解法方案是“质量缩放”，也就是说：通过放大“控制网格”（比如“小网格”、“畸变网格”、“刚度较大网格”）的质量（或者说密度）来提高这部分网格的“临界步长”[见公式（7.3.14）和公式（7.3.20)]，从而提高整个结构的“临界计算步长”。

除了上述情况之外，某些结构还可能存在多个刚度差异较大的区域，比如汽车的车身、底盘和发动机区域，空间结构的混凝土承重体系和网壳屋盖区域等。针对这类结构，Belytschko、Yen & Mullen (1979) 提出了“子域循环”，又称“子域分解法”，其基本思想是：根据结构的刚度不同将其分解为多个子域，每个子域采用各自独立的时间步长进行计算，该方法的关键在于如何处理子域间的连接关系。早期的做法通常采用线性插值，可以证明，线性插值对于一阶系统而言是稳定的[5]，但对于二阶系统（比如结构动力学系统），线性插值会导致一个不稳定窄带，在此区域内计算结果会失稳（Daniel，1998）。为消除该稳定问题，可以增加人工阻尼，但更好的做法是重新构建“子域循环”算法，具体可参考文献 [18]、文献 [8]。

7.3.6 准静态的应用（动力松弛）

对于显式积分算法 [见方程（7.3.1)]，其未知量（下一时刻的位移）仅出现在惯性项和阻尼项中，因此显式算法原则上只能求解动力方程，不能直接用于静力方程的求解，但如果引入“动力松弛”，那么该方法也可推广至静力方程求解。“动力松弛”的基本思路是：通过设置足够缓慢的加载速度并引入足够大的人工阻尼来降低（或者说消除）惯性力的影响，使得结构振幅极小，以至于形式上的动力学方程转换为实质上的准静态方程。该方法的优点是能够避免刚度集成、线性方程求解以及循环迭代，通常能提高求解效率并避免迭代不收敛的问题，但文献 [6] 指出：“动力松弛”并不适用于“路径相关材料”

(path-dependant mateirals)(比如弹塑性分析),对于这类问题,该方法的求解效果很差,并且效率也较低。

7.4　隐式和显式的选用原则

隐式算法和显式算法是非线性动力学求解的两种常用方案,它们的详细使用范围在学术界一直存在争论,这种争论也延伸到计算力学商业软件行业,比如 Adina 软件就更强调隐式算法,而 Abaqus 和 LS-Dyna 则更强调显式算法。不过通常来说,对于结构动力学问题(以宏观动力学响应为研究目的,比如位移、速度、加速度、应力、内能等),一般建议采用隐式算法,而对于波动问题(以位移波、应力波传递为研究目的),则建议采用显式算法[16]。但上述说法并不绝对,后来的实践证明:结构动力学问题也可部分选用显式算法,这是因为如下几个原因:

(1) 隐式算法虽然拥有良好的稳定性,但对于非线性方程未必有很好的收敛性,比如汽车碰撞问题,由于弹塑性、接触、大变形等多种因素共同作用,很难构造收敛性很好的隐式算法,而采用显式算法则可避免该收敛性问题,转而关注稳定性问题,只要时间步长取得足够小几何;

(2) 隐式算法虽然可以取用较大的时间步长,其计算步数要远少于显式算法,但其每个计算步都需要集成总体刚度、求解线性方程以及非线性迭代,而显式算法虽然大量增加了计算步数,但它避免了上述刚度集成、方程求解、非线性迭代等种种问题,因此其总体计算时间未必多于隐式算法;

(3) 显式算法因为避免了刚度集成和方程求解,非常有利于并行计算,包括 CPU 多线程并行以及 GPU 并行加速,因为其各线程彼此独立无须通讯,其并行算法很容易设计;而隐式算法虽然也能设计并行程序,但因为方程求解会导致各线程之间的大量通讯,因此其并行算法的设计难度要远高于显式算法,而且并行效率通常会明显低于显式算法。

7.5　参考文献

[1] Bathe K. J. Finite Element Procedures. NJ, USA: Prentice-Hall, 1996.

[2] Bathe K. J. & Baig M. M. I. On a Composite Implicit Time Integration Procedure for Nonlinear Dynamics. Computers & Structures, 2005, 83: 2513-2524.

[3] Belytschko T. Overview of semidiscretization, in Computational Methods for Transient Analysis, T Belytschko and TJR Hughes (eds), North-Holland, Amsterdam, 1983.

[4] Belytschko T., Yen H. J. & Mullen R. Mixed methods in time integration, Computer Methods in Applied Mechanics and Engineering, 1979, 17/18: 259-275.

[5] Belytschko T., Smolinski P. & Liu W. K. Stability of multi-time step partitioned integrators for first order finite element systems, Computer Methods in Applied Mechanics and Engineering, 1985, 49: 281-297.

[6] Belytschko T., Liu W. K., Moran B. & Elkhodary K. I. Nonlinear Finite Elements for Continua and Structures. Chichester, UK: John Weily & Sons, Ltd, 2014.

[7] Chung L. & Hulbert G. A time integration algorithm for structural dynamics with improved numerical

Dissipation: the generalized α-method, J. Appl. Mech., 1993, 60: 371-375.

[8] Daniel W. J. T. Analysis and implementation of a new constant acceleration subcycling algorithm, International Journal for Numerical Methods in Engineering, 1997, 40: 2841-2855.

[9] Flanagan D. P. & Belytschko T. A uniform strain hexahedron and quadrilateral with orthogonal hourglass control, International Journal for Numerical Methods in Engineering, 1981, 17: 679-706.

[10] Hilber H. M., Hughes T. J. R. & Taylor R. L. Improved numerical dissipation for time integration algorithms in structural dynamics, Earthquake Engineering and Structural Dynamics, 1977, 5: 282-292.

[11] Hughes T. J. R. & Liu W. K. Implicit-explicit finite elements in transient analysis, J. Appl. Mech., 1978, 45, 371-378.

[12] Houbolt J. C. A Recurrence Matrix Solution for the Dynamic Response of Elastic Aircraft. Journal of the Aeronautical Sciences, 1950, 17: 540-550.

[13] Kuhl D. & Crisfield M. A. Energy-Conserving and Decaying Algorithms in Non-linear Structural dynamics. Int J Num Methods Eng, 1999, 45: 569-599.

[14] Laursen T. A. & Meng X. N. A New Solution Procedure for Application of Energy-Conserving Algorithms to General Constitutive Models in Nonlinear Elastodynamics. Comput Methods Appl Mech Eng, 2001, 190: 6309-6322.

[15] Newmark N. M. A Method of Computation for Structural Dynamics. ASCE Journal of Engineering Mechanics Division, 1959, 85: 67-94.

[16] Richtmeyer R. D. & Morton K. W. Difference Methods for Initial Value Problems. New York, USA: John Wiley & Sons, Inc., 1967.

[17] Simo J. C. & Tarnow N. The Discrete Energy-Momentum Method. Conserving Algorithms for Nonlinear Elasto-dynamics. Z Angew Math Phys, 1992, 43: 757-792.

[18] Smolinski T., Sleith S. & Belytschko T. Explicit-explicit subcycling with non-integer time step ratios for linear structural dynamics systems, Comp. Mech., 1996, 18: 236-244.

[19] 王勖成. 有限单元法. 北京：清华大学出版社，2003.

[20] Wilson E. L., Farhoomand I. & Bathe K. J. Nonlinear Dynamic Analysis of Complex Structures. International Journal of Earthquake Engineering and Structural Dynamics, 1973, 1: 241-252.

第2篇　软　件　篇

第8章 土木工程分析与设计专业软件

在我国建筑结构领域，专业的分析与设计软件的发展具有鲜明特色，这就是在国内其他领域基本上都是国外软件占据着主导地位甚至垄断着国内的市场情况下，而国产的结构分析与设计软件却能在本领域内一直处于主导地位，且几十年来一直屹立不倒，支撑着我国工程建设的发展。

在我国的结构分析与设计软件发展过程中，经历了功能上从单一模块到成套解决方案，模型上从薄壁框架到壳单元，求解上从单线程到并行计算等一系列的演变发展，且目前正在向 BIM 以及云技术方向发展。在我国结构分析与设计领域主要的软件除了国产软件，如中国建筑科学研究院开发的 PKPM 系列软件、盈建科软件公司开发的 YJK 软件系列和深圳广厦等系列软件；也包括一些从国外进来的软件产品，如韩国 MIDAS 软件系列、美国 CSI 的 ETABS 和 SAP2000 等。这些软件各具特色，下面对其进行简单介绍。

8.1 PKPM/SATWE 软件

8.1.1 PKPM/SATWE 软件简介

PKPM 系列软件中包含了建筑、结构以及水暖电等一系列模块，为设计工作提供了一整套的解决方案。其中结构软件 SATWE 是其系列软件的核心模块，应用最为广泛，也是目前在国内建筑结构领域应用最广的结构分析与设计软件。

SATWE 是 20 世纪 90 年代，由中国建筑科学研究院 PKPM CAD 工程部应现代高层建筑发展的要求，专门为高层结构分析与设计而开发的基于壳元理论的三维组合结构有限元分析软件。是 Space Analysis of Tall-buildings with Wall-Element 的词头缩写。其核心是解决剪力墙和楼板的模型化问题，以尽可能地减小其模型化误差，适应工程形式的复杂化，提高分析精度，使分析结果能够更好地反映出高层结构的真实受力状态。

在此之前，我国的主要结构分析软件多是基于空间薄壁杆件模型，如 TAT 和 TBSA。壳单元的引入使 SATWE 可以更加准确地模拟剪力墙和楼板的刚度，尤其是开洞剪力墙的刚度模拟；另外，作为一个以有限元分析和规范设计为主的软件，在 SATWE 的开发中引入了很多专家系统的概念，比如力学模型的抽象基本上以自动生成为主，尽可能地让用户少接触难于理解的有限元理论，因此即使是不能深入了解有限元方法的工程师，只要掌握工程设计概念即可以很容易地掌握软件的基本操作；此外，PKPM/SATWE 软件紧密结合我国现行的各大规范，因此自 20 世纪 90 年代推出以来，很快成为我国建筑结构领域最重要的设计软件。

PKPM/SATWE 的基本模块组成如图 8.1.1 所示。

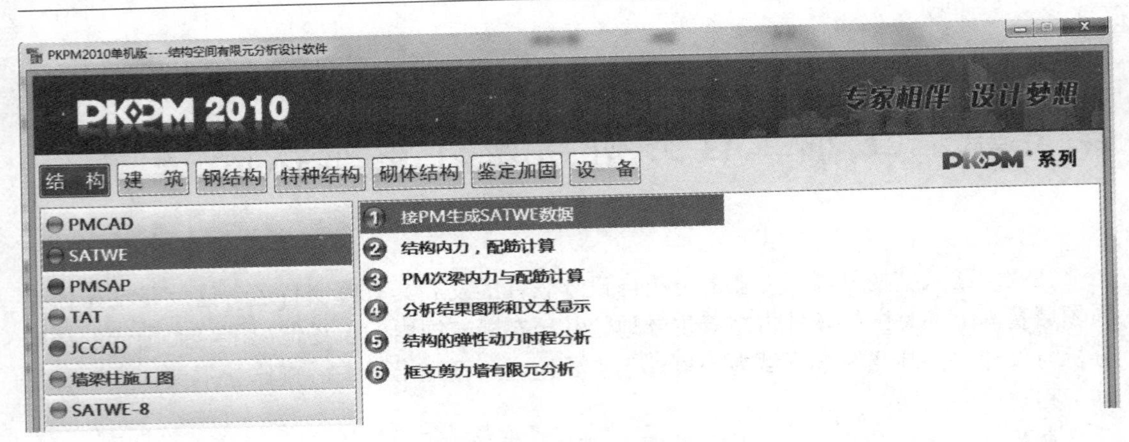

图 8.1.1　PKPM/SATWE 模块图

8.1.2　PKPM/SATWE 软件的主要功能

PKPM/SATWE 软件从主框架到各细节，从建模到分析，再到最后的结果表达，其设计思路始终围绕专业设计软件这一指导思想。这体现在 SATWE 是专门为多、高层建筑结构分析与设计而研制的空间结构有限元分析软件，适用于各种高层钢筋混凝土框架、框剪、剪力墙、筒体结构等，以及钢一混凝土混合结构和高层钢结构。在解决上述工程问题时，软件为了帮助工程师实现规范要求的各种设计工作时，力求方便快捷。

SATWE 的很多设计思想也被其他后续发展起来同类设计软件广泛借鉴，因此这里对 SATWE 的特点进行重点介绍。

SATWE 的基本功能可以概括如下：

1. 模型简化

自动读取 PMCAD 的建模数据与荷载数据。PMCAD 的模型数据是基于标准层模型定义的，这是该模块区别于通用有限元软件的最鲜明特色，也是设计人员可以快速实现常规建筑结构模型的关键所在，但也是制约其通用性的主要原因之一。

为了对模型进行有限元分析，在进入 SATWE 以前，需要将标准层模型转换为空间力学模型并进一步离散为有限元模型；为此，SATWE 的数据前处理自动进行了楼层的组装，完成了构件的连接与打断，实现了网格剖分以及偏心、归并、标高修正等处理。

由于在 PMCAD 中用户建立的原始模型，通常并不过多强调与用户模型对应力学模型的合理性，因此这种设计思路虽然很大程度上方便了用户建模，但所建立的模型往往包含很多缺陷，一般情况下并不能直接用于有限元分析计算，因此需要软件自身去做力学模型的抽象和简化，而这些所谓的力学模型抽象工作是封装有限元模型的主要工作之一，也是 PKPM/SATWE 中专家系统思想的一种体现。

图 8.1.2 所示为构件偏心的模型处理示意。

类似的模型简化内容还包括构件标高的调整、错层跃层等构件的连接以及短墙、短梁等归并工作。需要特别强调的是，这些由软件自动处理实现的计算模型，虽然可以简化用户的工作，且在大多数情况下实现较为理想的计算结果，但如用户不能掌握软件的具体工作原理，仍然有可能导致严重错误，如调整悬臂梁的标高时，梁的模型有可能会被简化为

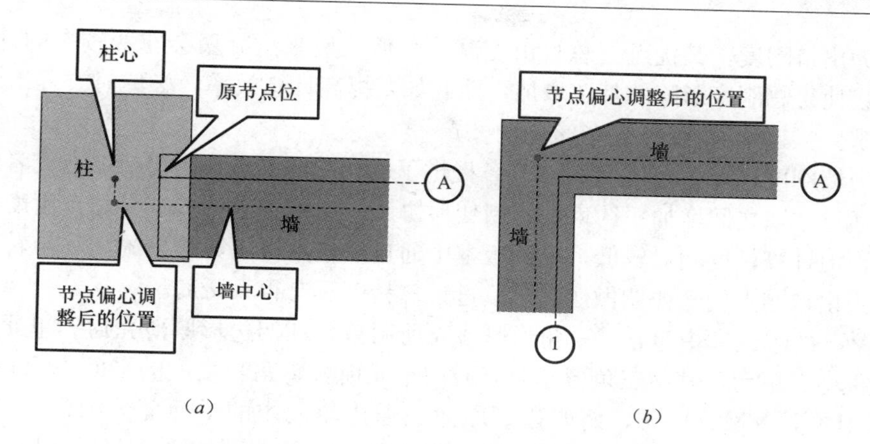

图 8.1.2　PKPM/SATWE 中的偏心处理

(a) 单墙有柱结点的偏心调整示意；(b) 两墙不平行时结点的偏心调整示意

斜梁，此时计算得到的支座端弯矩明显偏小。

为了使其他模块与计算模块共享模型，PMCAD 中建立的只是基本几何模型，因此 SATWE 提供了一个力学模型的补充定义，用于定义刚度系数，自由度释放以及设计属性等特殊属性。

2. 杆件模型

SATWE 采用了可以考虑剪切变形的空间杆单元，除了可以模拟常规的柱、梁外，通过特殊构件定义，还可有效地模拟铰接梁、支撑以及杆件的偏心等。

在定义模型时，SATWE 特殊构件定义实现了与 PMCAD 的数据共享，即虽然有些特殊构件属性在 SATWE 中以补充定义方式实现，但仍可以记录在 PMCAD 建立的模型中，这样可以随着 PMCAD 建模变化而变化，实现了 SATWE 与 PMCAD 的互动。

随着工程应用的不断拓展，SATWE 可以计算的梁、柱及支撑的截面类型和形状类型越来越多。梁、柱及支撑的截面类型在 PMCAD 建模中定义。混凝土结构的矩形截面和圆形截面是最常用的截面类型。对于钢结构来说，工形截面、箱形截面和型钢截面是最常用的截面类型。除此之外，PKPM 的截面类型还有如下重要的几类：常用异型混凝土截面：L、T、十、Z 形混凝土截面；型钢混凝土组合截面；柱的组合截面；柱的格构柱截面；自定义任意多边形异型截面；自定义任意多边形、钢结构、型钢的组合截面等。

对于自定义任意多边形异型截面和自定义任意多边形、钢结构、型钢的组合截面，需要用户用人机交互的操作方式定义，其他类型的定义都是用参数输入，程序提供针对不同类型截面的参数输入对话框，输入非常简便。

在这些异型截面的处理上，不仅可以考虑截面布置的偏心和转角，而且考虑了截面型心主轴的偏移以及转角。

3. 剪力墙

在 SATWE 中每片剪力墙可考虑一个洞口，但洞口仅考虑矩形洞，无须为结构模型简化而加计算洞；墙的材料可以是混凝土、砌体或轻骨料混凝土。

剪力墙的计算模型为墙元，墙元的本质仍然是壳元，其基本思路是通过网格剖分将剪力墙按照用户指定的网格剖分尺度离散为壳单元，并通过静力凝聚的方式将这些壳单元的刚度转换为出口刚度，其优点是总自由度减少，但一般来讲凝聚会花费较多的计算时间，且凝聚后会使得总刚度矩阵的带宽增加，因此如要提高计算效率，必然对方程组的求解提出更高要求。

在剪力墙刚度计算中，早期SATWE提供了墙元侧向结点作为出口结点或者内部结点的选项，通过在墙之间增加罚约束来控制变形协调。这种做法可以减少总自由度数从而降低运算量，但计算精度相对较低，后期版本中通过改进网格剖分等措施，逐步转变为边界结点全部为出口结点的全协调做法，对改进计算精度具有很大帮助。

SATWE的单元库中包含了三角形厚薄壳通用单元和四边形厚薄壳通用单元，两种单元均为平板型壳单元，其中三角形厚薄壳通用单元由含转角自由度的平面单元GT9M8和厚薄板通用单元TMT构成，而四边形厚薄壳通用单元中的平面部分则包含了QA4和AQ4θλ单元，板为厚薄板通用单元TMQ，其中除了拟协调元QA4以外，其他单元均为广义协调元，工程实际应用表明，这些单元均具有较高的精度和可靠性。

在剪力墙的网格剖分中，为了适应规范中墙柱墙梁的设计概念，对开洞墙采用了切割剖分的方法，即沿着墙柱墙梁边界切割，形成小的剖分区域，再在这些小的剖分区域中根据情况采用映射剖分或者铺砌剖分，如图8.1.3所示。

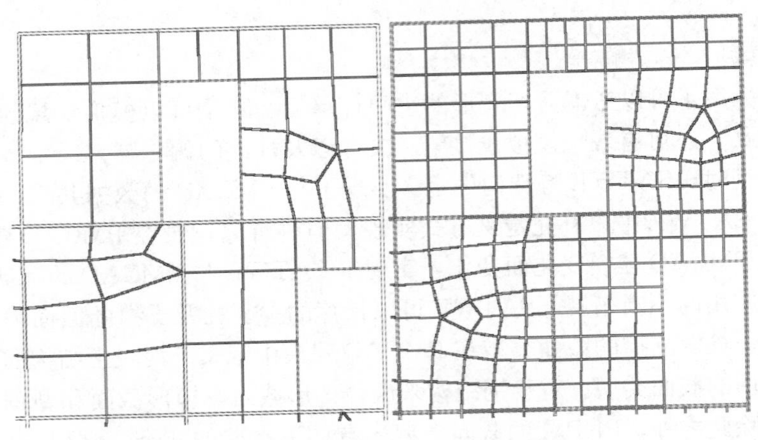

图8.1.3　PKPM/SATWE墙元网格剖分

分析精度除了受单元性能影响外，还受网格剖分尺度影响。对于建筑结构，通常情况下采用1m的剖分尺度可以得到较好的网格剖分质量和满足工程需要的计算精度，但对于部分短肢墙位置，或者采用壳模拟的高度较小连梁，往往会存在较大的计算误差，这一方面是由于网格的尺度，另一方面还由于奇异等原因的影响，如果采用0.5m网格剖分，在这些特殊位置的计算结果仍然会有较大的改进，因此SATWE将默认的网格尺度从2m修改为1m，且最小尺度允许指定为0.5m。图8.1.4表示结构水平力作用下不同网格尺度下底层腹板位置墙柱轴力计算结果。

SATWE中也可以处理一些不规则形状的剪力墙，如图8.1.5所示的梯形墙。

虽然SATWE仍可以对这种梯形墙进行截面设计，但由于墙柱或者墙梁的截面定义并无确定标准，因此设计方法还有待于进一步研究。当出现三角形等更一般形状墙体时，SATWE可以准确考虑其刚度，但不再对其进行设计。

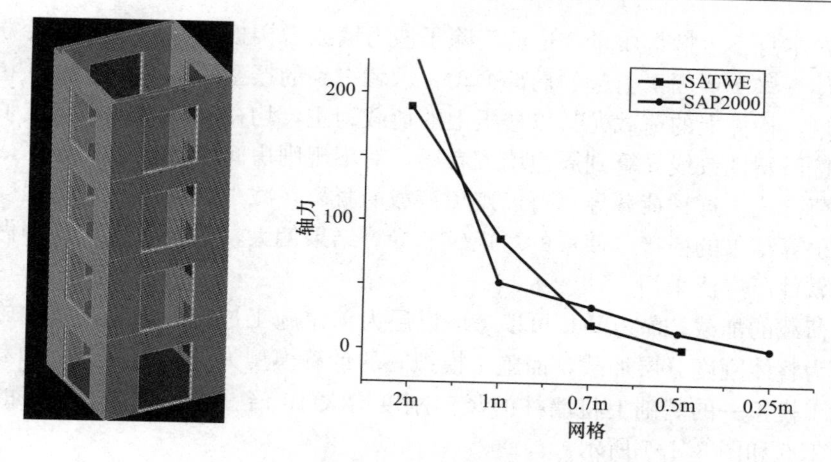

图 8.1.4 网格剖分尺度与计算结果的关系

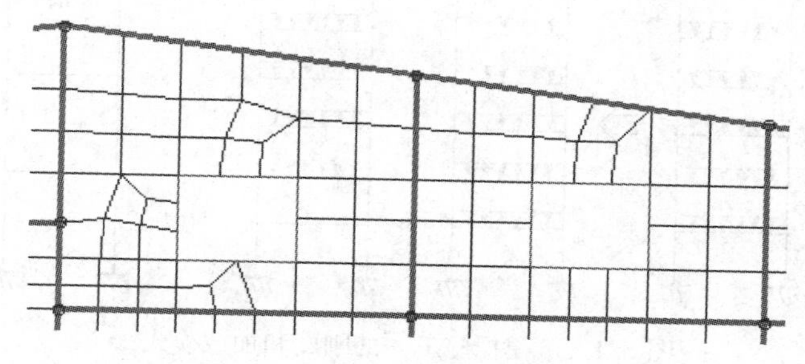

图 8.1.5 SATWE 特殊墙网格剖分

4. 板

SATWE 中楼板模型默认为刚性板（其中斜板默认为弹性膜），并可以由用户指定为弹性板 6、弹性板 3 或者弹性膜，其中弹性板 6 同时保留了壳的面内和面外弹性刚度，弹性板 3 保留了面外弹性刚度，将面内刚度按照主从关系处理为刚性，弹性膜保留了面内弹性刚度而将面外刚度置 0，刚性板则是在面内采用主从关系而面外刚度置 0。由于楼板也是采用了子结构的凝聚计算，因此当采用弹性板时，计算规模和计算量都会有较大增加。

5. 质量与恒、活荷载

在建筑结构的分析中，尤其是高层建筑结构分析，以层为单位的统计指标是控制结构整体方案的基本参考依据，包括周期、剪重比、位移比以及位移角等指标。这是作为专业设计软件的 SATWE 在设计之初就体现出与通用有限元软件的重大区别之一，也体现了 SATWE 抓住建筑结构分析主要矛盾的鲜明特点。

通用有限元软件其质量与荷载的施加都是以单元或者结点为基本载体，如果在设计软件中贯彻这种方法有可能成倍地增加计算开销，且不利于工程人员从整体上把握结构的性能指标。以有效质量系数为例，有可能在通用有限元软件中计算几百振型仍无法使有效质量系数达到 90%，这对于工程设计一般是不现实的。为了能突出这些主要因素，尽可能地忽略部分构件对结构整体计算结果的影响，SATWE 的计算内核做了较多的特殊处理，这包括在质量的布置上，不仅仅采用了集中质量法，而且将竖向构件产生的质量都集中在构件的上结点（或者说是楼层平面处），且楼板自重以及荷载产生的质量均已经导算到周边的墙和梁上，本身不再携带质量，这就消除了剪力墙或者楼板本身在其外法线方向的局部振动以及其他一些次要因素引起的局部振动，求解得到的振型基本都是结构的主要振型。

连同质量，构件上的荷载尤其以楼板上的荷载为主，均在PMCAD中完成了导算，对于矩形房间按照塑性铰线导算到周边墙或者梁，对不规则房间则按照边长导算，当然用户可以干预导荷方式。这种荷载导算可以避免荷载的凝聚，减少计算量，一定程度上保持了与更早时期手算结果的衔接，使梁的弯矩较非导算结果偏大，截至目前，这种做法仍然被国内的设计软件所广泛采用。

对于恒荷载的加载，SATWE可以考虑以层为单位施工过程的影响。其中施工模拟一的计算模型为整体刚度分层加载，而施工模拟三的计算模型为分层刚度分层加载，施工模拟二是在施工模拟一的基础上将墙柱的竖向刚度增大10倍。施工模拟一、三的计算模型分别如图8.1.6和图8.1.7所示。

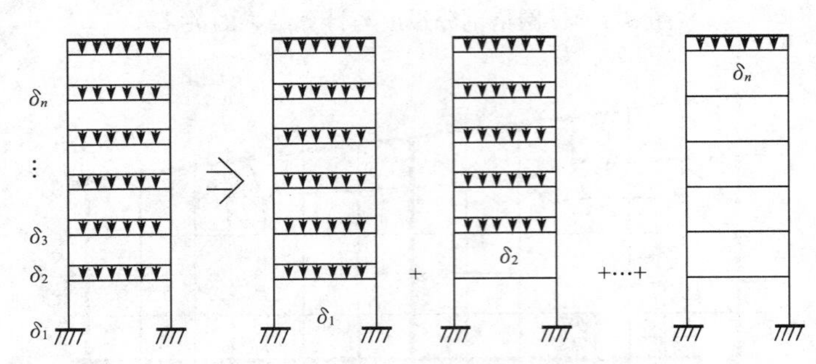

图8.1.6 模拟施工一的刚度和加载模式

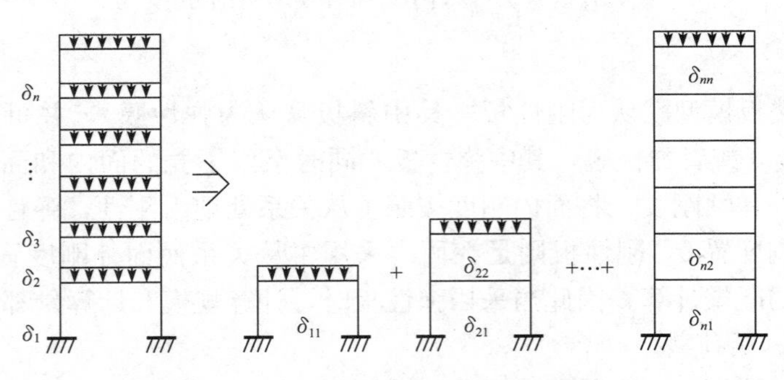

图8.1.7 模拟施工三的刚度和加载模式

以上述施工模拟三为例，其假设在上层施工时，构件内力不受下层变形的影响。这种做法可以较为准确地模拟施工中的逐层找平过程。这种通过多步线性计算的简化方法模拟施工过程这一非线性过程，与通用有限元软件的计算方法存在不同，这主要是在找平过程中，构件的几何尺寸会发生变化，而这种简化方法则忽略了构件这部分的变形，但实际应用表明，一般对计算结果影响不大。

这些有关质量与荷载的处理方式，目前也被国内其他同类软件所广泛采用。

6. 风荷载

SATWE可以通过指定基本风压以及体型系数等简单参数自动计算作用在结构上的风荷载，此外，可以通过定义特殊风荷载来考虑风吸力等特殊情况的影响。

对于普通风荷载，在加载中根据楼层总风荷载在楼层上标高位置进行简单平均加载。这种风荷载的计算方式适用于较规则的高层建筑，但对于坡屋面以及错层结构等特殊形式需要由用户对风荷载进行干预，否则可能存在较大误差。

7. 地震作用

SATWE对于地震作用提供了反应谱方法和弹性动力时程分析。

在单向地震作用时，可考虑偶然偏心的影响，偶然偏心的计算方法采用了等效扭矩方法，即并不对偶然偏心体系进行特征值分析，而是根据未考虑偏心的振型增加一个偶然偏心的扭矩；可进行双向水平地震作用下的扭转地震作用效应计算；可计算多方向输入的地震作用效应；可按振型分解反应谱方法计算竖向地震作用；对于复杂体型的高层结构，可采用振型分解反应谱法进行耦联抗震分析；

弹性动力时程分析采用了振型叠加法，并提供了较为丰富的地震波库和选波工具，并可以对反应谱和时程的剪力结果进行核对。

8. 温度作用

SATWE可以考虑温度作用的影响。温度作用通过用户在结点处定义温升和温降荷载实现，然后软件根据材料的温度膨胀系数计算每个单元的温度荷载，在墙板中，壳单元的温度荷载计算如下式所示：

$$\mathbf{P}_{\varepsilon 0} = \sum_{e} \int_{\Omega e} \mathbf{B}^{\mathrm{T}} \mathbf{D} \boldsymbol{\varepsilon}_0 \, \mathrm{d}\Omega \tag{8.1.1}$$

显然，该荷载的精度依赖于网格的划分，因此较小的网格更有利于改善温度作用的结果精度。

由于SATWE的温度作用仅能在结点定义，因此不能考虑截面方向温度梯度的影响，不适用于类似于冷库这种异于一般高层的温度作用计算，且当构件关联结点上定义的温度荷载不同时，由于实际计算时采用了平均温度场计算，因此平面方向的梯度变化也被忽略。

9. 方程组及特征值的求解

在SATWE V1.3版本以前提供了两个方程组求解器，分别为LDLT分解法和VSS求解法。

其中在特征值求解时，与LDLT方法配套的是子空间迭代法，该求解组合的特点是具有较高的稳定性。LDLT方法作为经典的线性方法组求解方法，程序实现简单，通过刚度阵分块可以处理大型问题，但是随着工程规模和计算容量的日益增加，已经很难满足工程人员对于效率的要求。此外，由于求解器中对刚度阵采用了四字节整型数寻址，因此实际应用中刚度阵总规模不能超过2G。

VSS求解器是稀疏向量求解器。实际应用中，刚度矩阵的大部分元素都是零元，这样的矩阵被称为稀疏矩阵。相对于稀疏，含有很少非零元的矩阵称为稠密矩阵。对稀疏矩阵，如果能够充分利用矩阵的稀疏性，就可以在存储空间和计算时间上大大提高效率。在没有牺牲准确性的前提下，一个算法发掘越多的稀疏性，它就越好。

当采用VSS求解器时，软件采用的特征值求解方法是Lanzcos方法，在该方法中采用了Guyan降阶以提高效率。这是因为在工程有限元分析中，集中质量矩阵**M**经常是大量缺秩的半正定对角矩阵。矩阵**M**的秩可能只有其阶数的1/10或更少，在这种情形之下

Guyan降阶可以有效地提高特征值方法和效率而不改变精度。因此，SATWE中的Lanzcos方法效率明显高于子空间迭代方法，但相对于子空间迭代法，该方法的稳定性仍有待提高。

在SATWE V2.1中提供了64位并行求解器Mumps和Pardiso，这对计算效率的提高有很大帮助，也有助于对结构的进一步精细分析。

10. 特殊结构分析

PKPM/SATWE考虑了多塔、错层、转换层及楼板局部开大洞口等结构的特点，也可以通过修改构件或者结点标高等措施对构件进行较为精确的定位，但合理的力学模型的抽象仍然依赖于用户对模型的简化，如对于构件标高的修改，软件为了避免畸变单元的出现，只对超过500mm的标高重新设置定位点，否则采用简化处理，这些简化处理在个别情况下会引起较大偏差；SATWE也适用于多层结构、工业厂房以及体育场馆等各种复杂结构，并实现了在三维结构分析中考虑活荷载不利布置功能、底框结构计算和吊车荷载计算。

11. 结构设计

与规范密切结合实现构件设计是SATWE相对于其他同类软件最大的优势，这也是目前工程师依赖SATWE的最主要原因。在这些规范的实施中，不仅体现了规范条文本身的含义，而且结合了规范专家和广大设计人员的经验。由于规范条文大多数都是由软件自动实现，因此在软件中的体现只是为数不多的参数，非常便于工程师应用。

其中规范即包含了全国规范，也包含了上海、广东等地方规程，即可以对框架、剪力墙、筒体和转换结构的高层结构形式进行完整分析设计，也可以对底框、砌体、异形柱结构以及含吊车的工业厂房等特殊形式进行分析设计。

在设计结果中即包含了位移比、位移角、底部剪力、刚重比以及薄弱层等结构整体指标的验算，也提供了详尽的单构件内力及配筋设计和验算结果，且图形与文本表达形式逐渐成为行业内的标准格式。

12. 与其他模块接口

SATWE计算完成以后，可接力PKPM的施工图设计软件绘制梁、柱、剪力墙施工图；接力钢结构设计软件PKPM/STS绘钢结构施工图；可为PKPM系列中基础设计软件JCCAD、BOX提供底层柱、墙内力作为其组合设计荷载的依据，从而使各类基础设计中，数据准备的工作大大简化，也可以为基础设计提供上部结构的凝聚刚度，从而在一定程度上体现地基基础与上部结构的共同作用。

13. PKPM/SATWE2.1版本

PKPM/SATWE2.1版本于2013年推出，新版本在多方面进行了较大的改进，这其中主要的改进内容包括两个方面，分别是求解器的升级和空间建模功能的增加。

PKPM/SATWE1.3版本以前提供的求解器包括传统的LDLT分解法和VSS求解器。其中的VSS求解器虽然已经具有较高的效率，但稳定性的表现上仍有不足，且由于是32位程序，受内存管理的限制求解规模也因而受到限制，另外，随着计算机技术的发展，VSS作为单线程求解器已经不能满足要求。在2.1版中增加了Pardiso和Mumps两个目前的主流并行稀疏矩阵求解器，在计算机内存得到保证的前提下，方程组的求解效率和求解规模可以大幅提高。

针对PMCAD模块无法进行空间建模的不足，在2.1版本中增加了部分的空间建模功能，这主要是空间斜杆的布置功能，该功能可以解决以往跃层支撑布置比较困难的问题。

8.1.3 PKPM/SATWE软件的特点

自SATWE推出以来，使得工程师采用有限元方法分析建筑结构问题变得更加容易，这得力于SATWE对有限元技术的彻底封装，软件开放给用户的主要是结构设计的有关概念及参数，对于力学模型的抽象、网格剖分、单元以及约束等主要由软件自动实现，这也是SATWE得以在广大工程师中快速普及的主要原因之一。

另一方面，PKPM/SATWE自开发时起就把自己定位为一个专业的结构设计软件，因此处处以设计人员的操作习惯来设计软件的功能，因此对于规则高层建筑模型的创建和结果的整理充分体现出便捷高效的优势。

除此之外，SATWE一直将深入、详尽地贯彻规范作为软件研发的重点方向，因此建立了用户对软件设计结果的信任，其设计结果逐渐成为本领域内的标准。

然而，也正是由于软件定位于一个专业的结构设计软件，且针对规则的高层建筑上部结构而设计，导致软件通用性欠缺，甚至在有限元计算分析时也与层的定义密切关联，使其计算内核在处理复杂工程时力不从心，这种现象在近几年工程形式日益复杂的情况下日趋明显；由于对有限元方法过度的封装也导致高端用户无法充分干预计算模型，使软件面对一些复杂力学问题时，仅靠软件的自动处理会带来较大偏差，因此缺乏处理能力，如特殊约束、特殊荷载以及特殊连接情况等；最后，SATWE软件的多界面设计使得工程师要完成一个工程就必须在多个界面之间不停切换，与目前流行的Ribon界面相比有较大差距。

最后，PKPM/SATWE系列软件的模型数据开放程度与其他软件比较相对不足，这在BIM技术不断发展，数据共享的需求越来越强烈的今天，这种做法正在引起越来越多的争议。

8.2 CSI/ETABS软件

8.2.1 CSI/ETABS软件简介

ETABS是一个完全集成化的系统，内嵌在简单直观用户界面下的是非常强大的数值方法、设计过程与国际设计规范，所有这些都是通过一个统一完善的数据库来协同工作的。这样的集成意味着用户仅需建立一个楼板系统以及垂直和侧向框架系统的模型，就能分析与设计整个建筑物。

除一般高层结构计算功能外，ETABS还可计算钢结构、钩、顶、弹簧、结构阻尼运动、斜板、变截面梁或腋梁等特殊构件和结构非线性计算（如：Pushover，Buckling，施工顺序加载等），还可以计算结构基础隔震等问题，因此功能非常强大。

ETABS已经嵌入的规范包括：UBC94、UBC97、IBC2000、ACI、ASCE（美国规范系列），欧洲规范以及其他国家和地区的规范，因此软件具有国际化的结构分析与设计软件的特点，目前在全世界超过100个国家和地区销售。

Etabs进入中国以来进行了本地化，这除了汉化工作以外，主要是对中国规范的贯彻实施，但从实际应用效果来看，相比于ETABS具备明显优势的分析功能，中国规范的开发与其他国产软件相比一直具有较大差距；另一方面，由于本地化的工作仅局限于汉化和规范，而极少涉及软件的操作，因此，软件一直不能很好把握国内设计人员的操作习惯，易用性方面一直没有明显地提高，无法像PKPM系列软件那样对建筑结构快速建模，在设计结果的表达方式及详尽程度上也都无法让设计人员快速掌握，也就无法在短时间内完成设计工作；最后，虽然ETABS具有强大的分析功能，但其求解器技术却一直发展缓慢，导致其计算效率多年以来一直没有明显的改善。

虽然ETABS具有上述不足，但其有限元计算内核的可靠程度却一直被广大工程师所信赖，因此ETABS主要被应用于少数复杂或者超限工程的分析校核中。

为了克服上述不足，ETABS推出新版本2013，相对于以前版本做了很大的改进，这包括操作界面的全面改版，除了视觉效果的改善外，通过3D对象的建模和可视化工具很大程度上提高了建模的便捷性，其界面如图8.2.1所示。

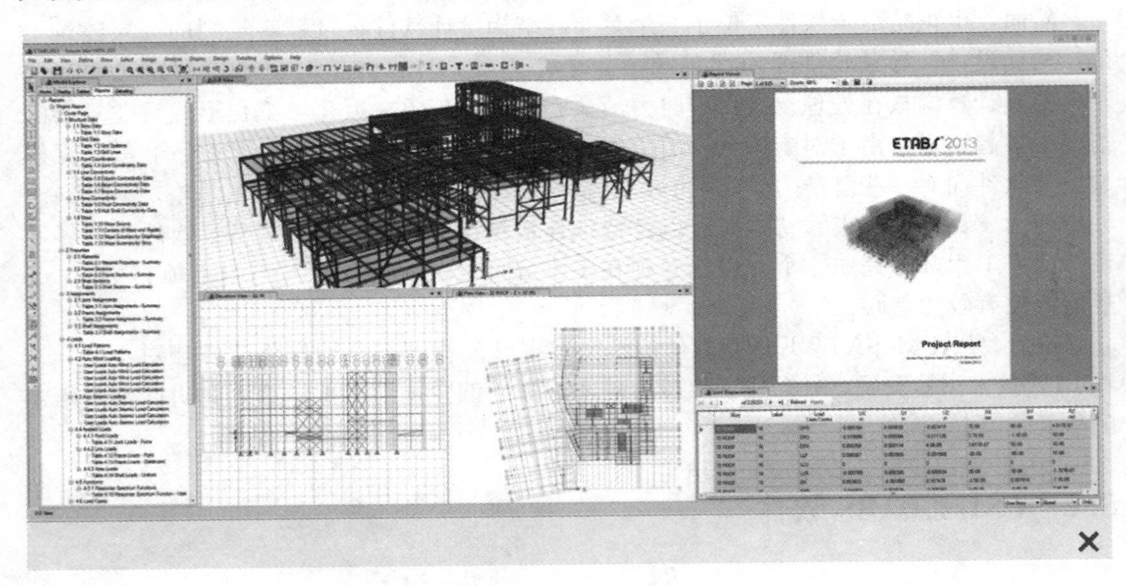

图8.2.1　ETABS2013操作界面

在求解方面引入了SAPFire分析引擎，实现了64位并行计算，从而实现了更快的线性和非线性分析能力，而且在动力分析时可以同时考虑几何非线性与材料非线性，在其他非线性技术方面的改进，还包括了施工顺序加载和时间效应（比如徐变和收缩）等。

在设计方面也有较大程度的提高，设计结构类型包括：钢框架和混凝土框架（具有自动优化功能）、组合梁、组合柱、钢交错桁架、混凝土和砌体剪力墙，而且对钢结构连接和底板可以进行承载力校核。模型可以进行真实的渲染，所有结果可以直接显示在结构上。对所有分析和设计结果都可以生成全面的可定制的输出报告，可以生成混凝土结构和钢结构的施工详图，包括平面布置图、表单、详图、剖面图等。

可以看出，ETABS2013的推出，除了进一步增加自身在分析方面的优势外，重点针对自身在建模和设计方面的短板进行了升级改进。

8.2.2　CSI/ETABS 软件的主要功能

1. 建模

ETABS 把建筑物理想化为面对象、线对象和点对象的集合，这些对象分别用来代表墙、楼板、柱、梁、支撑以及连接/弹簧等物理构件。基本结构几何形状可以通过一个简单的三维空间轴网系统来定义，也能够用相对比较简单的建模技术处理非常复杂的结构。此外 Etabs 也可以通过读入 Dxf 或者 DWG 文件，并指定结构对象来生成模型。

所有 ETABS2013 数据可以通过停靠式表单来进行查看和编辑，允许用户使用表格来定义模型的一部分或整个模型，如图 8.2.2 所示。

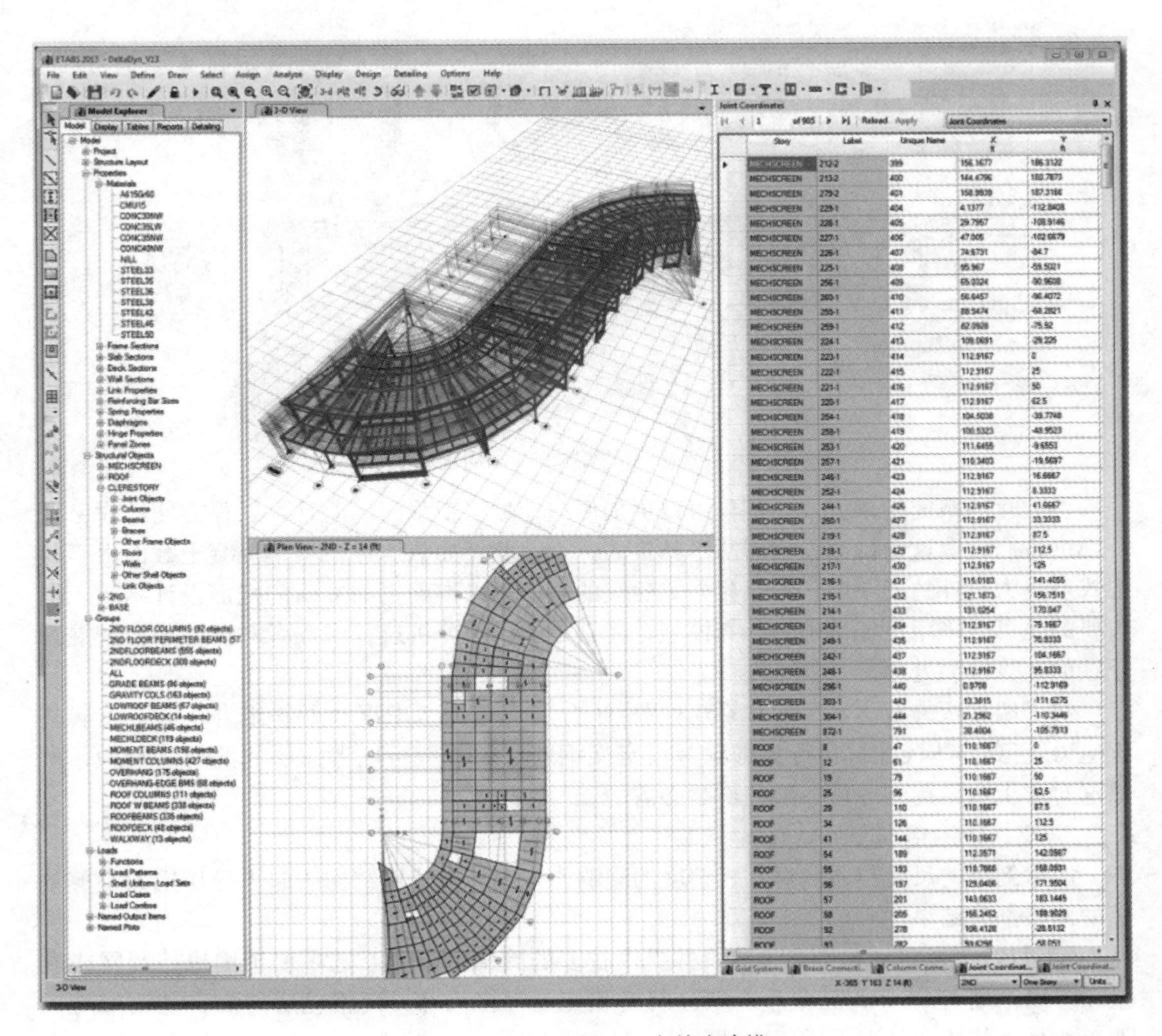

图 8.2.2　ETABS2013 表单式建模

这种建模方式一定程度上将图形交互与命令流方式结合起来，因此可以实现图形交互无法达到的效率，对于入门用户可以采用图形交互方式，而对于高级用户采用表单格式可能会更加高效。

2. 截面

Etabs 提供了常用的混凝土以及型钢截面，包括型钢库。在 Etabs2013 之前的版本中，型钢混凝土截面需要用户通过截面设计器来定义，在计算分析时 ETABS 会生成其各种等效的截面属性。这种等效截面可以用于常规的弹性分析，但无法准确设计也无法进行非线性分析。在新版本 2013 中，增加了型钢混凝土截面的参数化定义方式，如图 8.2.3 所示。当然，对于更加复杂的截面仍可以通过截面设计器完成。

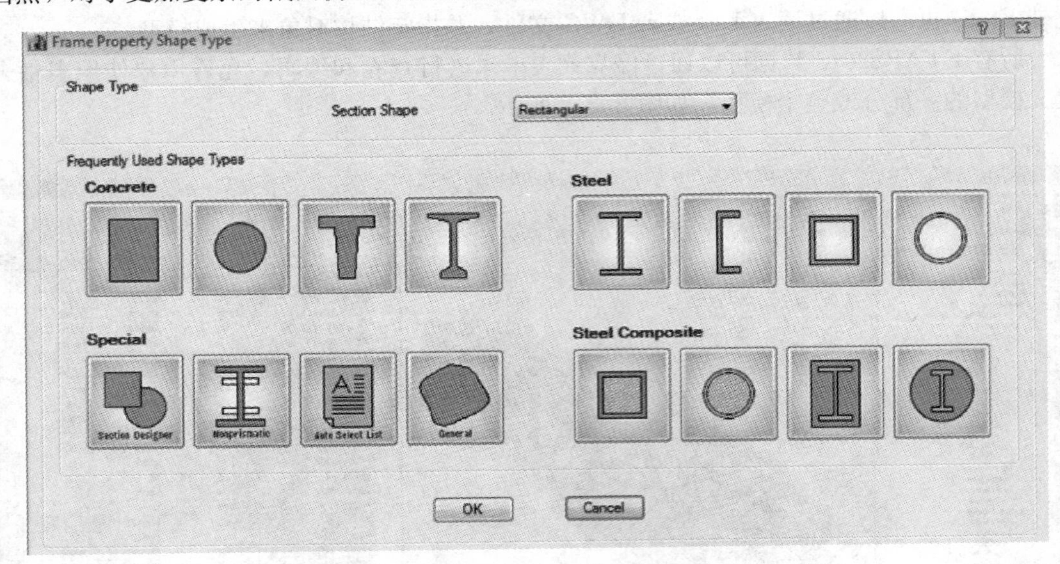

图 8.2.3　ETABS2013 截面定义

参数化的截面输入方式，不仅可以更加便捷地建立新截面，而且可以很方便地对已有截面进行修改，这是截面设计器所不具备的优点。此外如前所述，型钢混凝土截面由于其形式及受力设计的复杂性，参数化方式建立的截面可以得到更加准确的截面设计结果，最重要的是可以采用更加精确的计算模型，尤其是非线性分析过程中或者对于一些型钢混凝土柱的计算模型处理。

对于墙和板的截面，ETABS2013 提供了分层壳单元考虑混合材料组合行为，每层基于应力-应变的非线性材料行为选项，当定义钢筋层时甚至可以考虑层间的剪切行为，虽然这对于土木结构的分析一般并不是必需的。

3. 墙、板网格剖分

网格剖分的尺度与质量对分析精度的影响非常大，在建筑结构中起主导作用的是剪力墙的网格剖分结果。

ETABS 支持自动化网格生成，并提供较多的网格剖分交互选项便于用户控制网格质量，可以采用 Reshaper 工具重新划分网格和控制网格尺寸，网格化后的面自动增加与框架单元相连的协调结点，用于内部分析。

需要特别指出的是，ETABS 所采用的网格剖分思路与一般通用有限元软件仍有较大差别，ETABS 的网格剖分方法是基于自动线束缚技术的，该方法主要通过映射剖分保证每个剖分域内的网格质量，在墙、板之间通过自动增加线束缚保证公共边界的变形协调，如图 8.2.4 所示。

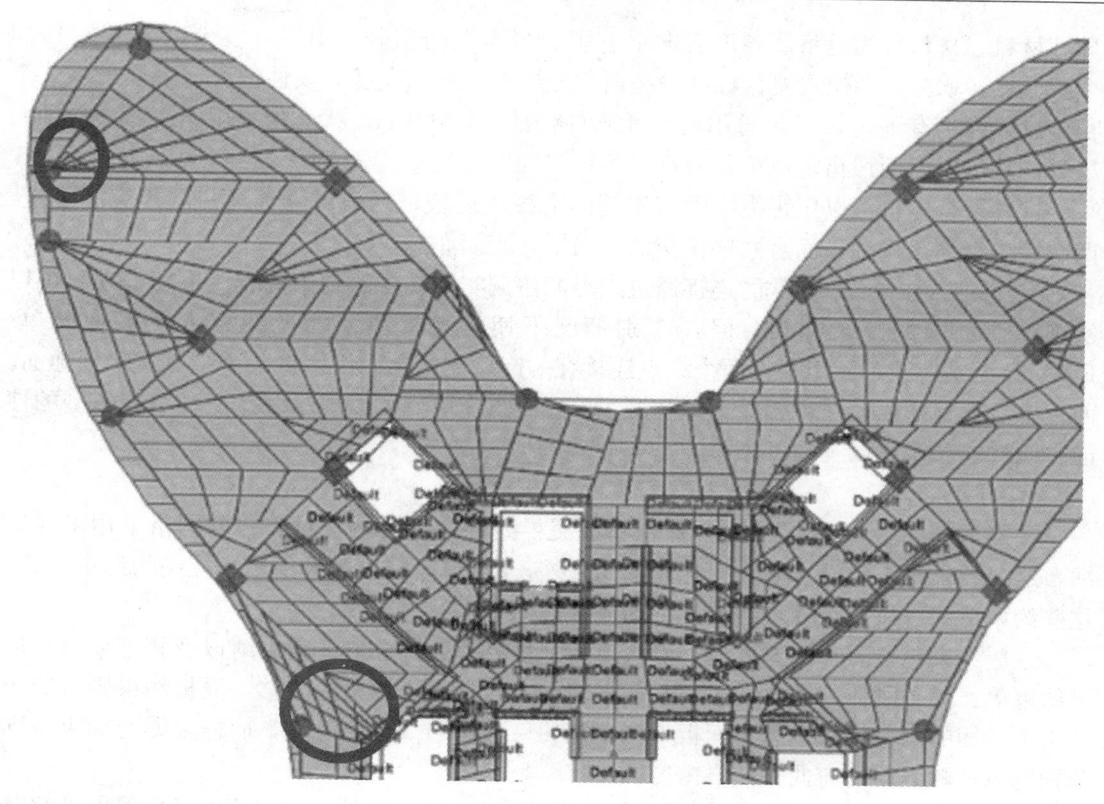

图 8.2.4　ETABS2013 网格剖分

从图 8.2.4 可以看出，在每一块板内进行网格剖分时，有时并不能兼顾板边界的协调，这种剖分算法易于实现，但一般只能在矩形墙或者较为规则的四边形板内获得较为理想的剖分结果，否则会产生大量的畸变单元，如在三角形板的尖端会形成多个小角度三角形单元，在不规则四边形内也会产生大量严重畸变四边形单元，如图 8.2.4 中两处网格所示。这些楼板中畸变单元的出现虽然对于结构的整体分析影响不大，但如要进行楼板的频率或者应力分析，或者进行非线性分析，其结果可能不再可靠，因此在实际应用中应予以关注。

通过对公共边界处的非协调网格采用自动边束缚技术，即利用结点插值算法来进行非协调网格的连接，虽然可以降低网格剖分难度，保持规则剖分域的网格质量，但其准确性和可靠度相对于精确的点协调仍有一定差距，因此在通用有限元软件中一般并不被大量应用。

4. 单元

ETABS 中除了结构常用的梁和壳单元外，还包括索单元、分层壳单元、实体单元和连接单元。

其中，索单元为高度非线性的单元，用来模拟柔性索在自重作用下悬链线行为。拉伸—刚度和大变形效应固化在单元方程内。当使用索单元时必须使用非线性分析，线性荷载工况可以使用非线性分析的终点刚度。

对于分层壳，每层的材料属性通过引用一个以前定义的材料来指定，材料可以为各向同性的，也可以是单轴或正交各向异性的。如果选择各向异性材料，则只能使用正交各向异性材料。材料行为是每层厚度方向上有限数目点上的积分。用户可以为每层选择 1～3 个积分点，积分点的位置遵循标准的高斯积分进程。对于高度非线性情况，每层最多 3 个积分点或许仍有不足，因此通用有限元软件，如 ABAQUS，默认为采用 5 点的 Simpson 积分，并可以由用户指定更多积分点。

这种层合壳也可以用来模拟配有钢筋的混凝土墙板，用户可以选择一层代表混凝土，四层代表钢筋（靠近顶面有两层正交的钢筋层，底面亦然）。

在建筑结构中，大多数的连接通过结点的协调实现，虽然约束方程（束缚实现）可以实现几乎全部的复杂连接，但在个别情况下使用连接单元相比约束方程更加简单。ETABS 提供连接单元用来将两个结点连接在一起，支座单元用来将一个结点连接到地面。两种单元类型使用同一种属性。每个连接单元或支座单元可以展示多达三种不同类型的性能：线性、非线性以及频率相关。

5. 约束

在网格剖分中，ETABS 为了保持墙板交界处的变形协调，对非协调网格采用了线束缚，这一约束是由软件自动实现的。除此之外，ETABS 提供各种由用户控制的约束形式，这些约束形式可以用来处理各种复杂的连接。

这些约束包括了：刚体束缚、隔板束缚、板束缚、杆束缚、梁束缚以及相等束缚和局部约束等。其中刚体束缚，约束了对象之间的 6 个自由度的相对位移，隔板约束则对应于结构中常用的刚性楼板概念，而板束缚则是约束面外的 3 个自由度，而杆束缚与梁束缚则分别约束杆轴方向和弯曲方向自由度。

丰富的约束形式使 ETABS 内核更接近于通用有限元软件，也是 ETABS 强大求解能力的主要表现之一。

6. 质量与恒、活荷载

ETABS 的质量加载方式提供了可选项，即用户可以根据常规的设计习惯将侧向质量集中到楼层平面，也可以像通用有限元一样在每个单元内形成集中质量阵，这种选择除了可以适用于规则高层分析时掌握以层为主的属性外，也适用于楼板的振动分析，以及其他一些不规则结构形式，如钢架、网架等，因此更加灵活，适用面更广。

ETABS2013 对于重力荷载，在模拟施工过程上除了常规的逐层施工次序的模拟以外，可以考虑诸如大变形、屈服、缝的开合等非线性效应，可以包含时间相关的徐变、收缩和强度改变效应，也可以施加任意的加载顺序。由徐变和收缩导致的长期变形可以用顺序施工分析得到，时间相关的材料属性基于 CEB-FIP 1990 版，用户也可以定义曲线来计算徐变应变，如图 8.2.5 所示。

7. 温度荷载

温度荷载在壳单元内产生温度应变。此应变等于材料的温度膨胀系数和单元温度改变的乘积。所有指定的温度代表着温度改变，不论是来自线性分析的无应力状态下，或者是来自非线性分析中的上一次温度。Etabs 中可以指定两个独立的荷载温度场，分别为：

- 温度 t，在厚度内恒定且产生膜应变；
- 温度梯度 t_3，在厚度方向为线性，且产生弯曲应变。

温度梯度通过在单位长度上的温度变化来定义。若温度在单元局部 3 轴正方向（线性地）增加，则温度梯度为正值。在中间面梯度温度为零，因此不产生膜应变。两个温度场

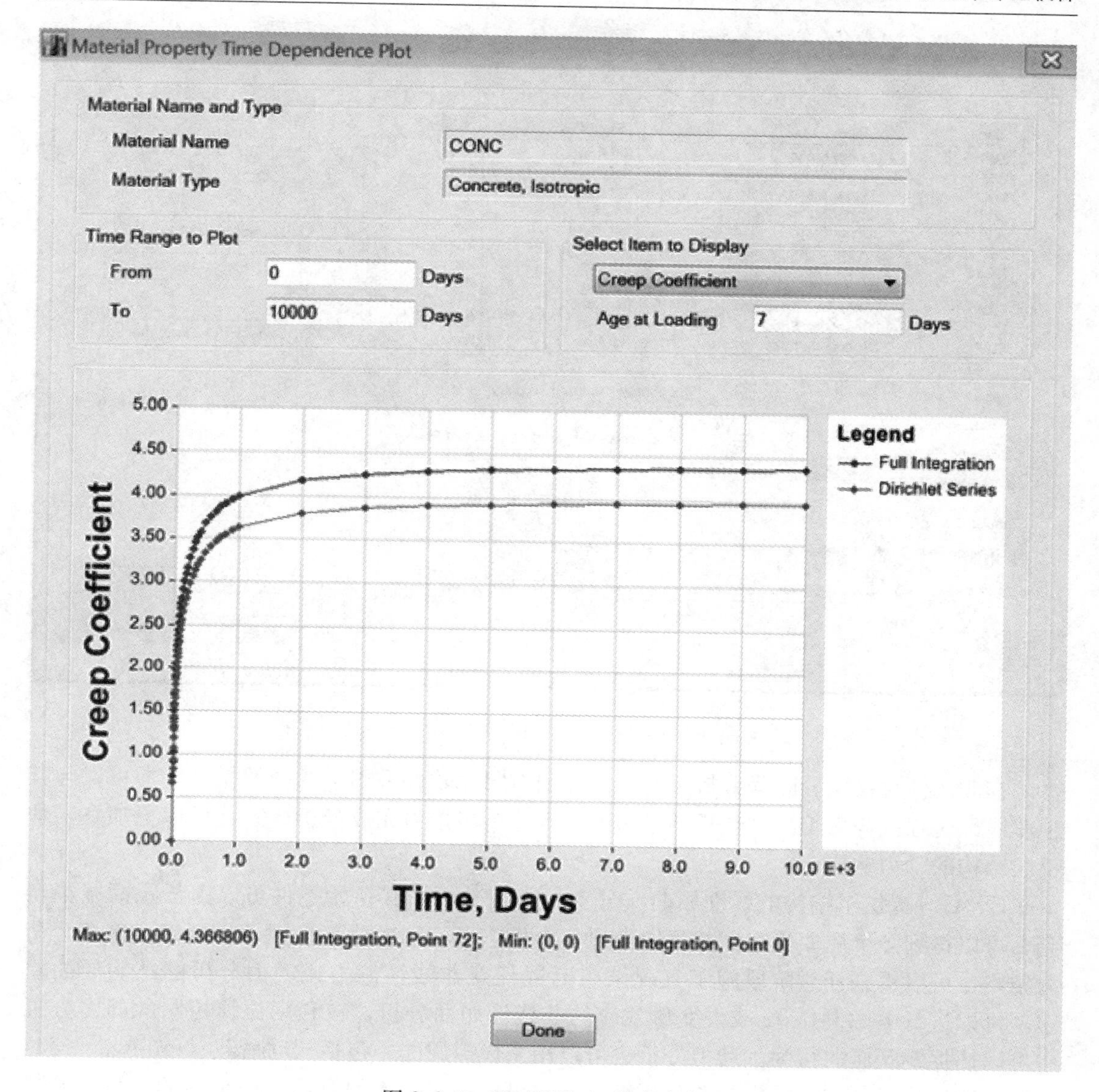

图 8.2.5　ETABS2013 徐变定义

在单元平面上可以是恒定的，或由在结点给定值插值而得。参考温度梯度通常取为零，因此产生弯曲应变的温度变化等于荷载温度梯度。

温度梯度的引入使 ETABS 可以分析更加复杂的温度应力。

8. 分析功能

ETABS 除了可以进行一般结构所需的静力分析和反应谱分析以外，在动力分析中提供了 Wilson 提出的线性和非线性 FNA 时程动力分析，该方法的特点是效率高。在直接积分时程分析中可以考虑几何非线性和材料非线性行为，除此之外，还提供了楼板的振动分析。在动力分析的激励形式上，不局限于一般的地震波形式，还包括了 Sine、Cosine、Ramp、Sawtooth、Triangular 以及其他由用户自定义的激励，因此可以适用于更普遍意义的时程分析，分析选项如图 8.2.6 所示。

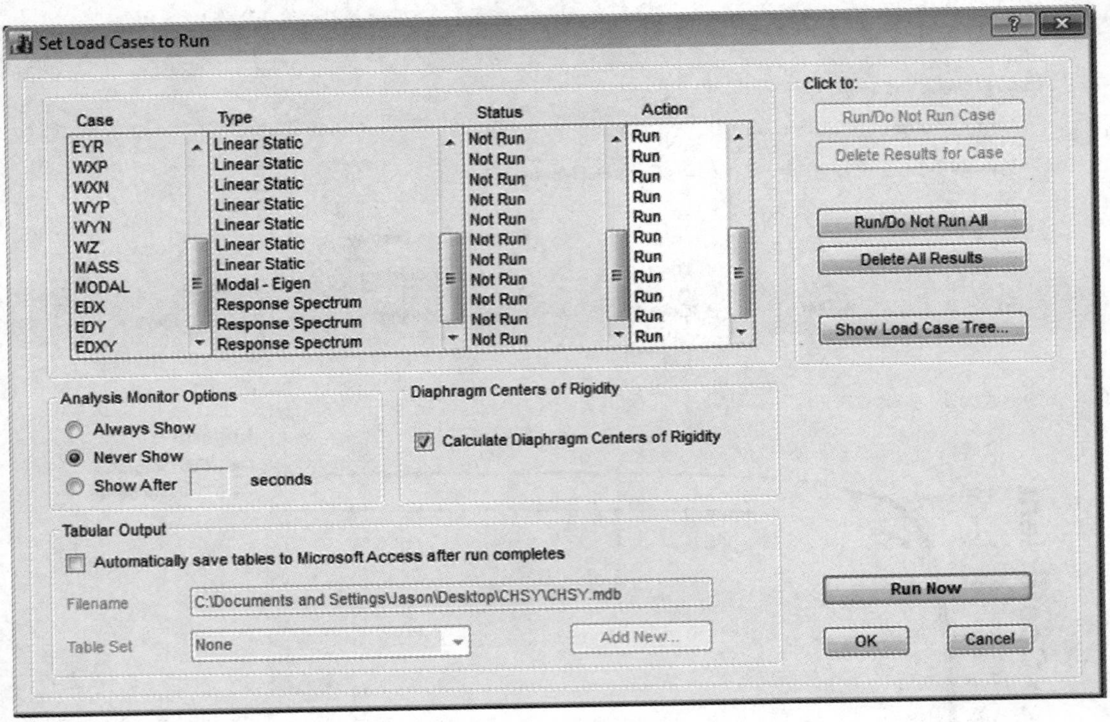

图 8.2.6　ETABS2013 分析选项

在非线性直接积分时程分析工况中与通用有限元软件采用了相同的做法，即可以与其他非线性时程或静力工况（包括顺序施工）等分析步接力完成分析，因此可以更加真实地反映结构的动力响应。

ETABS 提供了结构的线性屈曲（分支）模态分析，其初始条件可以由任意荷载集得到，可以得到多个屈曲模态，并可以给出每个模态形状和屈曲安全因子；可以考虑多个荷载集，也可以得到任意阶段施工工况结束时或任意非线性静力或动力分析的结构屈曲模态。可以进行考虑 P-delta 或大变形效应的非线性屈曲分析，在利用位移控制的静力分析中可以捕捉跳跃屈曲行为。动力分析也可以用来模拟屈曲，包括从动荷载（follower-load）问题。通过将线性和非线性屈曲分析结合起来可以极大地增加对结构稳定性的理解，尤其是对于网架等特殊形式的钢结构。

在非线性分析中，除了动力时程外，还提供了静力推覆分析。在计算模型中对一维构件采用 FEMA 356 铰和基于应力-应变的纤维铰，对混凝土剪力墙、楼板、钢楼板和其他面单元的塑性行为采用了非线性分层壳单元。在结果上，实现了能力谱转换，有效阻尼计算，需求谱比较以及性能点计算等全套结果，且在总结报告中可包括塑性铰变形等细节内容。

从上述内容可以看，ETABS 几乎具备了结构工程分析的全套解决方案，从静力到动力，从线性到非线性，这种求解能力是其他同类软件所不具备的。

9. 设计功能

ETABS 可以通过菜单选项选择完成钢框架设计、混凝土框架设计、组合梁和组合柱设计以及剪力墙设计等，图 8.2.7 和图 8.2.8 分别为混凝土框架和剪力墙设计结果示意。

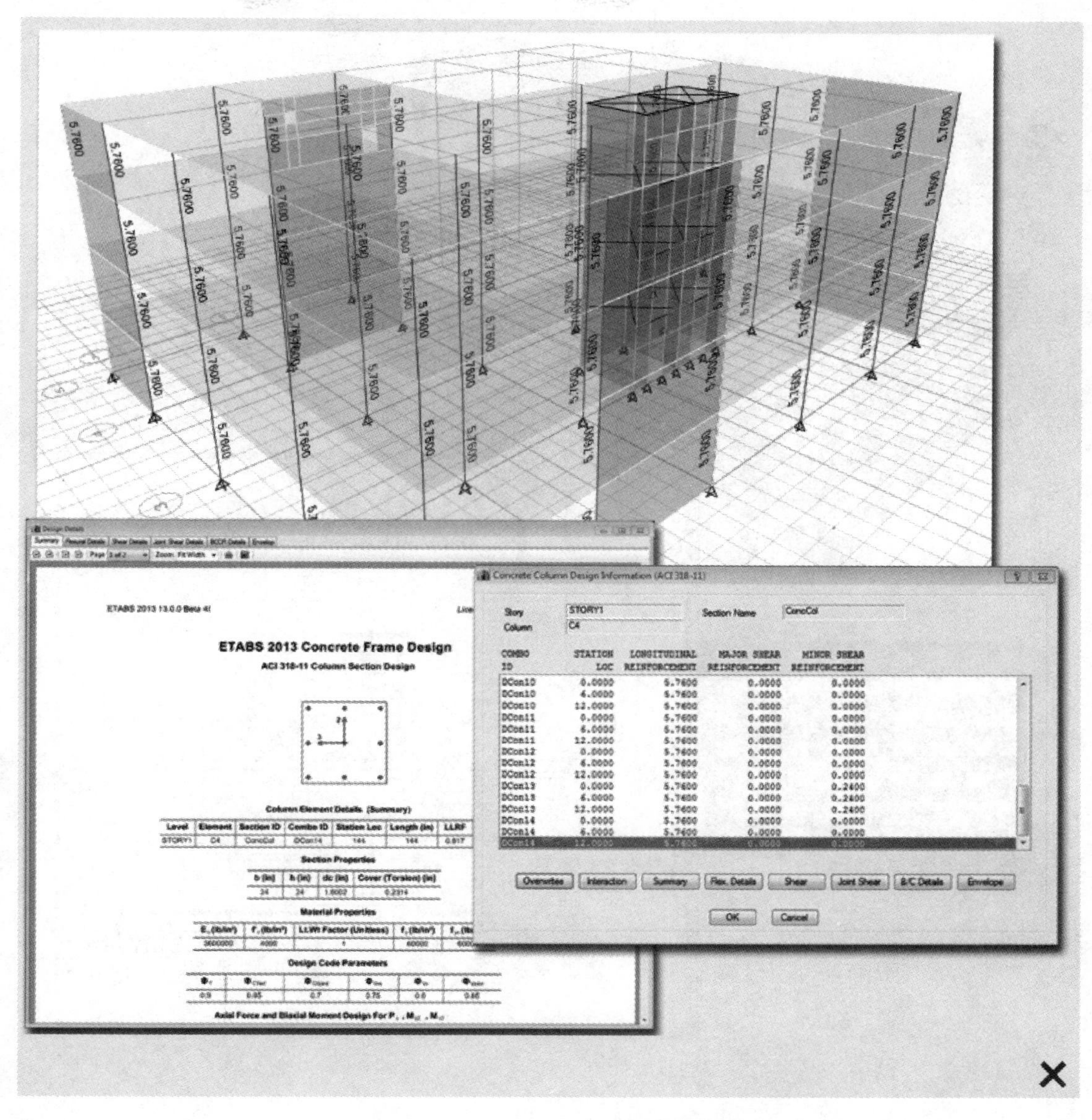

图 8.2.7　ETABS2013 框架设计结果

对混凝土框架和剪力墙的主要设计内容如表 8.2.1 所示。

10. 接口

ETABS 作为一款国际化的结构分析与设计软件具有丰富的数据文件接口，包括：

- 导出模型为 MS-Access 数据库；
- 导出层为 SAFE，用来进行楼板/基础的分析和设计；
- 对模型的一部分用“剪切”和“粘贴”成 Excel 数据表进行编辑；
- 以 CIS/2 STEP 文件格式来导入/导出模型；
- ProSteel 3D 的钢结构详图利用导入/导出链接；
- 导入/导出项目数据为 Autodesk Revit Structure；

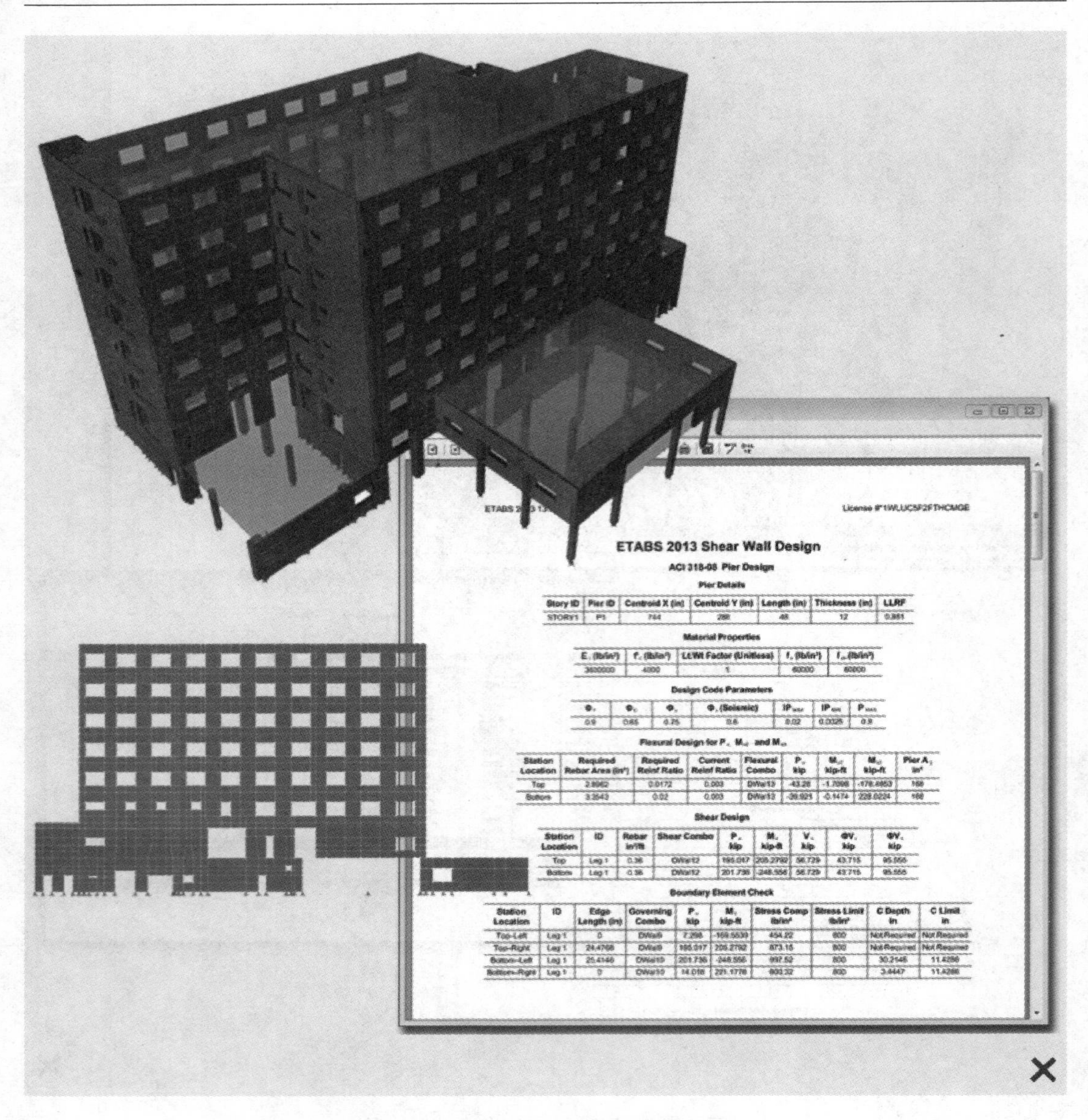

图 8.2.8　ETABS2013 剪力墙设计结果

ETABS 主要设计功能　　　　**表 8.2.1**

构件类别	设计内容
框架	自动或用户定义的荷载组合和设计分组
	自动计算活荷载折减系数
	双向弯矩/轴力相互作用和剪力的设计
	自动计算弯矩放大系数
	可以评估 P-delta 效应
	集成化的截面设计器用来设计复杂混凝土截面
	交互式设计与查看
	设计考虑扭转效应
	对侧向变形控制的基于虚功原理的优化设计等内容

续表

构件类别	设计内容
剪力墙	抗弯和抗剪的计算配筋
	各种国际设计规范
	2D 墙的配筋
	3D 开洞核心筒的配筋
	曲线墙的配筋
	连梁（壳和梁）的配筋
	设计包含扭转效应
	用户控制的交互式设计与查看
	准确捕捉剪力滞后效应
	自动对墙肢和连梁进行内力合成
	2D 墙肢设计
	2D 连梁设计等内容

- 以 Steel Detailing Neutral File 格式导出钢结构模型；
- 以 IFC 标准导入/导出数据。

此外，允许以下列程序格式导入文件：

- AutoCAD
- FrameWorks Plus
- IGES
- STAAD
- STRUDL

除了上述与其他软件的接口外，其 *.E2K 文件是工程师应用最多的接口文件，由于采用与 SAP2000 相似的文件格式，具有详细的格式说明，且包括了全部模型信息，便于用户对模型的直接干预，因此在广大用户中深受欢迎。

新版本的 ETABS2013 甚至像通用有限元软件一样提供了应用编程的接口（OAPI），这些接口包含了超过 700 个接口函数，用户可以采用 VB 语言进行二次开发，截至目前，这是其他同类软件所不具备的，通过这些接口，可以实现的功能包括：

- 直接、快速地访问 ETABS2013 的所有高级数值方法；
- 不需要借助中间文件，直接实现双向数据传递；
- 允许在操作中直接交互多种数据类型，而不需要每次重新创建一个新的模型；
- 第三方的开发可以保证其开发的产品与 ETABS2013 后续版本保持兼容；
- 因为 OAPI 提供的链接可靠且完全公开，开发人员可以掌握所传递信息在整个系统中的集成；
- 最后，用户还可以通过二次开发定制界面。

虽然 ETABS 本身并不能提供 BIM 所要去的全过程、全专业的信息共享，但通过这些接口，ETABS 可以打包为 BIM 产品的一个模块，用于基于 BIM 的系统集成开发应用，如图 8.2.9 所示。

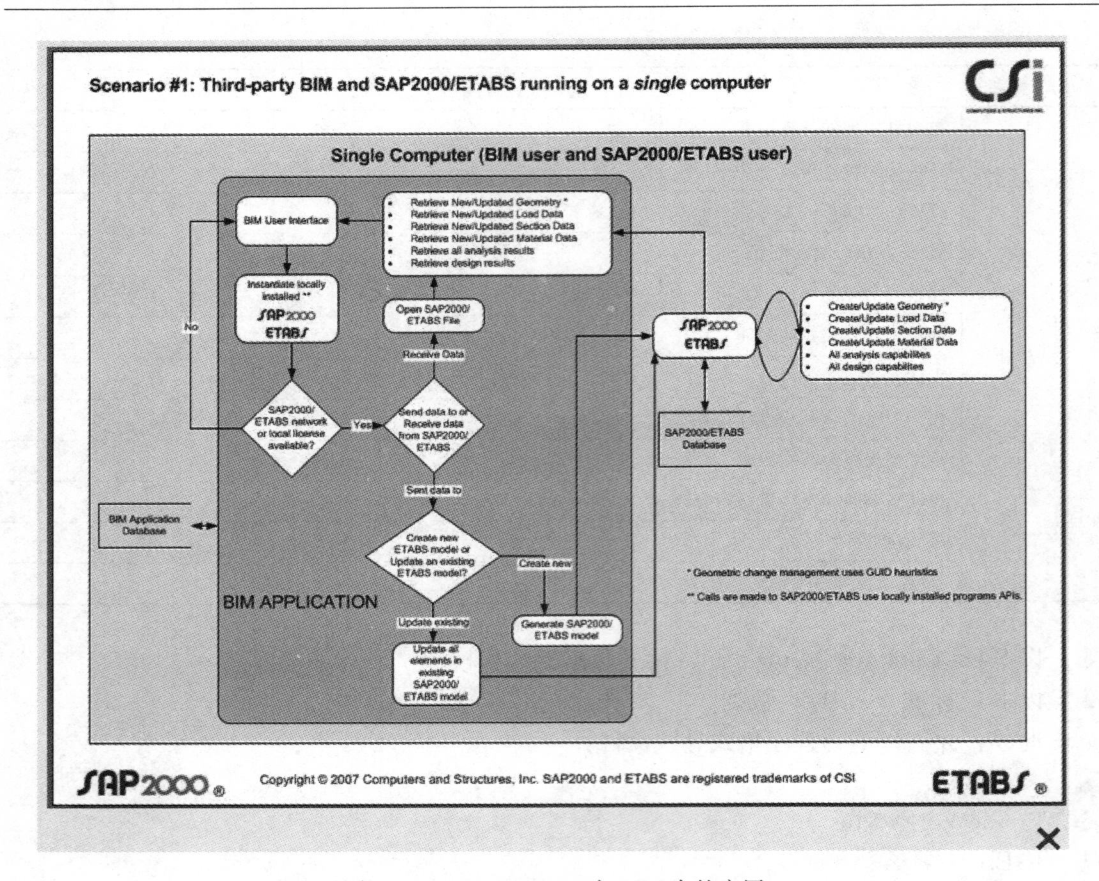

图 8.2.9　ETABS2013 在 BIM 中的应用

8.2.3　CSI/ETABS 软件的特点

ETABS 自进入国内以来，一直被作为建筑结构中力学分析结果的标杆，其稳定可靠的分析结果被广大工程人员所公认，因此很长时间以来被作为超高、超限工程的校验以及弹塑性分析的首选。但由于其在易用性和设计中规范贯彻的不足，一直不能得到广泛的推广应用。新版本 ETABS2013 在操作界面以及求解功能上均有质的提高，规范条文的细化工作也将非常有助于在设计工作中的应用。

8.3　MIDAS/Building 软件

8.3.1　MIDAS/Building 软件简介

MIDAS 软件系列产品于 20 世纪末进入国内市场，其软件产品最初以针对桥梁和其他土木工程的通用力学分析为主，因此在建筑结构领域，多年以来很多工程师仍习惯于仅用 Gen 模块对复杂结构进行力学分析，但由于 Gen 中建模等概念与国内建筑结构设计仍有较大差距，且在应用时对用户的要求较高，而同类产品中还有 SAP2000，因此应用范围较小。为了迎合国内设计人员的习惯，MIDAS 公司推出了专门针对高层建筑结构的解决方案 Building。与 Gen 模块不同，Building 在建模中引入了清楚的层以及塔的概念替代 Gen 组的定义，工程概念更加清楚，此外也包含了设计中的墙柱、墙梁和边缘构件等设计属性，因此在易用性上有了很大改进，其操作界面如图 8.3.1 所示。

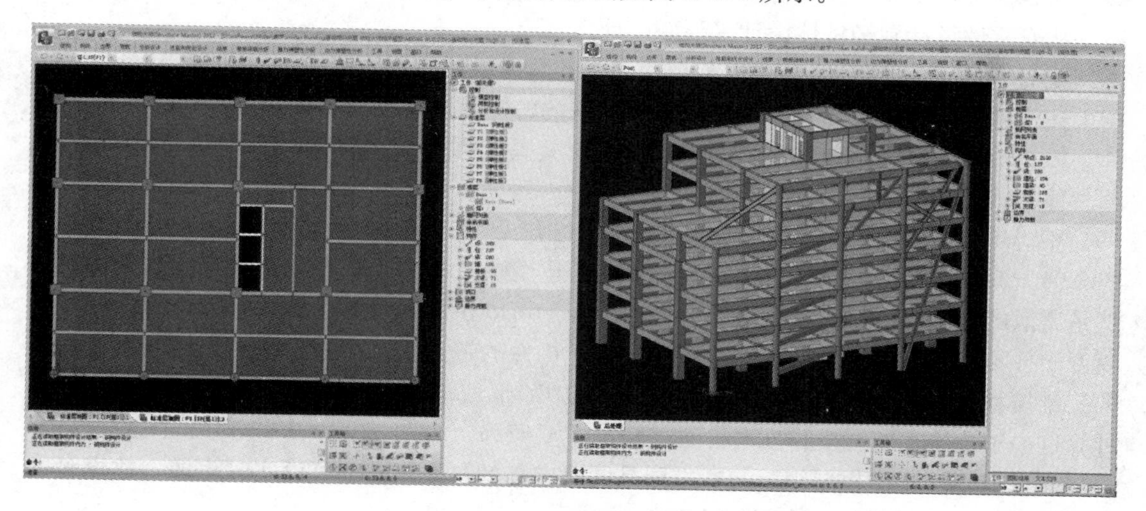

图 8.3.1 Midas/Building 界面

Building 自推出以来，在操作的便捷性和规范的贯彻上不断发展，在设计理念上，除了兼顾层的概念外，Building 在操作上还保持了与通用有限元软件一定的相似性，因此很快被众多年轻设计人员接受。

这其中包括针对 PKPM/SATWE 只能以标准层建模方式的不足，Building 在支持以标准层为主的快速建模同时，可以实时切换到三维空间建模，这使 Building 在处理一些形式更为复杂的工程时更为简便，如跃层支撑、错层以及体育场馆等形式的特殊结构。

另外，Building 作为一个一体化软件，将建模、分析、设计与施工图等结构相关各项功能打包到一个软件模块下，这其中也包含了静力弹塑性、动力弹塑性、基础和工具箱等功能。相比于 PKPM/SATWE 只完成单一分析设计功能，其余功能需要切换到其他模块的做法，这种整体的设计思想，直观上具有更加友好的界面和便捷的操作流程。

在设计结果的表达上，Building 借鉴了很多 SATWE 的表现形式，因此对于熟练使用 SATWE 的工程人员来说，不需要花费太多时间去查找所需要的结果，可以在较短时间内掌握该软件。

Building 的计算内核中包含了 Gen 的大部分功能，但从使用情况上看，Building 除了增加层等结构设计概念，结合规范实现指标验算和构件设计外，在计算分析上的能力仍然较 Gen 有较大差距。

8.3.2 MIDAS/Building 软件的主要功能

MIDAS/Building 包括建模师、结构大师、基础大师、绘图师、详细分析、非线性分析、校审和优化设计八大主要模块，其中结构大师与基础大师为基本模块。整套产品定位于为结构工程提供一套基于大量网络技术的整体解决方案。

在设计流程上，可以做到：

- 从上部结构接力到下部基础；
- 从整体分析到详细分析（转换梁、剪力墙、楼板）；
- 从线性分析到非线性分析（静力、动力）；
- 从安全性设计到经济性设计（限额设计）。

相对于 PKPM/SATWE 与其他模块之间的数据联系与程序架构，MIDAS/Building 中的上述模块之间在视图与操作上具有更加良好的整体性。

Building 的结构分析与设计模块推出之后，其操作的便利性很快得到设计人员的认可。

1. 建模功能

相对于 PKPM/SATWE，Building 的标准层以及楼层组装概念略有不同，以 PKPM2010 新规范 V1.3 版本为例，在 PKPM 的建模模块 PMCAD 中，其最后的数据对象仍然是离散的标准层模型和楼层组装表，因此虽然可以在建模中查看楼层组装结果，但实际模型中并不存在真实的三维模型，即使在特殊构件的定义中操作对象仍然是标准层，真正的三维模型是在进入 SATWE 的数据前处理中才形成的，这是限制 PMCAD 接 SATWE 计算这一解决方案不能支持实时三维建模的主要原因。

而在 Building 中楼层组装与标准层是同时定义的，空间模型可以实时生成，建模可以很方便地在标准层和空间模型之间切换。

图 8.3.2 和图 8.3.3 所示分别为 PMCAD/SATWE 和 MIDAS/Building 楼层组装与标准层模型。

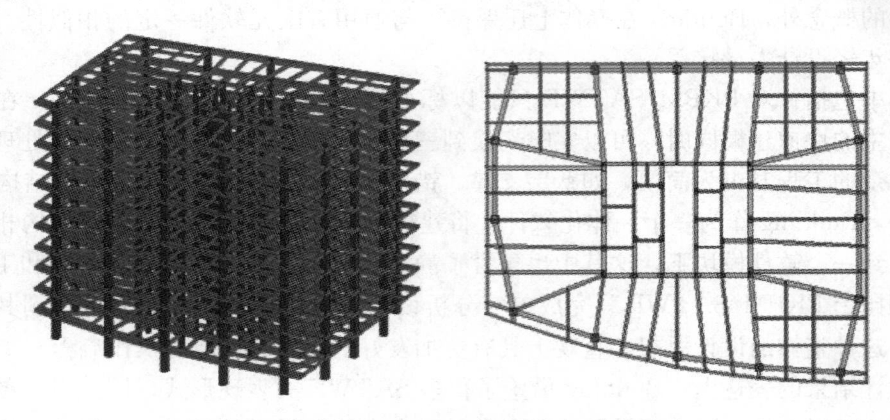

图 8.3.2 PKPM/SATWE 标准层与楼层组装

图 8.3.3 MIDAS/Building 标准层与楼层组装

虽然 PMCAD 在退出时会进行上下层连接的数据检查，但在图 8.3.2 所示楼层组装图中并不包含上下层之间的连接结点。

两者相比，在数据结构的管理上，PMCAD 结点及构件定义均打包在标准层中，而 Building 标准层中不再包含结点和构件，而是在建模过程中为每个自然层根据楼层组装生成了结点及构件基本信息。同时，可以看出 Building 所采用的建模方式并不是通用有限元软件的三维建模方式，而是一个介于平面标准层建模和三维建模之间的一种折中方式。一方面，在这种条件下，虽然建模中输入的结点并不具备真实的空间 z 坐标，而只是具有相对于楼层的高差，构件也不可能由空间结点定义，但这种数据结构已经可以支持空间建模，便于建立形式更加复杂的模型；另一方面，由于淡化了标准层概念，因此在方案阶段如要反复修改楼层组装，也必然会牺牲一部分便利性。

2. 网格剖分

MIDAS/Building 剪力墙的网格剖分是基于墙柱墙梁的网格剖分，即在网格剖分前首先沿洞口进行了分割，因此可以保持墙柱墙梁的边界。在局部剖分域内采用映射网格，当无法保持公共边界的协调时则采用三角形单元过渡，因此对于复杂情况可能会包含较多的三角形单元。

3. 反应谱分析

MIDAS/Building 的反应谱分析方法独具特色。当采用反应谱方法计算地震作用时，根据新版的《建筑抗震设计规范》中单向水平地震作用的扭转耦联效应计算公式：

$$S_{Ek}=\sqrt{\sum_{j=1}^{m}\sum_{k=1}^{m}\rho_{jk}S_jS_k} \tag{8.3.1}$$

$$\rho_{jk}=\frac{8\sqrt{\xi_j\xi_k}(\xi_j+\lambda_T\xi_k)\lambda_T^{1.5}}{(1-\lambda_T^2)^2+4\xi_j\xi_k(1+\lambda_T^2)\lambda_T+4(\xi_j^2+\xi_k^2)\lambda_T^2} \tag{8.3.2}$$

其中 ξ_j、ξ_k 分别为 j、k 振型的阻尼比。

上式中考虑振型之间的耦联时，考虑了不同振型的阻尼比差异的影响。但在实际应用中，通常情况下均按简化方法处理，即对混凝土结构的阻尼比取为 5%，钢结构的阻尼比取为 2%，混合结构取为 4%。这种阻尼比的选择方法没有考虑不同材料的比例以及材料布置的位置，因此具有一定的近似性，但对于结构基本振型的阻尼比一般误差不大，且由于结构的高阶振型阻尼比逐渐增大，因此采用统一阻尼比的做法一般会使得计算结果更加偏于保守。

在 Building 的反应谱分析中可以对不同的材料单独指定阻尼比，并在计算时选择"考虑不同材料的阻尼比"，如图 8.3.4 所示。

Building 中的这种方法，在定义不同材料阻尼比的情况下，可以采用振型阻尼比，得到的阻尼矩阵更加准确，结构高阶振型的计算结果也更加合理。

除此之外 Building 在特征值分析时，还可以在用户选择控制有效质量系数情况下，自动确定振型数的功能，如图 8.3.5 所示。

这在很大程度可以避免因为有效质量系数不够而导致的重复计算，以及由于忽视有效质量系数问题导致结构响应估计不足，以及错误的内力调整。

4. 转换梁、转换墙

转换梁以及转换墙作为结构中的关键构件，其分析的精度与设计结果至关重要。按照规范规定，此类构件除了常规的截面设计外，当框支梁承托剪力墙并承托转换次梁及其上

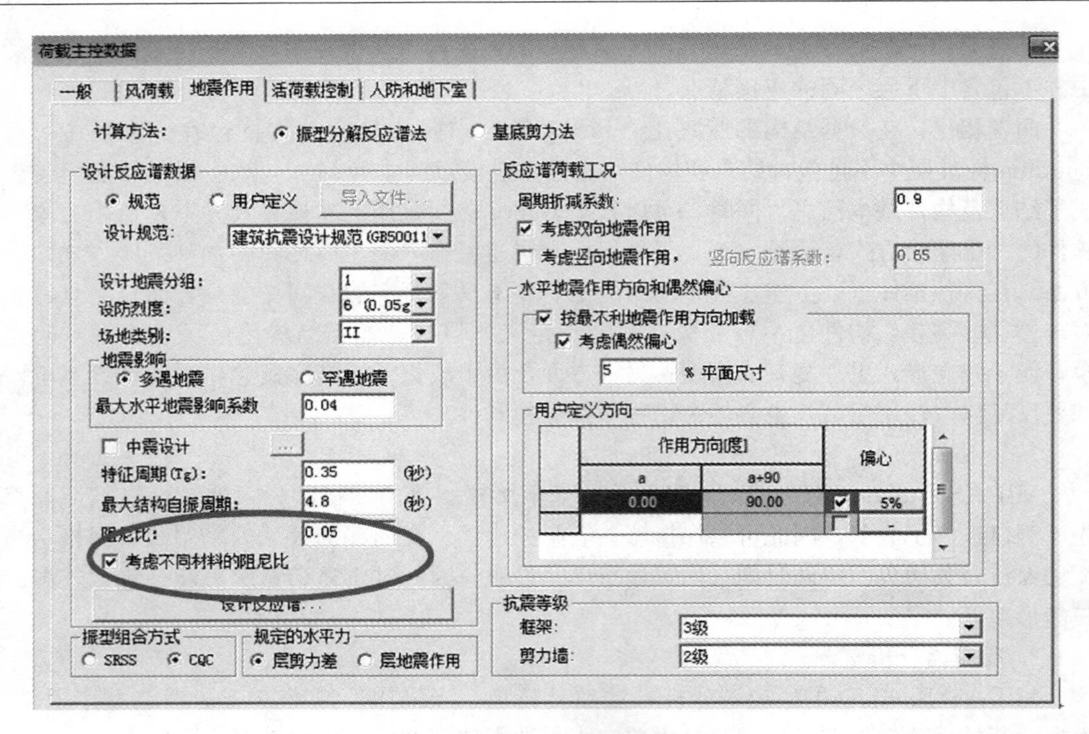

图 8.3.4 MIDAS/Building 考虑不同材料阻尼比

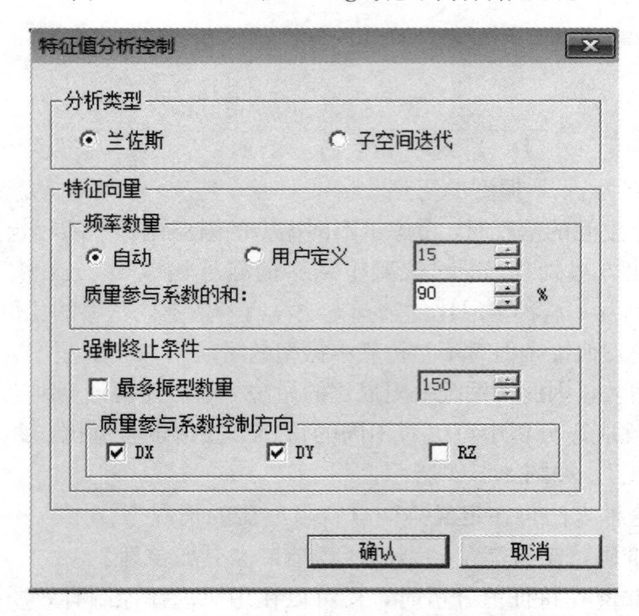

图 8.3.5 MIDAS/Building 指定质量参与系数

剪力墙时，尚应进行应力分析，并按应力校核配筋。在实际模型中虽然转换梁的构件基本设计属性是梁，但由于其高度较大因此变形一般并不满足平截面假定，如果按照梁单元计算往往会存在较大的计算误差，另一方面，由于实际情况是转换梁的梁顶面与上部墙体底部变形协调，而有限元的计算模型却一般采用的是梁中性轴与剪力墙底部协调，这使得计算中梁对墙的变形约束作用偏小，导致计算得到的转换梁内力和配筋结果偏小。

为了解决这个问题，在实际设计过程中，通常情况需要对含转换梁的模型进行两次计算，即分别采用壳模型完成除转换梁之外的构件设计，再采用梁模型并考虑梁的刚度放大完成转换梁的设计。但这种两次计算的设计方法仍然不能得到准确的转换梁设计结果，这是由于转换梁刚度放大系数的影响因素太多，很难确定取值的大小。更加准确的做法是对转换梁采用壳单元分析，通过应力积分得到截面力，并按梁进行截面设计，和应力校验。Midas/Building 中转换梁的计算模型如图 8.3.6 所示，除了对转换梁采用了细分壳元模型外，还实现了转换梁中单元与上部剪力墙中单元的协调，以及细分转换梁单元与转换柱的变形协调，因此，在弹性分析与设计中相对于梁单元模型更加准确合理。

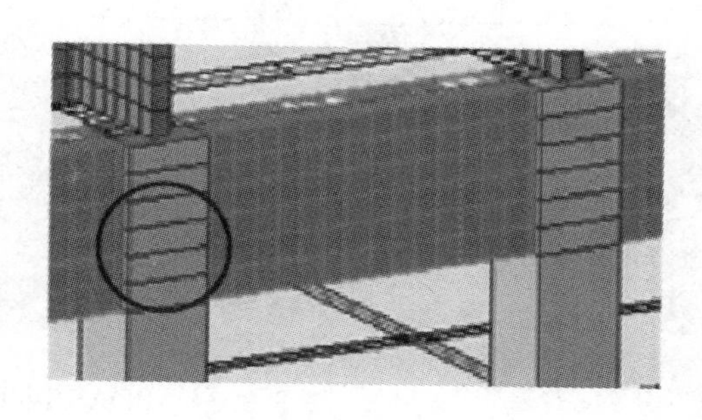

图 8.3.6 MIDAS/Building 转换梁计算模型

5. 活荷载不利布置

按照规范要求，当活荷载超过 $4kN/m^2$ 时，必须要考虑活荷载的不利布置。由于活荷载不利布置的计算量较大，因此为了简化计算，一般软件均采用单层模型，只考虑活荷载不利布置对本层构件的影响。

在 Midas/Building 中允许用户在考虑活荷载不利布置时对计算模型进行定制，指定活荷载不利布置的间隔楼层，如图 8.3.7 所示。

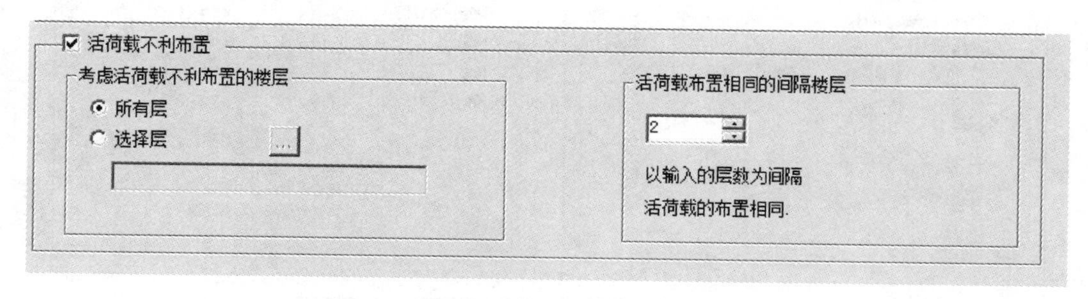

图 8.3.7 MIDAS/Building 活荷载不利布置

并以此生成独立分析模型，如图 8.3.8 所示。

这种可以定制的活荷载不利布置计算方法可以考虑相邻楼层，甚至相距更远的楼层之间的相互影响，因此得到的结果更加准确。

6. 性能设计

在 2010 新版规范中，突出强调了性能设计方法，并将性能设计分为四个目标。Midas/Building 在国内设计软件领域率先实施了性能设计的概念，提供了性能设计模块，用户可以

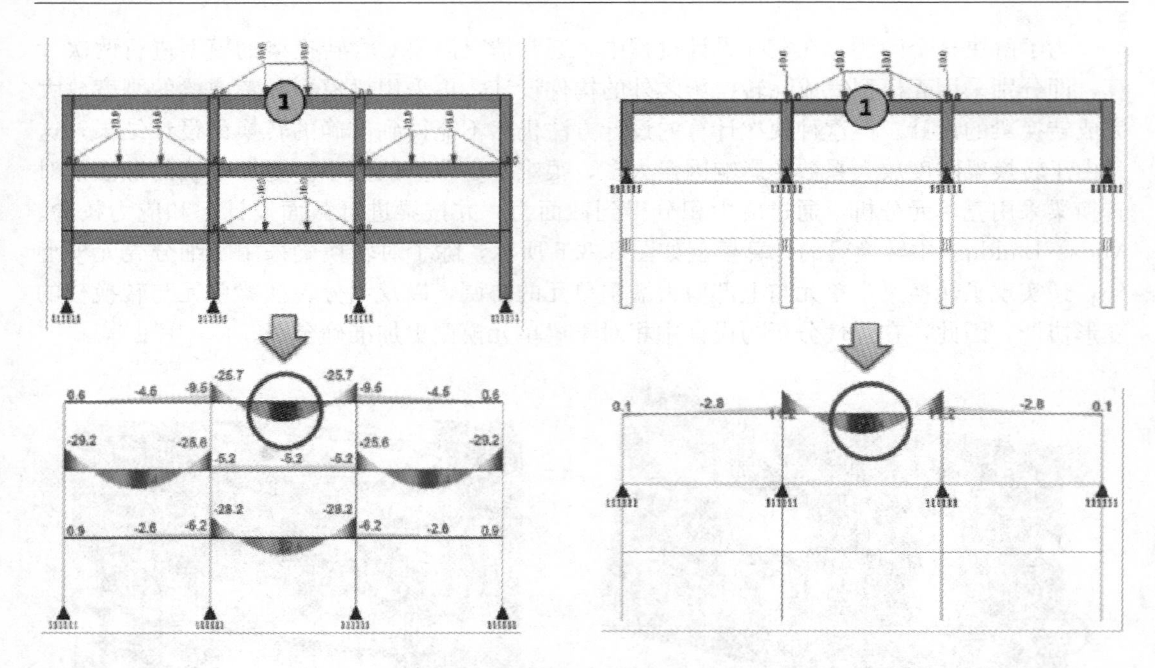

图 8.3.8 MIDAS/Building 活荷不利布置计算模型

为结构定制性能设计目标，这相对于在其他软件中要通过多次计算并由设计人员自行组织设计结果，是一个很大的进步，其部分定制菜单如图 8.3.9 所示。

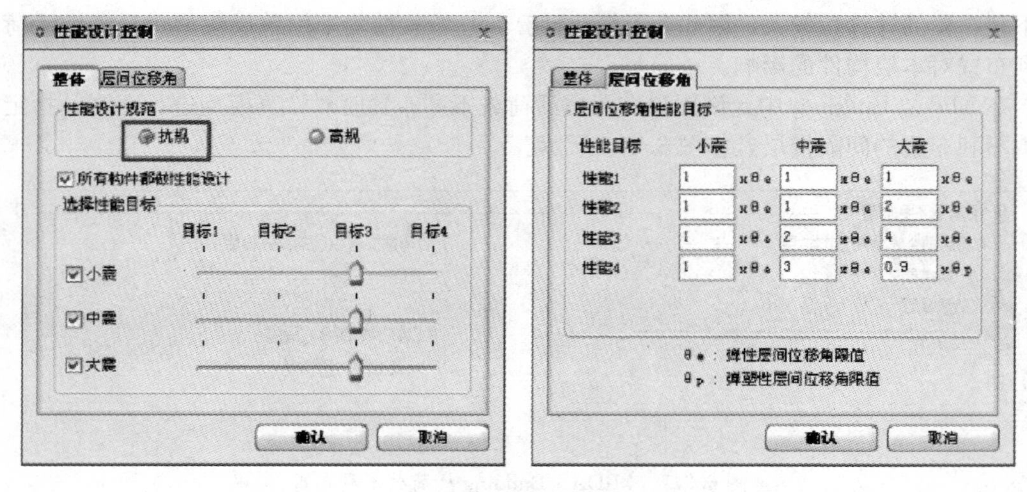

图 8.3.9 MIDAS/Building 性能设计

7. 校审功能

针对设计中各种超筋超限数据散落在各种不同类型的结果中，不便于设计人员整理以及审图人员审查的问题，MIDAS/building 提供了自动校审功能，并可以由用户定制校审选项，对参数、荷载、材料、截面和布置、分析、设计甚至经济性进行校审，对于设计人员从整体上把握自己的设计结果具有很大帮助。定制菜单如图 8.3.10 所示。

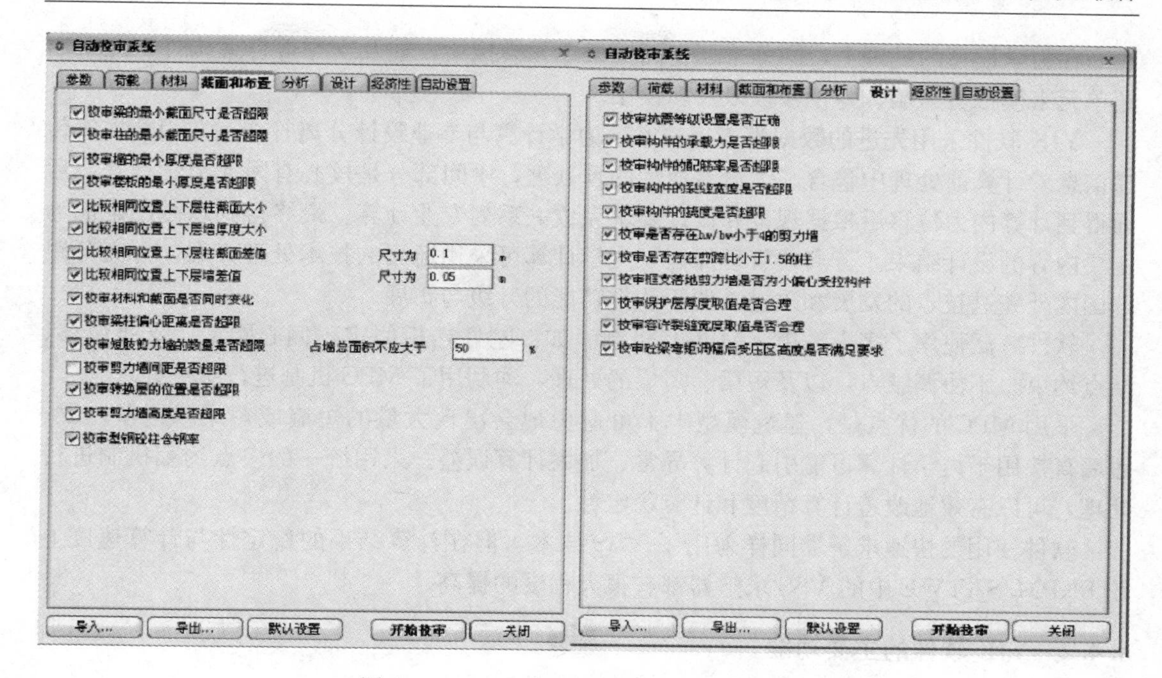

图 8.3.10 MIDAS/Building 自动校审设置

8.3.3 MIDAS/Building 软件的特点

MIDAS 在其软件产品 Gen 基础上开发的 Building 产品，作为建筑结构的整体解决方案，集成了 PKPM/SATWE 和 ETABS 的部分特点和优点。在计算分析功能上虽然较 ETABS 尚有不足，但与 SATWE 相比可以解决更加复杂的问题，尤其是增加了类似转换梁等的精细计算模型，指定有效质量系数控制振型数等对设计人员很实用的工具。另一方面，Building 在规范的细节掌握和结果表达上较 ETABS 丰富便利很多，但相对于 SATWE 等国产软件还有一定差距。

8.4 YJK 软件

8.4.1 YJK 软件简介

YJK 软件是由盈建科软件开发有限公司于近几年开发的结构分析与设计软件，是我国目前影响较大的软件中最年轻的软件产品，相对于其他同类软件几十年的发展历史，YJK 的历史只有短短几年。但作为一款全新设计的软件产品，YJK 采用了多种最新的技术，包括全新的 Ribon 界面，全新的数据管理形式，全新的程序架构以及更加先进的算法等。YJK 软件自上市以来，由于其在操作流程上借鉴了广大设计人员所熟知的 PKPM/SATWE 的思想，因此很快被广大设计人员所接受。

软件虽然同样定位于专业结构分析设计软件，但在建模方式上突破了 PKPM 平面建模的思路，采用平面与空间相结合的方法便于复杂工程模型的创建，即保持了标准层的方便优势，又支持了空间操作。

在力学模型的处理上，同样采用空间框架单元模拟梁、柱及支撑等杆系构件，并采用超单元来模拟剪力墙、弹性楼板以及转换梁。

YJK软件采用先进的数据库管理技术，力学计算与专业设计分离管理，并用数据库传递信息。计算前处理中包含了大量专业性的预处理，中间部分是核心有限元力学计算，后面得到计算内力位移后根据规范和设计要求完成一系列专业计算。最终得到以截面配筋为主要内容的设计结果。分离式管理保证了力学计算可采用通用的技术处理方案，并充分跟踪国内外先进技术的发展和改进，便于软件功能的升级与扩展。

软件广泛使用了多点约束（MPC）机制。如：刚性楼板假定、偏心刚域、支座位移、结点约束、不协调结点，以及短梁、短墙的处理，均利用了MPC机制进行统一处理。

采用MPC的优点是，建筑模型中不可避免地会出现大量的短墙或短梁，这些短梁、短墙直接用于力学计算可能引起计算异常、加大计算误差。采用统一的多点约束机制进行处理，可以有效地改善计算精度和计算稳定性。

软件使用的快速求解器同样采用了VSS技术，但在计算结果的稳定性与计算速度上较PKPM/SATWE中的VSS求解器都有很大程度的提高。

8.4.2　YJK软件的主要功能

1. 模型与荷载自动转换为计算所需数据

软件自动实现原始用户模型到计算模型的转化。包括各层构件之间在空间上连接和打断，自动归并、对荷载自动导入和调整，自动识别构件的属性，如把各层楼板自动转换成刚性楼板或弹性板，识别框架或非框架连续梁属性，根据属性给梁的刚度放大系数、扭矩折减系数、抗震等级赋值和确定弯矩调幅梁等，识别地下室外墙，识别错层柱、层间梁，计算柱的计算长度系数等。

对于多塔结构，软件可以实现多塔中各个分塔的自动划分。

2. 对剪力墙和弹性楼板自动划分单元

软件对剪力墙计算同样采用了由壳元凝聚的墙元模型，并自动对剪力墙按照一定的尺寸细分成壳单元，划分时考虑墙上开洞、洞口上墙梁、上下层错洞口、上下层墙不对齐等状况，并考虑了剪力墙、墙梁内力配筋的需要。

软件在单元划分时优先使用矩形单元，尽量少用三角形单元，单元大小分布较为均匀。软件把剪力墙与剪力墙之间的上下边界结点和侧向边界结点均作为出口结点，从而实现边界协调，保证了结构的连续性和计算结果的合理性。但对于相距过近的结点（如小于500mm）可以不协调，并通过MPC机制计算处理这种个别不协调单元。软件适应各种墙的布置情况，如坡屋顶墙、错层墙、长墙等。并可以对墙梁自动加密，以便更精确地计算墙梁的内力。

对于弹性楼板也实现自动划分单元，并保持楼板与剪力墙相接处划分的单元一定程度的连接协调。

3. 质量与恒、活荷载

在质量的处理上，YJK采用了与SATWE相似的质量处理方式，即将竖向构件的质量堆积到构件上部结点，这些结点对于规则结构即为楼层平面内结点。

YJK软件对恒载同样提供了3种模拟施工计算方式，即一次性加载、模拟施工1和模拟施工 3，用户可根据实际情况灵活选用，相应施工模拟的算法与 SATWE 相同。软件可以自动根据结构特点（如跃层构件、转换层等）生成合理的施工次序，同时用户可以直观方便地进行调整。此外 YJK 软件可以支持对单个构件指定施工次序，这相对于分层的施工模拟，可以更好地模拟实际施工过程中复杂情况，如筒体结构先施工核心筒部分而后才施工外框部分情况，以及网架等特殊形式的钢结构。

4. 风荷载

软件提供一般风荷载和精细风荷载两种算法。

其中一般风荷载的算法是与 SATWE 中的算法一样，是一种相对简化的算法。它假定迎风面、背风面的受风面积相同，体型系数取用户输入的迎风面与背风面体型系数之和。同时也假定了每层风荷载作用于各刚性块的质心和所有弹性结点上，楼层所有结点平均分配风荷载。这种简化算法适用于比较规则的工程。

精细风荷载算法则相当于 SATWE 中的特殊风荷载，可以更准确体现规范的算法。精细风荷载将结构的体型系数细分为迎风面体型系数、背风面体型系数、侧风面体型系数，同时还增加了挡风系数。各层的水平精细风荷载是自动生成的，它们作用在软件自动找出的每层周边的杆件结点上。

在精细风荷载计算方式下可以计算竖向风荷载，用户可输入屋面风荷载参数，软件可自动生成屋面的风荷载并加载到屋面梁上。

5. 地震作用

软件按照振型分解法计算地震作用。其中，软件对地震偶然偏心计算，除提供常用的等效扭矩法外，还提供瑞利-里兹投影反射谱法，其内力结果优于等效扭矩法法，并且计算开销更小。

6. 其他荷载与作用

软件可以计算的荷载类型除了常规恒载、活载、风荷载、地震作用、人防荷载、吊车荷载、温差效应外，还包括指定位移和刚度等，从而使软件可以适应多种结构类型、满足多种建筑功能的设计需要。

7. 约束

除了求解器外，约束是 YJK 软件相对于其他国产 CAD 软件在计算内核上一个很大的改进。国内软件虽然在设计中对规范的理解和掌握要领先于国外引进的软件，但在计算分析功能上一直处于落后状态，YJK 中相对丰富的约束形式很大程度上改善了这种局面。常规的自由度释放之类约束已经被用户所熟知，除此之外，大多数复杂的约束一般由软件自动实现，如边界的线束缚，刚性杆、偏心等引起的刚性约束等，此外还给用户开放了局部坐标系下的单点约束和两点约束，用于处理特殊情况下的连接，如图 8.4.1 所示。

8. 连梁的计算模型选择

连梁作为地震作用下的主要耗能构件，其设计结果对结构的实际抗震性能有很大影响，通常情况下，连梁计算模型的差别会导致计算结果有着明显的变化，这一方面是由连梁的受力形式较为复杂引起的，但更重要的是壳单元与梁单元的计算假定和适用条件，这种计算模型的选择对多数工程师来说恰恰是比较困难的。YJK 软件对此进行了自动判断和处理，包括：

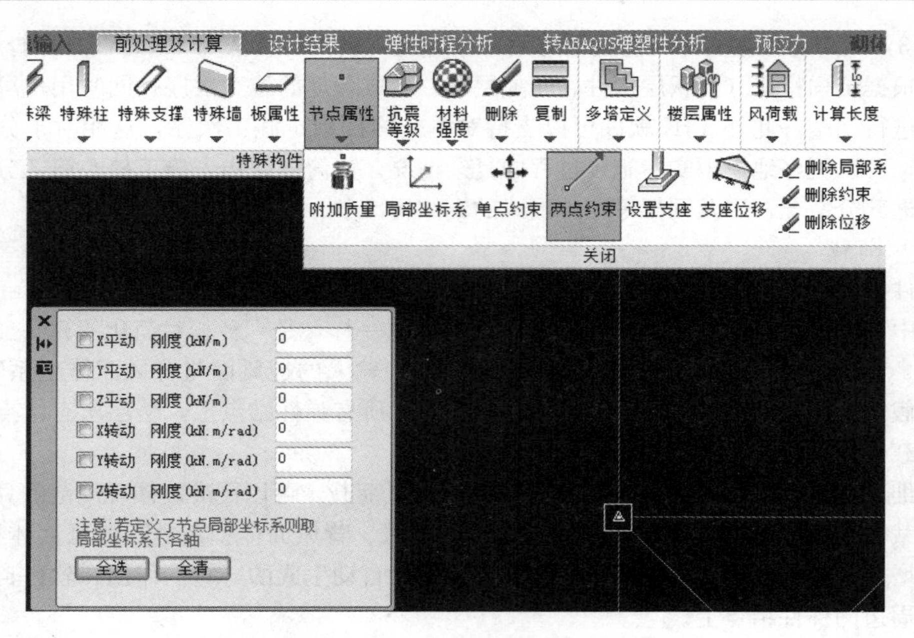

图 8.4.1　YJK 软件约束定义

（1）软件对于跨高比小于等于 5（参数设置可调）的按照框架梁布置的剪力墙连梁自动按照墙元计算，对这样的框架梁按照墙的处理方式自动划分单元，用细分的壳单元计算。这样的处理结果更加符合实际情况，并使这样的剪力墙连梁无论是用剪力墙上开洞口输入，还是用框架梁输入方式的计算结果是相同的。

（2）软件对转换梁自动采用墙单元计算：对转换梁采用梁单元计算时，将上部剪力墙和梁的中和轴位置相接，这样使梁的计算刚度大大减少而不能得到正确计算结果。鉴于转换梁结构的重要性，本软件对转换梁自动按照墙单元计算，软件对转换梁按照墙那样细分成壳单元，并使其梁的上皮和上部的托墙连接，计算模型与真实模型更加接近，力学分析更加合理。同时软件对转换梁仍按照梁的方式输出内力和配筋。

9. 多模型分析设计

多模型的概念包括：

（1）通常情况下，规则结构的位移比、周期比等指标的验算，一般建议采用刚性楼板模型，这时可以忽略结构中局部不规则的影响，得到结构真正的整体响应，而对构件进行内力分析与设计时这种刚性楼板假定一般不再适用；

（2）对于多塔结构，由于规范一般建议对裙房仅取有效影响范围参与主体的计算，因此单塔模型与多塔模型的结果宜取包络；

（3）当结构存在地下室并指定嵌固端时，一般建议分别计算含嵌固端以下模型和不含嵌固端以下两个模型并取包络结果；

（4）当结构按照性能目标设计时，需要对结构分别按照小震、中震、大震进行分析设计。

YJK 中在建立多塔结构的模型时，按各塔、各层模型是统一输入至相同的标准层中还是分别输入至独立标准层中，分为共用标准层与广义层两种。无论使用哪一种建模方式，或者两种建模方式混合应用，软件都可以完成对多塔中各分塔的自动划分。软件中的“多塔定义”即是对多塔模型进行分塔的过程。

软件根据各层梁、墙的布置状况，可以自动搜索出由梁、墙组成的各个塔单元的最外围轮廓并适当外扩，这个轮廓线就是各个塔划分的边界线。对于布置复杂混乱的平面也可以实现各塔归属的自动划分，如对于跃层柱、跃层支撑，软件根据它们在上下相邻层的关系即可正确判断出它的塔号。软件可对各个分塔按照规范要求实现单塔模型的提取和单独计算。用户可在三维简图上清晰看到软件自动划分多塔及各单塔模型自动提取的结果，并可人工干预修改。自动划分多塔功能省去大量人工定义的工作，效率高、计算准确。

用户可将全部多塔连在一起整体建模，软件可自动实现按整体模型和各塔楼分开的模型分别计算，并采用较不利的结果进行结构设计。对其中的每个塔按照规范的要求自动切分成单个塔，然后连续地分别进行各塔的单塔计算和全部多塔连在一起的整体计算，最终对各个单塔配筋设计时采用整体计算和各单塔计算的较大值。

软件将各个单塔的计算结果放置于按照单塔名称分类的子目录，对于截面配筋以外的其他计算结果，用户可方便地从分体模型或整体模型中找到需要的计算结果。

8.4.3 YJK软件的特点

YJK软件继承了之前主流设计软件的众多优点，如PKPM/SATWE的操作思想，其最大的特点就是只要用户已经掌握PKPM/SATWE就可以直接使用YJK。在界面形式上除了借鉴了MIDAS的界面形式外又与当前盛行的Ribon风格菜单相结合，因此操作快捷且具有良好的视觉效果。另一方面，作为一款国产设计软件，YJK深入掌握了各种规范细节在软件中的贯彻。相对于SATWE在计算分析方面的短板，YJK封装了全新而且独立的计算内核，增加了较为丰富的约束定义，并最早推出具有更高效率方程组以及特征值64位求解器，使计算效率在这些软件的主流版本中达到领先水平。但随着SATWE2.1、ETABS2013以及MIDAS/Building新版中64位并行求解器的陆续推出，YJK求解器的优势可能不再明显。

8.5 CSI/SAP2000软件

8.5.1 CSI/SAP2000软件简介

SAP2000是一个定位于土木工程的有限元分析软件，因此适用于形式多样的结构分析，包括体育场馆、塔桅结构、工业电厂、海上结构、管线系统、高层建筑、大坝、岩土、甚至可以处理机械部件等众多类型问题。虽然SAP2000具有与ETABS几乎完全相同的计算内核，但由于定位于更通用的有限元分析，因此不具备楼层等建筑结构属性，而只有更宽泛的组（group）的定义，在构件的定义中也不再提供梁、柱、撑、墙、楼板的属性，以及墙柱、墙梁、边缘构件等设计概念。用户所建立的构件是普遍意义的一维构件和二维构件，即梁或者壳。

SAP2000所具备的分析功能与ETABS也几乎完全相同，不同之处是，SAP2000需要或者允许用户直接建立和干预有限元模型，如由用户完成网格剖分，并自行定义几乎所有约束，这需要用户具备一定的有限元与力学知识，且软件定位于分析，因此实现的规范较少，如设计方面对混凝土只能进行一般框架的设计，其他较为复杂的构件设计如墙柱、墙梁等则无法实现，用户得到的结果主要是以结点和单元的形式表现，如要得到基于截面统计或者组的统计则往往需要自行积分等操作。

随着ETABS的发展，SAP2000已经逐渐退出民用建筑领域，其应用主要集中工业建筑和桥隧等形式的非规则工程。

8.5.2 CSI/SAP2000软件的主要功能

1. 建模功能

SAP2000作为有限元结构分析程序，它的模板中提供了工程中常见的结构形式模型以及许多普通程序无法实现的复杂模型，如桥梁、拱坝、水箱和高层建构筑物等。软件采用了基于视窗的图形化界面，在这个可视化界面中可以利用这些预设的模块库快速建立模型。一般在选定模型后，只需要将对应的一些数据改变一下，就可以在短时间内建立用户所要的建筑模型，这相对于其他通用有限元软件更加快捷方便。

在SAP2000中建模，实际结构单元用对象来体现，先定义出所使用的材料性质，如钢材（steel）、混凝土（concrete）和铝材（aluminum），再在图形界面中画出对象的几何分布，然后指定荷载和属性到对象上建立实际构件模型。程序包含下列对象类型：点对象、线对象、面对象、实体对象。在各个SAP2000版本中，由于面向对象技术的出现，建模时无需像以前那样，把模型划分为足够细的单元进行分析，而只要给出结构的基本框架即可。因为当运行SAP2000进行分析时，程序自动将建立的面对象的模型转换成基于有限元的模型。这种基于有限元的模型称为分析模型，它由传统的有限元单元和结点构成。在分析结束后把分析的结果又传回面向对象模型。用户可以控制网格划分，如细分的程度，以及如何处理相交单元的连接等。用户可以手工对模型进行网格划分来做到对象和单元的一一对应。

从以上可知，在SAP2000中建模的一般原则是，对象的几何特性应与实际构件相对应，这样可以简化模型并有利于设计过程。同时，图形界面中亦提供多种有效工具去建立模板中未给出的其他结构模型，甚至可利用内定基本模型及最佳设计去修正模型。

SAP2000具有非常丰富的接口，其中最主要的是其可以直接导入RAVIT Structure的.exr文件和AutoCAD的.dxf文件。此外，其自身的.s2k文件格式简洁明了，许多工程师都可以通过自己编写程序形成.s2k模型文件。因此SAP2000可以非常方便地用于已有模型进行有限元分析结果的校验。

2. 网格剖分

SAP2000采用了与ETABS相同的剖分方法，即一般情况下在单个剖分域内进行映射剖分，并通过约束实现公共边的协调。在指定单个剖分域的网格剖分时也可以指定约束条件实现自由网格剖分，如图8.5.1所示。

这种自由网格剖分具有更强的适用性，但需要用户更多的干预，在实际操作中不够方便，因此多数用户仍趋向于采用映射网格。由于SAP2000并不提供类似于其他设计软件的开洞概念，因此在处理开洞墙的网格剖分时更加困难。

3. 质量及恒、活荷载

SAP2000采用通用有限元模式计算质量，这点与ETABS不同，在ETABS中提供选项允许用户选择是否将质量作用在楼层平面处，SAP2000中采用了集中质量阵将质量作用在每个单元结点，这种方式统计的质量与集中到楼层平面处方法统计的结果不同。质量阵中只考虑结点平动质量，这种做法相对于一致质量阵在多数情况下其误差可以忽略。将质量作用在每个单元的结点上时，会使得求解的振型包含更多的局部振动，这对于用反应谱方法进行地震作用分析时，无疑需要采用更多的振型以达到足够高的有效质量系数，但可以更加准确地了解结构细部的响应。

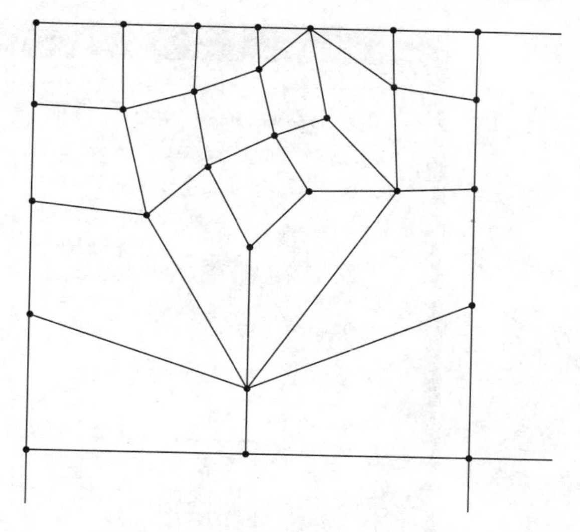

图8.5.1　SAP2000自由网格剖分

SAP2000可以对重力荷载进行施工模拟分析。在施工模拟中，SAP2000通过生死单元的技术允许用户灵活定义施工步，并可以考虑材料的时间效应，包括龄期、收缩和徐变，在分析中也可以选择是否考虑材料非线性或者几何非线性，以及边界条件的变化，施工模拟的最后状态可以作为其他分析工况的初始条件。

因此SAP2000的模拟施工同ETABS一样，是按照非线性考虑的多步骤计算，而不是多步线性的直接叠加。

4. 风荷载

SAP2000中虽然提供了类似欧洲规范形式的定义风压力系数的方法计算风荷载，这一点与国内设计软件中定义体型系数后自动按照规范计算作用在结构上的风荷载的功能不同，为了解决这个问题，当采用刚性楼板模型时，可以采用一般设计软件的简化做法，即直接把风荷载作用到刚性楼板上，否则可能与国内规范的计算结果存在较大差异。

5. 地震作用

SAP2000中提供了反应谱分析功能，且包含了新版规范中的反应谱定义，如图8.5.2所示。

在处理地震作用效应的组合时，用户可以选择常用的CQC方法或者SRSS方法，此外还提供CQC3等多种方法。其输出结果包括底部反力和振型参与系数等。

6. 其他特殊荷载与作用

SAP2000中除了常用的结构荷载形式外，还支持各种移动荷载的分析，这些移动荷载通过定义荷载路径和荷载形式实现，主要用于桥梁的分析，但也可用于建筑结构中楼板的一般动力激励分析。

7. 分析功能

SAP2000程序有别于其他一般结构有限元程序的最大特点就在于它的强大分析功能。SAP2000中使用许多不同类型的分析，它基本上集成了现有结构分析中经常遇到的方法，如时程分析、地震动输入、动力分析以及Push-over分析等等。另外还包括：静力分析、用特征向量或Ritz向量进行振动模式的模态分析、对地震反应的反应谱分析等等。这些不同类型的分析可在程序的同一次运行中进行，并把结果综合起来输出。

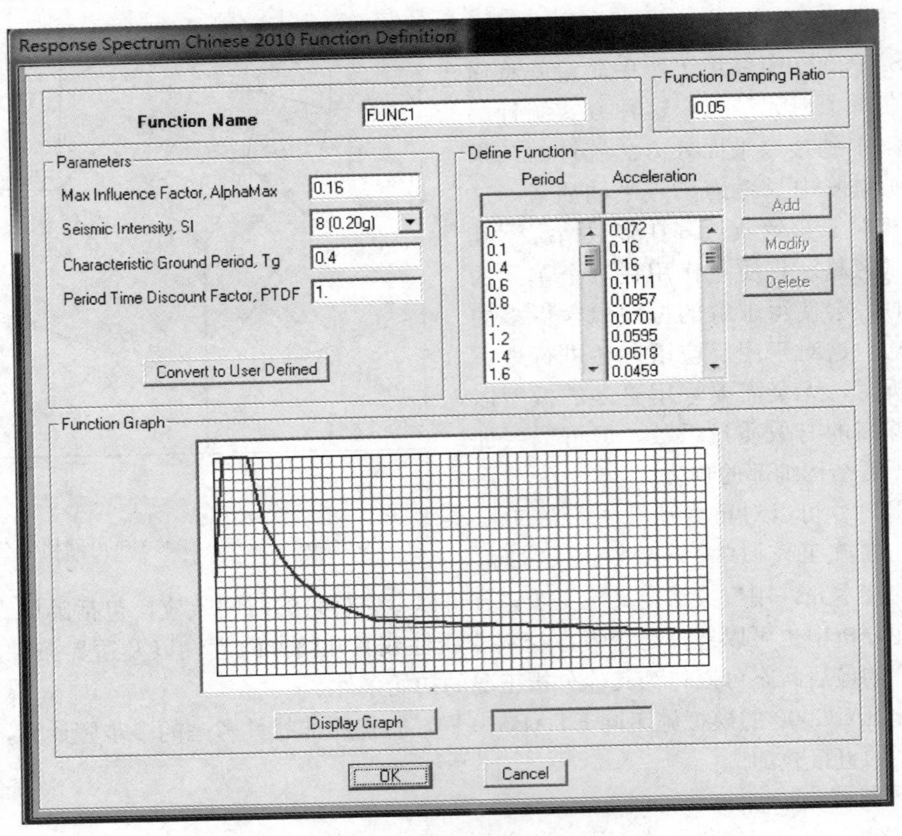

图 8.5.2　SAP2000 加速度谱定义

除了一般设计软件包含的静力线性分析、模态分析、反应谱分析和线性时程分析外，SAP2000 还包含了较为深入的分析功能，这些功能包括结构的屈曲分析、静力非线性分析、动力非线性分析等。

8. 设计功能

SAP2000 具有基本的框架设计功能，主要内容如表 8.5.1 所示。

SAP2000 主要框架设计功能　　**表 8.5.1**

构件类别	设计内容
钢框架	自动构件截面选择——不需要初步设计
	基于虚功原理对侧向位移的截面优化
	考虑静力和动力荷载的设计
	规范或用户定义的荷载组合
	自动计算 K 因子和 P-delta 效应
	集成化的截面设计器，可完成复合截面和组合截面设计
	交互式的设计与查看功能
	设计可以考虑扭转效应
混凝土框架	考虑静力与动力荷载的设计
	设计包络的分组功能
	自动或用户定义的荷载组合与设计分组

续表

构件类别	设计内容
混凝土框架	自动计算活荷载折减因子
	设计考虑双轴弯矩/单轴力相关面和剪力
	自动计算弯矩放大系数
	计算 P-delta 效应时有整体放大系数的选项
	集成化的截面设计器可以考虑复杂的混凝土截面
	交互式的设计与查看功能
	设计可以考虑扭转效应
	基于虚功原理对侧向位移控制的优化

8.5.3 CSI/SAP2000 软件的特点

SAP2000 作为土木工程领域的通用有限元分析软件，相对于其他结构软件，具有更加全面、更加强大的分析功能；相对于 ABAQUS 等通用有限元软件，SAP2000 虽然在计算内核上有较大差距，但其具有更容易被用户掌握应用的优点。由于 SAP2000 计算结果具有较高的可靠性，因此对于结构整体性能的计算分析仍然是一个有效工具。

8.6 参考文献

［1］ 中国建筑科学研究院建筑工程软件研究所. PKPM 软件使用手册.
［2］ 中国建筑科学研究院建筑工程软件研究所. PKPM 多高层结构计算软件应用指南. 北京：中国建筑工业出版社，2010.
［3］ 筑信达官网：http://www.cisec.cn.
［4］ 迈达斯官网：http://www.midasuser.com.
［5］ 北京盈建科软件有限责任公司. YJK-A 建筑结构计算软件用户手册及技术条件.

第9章　大型通用有限元软件

CAE 软件通常可分为行业专用软件和通用软件，其中与建筑结构相关的专业软件已在本书第 8 章作过介绍，本章主要介绍通用软件。这类软件主要以覆盖的应用范围广且理论程度深而著称，它可对多种类型的工程或产品进行物理力学性能分析、模拟、预测、评价以及优化。通用软件种类繁多，其主流产品几乎全部源自于欧美，目前在国际市场上被认可的主要包括如下几种：MSC 公司的 MSC. Nastran、MSC. Marc、MSC. Dytran，ANSYS 公司的 ANSYS，达索公司的 ABAQUS，LSTC 公司的 LS-Dyna，西门子公司的 NX NASTRAN，ADINA 公司的 ADINA 等。这些软件都有着各自的特点，比如 Nastran 和 ANSYS 在线性分析方面具有自己的优势，而 Marc、ABAQUS/Standard 和 ADINA 则在隐式非线性（Implicit Nonlinear）分析方面各具特点，其中 Marc 和 Adina 曾经被认为是最优秀的隐式非线性求解软件，另外 MSC. Dytran、LS-Dyna 和 ABAQUS/Explicit 则是显式非线性（explicit nonlinear）分析软件的代表，其中 LS-Dyna 和 ABAQUS/Explicit 以结构分析方面见长，而 MSC. Dytran 则以流-固耦合分析见长。就目前国内市场来说，ANSYS 和 ABAQUS 拥有较高的占有率，下面将对其作简要介绍，更详细的说明可参考其官方网站以及使用手册。

9.1　ANSYS 软件

ANSYS 公司成立于 1970 年，总部位于美国宾西法尼亚州的匹兹堡，经过四十余年的发展，它在有限元软件领域占据了举足轻重的地位，被世界各工业领域广泛接受，成为全球众多专业技术协会认可的标准分析软件。ANSYS 集成并耦合了固体力学、热学、电磁学、声学、流体力学等多个模块，可用于航空航天、汽车、电子电气、国防军工、铁路、造船、石油化工、能源电力、核工业、土木工程、冶金与成形以及生物医学等各个领域。

ANSYS 一直致力于 CAE 技术研究和软件实现，专注于工程仿真解决方案，提供世界级的工程模拟技术，帮助企业优化设计流程，使企业在更短的时间内开发出高质量的产品。ANSYS 灵活、开放的解决方案为概念设计到最终测试的设计全过程提供了有效的协同仿真环境，使客户可以在设计的各阶段大规模采用 CAE 技术，最大限度地发挥 CAE 对设计流程的贡献，大幅度地缩短研发流程、降低研发费用并提高设计质量。

9.1.1　ANSYS 软件简介

ANSYS 的软件产品主要由两部分构成，即 ANSYS Workbench 和 ANSYS 经典（又称为 ANSYS Mechanical APDL）。Workbench 诞生于 2003 年，它是一个将 ANSYS 的各个模块进行整合从而实现协同仿真的产物，其目的是使所有与仿真工作相关的人、技术、数据在一个统一的环境中协同工作，各类数据之间的交流、通讯、共享皆可在该环境中完成，关于 Workbench 的基本操作流程以及工程实例可参考台湾成功大学 Lee 教授的《Finite Element Simulations With ANSYS Workbench 14》。其主界面如图 9.1.1 所示，由图可知，Workbench

几乎集成了 ANSYS 的所有产品，包括用于显示动力学分析的 AUTODYN 和 LS-DYNA、用于流体分析的 CFX 和 FLUENT，甚至于 ANSYS APDL 也是 Workbench 的一个分析模块。当然，Workbench 的强大之处并不在于其对各模块的简单集成，而在于各模块通过数据共享从而实现真正意义上的协同仿真。图 9.1.1 所示的工作区给出了一棵“项目树”实例，该实例包括 APDL 静力分析和 LS-DYNA 显示动力学分析，这两项分析均源自同一个几何模型，若修改了该几何模型，那么数据更新后 APDL 和 LS-DYNA 中的模型便会自动修正。

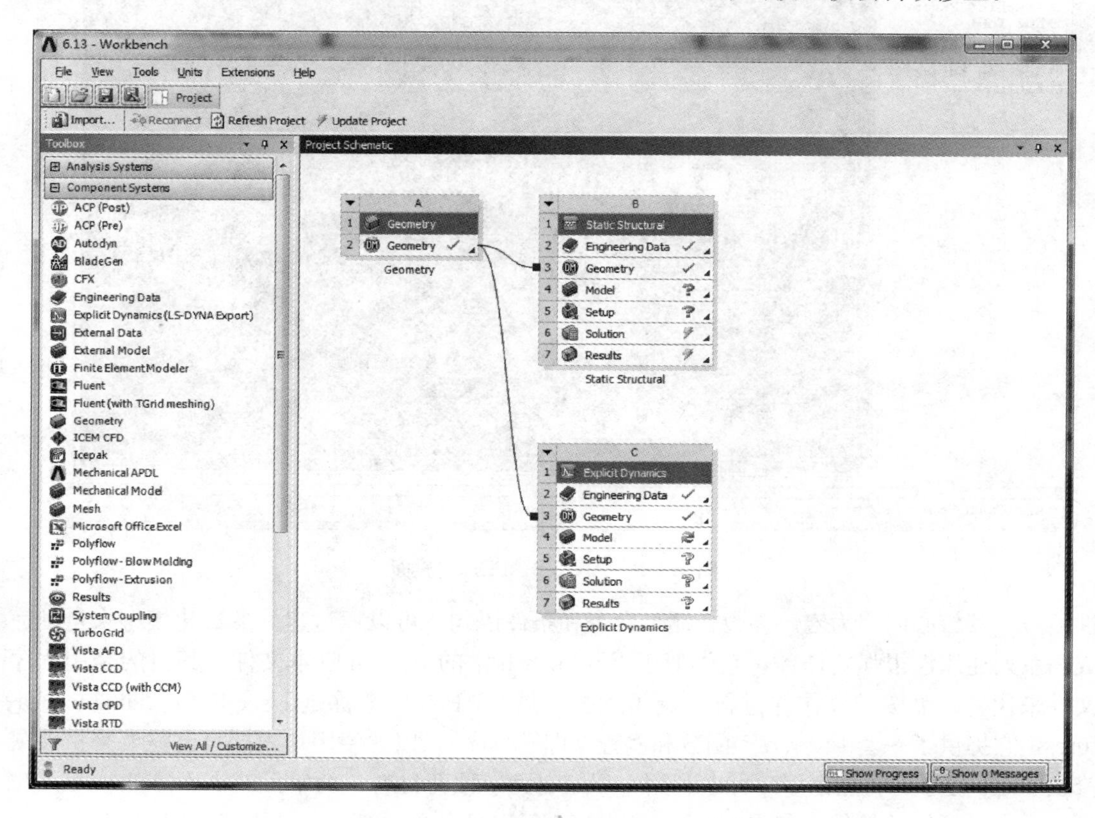

图 9.1.1　ANSYS Workbench 主界面

Workbench 界面内的所有操作都会被自动记录在日志文件里，它们是基于 Python 语言编写的脚本文件。用户可以采用 Python 语言修改这些脚本，也可以在此基础上创建一个新的脚本。通过这些脚本，用户可以快速地重复某些或某类分析，也可以进行参数化建模和加载，然后按批处理模式进行多步或多次分析。但总体来说，Workbench 的二次开发仅限于通过脚本文件来替换界面菜单操作，目前还不能进行结构计算中所需要的更深层次的二次开发，比如本构开发、单元开发等，而这些功能的实现必须借助于“ANSYS 经典”（即 ANSYS Mechanical APDL），关于“ANSYS 经典”的操作流程和示范实例可参阅本书作者以前编写的软件教程（《通用有限元分析 ANSYS7.0 实例精解》和《ANSYS 10.0 结构分析从入门到精通》），其主界面如图 9.1.2 所示。

“ANSYS 经典”为用户提供了多种二次开发工具，其中最常用的是如下三种：参数设计语言（APDL）、用户可编程特性（UPFs）、用户界面设计语言（UIDL）。其中，APDL 的全称是 ANSYS Parametric Design Language，它是一种非常类似于 Fortran77 的参数化设计解释

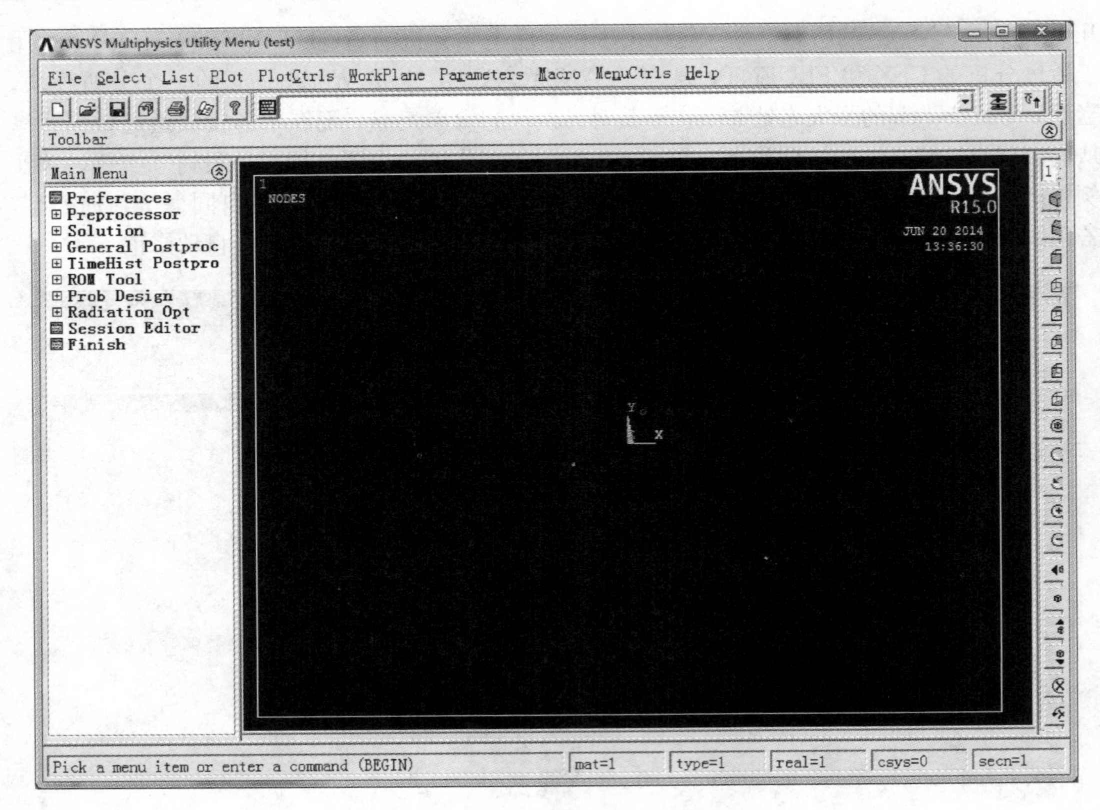

图 9.1.2 ANSYS APDL 主界面

性语言，其核心内容为宏、参数、循环命令和条件语句，可以通过建立参数化模型来自动完成一系列通用性很强的任务，它类似于 Workbench 中的 Python 脚本文件，其目的是用程序文件来代替菜单按键操作并进行一定程度的扩展；UPFs 的全称是 User Programmable Features，它提供了一套 Fortran77 函数和例程（即子程序），以方便用户根据自己需要来扩展或修改 ansys 程序的功能，用户可以利用 UPFs 定义一种新材料、新单元或者新本构模型，也可以在自己开发的软件中利用 UPFs 去调用 ANSYS 的各分析模块，从而将 ANSYS 软件整合为自有程序的一个计算内核；UIDL 的全称是 User Interface Design Language，它是 ANSYS 为用户提供的一种程序界面设计语言，它允许用户改变 ANSYS 图形界面（即 GUI）中的一些组件，以方便用户根据自己喜好或需求来灵活地组织设计图形界面。

用户在对 ANSYS 进行二次开发时，有时候需要访问 ANSYS 数据库内的部分或全部数据（包括模型、结果以及中间数据等）以方便后续分析与管理，ANSYS 对此提供了两种模式，一种是前面所说的 UPFs，它是基于 API（应用程序接口）的操作模式，另一种是简单的菜单和命令，它是基于文件的操作模式，下面将它与 APDL、UPFs、UIDL 一并介绍。

9.1.2 ANSYS APDL 二次开发

参数设计语言（APDL）可用来完成一些通用性较强的分析任务，也可用于有特殊需求的模型生成，它为日常有限元分析提供了便利，同时也是 ANSYS 优化设计和自适应网格分析的实现基础。

ANSYS 有限元分析的标准过程包括：前处理（即定义模型和施加荷载）、求解、后处理

(即结果整理和表述)。假如求解结果表明有必要修改设计，那么就必须改变模型的几何结构或荷载并重复上述步骤。特别是当模型较复杂或修改较多时，这个过程可能很昂贵且浪费时间。APDL 用建立参数化智能分析的手段为用户提供了自动完成上述循环的功能，也就是说，程序的输入可设定为根据指定的函数、变量及选用的分析标准作决定。它允许复杂的数据输入，使用户对任何设计或分析属性均有控制权，比如几何尺寸、材料、边界条件、网格密度等，扩展了传统有限元分析能力，并扩充了更高级的运算功能，比如灵敏度研究、零件参数化建模、设计修改及设计优化。应该说，APDL 为用户控制任何复杂计算的过程提供了极大的方便。

本质上来说，APDL 是由类似于 FORTRAN77 的程序设计语言和 1000 多条 ANSYS 专用命令组成的。其中，程序设计语言部分与其他编程语言一样，具有参数、数组表达式、函数、流程控制（循环与分支)、重复执行命令、缩写、宏以及用户程序等。而标准的 ANSYS 程序运行是由 1000 多条专用命令驱动的，其功能分别对应 ANSYS 分析过程中的定义几何模型、划分单元网格、材料定义、添加荷载和边界条件、控制和执行求解和计算结果后处理等指令。这些命令可以写进程序设计语言编写的程序，各条命令的参数既可以直接赋确定值，也可以通过表达式的结果或其他函数进行赋值。

基于 APDL，用户可以利用程序设计语言将 ANSYS 命令组织起来，编写出参数化的用户程序，从而实现有限元分析的全过程控制，即建立参数化的 CAD 模型、参数化的网格划分与控制、参数化的材料定义、参数化的荷载和边界条件定义、参数化的分析控制和求解以及参数化的结果后处理等，图 9.1.3 给出了一个 APDL 编程实例。

9.1.3　ANSYS UPFs 二次开发

用户可编程特性（UPFs）提供了丰富的 FORTRAN77 函数和子程序，其全部源文件如图 9.1.4 所示。用户可利用它们从程序源代码的级别上来扩充和完善 ANSYS 的功能，主要包括如下几个部分：

- **数据访问**：可开发用户子程序实现从 ANSYS 数据库中提取数据或将数据写入 ANSYS 数据库，这种子程序既可编译连接到 ANSYS 中又可作为外部命令处理；
- **定义荷载**：利用 ANSYS 提供的子程序定义各种类型的荷载，其中包括 BF 或 BFE 荷载、压力荷载、对流荷载、热通量和电荷密度等；
- **定义材料**：利用 ANSYS 提供的子程序定义各种材料特性，包括塑性、蠕变、膨胀、黏塑性、超弹、层单元失效准则等；
- **定义新单元**：利用 ANSYS 提供的子程序定义新单元和调整结点方向矩阵，ANSYS 最多可以有 6 个独立的新单元（USER100-USER105)；
- **修改或监控原单元**：利用 ANSYS 提供的子程序修改或控制 ANSYS 单元库中的单元；
- **自定义优化**：利用用户子程序创建用户优化程序，可以用自己的算法和中断准则替换 ANSYS 的优化过程；
- **自定义调用**：ANSYS 程序可作为子程序在用户程序中被调用，以方便用户将 ANSYS 程序整合为自有程序的一个计算内核。

综合来说，使用 UPFs 进行二次开发有如下优点：

- 程序运行时速度最快；
- 能够直接处理 ANSYS 数据库；

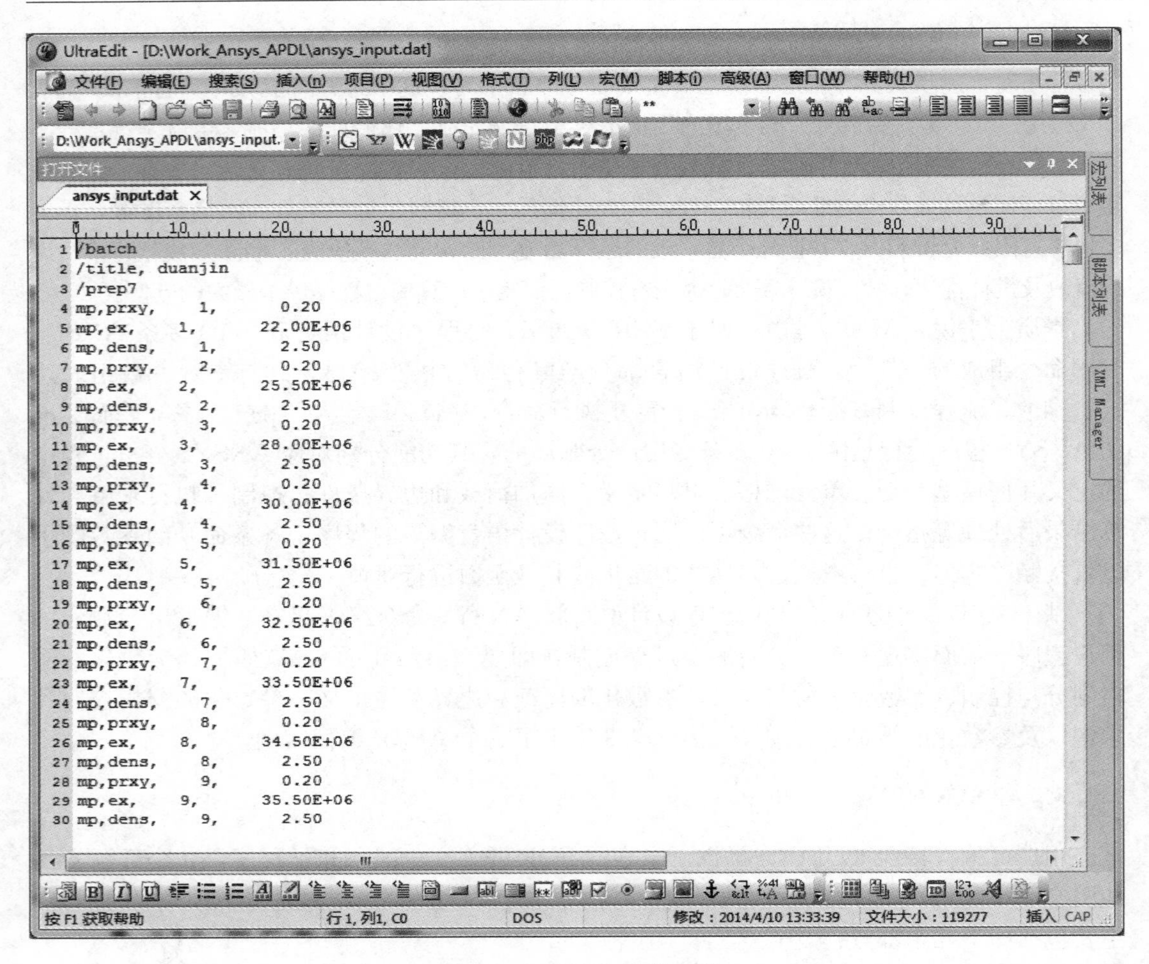

图 9.1.3 APDL 编程实例

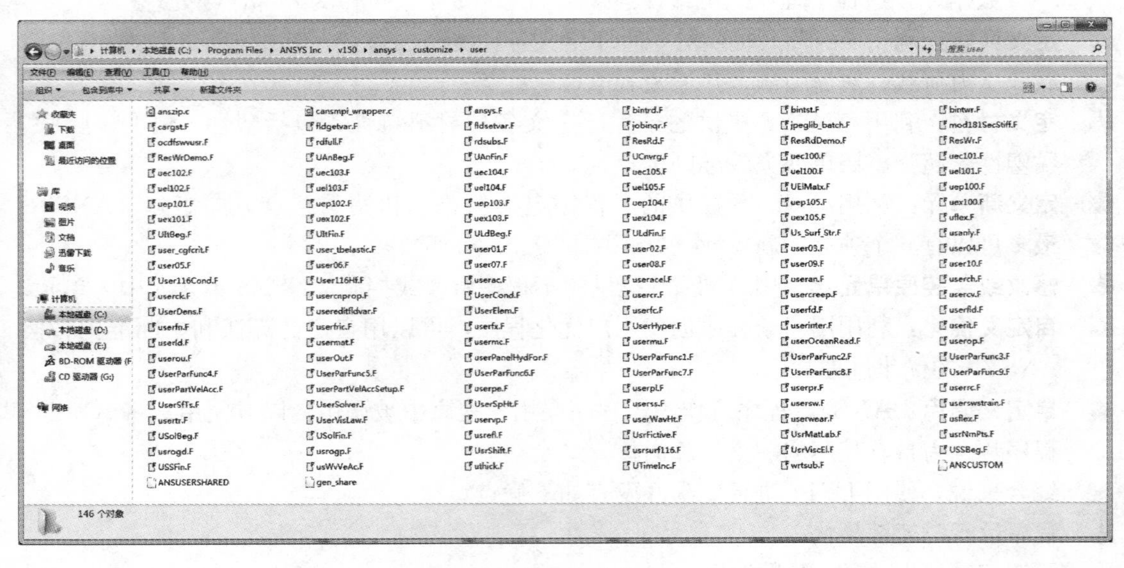

图 9.1.4 ANSYS 的开放子程序（FORTRAN）

- 能够充分利用 ANSYS 现有功能；
- 可有效地拓宽 ANSYS 的功能；
- 保密性比较强。

但同时也存在部分缺点，主要包括：

- 进行 UPF 开发相对比较复杂，不容易掌握；
- 要求用户有较高的编程技术。

9.1.4　ANSYS 用户界面定制（UIDL）

ANSYS 交互图形界面可以驱动 ANSYS 命令，提供命令的各类输入参数接口和控制开关，用户在图形驱动的级别上进行有限元分析，整个过程变得直观且轻松。而 UIDL（用户界面设计语言）就是编写或改造 ANSYS 图形界面的专用设计语言，主要完成以下三种图形界面的设计：

- **组织强大的主菜单系统**：可在 ANSYS 软件中做出与主流 GUI 开发工具相媲美的菜单响应效果；
- **构建功能丰富的对话框**：用户可根据需要在 ANSYS 界面中架构起实用且美观的对话框以及拾取框；
- **构建自己的联机帮助**：ANSYS 中的联机帮助非常实用，可以说是有限元软件中最好用的几种帮助平台之一，而 UIDL 则能帮助用户构建自己的帮助系统或完善原有帮助系统。

用 UIDL 语言编写的程序文件称为控制文件，必须以“.GRN”为扩展名。ANSYS 软件的所有菜单和标准对话框都是由控制文件（用于建立功能操作的 UIFUNC1.GRN、UIFUNC2.GRN 和用于建立各级菜单的 UIMENU.GRN）建立起来的。这些控制文件由一个控制文件头和至少一个结构块构成，而结构块按照其不同的类型可划分为菜单结构块、命令结构块和帮助结构块，它们都有严格的格式。

9.1.5　ANSYS 数据接口

ANSYS 在分析过程中存在大量的设计分析数据，一部分在运行时置于计算机的内存中，一部分以文件的形式存放在工作目录中。除 LOG 文件和出错文件等是文本文件之外，其他文件都是二进制文件，分别以不同的格式进行写入，其中包括：数据库文件、结果文件、单元矩阵文件、子结构矩阵文件、对角化刚度矩阵文件、缩减位移矩阵文件、缩减频率矩阵文件、完整的刚度和质量矩阵文件等等。

ANSYS 数据接口提供了两种模式来访问这种二进制文件，一种是 API 模式，另一种是文本文件模式。API 模式是利用 UPFs 的子程序或函数来访问数据库内各种数据，从而实现对二进制数据的读写和修改。这是比较底层的访问模式，它基本能满足用户的各种需求，比如检查或观察过程数据或结果数据、修改 ANSYS 的数据文件以控制或修正计算、提取结果数据进行分析处理等。而文本文件模式通过菜单和命令以实现数据库信息的转换和传递，它将二进制格式的信息直接翻译成文本格式并输出，或者反过来将文本格式输入翻译成二进制并导入数据库中。这是一种比较直观的访问模式，操作简单，但功能不如 API 模式全面。其中最常用的命令是 CDREAD 和 CDWRITE，其相应的对话框如

图 9.1.5 所示，前者将一个符合 ANSYS 读入或写出格式的模型和数据库文件信息读入到 ANSYS 数据库中，而后者则从 ANSYS 数据库中提取模型和其他信息。图 9.1.6 给出了

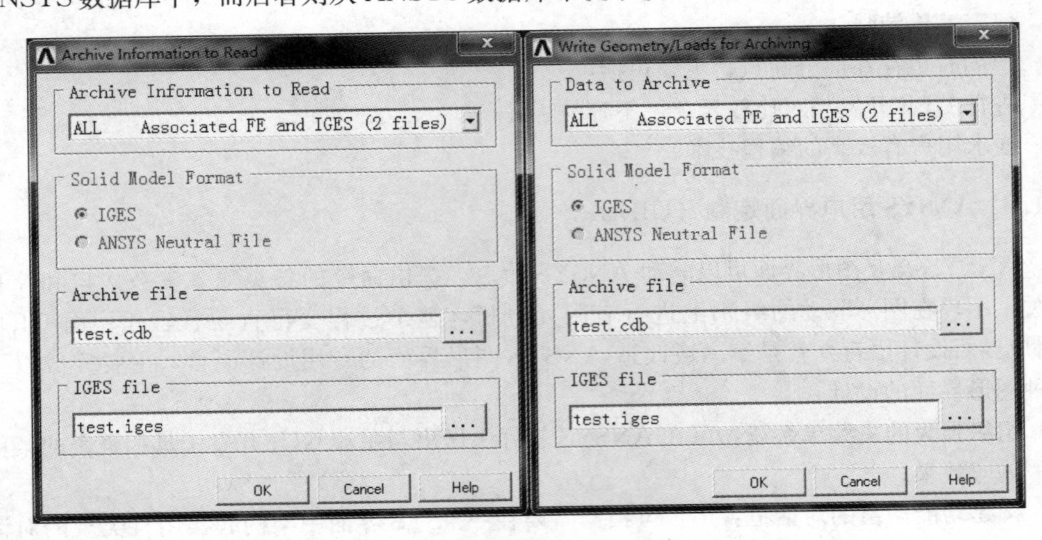

图 9.1.5　ANSYS 数据打包提取和导入的对话框

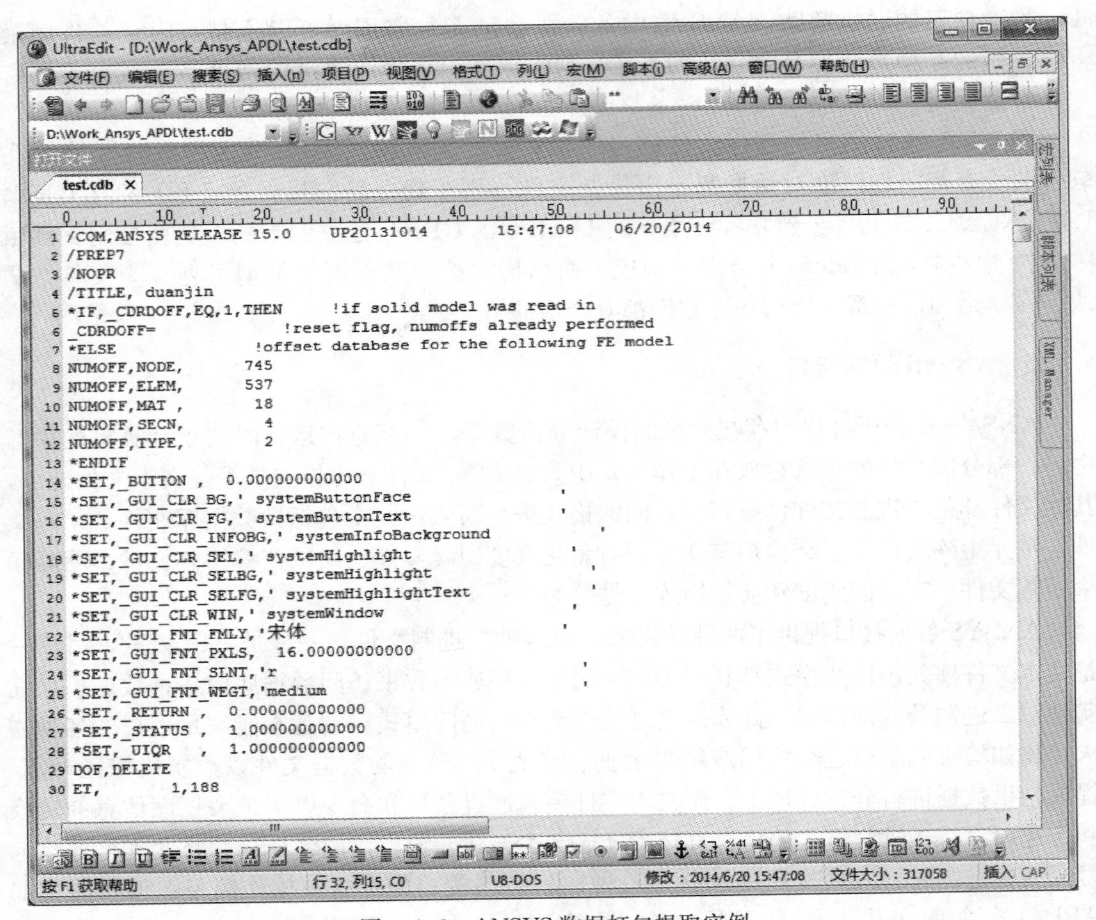

图 9.1.6　ANSYS 数据打包提取实例

一个数据提取实例，提取后的文本数据采用 APDL 语言进行解释和描述。另外，为了减少转换或传递的时间以提高效率，ANSYS 还提供重定向自由度映射关系和其他数据库代码化的辅助命令，如/DFLAB、NBLOCK、EBLOCK、EN 等等。该功能大大提高了 ANSYS 与其他有限元程序之间的模型数据传递及转换，也使得 ANSYS 自身数据库文件代码化后更便于存储或机器间传递。

9.2 ABAQUS 软件

9.2.1 ABAQUS 软件简介

美国 HKS/ABAQUS 软件公司成立于 1978 年，总部位于美国罗德岛博塔市，专门从事非线性有限元力学分析软件 ABAQUS 的开发与维护。

2005 年 5 月，前 ABAQUS 软件公司与世界知名的在产品生命周期管理软件方面拥有先进技术的法国达索集团合并，共同开发新一代的模拟真实世界的仿真技术平台 SIMULIA。

达索 SIMULIA 公司的总部位于美国罗德岛州普罗维登斯市布朗大学旁，在总部的 450 多名雇员中有 200 多人具有工程或计算机的博士学位，被公认为世界上最大且最优秀的非线性力学和计算机辅助工程（CAE）研究团体。

SIMULIA 产品线包括统一的有限元技术（Unified FEA）、多物理场分析技术（Multiphysics）和仿真生命周期管理平台（Simulation Lifecycle Management）三部分内容。ABAQUS 作为国际著名的 CAE 软件，它以其强大的非线性分析功能以及解决复杂和深入的科学问题的能力赢得广泛称誉。ABAQUS 软件已被全球工业界广泛接受，并拥有世界最大的非线性力学用户群，成为国际上最先进的大型通用非线性有限元分析软件。

ABAQUS 于 20 世纪 90 年代进入中国市场，晚于 ANSYS，在进入初期由于其前后处理的不足尤其是前处理，因此普及率不如 ANSYS。另一方面，人们通常认为 ABAQUS 是一个难学的软件，但承认其功能确实强大、专业，属于比较“高贵”的一款有限元软件。

ABAQUS 最早的产品为 ABAQUS/Standard。ABAQUS/Standard 是一个通用分析模块，它能够求解广泛的线性和非线性问题，包括结构的静态、动态、热和电响应等。对于同时发生作用的几何、材料和接触非线性采用自动增量控制技术处理。ABAQUS 拥有 CAE 工业领域最为广泛的材料模型，它可以模拟绝大部分工程材料的线性和非线性行为。

ABAQUS 在 1991 年推出了 ABAQUS/Explicit。ABAQUS/Explicit 是利用对时间变化的显式积分求解动力学方程。该模块适合于分析如冲击和爆炸这样短暂、瞬时的动态事件，对高度非线性问题也非常有效，包括模拟加工成形过程中接触条件改变的问题。ABAQUS/Explicit 和 ABAQUS/Standard 可以无缝集成，输入文件的格式相同，并可以互相传递结果数据。

ABAQUS 在 1999 年推出了 ABAQUS/CAE。ABAQUS/CAE 是 ABAQUS 有限元分析的前后处理模块，也是建模、分析和仿真的人机交互平台。该模块可以构建结构的几何模型、分配材料和截面的特性、施加荷载和边界条件、并划分网格。该模块可以进一步将生成的模型传递到后台的分析模块运行，对运行情况进行监测，并对计算结果进行后处理。ABAQUS/CAE 的后处理可以对计算结果的描述和解提供范围广泛的选择，除了通常的云图、等值线和动画显示之外，还可以用列表、曲线等其他工具来完成后处理工作。该模块的许多独特功能与特点，例如 CAD 建模方式、参数化建模、数据管理系统等极大地方便了 ABAQUS 用户。

(1) ABAQUS 的组成及功能简介

1) CAD 功能

ABAQUS 采用 CAD 方式建模和可视化视窗系统，具有良好的人机交互特性。采用了参数化建模方法，为实际工程结构的参数设计与优化，结构修改提供了有力工具。强大的模型管理和荷载管理手段，为多任务、多工况实际工程问题的建模和仿真提供了方便。ABAQUS 的操作界面与其他通用有限元风格类似，在界面上可以顺序执行几何模型、材料、截面、荷载与约束，以及分析过程的定义，因此非常直观。然而，由于 CAE 模块推出较晚，因此虽然大多数常用的分析功能在 CAE 中都可以定义，但仍有较多的分析指令只有通过 *.inp 文件才可以实现。

ABAQUS 的前后处理支持用户进行二次开发，二次开发的主要工具为基于面向对象的 Python 语言，ABAQUS 内部提供的 PDE 工具可以实现 Python 语言的编译甚至单步调试。通过二次开发除了可以丰富前处理中用户界面以外，在后处理中也可以对 ABAQUS 结果数据库完全控制，实现对其读、写以及运算操作。

2) 求解器性能

ABAQUS 的求解模块包括通用有限元分析程序 ABAQUS/Standard，显式动力学有限元程序 ABAQUS/Explicit，和通用流体动力学程序 ABAQUS/CFD。可以完成静力通用、动力隐式、动力显式、热传递、温度位移耦合、热电耦合、屈曲、频率以及稳态动力学等内容的计算分析。

其中结构分析中常用的为隐式求解器 Standard 和显式求解 Explicit，隐式求解器具备 ABAQUS 的几乎全部功能，而 Explicit 则主要用于高速动力学的分析，由于其采用中心差分法避免了隐式方法中平衡所需要的迭代运算，因此成为动力学求解的主要工具。ABAQUS 允许在不同的分析步之间传递数据，这包括隐式-隐式，显式-显式，以及隐式-显式之间的传递。在这些接力运算的过程中，ABAQUS 支持绝大多数单元和结果的数据传递，为两者结合解决更复杂的受力过程提供了可能。

ABAQUS 拥有比其他通用有限元软件更多的单元种类，提供了更多的选择余地，庞大的单元库使得 ABAQUS 可以分析众多类型的工程问题。从几何形式上分，这些单元类型涉及：连续体单元、壳单元、梁单元、刚性单元、膜单元、无限单元、链接单元和桁架单元等。其中连续体单元尚可用于流体计算。

在弹性材料方面，ABAQUS 支持超弹性、亚弹性和黏弹性等材料的分析。如在橡胶材料方面：橡胶本构模型种类齐全，达 16 种之多，可以模拟各种橡胶材料的特性；可以直接输入橡胶材料的实验参数，生成对应的橡胶模型，并对模型的稳定性进行检验，确定稳定收敛区间；ABAQUS 目前独有的 Mullin 效应模拟可以在橡胶的超弹性本构中考虑加载和卸载中应变能的损失，以及转化为热能的效应，为精确模拟橡胶减震性能和工作中生热情况提供了途径，资料显示相比其他通用有限元软件，考虑 Mullin 效应的模型在处理橡胶大变形问题中与实验结果对比更为接近；橡胶模型与接触/摩擦功能能很好地结合，能处理橡胶材料的软化、老化等问题。

材料弹塑性是 ABAQUS 非线性分析的一种重要类型。它具有丰富的材料模型库，涵盖了弹性（包括超弹性和亚弹性）、金属塑性、黏土塑性、混凝土损伤塑性/弥散塑性、摩尔-库伦塑性、蠕变、各向异性等各种材料特性。

在复合材料方面：ABAQUS 允许多种方法定义复合材料单元，包括复合材料壳单元、复合材料实体单元以及叠层实体壳单元；提供基于平面应力的失效准则和基于断裂力学的开裂功能，包括最大应力、Tsai-Hill、Tsai-Wu Azzi-Tsai-Hill 和最大应变等理论研究纤维、基体和界面失效以及纤维屈曲失效等失效模式；采用 Rebar 单元模拟纤维增强复合材料中的纤维，并可以把它们定义在独立的壳单元、薄膜单元和表面单元内部再嵌入到模拟基体的实体单元中，方便用户进行灵活的建模和后处理。

在材料的热学特性方面，除了传导率以外，提供了热份额以及潜热和比热等热学参数的定义；

其他方面还包括声学和电学参数的定义，这些多物理场材料参数的定义为 ABAQUS 的多场耦合分析奠定了基础。

ABAQUS 具有强大的热固耦合分析功能，包括：稳态热传导和瞬态热传导分析，顺序耦合热固分析，完全耦合热固分析，强制对流和辐射分析，热界面接触，热电耦合，摩擦生热等。可以定义从简单弹塑性模型到随温度变化材料常数的热塑性、热硬化性、高温蠕变等复杂材料模型，来模拟金属、聚合物、复合材料等电子材料的热学和力学性质。

ABAQUS 包括多种纯热传导和热电耦合单元，以及多种隐式和显式完全热固耦合单元，覆盖杆、壳、平面应变、平面应力、轴对称和实体各种单元类型，包括一阶和二阶单元，为用户建模提供极大的方便。

ABAQUS 基于高级语言的用户子程序为用户开发自己的单元、材料和分析流程提供了强大的工具，这也是广大非线性高端用户选择 ABAQUS 并应用它进行了大量深入研究工作的原因，其中常用的用户子程序包括：

1）用户自定义材料性能（UMAT/VUMAT）程序，可以由用户定义各种复杂的本构模型并用在 ABAQUS 分析中，UMATS 已经被广泛用于研究金属、混凝土、岩土、橡胶、复合材料等各种复杂材料。

2）用户定义单元（UEL/VUEL），可以将用户单元接入 Stardard 或者 Explicit 中直接用于实际工程的分析。

除此之外，ABAQUS 还可以通过用户子程序定义边界条件、荷载、幅值曲线、摩擦以及预定义场等多种功能，使软件解决实际问题的范围远远超过软件自身所具备的功能。

ABAQUS 提供了形式多样的边界条件、荷载形式以及预定义场的功能。其中，在边界条件中除常规自由度约束外，可以指定位移，速度，加速度以及连接位移和连接速度等边界条件，这些边界条件可以在不同的分析步处于不同的状态。

ABAQUS 具有丰富的约束以及相互作用形式。包括：多点约束，单元嵌入，面约束和单元自由度释放。其中多点约束具有广泛的适用范围，又包含了线性约束、广义多点约束和动态耦合约束三种形式，线性约束可以由用户定义约束方程。这些约束形式可以处理结构中的各种复杂连接形式，对于一些特定的约束，ABAQUS 所提供的连接单元作为约束的一种替代形式可以更加方便地实现。

(2) ABAQUS 显式和隐式计算

在固体力学的分析中 ABAQUS 提供了隐式求解器 Standard 和显式求解器 Explicit。其中 Standard 可以实现静力、动力、频率及屈曲等各种计算功能，而显式则是定位于动力分析的模块。在动力分析中，隐式算法中可以采用基于模态的分析方法或者直接积分法，而显式方法则是完全的直接积分法，两者都支持几何非线性与材料分线性。

在 Standard 中采用的直接积分法为 Hilber-Hughes-Taylor 方法，这种方法是 NewMark 方法的一种推广，与原始的 NewMark 方法相比，这种方法通过引入可控的数值阻尼来消除高频噪声的影响，平衡方程取为 d'Alembert 力的平衡，如下式所示：

$$M^{NM}\ddot{u}^{M}\mid_{t+\Delta t}+(1+\alpha)(I^{N}\mid_{t+\Delta t}-P^{N}\mid_{t+\Delta t})-\alpha(I^{N}\mid_{t}-P^{N}\mid_{t})+L^{N}\mid_{t+\Delta t}=0 \tag{9.2.1}$$

采用 NewMark 方法计算的位移和速度的积分分别为：

$$u\mid_{t+\Delta t}=u\mid_{t}+\Delta t\dot{u}\mid_{t}+\Delta t^{2}\left(\left(\frac{1}{2}-\beta\right)\ddot{u}\mid_{t}+\beta\ddot{u}\mid_{t+\Delta t}\right) \tag{9.2.2}$$

$$\dot{u}\mid_{t+\Delta t}=\dot{u}\mid_{t}+\Delta t((1-\gamma)\ddot{u}\mid_{t}+\gamma\ddot{u}\mid_{t+\Delta t}) \tag{9.2.3}$$

隐式方法具有无条件数值稳定，且可以获得较大时间步长的优点，但在计算中由于要通过迭代求解保持力的平衡，因此其计算效率偏低，且在迭代中存在不收敛的可能，尤其是非线性问题求解过程中，因此一般计算成本较高。

显式方法采用的中心差分法，如下式所示：

$$\dot{\boldsymbol{u}}^{(i+\frac{1}{2})}=\dot{\boldsymbol{u}}^{(i-\frac{1}{2})}+\frac{\Delta t^{(i+1)}+\Delta t^{(i)}}{2}\ddot{\boldsymbol{u}}^{(i)} \tag{9.2.4}$$

$$\boldsymbol{u}^{(i+1)}=\boldsymbol{u}^{(i)}+\Delta t^{(i+1)}\dot{\boldsymbol{u}}^{(i+\frac{1}{2})} \tag{9.2.5}$$

显式算法通过控制最小时间步长实现计算结果的稳定性，相对于隐式算法没有迭代计算和收敛判断，因此计算效率远高于隐式算法。但由于不做收敛判断，因此通常稳定时间步长取得非常小，时间步的大小由结构的最小频率确定，对于无阻尼情况，估算方法如下式所示：

$$\Delta t\leqslant\frac{2}{\omega_{\max}} \tag{9.2.6}$$

而对于有阻尼情况，最小稳定时间步长计算如下式所示：

$$\Delta t\leqslant\frac{2}{\omega_{\max}}\left(\sqrt{1+\xi_{\max}^{2}}-\xi_{\max}\right) \tag{9.2.7}$$

因此，阻尼的选择会对显式算法的计算效率产生很大影响。显式算法中只支持 Rayleigh 阻尼，虽然在 Rayleigh 阻尼中质量比例阻尼对时间步长的影响可以忽略不计，但通常即使是微小的刚度比例阻尼也可能会使计算效率成倍的降低。

为了保持数值的稳定性，ABAQUS/Explicit 中增加了黏滞比例阻尼，同时允许用户对软件估算的时间步长进行折减，当结构中存在个别单元导致计算步长过小时也可以通过质量缩放的方法增大时间步长。

通常情况下，Explicit 主要用于冲击等高速问题的求解，因此在 ABAQUS 内部默认最大分析步数为 100000，但由于其效率高且更容易完成整个分析过程，因此近年来越来越多的工程师将 Explicit 用于地震波的分析，虽然地震波的作用时间一般可以达到几十秒，总的分析步数也远大于 100000，但实际应用表明，Explicit 仍然可以用更低的成本获得可靠的计算结果。

9.2.2　ABAQUS 的纤维杆件模型

（1）ABAQUS 纤维模型简介

ABAQUS 对梁采用纤维模型，纤维模型是将梁柱构件沿杆长方向划分为若干个单元，再沿截面方向划分成纤维束，每个纤维均为单轴受力，可以定义不同材料的单轴本构关系，模型如图 9.2.1 所示。

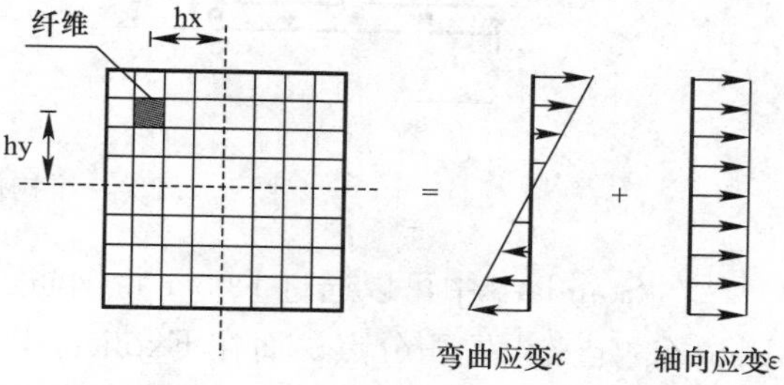

由单元各结点位移，可以得到单元弯曲应变 κ_x、κ_y 和轴向应变 ε_0。在平截面假定情况下，可以得到纤维的应变为：

$$\varepsilon_i = k_y \times h_x + k_x \times h_y + \varepsilon_0 \tag{9.2.8}$$

纤维　hx　hy　=　+　弯曲应变κ　轴向应变ε

图 9.2.1　ABAQUS 纤维束模型

沿截面进行积分，即可获得截面弯矩 M 和轴力 N，如下式所示：

$$M = \sum_{i=1}^{n} A_i h_i f(\varepsilon_i) \quad N = \sum_{i=1}^{n} A_i f(\varepsilon_i) \tag{9.2.9}$$

上式中 $f(\varepsilon_i)$ 即由材料本构关系得到的纤维应力。

通常情况下 ABAQUS 截面上的默认积分方式可以达到足够的精度，图 9.2.2 所示分别为矩形、圆形、箱形、圆管、工字形及 L 形截面的默认积分方案。

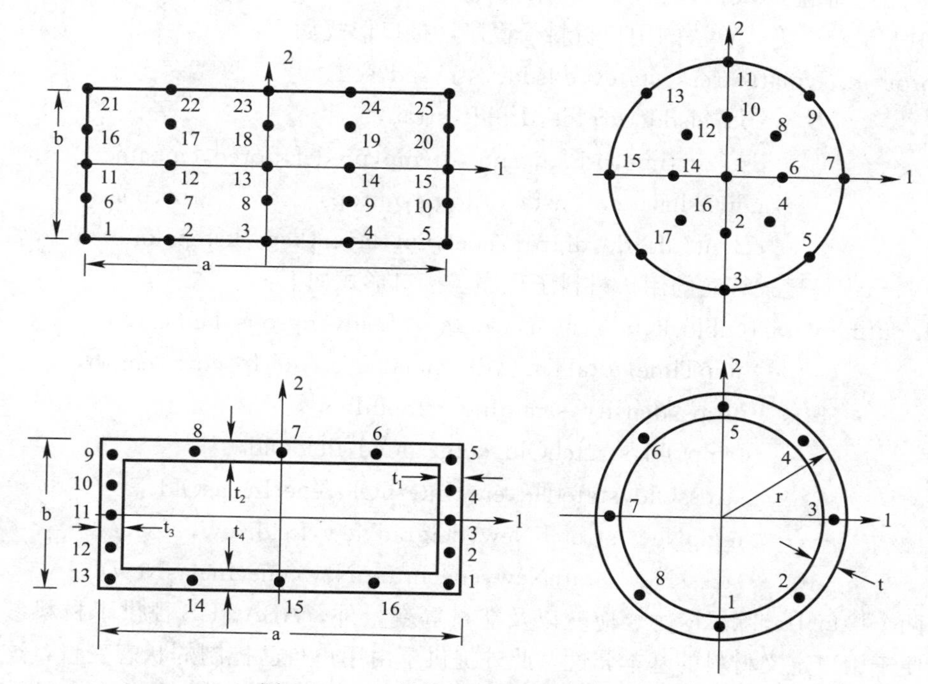

图 9.2.2　一维构件截面积分方案（一）

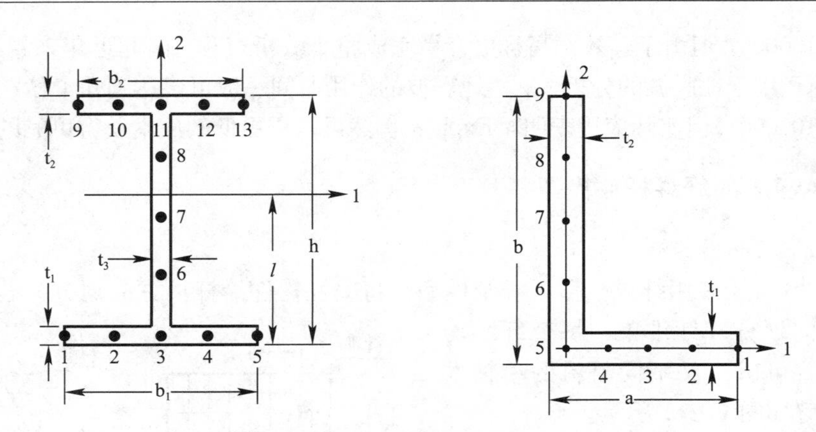

图 9.2.2 一维构件截面积分方案（二）

在 Standard 中可以通过 Rebar 将钢筋定义为截面的一个属性，此时 ABAQUS 会根据 Rebar 的定义设置积分点；而在 Explicit 中并不支持在梁单元中定义 Rebar 属性，因此采用软件的自带单元时钢筋以及截面中的型钢只能采用分离的等效模型，或者也可采用用户自己开发的单元（UEL）。

（2）用户材料（UMat）在纤维模型中的实践

对于结构分析中常用的混凝土材料，ABAQUS 在板壳单元中提供了混凝土塑性损伤本构模型，在此基础上只需要根据相应的本构模型（如《混凝土结构设计规范》）为 ABAQUS 提供混凝土的单轴受压、受拉骨架曲线，以及单轴受压损伤与受拉损伤曲线的离散数据即可用于计算。但在单轴问题上，ABAQUS 并不提供混凝土的塑性损伤模型，因此需要用户通过 UMat 或者 VUmat 来实现。

其中 UMat 是隐式算法的用户材料子程序，接口形式如下：

```
subroutine Umat(stress,statev,ddsdde,sse,spd,scd,
                rpl,ddsddt,drplde,drpldt,stran,
                dstran,time,dtime,temp,dtemp,predef,dpred,cmname,
                ndi,nshr,ntens,nstatv,props,nprops,coords,drot,pnewdt,
                celent,dfgrd0,dfgrd1,noel,npt,layer,kspt,kstep,kinc)
```

而 Vumat 是显式算法的用户材料子程序，接口形式如下：

```
subroutine vumat(nblock,ndir,nshr,nstatev,nfieldv,nprops,lanneal,
                 stepTime,totalTime,dt,cmname,coordMp,charLength,
                 props,density,strainInc,relSpinInc,
                 tempOld,stretchOld,defgradOld,fieldOld,
                 stressOld,stateOld,enerInternOld,enerInelasOld,
                 tempNew,stretchNew,defgradNew,fieldNew,
                 stressNew,stateNew,enerInternNew,enerInelasNew)
```

在两个接口中，除了应力、应变以及能量等变量外，ABAQUS 提供了材料参数的定义接口便于用户定义材料的基本属性，此外提供了由用户自己控制的状态变量，这些状态变量可以保存计算过程中的任意变量也可在各分析步之间直接传递这些状态变量。

需要特别注意的是，在显式算法中的初始时间步，ABAQUS会假定总时间和分析步时间都为0并调用用户子程序估算稳定时间步长；此外由于显式算法采用了增量格式的接口，因此在采用类似于《混凝土结构设计规范》中混凝土单轴本构时，应注意通过状态变量实现全量理论与增量理论之间的衔接。

9.2.3 ABAQUS的剪力墙模型

(1) 组合式钢筋混凝土模型

ABAQUS的壳单元支持采用 * Rebar layer 在单元中直接布置多层钢筋层，从而方便地建立钢筋混凝土墙、板模型。定义格式如下所示：

```
*REBAR layer
Rx1,0.000046,0.150000,0.085000,CS335,0,1
Ry1,0.000046,0.150000,0.085000,CS335,90,1
Rx2,0.000046,0.150000,-0.085000,CS335,0,1
Ry2,0.000046,0.150000,-0.085000,CS335,90,1
```

上述数据分别定义了钢筋层中钢筋的名称、面积、间距、与中性面的距离、材料、方向角以及等参方向，模型简图如图9.2.3所示。

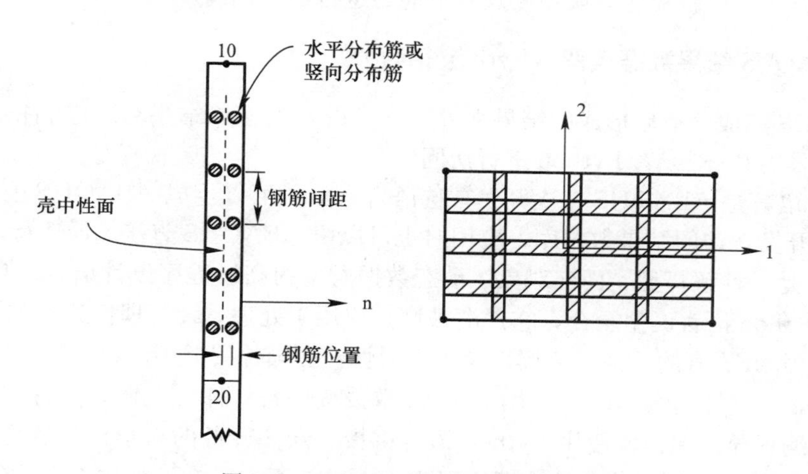

图9.2.3 ABAQUS壳中钢筋模型

这种计算模型可以非常方便地实现墙中水平与竖向分布筋以及板中分布钢筋的指定。

另外，钢板剪力墙也是目前钢筋混凝土结构中常见的结构形式，虽然目前主要采用单层钢板做法，但在广州东塔项目中实现了国内首次将双层钢板剪力墙引入超高层领域。对于这两种分析模型，可以在ABAQUS中通过指定每层的材料与厚度，按照分层壳模型进行分析。

(2) 分离式钢筋混凝土模型

在剪力墙结构中，除了剪力墙中的分布筋外，还包括其他多种形式的钢筋，如在墙柱两端的边缘构件配筋，连梁中的对角斜撑与交叉斜筋。由于这些钢筋形式的复杂性，一般较难在计算模型中通过Rebar命令实现，因此不得不采用分离式钢筋模型，此时可以根据钢筋的配筋面积计算其等效截面作为独立构件参与计算。当采用分离式钢筋混凝土模型时，边缘构件钢筋单元由于在墙柱边界处，因此可以很方便地实现与剪力墙结点的协调，而交叉斜筋与对角暗撑与壳单元的协调则比较困难。

对于边缘构件，常见的边缘构件形式如图 9.2.4 所示四种形式。

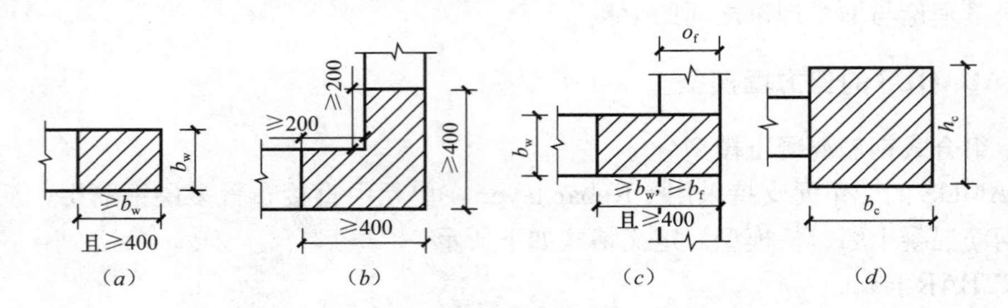

图 9.2.4 边缘构件示意

(*a*) 暗柱；(*b*) 角柱；(*c*) 翼柱；(*d*) 端柱

通常，边缘构件中的箍筋会对混凝土产生明显的约束效应，当作为分离式模型参与计算时，该约束作用将不能直接体现，而实际上由于边缘构件的形状较为复杂，要清楚确定被约束的混凝土部分也是很困难的事情，要在该范围内再进行网格划分会更加困难，因此可采用简化方法，对整片剪力墙强度及变形能力进行适当提高。

9.2.4 ABAQUS 结果数据读取（Python 语言）

ABAQUS 完成分析后形成的结果文件为 *.odb，虽然该结果为二进制格式数据库文件，但可以采用 C++或者 Python 进行访问。

Python 语言是 ABAQUS 二次开发首选语言，除了可以生成 ABAQUS 模型外，还可以进行界面开发，访问结果数据库，应用时也可以由 ABAQUS 直接编译运行。

Python 是一种解释型、面向对象、动态数据类型的高级程序设计语言。自从 20 世纪 90 年代初 Python 语言诞生至今，它逐渐被广泛应用于处理系统管理任务和 Web 编程。

由于 Python 语言的简洁、易读以及可扩展性，在国外用 Python 做科学计算的研究机构日益增多，一些知名大学已经采用 Python 教授程序设计课程，例如麻省理工学院的计算机科学及编程导论课程就使用 Python 语言讲授。众多开源的科学计算软件包都提供了 Python 的调用接口，例如著名的计算机视觉库 OpenCV、三维可视化库 VTK、医学图像处理库 ITK。而 Python 专用的科学计算扩展库就更多了，例如以下三个十分经典的科学计算扩展库：NumPy、SciPy 和 matplotlib，它们分别为 Python 提供了快速数组处理、数值运算以及绘图功能。因此 Python 语言及其众多的扩展库所构成的开发环境十分适合工程技术、科研人员处理实验数据、制作图表，甚至开发科学计算应用程序。

在 ABAQUS 中采用 Python 语言二次开发可以利用其提供的 PDE 工具进行调试，如图 9.2.5 所示。

以访问一个 ABAQUS 结果文件的位移为例，Python 代码如下：

```
from odbAccess import *
pathname      ='dynamic.odb'
odb=openOdb(path=pathname)                    #打开输出数据库
assembly=odb.rootAssembly                     #访问根装配
```

```
step=odb.steps.values()                           #获得所有分析步数据
frame=step[1].frames                              #获得分析步 1 的所有帧
nframe=len(frame)                                 #确定帧的数量
for k in range(nframe):
    for DispI in frame(k).fieldOutputs['U'].values:
        nodelabel=DispI.nodeLabel                 #循环得到每个位移对应的结点号
        disp=DispI.data                           #循环得到每个位移值
return
```

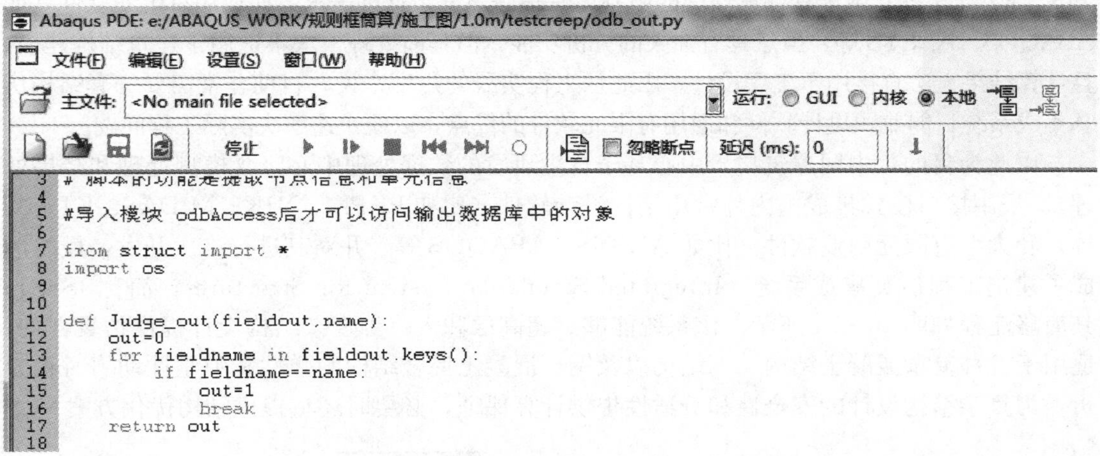

```
Abaqus PDE: e:/ABAQUS_WORK/规则框筒算/施工图/1.0m/testcreep/odb_out.py
文件(F)  编辑(E)  设置(S)  窗口(W)  帮助(H)
主文件: <No main file selected>    运行: GUI  内核  本地
停止    忽略断点    延迟 (ms): 0
 3  # 脚本的功能是提取节点信息和单元信息
 4
 5  #导入模块 odbAccess后才可以访问输出数据库中的对象
 6
 7  from struct import *
 8  import os
 9
10
11  def Judge_out(fieldout,name):
12      out=0
13      for fieldname in fieldout.keys():
14          if fieldname==name:
15              out=1
16              break
17      return out
18
```

图 9.2.5　ABAQUS 中 PDE

通过上述函数即可以访问各时间步每个结点的位移。

在 ABAQUS 中给出了单元积分点以及结点的输出变量列表，在读取数据时可以根据输出控制中指定的列表按需要读取，在调试过程中也可以查看每个对象中所包含的内容选项。

9.3　参考文献

[1]　ANSYS 软件，网址：http://www.ansys.com/

[2]　Lee H. H. Finite Element Simulations With ANSYS Workbench 14: Theory, Applications, Case Studies. Taiwan: Schroff Development Corporation, 2012.

[3]　倪栋，段进，徐久成．通用有限元分析 ANSYS7.0 实例精解．北京：电子工业出版社，2003.

[4]　段进，倪栋，王国业．ANSYS 10.0 结构分析从入门到精通．北京：兵器工业出版社，2006.

[5]　ABAQUS Inc. ABAQUS User Manual, V6.13, 2013.

第 10 章　高性能结构仿真集成系统

随着国内各种复杂结构（比如体型复杂、超高层、大跨等）的日益增多，高性能仿真分析在结构设计和施工过程中所扮演的角色越来越重要。常用设计软件（如 PKPM、MIDAS、YJK、ETABS 等）由于其计算性能的限制无法很好地满足这种需求，而通用有限元软件（如 ABAQUS、ANSYS 等）虽然具有强大的分析功能，但其前处理模块不适用于建筑结构建模，且计算结果无法直接用于工程设计。因此从工程实践的角度来说，目前非常需要一套结构仿真集成系统，能兼顾设计软件和通用有限元软件的优点，以便快速解决实际工程问题。

以此为目的，中国建筑技术中心基于自主研发的数据处理中心（含模型处理和结果处理），采用接口模式集成国内外常用结构设计软件（比如 PKPM、YJK、MIDAS、ETABS 等）和大型有限元商业软件（比如 ANSYS、ABAQUS 等）并对其进行二次开发，最终形成了建筑工程仿真集成系统（Integrated Simulation System for Structures，简称 ISSS），其简略流程如图 10.0.1 所示。该系统能够为超高层和大跨等复杂结构设计提供仿真咨询，适用于各种复杂混凝土结构、钢结构以及钢一混凝土混合结构的弹性和弹塑性动力时程分析，为复杂结构设计的安全性和舒适性提供计算保证，必要时还将提供结构优化方案。

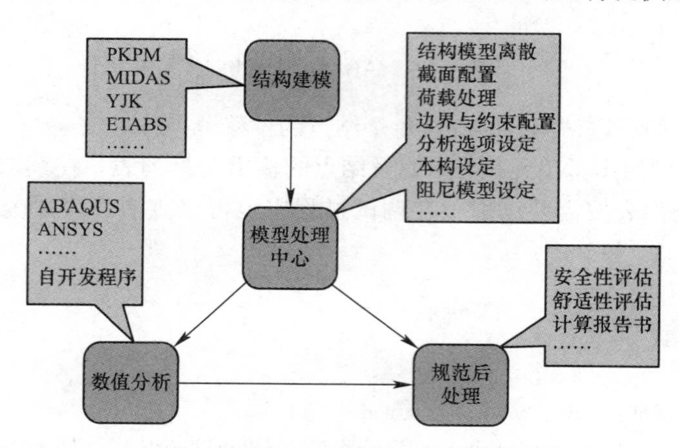

图 10.0.1　仿真集成系统（ISSS）的流程图

基于 ISSS 集成系统，用户可采用 PKPM、YJK、ETABS 等软件进行结构常规设计（含建模、计算、配配筋等），所得到的设计模型（包括结构模型和配筋信息）通过 ISSS 的“模型处理中心”将自动转换为通用有限元模型并直接导入大型商业软件（ANSYS、ABAQUS 等）以进行各种复杂有限元分析，然后 ISSS 的“规范后处理模块”将自动提取其有限元计算结果、汇同原有结构模型信息并根据相关规范以进行各项指标评估（包括安全性和舒适性等），并最终生成适用于工程设计的计算报告书。整个过程用户只需在交互界简单地指定部分参数和选项，其余工作全部由 ISSS 自动完成。

目前国内现有的各种接口软件均采用结构设计软件（PKPM、YJK 等）的原始计算模型直接导入商业软件（ANSYS、ABAQUS等），但大型复杂结构的仿真分析通常需要比常规设计更精细、更合理的计算模型，常规设计软件（PKPM、YJK等）已经不能满足这种精细化的计算模型要求，而如果直接采用商业软件进行模型转换则将耗费大量的人力和时间，同时也会对工程人员提出更高的软件操作和理论要求。基于上述原因，ISSS针对复杂结构非线性分析的特殊性自主研发了“模型处理中心”，以完成结构设计模型到有限元计算模型的智能转换，这是ISSS相比其他接口软件的最大优点。关于ISSS集成系统的软件开发、功能讨论以及工程应用情况可参阅Li、Chen、Duan、Qi（2013，2014）等人的文章，该处仅简要介绍其操作界面、软件接口、模型处理、规范后处理、基于ABAQUS的本构和单元应用等，其中计算模型处理（含网格划分）将在本书附录A和附录B进行详细介绍，而计算结果整理（规范后处理）将在本书附录C进行详细介绍。

10.1　结构仿真集成系统概述

10.1.1　主要功能

ISSS实现了结构设计软件与通用有限元软件的无缝对接，概括来说主要包括如下功能：

- **结构设计软件的接口功能**：从国内外主流设计软件（比如PKPM、MIDAS、YJK等）自动导出设计模型数据（含结构模型和配筋信息等）；
- **有限元计算模型的转换功能**：将结构模型自动转换为有限元计算模型，含网格划分、截面配置、荷载导算、约束与连接处理等；
- **通用有限元软件的接口功能**：将计算模型自动导入国外通用有限元软件（比如ABAQUS、ANSYS等）进行有限元分析并提取有限元计算结果，期间还包括混凝土本构和单元的二次开发；
- **设计指标的统计和整理功能**：将有限元计算结果整理为结构设计所需的各项性能指标参数，据此评估结构的损伤和安全性，并自动生成计算报告书。

10.1.2　系统界面

ISSS是一套集成系统，它基于自开发的数据处理中心（含模型处理和结果处理）集成了国内外常用的结构设计软件（PKPM、YJK等）和通用有限元软件（ABAQUS、ANSYS等），其主界面如图10.1.1所示，包括模型输入、模型转换、结构分析、结果整理、显示输出等几个主要菜单，简要介绍如下：

- **模型输入菜单**：调用结构设计软件接口，读入设计模型（含几何、荷载、配筋等）；
- **模型转换菜单**：完成有限元计算模型的自动生成，期间允许用户通过交互界面设定计算模型转换选项（包括网格划分尺寸、约束连接处理、荷载处理等，见图10.1.2）；
- **结构分析菜单**：设定有限元分析的相关选项（含分析类型、本构选用等），并调用通用有限元软件接口执行有限元分析；
- **结果整理菜单**：读取通用有限元分析结果，并将其整理为结构设计所需的各项性能指标参数，然后据此评估结构的构件损伤和整体安全性；
- **显示输出菜单**：选择绘制整理后的结果曲线（见图10.1.3），并自动生成计算报告书。

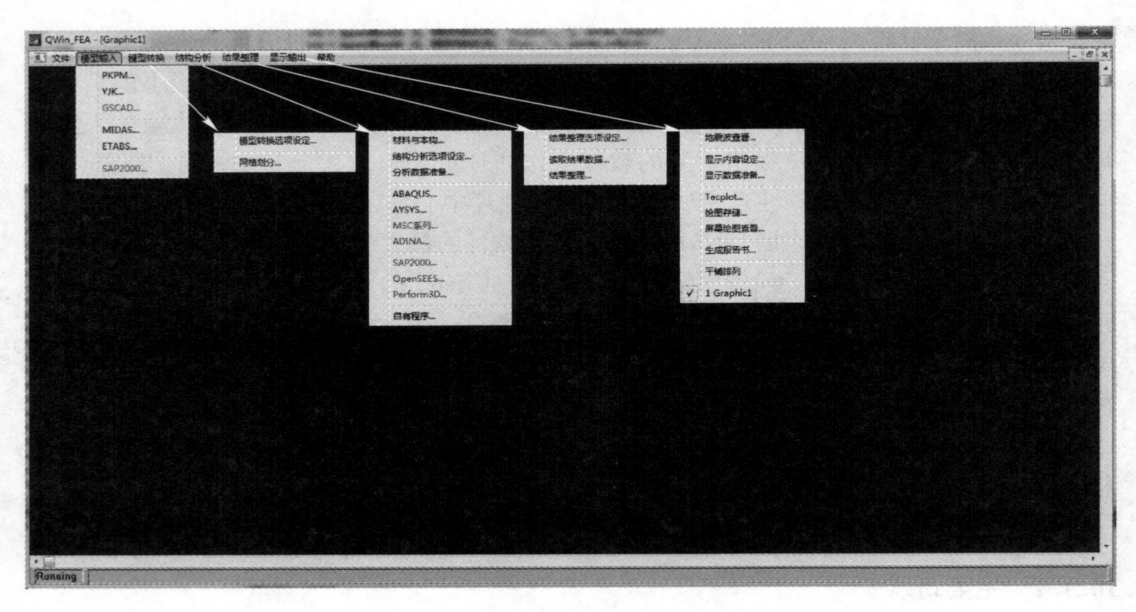

图 10.1.1　ISSS 主操作界面

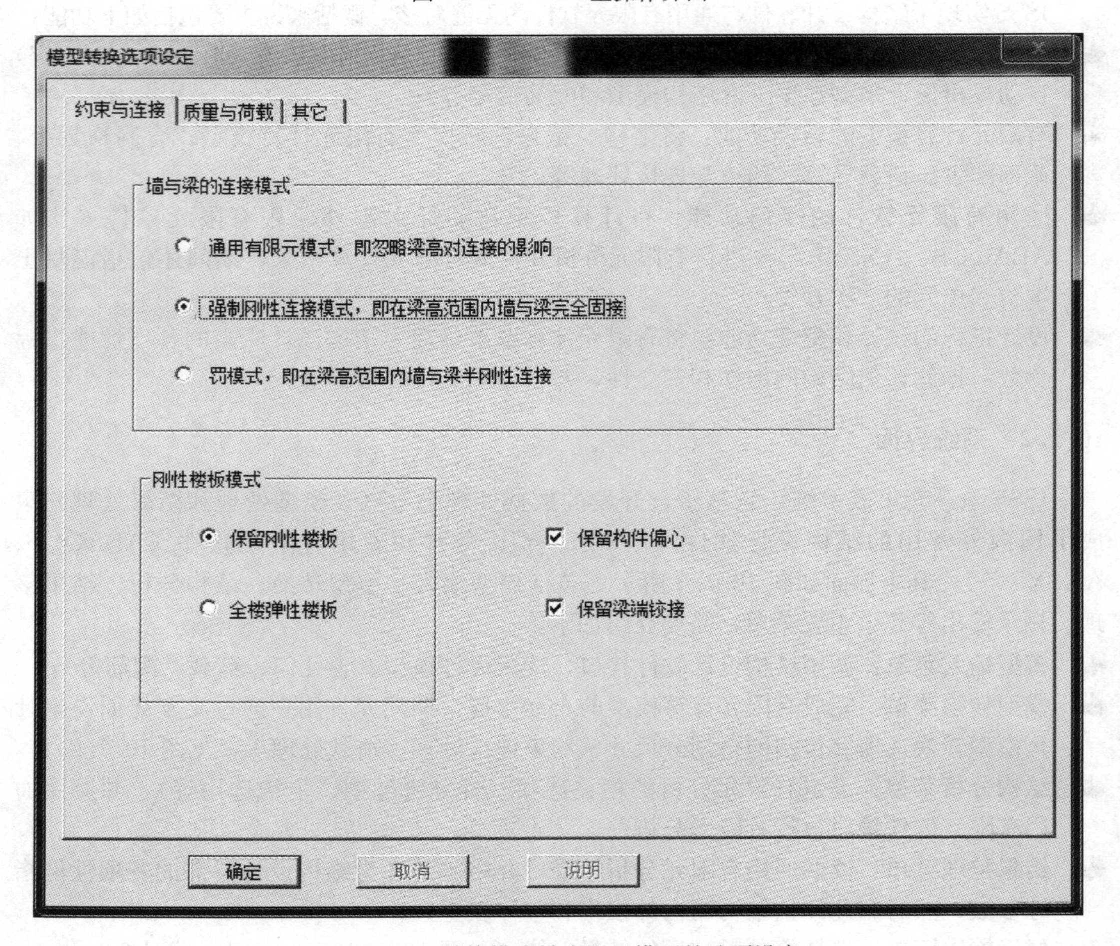

图 10.1.2　结构模型转有限元模型的选项设定

图 10.1.3　绘制结果整理曲线的选项设定

10.1.3　操作流程

ISSS 系统的基本操作流程如图 10.1.4 所示，概括来说可分为如下六个步骤：

- **步骤 1（建模和常规设计）**：采用常用设计软件（PKPM、YJK 等）完成结构建模和常规设计，该步骤独立于 ISSS，是结构设计的标准流程；
- **步骤 2（设计模型导入）**：利用“模型输入菜单”调用相应的结构设计软件接口，读入结构设计模型（含配筋信息）；
- **步骤 3（有限元模型生成）**：利用“模型转换菜单”设定网格划分尺寸、约束、连接、荷载处理等相关参数和选项，并自动生成有限元计算模型；
- **步骤 4（通用有限元分析）**：利用“结构分析菜单”设定分析类型、材料、本构等信息，然后调用通用有限元软件接口，将计算模型导入相应的商业软件（ABAQUS、ANSYS 等）进行有限元分析；
- **步骤 5（有限元结果整理）**：利用“结果整理菜单”读取通用有限元软件的分析结果，按工程设计习惯和相关规范进行结果统计和整理，评估构件损伤，并据此评估结构设计的安全性；
- **步骤 6（生成分析报告）**：利用“显示输出菜单”绘制并查看整理后的结果曲线，进而自动生成计算报告书。

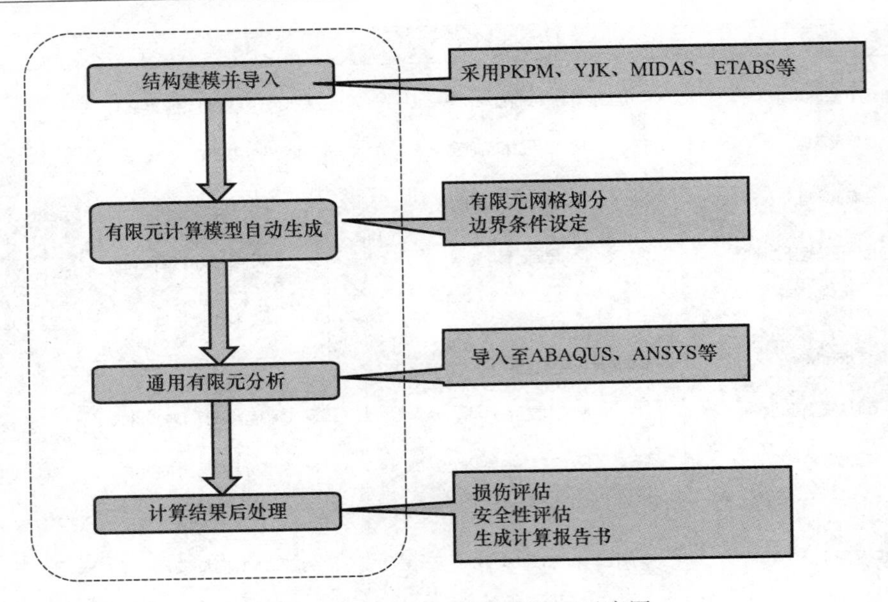

图 10.1.4　ISSS 系统操作流程示意图

10.2　软件接口介绍

ISSS 系统通过接口模式集成常用设计软件（PKPM、YJK 等）和大型有限元商业软件（ABAQUS、ANSYS 等），下面简要介绍其与各软件的接口。

10.2.1　结构设计软件接口

结构设计软件接口是为了导入结构设计模型，目前已完成 PKPM、YJK、MIDAS/Building、ETABS 等软件（其中 PKPM 先转存 YJK 然后再导入），其模型导入的基本流程如图 10.2.1 所示，但具体到每个软件，由于其各自的数据格式不同，其软件接口的程序实现存在较大差异，比如 PKPM/YJK 采用标准层描述结构模型，MIDAS/Building 采用自然层描述，而 ETABS 则采用结点集和构件集来描述，这些差异将导致数据读入和处理的不同，但总体来说，各接口均要实现如下几部分功能：

- 读入结构几何模型；
- 读入设计配筋信息，然后乘以超配系数作为弹塑性计算配筋；
- 执行模型检查及几何归并；
- 执行剪力墙边缘构件拆分。

10.2.2　通用有限元软件接口

通用有限元软件接口是为了实现复杂计算（比如弹塑性动力学分析、稳定性分析等），目前已完成 ABAQUS 和 ANSYS，前者主要用于弹塑性分析，而后者主要用于线弹性分析，表 10.2.1 给出了这两个软件接口的简要介绍。

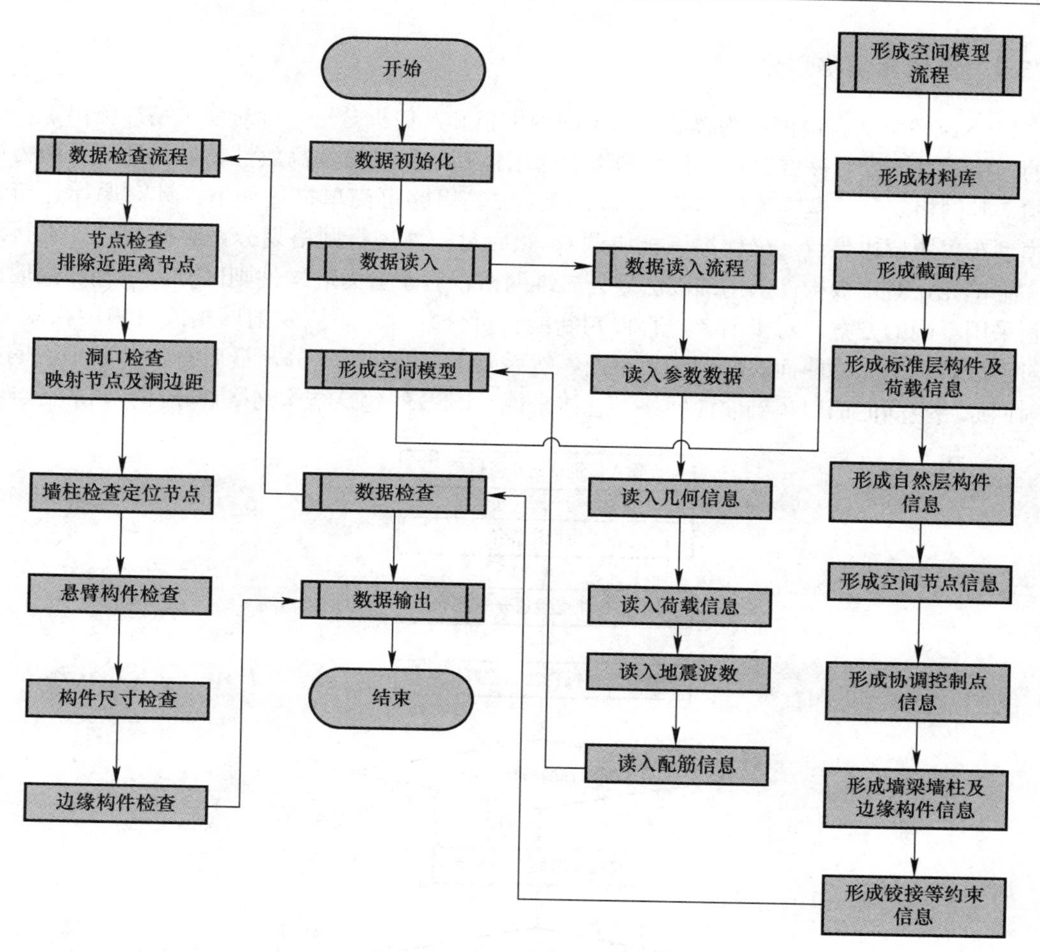

图 10.2.1　结构模型导入流程图

通用有限元软件接口简介　　**表 10.2.1**

软件名称	接口简要描述
ABAQUS	(1) 可指定采用显示或隐式算法 (2) 可同时考虑几何非线性和弹塑性 (3) 地震时程分析以自重作用下的应力状态作为初始状态 (4) 主要目的是进行大震作用下的弹塑性时程分析
ANSYS	(1) 仅导入 ANSYS APDL，不导入 ANSYS Workbench (2) 可考虑几何非线性，但忽略弹塑性 (3) 主要目的是进行结构静力计算、模态分析、稳定分析

10.3　模型处理中心介绍

ISSS 的“模型处理中心”将完成结构设计模型到有限元计算模型的自动转换，包括有限元网格自动划分、构件截面自动配置、有限元荷载自动导算、约束与连接的自动处理、剪力墙边缘构件自动处理等内容。

10.3.1　有限元网格划分

ISSS以铺砌法自由网格为核心并联合映射网格和几何拆分法，针对建筑结构提出了一套新的网格划分方案，该方案兼顾自由网格的通用性和映射网格的高效性，非常适用于剪力墙结构，其网格划分的基本流程如图10.3.1所示，其思路可简单描述如下：针对原始建筑结构模型布置协调边界点（梁柱撑墙板协调），然后对构件进行网格划分，对框架构件直接划分一维单元，对楼板构件采用铺砌法划分二维网格，对于剪力墙构件则区分直墙和曲面墙而分别采用不同的方案，对于前者，直接判断能否拆分并分别采用映射网格或自由网格划分，而对于后者，则先将曲面映射到参数平面，然后调用直墙网格划分，最后再将参数平面网格映射回原始空间曲面以得到曲面网格。总体来说，ISSS的建筑结构网格划分具有如下特点：

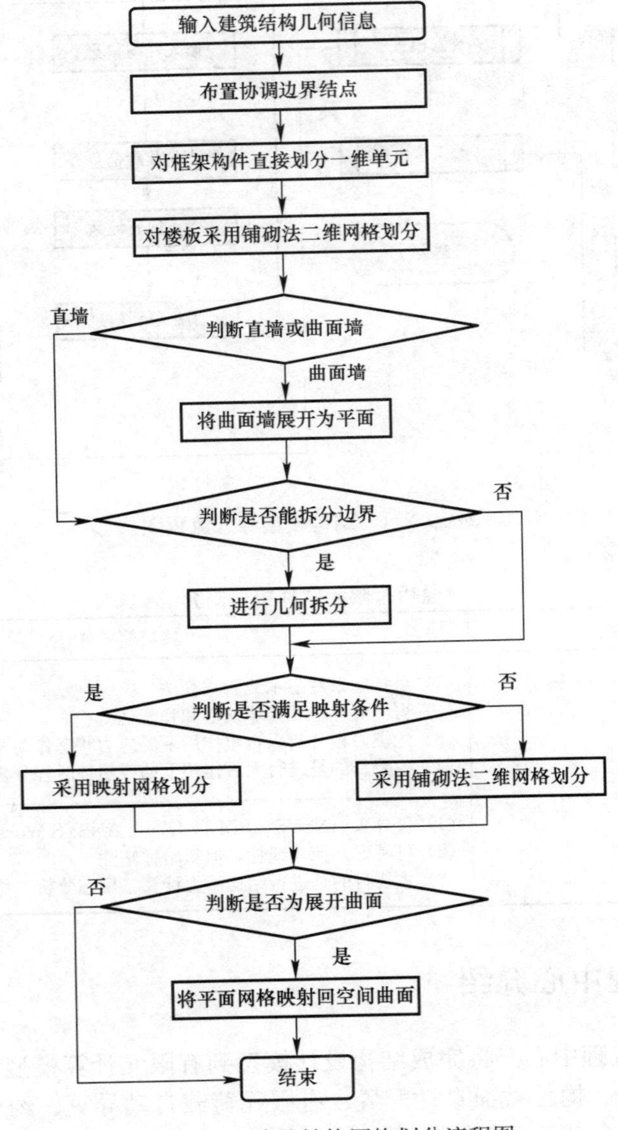

图10.3.1　建筑结构网格划分流程图

- **几何任意性**：适用于任意复杂建筑结构；
- **结点协调性**：各构件的边界结点严格协调，适用于有限元分析；
- **边界敏感性**：优先保证边界附近的网格质量，因为边界网格对有限元分析结果的影响相比内部网格而言更显著；
- **网格均匀性**：整个结构的网格尺寸相对均匀，对于尺寸突变的位置会自动增加过渡单元；
- **方向无关性**：网格划分依赖于结构的几何拓扑关系，与坐标系的选用无关。

10.3.2　构件截面配置

ISSS 采用有限元商业软件中（比如 ANSYS）广泛采用的复合截面模式来重新配置设计模型中的构件截面，具体如下：型钢混凝土截面将拆分成混凝土截面和型钢截面，如图 10.3.2 所示，其中型钢截面位置和数量均可任意，以模拟超高层常用的巨型柱截面；剪力墙和楼板采用复合壳元描述，如图 10.3.3 所示，以模拟钢板剪力墙、箱形墙、叠合楼板等特殊截面；另外，与通用有限元软件类似，ISSS 对于截面偏心也采用复合截面描述，偏心信息保存在复合截面信息里，如图 10.3.4 所示。

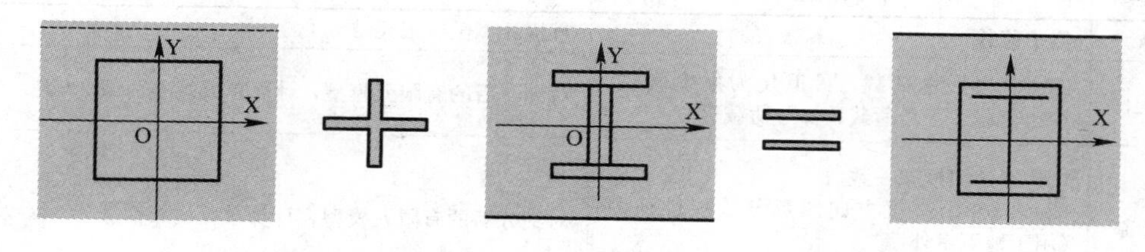

图 10.3.2　配置型钢混凝土截面

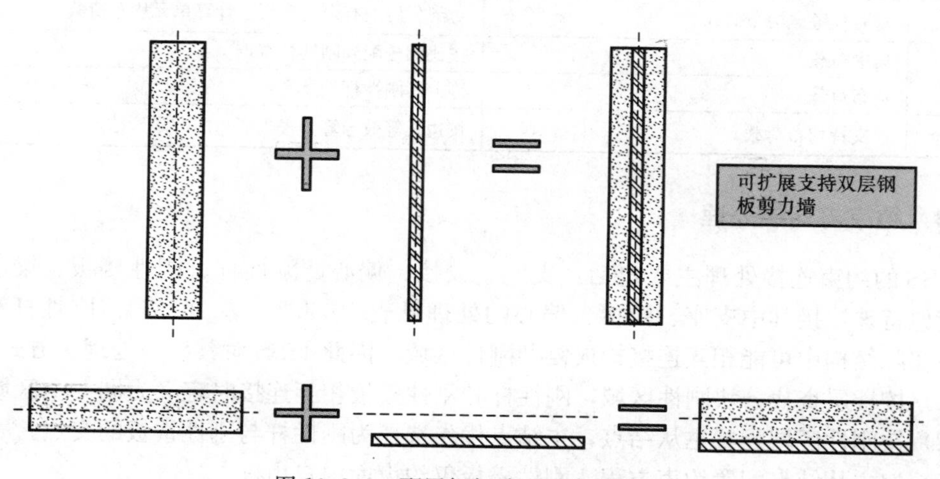

图 10.3.3　配置钢板墙和叠合板截面

10.3.3　有限元荷载导算

对于结构模型中的荷载（含结点和构件），ISSS 将自动导算至有限元结点和单元，其详细导算说明见表 10.3.1。

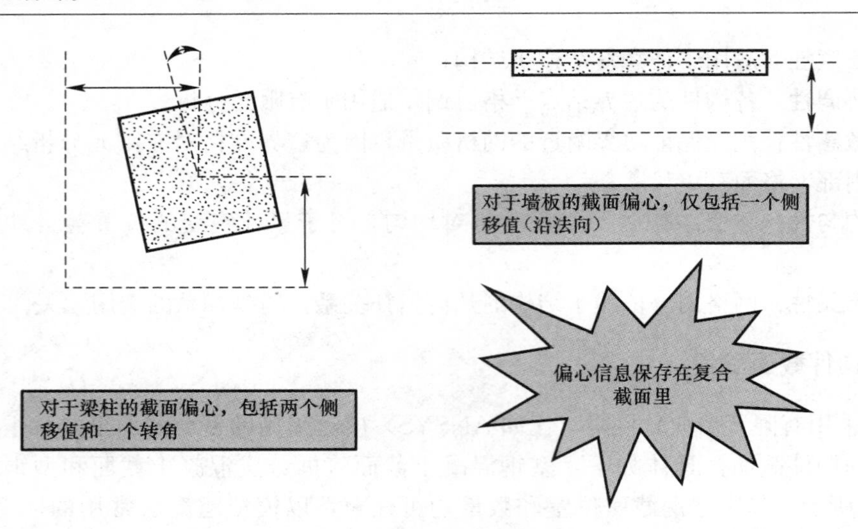

图 10.3.4 截面偏心的处理

有限元荷载的导算 表 10.3.1

构件类型	荷载描述	导算方法
结点	集中荷载	直接导算至有限元结点
框架构件	四点分段线性荷载，可退化为集中荷载、均布荷载、三角荷载、梯形荷载等	对细分后的有限元模型，计算单元均布荷载
剪力墙	(1) 墙边跟框架一致 (2) 面外沿高度方向四点分段线性荷载(用于地下室外墙) (3) 面外沿水平方向均布	对细分后的有限元模型，计算单元均布荷载
楼板	暂时只考虑均布荷载	对细分后的有限元模型，计算单元均布荷载
刚性杆	集中荷载	按比例分配到刚性杆端点
	均布荷载	等分到刚性杆端点
刚性楼板	仅支持均布荷载	按边长等效导算到楼板周边的有限元结点

10.3.4 约束与连接处理

ISSS的约束连接处理主要包括：支座、铰接、偏心、刚性杆、刚性楼板、梁墙连接以及其他特殊连接其中支座、铰接、偏心的处理见表10.3.2～表10.3.4。刚性杆和刚性楼板在实际结构中可能相互连接构成复杂刚性区域，因此ISSS对其统一处理，方式如下：

- (1) 按楼层查找分块刚性区域，刚性杆和刚性楼板相互连接时定义为同一个区域；
- (2) 按刚性区域配置主从结点，主结点优先选择为刚性杆与刚性楼板的交点；
- (3) 按主从结点配置约束方程，刚性楼板仅约束面内自由度。

支座的处理 表 10.3.2

支座类型	用 途	处理方式
固支	基底嵌固	点约束和线约束
弹性支座	网架网壳	附加弹性矩阵

铰接的处理

表 10.3.3

处理方式	描　述
自由度绑定	用于商业软件（增加结点并施加约束方程）
自由度凝聚	用于自开发计算程序（不增加结点，减少单元的输出自由度）

偏心的处理

表 10.3.4

偏心类型	偏心描述	处理方式
构件偏心	梁、柱、撑、墙整体偏心	截面偏心（不增加结点但增加截面）
结点偏心	梁、撑、墙端点偏心	约束方程（增加结点并施加约束方程）

梁墙连接是指实际结构中梁构件与墙构件的连接有一定高度（即梁高），而将其离散为梁单元和壳单元后其连接仅为一个点，如图 10.3.5 所示，其连接刚度弱于实际结构连接刚度，因此在有限元计算时需对其做适当修正，ISSS 提供了两种处理模式：约束方程和罚单元，详见表 10.3.5，另外，用户也可在 ISSS 交互界面中（见图 10.1.1）选择忽略该处理。除此之外，结构中还有一些特殊连接，比如柱托两柱等，ISSS 均采用约束方程处理，详见表 10.3.6。

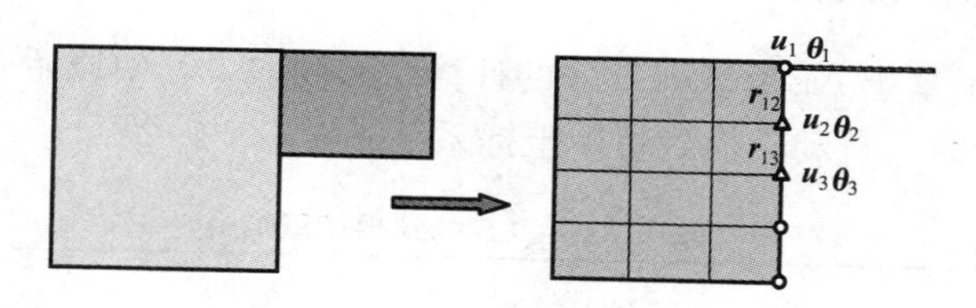

图 10.3.5　梁墙连接示意图

梁墙连接的处理

表 10.3.5

处理方式	描　述
约束方程（在原结点基础上增加约束方程）	刚性约束
罚单元（引入连接单元）	半刚性约束

其他特殊连接的处理

表 10.3.6

约束类型	处理方式	描　述
① 柱托两柱 ② 柱托两梁 ③ 柱托墙 ④ 梁托两墙	约束方程	在原结点基础上增加约束方程

10.3.5　剪力墙边缘构件处理

剪力墙边缘构件如图 10.3.6 所示，其配筋（无论是纵筋还是箍筋）跟墙的其他位置通常会明显不同，其配筋模式相对来说更接近于柱，因此在进行弹塑性分析时需对边缘构件做特殊处理，目前 ISSS 采用一种比较简化的处理模式，即忽略边缘构件的箍筋约束影响，仅考虑纵向钢筋的影响，采用杆元（线元）模式对其附加额外的钢筋单元。

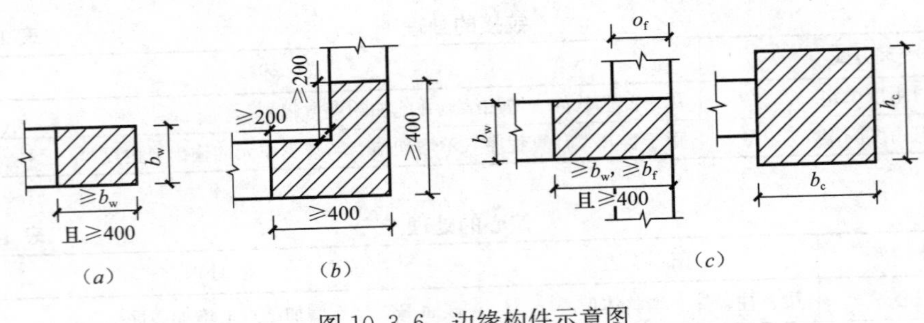

图 10.3.6 边缘构件示意图

(*a*) 暗柱；(*b*) 翼柱；(*c*) 墙柱

10.4 规范后处理介绍

ISSS 系统会自动提取通用有限元软件（目前仅包括 ABAQUS）的计算结果，并针对结构设计规范进行结果整理和评估，最后给出计算报告书。

10.4.1 有限元结果的读取

表 10.4.1 给出了基于 ABAQUS 软件的计算结果读取，其中原始内力结果采用单元局部坐标系描述，统计时会自动转换到整体坐标系。

基于 ABAQUS 的结果读取 **表 10.4.1**

结果名称	说 明
结点平动位移	在支座加速度约束情况下，导出结果包含刚体位移，扣除支座位移后方为实际平动位移
结点转动位移	根据结点关联构件的局部坐标系，结点转动位移可转换为构件局部系下转角，用于杆件 M-θ 曲线计算
结点平动速度和加速度	目前仅用于绘制速度和加速度时程
支座反力	用于计算底部剪力、竖向反力以及嵌固端倾覆力矩时程
支座反力矩	用于计算嵌固端倾覆力矩时程
单元截面力	取单元结点处截面力，其中壳单元经磨平、积分后计算墙柱、墙梁截面力，对杆件尚需合并钢筋、型钢部分截面力，最终用于计算构件内力时程、剪切滞回曲线及名义轴压比，并经坐标变换后统计楼层剪力
单元截面力矩	取单元结点处截面力矩，对于杆件用于 M-θ 曲线计算
单元自定义状态变量	取自定义用户材料的受压、受拉损伤和刚度退化，用于判断构件的破坏等级
壳单元受压损伤	ABAQUS 自带二维本构的混凝土受压损伤，用于判断墙柱、墙梁及板的破坏等级
壳单元受拉损伤	ABAQUS 自带二维本构的混凝土受拉损伤
壳单元刚度退化	ABAQUS 自带二维本构的混凝土刚度退化，用于板的破坏等级判断，由于考虑了应力状态，因此与受压损伤不同，不满足单调增长条件
钢材塑性应变	型钢及钢筋的塑性应变，同损伤一起用于判断构件的破坏等级

10.4.2 基于规范的结果整理

计算结果的整理可分为两大类，分别是基于构件的整理和基于楼层的整理，其详细说明见表 10.4.2 和表 10.4.3。

基于构件的结果整理　　表 10.4.2

结果名称	说　明
位移角时程	仅计算竖向构件位移角，对于矩形墙柱分别计算两端的位移角
内力时程	对杆件及墙柱、墙梁分别计算两端截面的内力时程，其中杆件包括轴力、双向剪力和双向弯矩，墙柱、墙梁仅包括轴力和双向剪力
名义轴压比时程	柱、撑及墙柱的名义轴压比时程，其中轴力为重力及地震波共同作用下的结果，混凝土的强度为标准值且考虑了受压损伤引起的降低
损伤及刚度退化时程	对杆件取两端截面各点平均值结果，对墙柱、墙梁，先对其内部壳单元损伤及刚度退化磨平积分，后计算两端截面的损伤及刚度退化
塑性应变时程	对杆件取其内部型钢或钢筋的塑性应变，对墙柱、墙梁取其内部分布钢筋的塑性应变，其中墙柱、墙梁为端截面的平均值
剪切滞回	根据构件底部剪力与上下两端侧移差计算竖向构件的剪切滞回，其中墙柱的侧移差取左右两端的平均值
M-θ 曲线	杆件局部坐标系下两端弯矩和转角的 M-θ 曲线，用于构件整体抗弯刚度退化的判断
破坏等级	根据损伤及塑性应变定义的破坏标准确定的构件破坏等级

基于楼层的结果整理　　表 10.4.3

结果名称	说　明
位移角包络及时程	取各层竖向构件的最大位移角作为楼层位移角，从各帧取最大值作为位移角包络结果，并考虑错层、跃层等情况下构件高度与层高不同时的换算；每一楼层的位移角时程；任意时刻的结构整体位移角
有害位移角包络及时程	取各层竖向构件的平均位移角并扣除下层引起的刚体转动部分，比较各帧取最大值作为有害位移角包络；每一楼层的有害位移角时程；任意时刻的结构整体有害位移角
最大与平均水平位移时程	分别取每层楼板位置处结点主次方向的最大水平位移与平均水平位移形成时程结果，用于判断地震波作用下的楼层扭转效应
框架/框支框架/楼层剪力包络及时程	构件截面力经坐标变换为整体坐标下结果，统计由框架/框支框架承担的剪力以及楼层总剪力，分别取各帧最大值作为包络结果，其中边框柱统计为剪力墙部分承担剪力；每一楼层框架/框支框架及楼层总剪力时程
底部剪力及竖向反力时程	由支座反力累加得到的嵌固端双向剪力及竖向反力时程
嵌固端框架/框支框架/总倾覆力矩时程	由支座反力和反力矩按力学方法计算的由框架/框支框架承担的倾覆力矩和总倾覆力矩时程结果
楼层剪切滞回曲线	楼层底部剪力和楼层平均层间位移的关系曲线
楼层构件破坏统计	按照破坏标准统计的层内不同破坏等级各种构件数量，每种构件类型破坏最严重的部分构件编号及其损伤和塑性应变值

10.4.3　构件破坏的评估

ISSS 系统在进行构件破坏评估时，默认采用表 10.4.4 所示的等级标准，但同时也允许用户自定义该标准。

构件破坏程度的默认标准　　表 10.4.4

材料指标	破坏程度				
	无损坏	轻微损坏	轻度损坏	中度损坏	严重损坏
钢材塑性应变	良好	0～0.004	0.004～0.008	0.008～0.012	>0.012
混凝土受压损伤	—	—	0～0.1	0.1～0.3	>0.3

10.4.4 计算报告书的生成

ISSS系统在完成结果整理后，会自动生成WORD格式的分析计算书，其文档模板如图10.4.1所示，其内容涵盖工程概况、设计和分析模型概述、设计和分析参数设置、分析结果整理和统计、结论及优化建议等信息。

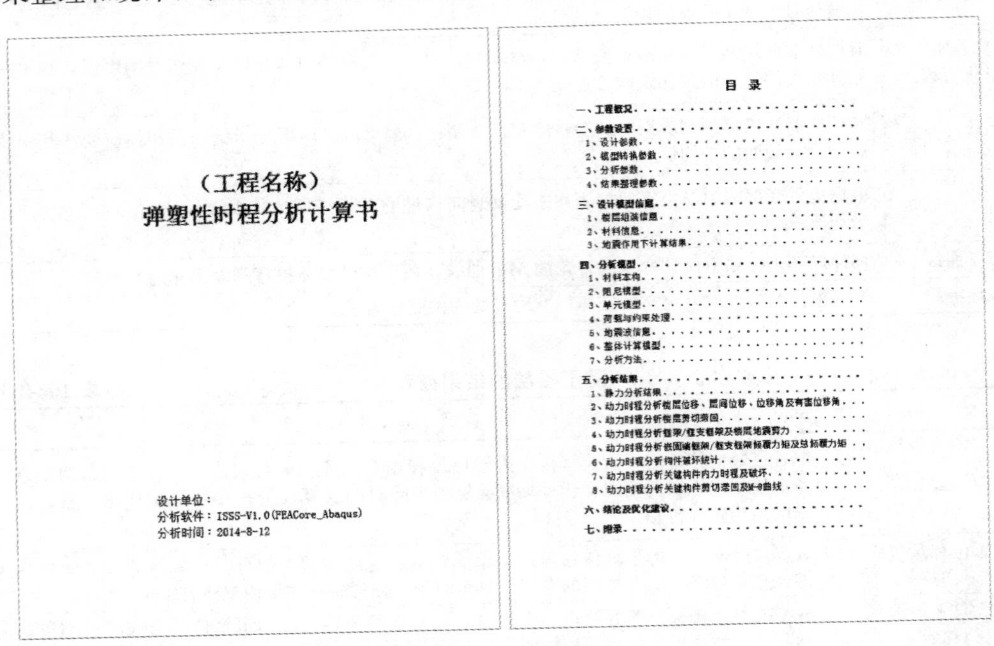

（工程名称）
弹塑性时程分析计算书

设计单位：
分析软件：ISSS-V1.0(FEACore_Abaqus)
分析时间：2014-8-12

目 录

一、工程概况
二、参数设置
1、设计参数
2、模型转换参数
3、分析参数
4、结果整理参数
三、设计模型信息
1、楼层组装信息
2、材料信息
3、地震作用下计算结果
四、分析模型
1、材料本构
2、阻尼模型
3、单元模型
4、荷载与约束处理
5、地震波信息
6、整体计算模型
7、分析方法
五、分析结果
1、静力分析结果
2、动力时程分析楼层位移、层间位移、位移角及有害位移角
3、动力时程分析楼层剪切滞回
4、动力时程分析框架/框支框架及楼层地震剪力
5、动力时程分析嵌固端框架/框支框架倾覆力矩及总倾覆力矩
6、动力时程分析构件破坏统计
7、动力时程分析关键构件内力时程及破坏
8、动力时程分析关键构件剪切滞回及M-θ曲线
六、结论及优化建议
七、附录

图10.4.1 分析计算书模板

10.5 基于ABAQUS的本构和单元应用

钢筋混凝土的本构和单元是混凝土结构弹塑性分析可靠性的关键要素之一，下面以ABAQUS软件的具体实现和应用为例，简要描述ISSS系统所采用的钢筋混凝土本构模型和单元模型。

10.5.1 钢筋混凝土本构模型

表10.5.1给出了ISSS基于ABAQUS的钢筋混凝土本构应用，可简述如下：

基于ABAQUS的本构应用 表10.5.1

材料或构件	本构模型	补充说明
钢筋/型钢	规范三折线模型	一维轴向拉压本构模型
梁柱撑的混凝土	（1）Mander模型 （2）过-张模型 （3）规范单轴模型	一维约束混凝土本构模型，考虑箍筋对核心受压区混凝土的约束效应
剪力墙楼板的混凝土	（1）塑性损伤模型 （2）规范双轴模型	二维素混凝土本构模型，忽略分布筋、拉结筋、钢板对混凝土的约束影响

- **一维构件（梁柱撑）**：ISSS 采用一维约束混凝土本构模型（考虑箍筋对混凝土核心受压区的约束效应），并同时提供 Mander 模型、过-张模型和规范单轴模型三个选项，用户可任选其一；
- **二维构件（剪力墙和楼板）**：ISSS 采用二维素混凝土本构模型（忽略分布筋、拉结筋、钢板对混凝土的约束影响），并提供了塑性损伤模型（ABAQUS 自带）和规范双轴模型两个选项供用户选择；

10.5.2　钢筋混凝土单元模型

表 10.5.2 给出了 ISSS 基于 ABAQUS 的钢筋混凝土单元应用，可简述如下：

- **框架构件（钢筋混凝土和型钢混凝土）**：ISSS 采用分离式单元模型，钢筋、型钢、混凝土各自采用独立的单元模型，单元结点完全刚接，忽略彼此间的粘接滑移影响，其中钢筋采用杆单元（线元）模拟，型钢采用梁单元模拟，混凝土采用纤维束和 Timoshenko 梁混合模拟，纤维束用来模拟轴向拉压和弯曲，考虑弹塑性影响，Timoshenko 梁用来模拟剪切和扭转，忽略弹塑性影响；
- **钢筋混凝土剪力墙和楼板**：ISSS 采用分离式单元模型，钢筋和混凝土各自采用独立的单元模型，单元结点完全刚接，忽略彼此间的粘接滑移影响，其中钢筋采用杆单元（线元）模拟，混凝土采用壳单元模拟，其膜应力和面外弯曲考虑弹塑性影响，横向剪切忽略弹塑性影响；
- **钢板剪力墙和叠合板**：ISSS 采用组合式单元模型，即分层壳元模型，单元截面的不同分层对应实际截面的不同材料，忽略钢筋（钢板）和混凝土的相对滑移，分层壳的膜应力和面外弯曲考虑弹塑性影响，横向剪切忽略弹塑性影响。

基于 ABAQUS 的单元应用　　**表 10.5.2**

材料或构件	单元模型	补充说明
梁柱撑的钢筋和型钢	分离式梁元	忽略钢筋（或型钢）与周围混凝土的相对滑移
梁柱撑的混凝土	轴向拉压采用纤维束； 横向剪切采用 Timoshenko 梁	轴向拉压和弯曲为弹塑性，横向剪切和扭转为线弹性
钢筋混凝土墙和楼板	分离式杆元＋壳元	忽略钢筋混凝土的相对滑移
钢板墙、叠合板	分层壳元（组合式）	忽略钢筋（钢板）和混凝土的相对滑移

10.6　参考文献

[1] Chen X. M., Duan J., Qi H., Li Y. G. Rayleigh damping inAbaqus/Explicit dynamic analysis. Applied Mechanics and Materials, Vol. 627: 288-294. Switzerland: Trans Tech Publications, 2014.

[2] Chen X. M., Duan J., Qi H., Li Y. G. Research on oscillation in ABAQUS elastic-plastic time-history analysis. Applied Mechanics and Materials. Vol. 638-640: 1730-1736. Switzerland: Trans Tech Publications, 2014.

[3] Chen X. M., Duan J., Qi H., Li Y. G. Controls on material and mesh for structural nonlinear time-history analysis. Applied Mechanics and Materials. Vol. 580-583: 1564-1569. Switzerland:

Trans Tech Publications, 2014.

[4] Chen X. M., Duan J., Qi H., Li Y. G. Structural performance under seismic overpredesigned intensity. Advanced materials research (to be published), 2014.

[5] Chen X. M., Duan J., Qi H., Li Y. G. Research on relation between compression damage and load-carrying capacity for RC column. Proceedings of EEGBM 2014 (to be published). Landon, UK: Taylor & Francis Group, 2014.

[6] Duan J., Li Y. G., Chen X. M., Qi H. & Sun J. Y. A Parallel FEA Computing Kernel for Building Structures. Journal of Applied Mathematics and Physics, 2013. 1: 26-30.

[7] Duan J., Chen X. M., Qi H. & Li Y. G. An Automatic FE Model Generation System Used for ISSS. Civil Engineering and Urban PlanningIII. Landon, UK: Taylor & Francis Group, 2014, pp: 29-32.

[8] Duan J., Chen X. M., Qi H. & Li Y. G. An Integrated Simulation System for Building Structures. Applied Mechanics and Materials., 2014, Vols. 580-583, p: 3127-3133. Switzerland: Trans Tech Publications. doi:10.4028/www.scientific.net/AMM.580-583.3127.

[9] Duan J., Chen X. M., Qi H. & Li Y. G. Boundary-Constraint Meshing Based on Paving Method. Applied Mechanics and Materials, 2014, Vol. 627, pp 262-267. Switzerland: Trans Tech Publications. doi:10.4028/www.scientific.net/AMM.627.262.

[10] Duan J., Chen X. M., Qi H. & Li Y. G. A Parallel FEA Computing Kernel for ISSS. Proceedings of GBMCE 2014 (to be published). Landon, UK: CRC Press, 2014.

[11] Duan J., Chen X. M. & Li Y. G. A Quadrilateral Meshing Method for Shear-Wall Structures. Applied Mechanics and Materials, 2014, Vol. 638-640, pp 9-14. Switzerland: Trans Tech Publications. doi:10.4028/www.scientific.net/AMM.638-640.9.

[12] Duan J., Cong J., Feng G. J. & Lin B. Stability Analysis for a Single-layer Reticulated Shell. Applied Mechanics and Materials, 2014, Vol. 614, p: 635-639. Trans Tech Publications, Switzerland doi:10.4028/www.scientific.net/AMM.614.635.

[13] 齐虎，李云贵，吕西林. 基于能量的弹塑性损伤实用本构模型. 工程力学，2013，30（5）：172-180.

[14] 齐虎，李云贵，吕西林. 混凝土弹塑性损伤本构模型的动力扩展. 同济大学学报：自然科学版，2013，3：324-329.

[15] Qi H., Li Y. G. & Lu X. L. Practical elasto-plastic damage model for dynamic loading and nonlinear analysis of Koyna concrete dam. Journal of Central South University, 2013, 20 (9): 2586-2592.

[16] 齐虎，李云贵，周新炜. 混凝土单轴滞回本构模型及ABAQUS二次开发. 建筑科学，2014，30（3）.

第 3 篇　工程应用篇

第 11 章　大跨钢结构分析实例

随着国内经济的发展和建筑技术的提高，大跨度网架和网壳结构越来越得到社会认可和广泛应用，近年来得到长足发展。这类结构的力学分析与其他建筑结构相比有很大程度的共同性，但也有部分特殊性，主要体现在结构稳定性分析，包括线性稳定和非线性稳定。《空间网格结构技术规程》（GB JGJ7—2010）第 4.3.1 条指出：单层网壳以及厚度小于跨度 1/50 的双层网壳均应进行稳定性计算。第 4.3.2 条指出：网壳的稳定性可按考虑几何非线性的有限元法（即荷载-位移全过程分析）进行计算，分析中可假定材料为弹性，也可考虑材料的弹塑性。

为简单起见，通常先计算结构的线性稳定，又称线性屈曲（即 buckling）。虽然对于网壳结构而言，线性屈曲分析的结果可能偏于危险（因为通常情况下网壳结构有很多受压杆件，它会降低结构的刚度），但该分析可快速给出网壳结构在各种加载模式下的临界荷载和屈曲模态，有助于设计人员对整体结构做初步检查和评估。而且，线性屈曲分析可直观地给出局部屈曲模态，有利于对结构做局部补强和调整。当然，对于复杂网壳结构而言，仅做线性稳定分析是不够的，还需补充非线性稳定分析，即考虑几何非线性的影响。由于大型网壳结构的刚度偏柔，其挠度可能较大，因此非线性分析时应考虑结构的构型变化，否则非线性迭代可能不收敛或者收敛到错误的结果、有时甚至出现计算崩溃现象（Belytschko 等，2014）。关于梁杆结构几何非线性分析的理论细节可参考文献［3］～文献［5］，该处不再赘述。当然，从软件操作的角度来说，上述内容在各大商业软件（比如 ANAYS、ABAQUS 等）中会自动处理，用户无须了解其具体的理论细节，而只需设置“是否考虑”的选项即可。

利用本书第 10 章介绍的高性能仿真集成系统（ISSS），可以很方便地对大跨结构进行上述稳定性分析，其操作流程如下：首先采用结构设计软件（比如 PKPM、YJK、MIDAS 等）建立结构模型，然后利用 ISSS 系统读取该结构模型、将其转换为有限元计算模型、并进一步导入商业软件（比如 ANSYS、ABAQUS、SAP2000 等）进行稳定性分析，最后利用 ISSS 系统读取商业软件的有限元计算结果并进行整理以得到分析报告，下面给出两个应用实例。

11.1　某会展中心屋顶网壳的非线性稳定分析

Duan、Cong、Feng & Lin（2014）利用本书的高性能仿真系统并结合 SAP2000 软件对某会展中心屋顶网壳进行了非线性稳定分析，下面对其作详细介绍。

11.1.1　模型与荷载

某展示中心的结构总图如图 11.1.1 所示，其外部为屋面网壳结构（鹦鹉螺形单层网壳，表面铺设玻璃幕墙），内部为框架结构，最大直径为 78.15m，最大高度为 21.3m，总用钢量约为2000t。本节将根据恒、活、风的组合进行线性稳定分析，然后在此基础上进一步做非线性稳定分析，其荷载取值如表11.1.1所示。需指出的是：本节不考虑温度荷载（因为该项目会采用滑动支座释放温度应力）和雪荷载（因为会有相应的融雪措施）。

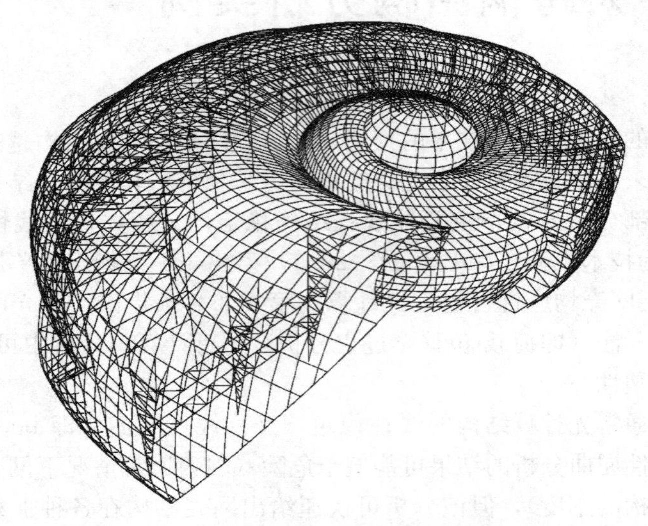

图11.1.1 鹦鹉螺形单层网壳模型总图

结构荷载取值（kN/m²） 表11.1.1

恒载		活载		风载	
一般区域	1.3	屋面	0.5	基本风压	1.2
穹顶及周边区域	1.8	夹层楼面	4.0	迎风面	2.94
夹层楼面	5.0			屋面及背风面	1.84
				侧风面	2.57

11.1.2 线性稳定验算

对于网壳结构特别是单层网壳而言，由于各构件主要承受压力，因此其几何非线性刚度会低于线性刚度，结构的实际临界荷载会低于（甚至明显低于）线性屈曲荷载，但即便如此，线性屈曲结果（特别是屈曲模态）依然有一定的参考意义，因此本文先执行线性屈曲分析，然后执行几何非线性分析。

结构的前三阶线性屈曲因子如表11.1.2所示，显然，在所有组合中，“恒＋活”组合下的一阶屈曲因子最小（20.24），但它远大于规范限值（暂取用非线性稳定的安全系数，即4.2），因此从线性稳定（buckling）的角度来说，该网壳结构满足规范要求。

结构的线性屈曲因子 表11.1.2

荷载组合	第一阶屈曲因子	第二阶屈曲因子	第三阶屈曲因子
恒＋活	20.24	37.98	42.58
恒＋活＋风（X＋）	－33.42	－35.70	39.19
恒＋活＋风（X－）	－29.86	－34.39	37.39
恒＋活＋风（Y＋）	35.76	42.40	46.70
恒＋活＋风（Y－）	42.58	－43.10	－46.95

图 11.1.2 给出了“恒＋活”组合下的一阶屈曲模态，从图上看，大门入口处的桁架立柱最先屈曲，不过其临界荷载远大于实际荷载（20 倍），因此该结构理论上不会进入线性屈曲状态，但大门处的桁架立柱依然值得我们关注，在条件许可的情况下可适当加强。

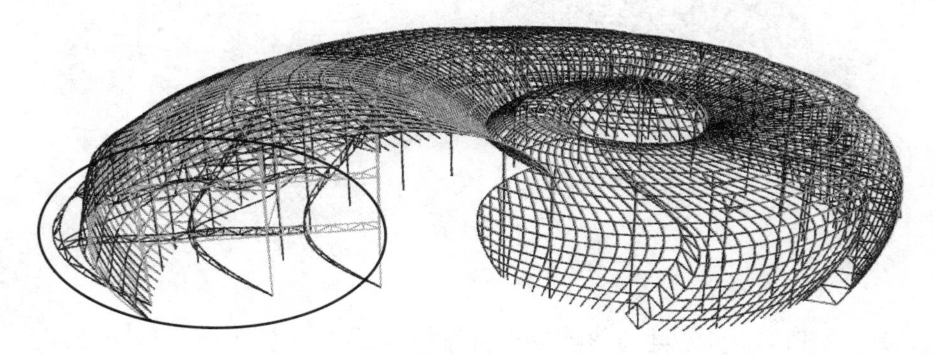

图 11.1.2 “恒＋活”组合下的一阶屈曲模态

11.1.3 非线性稳定验算

前面说过，对于网壳结构而言，非线性稳定的临界荷载通常低于（甚至远低于）线性稳定临界荷载，因此从安全性的角度来说，网壳结构的非线性稳定验算比线性稳定验算更重要一些。下面参照线性稳定验算的荷载工况，验算结构的非线性稳定。

图 11.1.3～图 11.1.5 给出了各组合工况下的非线性变形图（采用力加载计算，考虑应力刚度和大位移的影响），由图可知，结构在这几种加载模式下并没有进入后屈曲阶段，因此不会出现非线性失稳的情况。

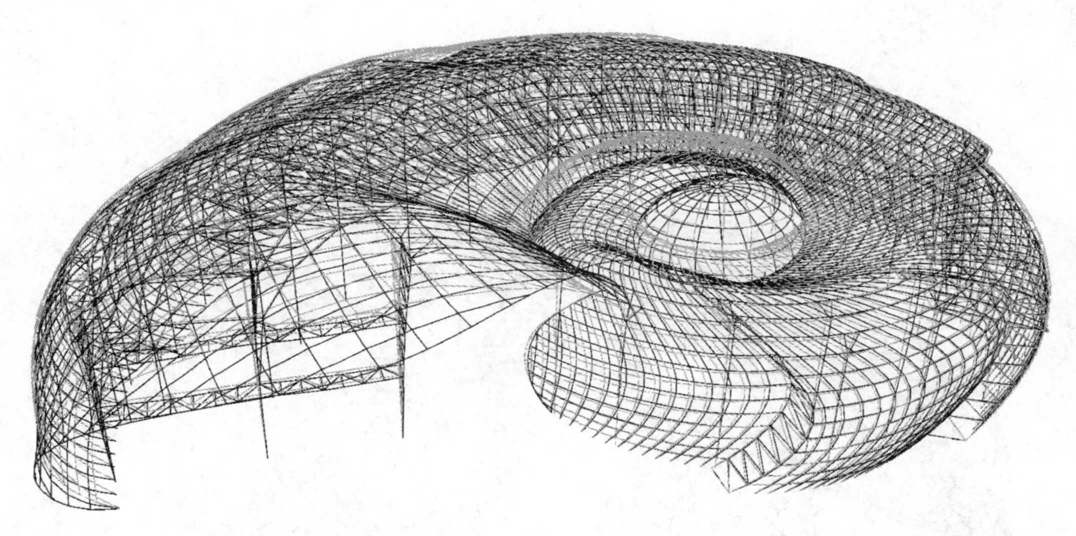

图 11.1.3　几何非线性变形图（恒＋活，放大 50 倍）

为了进一步判断该结构的稳定性安全储备，下面进行几何非线性全过程分析，为简化计算流程，本文采用力加载模式，将“恒＋活”工况的荷载成比例放大 30 倍，计算结构的几何非线性荷载-位移曲线，并由此判断结构的当前稳定性状态。

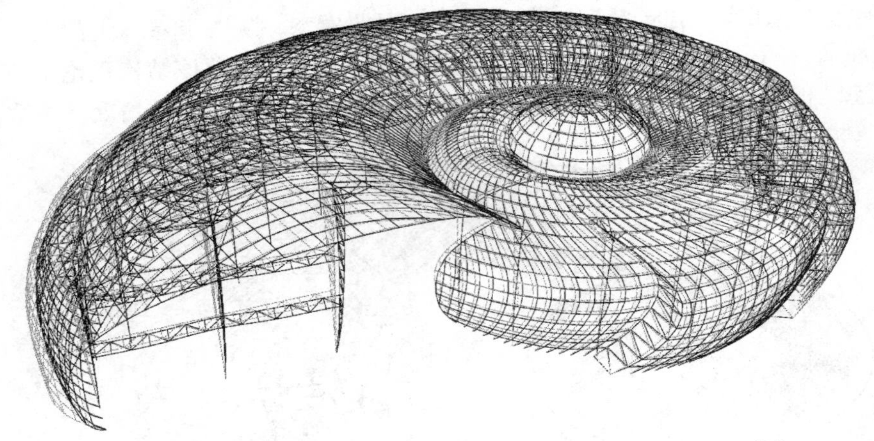

图 11.1.4　几何非线性变形图［恒＋活＋风（X＋），放大 50 倍］

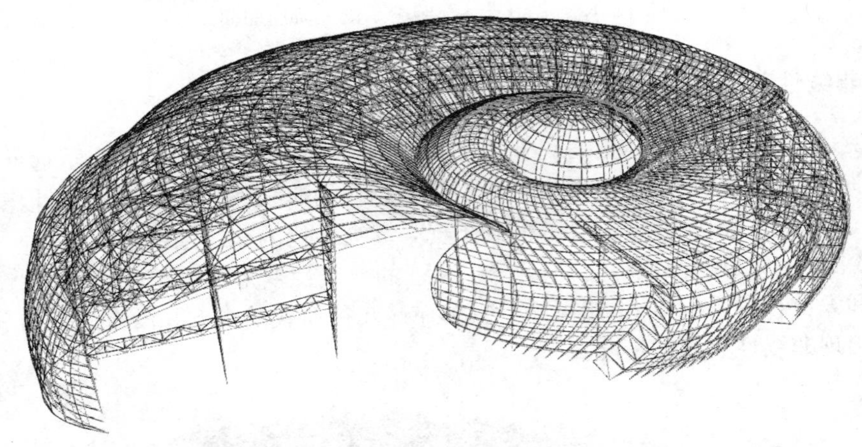

图 11.1.5　几何非线性变形图［恒＋活＋风（Y＋），放大 50 倍］

图 11.1.6 给出了结构的变形图（1：1 比例），显然，在 30 倍荷载作用下，结构已经

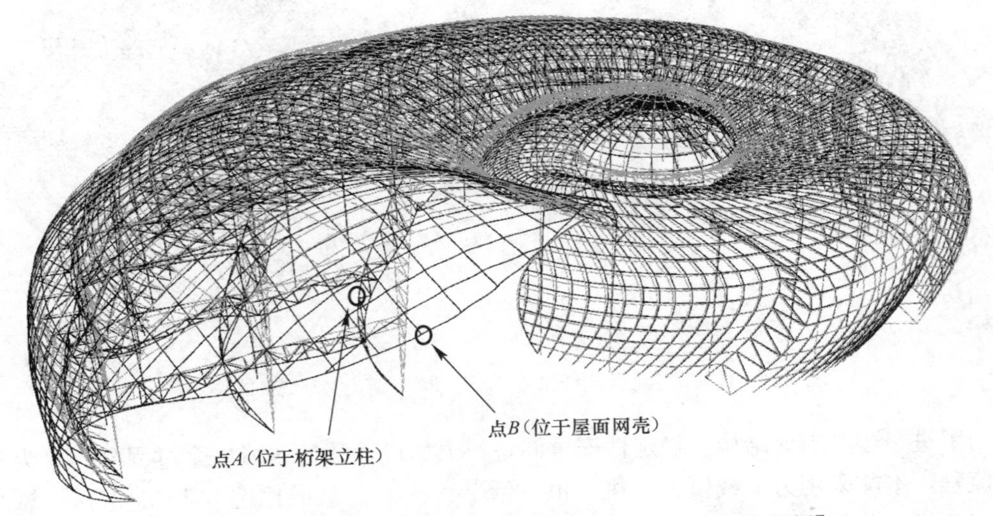

图 11.1.6　几何非线性变形图［30 倍（恒＋活），1：1 比例］

进入失稳状态，并且失稳模式与一阶线性屈曲模态基本一致（见图 11.1.2），即网壳入口处是结构稳定的薄弱位置，下面我们重点关注该位置的几何非线性响应。

选择入口处的桁架立柱结点和屋面网壳结点，分别记为点 A 和点 B（见图 11.1.6），绘制其荷载-位移曲线，如图 11.1.7～图 11.1.10 所示，其中图 11.1.7 和图 11.1.8 表示入口桁架位置的荷载-位移曲线，图 11.1.9 和图 11.1.10 表示入口屋面位置的荷载-位移曲线，由图可知：(1) 几何非线性位移与荷载并不成比例关系，这跟线性分析有本质区别；(2) 在失稳之前，桁架立柱的横向位移（见图 11.1.7）比较小，这是因为在"恒＋活"工况下，立柱主要承受竖向荷载作用，而失稳之后，由于立柱发生侧向变形，其几何形式由直线转变为曲线（通常接近于二次曲线），其竖向荷载会产生较大的弯曲作用；(3) 观察图 11.1.8 和图 11.1.10，立柱和屋面网壳的竖向刚度在失稳前后发生突变，失稳后的竖向刚度明显小于失稳之前，这是因为失稳前的桁架立柱可提供轴向抗压刚度，而失稳后由于其几何形式转变为曲线，主要提供侧向抗弯刚度；(4) 图 11.1.9 所示的网壳水平位移-荷载曲线出现明显的"反转行为"，并且在拐点前后结构持续加载，并未进入卸载阶段，这说明该结构的局部失稳模式包含扭转失稳；(5) 该结构的临界荷载系数（极限承载力/设计荷载）约为 15～16 左右，明显低于线性屈曲分析的一阶屈曲因子（其值为 20.24，详

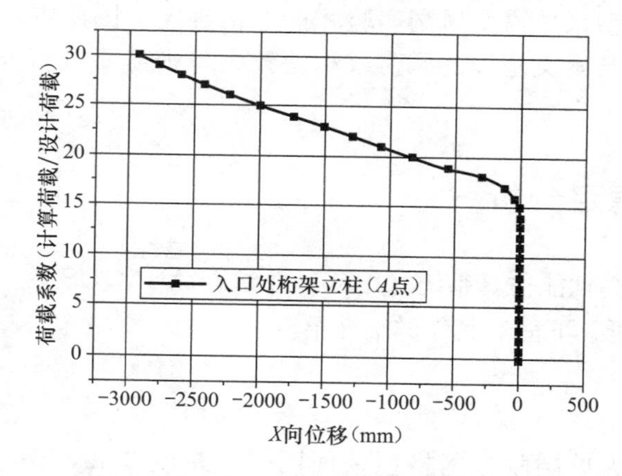

图 11.1.7　点 A 的荷载-位移曲线（横向）

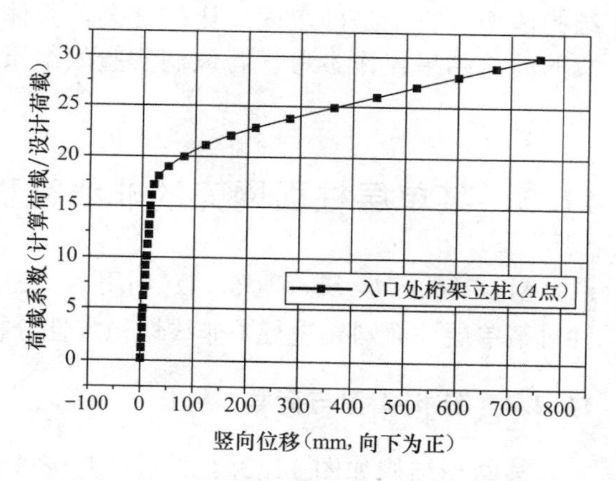

图 11.1.8　点 A 的荷载-位移曲线（竖向）

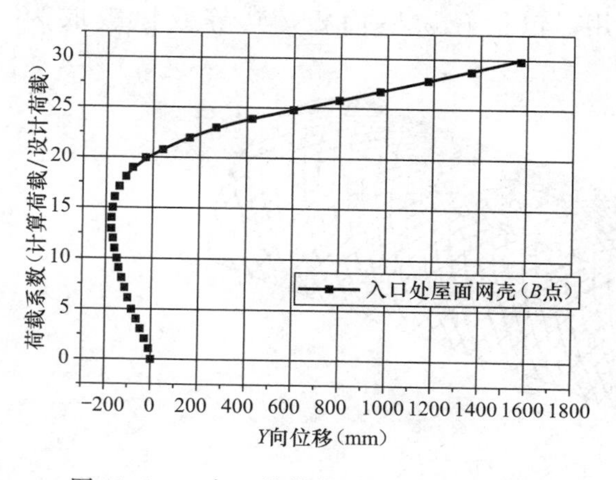

图 11.1.9　点 B 的荷载-位移曲线（横向）

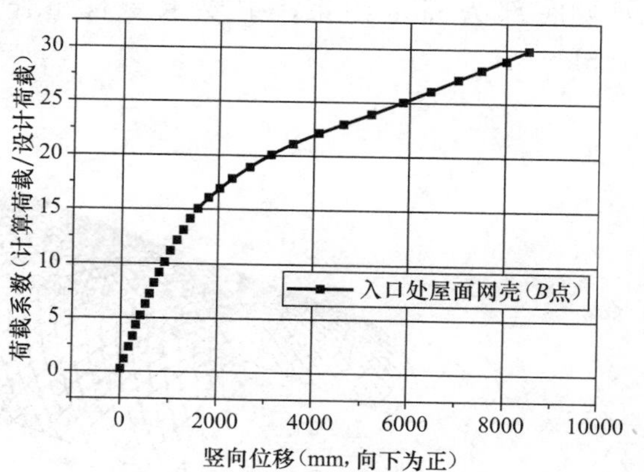

图 11.1.10　点 B 的荷载-位移曲线（竖向）

见表 11.1.2)，这从侧面印证了前面的论述“网壳结构的非线性稳定荷载通常低于（甚至远低于）线性稳定荷载”。

按《空间网格结构技术规程》(JGJ 7—2010）第 4.3.4 条：网壳稳定容许承载力应等于网壳稳定极限承载力除以安全系数 K，当按弹性全过程分析且为单层球面网壳、柱面网壳和椭圆抛物面网壳时，其值可取为 4.2。本文的计算安全系数（荷载系数）约为 15，因此从稳定性的角度来说该结构是安全的。

这里需特别指出的是：按《空间网格结构技术规程》(JGJ 7—2010）第 4.3.3 条：进行网壳全过程分析时应考虑初始几何缺陷（即初始曲面形状的安装偏差）的影响，初始几何缺陷分布可采用结构的最低阶屈曲模态。但对于本文结构而言，由于其非线性稳定的安全系数为 15，远大于规范建议值 4.2，因此结构拥有足够的稳定性安全储备，即便考虑初始缺陷也不会出现非线性失稳的情况，因此本文忽略对初始缺陷的验算。

11.1.4　结论

从本文的计算结果来看，该项目满足结构稳定性的要求。但必须指出的是：本文的风荷载是根据《建筑结构荷载规范》(GB 50009—2012）和工程经验取值，但该项目的结构体型（特别是外表面）比较复杂，其体型系数需要风洞实验才能严格确定，因此本文的计算结果仅作参考。若风洞实验的结果与本文施加的风荷载相差较大，则需要重新计算。

11.2　某单层柱面网壳的非线性稳定分析

Ma，Duan & Shao (2014）利用本文的高性能仿真系统（ISSS）并结合 ABAQUS 软件对某单层柱面网壳进行了非线性稳定性分析，下面对其作详细介绍。

11.2.1　结构模型与荷载

某网壳结构如图 11.2.1 所示，其形式为单层联方网格型柱面网壳，跨度 30m，高度 15m，材料为圆钢管 Q235，截面半径 90mm，厚度 16mm，总用钢量约为 354t。结构两侧底部为固定约束，主要承受自重作用，包括轻质屋面板，其等效恒载取为 1.5kN/m^2。

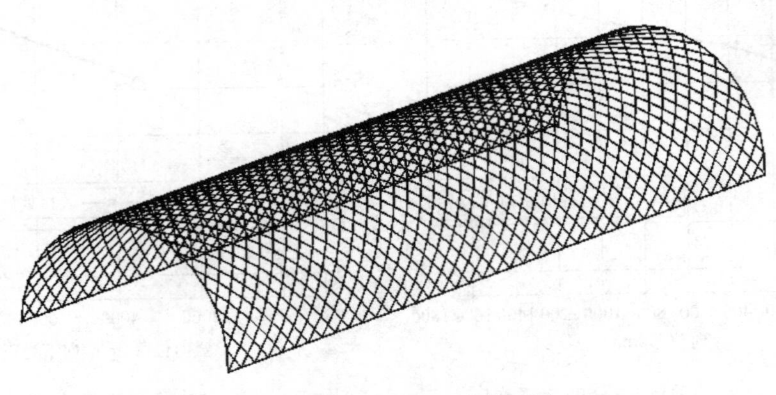

图 11.2.1　某单层网壳模型图

11.2.2　弹性假定下的几何非线性分析

为分析该结构的承载模式和极限承载力，先假定材料为线弹性，采用 ABAQUS 对其进行几何非线性全过程分析，在分析步模块中选择 Riks 弧长法（其详细理论可参阅文献([10]）以及 ABAQUS 的帮助文档)，计算所得荷载位移曲线如图 11.2.2 所示（荷载指结构所受总荷载，与自重成比例，位移指结构顶点位移或者说最大位移)，极限荷载约为结构自重的 12.15 倍，远大于《空间网格结构技术规程》(JGJ 7—2010) 第 4.3.4 条给出的 4.2 倍，从这个角度来说，结构的稳定性是满足要求的。

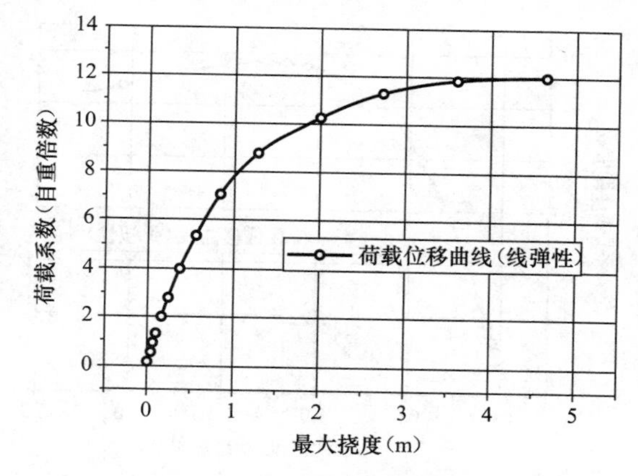

图 11.2.2　弹性假定下的荷载位移时程曲线

在稳定性分析中，除了关注结构变形之外，通常还关注结构应力（或内力)。图 11.2.3 给出了峰值荷载所对应的应力云图，显然，此时结构的局部最大应力已经达到 750MPa，远超过 Q235 钢材的屈服强度 235MPa，也就是说，该结构在达到峰值荷载之前就会部分屈服，因此其极限承载力达不到图 11.2.2 所示的 12.15 倍重力，要想计算实际的极限承载能力，则必须考虑塑性的影响。

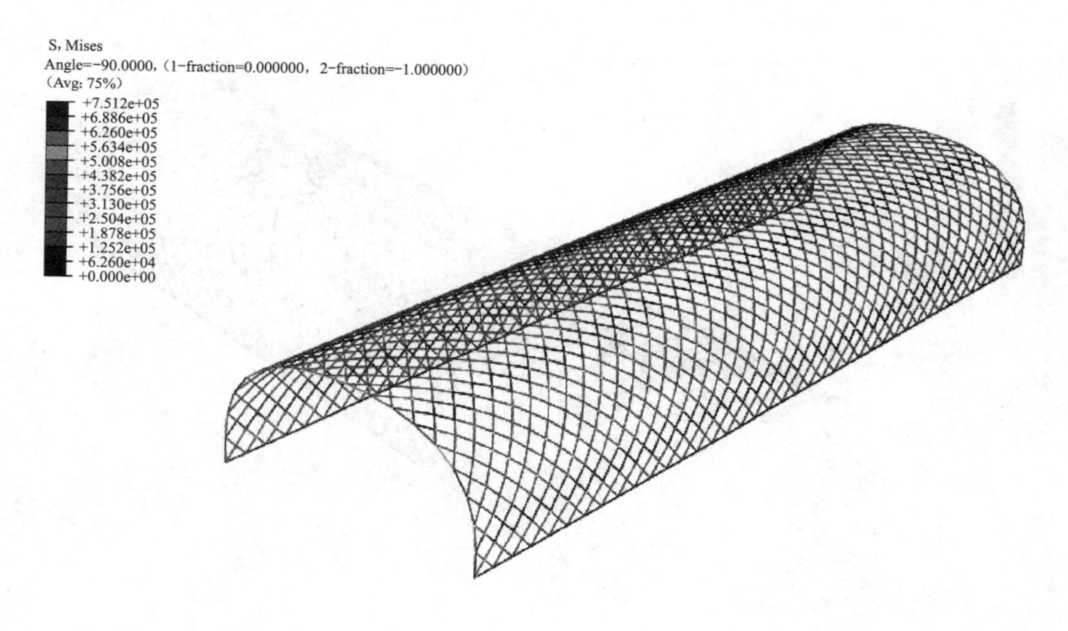

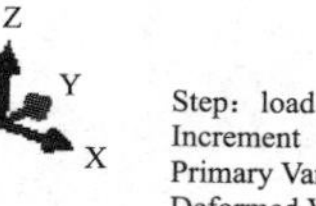

图 11.2.3　峰值荷载对应的应力云图（单位：kPa)

11.2.3　考虑弹塑性的稳定性分析

如前所述，采用弹性假定进行稳定性分析时，计算所得的应力已经远超材料的屈服应力，这说明对于该结构而言，其稳定性分析应该考虑弹塑性的影响。本文网壳结构的材料为Q235钢材，为简化计算过程，其一维弹塑性本构选用双线性随动硬化模型（线弹性刚度为 2×10^5MPa，屈服应力为235MPa，硬化模量为 5.6×10^3MPa），通过几何非线性全过程分析计算其荷载位移曲线，结果如图11.2.4所示。由图可知，结构的极限承载力约为5.88倍重力荷载，远低于弹性假定下的12.15倍，这是因为部分构件进入屈服状态从而导致结构承载力大幅降低。

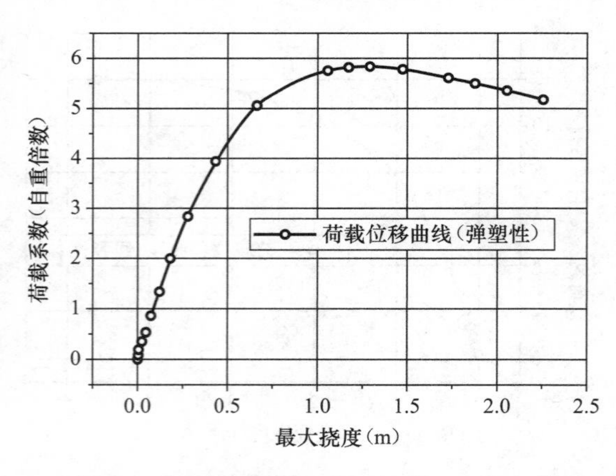

图11.2.4　弹塑性假定下的荷载位移时程曲线

为进一步了解该结构在全过程分析中的应力状态以及弹塑性区域分布，图11.2.5给出了极限荷载所对应的应力云图，图11.2.6给出了同时刻弹塑性区域的分布图（其中深黑色为弹性区域，其余均为塑性区域），显然，此时结构已大面积进入塑性状态，部分塑性区甚至已经贯通，结构已基本丧失继续承载的能力，会直接坍塌破坏。事实上，当荷载

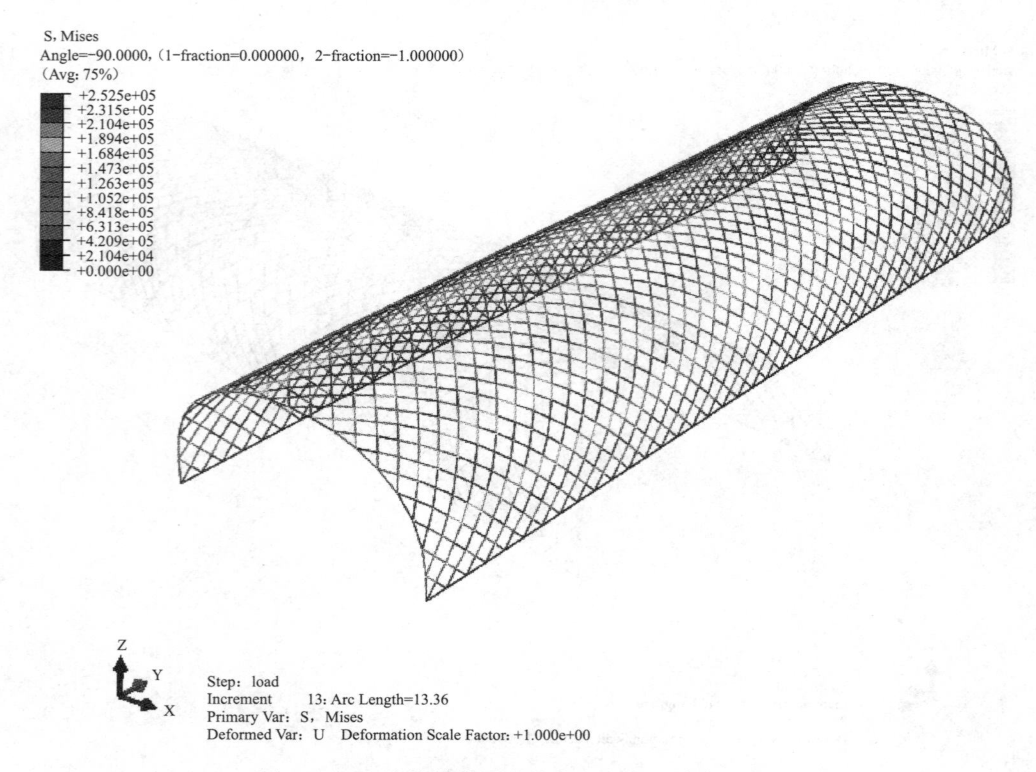

图11.2.5　峰值荷载对应的应力云图（单位：kPa）

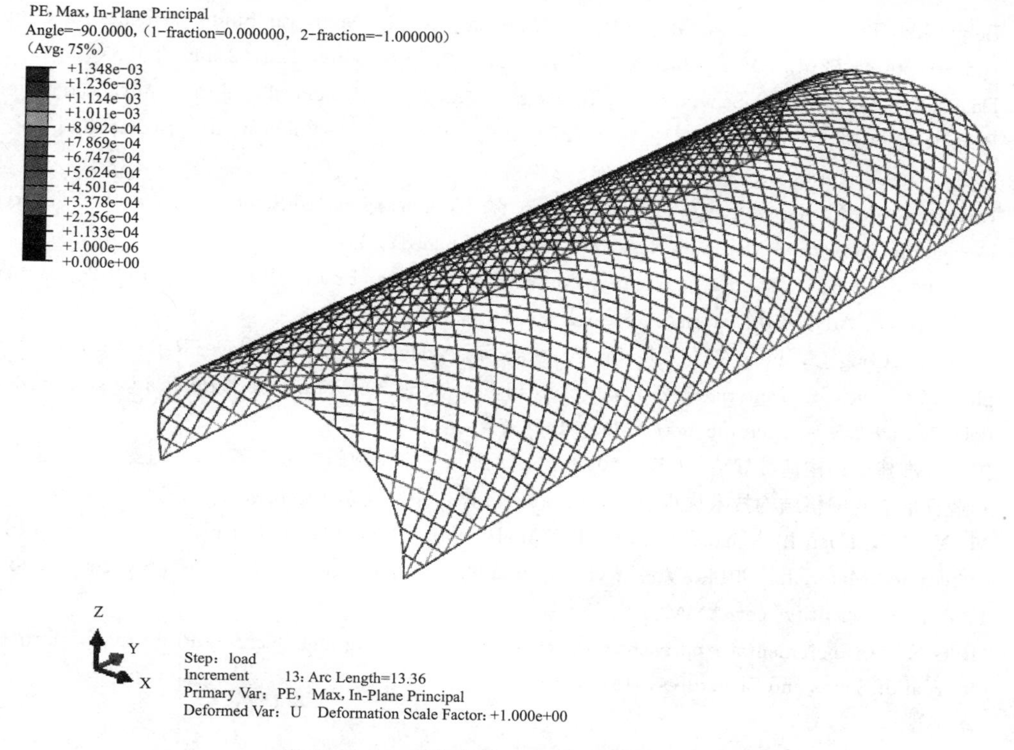

图 11.2.6　峰值荷载对应的塑性区分布图

达到 2.82 倍重力时，该结构就会开始出现塑性变形（结构端部会有少量构件进入屈服状态），此后随着荷载的增加，塑性区进一步扩散，直至达到图 11.2.6 所示的极限承载状态。观察图 11.2.5 和图 11.2.6 可知，结构在 5.88 倍重力荷载处失稳是因为塑性区扩散所致，如果此时结构未进入塑性状态或者塑性区未贯通为整体，则结构能继续承载，因此对于该结构而言，只要提高其塑性区域部分构件的屈服强度，则其极限承载力将得到明显提升。

11.2.4　结论

从本文的计算结果来看，该结构虽然满足规范的稳定性要求，但结构形式并不理想，主要在于如下两点：（1）当荷载增加到一定程度后，该结构会直接进入整体失稳状态，而在此之前没有任何局部失稳以释放能量；（2）该结构的塑性区域会贯通成整体，导致结构完全丧失承载能力而直接坍塌破坏。因此，本文建议在不改变结构形式的前期下对其进行适当调整，包括刚度调整和强度调整，具体如下：（1）增加结构两端以及中间部分弦杆的截面尺寸，以提高结构的总体刚度，同时也避免结构直接进入整体失稳；（2）提高结构塑性区对应的钢材型号，比如采用 Q345 替换部分 Q235 以提高其屈服强度，从而提高其极限承载能力。

11.3　参考文献

[1]　Abaqus 6.11 Theory Manual. Providence, RI, USA: Dassault Systèmes Simulia Corp, 2011.

［2］ Belytschko T.，Liu W. K.，Moran B. & Elkhodary K. I. Nonlinear Finite Elements for Continua and Structures（2rd）［M］. Chichester，UK：John Weily & Sons，Ltd，2014.

［3］ Duan J. & Li Y. G. A beam element for geometric nonlinear dynamical analysis. Advanced Materials Research，2014，Vols. 919-921. pp. 1273-1281. Trans Tech Publications，Switzerland doi：10. 4028/www. scientific. net/AMR. 919-921. 1273.

［4］ Duan J. & Li Y. G. A Large Rotation Matrix for Nonlinear Framed Structures，Part 1：Theoretical Derivation. Advanced Materials Research（to be published），2014.

［5］ Duan J. & Li Y. G. A Large Rotation Matrix for Nonlinear Framed Structures，Part 2：Numerical Verification. Advanced Materials Research（to be published），2014.

［6］ Duan J.，Cong J.，Feng G. J. & Lin B. Stability Analysis for a Single-layer Reticulated Shell. Applied Mechanics and Materials，2014，Vol. 614，p：635-639. Trans Tech Publications，Switzerland doi：10. 4028/www. scientific. net/AMM. 614. 635.

［7］ 国家标准建筑结构荷载规范. GB 50009—2012. 北京：中国建筑工业出版社，2012.

［8］ 行业标准空间网格结构技术规程 JGJ 7—2010. 北京：中国建筑工业出版社，2010.

［9］ Ma Y. Y.，Duan J. & Shao H. Stability Analysis for a Single-layer Reticulated Shell. Applied Mechanics and Materials，2014，Vol. 614，p：635-639. Trans Tech Publications，Switzerland doi：10. 4028/www. scientific. net/AMM. 614. 635.

［10］ Riks E. An Incremental Approach to the Solution of Snapping and Buckling Problems. International Journal of Solids and Structures，1979，15（7）：529-551.

第 12 章 高层混凝土结构分析实例

迄今为止，弹塑性动力时程分析是检验结构抗震性能最有效的数值模拟手段，因此，在现行规范中有多处条文要求对超高层或重要工程进行弹塑性变形验算。如：《建筑抗震设计规范》（GB 50011—2010）（以下简称《抗规》）中 5.5.2 条规定“对于高度大于 150m 的结构，或者甲类建筑和 9 度时乙类建筑中的钢筋混凝土结构和钢结构等五类结构应进行弹塑性变形验算”；《高层建筑混凝土结构技术规程》（JGJ 3—2010）（以下简称《高规》）中 3.11.4 条规定“高度超过 200m 时应采用弹塑性时程分析法，高度在 150～200m 之间，可视结构自振特性和不规则程度选择静力弹塑性或弹塑性时程分析法”；另外，《高规》中有关性能设计的性能水准 3-5 也都要求采用弹塑性计算考察结构在罕遇地震下的性能。为了便于计算的实现，《混凝土结构设计规范》（GB 50010—2010）中给出了钢与混凝土的本构。

除上述条文外，《高规》5.5.1 条强调“结构弹塑性变形往往比弹性变形大得多，考虑结构几何非线性进行计算是必要的，结构的可靠性也会因此有所提高”。同时考虑几何非线性与材料非线性对计算软件提出了更高的要求。本章给出三个基于 ABAQUS 的弹塑性动力时程分析实例，实例均采用第 10 章介绍的结构仿真集成系统进行模型转换与结果整理。

12.1 某大悬挑工程的弹塑性动力时程分析

本节讨论在罕遇地震（大震）作用下，某大悬挑工程的弹塑性动力时程分析。通常，在罕遇地震下，核心筒会因混凝土墙体首先开裂而导致刚度退化，使内筒与外框之间发生内力塑性重分布，此时核心筒墙体的内力有所减小，外框架梁柱的内力增大。对结构进行罕遇地震作用下的弹塑性时程分析，可准确预测大震作用下各部位内力塑性重分布过程与变形状态，比较与验证多遇地震（小震）计算分析时的相应调整结果。

动力弹塑性时程分析通常用于确定复杂高层超限结构在大震条件下的抗震性能、先期损坏部位及局部或整体破坏过程。依据《抗规》第 5.5.2 条与《高规》第 3.7.4 条要求，对结构整体建模，选用一组人工模拟地震加速度时程曲线和两组实际记录地震加速度时程曲线什加八角地震波、MAMMOTH LAKES 地震波，按Ⅲ类场地土、设计地震分组为第 1 组、八度地震烈度，用 ABAQUS 程序分别进行了动力弹塑性时程分析，主要目的如下。

（1）定量研究结构在设计大震作用下的动力响应，及强震作用下的变形特征和构件塑性损伤演化情况；

（2）对结构的关键部位及构件，研究其变形与破坏情况，重点分析大震作用下的墙肢损伤，及相邻楼层构件的受力与变形情况；

(3) 评价结构的抗震性能，判断其是否满足“大震不倒”的抗震设防目标要求，提出并验证相对薄弱部位及构件的相应加强措施。

12.1.1　材料本构模型

1. 钢材

钢材采用双线性动力硬化模型如图 12.1.1 所示，考虑包辛格效应，在循环过程中，无刚度退化。计算分析中，设定钢材的强屈比为 1.2，极限应力所对应的应变为 0.025。

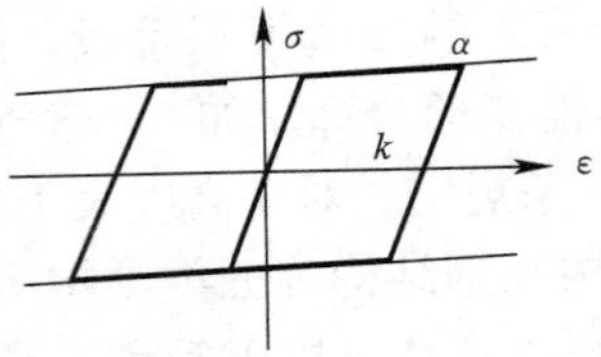

图 12.1.1　双线性动力硬化模型

2. 混凝土

单轴本构模型采用《混凝土结构设计规范》(GB 50010—2010) 给出的混凝土单轴损伤本构模型，如图 12.1.2 所示。

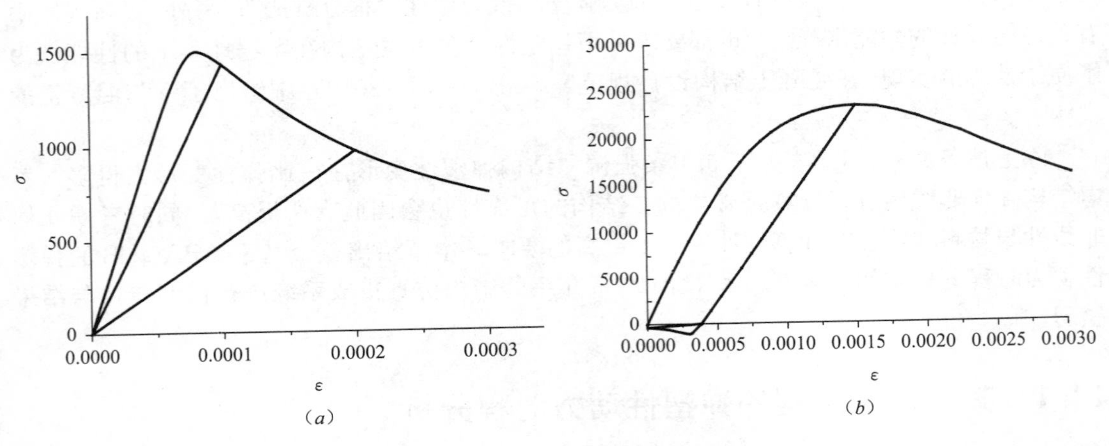

图 12.1.2　混凝土单周本构模型

(a) 受拉滞回曲线；(b) 受压滞回曲线

二维本构采用 ABAQUS 自带的弹塑性损伤本构模型，如图 12.1.3 所示。此模型用损伤变量来模拟裂缝的开裂、发展引起的材料刚度退化和强度退化。采用两个损伤变量来分别模拟混凝土材料受压损伤和受拉损伤。引入有效应力概念，采用非关联塑性模型来精确模拟混凝土的塑性膨胀。通过引入刚度恢复参数 w_t 和 w_c 来模拟裂缝的开裂和闭合。混凝土材料轴心抗压和轴心抗拉强度标准值参考《混凝土结构设计规范》(GB 50010—2010) 定义。

12.1.2　单元模型

结构的计算模型中主要包括两种单元，分别是：一维弹塑性单元（梁元）和二维弹塑性单元（壳元）。前者主要用于梁、柱、撑等一维构件，它是 Timoshenko 梁元，考虑梁的剪切变形，采用二次插值函数，沿长度方向有两个高斯积分点，考虑梁的大转动、大应变和大位移效应；后者主要用于剪力墙和楼板等二维构件，考虑壳元的大变形和大应变，在混凝土内部可考虑多层分布钢筋，其中混凝土材料采用 ABAQUS 自带的弹塑性损伤本构模型，钢筋部分采用双线性本构模型。

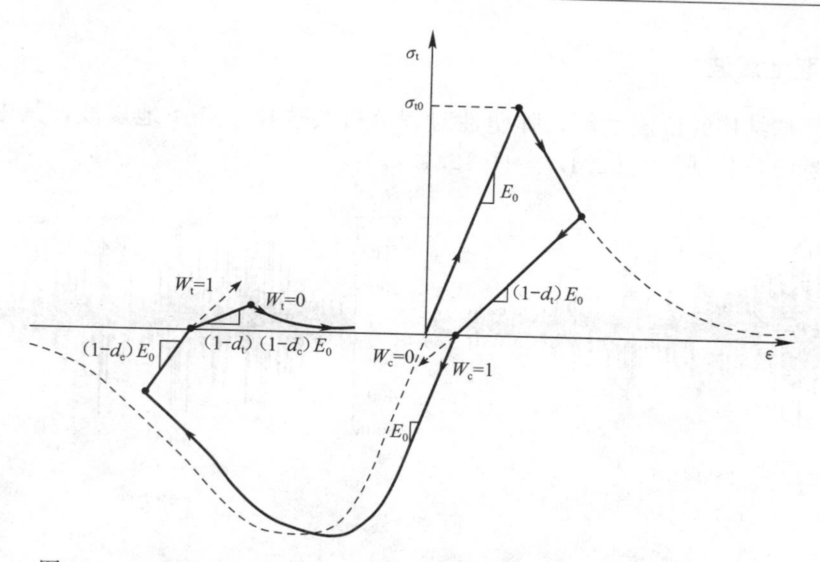

图 12.1.3　塑性损伤模型在单轴滞回荷载下的曲线图（$w_t=0$，$w_c=1$）

12.1.3　整体结构模型与计算条件

应用 ABAQUS 程序建立的结构模型见图 12.1.4，主要计算参数与荷载同 YJK 小震弹性时程分析。模型梁、柱、墙配筋采用 YJK 软件计算设计配筋，楼板配筋率采用《混凝土结构设计规范》（GB 50010—2010）规定楼板配筋率的平均值。

图 12.1.4　结构动力弹塑性时程分析模型

12.1.4　选取地震波

为合理评估结构的抗震性能，弹塑性时程分析共选择了 3 条地震波，其中 1 条人工波，两条天然波，分别见图 12.1.5～图 12.1.7。

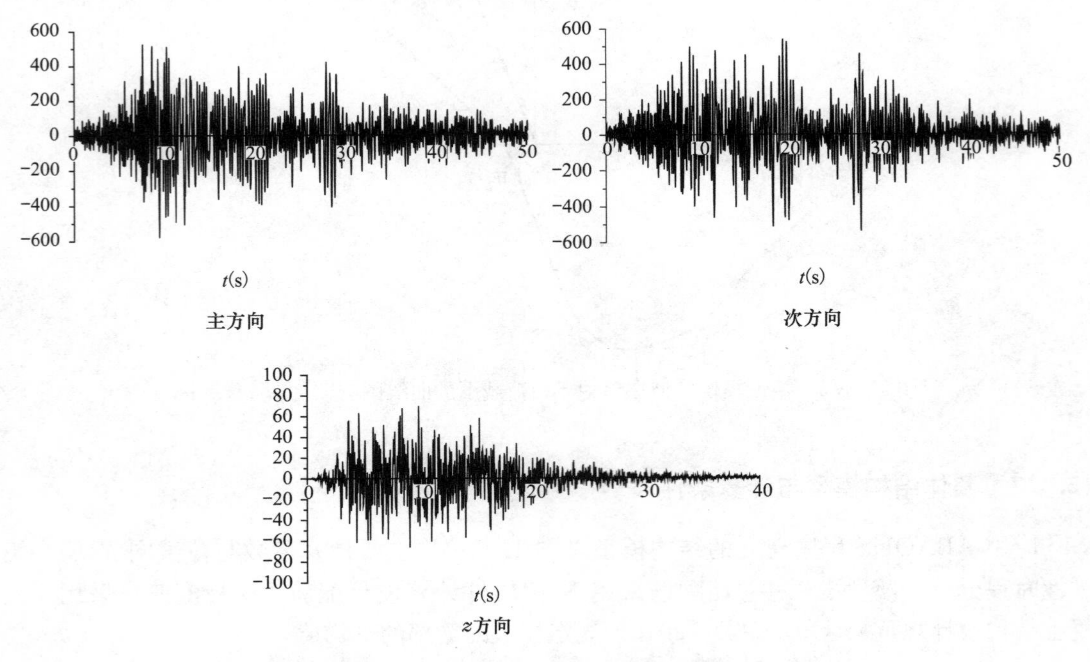

图 12.1.5　什邡八角地震波（四川省地震局提供）

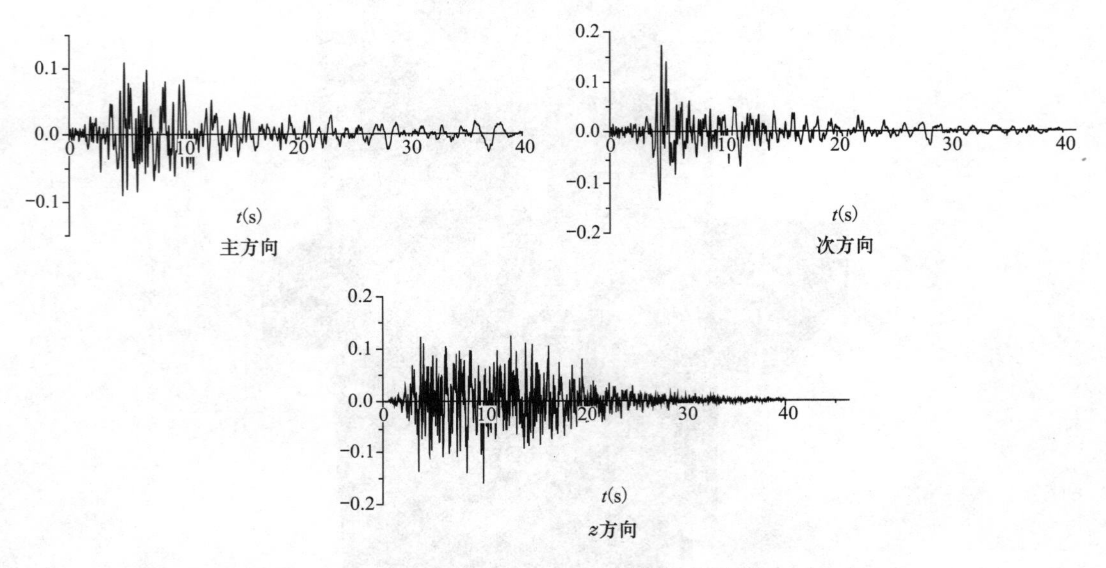

图 12.1.6　MAMMOTH LAKES 地震波（NGA Database）

各条地震波时程曲线的加速度反应谱与规范反应谱的比较结果见图 12.1.8～图 12.1.10。

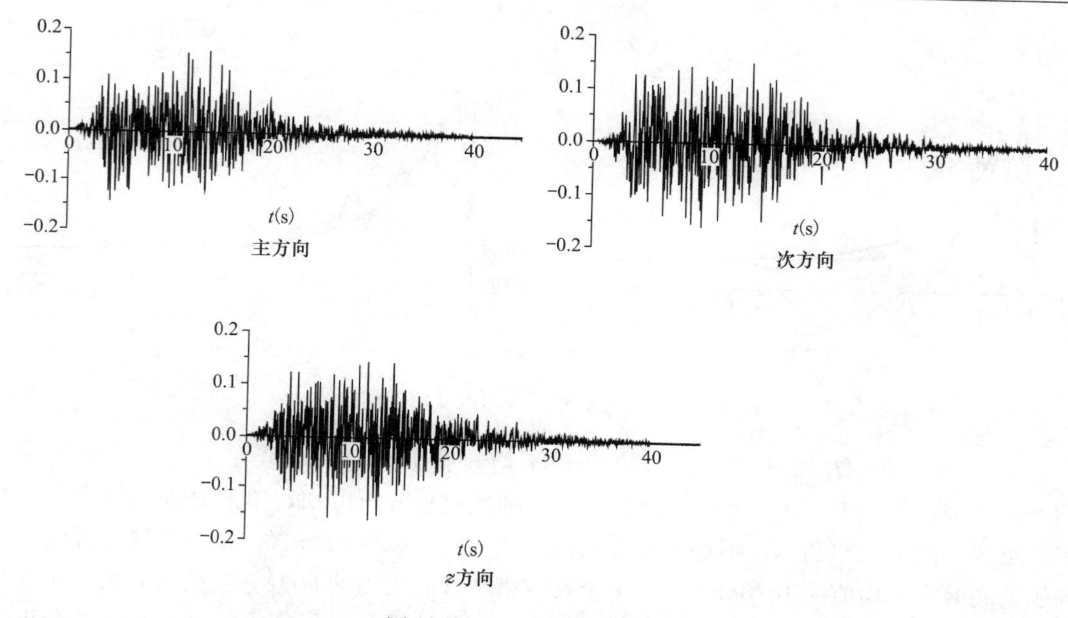

图 12.1.7　人工模拟地震波

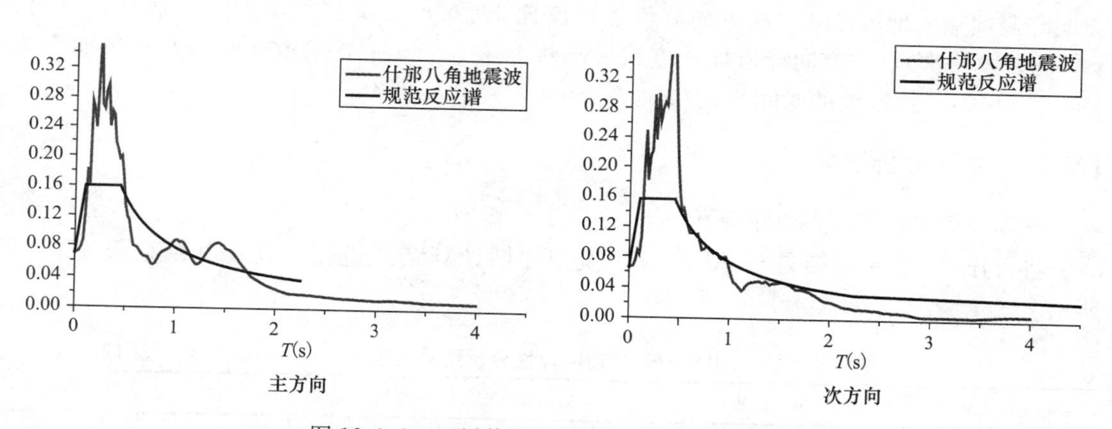

图 12.1.8　四川什刹八角地址波主方向反应谱

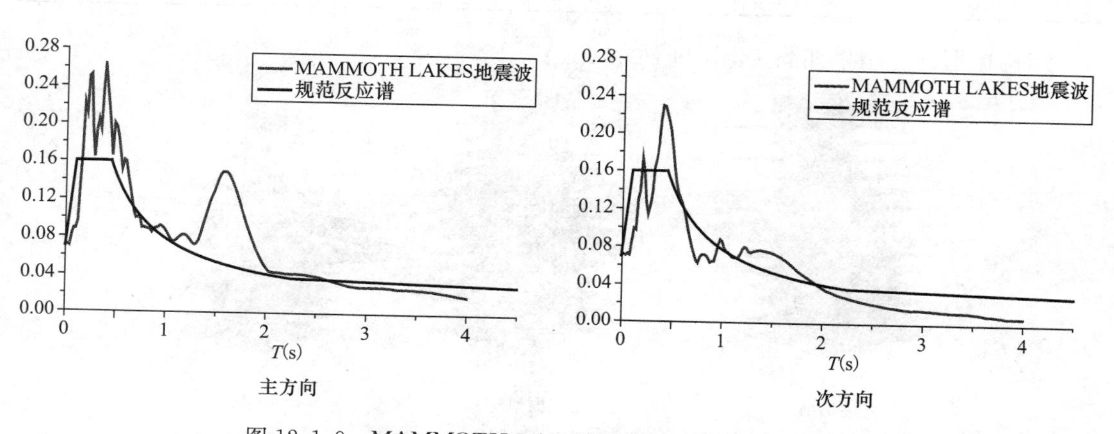

图 12.1.9　MAMMOTH LAKES 地震波（NGA Database）

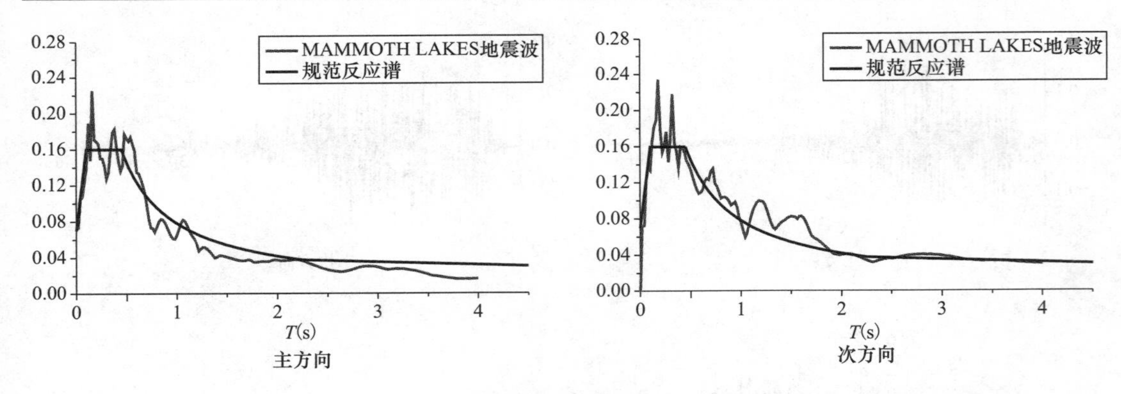

图 12.1.10　人工波拟合加速度反应谱曲线

由图 12.1.8～图 12.1.10 可见，3 条波平均地震影响系数曲线在结构前 2 阶周期点（T_1＝1.255，T_2＝1.093）相差小于 20%。经弹性时程分析可知，单波时程分析确定的基底最小剪力值为 15428kN，不小于反应谱法基底剪力 19229 的 65%。由 3 条波时程分析得到的基底剪力平均值为 18738kN，不小于反应谱法基底剪力的 80%。该结果表明，所选时程分析用地震波满足规范要求。基于结构的平、立面特征，时程分析同时在平面两个正交方向与竖向输入地震波，主次方向峰值加速度比 1：0.85：0.65（主方向分别取 x 方向、y 方向各算一次），主方向峰值加速度按《高规》第 3.2.5 条要求取 400gal，各条地震波持续时间 30s，地震波的时间步长 0.02s。

12.1.5　主要分析结果

整体计算结果及抗震性能评价

将 YJK 模型计算结果与 ABAQUS 模型弹性计算结果进行对比，其结果表 12.1.1 所示。

ABAQUS 与 YJK 弹性分析结果比较　　　**表 12.1.1**

分析软件	第一周期（s）	第二周期（s）	第三周期（s）	总质量（t）
ABAQUS	1.214	1.043	0.864	30151
YJK	1.253	1.125	0.905	30447

结构振型计算结果如图 12.1.11 所示。

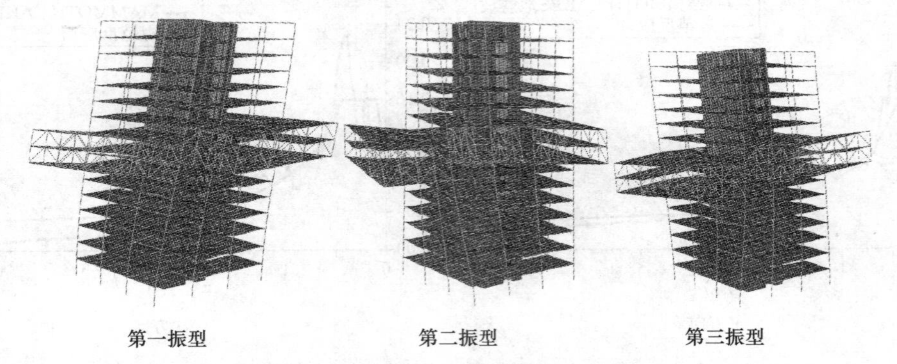

图 12.1.11　振型图（一）

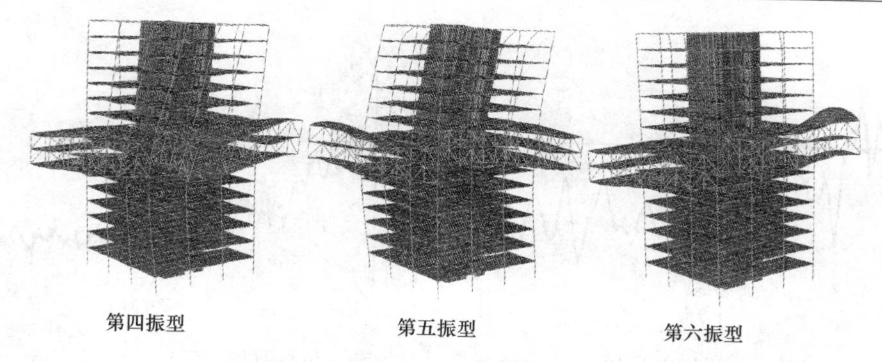

图 12.1.11　振型图（二）

悬挑端部的节点位置如图 12.1.12 所示，其对应各条地震波的时程分析结果如图 12.1.13～图 12.1.15 所示。

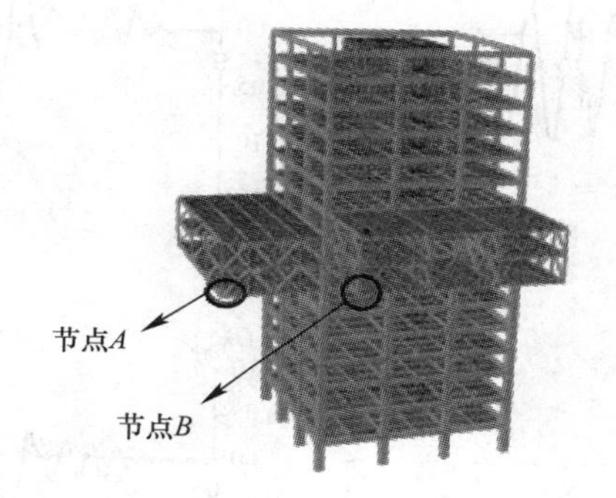

图 12.1.12　节点位置图

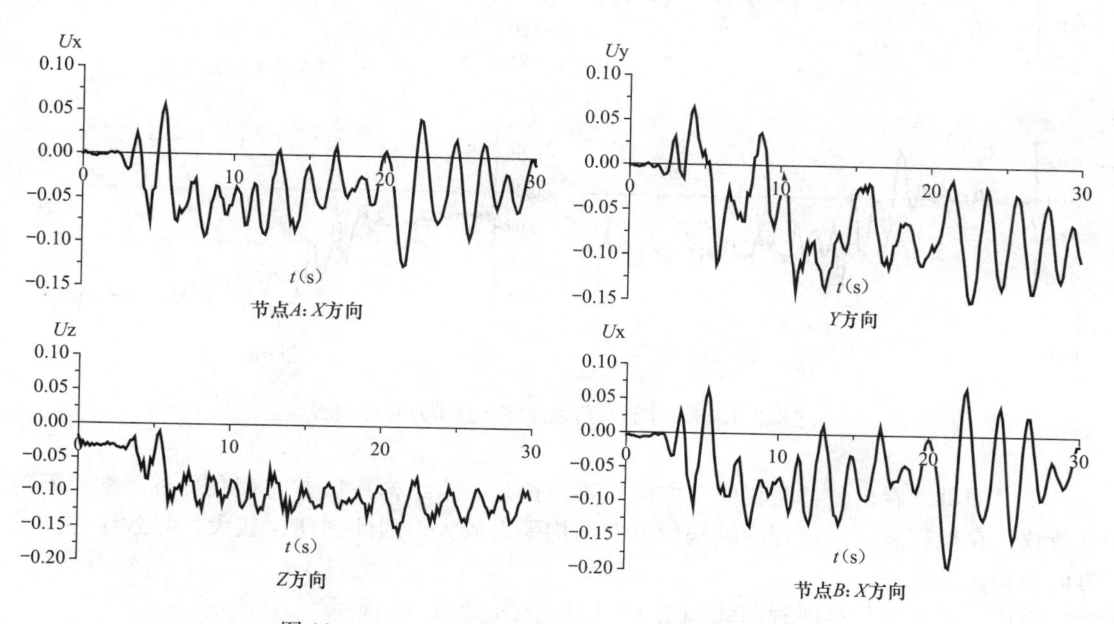

图 12.1.13　momont 地震波悬挑节点位移时程（一）

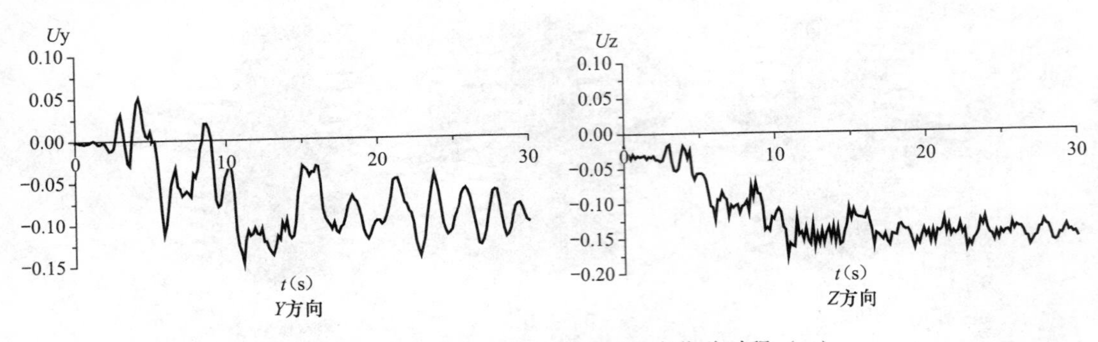

图 12.1.13　momont 地震波悬挑节点位移时程（二）

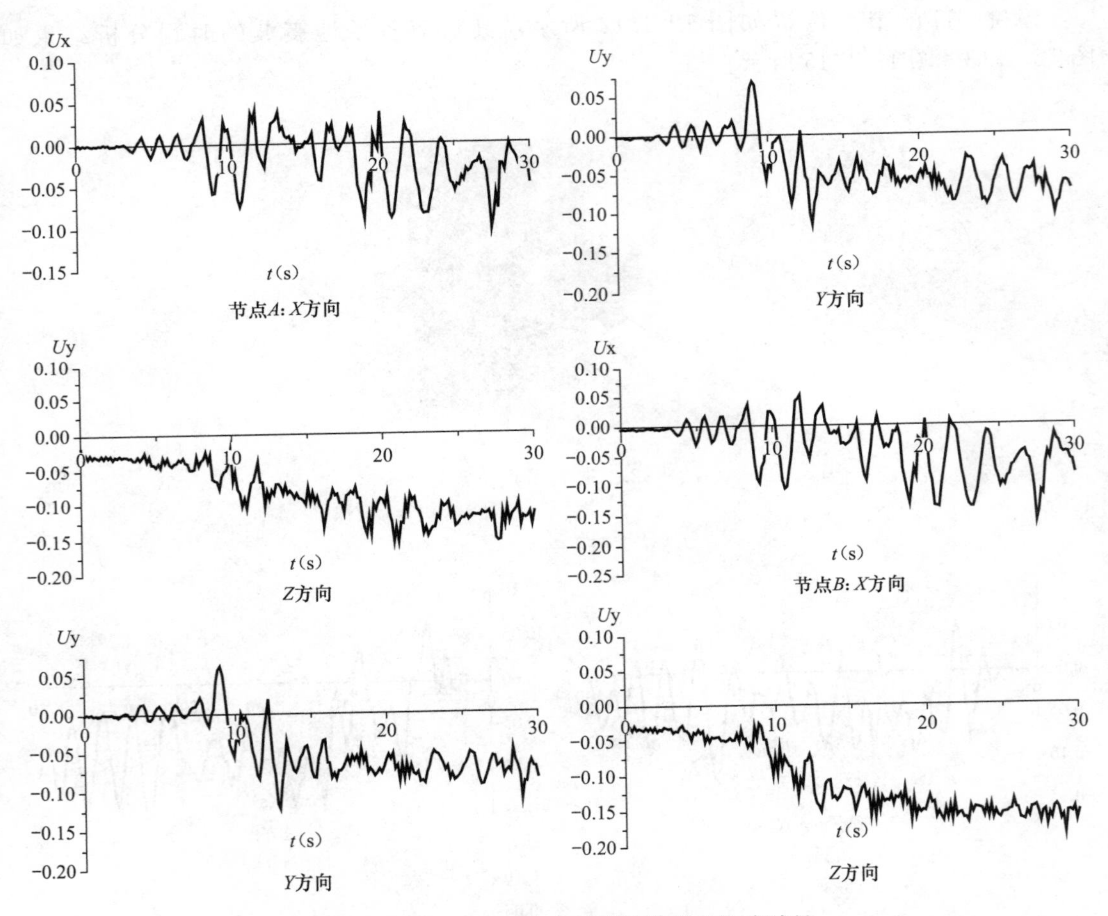

图 12.1.14　什邡八角地震波悬挑节点位移时程

从上图可以看出位移时程向负方向偏移，这是因为结构在负方向存在悬挑，结构不对称所致。在地震波作用过程中结构负方向结构受力较大，因此损伤也较大，导致结构向此方向偏斜。

结构主要楼层位移时程曲线如图 12.1.16～图 12.1.18 所示。

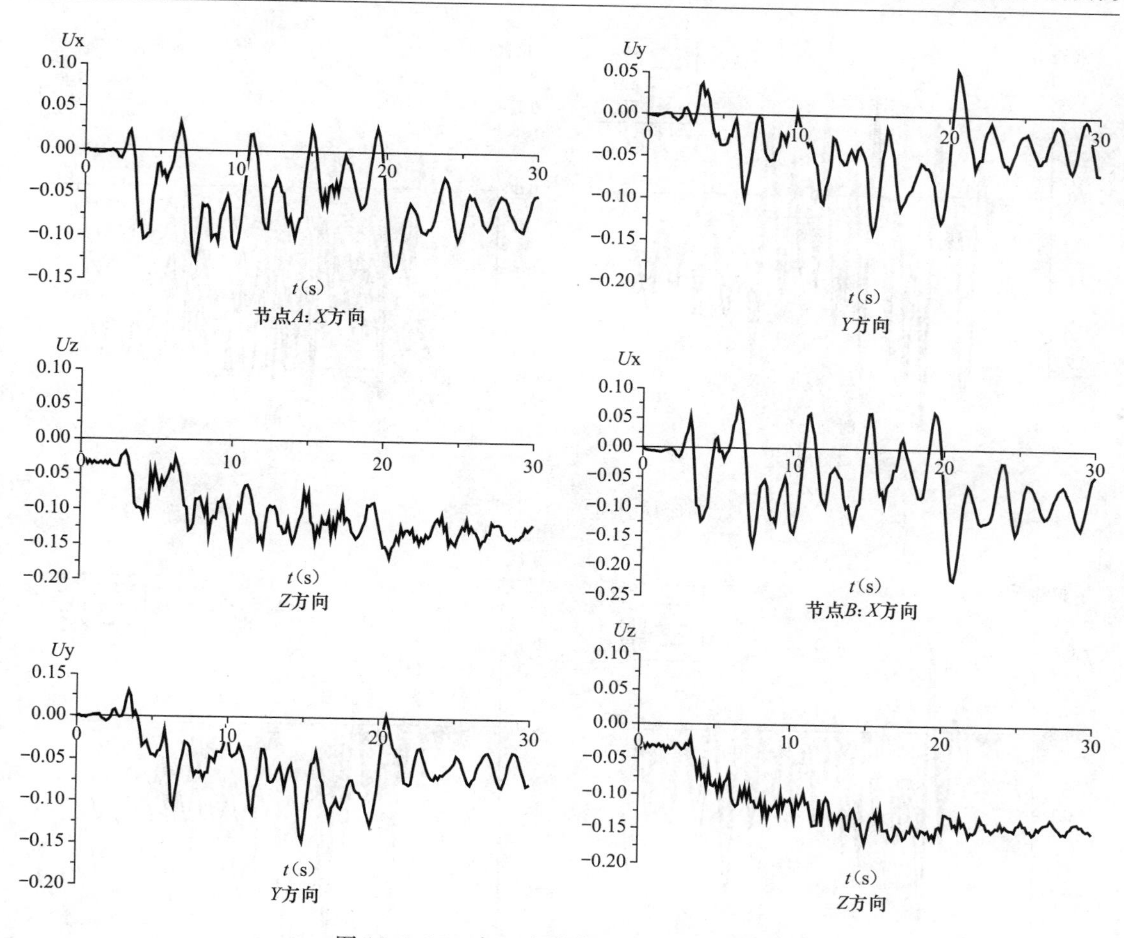

图 12.1.15　人工地震波悬挑节点位移时程

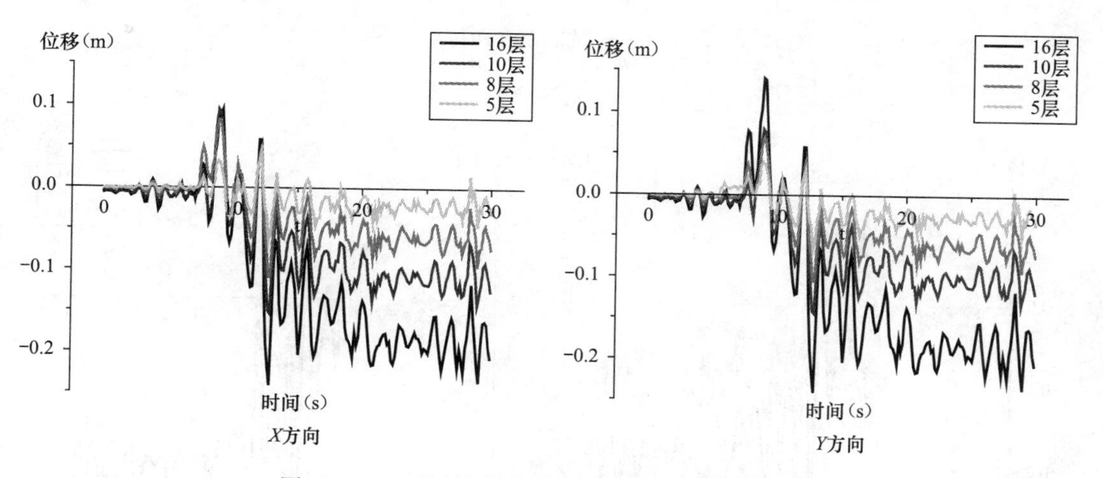

图 12.1.16　什邡八角地震波（四川省地震局提供）

结构主要楼层柱顶平均位移时程曲线如图 12.1.19～图 12.1.21 所示。

结构主要楼层剪力时程曲线图列于图 12.1.22～图 12.1.24。

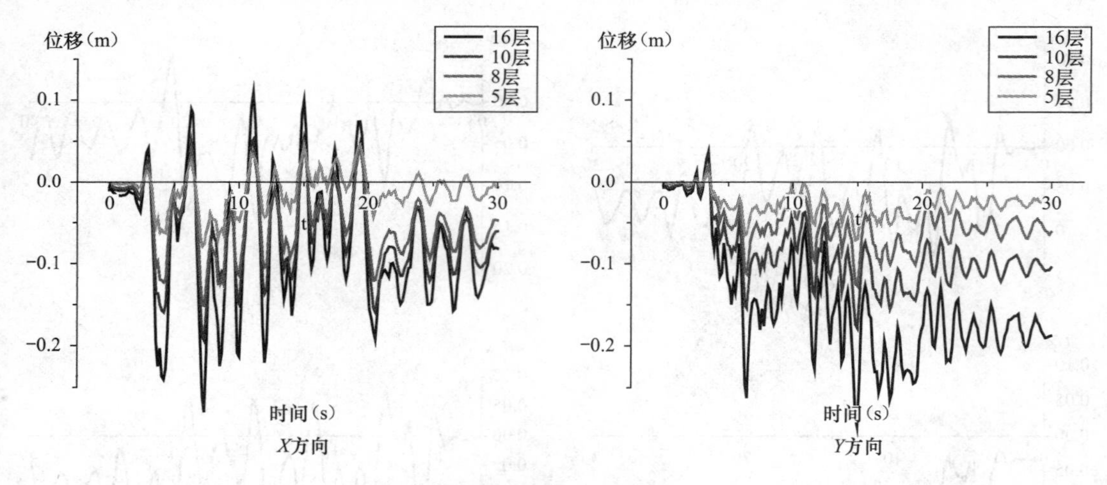

图 12.1.17　人工地震波

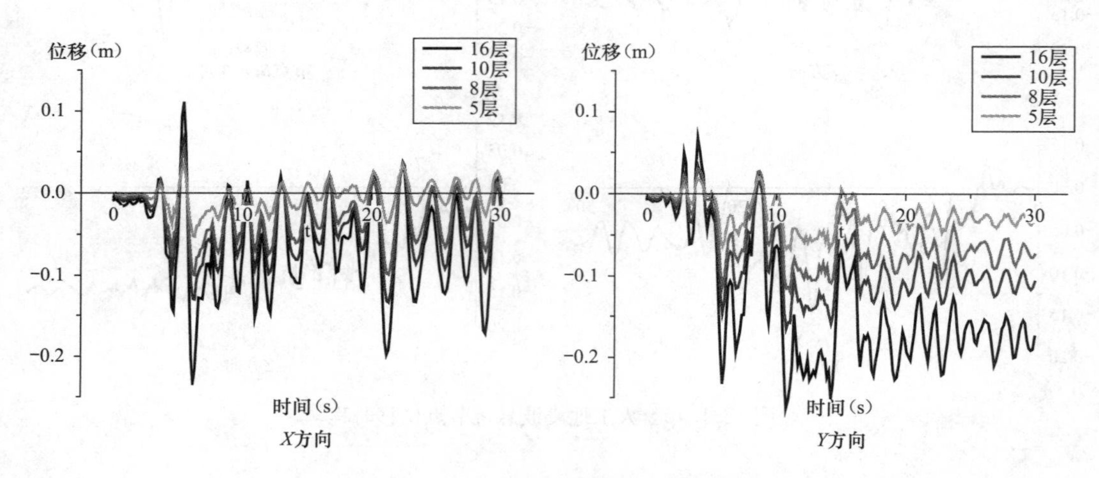

图 12.1.18　momont 地震波（四川省地震局提供）

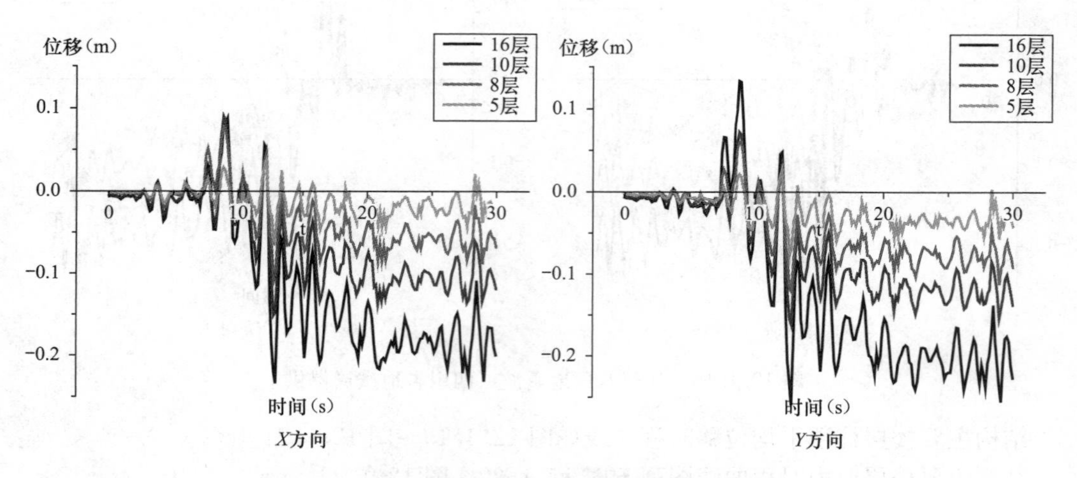

图 12.1.19　什邡八角地震波（四川省地震局提供）

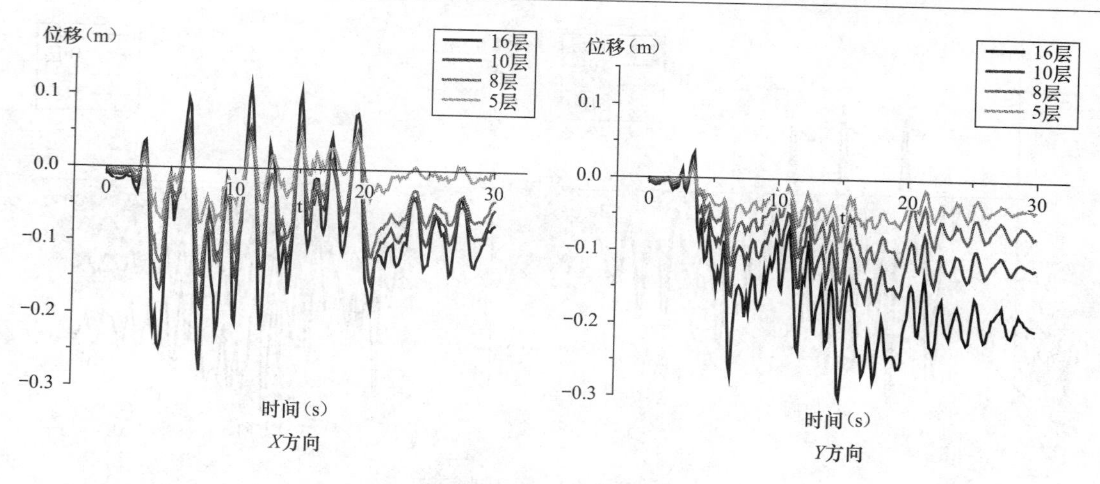

图 12.1.20　人工地震波

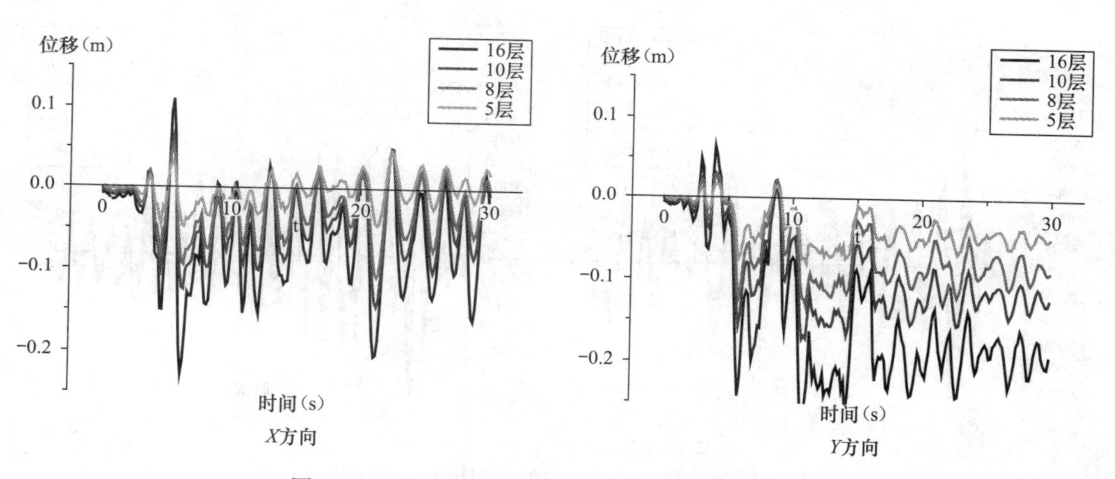

图 12.1.21　momont 地震波（四川省地震局提供）

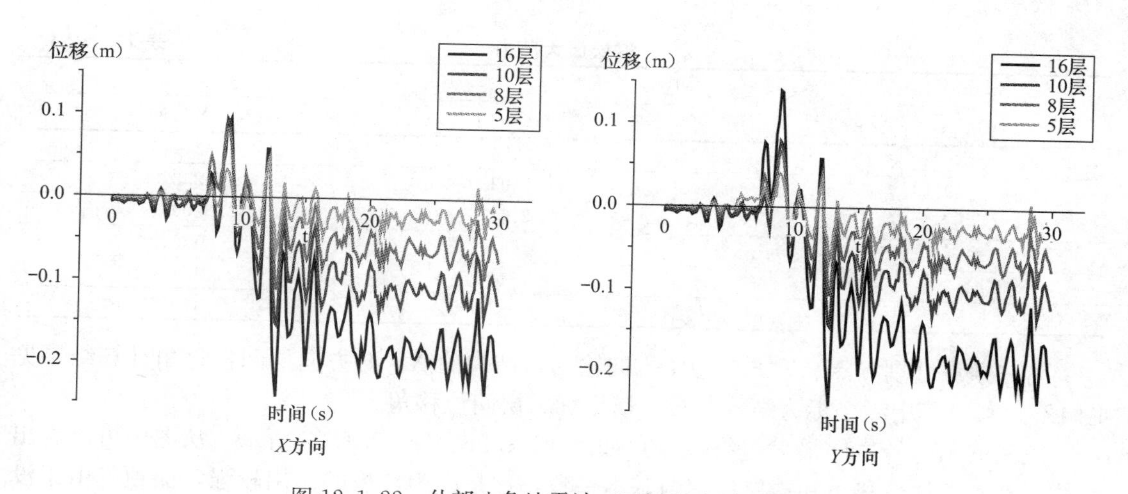

图 12.1.22　什邡八角地震波（四川省地震局提供）

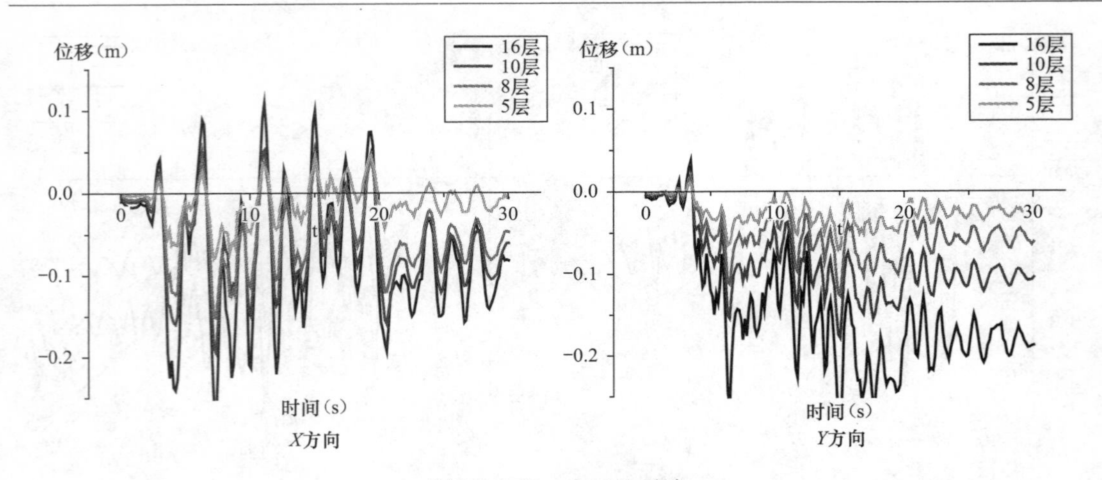

图 12.1.23 人工地震波

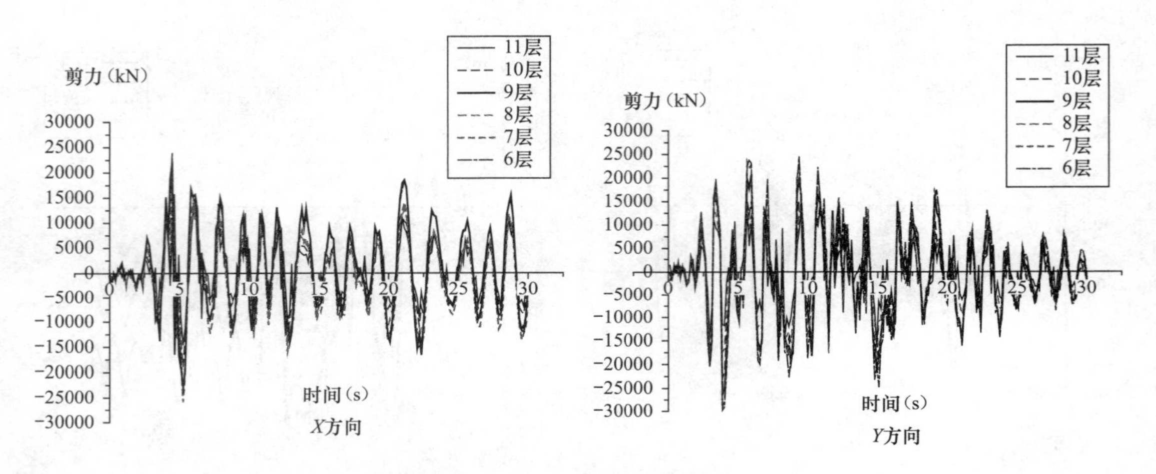

图 12.1.24 momont 地震波(四川省地震局提供)

楼层最大剪力如表 12.1.2 所示。

楼层最大剪力 **表 12.1.2**

楼 层	最大值	
	X方向	Y方向
6	22244	24440
7	24035	23320
8	21902	20641
9	18836	15542
10	13844	15174
11	15823	13866

将三条波分别以 X、Y 方向为主方向输入,结构的 X、Y 方向层间位移角计算结果见图 12.1.25,其中纵坐标为结构层数,横坐标为层间位移角。

三条波 X、Y 方向最大包络位移角如图 12.1.26、图 12.1.27 所示。从图中可以看出结构下部框架柱位移角和楼层位移角基本一致,这是因为楼板的作用较强,而顶部由于没有楼板所以框架柱平均位移角比楼层平均位移角大。

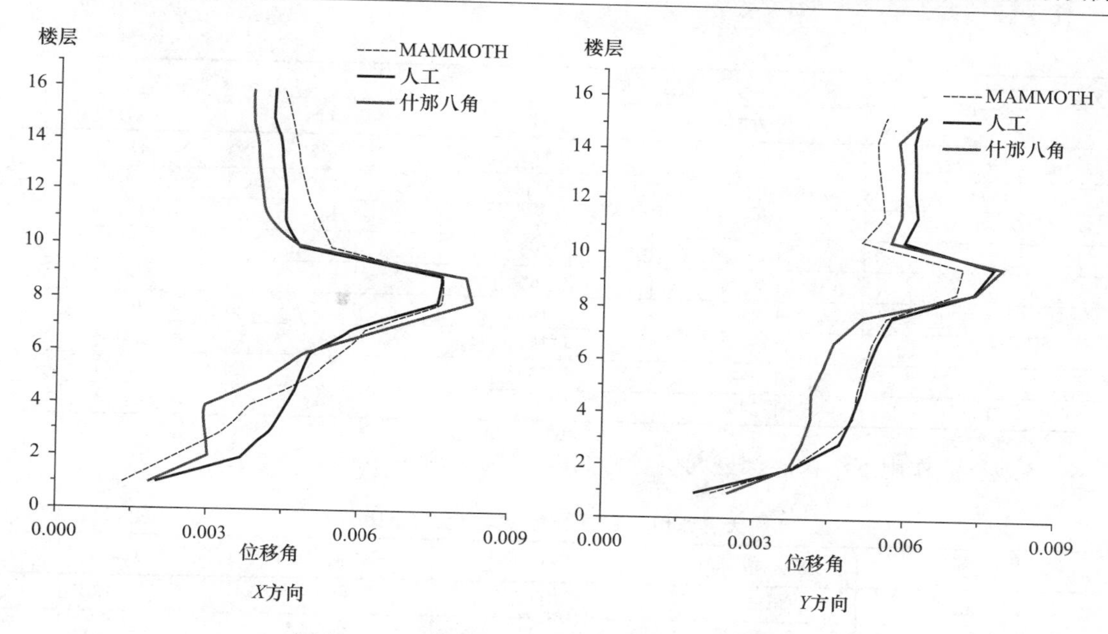

图 12.1.25 结构 X、Y 方向层间位移角计算分布

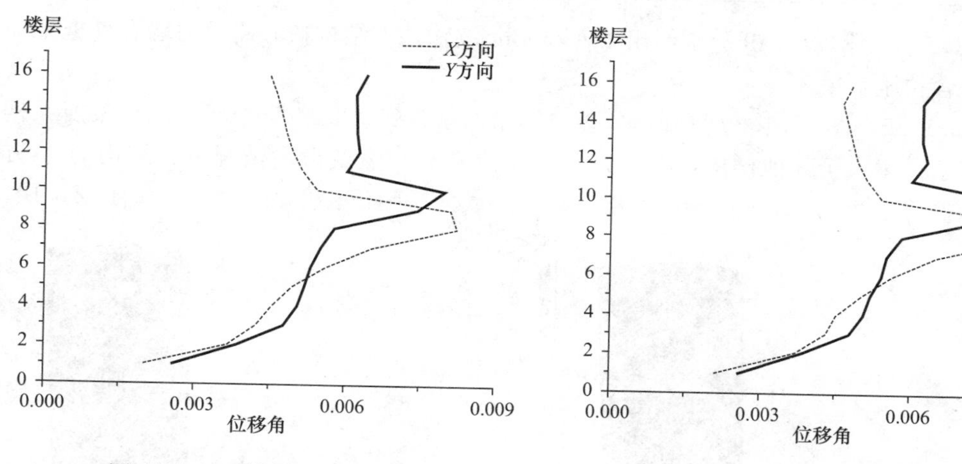

图 12.1.26 楼层平均位移角

图 12.1.27 框架柱平均位移角

楼层最大层间位移角统计如表 12.1.3 所示。

楼层最大层间位移角 **表 12.1.3**

楼 层	楼层平均		柱平均	
	X 方向	Y 方向	X 方向	Y 方向
1	1/500	1/389	1/476	1/389
2	1/273	1/260	1/270	1/260
3	1/237	1/210	1/233	1/210
4	1/221	1/198	1/222	1/198
5	1/203	1/193	1/200	1/193
6	1/179	1/189	1/179	1/185
7	1/153	1/182	1/154	1/182

续表

楼　层	楼层平均		柱平均	
	X方向	Y方向	X方向	Y方向
8	1/122	1/173	1/122	1/172
9	5/124	1/135	1/125	1/133
10	1/185	1/125	1/185	1/125
11	1/195	1/166	1/196	1/167
12	1/203	1/160	1/204	1/159
13	1/209	1/161	1/208	1/161
14	1/213	1/161	1/213	1/161
15	1/218	1/162	1/217	1/161
16	1/225	1/156	1/208	1/154

各地震波作用下结构底部最大层剪力如表12.1.4所示。

大震作用下底层最大层剪力及剪重比　　**表12.1.4**

地震波	X方向（kN）	剪重比	Y方向（kN）	剪重比
Momont波	41581	0.14	44366	0.15
什邡八角波	33932	0.11	38696	0.13
人工波	44721	0.15	38487	0.13

图12.1.28和图12.1.29分别给出了Momont波输入下结构核心筒剪力墙和外框架损伤分布图（含拉压）。

由图12.1.25～图12.1.29可知：(1) 结构第八层、第九层和第十层（刚桁架所在楼层）的位移角显然大于其他楼层，在考虑重力二阶效应和大变形的情况下，结构的X方向最大层间位移角为1/122，位于第八层，Y方向最大层间位移角为1/125，位于第十层，

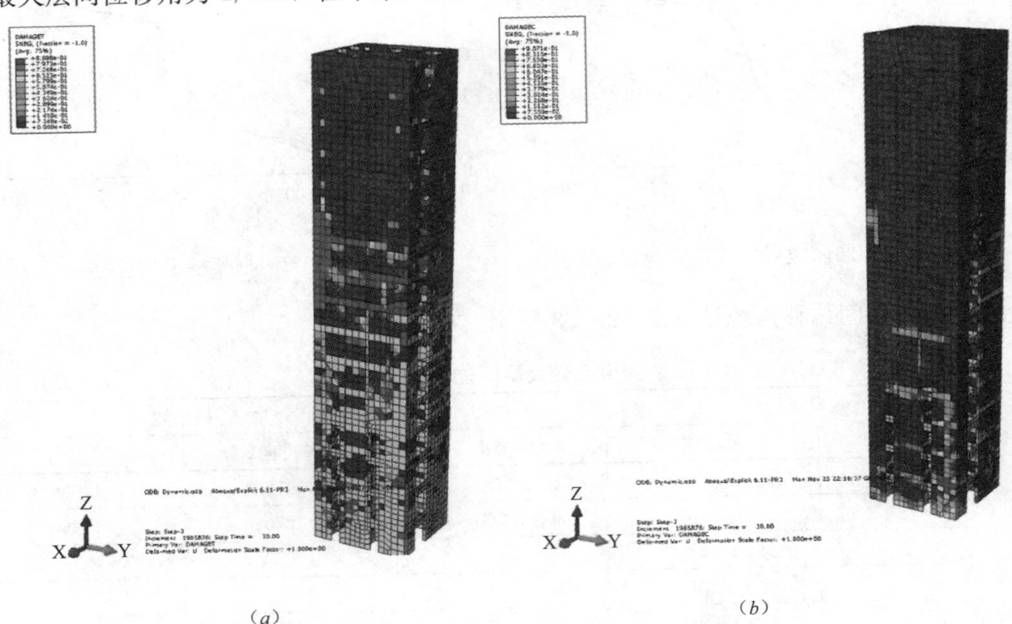

(a)　　(b)

图12.1.28　结构中剪力墙损伤因子计算结果

(a) 受拉损伤；(b) 受压损伤

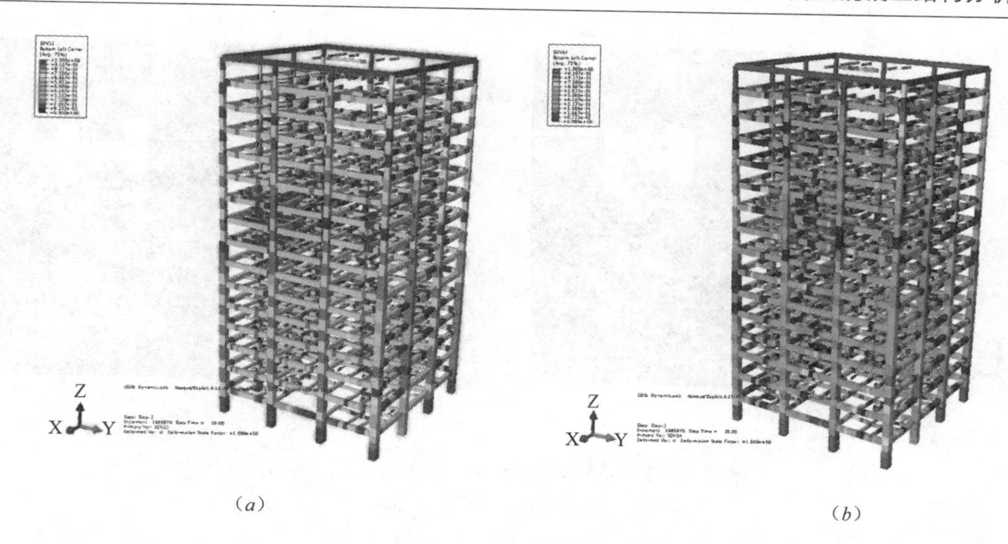

(a) (b)

图 12.1.29 结构中框架柱损伤因子计算结果

(a) 受拉损伤；(b) 受压损伤

均小于《高规》第 3.7.5 条关于结构薄弱层的层间弹塑性位移角上限值 1/100，因此结构满足“大震不倒”的设防要求；(2) 核心筒中部受拉损伤较为严重，表明其混凝土开裂较严重，是因为第八、九、十层悬挑结构导致结构刚度变化较大所致，核心筒底部存在一定程度的受压损伤破坏，但未见大范围刚度退化；(3) 结构层间位移角在第八、九、十层存在较大突变，表明悬挑层导致的刚度突变显著加大楼层位移角；(4) 剪力墙连梁拉、压损伤破坏严重而与其相连剪力墙却破坏轻微表明，连梁耗能作用明显，能很好地保护与其相连的剪力墙；(5) 底部框架柱及顶部框架梁、柱存在较大损伤破坏，顶部框架存在柱截面变化导致顶层刚度突变，导致其破坏严重建议不要缩小柱截面尺寸。

12.1.6 详细构建计算结果及抗震性能分析

以 Momont 波为例，结构中第八、九、十、十一层楼板的损伤因子计算结果分别见图 12.1.30～图 12.1.33，由图可知，楼板受拉损伤严重，表明楼板开裂比较严重，但只有核心筒和楼板接触地方出现少量受压损伤，表明楼板只在此处出现少量受压破坏。

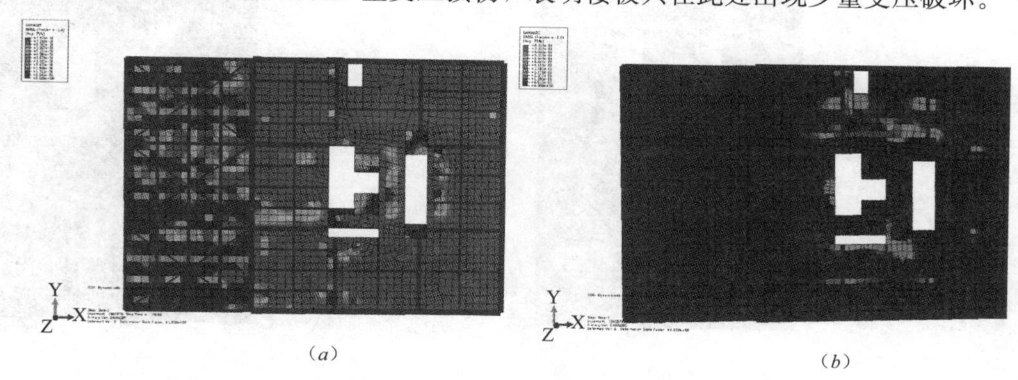

(a) (b)

图 12.1.30 结构第八层楼板损伤因子计算结果

(a) 受拉损伤；(b) 受压损伤

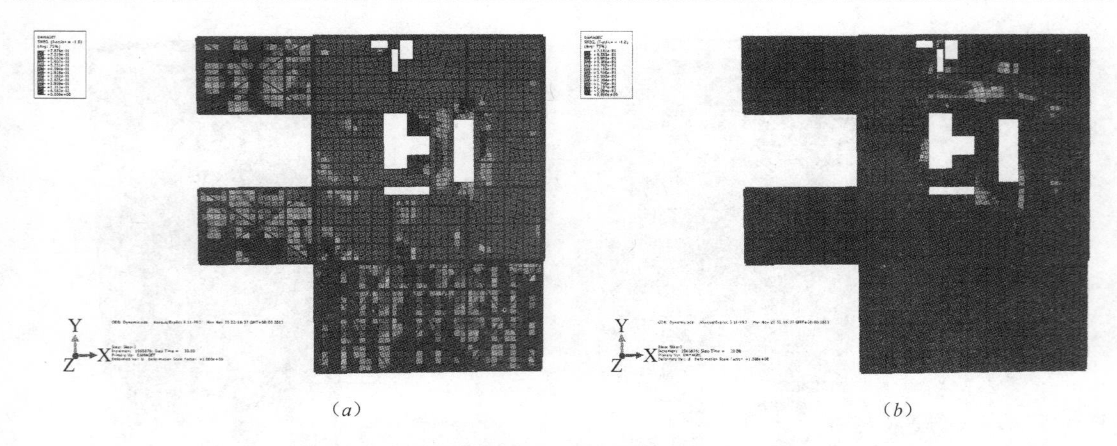

（a）　　（b）

图 12.1.31　结构第九层楼板损伤因子计算结果

（a）受拉损伤；（b）受压损伤

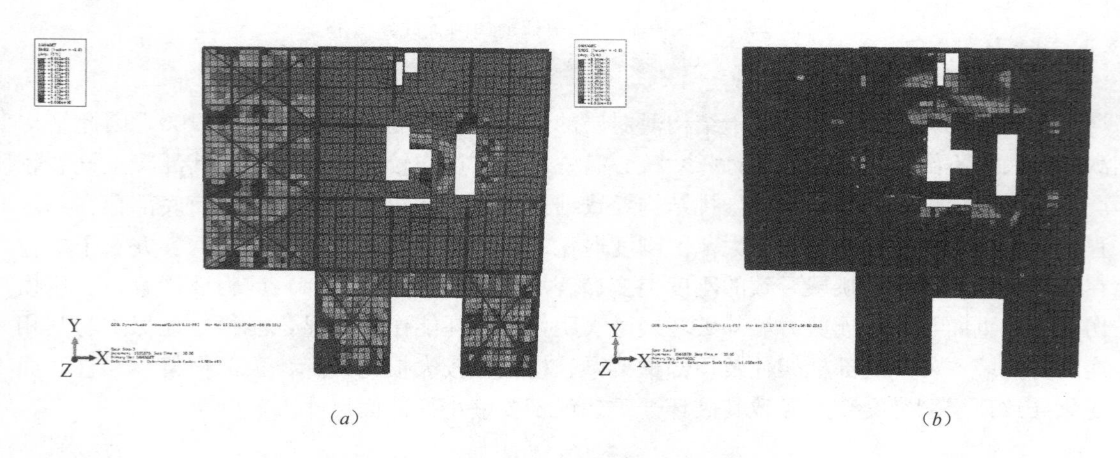

（a）　　（b）

图 12.1.32　结构第十层楼板损伤因子计算结果

（a）受拉损伤；（b）受压损伤

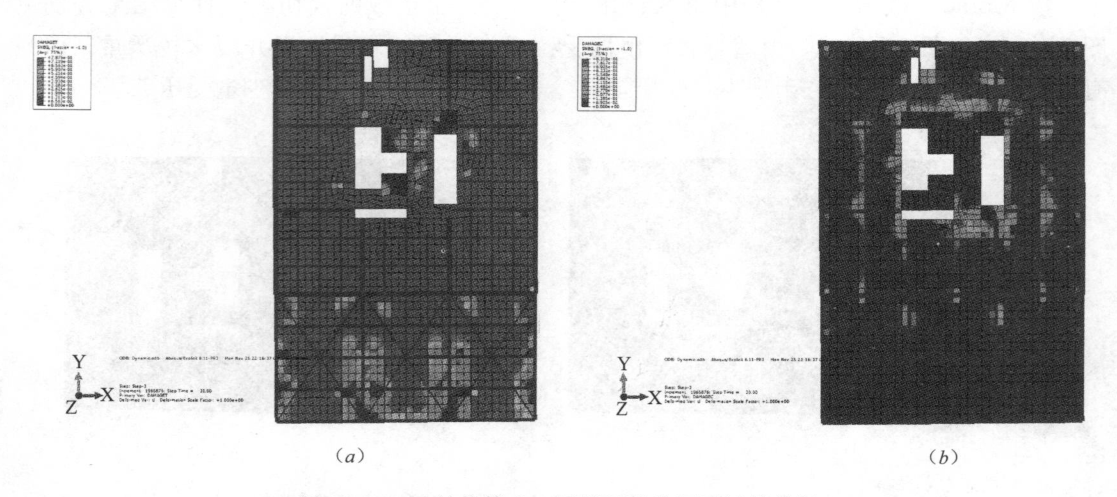

（a）　　（b）

图 12.1.33　结构第十一层楼板损伤因子计算结果

（a）受拉损伤；（b）受压损伤

结构中第七、八、九、十层楼板的某时刻应力结果（单位：kPa）分别见图 12.1.34～图 12.1.37。

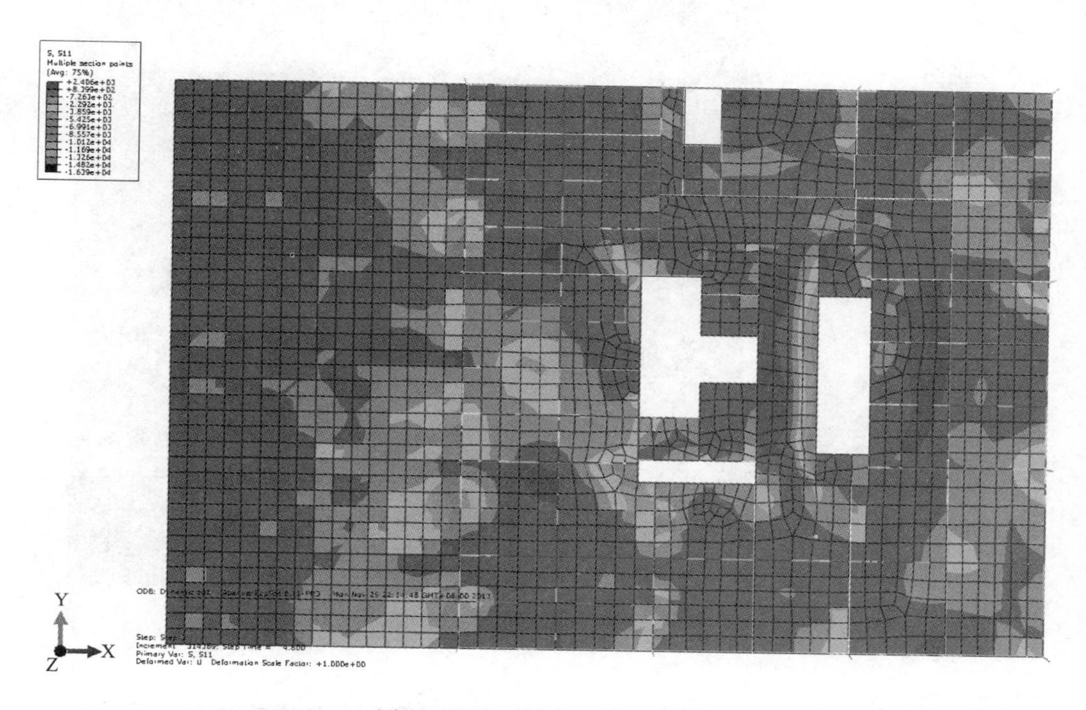

图 12.1.34　第七层楼板应力图

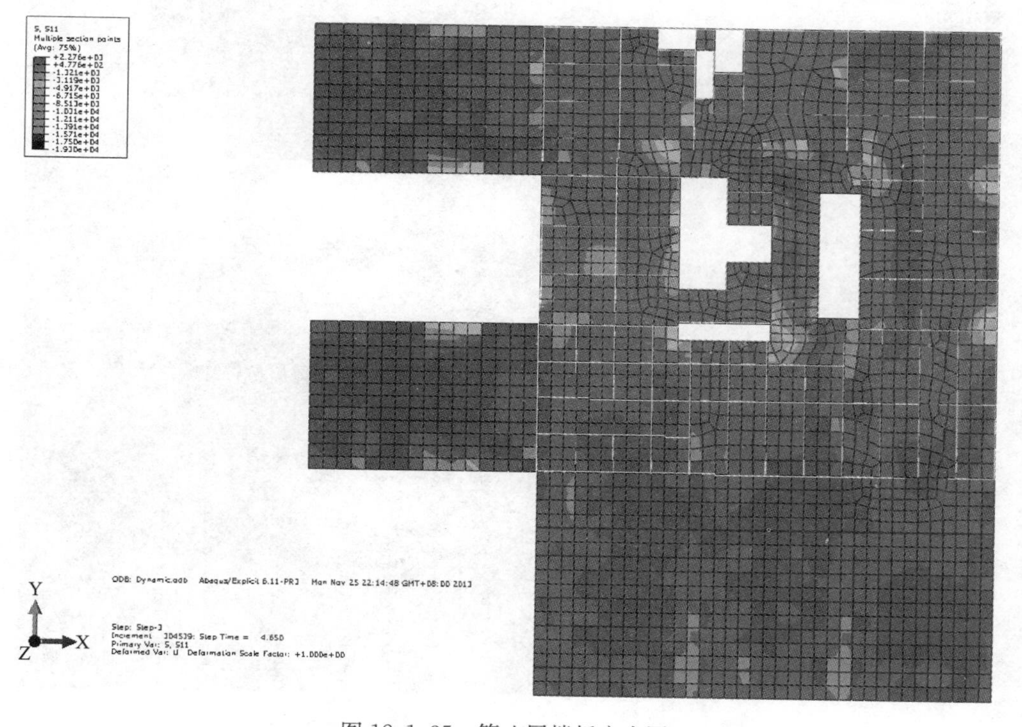

图 12.1.35　第八层楼板应力图

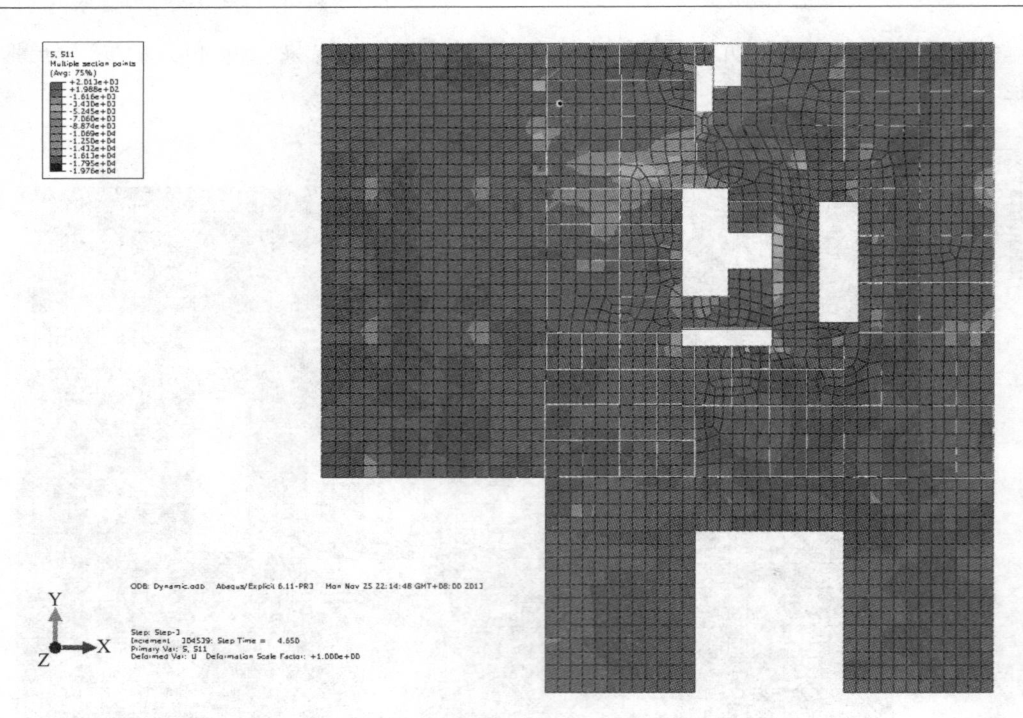

图 12.1.36　第九层楼板应力图

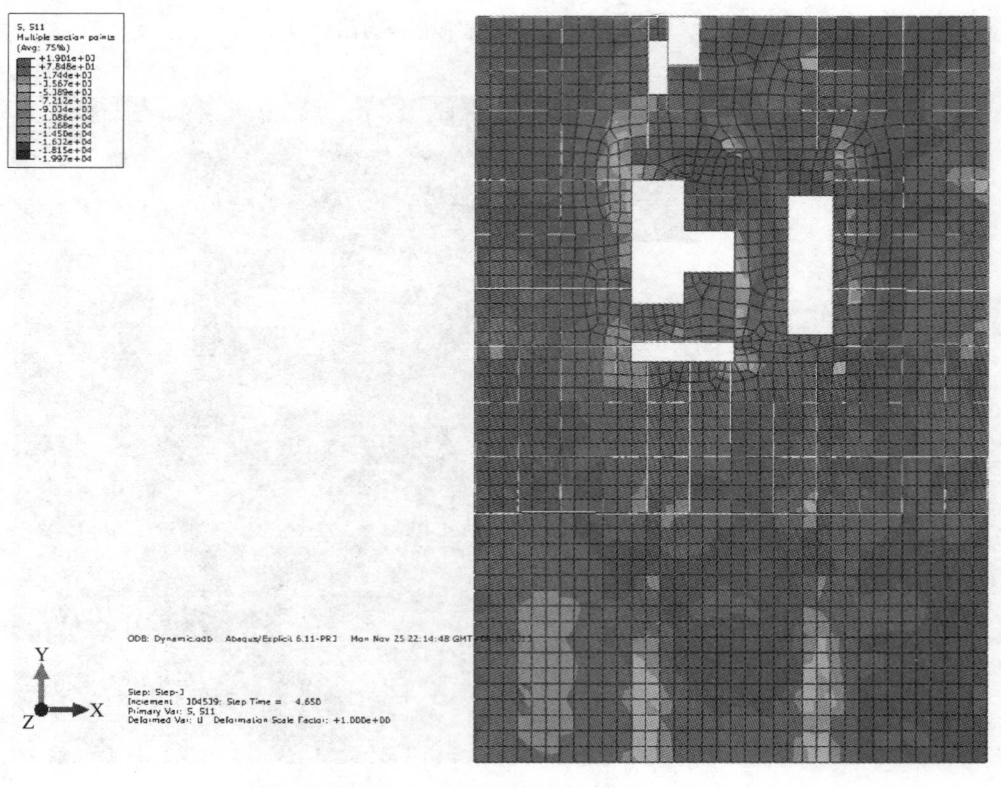

图 12.1.37　第十层楼板应力图

图 12.1.38～图 12.1.44 所示为某时刻下柱中混凝土和钢筋的应力图。

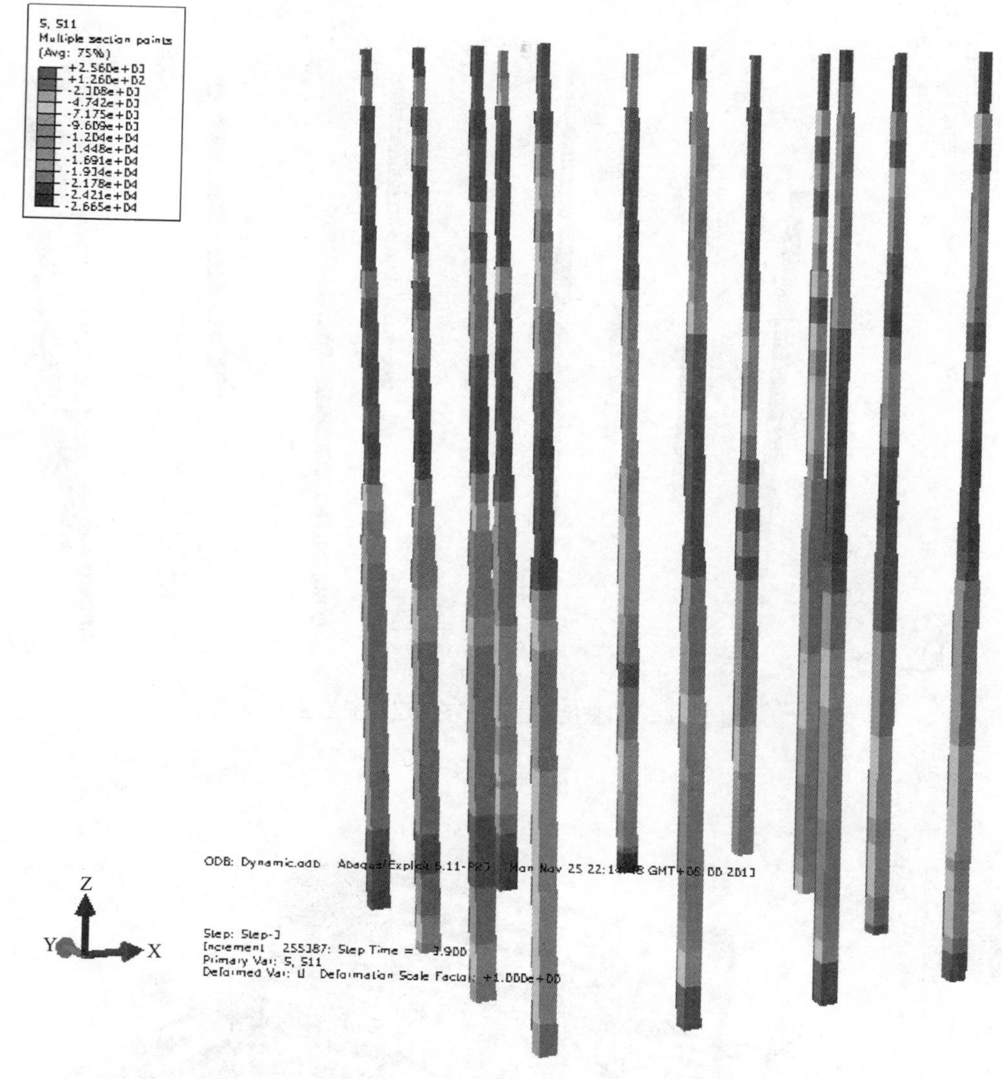

图 12.1.38　柱混凝土应力值

12.1.7　钢桁架验算

大震作用下，悬挑结构中钢桁架的应力如图 12.1.45 所示，由图可知：8.55s 时结构应力达到最大，悬挑钢结构最大应力为 236N/mm^2，表明在整个加载过程中刚桁架没有屈服。

12.1.8　型钢混凝土构件验算

用大震作用下的整体结构模型，对首层受拉混凝土边柱与型钢混凝土边柱（其位置见图 12.1.46）的承载力、受拉型钢混凝土柱的最大应力比进行了验算，结果见表 12.1.8～表 12.1.10，其中 $\sigma_{st,max}$ 为钢材最大拉应力，f_y 为钢材设计强度，计算取 f_y＝295MPa。

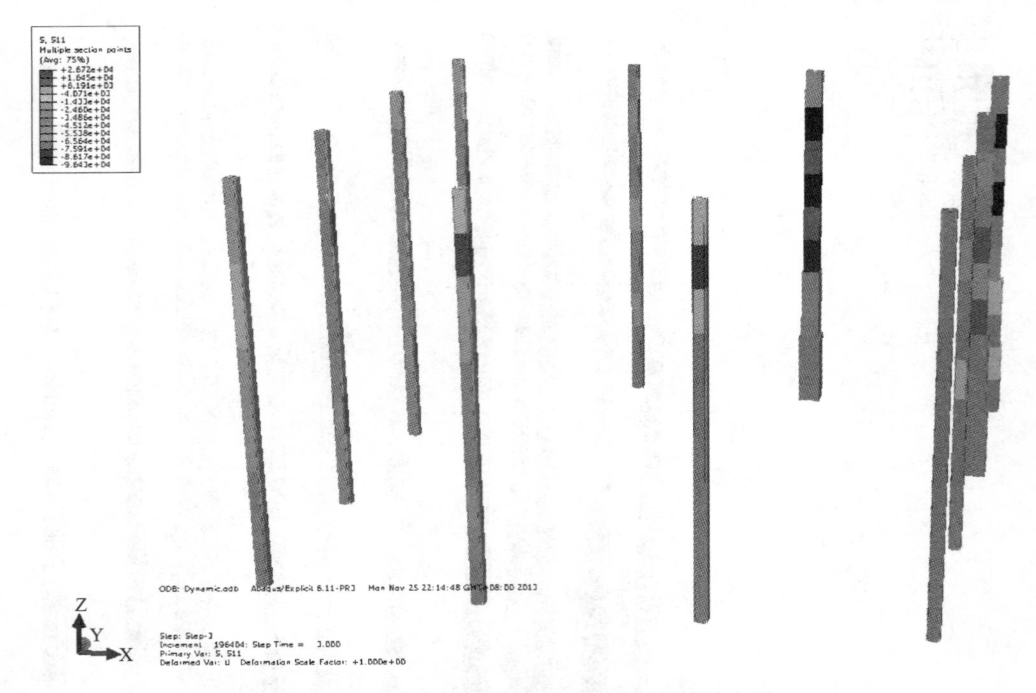

图 12.1.39　悬挑楼层及上下两层柱配筋受力图

图 12.1.40　悬挑层及上下两层钢筋应力图

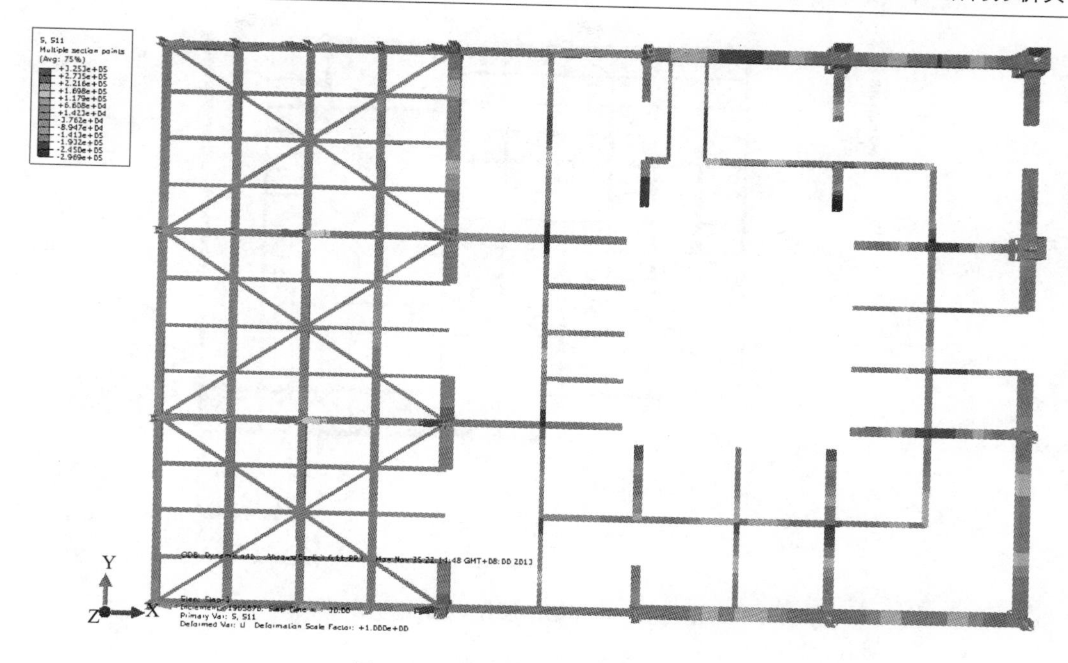

图 12.1.41　第八层梁配筋应力图

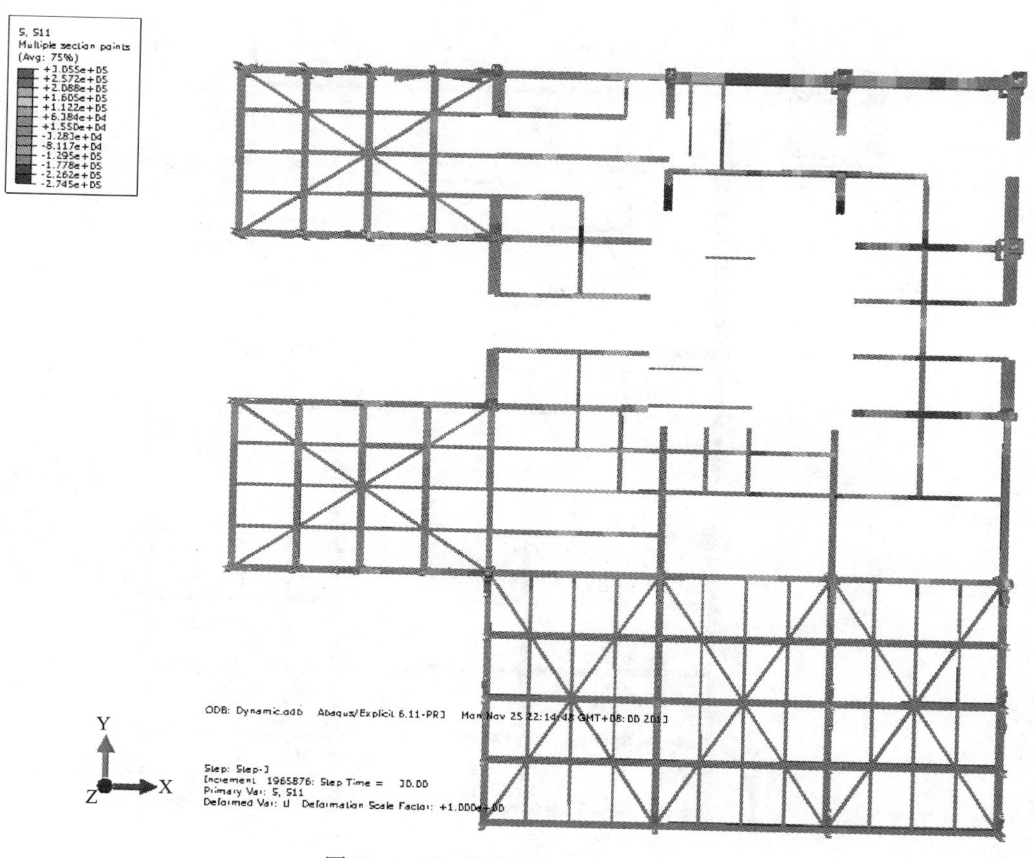

图 12.1.42　第九层梁配筋应力图

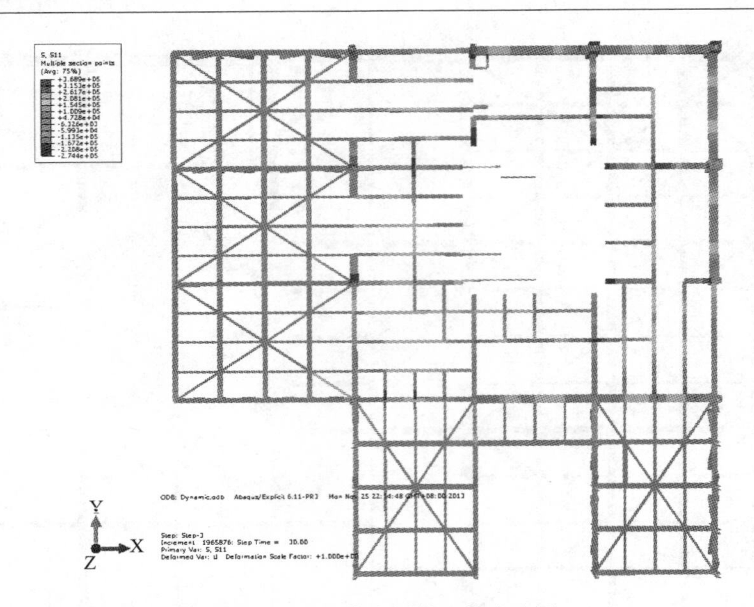

图 12.1.43　第十层梁配筋应力图

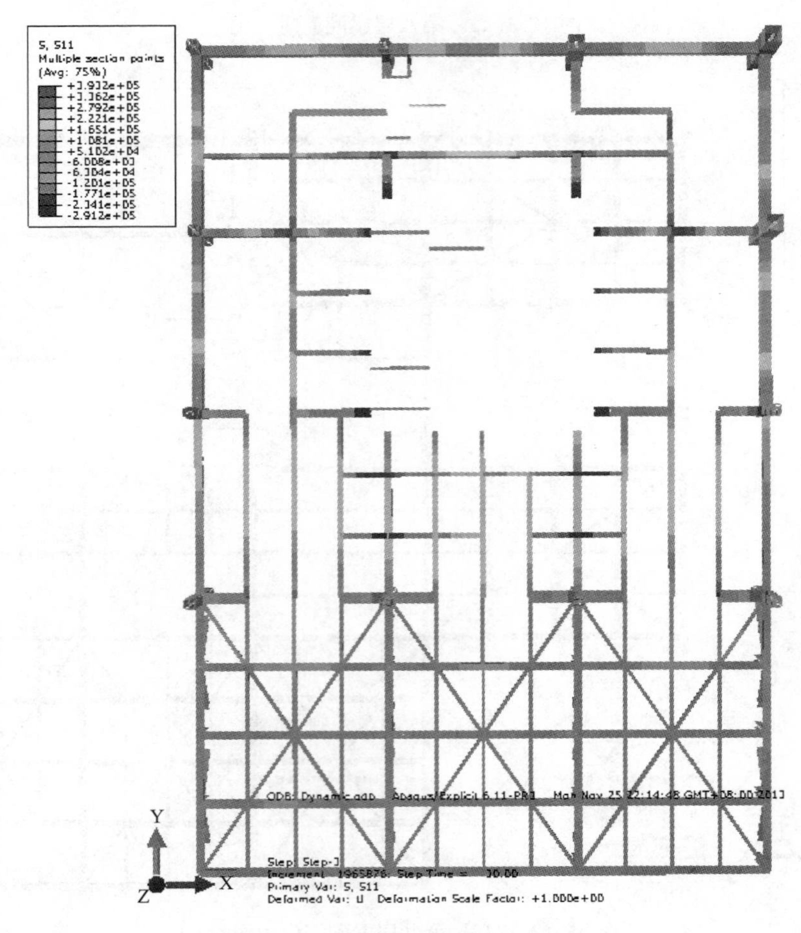

图 12.1.44　第十一层梁配筋应力图

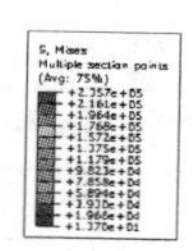

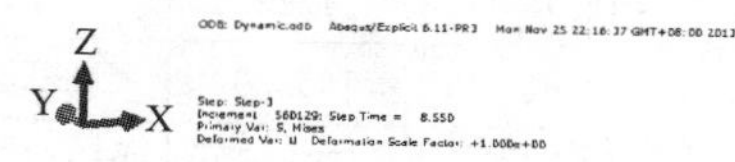

图 12.1.45　钢桁架的应力云图

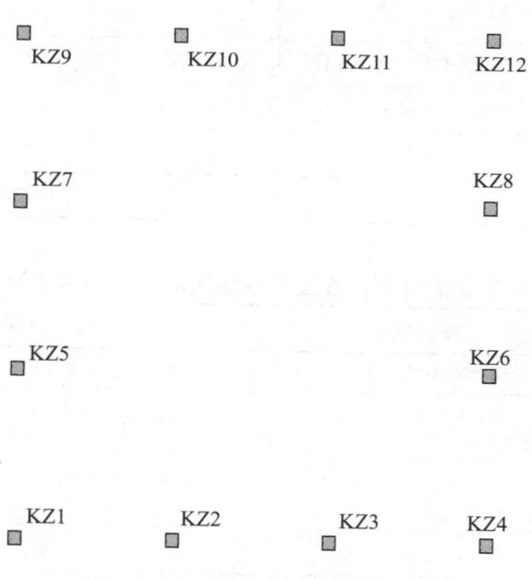

图 12.1.46　柱在结构中的位置

MAMMOTH 波作用下，首层边柱受压承载力验算结果　　　　**表 12.1.5**

柱编号	轴力（kN）	型钢规格	轴力/承载力	出现时间（s）	X 方向剪力	Y 方向剪力
1-KZ1	14573.3	600×450×50×40	0.20	13.95	−1230.6	498.5
1-KZ2	17017.5	600×450×50×40	0.23	13.95	−2155.7	153.1
1-KZ3	17702.8	600×450×50×40	0.24	10.80	−2288.4	40.9
1-KZ4	12985.4	600×450×50×40	0.18	10.80	−1363.0	−279.8
1-KZ5	13745.1	600×450×50×50	0.16	13.95	1094.6	530.3
1-KZ6	10742.8	600×450×50×40	0.15	22.35	436.9	−1431.1
1-KZ7	13767.6	600×450×50×50	0.17	8.25	1226.2	−181.3
1-KZ8	14891.6	无	0.32	7.35	−446.2	−1336.6
1-KZ9	11319.2	600×450×50×50	0.14	15.90	696.3	−1529.9

续表

柱编号	轴力（kN）	型钢规格	轴力/承载力	出现时间（s）	X方向剪力	Y方向剪力
1-KZ10	15774.1	600×450×50×50	0.19	15.90	223.2	−2748.6
1-KZ11	15750.6	无	0.40	7.35	1866.4	−20.5
1-KZ12	11321.8	无	0.25	7.35	1064.1	−975.5

什邡八角波作用下，首层边柱受压承载力验算结果　　表12.1.6

柱编号	轴力（kN）	型钢规格	轴力/承载力	出现时间（s）	X方向剪力	Y方向剪力
1-KZ1	14278.1	600×450×50×40	0.20	19.20	−1210.5	415.8
1-KZ2	17362.6	600×450×50×40	0.24	11.40	−2370.6	88.8
1-KZ3	16928.8	600×450×50×40	0.23	11.40	−2306.1	−79.7
1-KZ4	14858.6	600×450×50×40	0.20	12.75	−1722.5	−572.6
1-KZ5	13882.4	600×450×50×50	0.17	27.45	1455.9	280.5
1-KZ6	11888.1	600×450×50×40	0.16	13.35	781.5	−1510.4
1-KZ7	13681.0	600×450×50×50	0.16	27.45	1767.5	81.8
1-KZ8	15373.8	无	0.33	5.25	−135.9	−859.2
1-KZ9	11396.8	600×450×50×50	0.14	8.85	641.5	−1146.5
1-KZ10	15694.4	600×450×50×50	0.19	13.35	201.6	−2629.3
1-KZ11	15780.9	无	0.40	5.25	1705.5	11.9
1-KZ12	11485.2	无	0.25	13.35	1652.5	−540.2

人工波作用下，首层边柱受压承载力验算结果　　表12.1.7

柱编号	轴力（kN）	型钢规格	轴力/承载力	出现时间（s）	X方向剪力	Y方向剪力
1-KZ1	13523.5	600×450×50×40	0.19	11.85	−1132.73	583.52
1-KZ2	17199.9	600×450×50×40	0.24	15.00	−2187.43	−114.92
1-KZ3	16153	600×450×50×40	0.22	11.55	−2181.12	−161.11
1-KZ4	12747.7	600×450×50×40	0.17	15.00	−1152.59	−848.39
1-KZ5	16497.9	600×450×50×50	0.20	20.40	2171.18	−352
1-KZ6	11875.3	600×450×50×40	0.16	19.35	243.4	−1501.76
1-KZ7	16069.8	600×450×50×50	0.19	20.40	2341.38	−820.89
1-KZ8	15270.1	无	0.36	9.30	−500.34	−1236.71
1-KZ9	14974.6	600×450×50×50	0.18	20.55	529.74	−2061.64
1-KZ10	14703.4	600×450×50×50	0.18	15.60	495.38	−2770.47
1-KZ11	15820.5	无	0.44	13.50	1043.02	198.47
1-KZ12	11166.1	无	0.26	10.95	1347	−980.21

从表12.1.5～表12.1.7可以看出在各地震波作用下，底层柱轴压比最大为0.44，能保证大震作用下结构的安全。这与图12.1.29所示的底层柱损伤破坏严重相矛盾，这是因为在轴力和弯矩作用下梁柱单元截面边缘纤维应力很大容易发生损伤破坏，显示到图上时就造成整个截面破坏的误解，实际上截面整体上不一定达到了破坏。

从表 12.1.8～表 12.1.10 可以看出在各地震波作用下，底层柱型钢最大应力比为 0.79 基本处于弹性阶段。

什邡八角波作用下，首层柱型钢最大应力比验算结果　　表 12.1.8

柱编号	型钢规格	型钢截面（mm²）	$\sigma_{st,max}$（MPa）	$\sigma_{st,max}/f_y$
1-KZ1	600×450×50×40	124000	219	0.74
1-KZ2	600×450×50×40	124000	201	0.68
1-KZ3	600×450×50×40	124000	223	0.76
1-KZ4	600×450×50×40	124000	196	0.66
1-KZ5	600×450×50×50	142000	199	0.67
1-KZ6	600×450×50×40	124000	208	0.71
1-KZ7	600×450×50×50	142000	217	0.74
1-KZ8	无	0		0.00
1-KZ9	600×450×50×50	142000	231	0.78
1-KZ10	600×450×50×50	142000	225	0.70
1-KZ11	无	0		0.00
1-KZ12	无	0		0.00

MAMMOTH 波作用下，首层柱型钢最大应力比验算结果　　表 12.1.9

柱编号	型钢规格	型钢截面（mm²）	$\sigma_{st,max}$（MPa）	$\sigma_{st,max}/f_y$
1-KZ1	600×450×50×40	124000	206	0.70
1-KZ2	600×450×50×40	124000	203	0.69
1-KZ3	600×450×50×40	124000	198	0.67
1-KZ4	600×450×50×40	124000	218	0.74
1-KZ5	600×450×50×50	142000	234	0.79
1-KZ6	600×450×50×40	124000	199	0.67
1-KZ7	600×450×50×50	142000	209	0.71
1-KZ8	无	0		0.00
1-KZ9	600×450×50×50	142000	204	0.69
1-KZ10	600×450×50×50	142000	225	0.76
1-KZ11	无	0		0.00
1-KZ12	无	0		0.00

人工波作用下，首层柱型钢最大应力比验算结果　　表 12.1.10

柱编号	型钢规格	型钢截面（mm²）	$\sigma_{st,max}$（MPa）	$\sigma_{st,max}/f_y$
1-KZ1	600×450×50×40	124000	224	0.76
1-KZ2	600×450×50×40	124000	198	0.67
1-KZ3	600×450×50×40	124000	206	0.70
1-KZ4	600×450×50×40	124000	215	0.73
1-KZ5	600×450×50×50	142000	206	0.70
1-KZ6	600×450×50×40	124000	211	0.72
1-KZ7	600×450×50×50	142000	223	0.76
1-KZ8	无	0		0.00
1-KZ9	600×450×50×50	142000	228	0.77
1-KZ10	600×450×50×50	142000	192	0.65
1-KZ11	无	0		0.00
1-KZ12	无	0		0.00

首层墙体拉压损伤土如图 12.1.47 所示，可以看出首层剪力墙存在一定程度的拉、压损伤，连梁受压损伤破坏严重，但两侧墙体受压损伤较小，表明连梁耗能作用明显。

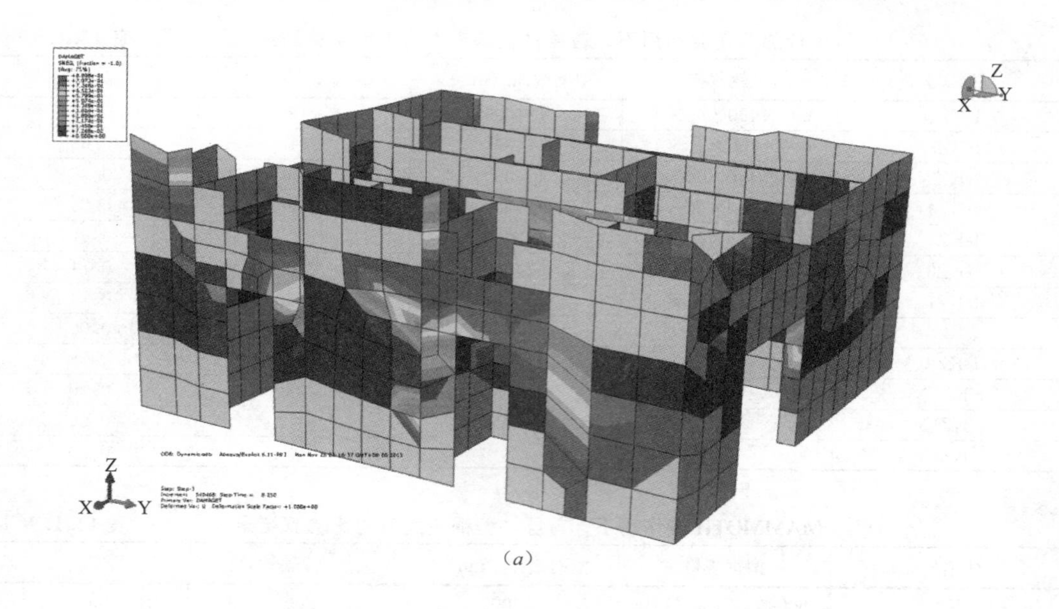

(*a*)

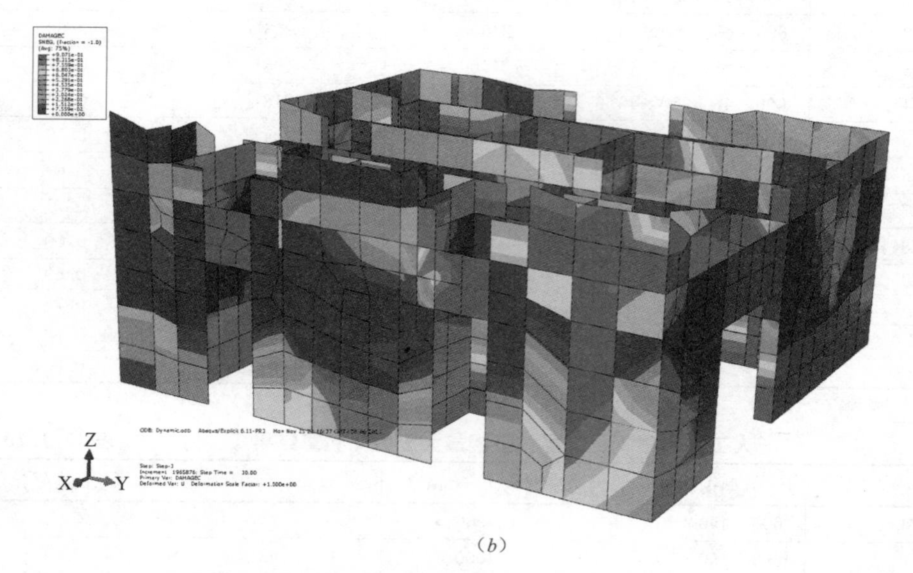

(*b*)

图 12.1.47　首层剪力墙损伤图

(*a*) 受拉损伤；(*b*) 受压损伤

12.1.9　多道防线分析

对于结构主体，为确保实现“大震不倒”的整体结构抗震设计目标，总体上按两道防线进行抗震设防，通过动力弹塑性时程分析验证其有效性。

第 1 道防线为各结构的核心筒。大震作用下计算分析表明，在核心筒部位，墙体洞口连梁出现塑性铰，而两侧墙体却破坏较轻。通过连梁的塑性破坏耗能延缓剪力墙的破坏。

第 2 道防线为各单塔结构的外周框架。设计通过控制各框架柱的轴压比，使其在大震作用下仍保持或基本保持弹性工作状态。随少数混凝土剪力墙塑性变形增大，梁端塑性铰数量进一步增多，水平构件屈服耗能作用有所增大，以此确保结构“大震不倒”。

12.1.10　说明与结论

大震动力弹塑性时程整体分析结果表明结构第八、九、十层（刚桁架所在楼层）位移角显然大于其他楼层，结构 X 方向的最大层间位移角为 1/122，位于第八层，Y 方向的最大层间位移角为 1/125，位于第十层，均小于《高规》第 3.7.5 条相应限值 1/100 的要求，结构满足“大震不倒”的抗震设防要求。

详细构件分析结果表明，结构首层受拉混凝土边柱与型钢混凝土边柱的轴压比均满足弹性要求，从损伤云图来看核心筒首层墙体出现一定程度的拉、压损伤，但未见大片损伤破坏。首层受拉型钢混凝土柱的最大应力比均满足不屈服要求。框架顶层由于存在刚度突变损伤破坏较为严重因此不宜减小顶层柱截面。剪力墙连梁破坏严重，能较好地耗能从而减轻墙体的破坏。楼板受拉开裂较为严重，但受压破坏较小只存在少量楼板与核心筒连接部位，因此宜在此处加强配筋。第八、九、十层悬挑钢桁架均没有进入塑性状态，因此悬挑部位在大震作用下仍具有足够承载力。

12.2　上海香格里拉酒店弹塑性动力时程分析

12.2.1　模型简介

上海浦东香格里拉酒店扩建工程位于上海市浦东陆家嘴经济开发区，是由一栋 41 层、总高度 152.8m 的塔楼和 4 层裙房组成的超高层框架－剪力墙结构。本工程设有地下室 2 层，地面以上 37 层，另加避难楼层 2 层（分别位于十到十一层和二十四到二十五层之间），其中地下一层层高 4.55m，地下二层层高 3.00m，地面以上一层层高 6.05m，二层层高 6.00m，三层层高 5.00m，四层层高 6.00m，五层和六层层高 5.00m，七层到三十五层层高 3.40m，三十六层层高 5.40m，三十七层层高 5.00m，上下避难楼层层高 4.50m。工程总建筑面积为 36，200m^2，结构高宽比为 4.52。该工程结构一到四层结构平面如图 12.2.1（*a*）所示，塔楼五层（转换层）结构平面如图 12.2.1（*b*）所示，塔楼五层以上结构平面如图 12.2.1（*c*）所示。本工程塔楼部分总高度 152.8m，顶部钢桁架局部高度达到 180m，结构高度超过了上海市框架－剪力墙结构体系 140m 的上限值。另外，塔楼结构下部开有宽 25.6m、高 23m 的孔洞，结构平面布置不规则。Qi，Li & Lv（2013）曾利用本文第 10 章所述的结构仿真集成系统（ISSS）对该算例进行仿真分析，下面对其作详细介绍。

香格里拉酒店 PKPM 结构模型如图 12.2.2（*a*）所示，然后将结构模型转换生成 ABAQUS 模型如图 12.2.2（*b*）所示，在 ABAQUS 中梁柱构件采用纤维模型模拟，剪力墙构件采用 4 结点减缩积分壳元 S4R 模拟，一维本构模型采用《混凝土结构设计规范》损伤本构模型，二维本构模型采用弹塑性损伤本构模型。在这里采用显式积分算法求解，除了质量比例阻尼外考虑材料的刚度阻尼，不考虑应变率效应。

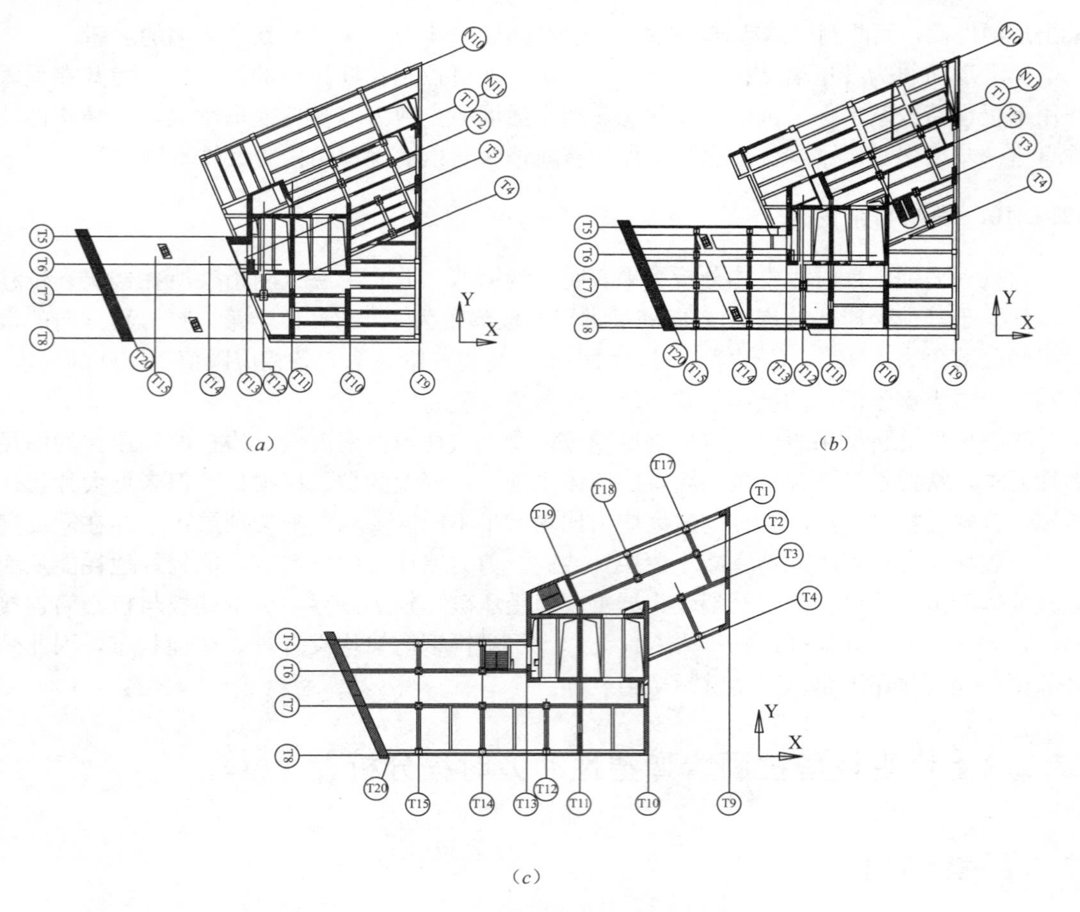

图 12.2.1　香格里拉酒店典型楼层平面图

(*a*) 一～四层结构平面图；(*b*) 五层结构平面图；(*c*) 五层以上结构平面图

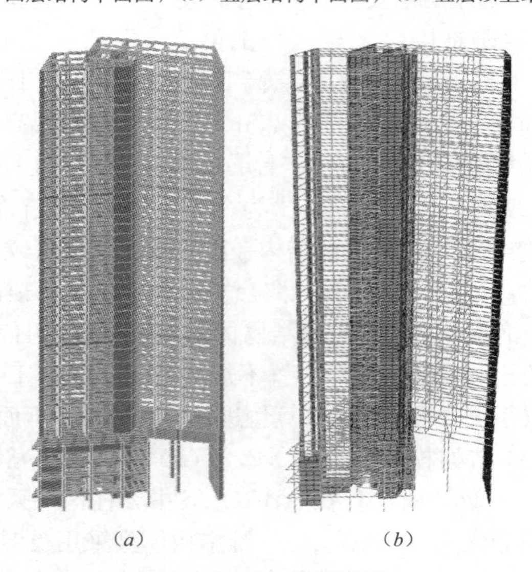

图 12.2.2　数值模型

(*a*) PKPM 结构模型；(*b*) ABAQUS 模型

12.2.2　静力结果

图 12.2.3 给出了 ABAQUS 计算模型振型，表 12.2.1 给出了 PKPM、ABAQUS 计算模型振动周期与振动台试验结果比较。

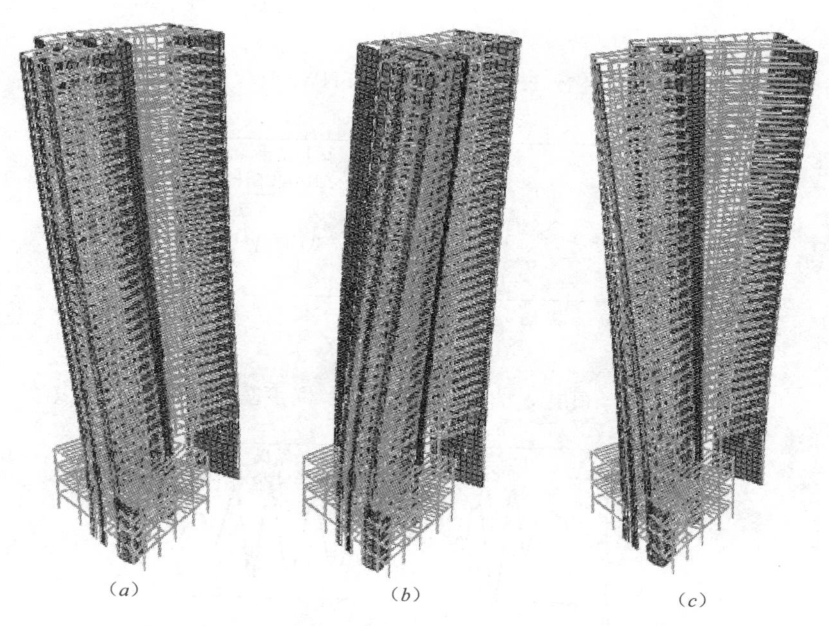

(a)　　(b)　　(c)

图 12.2.3　香格里拉酒店振型图

(a) 第 1 振型；(b) 第 2 振型；(c) 第 3 振型

模型计算周期与试验结果比较　　表 12.2.1

振　型	周期 (s)		
	ABAQUS	PKPM	试验
1	3.23	3.18	3.14
2	2.78	2.68	2.82
3	2.04	2.06	1.95
4	0.95	0.92	0.90

从表 12.2.1 可以看出 PKPM 计算模型前四个振型周期与试验结果符合较好，证明 PKPM 数值模型的准确性；ABAQUS 计算模型前四个振型周期与 PKPM 计算结果符合较好，证明从结构模型到 ABAQUS 模型转换的准确性。

12.2.3　非线性动力时程分析

对上述工程进行非线性时程反应分析，输入地震波为上海人工波 SHW2（如图 12.2.4 所示），地震波从 x 方向（见图 12.2.1）输入，结构顶层位移时程计算结果与振动台试验结果（卢文生 & 吕西林，2004）比较如图 12.2.5、图 12.2.6 所示。

从图 12.2.5、图 12.2.6 可以看出顶层位移时程计算结果与试验结果总体符合较好，位移峰值约在 14s 左右出现，且试验值与计算值符合较好，最大峰值过后试验位移迅速衰

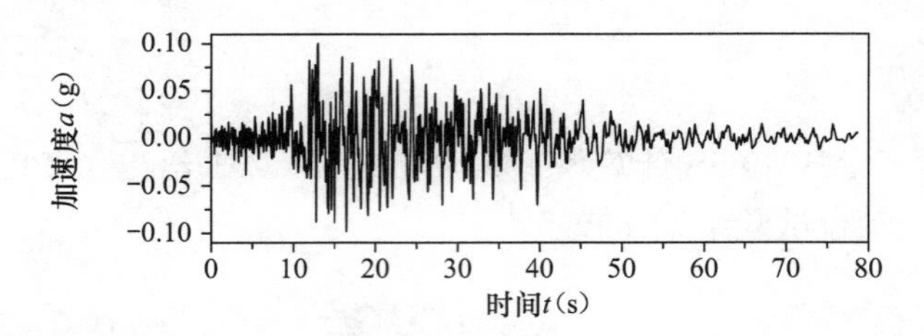

图 12.2.4　上海人工波 SHW2 时程

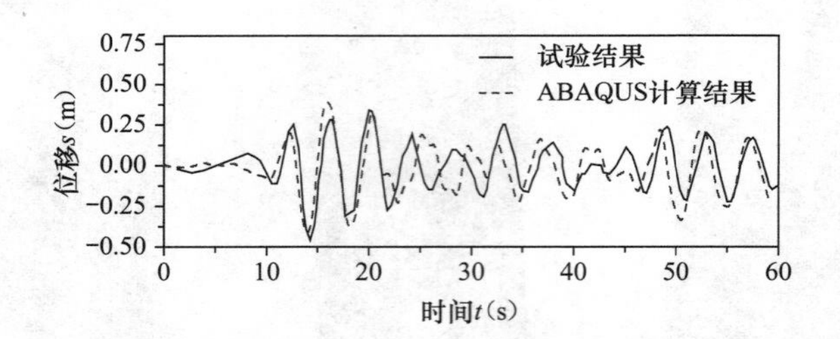

图 12.2.5　顶层 x 方向位移时程比较（7 度基本地震烈度）

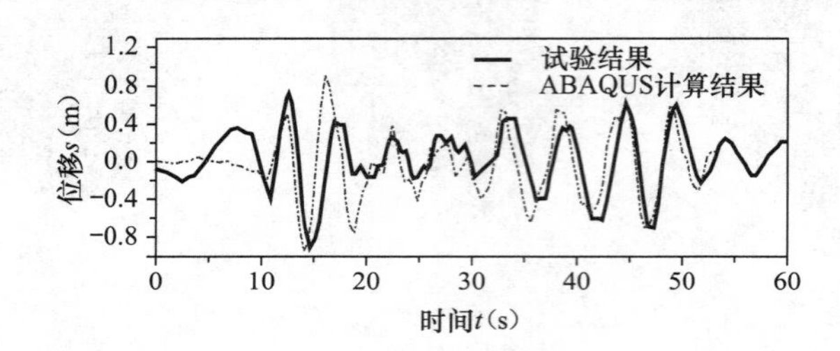

图 12.2.6　顶层 x 方向位移时程比较（7 度罕遇地震烈度）

减，此后两个位移时程峰值试验结果均小于计算结果。

图 12.2.7、图 12.2.8 给出了典型楼层位移时程曲线。图 12.2.9、图 12.2.10 给出楼层位移包络图计算结果与试验结果比较。

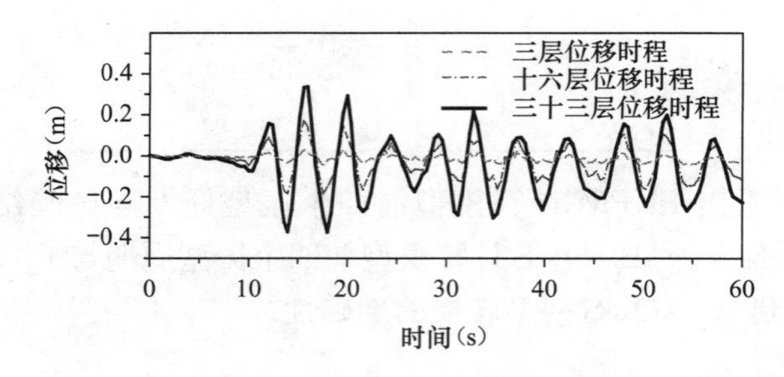

图 12.2.7　7 度基本地震烈度

从图 12.2.9、图 12.2.10 中可以看出楼层最大位移包络图计算结果与试验结果符合较好，计算结果比试验值略大，结构楼层位移在三层出现明显拐点表明结构在第三层较为薄弱。

图 12.2.11、图 12.2.12 给出层间位移计算结果与试验结果比较。

综合数值模拟和振动台试验对比结果，可以证明本文采用的本构模型、分析模型和分析方法是有效的，能较好地模拟上海香格里拉酒店的结构特点及变形特征。

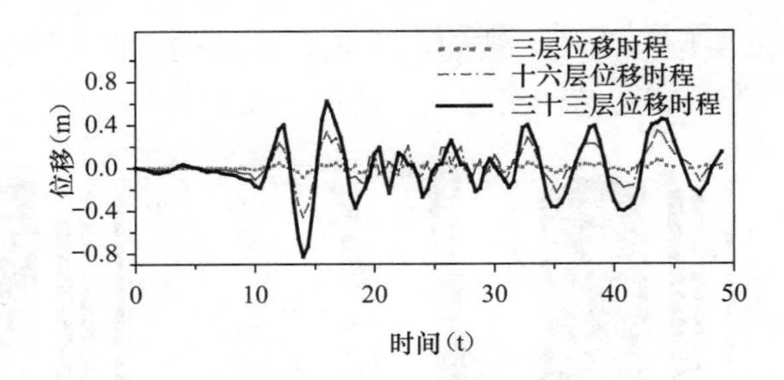

图 12.2.8 7 度罕遇地震烈度

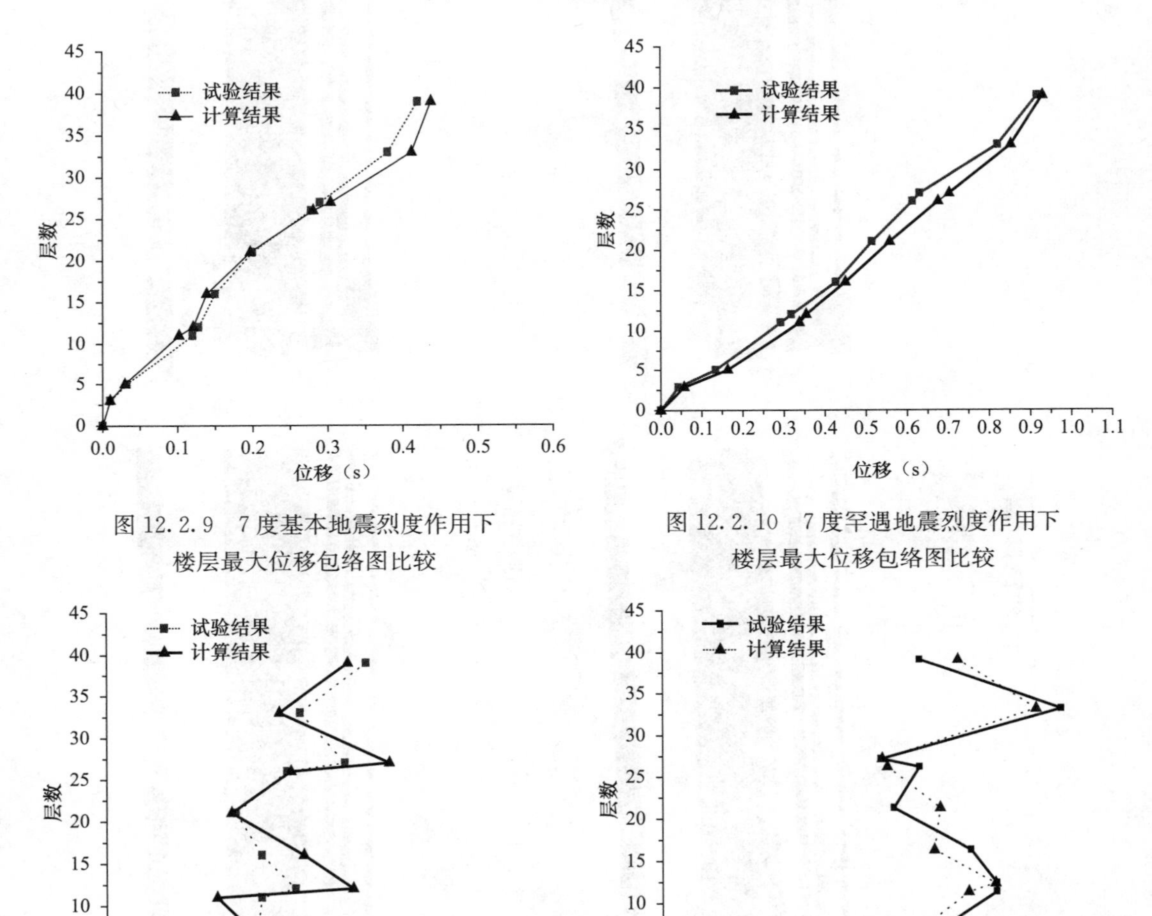

图 12.2.9 7 度基本地震烈度作用下楼层最大位移包络图比较

图 12.2.10 7 度罕遇地震烈度作用下楼层最大位移包络图比较

图 12.2.11 7 度基本地震烈度作用下层间位移比较图

图 12.2.12 7 度罕遇地震烈度作用下层间位移比较图

下面分别给出罕遇地震作用下，结构剪力墙构件在不同时刻的应力云图、受拉损伤云图、受压损伤云图。

结构剪力墙构件关键时刻应力变化云图如图 12.2.13 所示，从图 12.2.13 中可以看出，结构在 12.4s、16s 时顶层位移为正，结构向右偏移，结构右侧应力大于左侧应力；

结构在14s、35.6s时顶层位移为负，结构向左偏移，结构左侧应力大于右侧应力。可见各关键时刻结构应力分布规律与结构实际受力情况一致。

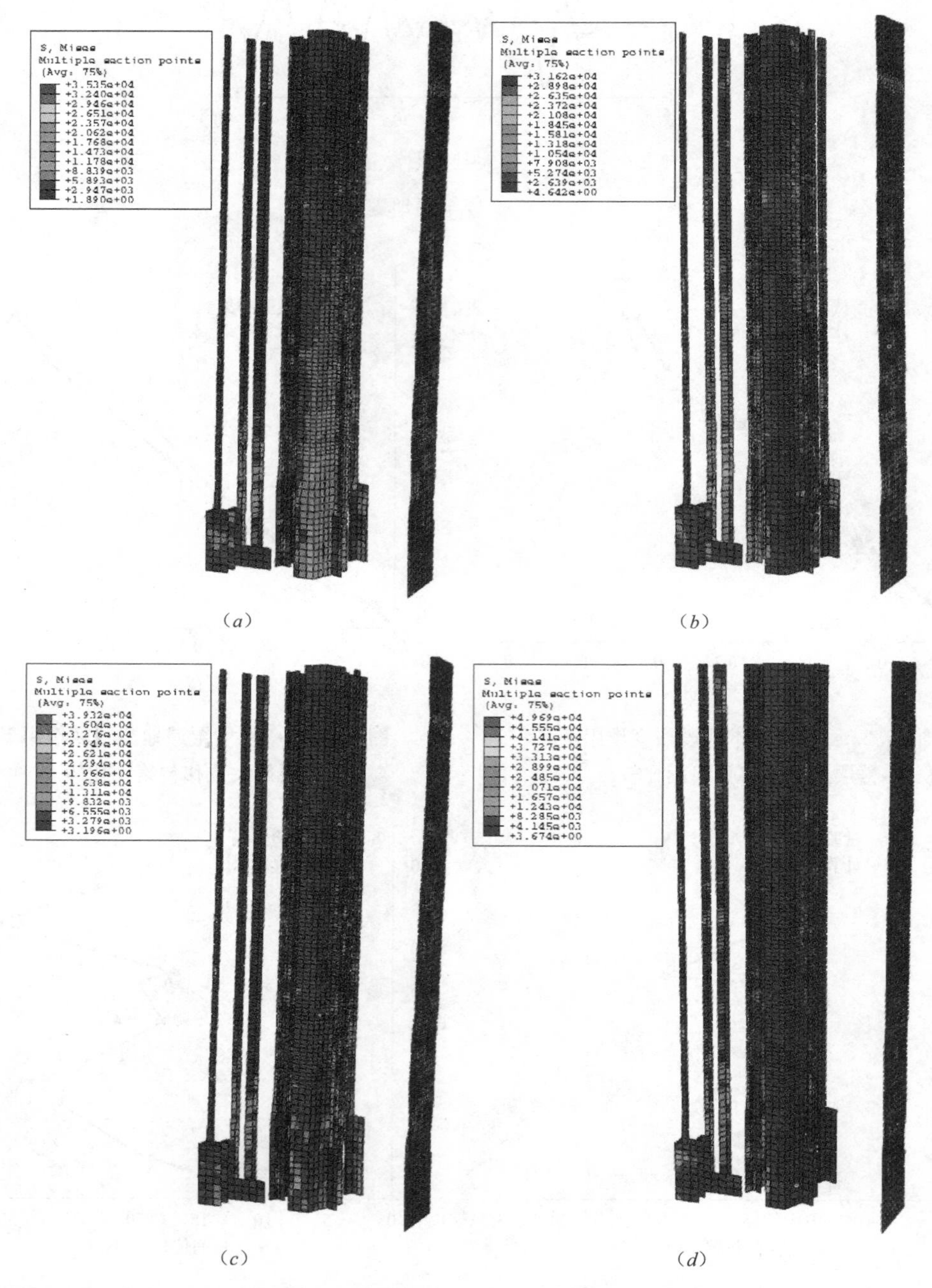

图12.2.13　香格里拉酒店剪力墙结构应力分布图

(*a*) 12.4s顶层位移0.402m；(*b*) 14s顶层位移−0.83m；(*c*) 16s顶层位移0.62m；(*d*) 35.6s顶层位移−0.33m

结构剪力墙构件受拉损伤云图如图12.2.14所示。从图中可以看出结构受拉损伤发展很快，在0.4s即产生明显受拉损伤，此后损伤迅速发展，受拉损伤最初集中在裙房、裙房与塔楼结合楼层以及结构右侧剪力墙构件，后逐步蔓延至整个结构。同时从图中可以看

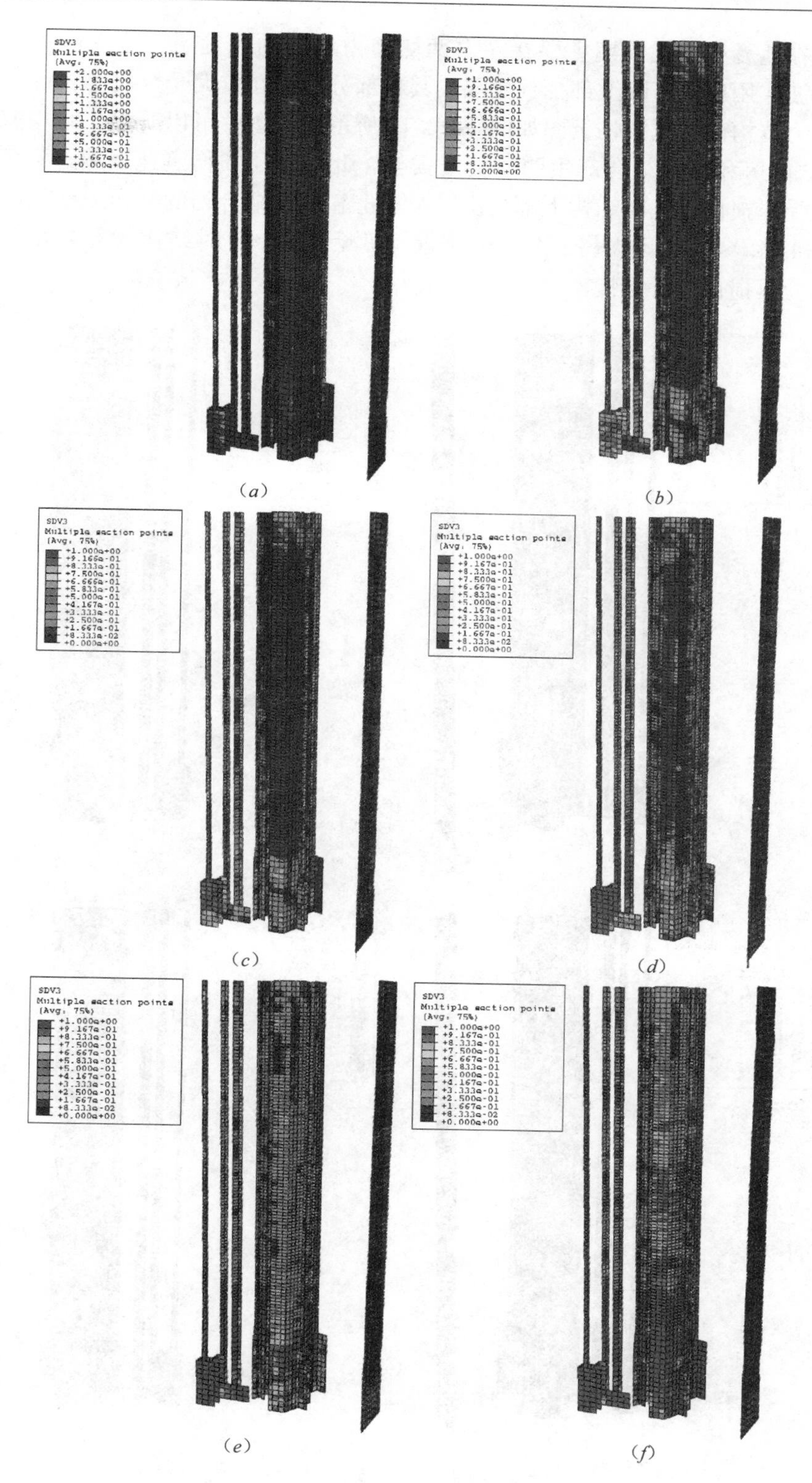

图 12.2.14　香格里拉酒店剪力墙结构受拉损伤分布图

(*a*) 0.4s；(*b*) 2.4s；(*c*) 5.2s；(*d*) 12.4s；(*e*) 16s (*f*) 44.4s

出受拉损伤在地震波加载前期主要在左右两侧剪力墙结构上发展，后逐步蔓延至中间部位，在地震波作用后期，除上部少数楼层，其他部分均存在较大受拉损伤。

结构剪力墙构件受压损伤云图如图 12.2.15 所示。从图中可以看出，结构剪力墙构件在 5.2s 时，裙房和塔楼结合产生明显受压损伤，此后受压损伤迅速发展，到 34.8s 时结构产生较大受压损伤，此时结构下部裙房以及裙房和塔楼结合处的受压损伤均比较大。另外，34.8s 和 44.4s 时受压损伤云图比较接近，可见到 34.8s 时结构大部分受压损伤发展完成，此后受压损伤发展缓慢。

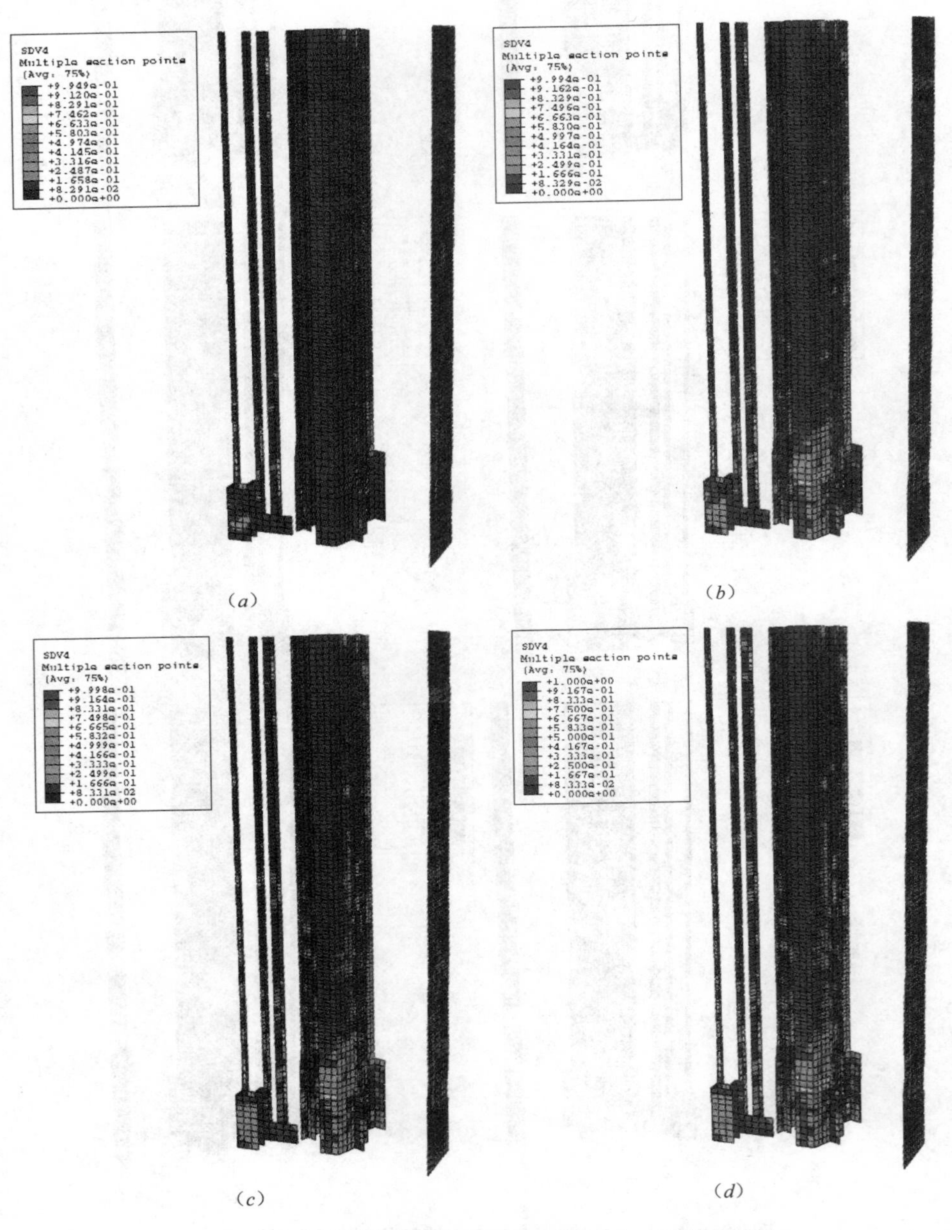

图 12.2.15　香格里拉酒店剪力墙结构受压损伤分布图

(*a*) 5.2s；(*b*) 16s；(*c*) 34.8s；(*d*) 44.4s

12.3　某超高层结构的弹塑性动力时程分析

12.3.1　模型简介

该工程总层数为 30 层，结构地面以上总高度为 137m，结构体系为框架-核心筒结构，结构的材料为钢与混凝土的混合结构，设计地震分组为第一组，设防烈度为 7 度，场地类别为Ⅱ类，场地特征周期 0.35s。结构的整体模型图和主要楼层的平面布置如图 12.3.1 所示。该结构形式较为复杂，除了在第四层，第十六、十七层和顶层设置加强层外，在结构底部第一～三层和第十八～二十 20 层都存在立面开大洞形成的大跨度空间结构形式，因此除了需要考虑水平地震作用以外，还需要同时考虑竖向地震的共同作用。在弹塑性动力时程分析前，首先采用 YJK 软件进行了小震作用下的弹性分析与设计，以与非线性分析的结果进行校对，并提取弹性设计的配筋结果。

(*a*)

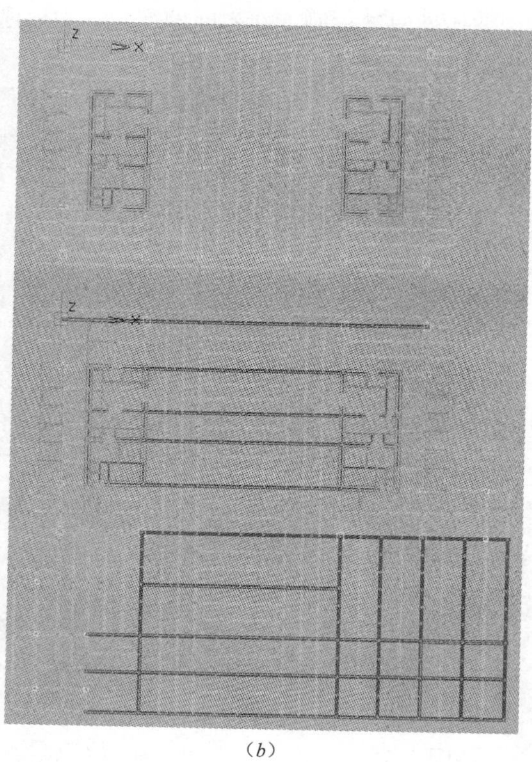

(*b*)

图 12.3.1　结构模型图

(*a*) 整体模型图；(*b*) 第四标准层（下）及第六标准层（上）

12.3.2　分析模型及分析过程

(1) 单元模型

非线性分析模型中对墙及所有楼板均采用 S4R 单元，并采用增强型沙漏控制方式防止减缩积分引起的沙漏影响。对梁、柱、撑离散后根据不同情况分别采用了B31单元（2结点单元）和B32单元（3结点单元），其中对于与板相连的梁或者与墙相连的边框柱及相应钢筋等效单元，为了实现梁单元与壳单元的完全协调采用了B31单元，此时梁单元的剖分尺度与壳完全相同，均为1m网格；对于其他独立的梁单元均采用B32单元，这是因为，数值试验表明，虽然B31单元在模拟接触等非线性问题时其稳定性要明显优于B32单元，但通常情况下B31单元在模拟一般框架结构的弯曲刚度时，其精度远低于B32单元，因此宜优先采高次单元，而在墙、板边界，如采用B32单元则会使梁的中间结点与墙、板之间的变形不再协调，因此只能采用B31单元。

（2）材料模型

与本章12.1中工程相同按照《混凝土结构设计规范》（GB 50010—2010）分别定义混凝土、钢筋及型钢的本构模型。

（3）阻尼模型

由于在ABAQUS/Explicit显式动力计算中不能支持模态阻尼，因此结构的阻尼采用Rayleigh阻尼模型。Rayleigh阻尼包含质量比例阻尼与刚度比例阻尼两部分，由于考虑材料的非线性时结构刚度在不断的变化，引入刚度比例阻尼往往会降低计算的稳定性，同时大幅降低时间步长，因此ABAQUS一般并不建议采用刚度比例阻尼，但如忽略该项将使得结构的高频部分不能有效衰减，因此可按照ABAQUS建议，即刚度比例阻尼系数保持与无阻尼情况下的稳定时间步长为同一数量级，此时可在时间步长增加不大的情况下获得较理想的阻尼效果。

由于刚度比例阻尼系数数值很小，因此对结构的阻尼比贡献可以忽略，则质量比例阻尼系数可以表示为：

$$\alpha = \frac{4\pi\xi}{T} \tag{12.3.1}$$

如上所述，多数情况下，在确定质量比例阻尼系数α时只考虑结构的基本周期，这种做法的特点是结构的一阶振型可以被准确的衰减，但对于结构其他主要振型的衰减作用却可能不明显，实际上结构高阶振型的阻尼比本就大于结构的基本振型，因此只考虑结构基本振型时有可能由于高阶振型得不到有效衰减而出现效应的叠加，导致计算得到的位移时程和剪力时程不断呈现出震荡增大的趋势。

为了解决这个问题，可以在计算中按照振型参与系数加权计算结构整体的质量比例阻尼系数。在只考虑结构的前三阶振型时，混凝土的质量比例阻尼系数为：

$$\alpha = \frac{4\pi\xi}{T_1}\gamma_1 + \frac{4\pi\xi}{T_2}\gamma_2 + \frac{4\pi\xi}{T_3}\gamma_3 \tag{12.3.2}$$

其中γ_1、γ_2、γ_3分别为前三阶振型的振型参与系数。

模态分析表明，该结构的前三阶振型的周期分别为3s、0.8s和0.45s，与此对应的参与系数分别约为0.63、0.15和0.10，即前三阶的振型参与系数和已经接近90%，则加权计算得到最后的质量比例阻尼估算为约0.5。由于通常情况下每一阶振型会包含两个平动振型与一个扭转振型，其周期会存在一定差异，且两个方向的振型参与系数也不尽相同，因此该数值仅是一个估算值，但相对于只考虑第一周期，这种方法仍可使前三阶振型得到更合理的有效衰减。

（4）约束

鉴于在大震分析中，板的刚度变化对结构的抗震性能影响较大，且部分楼层楼板属于平面不规则情况，因此虽然在 YJK 的设计模型中采用了刚性楼板假定，但在 ABAQUS 的非线性分析中不宜采用；此外，对原始模型中定义的铰接杆件按照多点约束形式在 ABAQUS 模型中进行定义，并对两端铰接的杆件自动转换为空间杆单元 T3D2。

（5）地震波

按照《抗规》要求，罕遇地震弹塑性时程分析所选用的单条地震波需满足以下频谱特性：

- 特征周期与场地特征周期接近；
- 最大峰值符合规范要求；
- 持续时间为结构第一周期的 5～10 倍；
- 时程波对应的加速度反应谱在结构各周期点上与规范反应谱相差不超过 20%。

基于上述条件，选用了三组三向地震波对本工程进行弹塑性动力时程分析，包括两组自然波一组人工波，主方向峰值加速度根据设防烈度取为 220gal，主方向、次方向与竖向的峰值加速度比值为 1∶0.85∶0.65。限于篇幅，本章主要对人工波结果进行讨论，其中人工波的主方向加速度时程以及地震波加速度谱与设计谱的比较分别如图 12.3.2 和图 12.3.3 所示。

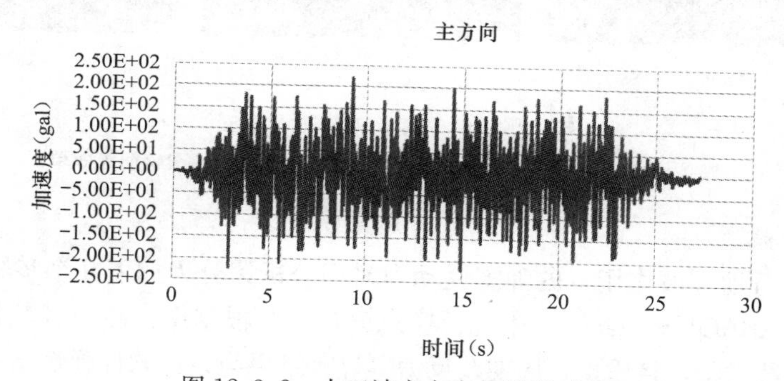

图 12.3.2　人工波主方向加速度时程

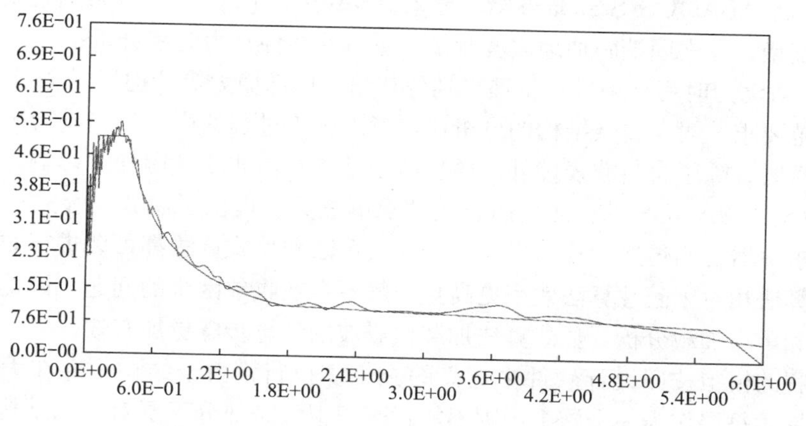

图 12.3.3　人工波加速度谱与设计谱的比较

（6）结构整体分析模型

整体计算模型中共包含单元 153867 个，其中包括原始构件形成的单元 137486 个，混凝土杆件中钢筋及型钢形成的单元 7823 个，边缘构件形成的单元 8558 个。图 12.3.4 所示为 ABAQUS 整体计算模型图。

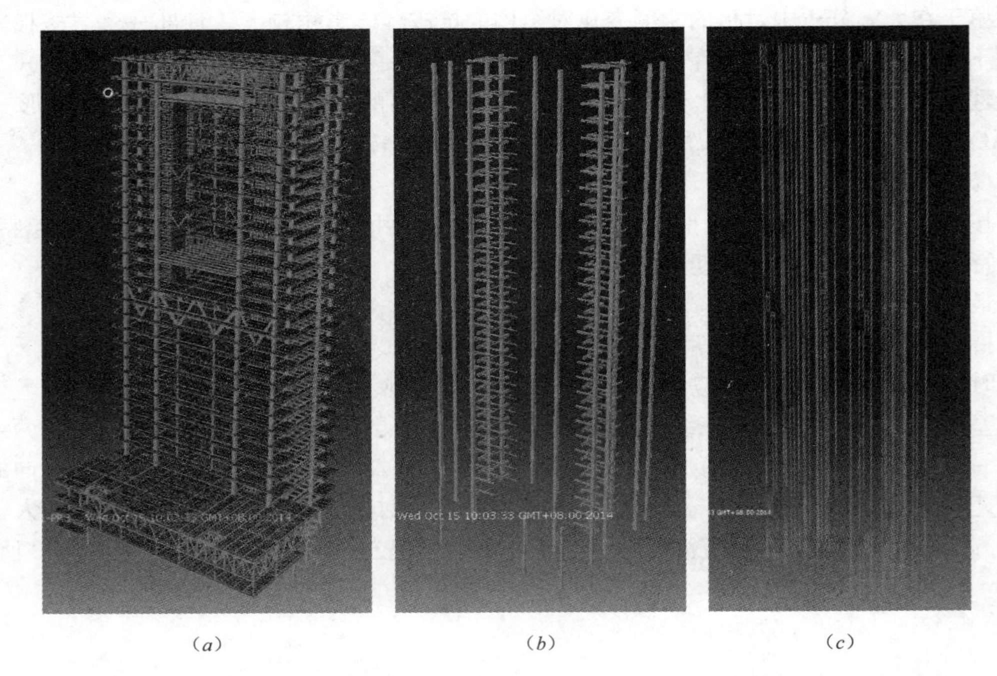

（a）　　（b）　　（c）

图 12.3.4　ABAQUS 计算模型

（a）整体模型；（b）杆件钢材等效单元；（c）边缘构件墙梁钢筋等效单元

（7）分析步骤

对该结构进行地震波作用下的弹塑性动力时程分析，分为如下几个步骤：

步骤 1：在 ABAQUS/Standard 中进行模态分析，并根据用户在设计软件中定义的施工次序完成重力加载过程，将质量、周期及反力等计算结果与设计软件弹性结果进行校对；

步骤 2：将 ABAQUS/Standard 结果导入 ABAQUS/Explicit，并将约束条件从位移型修改为加速度型，在嵌固端施加地震波激励，进行非线性动力时程分析；

步骤 3：对动力时程结果进行整理得到位移角及底部剪力等结构指标。

根据规范要求，对于复杂结构的分析应该考虑施工过程的影响，当进行罕遇地震作用下的变形验算时，除了材料非线性外，还宜考虑结构几何非线性因素的影响，以提高计算结果的可靠性。ABAQUS 具有强大的非线性求解能力，提供了隐式与显式两种算法，且允许在两种求解器之间传递计算结果。虽然隐式算法和显式算法都可以进行非线性时程分析，但显式算法相对于隐性算法效率更高且一般不存在收敛困难的问题，因此选择隐式方法实现频率和重力加载分析，显式算法加载地震波的计算步骤更加有效。

施工过程的模拟按照设计软件中定义的施工步执行，由于结构中存在大跨度空间形式，因此如果对每层作为一个施工步则不能正确模拟大跨部分下层对上部结构的影响，因此实际施工过程在大跨部分视需要连同上面数层作为同一施工步，最终设定 15 个施工步。模拟过程中在原始设计位置激活新单元，且将新单元状态设为无初始应变。

材料的非线性定义通过《混凝土结构设计规范》中的混凝土本构可以得到不同混凝土强度等级的单轴骨架曲线及损伤发展，结合 ABAQUS 自身的二维本构可以模拟结构中板壳的材料非线性行为。对于结构中的杆件采用了自行研发的用户子程序〔隐式及显式〕。分析全过程中考虑材料非线性，其中材料非线性行为通过本构方程的状态变量实现在各分析步之间的传递。

几何非线性通过参数设置，在初始分析步即打开，并贯穿整个分析过程。

12.3.3 静力分析

静力分析首先是为了校核 ABAQUS 分析模型的质量与刚度是否正确，另外得到的重力作用下应力场是弹塑性动力时程分析的初始条件。

表 12.3.1 为设计软件与 ABAQUS 计算得到的质量和周期信息。由于计算模型与设计软件有差别，因此计算结果会存在差异，主要包括如下几项：

- 两者偏心、归并的处理方式不同；
- 质量施加方式不同；
- 单元及网格划分不同；
- 相对于设计软件，考虑了钢筋的刚度贡献，且钢筋参与质量统计。

质量、周期结果比较　　表 12.3.1

	YJK	ABAQUS
Total Mass (t)	90430.0	92578.4
T1 (s)	3.136	3.136
T2 (s)	2.722	2.736
T3 (s)	2.401	2.310
T4 (s)	0.862	0.860
T5 (s)	0.829	0.814
T6 (s)	0.743	0.751

图 12.3.5 给出了 YJK 与 ABAQUS/Standard 计算得到的前三阶振型图。

虽然上述结果显示，设计软件周期计算结果与 ABAQUS 周期计算结果非常吻合，但实际上两者的计算条件仍然存在较多差异，除了前面给出的纯粹力学模型上的四点主要差异外，由于设计的需要，在设计软件中还会存在许多结构的因素，这些因素在通用有限元的相应计算中一般不会考虑，这包括：

- 梁的刚度放大系数；
- 连梁刚度折减系数；
- 梁、柱端刚域；
- 因为偏心归并等因素引起的构件尺寸及荷载的变化等。

计算显示，钢筋模型的选择对结构的刚度会产生较大的影响，虽然通常梁、柱中纵筋以及墙板中的分布钢筋并不会对周期产生明显影响，但边缘构件钢筋的计算模型则影响较大，在本工程中，结构下部有多个边缘构件的主筋配筋量超过 60000mm^2，边缘构件包含了整个墙肢，其阴影区面积超过 5m^2，在这种情况下如按面积等效为与边缘构件相同外形的型钢截面，其抗弯刚度将远超过同等面积的圆形截面，因此有关边缘构件的计算模型还有待于进一步深入研究。

根据规范要求，地震波作用下的弹塑性动力时程分析应施加重力荷载代表值作为初始条件，图 12.3.6 所示为施工过程的主要施工步结果。

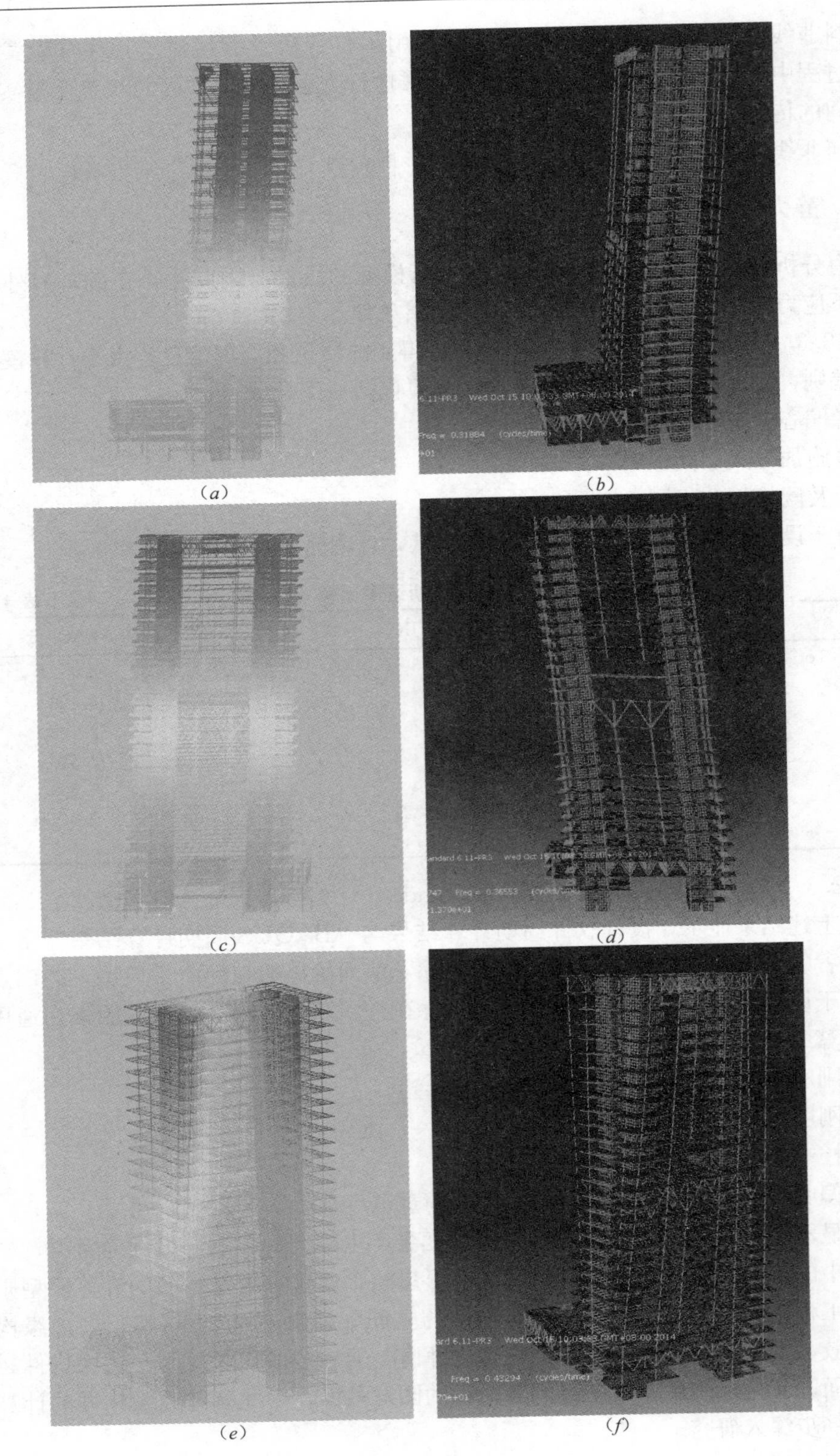

图 12.3.5　结构主要振型图

(*a*) YJK Mode 1；(*b*) ABAQUS Mode 1；(*c*) YJK Mode 2；(*d*) ABAQUS Mode 2；(*e*) YJK Mode 3；(*f*) ABAQUS Mode 3

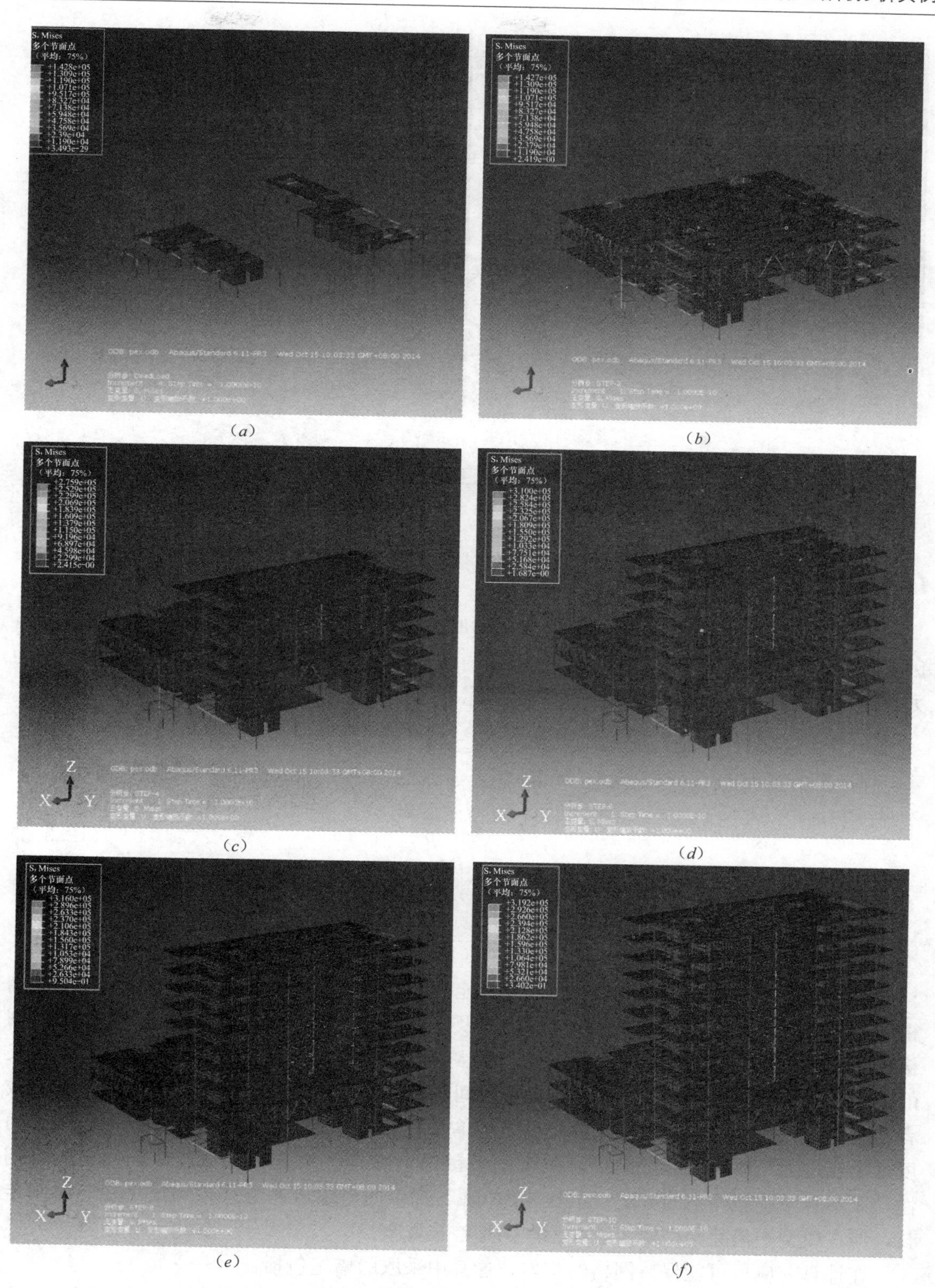

图 12.3.6 结构主要施工阶段（一）

(*a*) Step 1；(*b*) Step 2；(*c*) Step 4；(*d*) Step 6；(*e*) Step 8；(*f*) Step 10

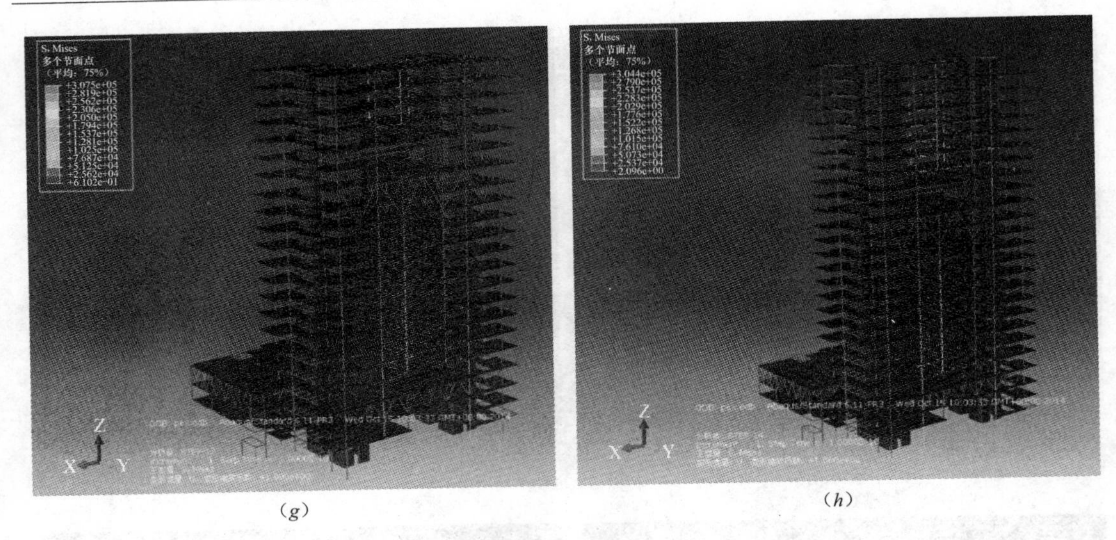

图 12.3.6　结构主要施工阶段（二）

（*g*）Step 12；（*h*）Step 14

12.3.4　非线性动力时程分析

采用 ABAQUS/Explicit 进行弹塑性动力时程分析，由于不需要通过迭代来保证收敛，因此较隐式计算具有更高的效率，但其求解的稳定性依赖时间步长的大小，而时间步长的大小由单元的等效尺寸，以及单元的弹性模量和密度决定，如下式所示：

$$\Delta t \leqslant \frac{L_{\min}}{c_{\mathrm{d}}}$$

$$c_{\mathrm{d}} = \sqrt{\frac{\hat{\lambda} + 2\hat{\mu}}{\rho}} \tag{12.3.3}$$

$$\hat{\lambda} = \frac{E\upsilon}{(1+\upsilon)(1-2\upsilon)}$$

$$\hat{\mu} = \frac{E}{2(1+\upsilon)}$$

根据上式，在显式计算中加密网格有可能会导致最小稳定时间步长降低，但较粗的网格则会影响到计算精度，尤其是构件的内力及损伤时程结果，因此多数情况下采用 1m 网格尺度是合适的。实际上均匀的网格加密虽然会使计算量增大但一般并不会导致稳定步长的减小，这是因为在显式计算中确定最小时间步长的往往只是个别单元，如短梁单元，或者是畸变的壳单元，这种畸变壳单元可能是单元的某个边长过小，也可能是单元的某个角度过小或过大导致，因此提高计算效率的关键是消除这些畸变单元从而保证网格的均匀性，而不宜采用粗网格的方法。虽然 ABAQUS 提供质量缩放的方式控制最小稳定时间步长，但在模型中消除网格畸变诱发因素仍是首选方案。

在计算前应尽可能保持网格的均匀，这其中采取的措施包括：

- 在导入设计软件数据时对模型的合理性进行检查，并对模型中存在短梁、短柱、短墙、短的板边，或者因为开洞引起的短的窗间墙进行检查；

- 为了分割墙柱、墙梁，由洞口向墙边界映射对应剖分结点时，对相邻墙的映射结点进行了优化布置以减小距离较近的点；
- 在网格剖分时，通过算法优化保证单个剖分域内网格的均匀性。

该模型在未处理用户模型中的短梁、短墙等问题时，最小稳定时间步长小于 1.0e^{-5}s，对模型进行调整后最小稳定时间步长为 3.1e^{-5}，计算效率相差 3 倍。

（1）主要位移结果

地震波分析完成后，通过从 ABAQUS 计算结果中提取数据，整理了地震波作用下的楼层平均位移，楼层的位移角包络结果，介绍如下。

表 12.3.2～表 12.3.3 所示为人工波作用下主、次方向的位移指标统计，其中主方向角度为 0°。

主方向楼层最大平均位移和最大位移角汇总　　表 12.3.2

层　号	塔　号	最大平均位移（mm）	最大位移角	最大有害位移角
30	1	258.464	1/320	1/1253
29	1	256.021	1/311	1/3008
28	1	249.538	1/349	1/2609
27	1	242.605	1/376	1/1670
26	1	234.326	1/330	1/4137
25	1	226.913	1/291	1/4486
24	1	218.841	1/313	1/2829
23	1	210.298	1/301	1/2445
22	1	200.579	1/288	1/5354
21	1	191.463	1/300	1/4548
20	1	181.682	1/293	1/2649
19	1	172.064	1/300	1/2669
18	1	162.268	1/301	1/2344
17	1	153.984	1/262	1/967
16	1	147.247	1/489	1/3724
15	1	143.323	1/469	1/844
14	1	138.951	1/288	1/1829
13	1	130.255	1/286	1/2828
12	1	119.999	1/283	1/3423
11	1	108.809	1/278	1/3813
10	1	97.147	1/276	1/4375
9	1	84.681	1/279	1/3958
8	1	72.223	1/282	1/2949
7	1	59.633	1/286	1/2366
6	1	47.049	1/248	1/1650
5	1	35.040	1/268	1/760
4	1	28.700	1/462	1/3161
3	1	24.396	1/336	1/3511
2	1	11.846	1/276	1/1504
1	1	19.243	1/324	1/1127

次方向楼层最大平均位移和最大位移角汇总　　表 12.3.3

层　号	塔　号	最大平均位移（mm）	最大位移角	最大有害位移角
30	1	280.511	1/254	1/8055
29	1	264.384	1/284	1/2522
28	1	255.006	1/305	1/5988
27	1	245.661	1/298	1/3035
26	1	236.732	1/302	1/3793
25	1	226.669	1/284	1/3343
24	1	216.958	1/297	1/4051
23	1	206.292	1/296	1/3419
22	1	195.195	1/305	1/5012
21	1	183.421	1/299	1/4617
20	1	171.511	1/319	1/1477
19	1	159.102	1/288	1/1515
18	1	145.637	1/319	1/4890
17	1	136.502	1/300	1/4525
16	1	126.934	1/326	1/5833
15	1	115.325	1/330	1/4626
14	1	105.093	1/350	1/4406
13	1	96.203	1/373	1/3890
12	1	86.965	1/392	1/3903
11	1	77.396	1/406	1/4025
10	1	68.083	1/412	1/4169
9	1	58.876	1/416	1/4022
8	1	49.806	1/433	1/3707
7	1	40.779	1/443	1/3842
6	1	32.015	1/400	1/2207
5	1	24.099	1/319	1/987
4	1	9.436	1/345	1/2669
3	1	8.632	1/311	1/3207
2	1	4.540	1/393	1/2150
1	1	14.899	1/151	1/2166

图 12.3.7、图 12.3.8 所示为结构顶部位移时程。

图 12.3.9 和图 12.3.10 分别给出了结构主次两个方向的位移角包络和平均层间位移包络。从图中结果可以看出，结构两个方向的最大位移角均可以满足规范要求，但在 x 作为主方向的情况下，实际上 y 向的最大位移角要明显大于 x 向，但楼层平均层间位移包络显示仍然是 x 向最大层间位移大于 y 向最大层间位移。这是由于位移角为楼层内每个构件的位移角的最大值，与平均层间位移不同，当楼层内竖向构件存在不均匀侧移时，如跃层、错层构件或其他侧向约束较弱情况，个别竖向构件的上下两端位移差会明显大于平均水平。因此可以看出位移角是一个更加严格的标准，它约束的不仅仅是一个变形的幅值，同时也对结构刚度的均匀性和变形的一致性提出了要求，诸如跃层、大跨之类结构形式在

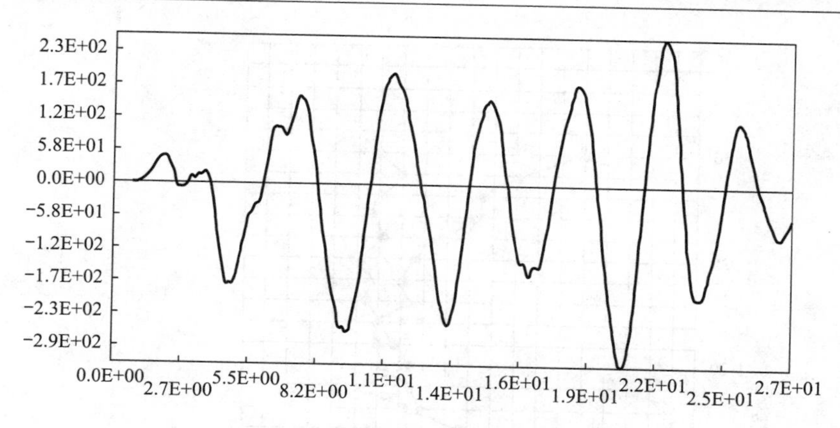

图 12.3.7　结构顶部主方向位移时程

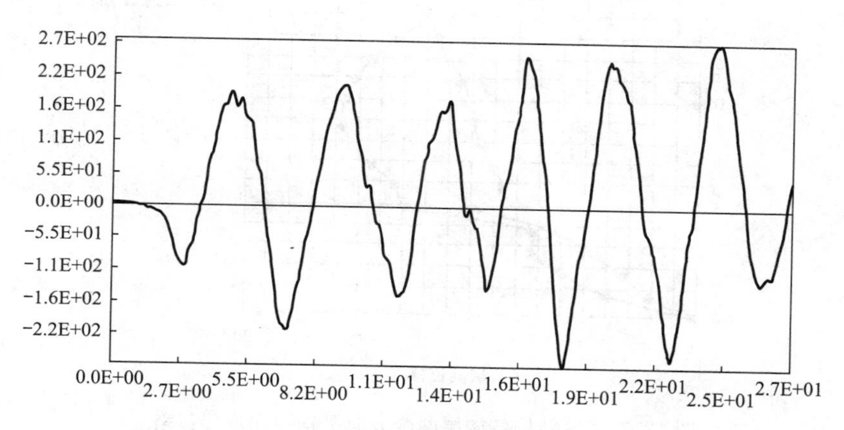

图 12.3.8　结构顶部次方向位移时程

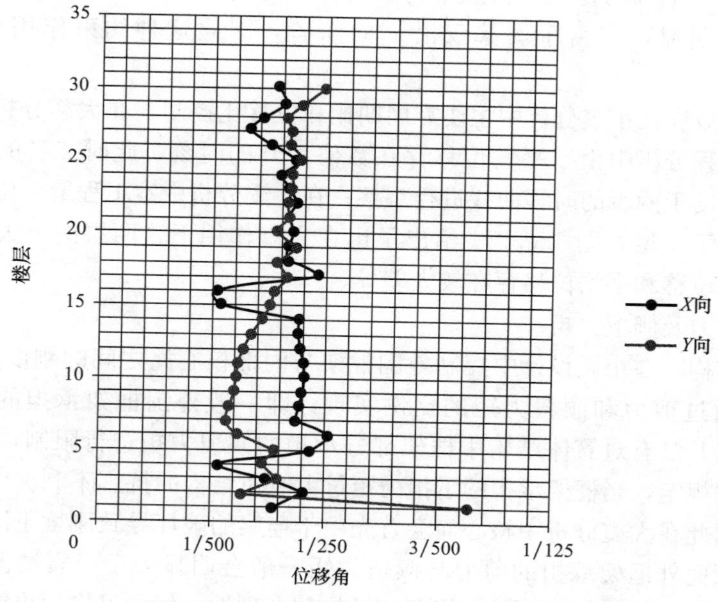

图 12.3.9　结构两个方向的位移角包络

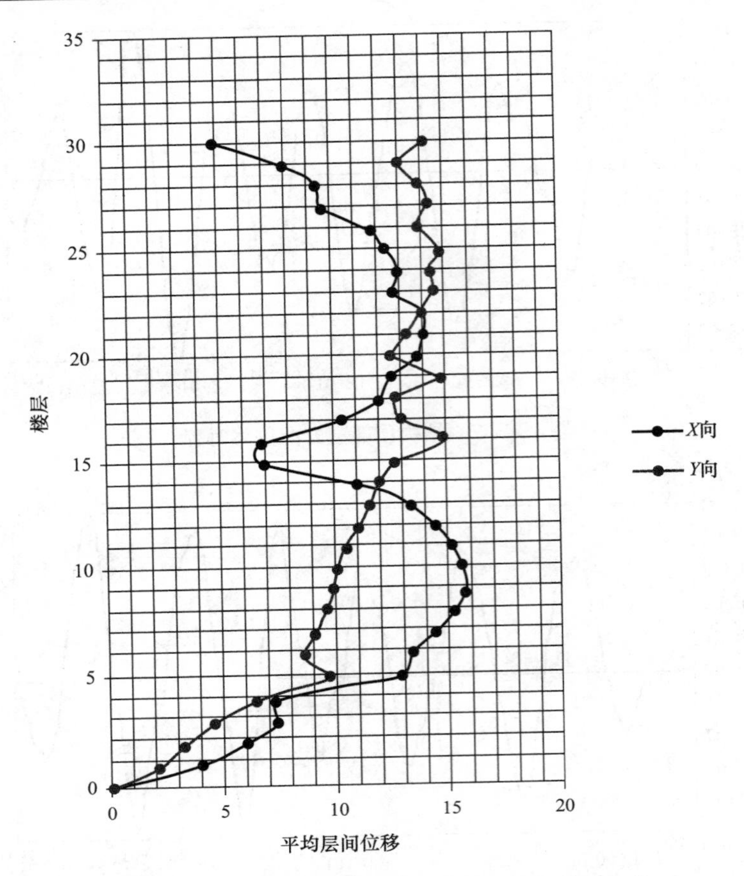

图 12.3.10　结构各楼层两个方向平均层间位移包络

大震作用下显然是不利的。此外，从平均层间位移的变化可以看出，结构中部的加强层对变形约束作用明显，但由于斜撑仅沿 x 向布置，因此这种约束作用也仅在 x 向有体现。

结构的扭转效应在小震分析中主要靠周期比和位移比控制，在大震分析中并不需要严格控制，且在时程分析中由于平均位移存在数值为 0 的时刻，此时二者的比值不再有意义，因此只能借助于两者的时程曲线进行观察。在小震分析中本工程最大位移比 x 向发生在底层，其次是第二层，图 12.3.11 给出了出在大震作用下这两层的最大位移与平均位移，显然其最大位移和平均位移存在较大差异。

（2）地震剪力及倾覆力矩

对于筒体结构，在小震设计中控制外围框架与内部核心筒之间的刚度具有重要意义，这种控制主要通过剪力和倾覆力矩的比例实现，即一般外围框架承担的剪力不宜小于10%，虽然规范并没有对筒体结构中框架部分承担的倾覆力矩进行限制，但参照框架-剪力墙结构的相关规定，当框架承担的承担力矩过大时对结构的抗震不利。由于核心筒的刚度一般较大，因此在大震分析中核心筒会首先由于连梁的破坏导致刚度下降，从而荷载向外框架转移，因此外框架承担的剪力与倾覆力矩一般会明显大于小震情况。在这种情况下，这些比例虽然不宜再作为硬性指标考察结构的合理性，但仍可作为重要参考指标。

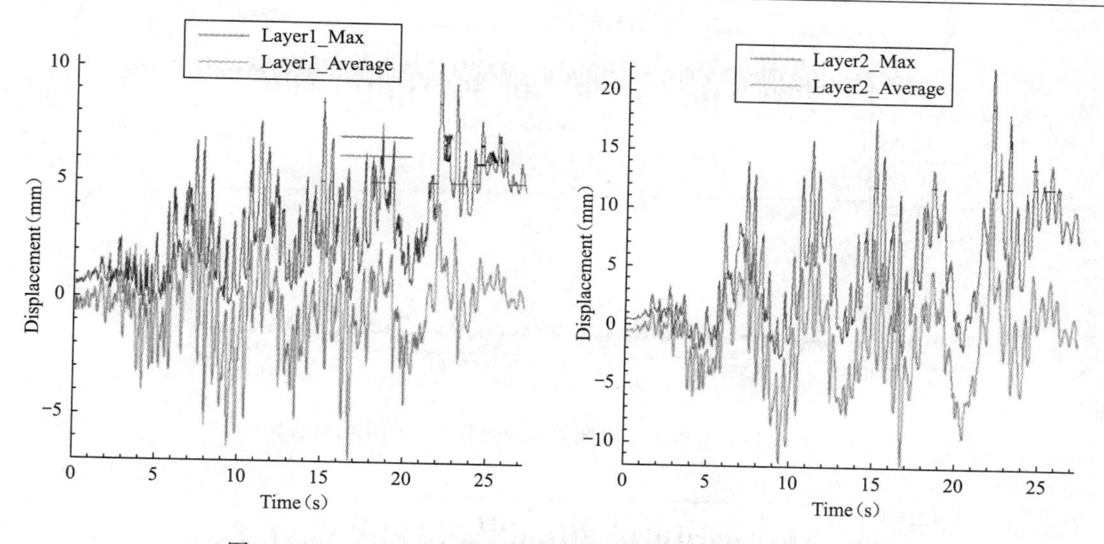

图 12.3.11　底层和二层的楼层最大位移时程与平均位移时程

图 12.3.12～图 12.3.17 所示为结构底部为主的各楼层总剪力、框架或框支框架部分承担剪力与总剪力之间的关系，各层框架或者框支框架承担的倾覆力矩与总倾覆力矩之间

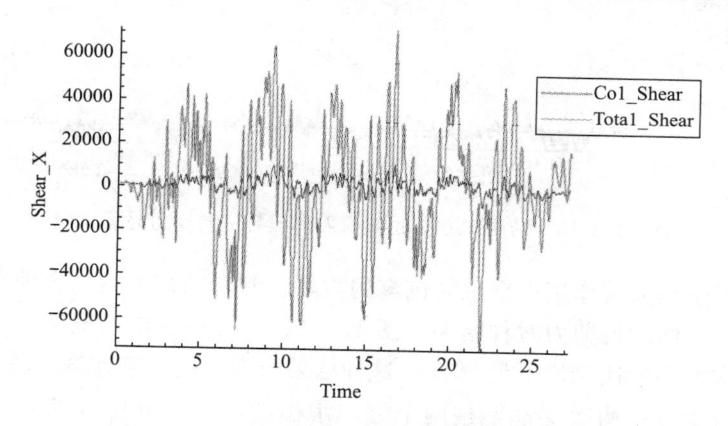

图 12.3.12　结构主方向底部框架柱剪力与总剪力比较

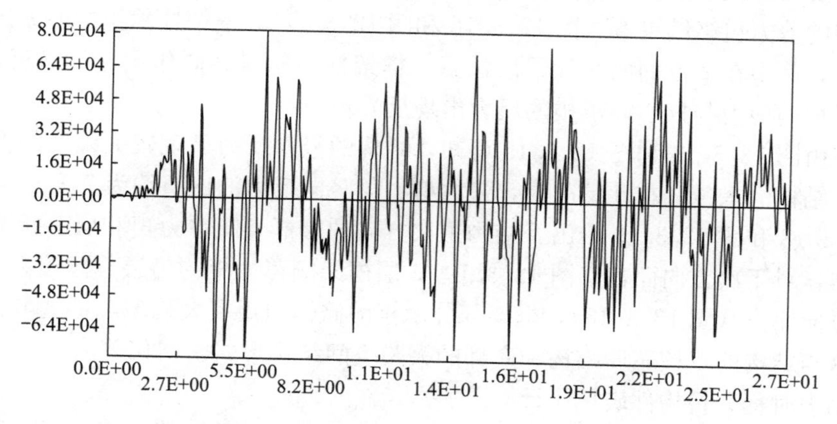

图 12.3.13　结构次方向底部剪力时程

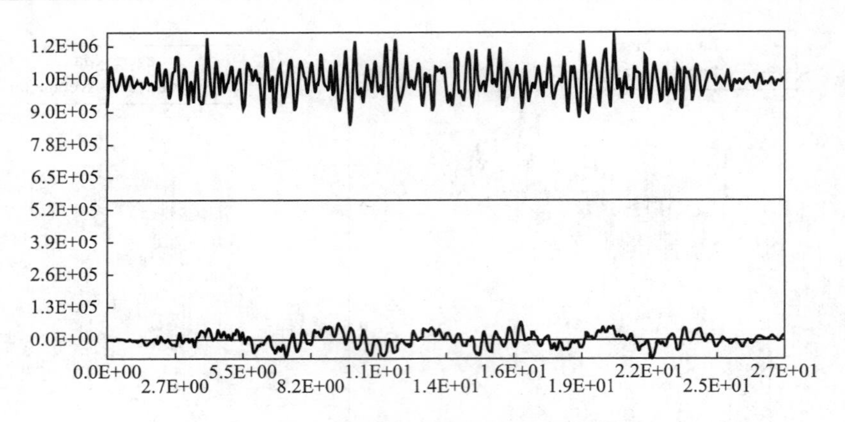

图 12.3.14　结构主方向底部剪力时程与竖向反力时程比较

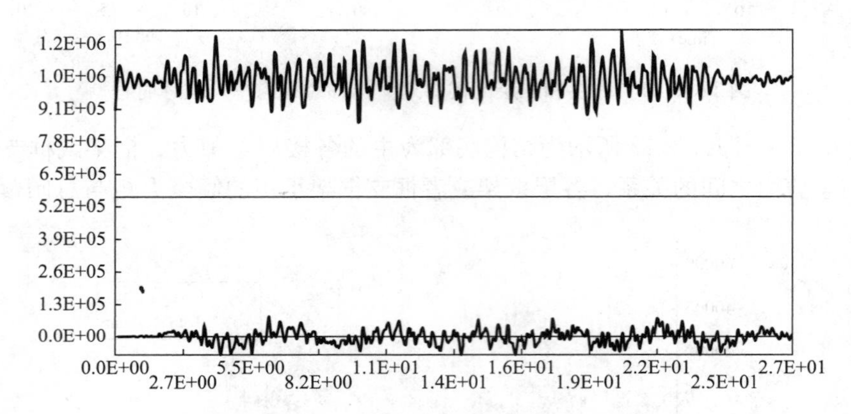

图 12.3.15　结构次方向底部剪力时程与竖向反力时程比较

等关系。用以考察在大震作用下框架对抗震的贡献，判断结构方案的合理性。

从主方向的嵌固端处剪力时程结果（图 12.3.12）可以看出，框架部分承担的比例较低，主方向与次方向的比例均不足 20%，这种结果与弹性反应谱计算方法的性质相同，在弹性反应谱分析中，结构底层框架柱两个方向承担的剪力百分比分别为（8%和 5.2%），这在一定程度上反映了核心筒的刚度要明显大于外框刚度。

从各层的剪力包络结果看（图 12.3.16 和图 12.3.17），框架柱承担的剪力比例从下往上逐步增加，其中在下方的两个加强层位置，框架柱与斜撑共同作用导致刚度出现突变，外围框架承担的剪力与核心筒承担的反力出现反号现象。

另外，由图 12.3.14 和图 12.3.15 可知，结构的竖向反力呈现较大幅度的振荡，但振幅仍远小于结构的重量，在此情况下，最大剪力与竖向反力的比值约为 7%～8%。

图 12.3.18 和图 12.3.19 给出了结构主次方向的层框架倾覆力矩和层总倾覆力矩时程曲线，显然，对于次方向而言（图 12.3.19），层框架倾覆力矩约为层总倾覆力矩的 50%，而对于主方向而言（图 12.3.18），框架部分承担的倾覆力矩要大得多，且基本上全程维持为负值，这与结构的双核芯筒结构和底部的大跨空间结构形式密切相关。

（3）动力时程分析构件破坏统计

除了关于结构的宏观指标外，基于混凝土的损伤发展以及钢筋型钢的塑性发展，对构

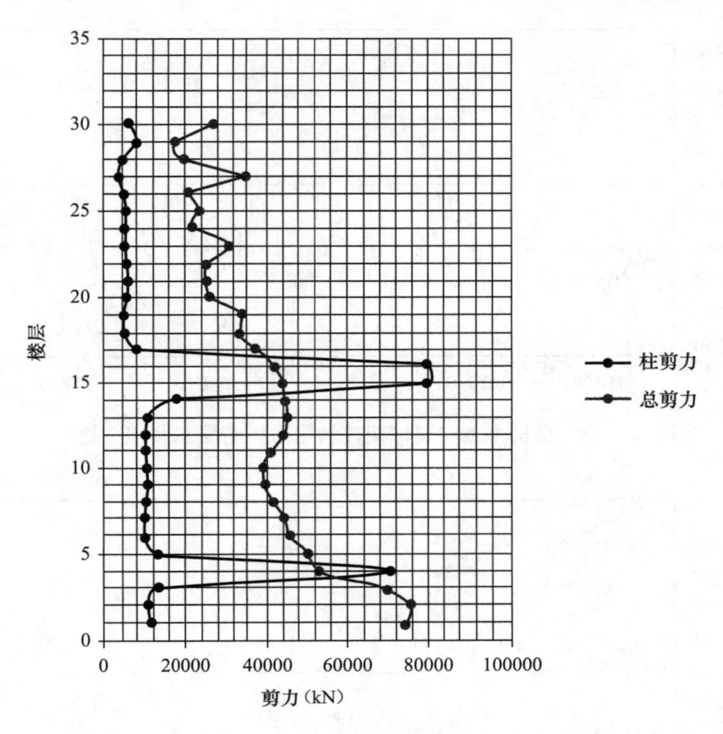

图 12.3.16　结构主方向层框架柱剪力与层总剪力包络

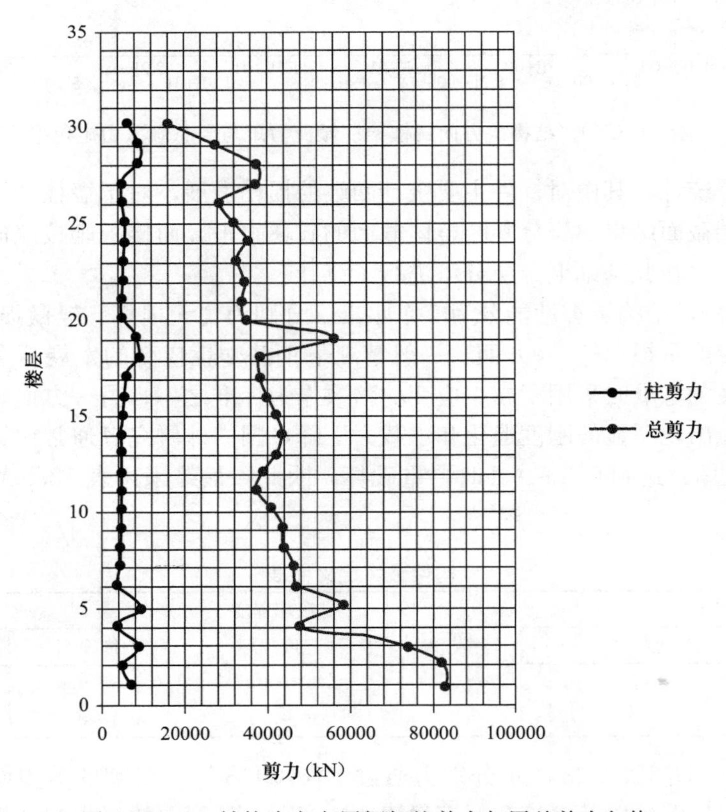

图 12.3.17　结构次方向层框架柱剪力与层总剪力包络

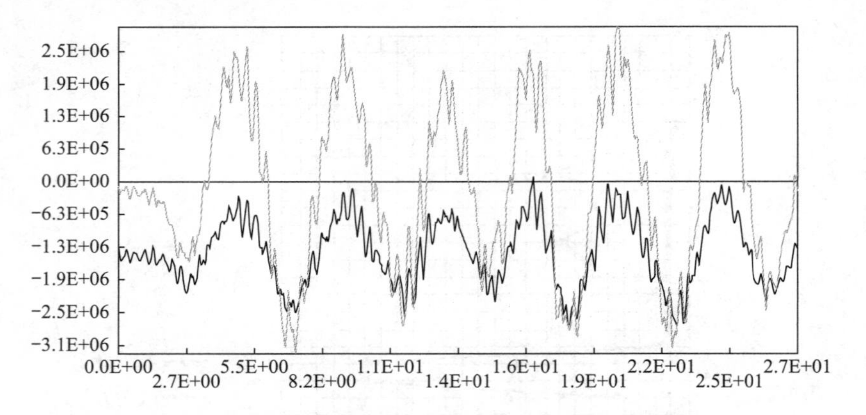

图 12.3.18　结构主方向层框架柱倾覆力矩与层总倾覆力矩包络

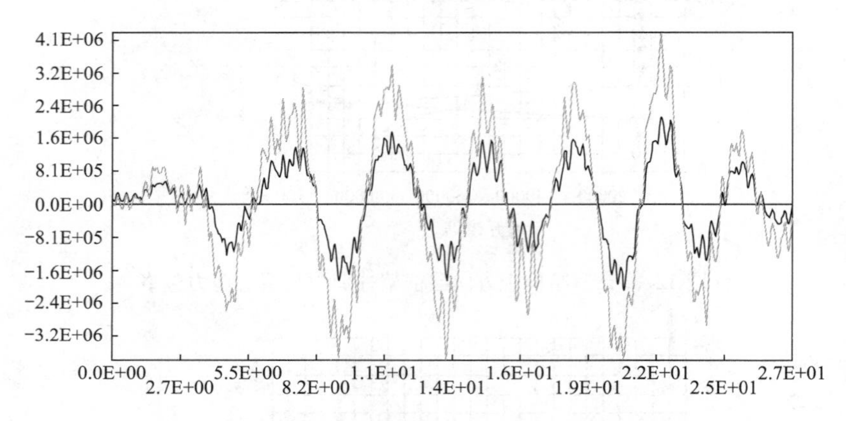

图 12.3.19　结构次方向层框架柱倾覆力矩与层总倾覆力矩包络

件的破坏进行了统计，其中对杆件主要统计两端的损伤发展，对于墙柱和墙梁分别通过对上下和左右两端截面结果的积分判断整体截面的破坏水平，而楼板则按照面积积分的原则判断破坏水平。并在此基础上分层分塔进行了统计。

按照《高规》，结构抗震性能分为5个水准，分别为“无损坏、轻微损坏、轻度损坏、中度损坏、比较严重损坏”。一方面，一般情况下钢筋塑性应变的发展不会明显降低构件的强度，在定义各水准时采用了屈服应变的倍数作为标准之一；另一方面，混凝土一旦出现受压损伤则会出现明显的刚度退化和承载力下降，国内外研究者通常认为受压损伤超过0.1时为中度破坏，达到0.3～0.8时严重破坏，因此，最终采用表12.3.4作为构件破坏判断标准。

构件破坏定义标准　　**表 12.3.4**

材料指标	破坏程度				
	无损坏	轻微损坏	轻度损坏	中度损坏	严重损坏
钢材塑性应变	好	0～0.004	0.004～0.008	0.008～0.012	>0.012
混凝土受压损伤	—	—	0～0.1	0.1～0.3	>0.3

图12.3.20～图12.3.23所示分别为通过ABAQUS计算得到的剪力墙、混凝土框架和楼板的受压损伤图，以及钢筋和型钢的塑性应变图。从图中的损伤与塑性应变结果可以

看出，结构的整体破坏水平较低，其中连梁整体上呈现出严重破坏，部分框架梁发生严重破坏，墙柱以及框架柱的破坏程度较轻，相对而言加强层位置墙柱的破坏更加明显，楼板在部分位置发生严重破坏，型钢梁以及柱中的型钢塑性基本处于中度破坏水平以下。

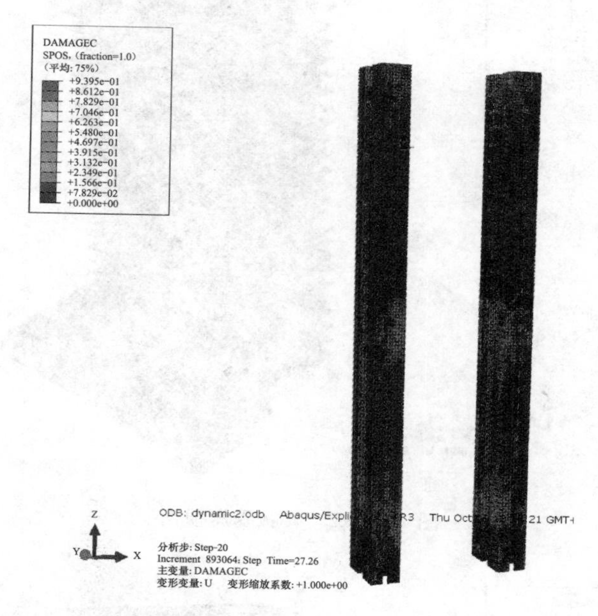

图 12.3.20　剪力墙受压损伤

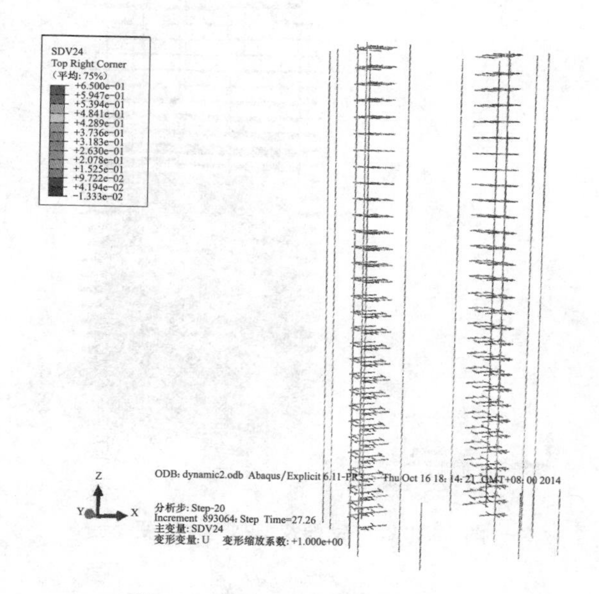

图 12.3.21　混凝土框架受压损伤

根据表 12.3.4 所示构件判断标准对结构中每个构件的破坏等级进行定义并分层统计，其结果如表 12.3.5 所示。由表可知：按照指定的破坏标准发生严重破坏的构件处于较低的水平，除连梁外，其他大多处于中度破坏以下，这与损伤与塑性应变的云图相吻合。

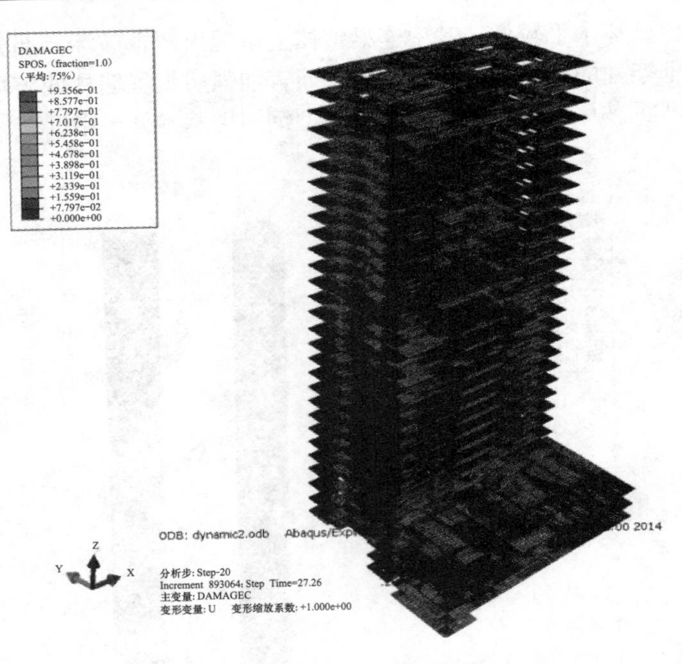

图 12.3.22　楼板受压损伤

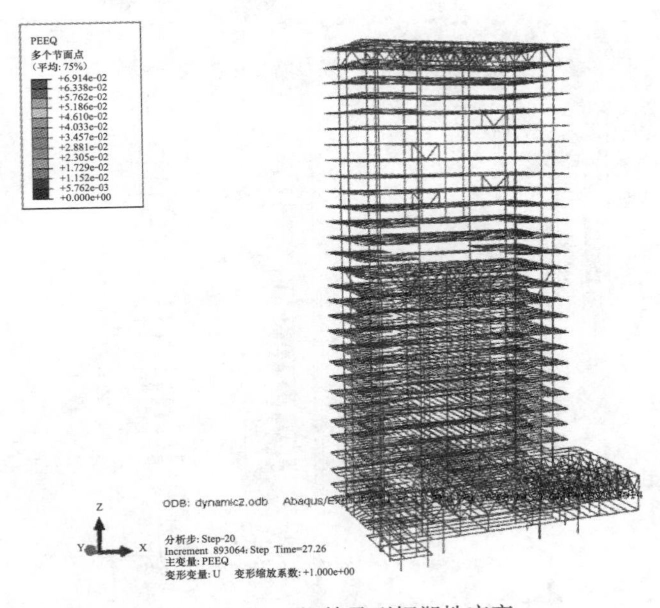

图 12.3.23　钢筋及型钢塑性应变

人工波作用下构件破坏统计　　　**表 12.3.5**

层　号	塔　号	构件类型	总　数	轻微损坏	轻度损坏	中度损坏	严重损坏
30	1	梁	310	40	40	12	6
		柱	12	0	12	0	0
		撑	30	4	0	0	2

续表

层号	塔号	构件类型	总数	轻微损坏	轻度损坏	中度损坏	严重损坏
30	1	墙柱	27	0	3	10	14
		墙梁	13	2	0	2	9
		板	120	0	17	63	40
29	1	梁	283	28	31	18	8
		柱	16	3	12	0	0
		墙柱	27	0	4	16	7
		墙梁	13	2	0	2	7
		板	104	0	21	55	28
28	1	梁	277	28	26	21	3
		柱	16	4	12	0	0
		墙柱	27	0	6	16	5
		墙梁	11	2	0	0	9
		板	109	0	42	55	12
27	1	梁	239	43	28	25	4
		柱	16	4	12	0	0
		墙柱	27	0	8	13	6
		墙梁	11	2	0	3	6
		板	86	0	28	43	15
26	1	梁	254	28	29	21	4
		柱	16	4	12	0	0
		墙柱	27	0	13	11	3
		墙梁	11	0	2	0	9
		板	94	0	43	41	10
25	1	梁	254	29	27	22	1
		柱	16	2	12	0	0
		墙柱	27	0	13	5	9
		墙梁	11	0	0	2	9
		板	94	0	56	35	3
24	1	梁	254	26	31	21	2
		柱	16	4	12	0	0
		墙柱	27	0	13	5	9
		墙梁	11	0	0	0	11
		板	94	0	52	37	5
23	1	梁	254	26	28	22	2
		柱	16	2	12	0	0
		墙柱	27	0	12	8	7
		墙梁	11	0	0	0	11
		板	94	0	53	37	4
22	1	梁	254	35	31	26	0
		柱	16	4	12	0	0
		墙柱	27	0	13	4	10
		墙梁	11	0	0	0	11
		板	94	0	52	37	5

续表

层　号	塔　号	构件类型	总　数	轻微损坏	轻度损坏	中度损坏	严重损坏
21	1	梁	263	36	34	24	1
		柱	16	4	12	0	0
		墙柱	27	0	12	5	10
		墙梁	11	0	0	0	11
		板	97	0	39	51	7
20	1	梁	254	37	40	17	0
		柱	16	0	14	0	2
		墙柱	27	0	12	5	10
		墙梁	11	0	0	0	11
		板	94	0	46	42	6
19	1	梁	247	41	40	16	0
		柱	12	0	9	3	0
		墙柱	27	0	5	13	9
		墙梁	11	0	0	0	11
		板	91	0	41	45	5
18	1	梁	269	15	41	12	0
		柱	12	0	10	2	0
		墙柱	27	0	6	8	13
		墙梁	13	0	0	0	13
		板	111	0	68	39	4
17	1	梁	221	20	38	10	2
		柱	12	0	10	2	0
		墙柱	27	0	6	11	10
		墙梁	11	0	2	0	9
		板	77	0	42	34	1
16	1	梁	350	19	39	9	2
		柱	12	0	11	1	0
		撑	32	3	0	0	0
		墙柱	27	0	3	11	13
		墙梁	13	2	0	4	7
		板	126	0	75	46	5
15	1	梁	348	2	37	11	2
		柱	12	0	12	0	0
		撑	32	6	0	0	0
		墙柱	27	0	3	11	13
		墙梁	11	2	0	2	7
		板	126	0	93	31	2
14	1	梁	316	3	38	10	2
		柱	20	4	8	4	0
		墙柱	27	0	3	12	12
		墙梁	11	0	0	2	9
		板	120	0	52	61	7

续表

层　号	塔　号	构件类型	总　数	轻微损坏	轻度损坏	中度损坏	严重损坏
13	1	梁	270	4	39	11	0
		柱	20	0	11	1	0
		墙柱	27	0	3	12	12
		墙梁	11	0	0	0	11
		板	98	0	65	31	2
12	1	梁	270	7	37	13	0
		柱	20	2	10	2	0
		墙柱	27	0	6	10	11
		墙梁	0	0	0	0	11
		板	98	0	67	29	2
11	1	梁	270	13	35	15	0
		柱	20	4	10	2	0
		墙柱	27	0	6	11	10
		墙梁	11	0	0	0	11
		板	98	0	67	29	2
10	1	梁	270	14	36	14	0
		柱	20	4	9	3	0
		墙柱	27	0	5	12	10
		墙梁	11	0	0	0	11
		板	98	0	68	28	2
9	1	梁	270	15	37	12	1
		柱	20	4	7	5	0
		墙柱	27	0	4	12	11
		墙梁	11	0	0	0	11
		板	98	0	67	29	2
8	1	梁	270	15	40	14	1
		柱	20	5	5	7	0
		墙柱	27	0	1	16	10
		墙梁	0	0	0	0	11
		板	98	0	65	31	2
7	1	梁	270	16	42	14	1
		柱	20	6	4	9	0
		墙柱	27	0	0	16	11
		墙梁	11	0	0	0	11
		板	98	0	63	33	2
6	1	梁	270	24	41	15	5
		柱	20	4	2	10	4
		墙柱	27	0	0	15	12
		墙梁	11	0	0	0	11
		板	98	0	52	41	5
5	1	梁	270	28	41	15	6
		柱	12	0	0	11	1
		墙柱	27	0	0	11	16

续表

层 号	塔 号	构件类型	总 数	轻微损坏	轻度损坏	中度损坏	严重损坏
5	1	墙梁	0	0	0	0	11
		板	98	0	46	49	3
4	1	梁	584	29	33	15	2
		柱	22	0	3	12	0
		撑	112	0	0	0	0
		墙柱	27	0	0	7	20
		墙梁	13	0	0	1	13
		板	182	0	58	114	10
3	1	梁	524	19	34	14	2
		柱	22	0	14	1	0
		墙柱	27	0	7	12	8
		墙梁	12	0	0	0	12
		板	182	0	57	110	15
2	1	梁	342	27	37	13	3
		柱	22	0	15	0	0
		墙柱	27	0	9	10	8
		墙梁	13	0	0	0	13
		板	115	0	39	56	20
1	1	梁	185	28	26	11	22
		柱	26	3	16	1	0
		墙柱	25	0	7	12	6
		墙梁	10	0	0	0	10
		板	40	0	15	16	9

人工波作用下受压损伤最严重构件 **表 12.3.6**

层 号	构 件	构件1	构件2	构件3	构件4	构件5
1	梁	87/0.227	86/0.188	91/0.185	85/0.144	159/0.118
	柱	17/0.125	15/0.091	20/0.086	12/0.080	5/0.080
	墙柱	21/0.480	12/0.409	25/0.356	8/0.341	24/0.336
	墙梁	9/0.949	6/0.939	5/0.939	7/0.935	4/0.905
	板	3/0.826	27/0.800	32/0.760	19/0.734	26/0.726
2	梁	117/0.316	121/0.271	320/0.136	105/0.131	109/0.122
	柱	16/0.089	6/0.066	12/0.065	15/0.057	14/0.050
	墙柱	23/0.481	15/0.418	12/0.391	22/0.349	25/0.338
	墙梁	11/0.939	9/0.939	10/0.939	7/0.939	6/0.446
	板	56/0.859	53/0.849	45/0.828	114/0.827	3/0.822
3	梁	120/0.368	124/0.326	112/0.194	115/0.190	119/0.183
	柱	16/0.129	12/0.076	14/0.073	15/0.072	13/0.068
	墙柱	25/0.493	23/0.464	15/0.443	5/0.411	21/0.385
	墙梁	9/0.939	10/0.939	8/0.939	6/0.903	1/0.447
	板	47/0.785	128/0.747	104/0.738	156/0.713	29/0.711

续表

层号	构件	构件 1	构件 2	构件 3	构件 4	构件 5
4	梁	119/0.373	115/0.373	506/0.232	114/0.191	113/0.190
	柱	12/0.224	15/0.217	6/0.195	14/0.188	11/0.171
	墙柱	25/0.620	23/0.585	15/0.580	5/0.540	17/0.533
	墙梁	11/0.971	9/0.936	7/0.930	4/0.600	6/0.587
	板	47/0.868	58/0.714	56/0.698	57/0.697	180/0.693
5	梁	243/0.345	239/0.331	237/0.297	234/0.209	235/0.206
	柱	6/0.335	8/0.272	7/0.264	5/0.229	3/0.195
	墙柱	23/0.598	15/0.523	5/0.509	12/0.434	17/0.422
	墙梁	8/0.936	2/0.936	10/0.936	11/0.936	6/0.936
	板	45/0.782	81/0.775	41/0.762	34/0.659	58/0.654
6	梁	239/0.300	243/0.294	237/0.238	235/0.208	250/0.163
	柱	6/0.175	3/0.169	16/0.155	15/0.134	18/0.133
	墙柱	23/0.593	15/0.502	5/0.501	21/0.417	17/0.415
	墙梁	2/0.936	11/0.936	6/0.936	10/0.936	8/0.936
	板	45/0.781	81/0.728	41/0.723	62/0.672	34/0.670
7	梁	243/0.315	239/0.285	235/0.208	237/0.199	249/0.170
	柱	6/0.161	3/0.158	16/0.144	18/0.128	4/0.123
	墙柱	23/0.607	15/0.483	5/0.481	17/0.392	21/0.388
	墙梁	2/0.936	10/0.936	6/0.936	11/0.936	8/0.936
	板	45/0.762	41/0.730	81/0.720	34/0.648	62/0.640
8	梁	243/0.304	239/0.278	235/0.203	237/0.201	249/0.184
	柱	3/0.147	6/0.147	16/0.130	18/0.118	4/0.114
	墙柱	23/0.617	15/0.473	5/0.471	17/0.382	21/0.376
	墙梁	11/0.936	10/0.936	2/0.936	8/0.936	6/0.936
	板	45/0.771	41/0.716	34/0.671	62/0.631	81/0.618
9	梁	243/0.303	239/0.253	235/0.204	249/0.194	237/0.184
	柱	3/0.135	6/0.134	16/0.116	18/0.108	4/0.105
	墙柱	23/0.613	15/0.483	5/0.477	17/0.390	21/0.383
	墙梁	8/0.936	2/0.936	10/0.936	11/0.936	6/0.936
	板	45/0.752	41/0.718	81/0.634	34/0.623	62/0.621
10	梁	243/0.294	239/0.268	235/0.194	249/0.194	237/0.186
	柱	3/0.124	6/0.121	16/0.105	18/0.098	4/0.096
	墙柱	23/0.601	15/0.474	5/0.455	17/0.382	21/0.366
	墙梁	2/0.936	6/0.936	11/0.936	10/0.936	8/0.936
	板	45/0.747	41/0.711	81/0.653	62/0.616	27/0.573
11	梁	239/0.291	243/0.283	249/0.190	237/0.180	235/0.178
	柱	3/0.116	6/0.111	16/0.097	18/0.090	4/0.087
	墙柱	23/0.613	15/0.477	5/0.450	17/0.389	21/0.372
	墙梁	8/0.936	11/0.936	2/0.936	10/0.936	6/0.936
	板	45/0.730	41/0.698	81/0.662	62/0.638	27/0.557
12	梁	243/0.277	239/0.266	249/0.165	250/0.162	237/0.157
	柱	3/0.109	6/0.101	16/0.088	18/0.082	4/0.079

续表

层号	构件	构件1	构件2	构件3	构件4	构件5
12	墙柱	23/0.604	15/0.480	5/0.444	17/0.412	21/0.387
	墙梁	2/0.936	8/0.936	10/0.936	11/0.936	6/0.936
	板	45/0.731	41/0.703	81/0.607	79/0.587	27/0.576
13	梁	243/0.282	239/0.267	235/0.141	261/0.135	265/0.128
	柱	3/0.101	6/0.090	16/0.081	2/0.077	18/0.076
	墙柱	23/0.608	15/0.501	5/0.460	17/0.434	21/0.421
	墙梁	2/0.936	10/0.936	11/0.936	6/0.936	8/0.936
	板	81/0.732	45/0.717	41/0.692	62/0.594	29/0.593
14	梁	215/0.307	211/0.301	251/0.180	263/0.160	206/0.159
	柱	6/0.129	16/0.119	5/0.108	15/0.104	3/0.098
	墙柱	23/0.550	5/0.512	15/0.509	25/0.479	21/0.468
	墙梁	11/0.936	6/0.936	2/0.918	8/0.862	10/0.798
	板	103/0.722	27/0.721	82/0.659	29/0.658	80/0.653
15	梁	211/0.391	215/0.342	209/0.198	210/0.179	283/0.177
	柱	6/0.096	8/0.093	3/0.088	2/0.082	4/0.075
	墙柱	23/0.594	20/0.566	19/0.540	15/0.523	5/0.504
	墙梁	8/0.936	6/0.810	7/0.549	3/0.515	1/0.503
	板	35/0.701	97/0.672	53/0.669	16/0.663	28/0.630
16	梁	211/0.402	215/0.369	285/0.291	286/0.266	210/0.150
	柱	3/0.114	2/0.096	6/0.081	10/0.076	8/0.072
	墙柱	21/0.582	20/0.577	23/0.573	5/0.570	15/0.544
	墙梁	8/0.868	6/0.760	10/0.712	7/0.708	2/0.550
	板	59/0.757	53/0.750	16/0.692	33/0.691	35/0.687
17	梁	166/0.340	170/0.319	161/0.162	164/0.136	162/0.133
	柱	3/0.123	6/0.109	2/0.093	8/0.088	10/0.085
	墙柱	23/0.541	15/0.454	5/0.442	21/0.436	25/0.394
	墙梁	11/0.936	2/0.936	10/0.936	6/0.933	8/0.841
	板	33/0.767	34/0.688	48/0.646	52/0.639	60/0.629
18	梁	162/0.295	166/0.236	161/0.194	158/0.183	160/0.176
	柱	3/0.116	8/0.100	6/0.100	2/0.099	10/0.089
	墙柱	22/0.571	5/0.428	19/0.372	25/0.369	23/0.364
	墙梁	11/0.936	13/0.936	2/0.936	12/0.936	1/0.936
	板	52/0.764	66/0.712	51/0.683	28/0.648	81/0.612
19	梁	212/0.268	216/0.255	210/0.157	208/0.155	207/0.137
	柱	3/0.147	2/0.111	10/0.110	6/0.088	8/0.087
	墙柱	23/0.560	5/0.471	15/0.463	21/0.340	12/0.333
	墙梁	2/0.936	11/0.936	6/0.936	10/0.936	8/0.936
	板	46/0.825	33/0.700	74/0.694	39/0.679	57/0.664
20	梁	219/0.285	223/0.260	215/0.186	214/0.167	217/0.159
	柱	3/0.091	2/0.074	6/0.061	14/0.059	12/0.055
	墙柱	23/0.545	15/0.458	5/0.453	21/0.343	17/0.325

续表

层 号	构 件	构件 1	构件 2	构件 3	构件 4	构件 5
20	墙梁	8/0.936	11/0.936	2/0.936	6/0.936	10/0.936
	板	49/0.809	77/0.702	33/0.687	40/0.673	65/0.666
21	梁	216/0.313	220/0.259	212/0.183	237/0.153	14/0.151
	柱	3/0.083	2/0.069	6/0.057	14/0.057	12/0.050
	墙柱	23/0.596	15/0.441	5/0.424	18/0.333	21/0.315
	墙梁	8/0.946	6/0.936	2/0.936	11/0.936	10/0.936
	板	49/0.855	80/0.766	40/0.657	33/0.655	61/0.628
22	梁	210/0.270	214/0.257	208/0.180	14/0.175	177/0.171
	柱	3/0.080	2/0.067	14/0.055	6/0.051	12/0.044
	墙柱	23/0.588	15/0.428	5/0.422	12/0.328	17/0.322
	墙梁	11/0.936	8/0.936	6/0.936	2/0.936	10/0.936
	板	46/0.791	77/0.706	39/0.652	65/0.652	33/0.632
23	梁	219/0.309	223/0.275	176/0.186	13/0.181	215/0.176
	柱	3/0.069	2/0.059	14/0.048	6/0.044	12/0.036
	墙柱	23/0.578	15/0.397	5/0.367	25/0.311	1/0.306
	墙梁	8/0.936	2/0.936	10/0.936	6/0.936	11/0.936
	板	49/0.781	77/0.755	16/0.655	60/0.650	65/0.648
24	梁	218/0.339	222/0.293	175/0.194	13/0.188	229/0.184
	柱	3/0.067	2/0.060	14/0.046	6/0.038	15/0.033
	墙柱	23/0.501	15/0.380	5/0.344	25/0.332	18/0.309
	墙梁	11/0.936	10/0.936	2/0.936	6/0.936	8/0.936
	板	49/0.772	77/0.749	28/0.660	40/0.657	65/0.646
25	梁	211/0.319	215/0.271	209/0.242	230/0.195	17/0.192
	柱	3/0.057	2/0.048	14/0.039	6/0.033	12/0.029
	墙柱	23/0.563	5/0.320	25/0.318	15/0.317	21/0.308
	墙梁	8/0.936	2/0.936	11/0.936	10/0.936	6/0.936
	板	46/0.779	33/0.676	28/0.668	39/0.645	77/0.644
26	梁	210/0.347	214/0.295	208/0.229	224/0.201	229/0.198
	柱	3/0.054	2/0.046	14/0.041	15/0.028	6/0.028
	墙柱	23/0.569	12/0.322	25/0.309	21/0.295	22/0.292
	墙梁	2/0.936	10/0.936	8/0.936	11/0.817	6/0.737
	板	46/0.849	33/0.719	50/0.697	75/0.696	39/0.695
27	梁	192/0.351	196/0.288	188/0.235	190/0.206	215/0.203
	柱	3/0.040	2/0.040	14/0.035	15/0.024	6/0.020
	墙柱	23/0.408	12/0.366	21/0.363	25/0.353	5/0.343
	墙梁	10/0.884	2/0.874	11/0.649	8/0.631	6/0.611
	板	46/0.924	49/0.886	47/0.831	33/0.749	69/0.720
28	梁	192/0.373	196/0.307	268/0.220	188/0.208	253/0.185
	柱	3/0.075	14/0.065	2/0.062	15/0.046	12/0.031
	墙柱	21/0.388	15/0.354	5/0.349	23/0.344	12/0.342
	墙梁	2/0.616	8/0.511	11/0.509	7/0.484	6/0.416
	板	50/0.918	58/0.771	86/0.718	34/0.706	90/0.694

续表

层　号	构　件	构件1	构件2	构件3	构件4	构件5
29	梁	159/0.406	163/0.406	154/0.348	151/0.319	162/0.317
	柱	6/0.071	12/0.064	3/0.057	14/0.052	2/0.043
	墙柱	23/0.403	21/0.377	16/0.373	17/0.355	15/0.337
	墙梁	11/0.693	8/0.640	6/0.520	3/0.505	4/0.456
	板	59/0.893	37/0.887	57/0.827	41/0.708	63/0.702
30	梁	135/0.377	139/0.357	281/0.302	282/0.221	295/0.157
	柱	3/0.074	10/0.072	2/0.070	11/0.066	6/0.021
	墙柱	10/0.439	17/0.409	19/0.409	20/0.397	5/0.379
	墙梁	13/0.700	1/0.619	10/0.509	12/0.485	11/0.474
	板	62/0.932	81/0.809	98/0.800	90/0.800	31/0.787

表12.3.6所示为每层中混凝土受压损伤最严重的构件统计，分别给出构件的层内编号和构件的最大受压损伤值（有关构件中钢材的塑性应变这里不再详细给出）。根据表中构件的破坏统计可以对单构件的破坏时程进行分析，尤其是破坏较为严重的构件。其竖向构件（比如框架柱、墙柱等）可视为结构中的关键构件，由于设计中通常会对结构底部的关键构件进行加强（如控制构件的轴压比），因此在地震波作用下破坏最严重的位置将有可能由此而转移位置。以框架柱为例，本工程中破坏最严重的位置在第5层，其中6号框架柱达到了严重破坏程度，而墙柱则发生在第6层的25号墙柱。图12.3.24给出了5层6号柱和6层25号墙柱的损伤时程，虽然仅凭这两个构件无法判断结构整体的破坏趋势，但从图中结果还是可以明显看出墙柱的破坏速度远高于框架柱，这也与按层统计的结果相吻合。另外，对比5层6号柱的轴力时程（图12.3.25）和受压损伤（图12.3.24）可以看出：约20s处的轴力峰值是使该框架柱发生严重受压损伤破坏的主要原因。

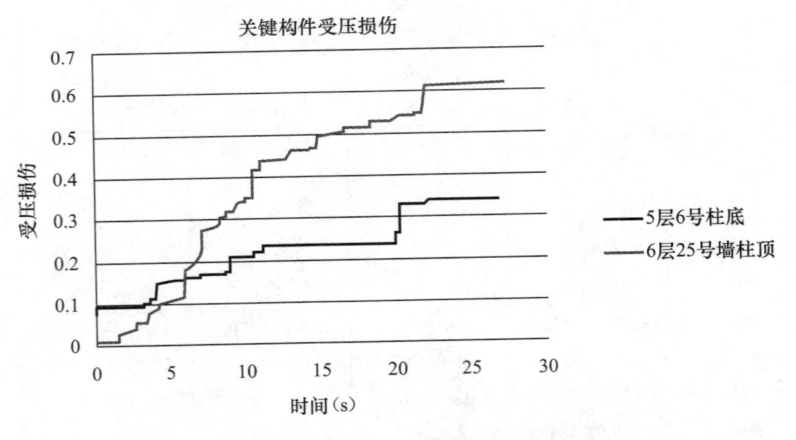

图12.3.24　关键构件受压损伤时程

但此处需要说明的是：在ABAQUS中梁单元矩形截面通常包括25个截面积分点，这些截面积分点每个点上的应力状态与损伤发展均不完全相同，ABAQUS默认输出截面四个角点的结果，在弯曲作用下这四个角点一般是损伤发展最严重的位置，这里给出的截面损伤是四个角点的平均值，截面实际的平均损伤要小于该值，但由于受输出规模控制，无

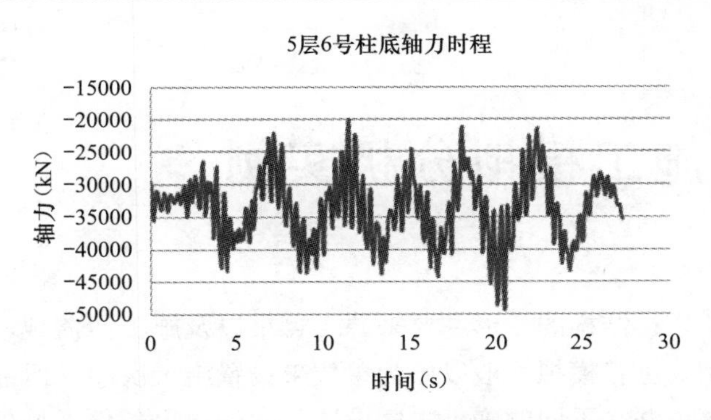

图 12.3.25　关键框架柱轴力时程

法输出所有积分点并取平均值，同样对于剪力墙虽然沿截面厚度设置 5 个积分点，但一般仅输出最外侧两个积分点并取平均值作为截面损伤结果。

12.3.5　结论

高层结构地震波作用下的非线性动力时程分析，虽然其目的只是通过计算位移角判断结构在大震作用下是否会满足不倒塌的基本要求，但实际上通过时程分析可以获得许多其他有价值的结果，这不仅可以用于判断结构方案的合理性，而且可以确定结构的薄弱环节或者关键环节，这些结构的响应往往是无法通过反应谱方法得到的，在此基础上可以对结构的方案进行适当优化，可以使结构不仅满足“大震不倒”这样的基本要求，而且可以降低结构破坏水平，更大程度地保证生命安全。

12.4　参考文献

[1]　ABAQUS Inc（2008）．ABAQUS User Manual，V6.8.

[2]　国家标准．建筑抗震设计规范 GB 50011—2010．北京：中国建筑工业出版社，2010.

[3]　国家标准．混凝土结构设计规范．GB 50010—2010．北京：中国建筑工业出版社，2010.

[4]　行业标准．高层建筑混凝土结构技术规程．JGJ 3—2010．北京：中国建筑工业出版社，2010.

[5]　Qi H.，Li Y. G. & Lv X. l. Dynamic nonlinear analysis of the Shanghai Pudong Shangrila hotel extension engineering. Applied Mechanics and Materials，2013，Vol. 438-439：1510-1513.

[6]　卢文生，吕西林．模态静力非线性分析中模态选择的研究．地震工程与工程振动，2004，6：32-38.

第 13 章　施工模拟分析实例

在施工过程中，塔楼结构的变形主要来源于自重以及施工活荷载，这部分变形可以通过施工模拟分析得到。施工模拟一般以层为单位来设置施工次序，但部分情况下也需要对单构件指定施工次序，并在不同的施工次序设置不同的边界条件。另外，高层建筑结构由于其高度高且自重大，混凝土将产生较大的收缩、徐变变形，为了比较客观地评价收缩、徐变对结构内力及变形的影响，尚需在施工模拟分析中考虑混凝土收缩、徐变的作用。本章给出两个基于 MIDAS/GEN 的超高层施工模拟实例，实例均采用第 10 章介绍的结构仿真集成系统进行模型转换与结果整理。

13.1　苏州国际金融中心施工模拟分析

苏州国际金融中心为中国江苏省苏州市建设中的一座超高层地标式摩天大楼，位于苏州工业园区金鸡湖东 CBD 商圈核心区域。该楼共 92 层，高度超过 450m，建成后将成为江苏第一高楼，也是九龙仓成立以来开发的第一高楼。大楼周围是一座裙楼和波浪形广场，并在主楼 92 层设立观光平台，可俯瞰苏州城全貌。项目地块面积为 21280m²，总建筑面积为 393208m²，是一项大型综合商业项目，包括甲级办公楼、精品特色酒店、豪华单层及高端复式酒店式公寓国际金融中心，其效果图如图 13.1.1 所示。

图 13.1.1　苏州国际金融中心效果图

13.1.1　施工步骤的划分

根据施工总进度计划及主体结构施工方案，将整个施工过程划分为 14 个步骤来进行施工模拟分析，以核心筒每 7 层作为一个施工步骤，核心筒在比外筒存在一定高差的前提下与外筒同步施工，核心筒超前外框架及楼板 7 层施工，施工时间按每 5 天施工完一个标准层，其具体施工步骤如表 13.1.1 所示。

施工步骤划分

表 13.1.1

施工步骤	时间（d）	核心筒（层）	外框巨型（层）	次框架（层）	楼板（层）
Stage1	35	1～7	—	—	—
Stage2	70	8～14	1～7	1～4	—
Stage3	105	15～21	8～14	5～8	—
Stage4	140	22～28	15～21	9～13	1～5
Stage5	175	29～35	22～28	14～18	6～10
Stage6	210	36～42	29～35	19～24	11～16
Stage7	245	43～49	36～42	25～29	17～24
Stage8	280	50～56	43～49	30～37	25～32
Stage9	315	57～63	50～56	38～45	33～40
Stage10	350	64～70	57～63	46～53	41～48
Stage11	385	71～77	64～70	54～61	49～57
Stage12	420	78～84	71～77	62～69	58～65
Stage13	455	85～88	78～84	70～77	66～73
Stage14	578	—	85～94	78～85	74～81

13.1.2　分析理论

1. 弹性变形

弹性变形可以按以下公式计算：

$$\delta(t_0) = PL/[A_S E_S + A_R E_R + A_C E_{C(t)}] \tag{13.1.1}$$

$$E_{C(t)} = \{\exp\{0.25[1-(28/t)^{0.5}]\}\}^{0.5} \times \{9.975(f_{ck(28)}+8)^{1/3}\} \tag{13.1.2}$$

式中　t 为混凝土加载龄期；

P 为轴压荷载；

L 为构件长度；

E_S、E_R、E_C 分别为钢材、钢筋及混凝土的弹性模量；

A_S、A_R、A_C 分别为钢材、钢筋及混凝土的截面面积。

在 MIDAS 分析中混凝土徐变系数采用《公路钢筋混凝土及预应力混凝土桥涵设计规范》JTG D62—2004 附录 F 中的计算公式，混凝土徐变应变计算采用如下公式：

$$\varepsilon(t,t_0) = \{PL/[A_S E_S + A_R E_R + A_C E_{C(t)}]\} \times \phi(t,t_0) \tag{13.1.3}$$

其中

$$\phi(t,t_0) = \phi_0 \beta_c(t-t_0) = \phi_{RH}\beta(f_{cm})\beta(t_0)\beta_c(t-t_0)$$

$$\phi_{RH} = 1 + (1-RH/RH_0)/[0.46(h/h_0)^{1/3}]$$

$$\beta(f_{cm}) = 5.3/(f_{cm}/f_{cm0})^{0.5}$$

$$\beta(t_0)=1/[0.1+(t_0/t_1)^{0.2}]$$

$$\beta_c(t-t_0)=\left\{\frac{[(t-t_0)/t_1]}{\beta_H+(t-t_0)/t_1}\right\}^{0.3}$$

$$\beta_H=150[1+(1.2RH/RH_0)^{18}]h/h_0+250\leqslant 1500$$

式中　t_0 为加载时的混凝土龄期（d）；

t 为计算考虑时刻的混凝土龄期（d）；

$\phi(t, t_0)$ 为加载龄期为 t_0，计算考虑龄期为 t 时的混凝土徐变系数；

ϕ_0 为名义徐变系数；

$\beta_c(t-t_0)$ 为加载后徐变随时间发展的系数。

对本工程而言，混凝土徐变系数随时间及加载龄期变化曲线如图 13.1.2 所示。

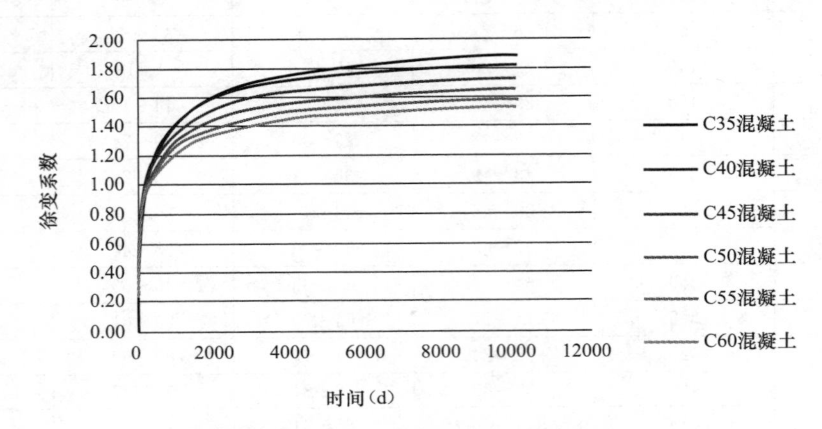

图 13.1.2　混凝土徐变系数随时间及加载龄期变化曲线

2. 混凝土收缩

收缩是混凝土材料所固有的时效特性，在 MIDAS 分析中混凝土收缩应变计算采用《公路钢筋混凝土及预应力混凝土桥涵设计规范》JTG D62—2004 附录 F 中的公式，即：

$$\varepsilon_{cs}(t,t_s)=\varepsilon_{cs0}\beta_s(t-t_s)=\varepsilon_s(f_{cm})\beta_{RH}\beta_s(t-t_s) \quad (13.1.4)$$

其中

$$\varepsilon_s(f_{cm})=[160+10\beta_{sc}(9-f_{cm}/f_{cm0})]\times 10^{-6}$$

$$\beta_{RH}=-1.55[1-(RH/RH_0)^3]$$

$$\beta_s(t-t_s)=\left\{\frac{[(t-t_s)/t_1]}{[350(h/h_0)^2+(t-t_s)/t_1]}\right\}^{0.5}$$

式中　$t_1=1$d；

$h_0=100$mm；

$h=2A/u$ 为构件理论厚度（mm）；

β_s 为水泥类型系数；

f_{cm} 为强度等级 C20～C50 混凝土在 28d 龄期时的平均立方体抗压强度（MPa），$f_{cm}=(0.8f_{cu,k}+8)$；

f_{cm0} 为 3d 龄期混凝土立方体抗压强度，$f_{cm0}=10$MPa；

t_s 为收缩开始时的混凝土龄期，可假定为 3～7d；

RH 为构件环境年平均相对湿度（%），$RH_0=100\%$；

β_{RH}为与年平均相对湿度相关的系数。

本工程环境年平均相对湿度 $RH=77.3\%$，取 $RH=80\%$；普通硅酸盐水泥 $\beta_{sc}=5.0$，假定混凝土自浇筑 3d 后开始收缩，由上述条件可以得到混凝土收缩应变随时间变化的曲线如图 13.1.3 所示。

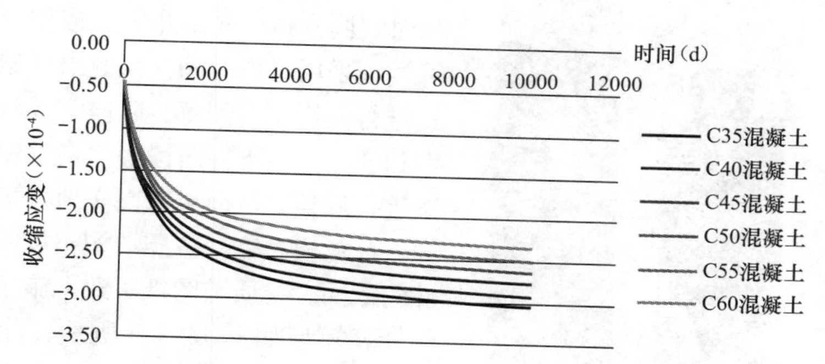

图 13.1.3　混凝土收缩应变随龄期变化曲线

3. 混凝强度发展函数

MIDAS 分析中，通过考虑混凝土构件弹性模量随龄期的变化来反映强度发展的效果。本工程施工模拟分析采用的混凝土强度发展函数是根据规范 CEB-FIP 的公式来计算各个阶段随时间变化的混凝土强度的，公式描述如下：

$$f(t)=f_{ck,28}\mathrm{e}^{s[1-(28/t)^{0.5}]} \tag{13.1.5}$$

式中　$f_{ck,28}$为 28d 混凝土平均抗压强度（N/mm^2）；

s 为水泥类型系数，普通硅酸盐水泥取 0.25；

t 为时间（d）。

本工程采用的混凝土强度及其随时间变化曲线如图 13.1.4 所示。

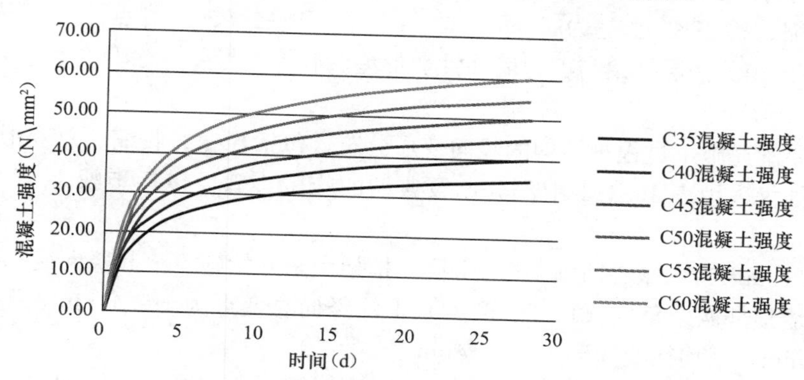

图 13.1.4　混凝土抗压强度随龄期变化曲线

4. 算法及荷载概述

根据施工顺序，采用 MIDAS/GEN 进行施工阶段模拟分析，按照施工步骤将结构构件、支座约束、荷载工况划分为若干个组，按照施工步骤、工期进度进行施工阶段定义，程序按照控制数据进行分析。在分析某一施工步骤时，程序将会冻结该施工步骤后期的所

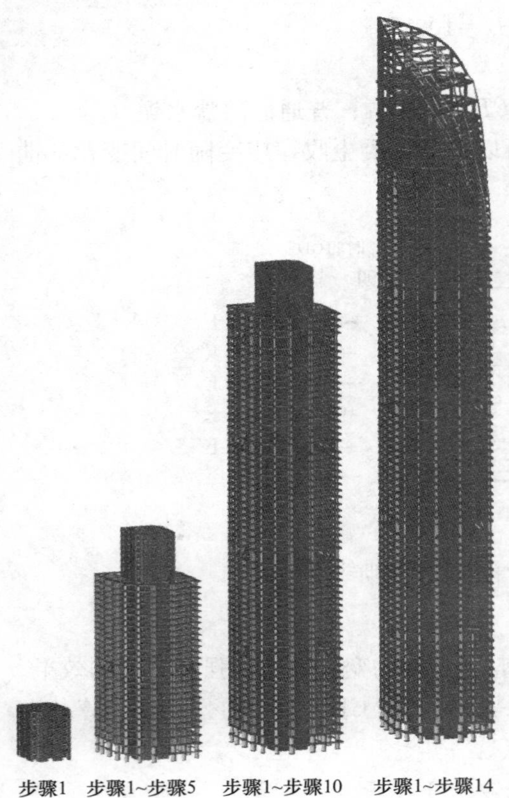

图 13.1.5　计算模型

有构件及后期需要加载的荷载工况，仅允许该步骤之前完成的构件参与运算，例如第一步骤的计算模型，程序冻结了该步骤之后的所有构件，仅显示第一步骤完成的构件（内筒第一节），参与运算的也只有内筒第一节，计算完成显示计算结果时，同样按照每一步骤完成情况进行显示。计算过程采用考虑时间依从效果（累加模型）的方式进行分析，得到每一阶段完成状态下的结构内力和变形，在下一阶段程序会根据新的变形对模型进行调整，从而可以真实地模拟施工的动态过程。计算模型完全按照结构招标图建立，所有构件的截面、材质与图纸一致。施工过程主要步骤的计算模型如图 13.1.5 所示。计算荷载主要考虑结构自重和楼面恒载、施工活荷载以及塔吊附着力等的影响。塔吊附着力将按照塔吊爬升和附着工况，在分析过程中逐步改变加载位置。

13.1.3　分析结果

1. 结构平面

结构平面图如图 13.1.6 所示，图中采用数字 1～8 标明了读取位移变形差所选择的结点位置。

2. 结点竖向变形差

核心筒和外框巨型柱的竖向压缩变形差最大值及所在楼层如表 13.1.2 所示，从表中可见，核心筒与巨型柱之间的最大竖向压缩变形差为 23.03mm，发生在 70 层 7、8 结点之间。最大收缩、徐变变形差为 6.65mm，发生在 59 层 7、8 结点之间。表 13.1.3～表 13.1.5 给出相关楼层框架与剪力墙弹性变形差、收缩变形差、徐变变形差的详细结果。

3. 竖向变形云图

下面简要阐述施工过程中结构的竖向变形分布，包括徐变、收缩、总变形等，为了描述方便，该处仅采用表 13.1.1 中部分比较典型的施工步骤，包括步骤 1、2、5、8、10、12、14 等。

第 1 步（stage1）：核心筒施工至 F7 层，框架尚未开始施工，其竖向变形如图 13.1.7 所示。剪力墙顶部四个角点（1、3、5、7）平均竖向总变形为－0.41mm，平均收缩变形为－0.0043mm，平均徐变变形为－0.14mm。

第 2 步（stage2）：核心筒施工至 F14 层，框架施工至 F7 层，其竖向变形如图 13.1.8 所示。剪力墙顶部四个角点（1、3、5、7）平均竖向总变形为－1.47mm，平均收缩变形为－0.27mm，平均徐变变形为－0.38mm。框架顶部四个角点（2、4、6、8）平均竖向总变形为－0.44mm，平均收缩变形为－0.013mm，平均徐变变形为－0.15mm。

第 5 步（stage5）：核心筒施工至 F35 层，框架施工至 F28 层，其竖向变形如图 13.1.9 所示。剪力墙顶部四个角点（1、3、5、7）平均竖向总变形为－5.46mm，平均收缩变形

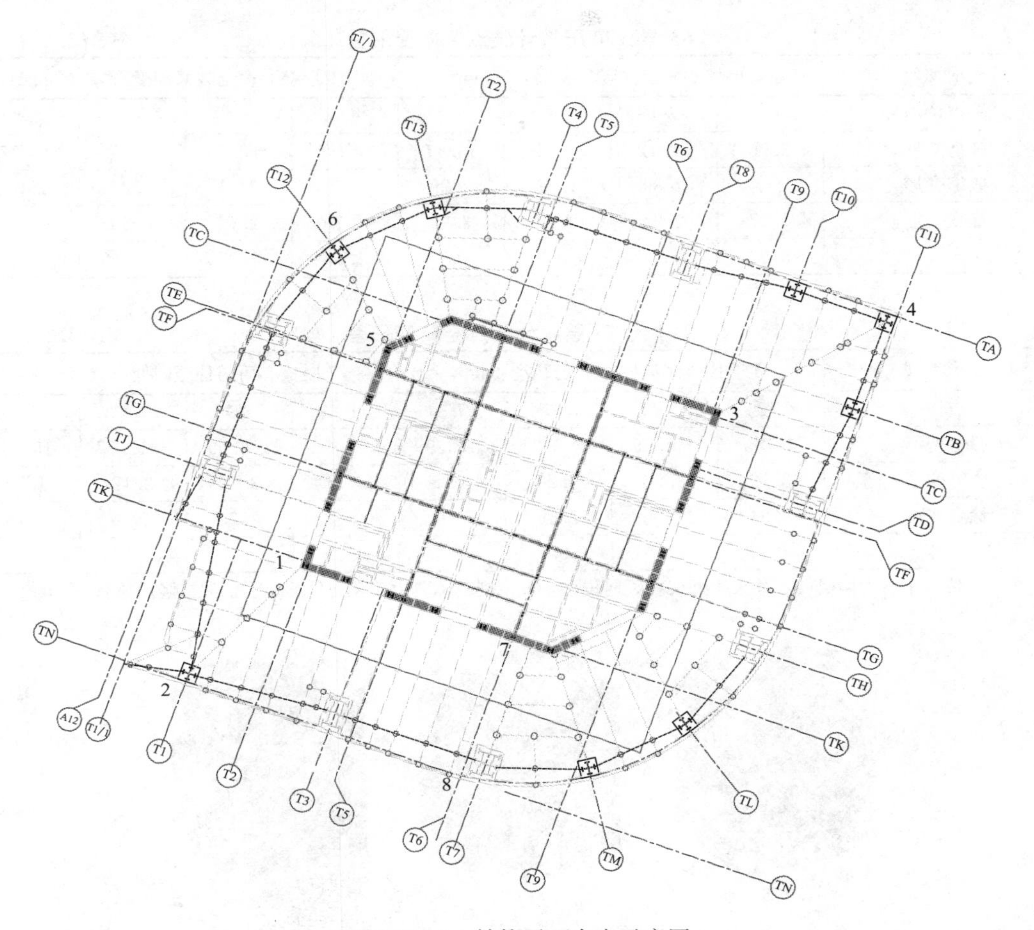

图 13.1.6　结构平面布点示意图

最大结点总竖向变形差　　**表 13.1.2**

变形类型	最大核心筒与柱竖向变形差（mm）			
点位	1-2	3-4	5-6	7-8
最大总变形差	6.29	16.50	10.13	23.03
所在楼层	77 层	63 层	35 层	70 层
最大收缩、徐变变形	5.29	6.34	6.07	6.65
所在楼层	77 层	74 层	70 层	59 层

35 层、59 层结点竖向变形差　　**表 13.1.3**

变形类型	35 层核心筒与柱竖向变形差（mm）				59 层核心筒与柱竖向变形差（mm）			
点位	1-2	3-4	5-6	7-8	1-2	3-4	5-6	7-8
弹性变形	−4.48	2.47	4.93	5.70	−3.14	9.64	−2.07	11.50
收缩变形	2.27	2.17	2.19	1.89	2.4	1.92	2.03	2.89
徐变变形	0.93	3	3.01	3.46	0.67	3.07	2.86	3.76
合计	−1.28	7.64	10.13	11.05	−0.07	14.13	2.98	18.15

63层、70层统计结点竖向变形差 **表13.1.4**

变形类型	63层核心筒与柱竖向变形差（mm）				70层核心筒与柱竖向变形差（mm）			
点位	1-2	3-4	5-6	7-8	1-2	3-4	5-6	7-8
弹性变形	2.06	12.12	−4.56	14.17	−3.3	−3.36	−9.76	16.77
收缩变形	2.3	1.39	1.42	2.29	3.15	3.45	3.27	2.08
徐变变形	1.57	2.99	2.92	3.96	1.78	2.73	2.80	4.18
合计	5.93	16.50	−0.22	20.31	1.63	2.82	−3.69	23.03

74层、77层统计结点竖向变形差 **表13.1.5**

变形类型	74层核心筒与柱竖向变形差（mm）				77层核心筒与柱竖向变形差（mm）			
点位	1-2	3-4	5-6	7-8	1-2	3-4	5-6	7-8
弹性变形	0.92	−4.59	−12.94	15.39	1.00	−5.09	−12.37	15.94
收缩变形	3.12	3.68	3.29	1.98	3.51	3.53	3.18	1.73
徐变变形	1.94	2.66	2.59	3.94	1.78	2.73	2.8	4.18
合计	4.04	−0.91	−9.65	17.37	6.29	1.43	−6.99	21.66

注：正值表示剪力墙竖向位移大于框架柱竖向位移，负值则表示剪力墙竖向位移小于框架柱竖向位移。

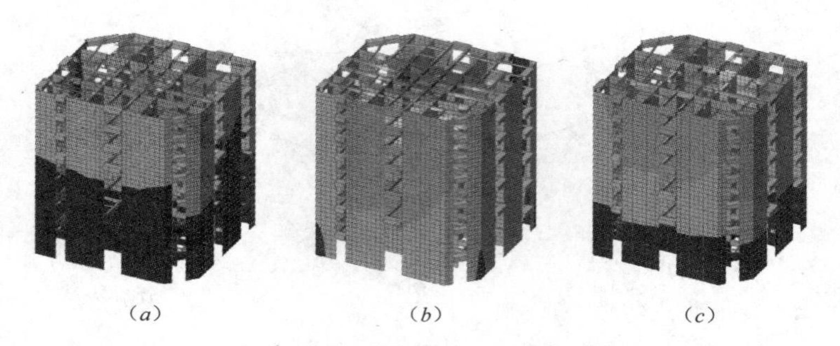

(*a*) (*b*) (*c*)

图13.1.7 Stage1竖向变形云图

(*a*) 竖向徐变变形；(*b*) 竖向收缩变形；(*c*) 竖向总变形

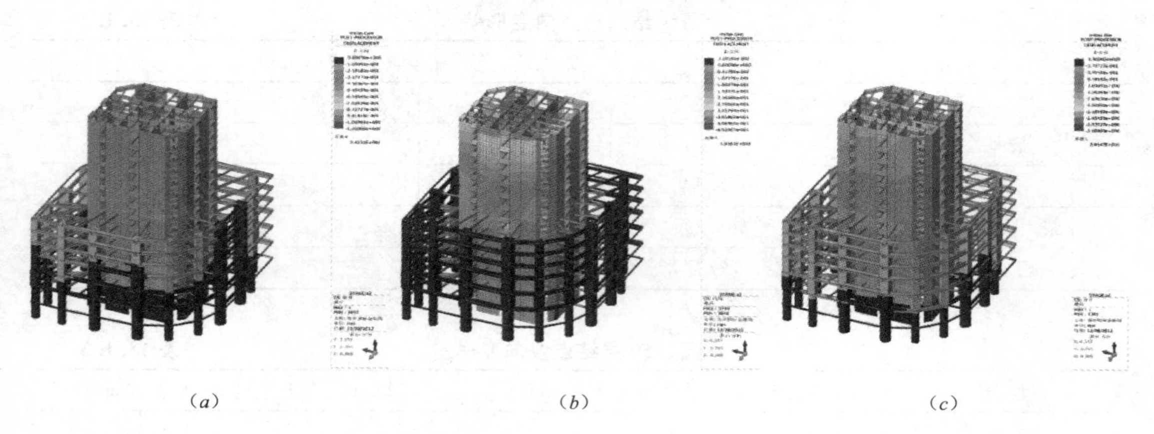

(*a*) (*b*) (*c*)

图13.1.8 Stage2竖向变形云图

(*a*) 竖向徐变变形；(*b*) 竖向收缩变形；(*c*) 竖向总变形

为−0.69mm，平均徐变变形为−0.95mm。框架顶部四个角点（2、4、6、8）平均竖向总变形为−2.52mm，平均收缩变形为−0.025mm，平均徐变变形为−0.95mm。

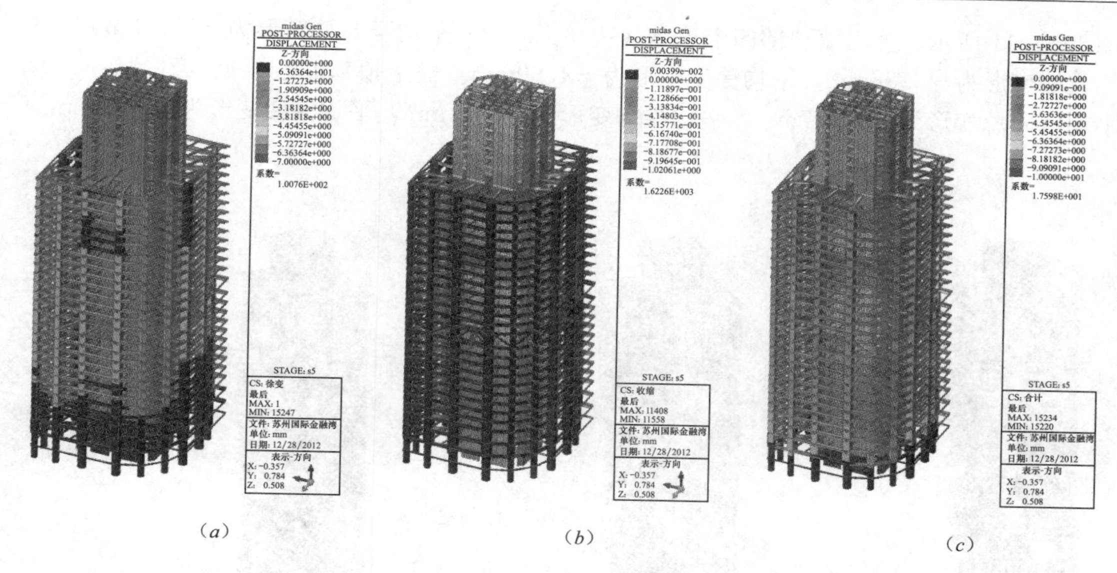

(*a*)　(*b*)　(*c*)

图 13.1.9　Stage5 竖向变形云图

(*a*) 竖向徐变变形；(*b*) 竖向收缩变形；(*c*) 竖向总变形

第 8 步（stage8）：核心筒施工至 F56 层，框架施工至 F49 层，其竖向变形如图 13.1.10 所示。剪力墙顶部四个角点（1、3、5、7）平均竖向总变形为－9.83mm，平均收缩变形为－0.81mm，平均徐变变形为－1.24mm。框架顶部四个角点（2、4、6、8）平均竖向总变形为－7.55mm，平均收缩变形为－0.034mm，平均徐变变形为－1.05mm。

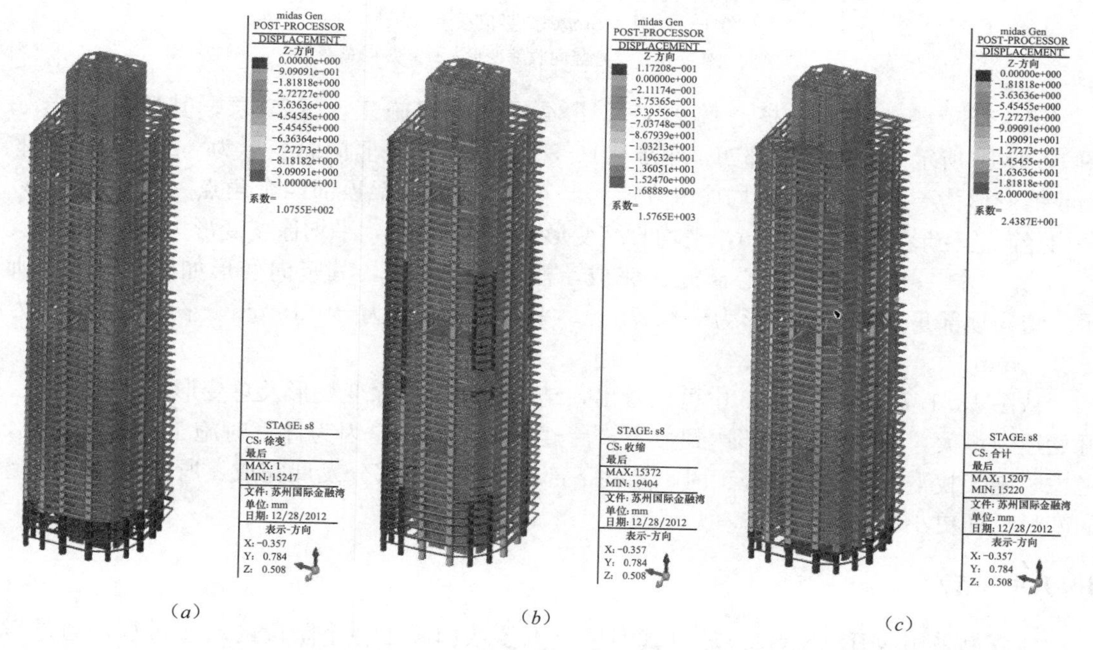

(*a*)　(*b*)　(*c*)

图 13.1.10　Stage8 竖向变形云图

(*a*) 竖向徐变变形；(*b*) 竖向收缩变形；(*c*) 竖向总变形

第 10 步（stage10）：核心筒施工至 F70 层，框架施工至 F63 层，其竖向变形如

图 13.1.11 所示。剪力墙顶部四个角点（1、3、5、7）平均竖向总变形为－15.58mm，平均收缩变形为－0.88mm，平均徐变变形为－4.99mm。框架顶部四个角点（2、4、6、8）平均竖向总变形为－10.67mm，平均收缩变形为－0.11mm，平均徐变变形为－3.64mm。

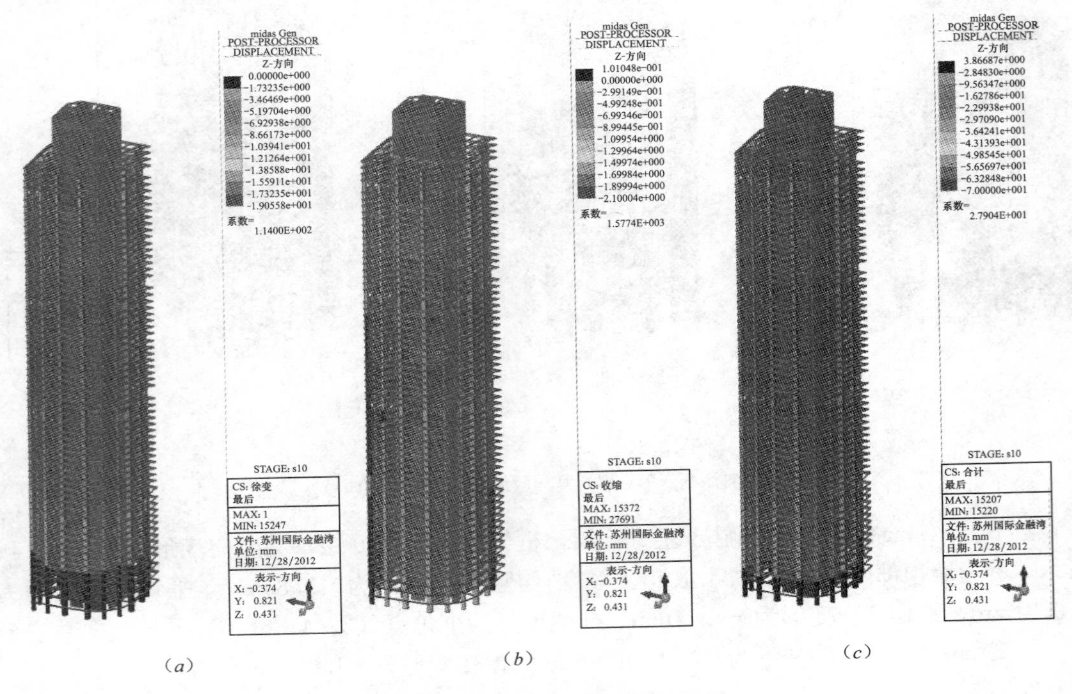

图 13.1.11　Stage10 竖向变形云图

(*a*) 竖向徐变变形；(*b*) 竖向收缩变形；(*c*) 竖向总变形

第 12 步（stage12）：核心筒施工至 F84 层，框架施工至 F77 层，其竖向变形如图 13.1.12 所示。剪力墙顶部四个角点（1、3、5、7）平均竖向总变形为－23.29mm，平均收缩变形为－1.02mm，平均徐变变形为－7.63mm。框架顶部四个角点（2、4、6、8）平均竖向总变形为－16.65mm，平均收缩变形为－0.18mm，平均徐变变形为－5.62mm。

第 14 步（stage14）：核心筒施工完成，框架施工完成，其竖向变形如图 13.1.13 所示。结构顶部角点竖向总变形为－2.57mm，平均收缩变形为－0.15mm，平均徐变变形为－2.85mm。

从图 13.1.7～图 13.1.13 中可以看出，结构竖向收缩徐变变形及总变形均从结构底层开始逐渐增大，到结构中上部达到最大，后逐渐减小。这是因为计算时施工步逐步加载，考虑了施工找平，结构上部施工时，结构下部的变形已大部分发展完成，所以结构顶部竖向变形反而更小。

13.1.4　结论

该算例采用 MIDAS/GEN 软件真实地模拟了结构施工各个阶段的动态过程，通过考虑施工加载和收缩徐变，更加真实地体现了结构的变形及受力状态。计算结果显示绝大多数情况下巨型柱的竖向总位移比核心筒稍小，这是因为巨型柱的含钢率较高导致其压缩变形较小。另外，结构竖向变形及变形差均呈现两头小中间大的分布趋势，在结构中上部达

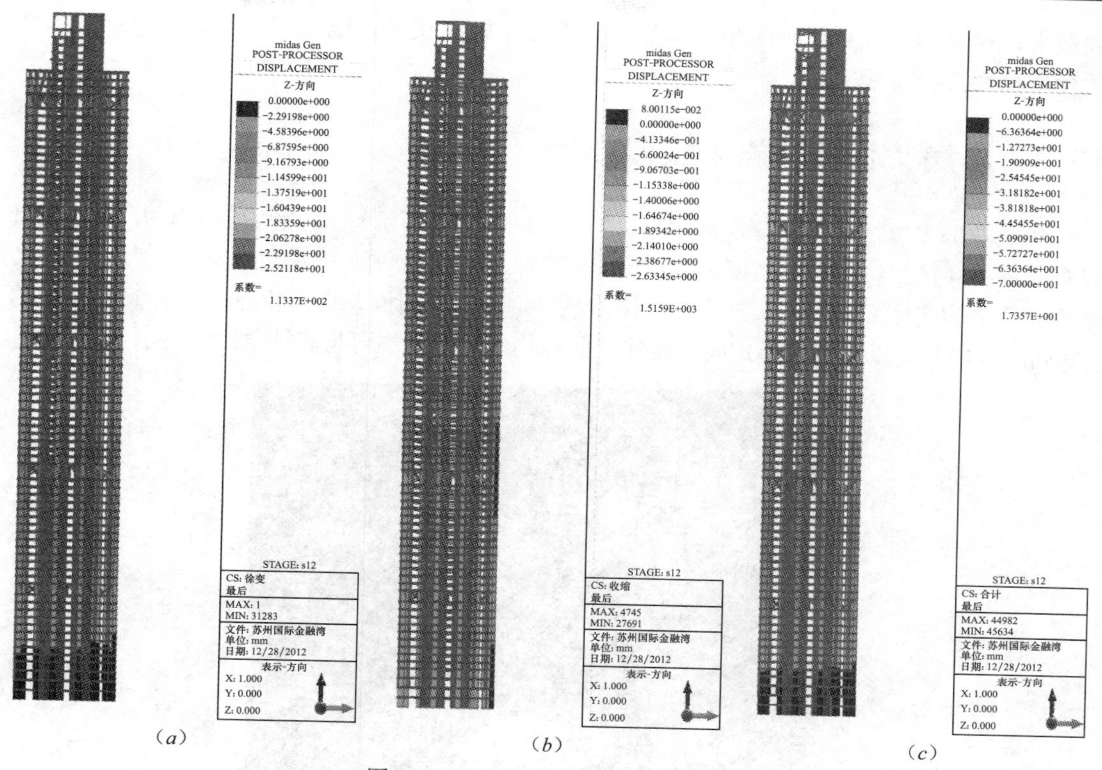

图 13.1.12　Stage12 竖向变形云图
（a）竖向徐变变形；（b）竖向收缩变形；（c）竖向总变形

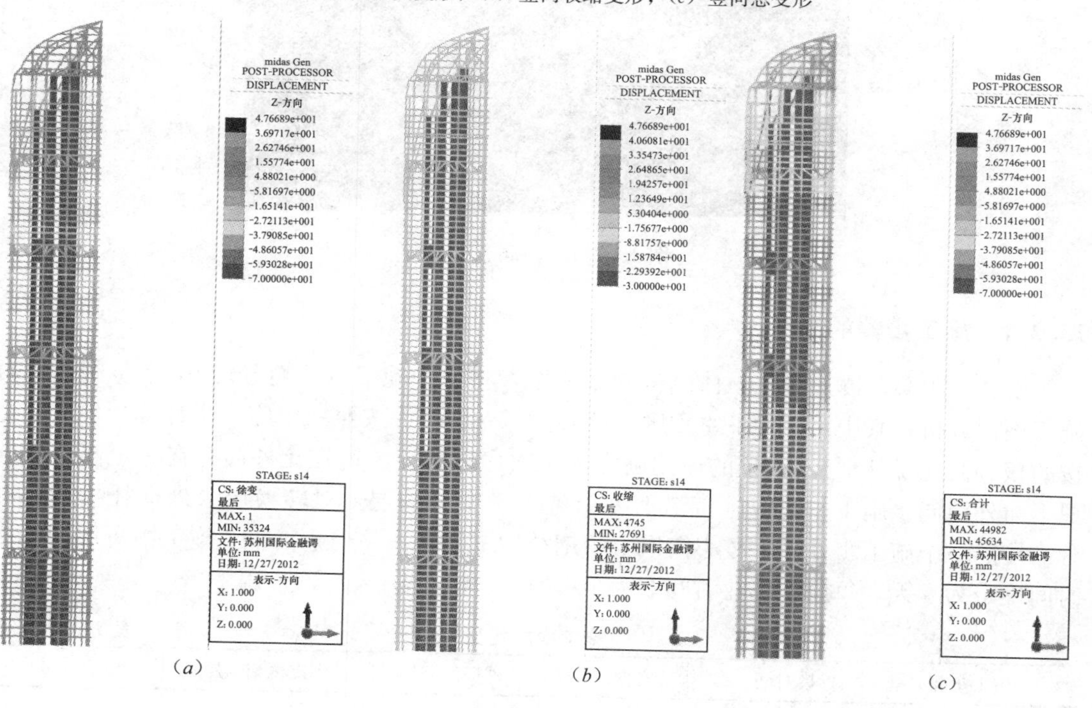

图 13.1.13　Stage14 竖向变形云图
（a）竖向徐变变形；（b）竖向收缩变形；（c）竖向总变形

到最大，这是因为计算时施工步逐步加载，考虑了施工找平，施工结构上部时，结构下部的变形已大部分发展完成。

13.2　华润“春笋”施工模拟分析

华润总部大厦——深圳湾地标“春笋”（如图 13.2.1 所示），建设规模约 76 万 m^2，项目投资超过 200 亿元，建筑总高度为 500m。建成后，将在深圳前三座世界级摩天大厦中名列第三。其结构主体部分为框架核心筒结构体系，上部为钢结构。结构特点为核心筒在结构约 2/3 高度处内收，以斜墙的形式向上延伸，而结构的外筒则主要是斜柱/撑的形式。

图 13.2.1　华润“春笋”

13.2.1　施工步骤的划分

根据施工总进度计划及主体结构施工方案，将整个施工过程划分为 67 个步骤来进行施工模拟分析，其中，对地下室不区分核心筒与外框统一按照一个施工步计算，地上部分按照核心筒先于外框 4～6 层的原则确定施工次序，即核心筒在比外筒存在一定高差的前提下与外筒同步施工，楼板施工滞后外筒施工 7 个结构层，对转换层（外框托柱转换部分）按照一个施工步计算，核心筒以上的钢结构统一设为一个施工步。施工中每层的拆模时间确定为 5 天，每层的作业时间取为 10 天。具体如表 13.2.1 所示。

施工次序定义　　表 13.2.1

施工步骤	拆模时间（d）	核心筒（层）	外框巨型柱（层）	次框架（层）	楼板（层）
Stage1	25	1～5	1～5	—	1～5
Stage2	30	6	—	—	—

续表

施工步骤	拆模时间（d）	核心筒（层）	外框巨型柱（层）	次框架（层）	楼板（层）
Stage3	35	7	—	—	—
Stage4	40	8			
Stage5	45	9			
Stage6	50	10			
Stage7	55	11	6		—
Stage8	60	12	7～8		6
Stage9	65	13	9		7～8
Stage10	70	14	10		9
Stage11	75	15	11		10
Stage12	80	16	12		11
Stage13	85	17	13		12
…	…	…	…	…	…
Stage64	345	69	65		64
Stage65	350	70	66		65
Stage66	355	71	67		66
Stage67	360	72	68～82		67～82

13.2.2　分析理论

有关变形计算原则，混凝土的收缩、徐变、强度随时间的变化以及加载方法均采用与 13.1 中模型相同的方法，主要施工步骤的计算模型如图 13.2.2 所示。计算荷载主要考虑

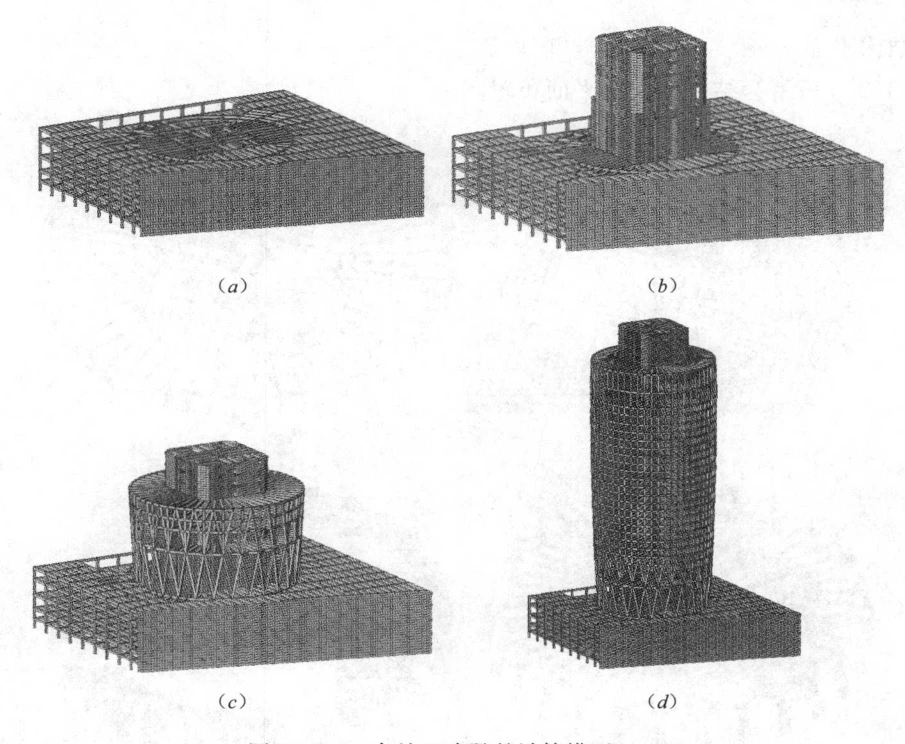

图 13.2.2　各施工步骤的计算模型（一）

(*a*) 步骤 1；(*b*) 步骤 6；(*c*) 步骤 8；(*d*) 步骤 30

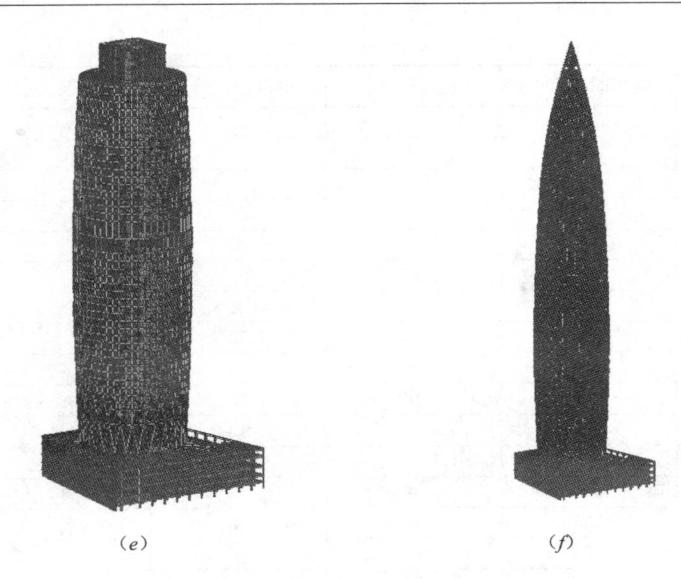

图 13.2.2　各施工步骤的计算模型（二）
(*e*) 步骤 48；(*f*) 步骤 67

结构自重和楼面恒载、施工活荷载以及塔吊附着力等的影响。塔吊附着力将按照塔吊爬升和附着工况，在分析过程中逐步改变加载位置。

13.2.3　分析结果

1. 结构平面

图 13.2.3 所示为结构的主要平面布置图。

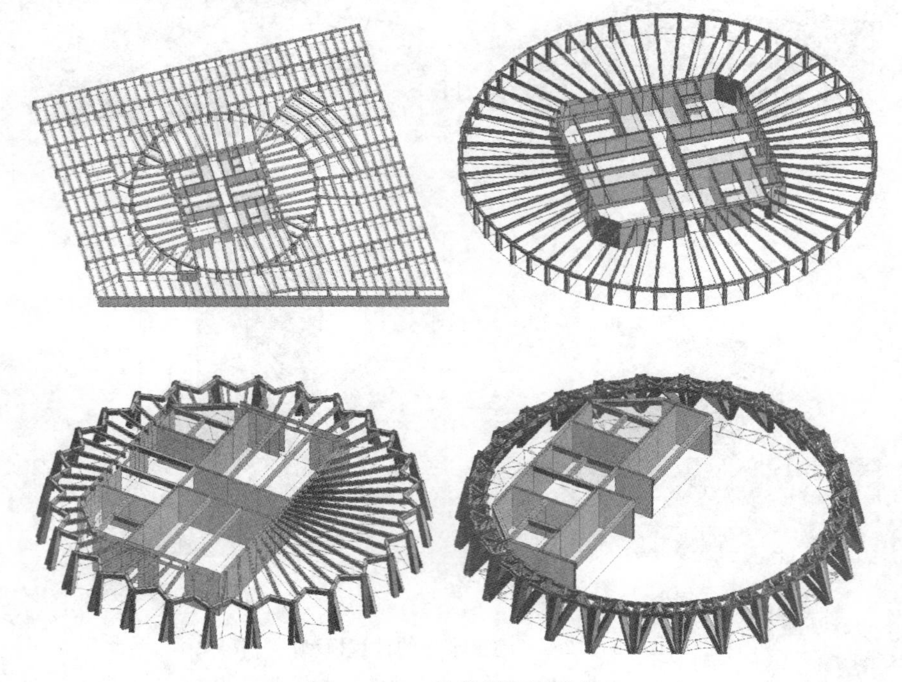

图 13.2.3　结构平面示意图

2. 结点竖向变形差

下面简要阐述结构剪力墙核心筒与外部框架的竖向变形差（仅考虑剪力墙楼层，不包括上面钢结构楼层，即到71层止），其楼层平面和观测点布置如图 13.2.4 所示。具体来说，在楼层平面的左下、右下、右上、左上分别布置的四组观测点，编号为 A、B、C、D，每组观测点均包含一个剪力墙结点和外框架结点，各观测点的竖向变形最大值及所在楼层如图 13.2.5 所示。对 4 组观测点的位移差取平均值，可得剪力墙与外框架的平均竖向位移差，具体如图 13.2.6 所示（其中负值表示剪力墙竖向位移小于框架柱竖向位移），由图可知，竖向最大位移差为 38.32mm，发生在第 44 层。

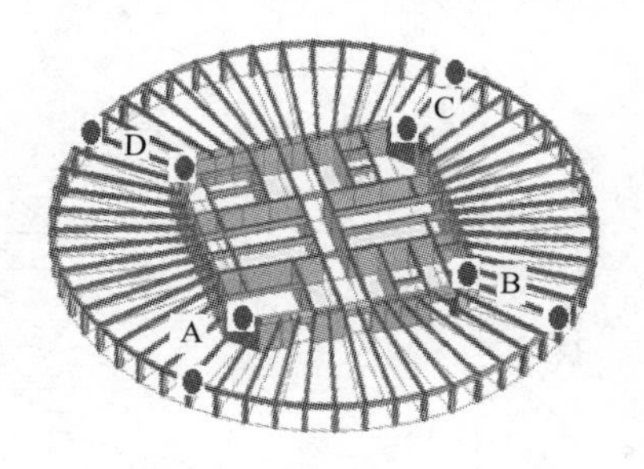

图 13.2.4　主要观测点

3. 竖向变形云图

下面简要阐述施工过程中结构的竖向变形分布，包括徐变、收缩、总变形等，为了描

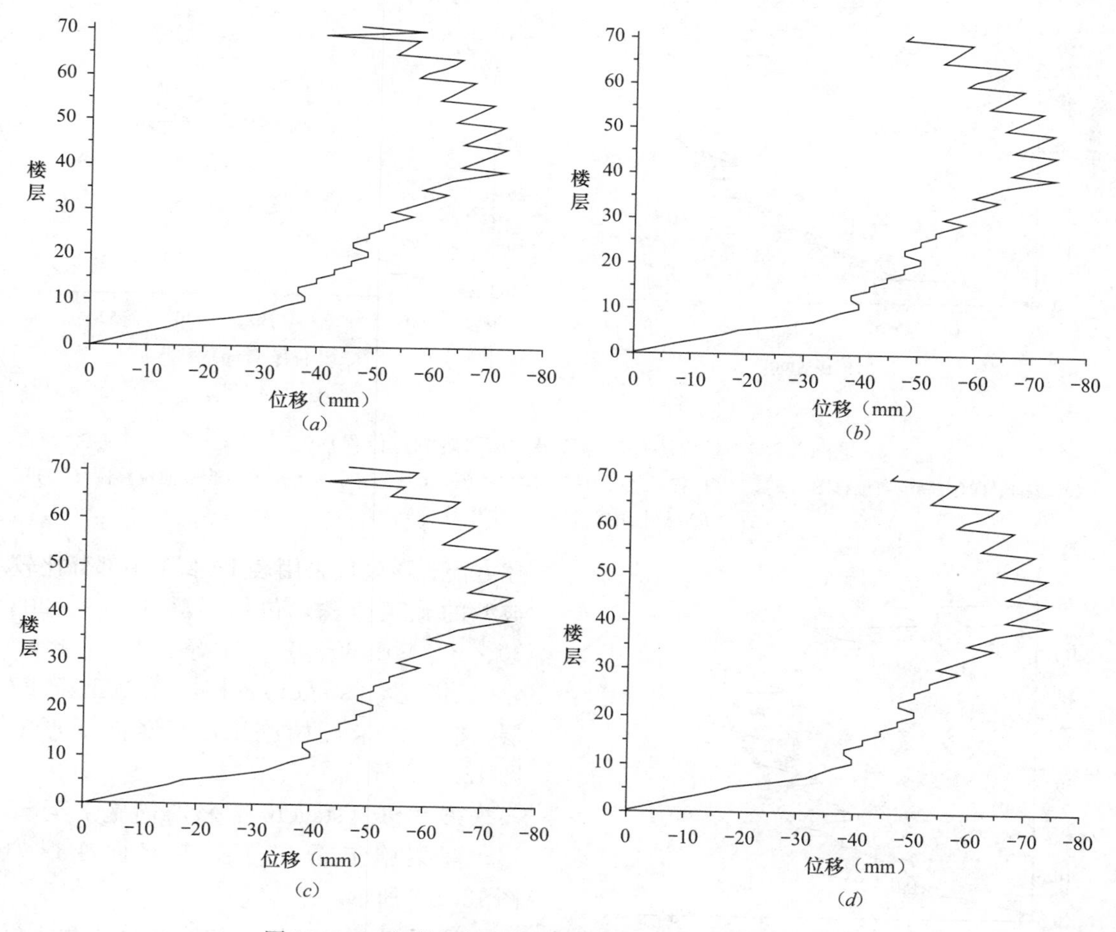

图 13.2.5　各楼层竖向位移最大值（观测点位置）（一）

(*a*) 左下角框架竖向位移图（A）；(*b*) 右下角框架竖向位移图（B）；(*c*) 右上角框架竖向位移图（C）；(*d*) 左上角框架竖向位移图（D）

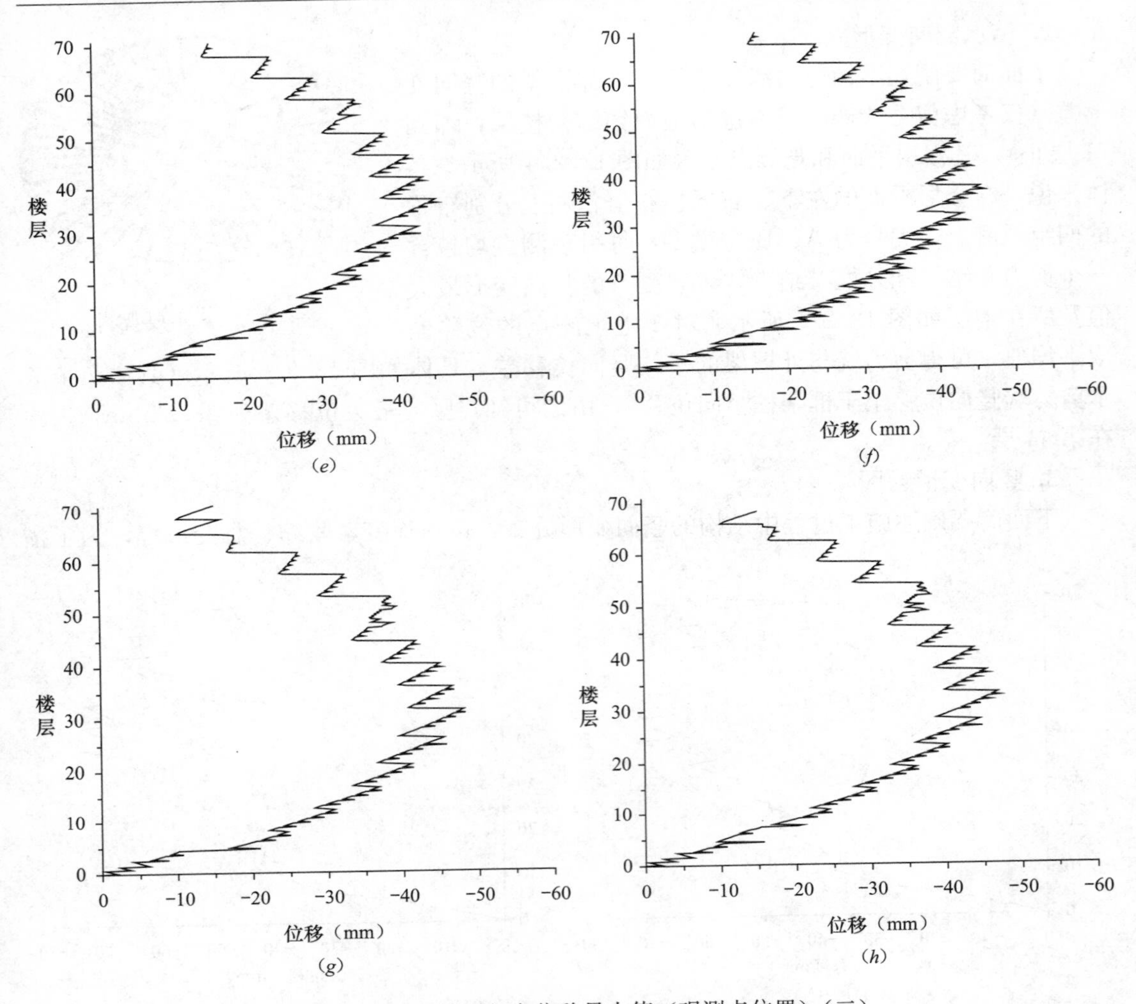

图 13.2.5　各楼层竖向位移最大值（观测点位置）（二）

(e) 左下角剪力墙竖向位移图（A）；(f) 右下角剪力墙竖向位移图（B）；(g) 右上角剪力墙竖向位移图（C）；(h) 左上角剪力墙竖向位移图（D）

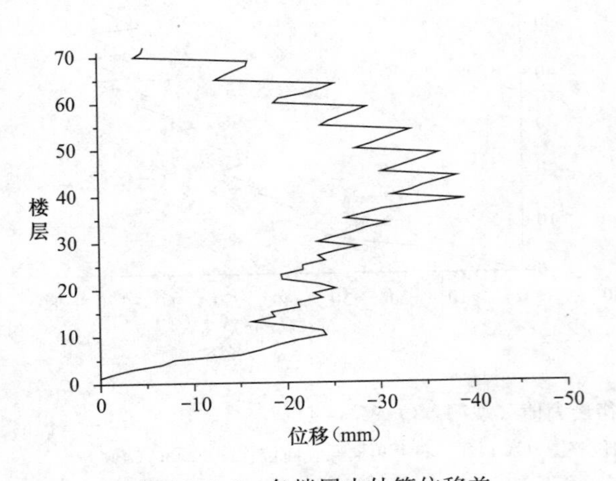

图 13.2.6　各楼层内外筒位移差

述方便，该处仅采用表 13.2.1 中部分比较典型的施工步骤，包括步骤 1、10、20、30、40、50、60、66、67 等。

第 1 步（stage1）：核心筒施工至 F7 层，框架尚未开始施工，其竖向变形如图 13.2.7 所示。

第 10 步（stage10）：核心筒施工至 F5 层，框架施工至 F5 层，其竖向变形如图 13.2.8 所示。

第 20 步（stage20）核心筒施工至 F35 层，框架施工至 F28 层，其竖向变形如图 13.2.9 所示。

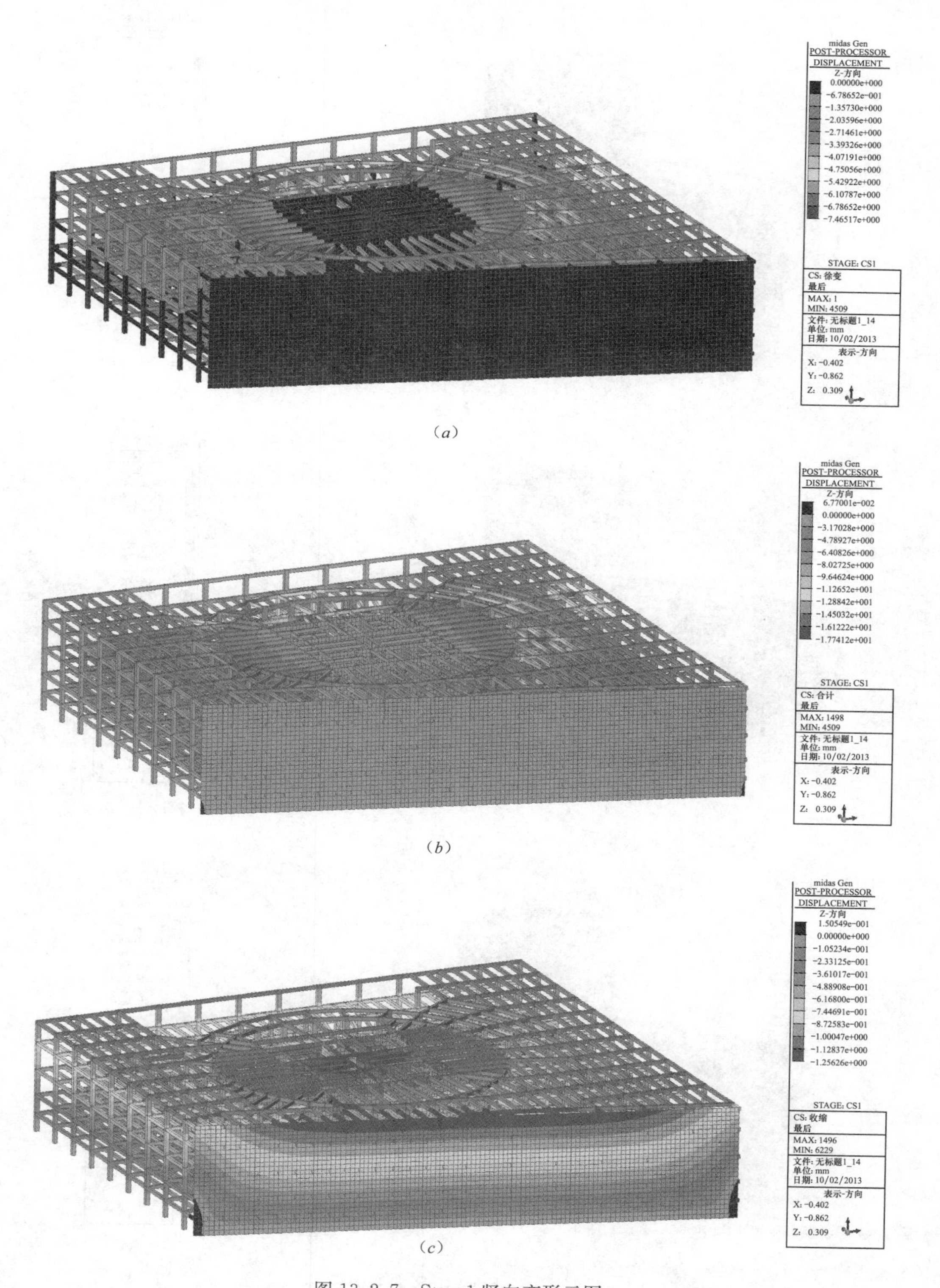

图 13.2.7　Stage1 竖向变形云图

(a) 竖向徐变变形；(b) 竖向收缩变形；(c) 竖向总变形

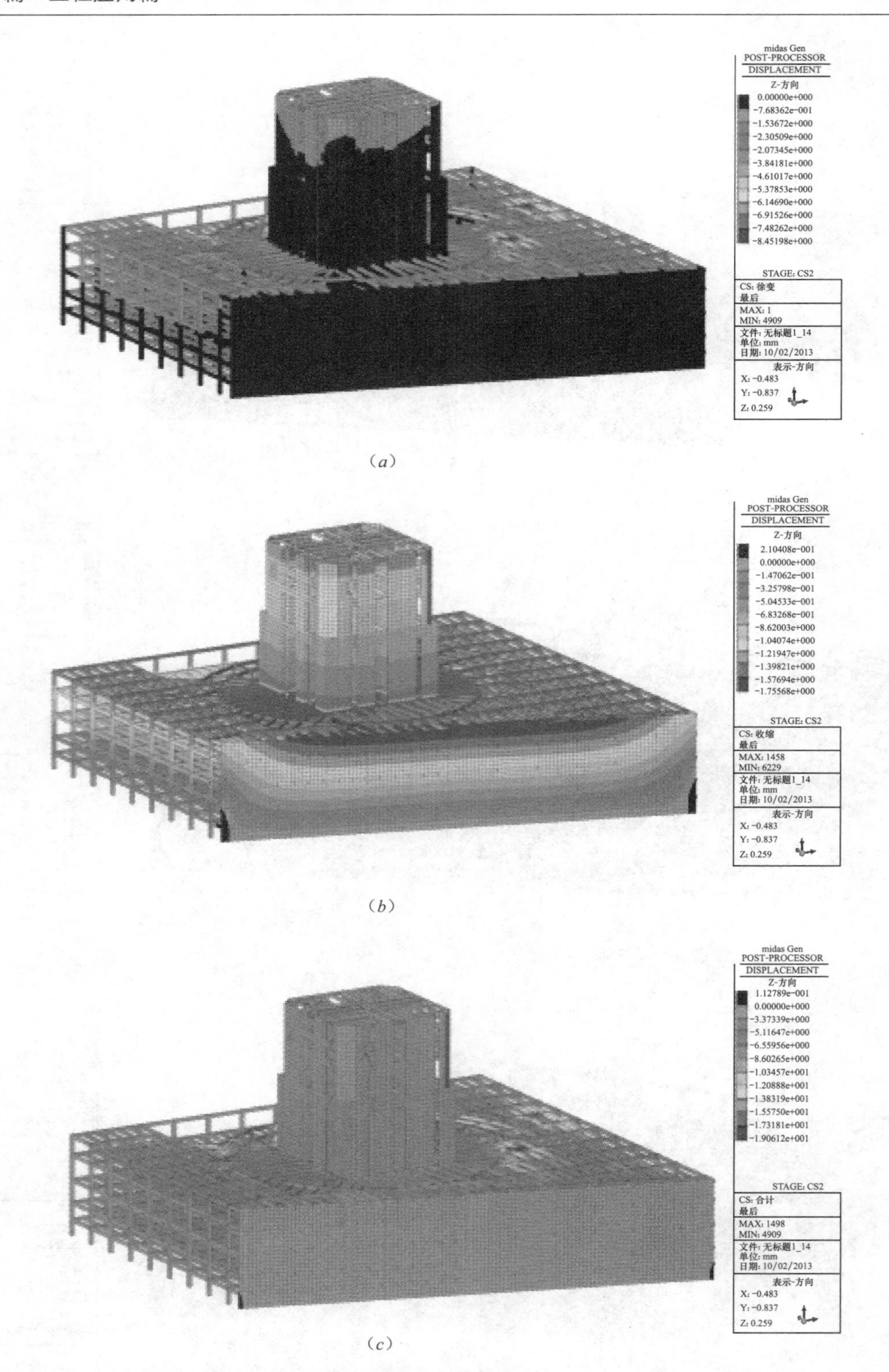

图 13.2.8　Stage10 竖向变形云图

(*a*) 竖向徐变变形；(*b*) 竖向收缩变形；(*c*) 竖向总变形

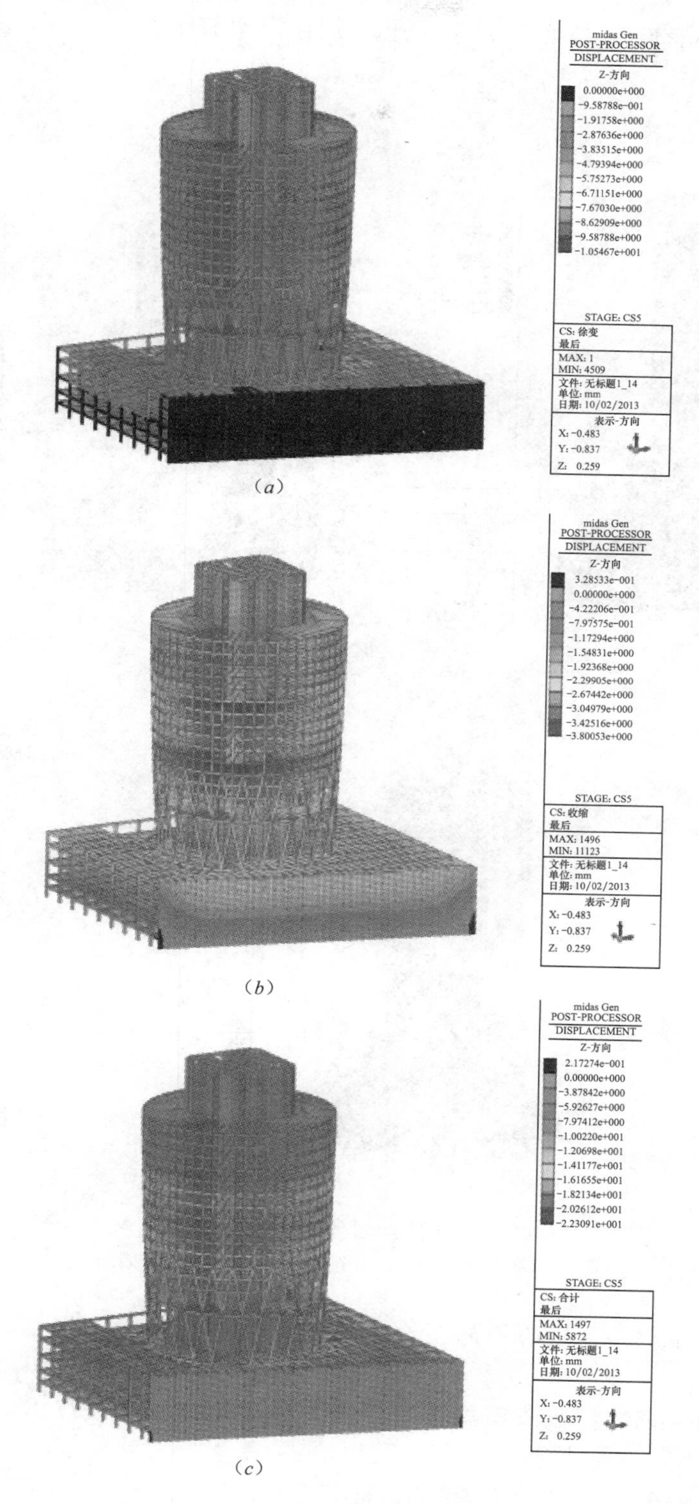

图 13.2.9　Stage20 竖向变形云图

(a) 竖向徐变变形；(b) 竖向收缩变形；(c) 竖向总变形

第 30 步（stage30）：核心筒施工至 F56 层，框架施工至 F49 层，其竖向变形如图 13.2.10 所示。

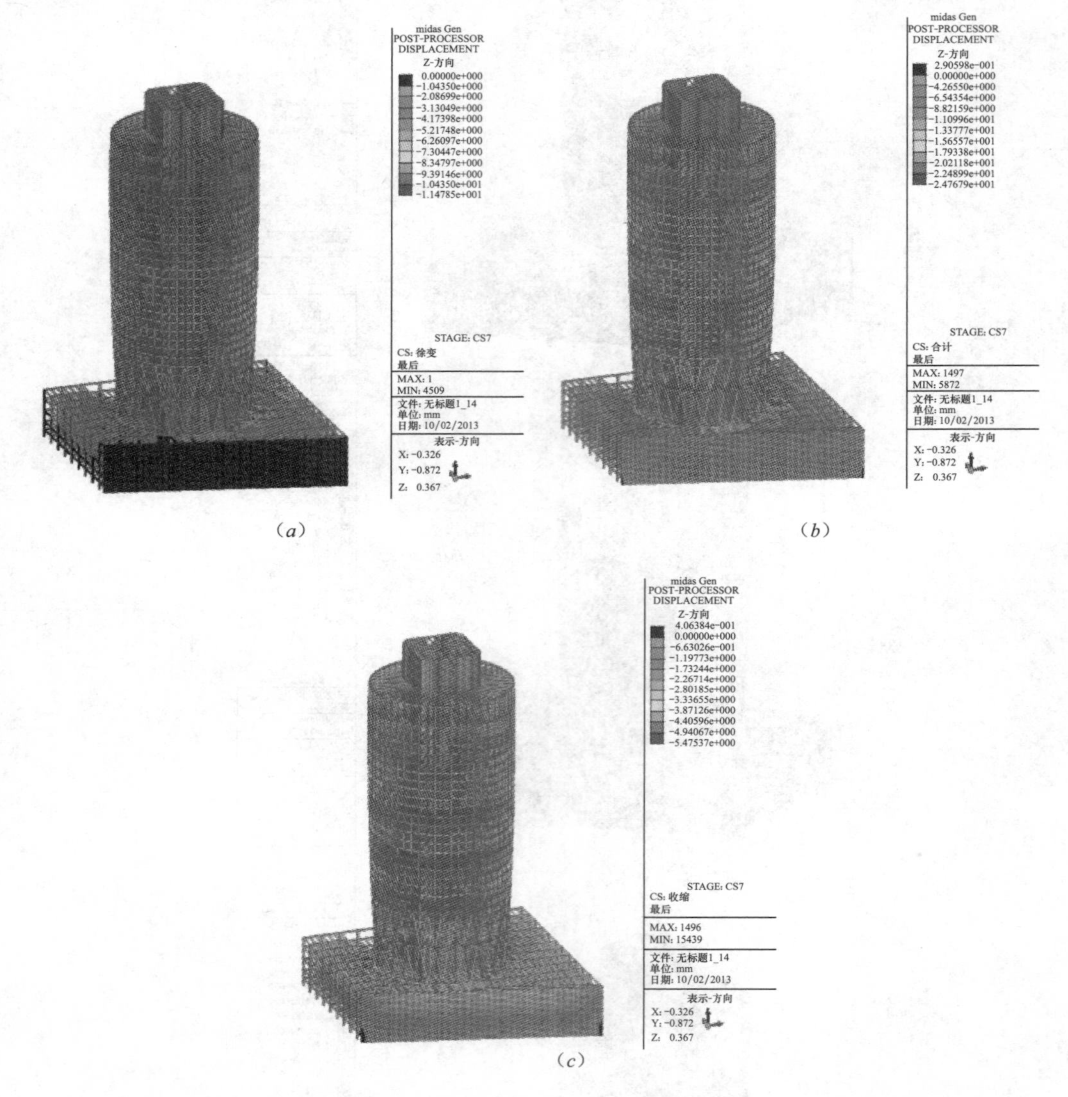

图 13.2.10　Stage30 竖向变形云图

(a) 竖向徐变变形；(b) 竖向收缩变形；(c) 竖向总变形

第 40 步（stage40）：核心筒施工至 F70 层，框架施工至 F63 层，其竖向变形如图 13.2.11 所示。

第 50 步（stage50）：核心筒施工至 F84 层，框架施工至 F77 层，其竖向位移如图 13.2.12 所示。

第 60 步（stage60）：核心筒施工完成，框架施工完成，其竖向位移如图 13.2.13 所示。

第 66 步（stage66）：核心筒施工完成，框架施工完成，其竖向位移如图 13.2.14 所示。

第 67 步（stage67）：核心筒施工完成，框架施工完成，其竖向位移如图 13.2.15 所示。

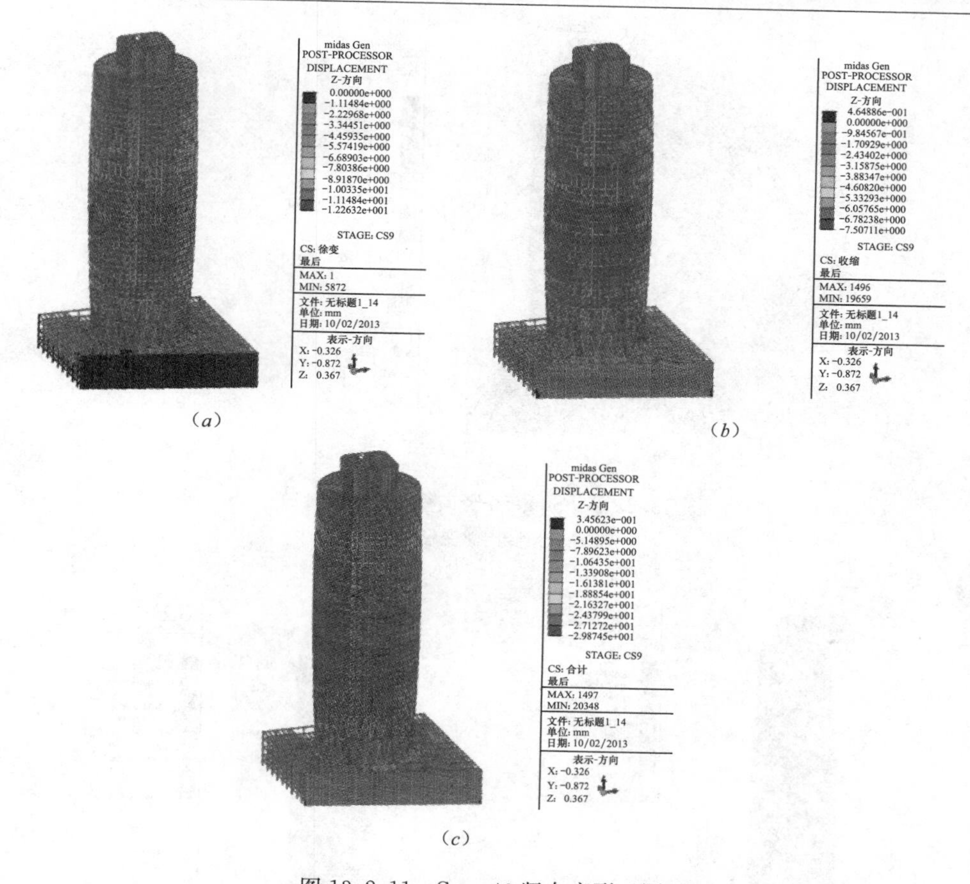

图 13.2.11　Stage40 竖向变形云图

(a) 竖向徐变变形；(b) 竖向收缩变形；(c) 竖向总变形

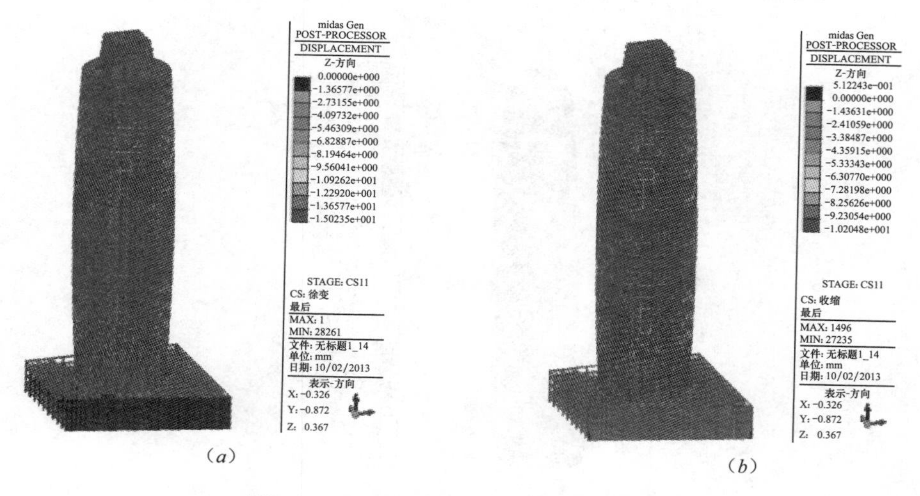

图 13.2.12　Stage50 竖向变形云图（一）

(a) 竖向徐变变形；(b) 竖向收缩变形

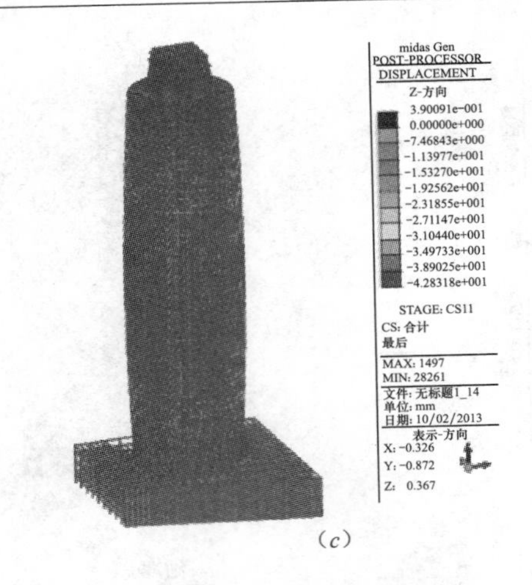

(*c*)

图 13.2.12　Stage50 竖向变形云图（二）

(*c*) 竖向总变形

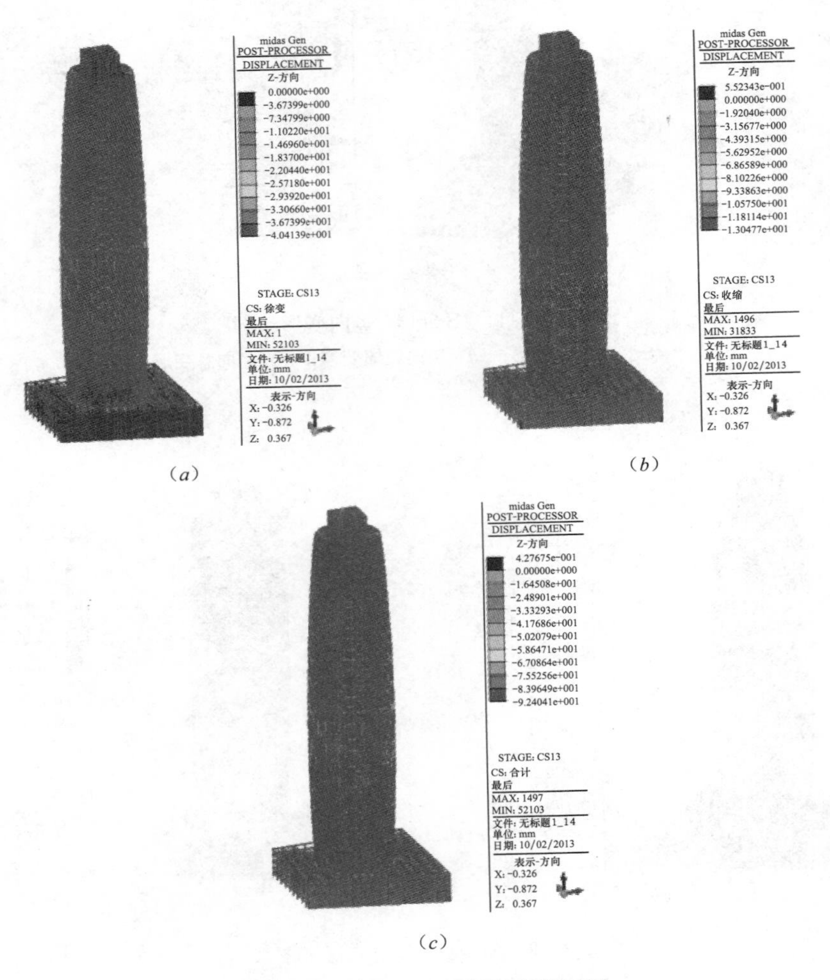

图 13.2.13　Stage60 竖向变形云图

(*a*) 竖向徐变变形；(*b*) 竖向收缩变形；(*c*) 竖向总变形

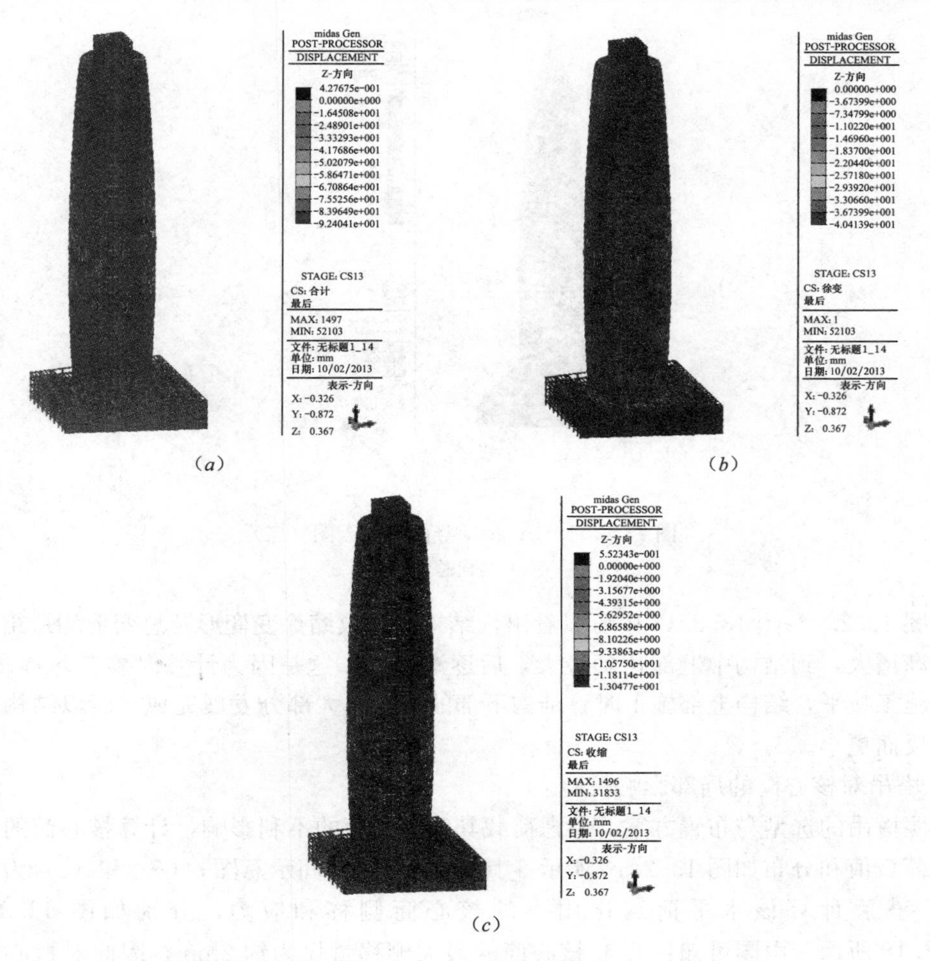

图 13.2.14　Stage66 竖向变形云图

(*a*) 竖向徐变变形；(*b*) 竖向收缩变形；(*c*) 竖向总变形

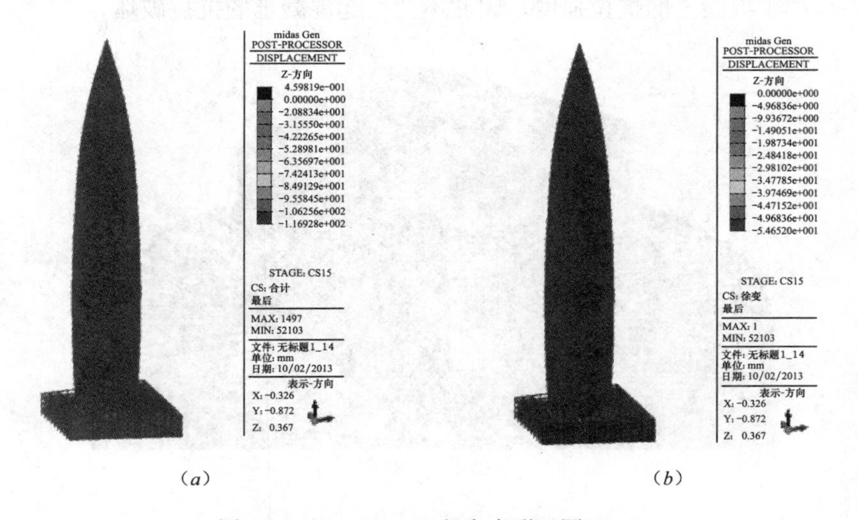

图 13.2.15　Stage67 竖向变形云图（一）

(*a*) 竖向徐变变形；(*b*) 竖向收缩变形

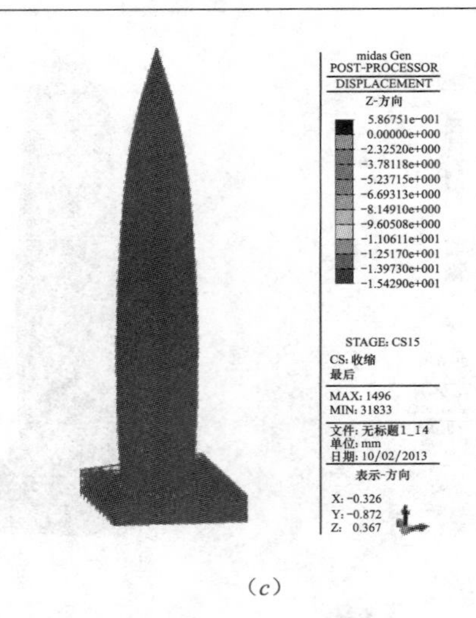

(*c*)

图 13.2.15　Stage67 竖向变形云图（二）

(*c*) 竖向总变形

从图 13.2.9～图 13.2.15 中可以看出，结构竖向收缩徐变变形及总变形均从结构底层开始逐渐增大，到结构中上部达到最大，后逐渐减小。这是因为计算时施工步逐步加载，考虑了施工找平，结构上部施工时，结构下部的变形已大部分发展完成，所以结构顶部竖向变形反而更小。

4. 塔吊对核心筒的局部影响校验

按照塔吊的选型与布置方案，考虑荷载其对核心筒的不利影响，计算核心筒的水平荷载，其荷载值和分布如图 13.2.16 所示 [其中 (*a*) 为空间示意图，(*b*) 和 (*c*) 为平面示意图]，然后计算该水平荷载作用下的核心筒侧移和应力，分别如图 13.2.17 和图 13.2.18 所示。由图可知：(1) 核心筒的最大侧移量仅为约 2mm，因此对核心筒整体影响较小；(2) 塔吊在部分墙梁以及核心筒的角点位置产生了应力集中，但最大应力仅为 45kN/m^2，远小于混凝土的抗拉强度，因此不会引起混凝土的抗拉破坏。

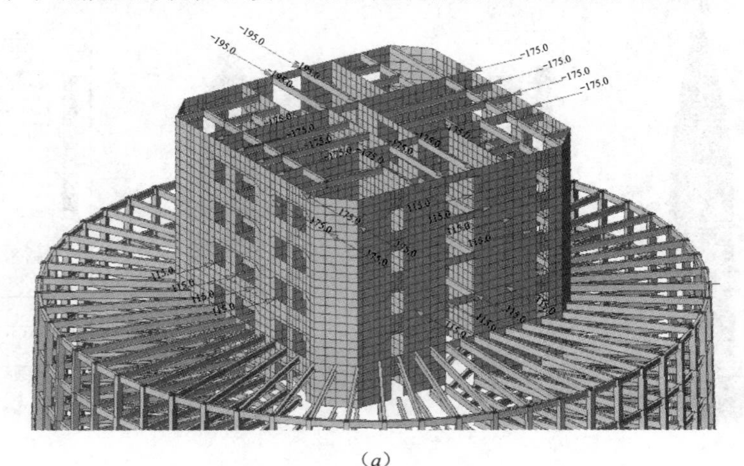

(*a*)

图 13.2.16　塔吊荷载简图（一）

(*a*) 塔吊荷载空间示意图

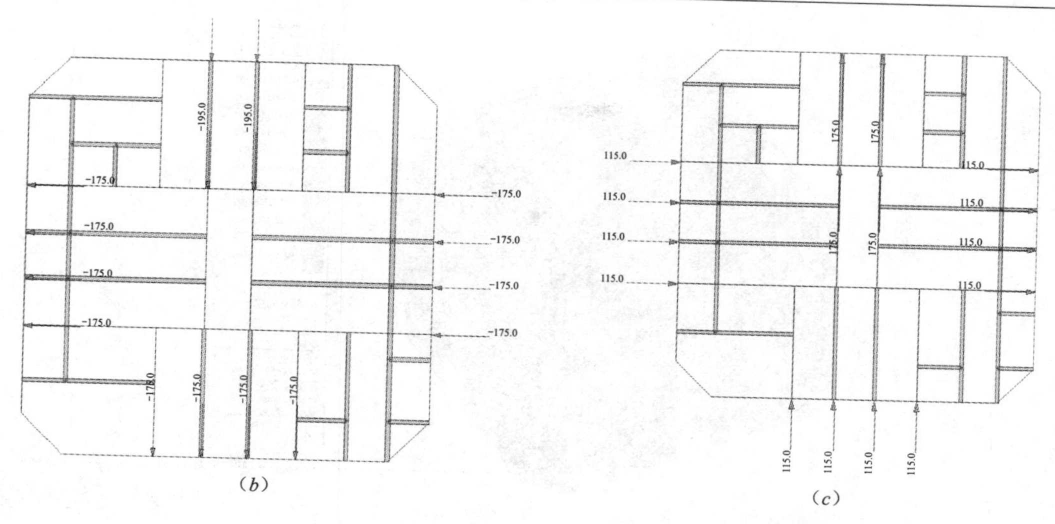

图 13.2.16　塔吊荷载简图（二）

（*b*）上部荷载平面图；（*c*）下部荷载平面图

图 13.2.17　塔吊作用下核心筒侧移图

13.2.4　结论

该算例采用 MIDAS/GEN 软件，真实地模拟了结构施工各个阶段的动态过程，通过考虑施工加载和收缩徐变，更加真实地体现了结构的变形及受力状态。计算结果显示结构竖向变形及变形差均呈现两头小中间大的分布趋势，在结构中上部达到最大，这是因为计算时施工步逐步加载，考虑了施工找平，施工结构上部时，结构下部的变形以大部分发展完成。另外，该结构的框架竖向总位移比核心筒要大，两者的变形差最大约为 38.32mm，发生在结构的 44 层。

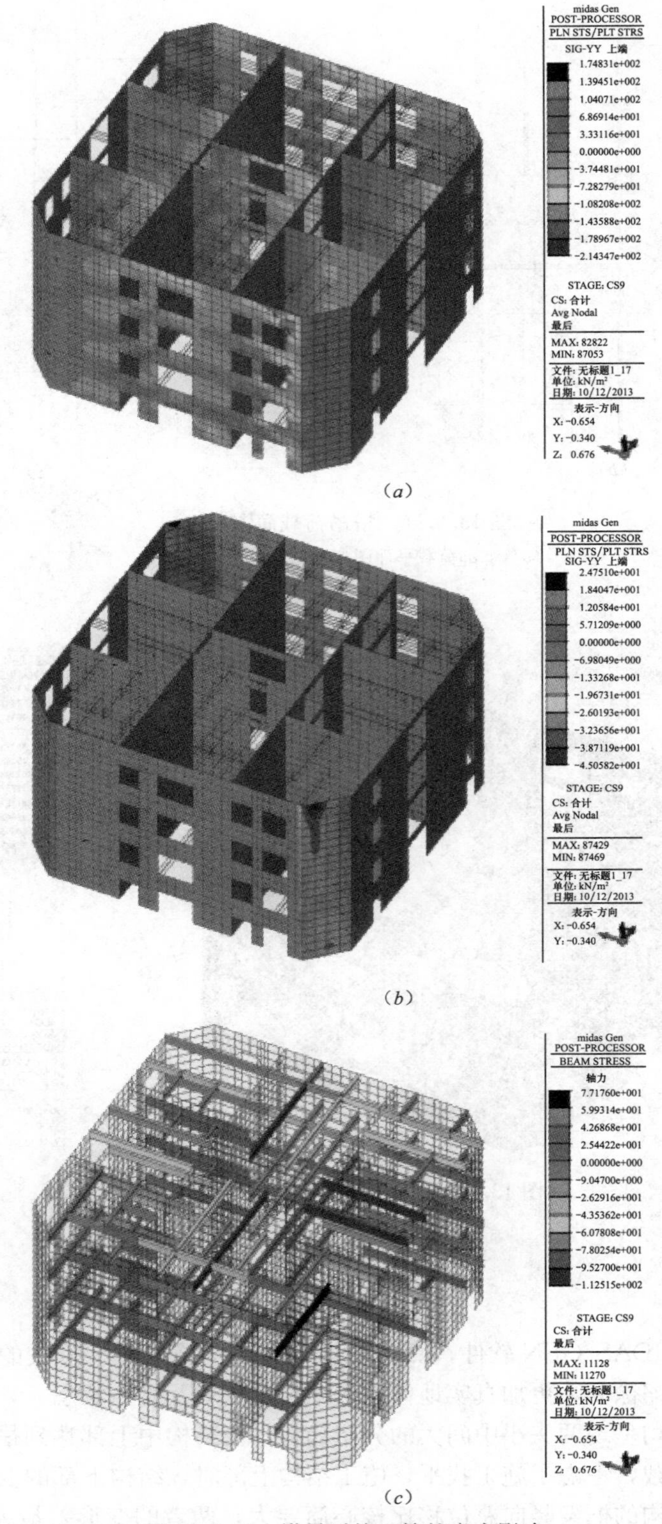

图 13.2.18 塔吊对核心筒的应力影响

(*a*) 核心筒 Syy；(*b*) 核心筒 Sxy；(*c*) 梁单元 Saxs

13.3　参考文献

[1]　中交公路规划设计研究院有限公司．公路钢筋混凝土及预应力混凝土桥涵设计规范 JTG D62—2004. 北京：人民交通出版社，2004.
[2]　Ceb-Fip Model Code 1990：Design Code. Comit E. Euro-International Du B. Eton. Great Britain，1993.

第4篇　附　　录

附录 A　结构仿真集成系统的底层网格算法

本书第 10 章简要介绍了中建技术中心自主研发的结构仿真集成系统（ISSS），下面详细介绍其底层的网格划分算法，它是 ISSS 集成系统的关键组成部件之一，大致包括如下三部分内容：铺砌法自由网格划分、域内约束网格划分（定点定线问题）、可展空间曲面网格划分。

A. 1　铺砌法自由网格划分

铺砌法（Paving）自由网格算法原则上适用于任意复杂平面的四边形自由网格划分，下面详细阐述其基本原理以及程序流程。

A. 1. 1　铺砌法概述

铺砌法的基本思路可归纳如下：首先沿初始边界生成单元，然后更新几何边界，并沿新的几何边界继续生成单元，重复上述过程直至整个域内被单元占满，因此，铺砌法又被称为移动边界法，其网格划分如图 A. 1. 1 所示，其中，粗线条表示固定边界（原始边界）和移动边界，细线条表示域内网格，固定边界在整个网格划分过程中均不作修改，而移动边界和域内网格则在“铺砌”过程中会进行网格抹平和拓扑优化，以便得到最适合有限元计算的网格质量。

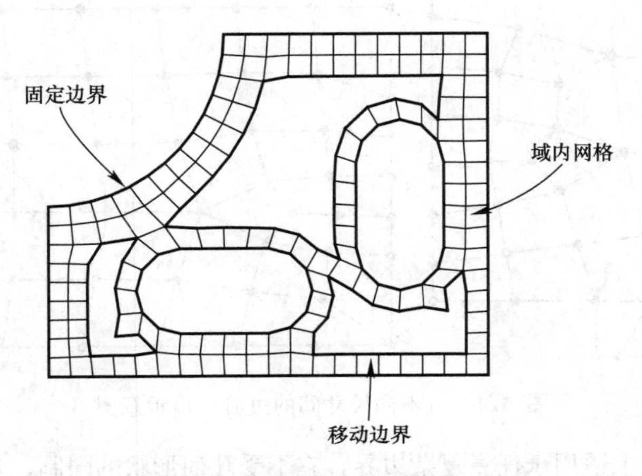

图 A. 1. 1　铺砌法自由网格示意图

要使上述的“铺砌法”能适应于各种复杂边界以及对各种几何边界都能得到良好的网格质量，关键是要处理好如下几个技术难点：

（1）移动边界处理：包括边界相交、边界缝合等，通过边界相交和缝合处理，移动边界的数量可能任意增加或者减少，如图 A. 1. 2 所示，初始的 3 条移动边界在网格划分过程中可能减少为 2 条，之后又增加为 3 条；

图 A.1.2 网格铺砌示意图

(2) 结点和单元的几何抹平：几何抹平是指修改结点坐标，而不改变结点及单元间的连接关系。为提高网格抹平的效果，本文联合采用了四种算法：等参抹平、拉普拉斯抹平、约束抹平、最优化抹平；

(3) 结点和单元的拓扑优化：拓扑优化是指修改结点及单元之间的连接关系，而不改变结点坐标。在网格铺砌的过程中，通过适当的拓扑优化和几何抹平，能大大改善网格的质量，同时还能有效提高铺砌法的稳定性和效率。

综合来说，铺砌法之所以被各大商业软件广泛采用，是因为它有如下几个优点：

(1) 铺砌法优先保证临近边界的网格质量，将形状不好的单元尽量置于区域中心（即远离边界），这样做有利于提高有限元计算的质量，因为通常来说边界附近的网格对有限元计算最敏感，如果边界单元质量不好则很容易导致有限元计算结果偏差较大；

(2) 在不同尺寸的网格之间，铺砌法会自动生成过渡单元，如图 A.1.3 所示，避免网格尺寸突变，提高网格的光滑性，从而提高有限元分析的质量；

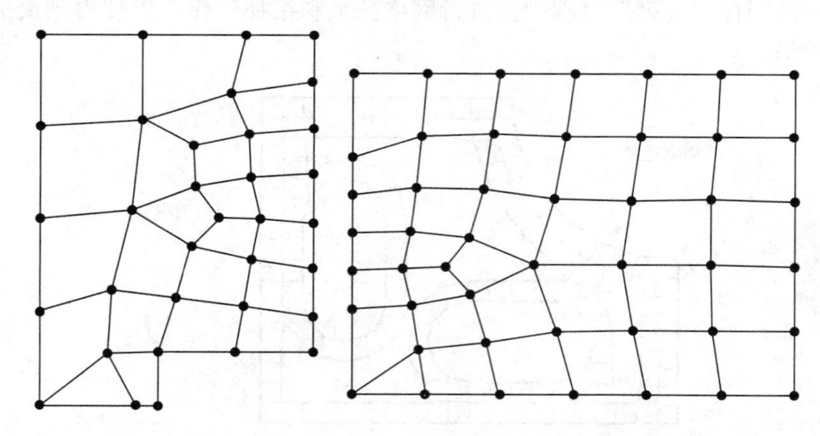

图 A.1.3 不同尺寸间的过渡网格示意图

(3) 铺砌法理论上适用于任意复杂边界，它不受几何形状的限制，具有很强的通用性。

A.1.2 铺砌法的基本流程

铺砌法的基本流程如图 A.1.4 所示，但需指出的是：流程图中各个步骤实际上是相互耦合的，比如缝合处理和相交处理时会执行边界抹平，边界段调整时会执行缝合和相交处理。

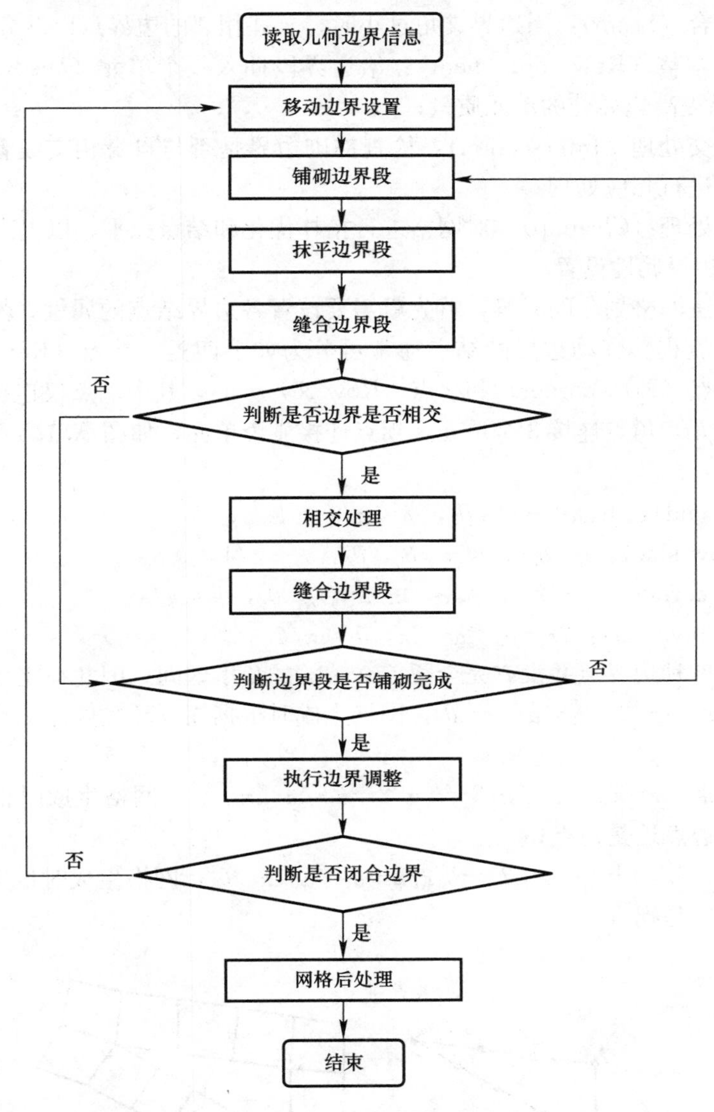

图 A.1.4 铺砌法的基本流程

A.1.3 铺砌法关键步骤介绍

铺砌法主要包括八个关键步骤，每个步骤都得小心处理，以确保铺砌法能够顺利执行并得到理想的网格质量，这八个步骤可简单归纳如下：

（1）边界设置（Row choice）：设置边界属性，设置铺砌边界段的起始点和终止点；

（2）闭合检查（Closure check）：当移动边界的结点数目满足闭合条件时，不再铺砌网格，而是调用固定模板直接生成全部网格；

（3）铺砌单元段（Row generation）：沿移动边界依次铺砌单元；

（4）边界抹平（Smooth）：调整边界点的位置以提高边界段的光滑性，以便下一阶段的网格铺砌；

（5）边界缝合（Seam）：当边界夹角过小时，合并相邻的边界点以缝合边界段；

（6）边界段调整（Row adjustment）：给边界段插入一个单元（Wedge）或删除一个单元（Tuck）以提高边界处的单元质量；

（7）边界相交处理（Intersection）：检查铺砌边界是否与自身相交或者与其他边界相交，如果相交则进行相应处理；

（8）网格后处理（Cleanup）：对网格进行拓扑优化和结点抹平，以提高网格质量。

A. 1. 3. 1　边界属性设置

在执行铺砌法网格划分的时候，首先就需要设置各边界结点的属性，然后依据边界点属性来控制铺砌流程。移动边界的结点通常可分为如下四类：端点（Row end）、侧边点（Row side）、角点（Row corner）和拐点（Row reversal），其中端点仅连接 1 个单元，侧边点连接 2 个单元，角点连接 3 个单元，拐点连接 4 个单元，如图 A. 1. 5 所示，各边界点的角度范围如下：

- **端点**（Row end）：$0<\alpha<\pi/2+\theta_1$，$\theta_1<\pi/4$
- **侧边点**（Row side）：$\pi-\theta_2<\alpha<\pi+\theta_3$，$\theta_2$，$\theta_3<\pi/4$
- **角点**（Row corner）：$3\pi/2-\theta_4<\alpha<3\pi/2+\theta_5$，$\theta_4$，$\theta_5<\pi/4$
- **拐点**（Row reversal）：$2\pi-\theta_6<\alpha<2\pi$，$\theta_6<\pi/4$

显然，上述四种边界点并没有完全覆盖 $0\sim2\pi$ 的角度区间，因此补充如下定义：

- **端点或侧边点**：$\pi/2+\theta_1<\alpha<\pi-\theta_2$，网格生成时根据周围环境确定该点是端点还是侧边点；
- **侧边点或角点**：$\pi+\theta_3<\alpha<3\pi/2-\theta_4\pi/2+\theta_1<\alpha<\pi-\theta_2$，网格生成时根据周围环境确定该点是侧边点还是角点；
- **角点或拐点**：$3\pi/2+\theta_5<\alpha<2\pi-\theta_6\pi/2+\theta_1<\alpha<\pi-\theta_2$，网格生成时根据周围环境确定该点是角点还是拐点。

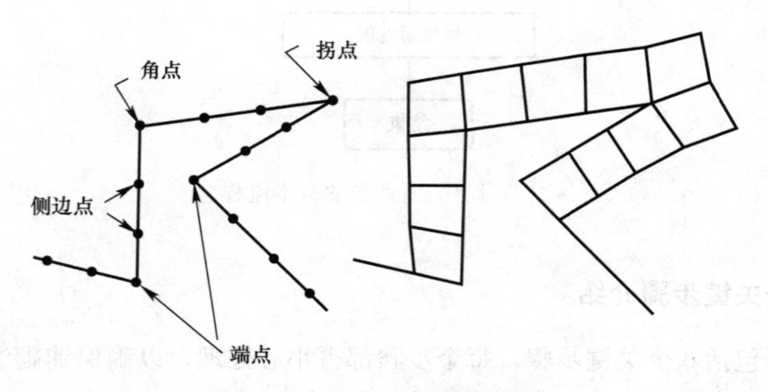

图 A. 1. 5　边界点属性

前面提到了边界点的模糊定义，比如 $\pi/2+\theta_1<\alpha<\pi-\theta_2$ 可能被定义成侧边点，也可能被定义成端点，具体如何定义须根据网格环境来确定。如图 A. 1. 6 所示的网格，边界点 1 和 3 显然是端点，边界点 2 和 4 是模糊边界点，如果把它定义成侧边点，则得到左下角的网格，如果定义成侧边点，则得到右下角的网格，显然，后者的网格质量要好于前者，因此这种情况下通常将 2、4 结点定义为端点。

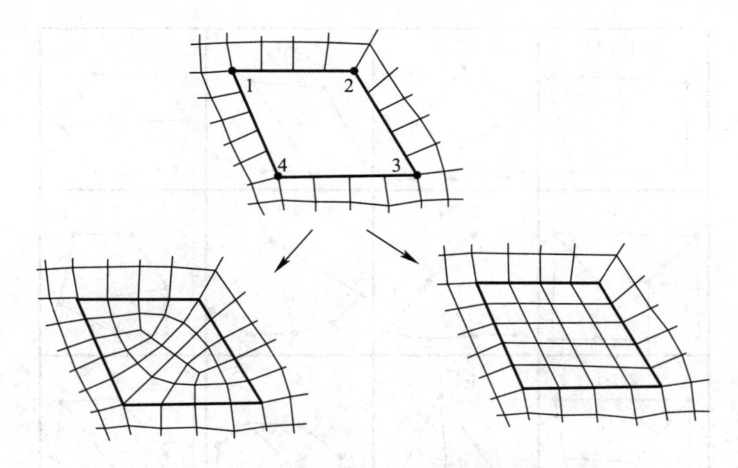

图 A. 1. 6　模糊边界点的不同网格结果

在网格划分时，优先选用端点（Row end）作为移动边界的起始点和终止点。通常情况下，一条完整的移动边界至少包含 2 个端点（Row end），因此它至少被分解成 2 个铺砌边界段，但有些情况下可能只有一个端点甚至没有端点（如图 A. 1. 7 所示），这种情况下移动边界便成为一个完整的铺砌段。

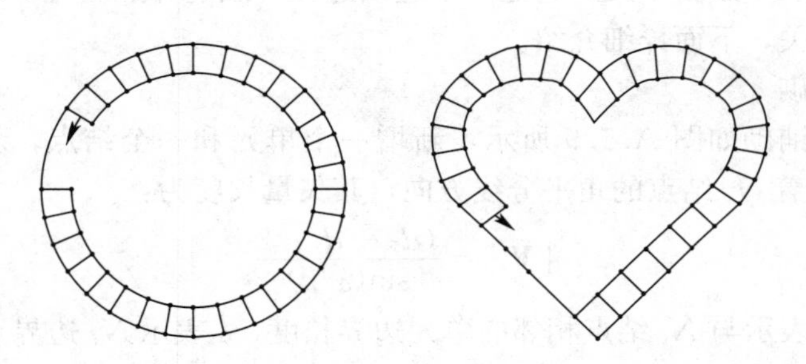

图 A. 1. 7　没有端点的边界铺砌

A. 1. 3. 2　边界闭合检查

当移动边界段满足一定条件时，便可直接闭合，无须继续铺砌，下面介绍各种情况下的闭合准则，包括：2 结点闭合、4 结点闭合、6 结点闭合。

（1）2 结点闭合

当边界段只剩下 2 个结点时，直接删除当前移动边界信息。该情况通常不会遇到，只有在边界缝合和相交处理时才有可能碰到。

（2）4 结点闭合

当边界段只剩下 4 个结点时，直接由这四个结点构成一个四边形新单元，然后删除移动边界信息。

（3）6 结点闭合

当边界段只剩 6 个结点时，根据边界情况分为 4 类：（1）矩形类（4 个端点）；（2）三角类（3 个端点）；（3）半圆类（2 个端点）；（4）圆形类（其他），具体如图 A. 1. 8 所示。

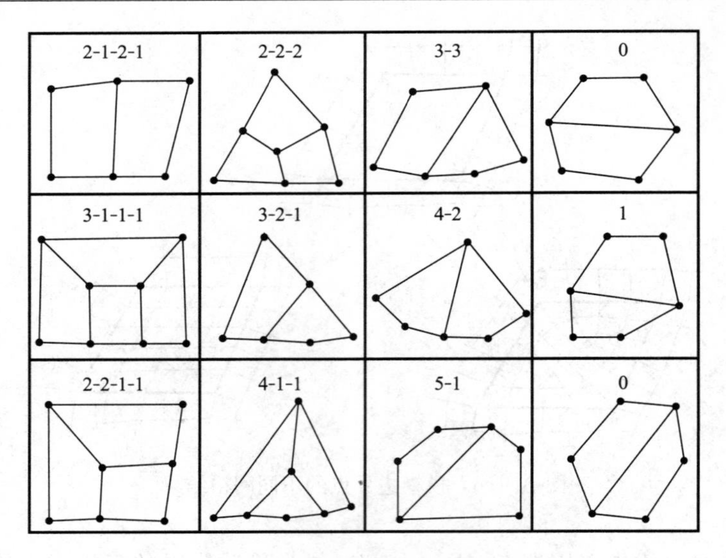

图 A.1.8 Blacker 闭合准则

A.1.3.3 边界铺砌

当设置好边界点属性后，便可以沿移动边界执行网格铺砌。网格铺砌时首先生成新结点，然后连接新结点生成新单元，它是一个连续过程，跟边界点属性（端点、侧边点、角点、拐点）直接相关，下面详细介绍。

（1）侧边点铺砌

侧边点的网格铺砌如图 A.1.9 所示，新增一个单元和一个结点，新增结点记为 N_j，结点矢量记为 $\mathbf{V}$ 沿着 N_i 结点的角平分线方向，其矢量长度为：

$$|\mathbf{V}| = \frac{(d_1 + d_2)/2}{\sin(\alpha/2)} \tag{A.1.1}$$

其中 d_1 和 d_2 表示与 N_i 结点相邻的单元边界长度，α 表示 N_i 边界点的夹角。

（2）角点铺砌

角点的网格铺砌如图 A.1.10 所示，它将新增 2 个单元和 3 个结点，分别是 N_j、N_k、N_l，其结点矢量分别记为 $\mathbf{V}_j$、$\mathbf{V}_k$ 和 $\mathbf{V}_l$，其矢量方向分别为 $\alpha/3$、$\alpha/2$ 和 $2\alpha/3$，矢量长度分别为：

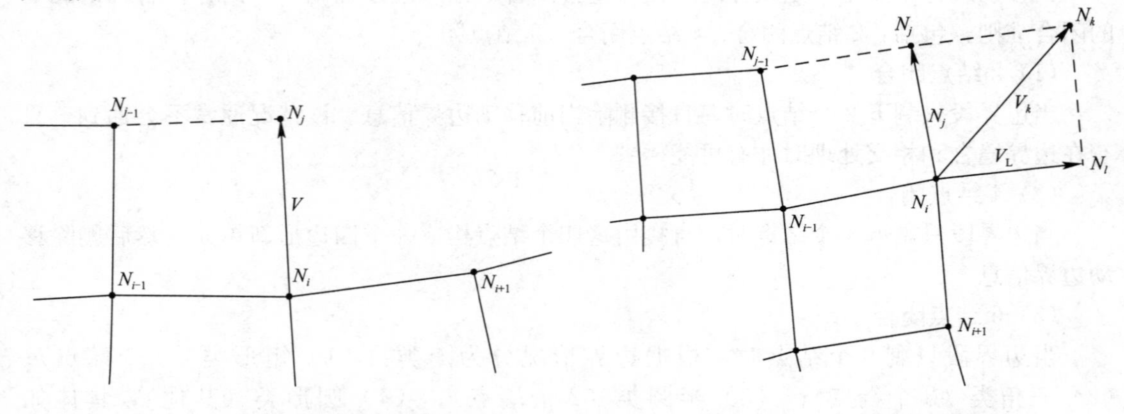

图 A.1.9 侧边点铺砌示意图

图 A.1.10 角点铺砌示意图

$$|\boldsymbol{V}_j|=\frac{(d_1+d_2)/2}{\sin(\alpha/3)},\quad |\boldsymbol{V}_k|=\sqrt{2}|\boldsymbol{V}_j|,\quad |\boldsymbol{V}_l|=|\boldsymbol{V}_j| \tag{A.1.2}$$

其中 d_1 和 d_2 表示与 N_i 结点相邻的单元边界长度，α 表示 N_i 边界点的夹角。

(3) 拐点铺砌

拐点的网格铺砌如图 A.1.11 所示，它将新增 3 个单元和 5 个结点，分别是 N_j、N_k、N_l、N_m 和 N_n，其结点矢量分别记为 $\boldsymbol{V}_j$、$\boldsymbol{V}_k$、$\boldsymbol{V}_l$、$\boldsymbol{V}_m$ 和 $\boldsymbol{V}_n$，其矢量方向分别为 $\alpha/4$、$3\alpha/8$、$\alpha/2$、$5\alpha/8$ 和 $3\alpha/4$，矢量长度分别为：

$$|\boldsymbol{V}_j|=\frac{(d_1+d_2)/2}{\sin(\alpha/4)},\quad |\boldsymbol{V}_k|=\sqrt{2}|\boldsymbol{V}_j| \tag{A.1.3a}$$

$$|\boldsymbol{V}_l|=|\boldsymbol{V}_j|,\quad |\boldsymbol{V}_m|=|\boldsymbol{V}_k|,\quad |\boldsymbol{V}_n|=|\boldsymbol{V}_j| \tag{A.1.3b}$$

其中 d_1 和 d_2 表示与 N_i 结点相邻的单元边界长度，α 表示 N_i 边界点的夹角。

(4) 全侧边点铺砌

前后两边界点均为侧边点的网格铺砌如图 A.1.12 所示，将新增一个单元和两个结点，分别记为 N_j 和 N_k，其结点矢量记为 $\boldsymbol{V}_j$ 和 $\boldsymbol{V}_k$，它们分别沿着边界点 N_i 和 N_{i+1} 的角平分线方向，其矢量长度分别为：

$$|\boldsymbol{V}_j|=\frac{(d_1+d_2)/2}{\sin(\alpha/2)},\quad |\boldsymbol{V}_k|=\frac{(d_3+d_2)/2}{\sin(\beta/2)} \tag{A.1.4}$$

其中 d_1、d_2 和 d_3 分别表示与结点 N_i 和 N_{i+1} 相邻的单元边界长度，α 和 β 分别表示边界点 N_i 和 N_{i+1} 的夹角。

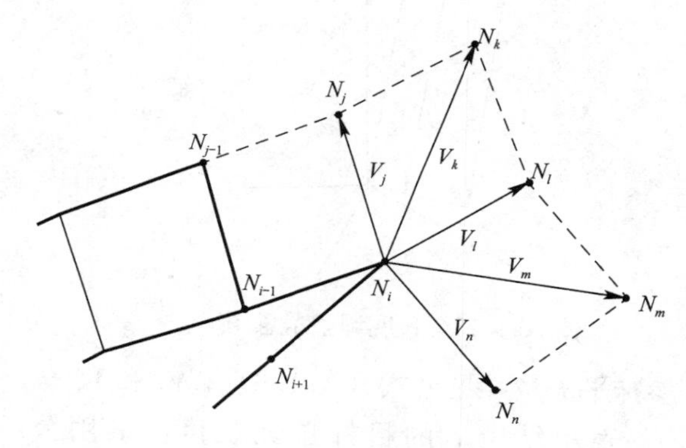

图 A.1.11　拐点铺砌示意图

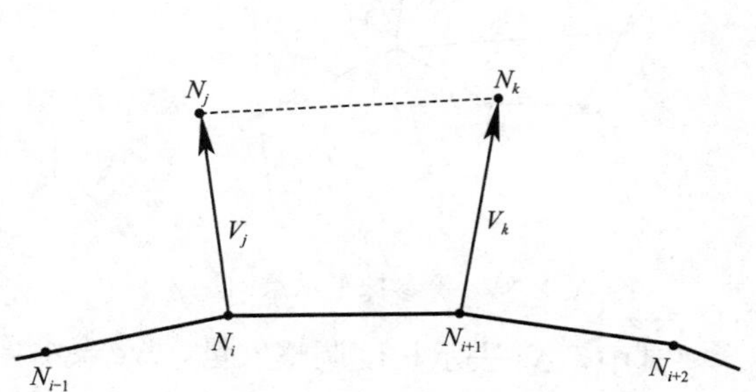

图 A.1.12　全侧边点铺砌示意图

(5) 完成铺砌

当网格铺砌遇到端点（Row end）时，将不产生新结点，而直接生成新单元，并完成该边界段的铺砌，如图 A.1.13 所示。

A.1.3.4　边界抹平

边界抹平的目的是保持移动边界的光滑形，确保边界单元尽可能接近正方形，它主要包括三个组成部分：等参抹平（isoparametric smoothness）、长度调整（length adjustment）、角度调整（angle smoothness），

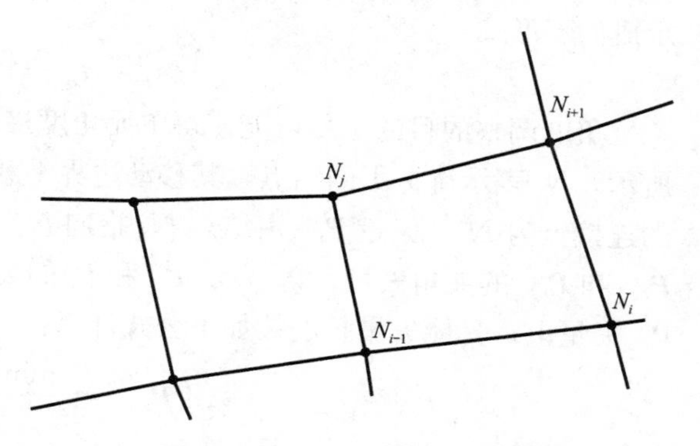

图 A.1.13　完成边界段铺砌

其中等参抹平是为了使单元形状接近平行四边形，长度调整是为了使单元尺寸接近于目标尺寸，角度调整是为了使单元夹角接近于直角。

等参抹平是基于“平行四边形的对角线互相平分”这一原理推出，其计算公式如下：

$$\mathbf{V}'_i = \frac{1}{n}\sum_{m=1}^{n}(\mathbf{V}_{mj} + \mathbf{V}_{ml} - \mathbf{V}_{mk}) \tag{A. 1. 5}$$

其中，i 表示待抹平的结点号，n 表示与结点 i 相连的单元总数，m 表示单元号（$m=1$，2，$\cdots n$），$\mathbf{V}_{mj}$、$\mathbf{V}_{mk}$ 和 $\mathbf{V}_{ml}$ 表示 j、k 和 l 结点对应的坐标矢量，如图 A. 1. 14 所示，$\mathbf{V}'_i$ 表示等参抹平后结点 i 对应的坐标矢量，它与抹平前的坐标矢量 $\mathbf{V}_i$ 之差即为等参抹平矢量 Δ_A：

$$\Delta_A = \mathbf{V}'_i - \mathbf{V}_i \tag{A. 1. 6}$$

长度调整是在等参抹平的基础上进行调整，它并不改变等参抹平后的结点矢量方向，仅改变其矢量值，如图 A. 1. 15 所示，其计算公式如下：

$$\Delta_B = \mathbf{V}_j - \mathbf{V}_i + (\Delta_A + \mathbf{V}_i - \mathbf{V}_j)\frac{l_D}{l_A} \tag{A. 1. 7}$$

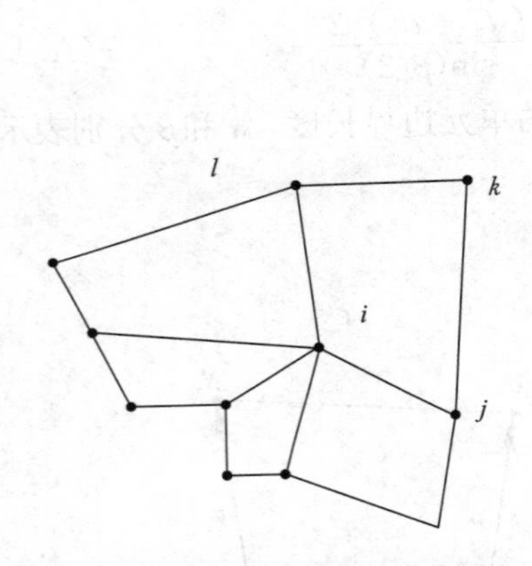

图 A. 1. 14　等参抹平示意图

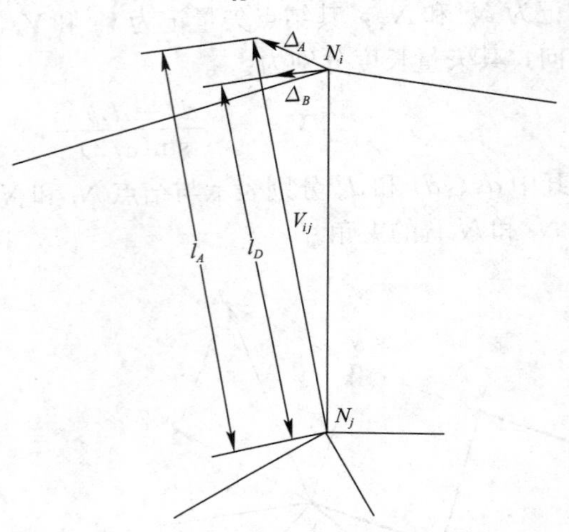

图 A. 1. 15　长度调整示意图

其中，Δ_B 表示长度调整矢量，Δ_A 表示等参抹平矢量［见公式（A. 1. 6）］，$\mathbf{V}_i$ 和 $\mathbf{V}_j$ 分别表示结点 i 和 j 对应的结点坐标矢量，l_D 表示结点 i 的目标单元长度，采用公式（A. 1. 1）～公式（A. 1. 5）计算，l_A 表示等参抹平后结点 i 的坐标矢量，显然，它可表示成如下形式：

$$l_A = |\mathbf{V}'_i| \tag{A. 1. 8}$$

角度调整的目的是尽可能使得单元角度接近 90°，其具体计算方法如下：如图 A. 1. 16 所示，N_i 表示待抹平的结点，其移动边界上相邻的结点分别是 N_{i-1} 和 N_{i+1}，其单元内部的连接点为 N_j，矢量 $\boldsymbol{P}_{i-1}$ 由结点 N_j 指向 N_{i-1}，矢量 $\boldsymbol{P}_{i+1}$ 由结点 N_j 指向 N_{i+1}，$\boldsymbol{P}_{B1}$ 表示 $\boldsymbol{P}_{i-1}$ 和 $\boldsymbol{P}_{i+1}$ 的夹角矢量，$\boldsymbol{P}_{B2}$ 表示 $\boldsymbol{P}_{B1}$ 和 $\boldsymbol{P}_i$ 的夹角矢量，执行角度调整后，结点 N_i 将落在 $\boldsymbol{P}_{B2}$ 矢量上，具体矢量长度按如下公式计算：

$$|\boldsymbol{P}_{B2}| = \frac{\min(l_Q, l_D) + l_D}{2} \tag{A. 1. 9}$$

其中，l_D 表示结点 N_i 的目标单元长度，采用公式（A. 1. 1）～公式（A. 1. 5）计算，

l_Q 表示 N_{i-1} 和 N_{i+1} 连线与 $\boldsymbol{P}_{B2}$ 的交点 Q 至结点 N_j 的距离（见图 A.1.16）。

由矢量 $\boldsymbol{P}_{B2}$ 和 $\boldsymbol{P}_i$ 很容易计算角度调整矢量 Δ_C：

$$\Delta_C = \boldsymbol{P}_{B2} - \boldsymbol{P}_i \qquad (A.1.10)$$

联合长度调整 Δ_B 和角度调整 Δ_C，可得到边界点的总体抹平矢量 Δ：

$$\Delta = \frac{\Delta_B + \Delta_C}{2} \qquad (A.1.11)$$

A.1.3.5　边界缝合处理

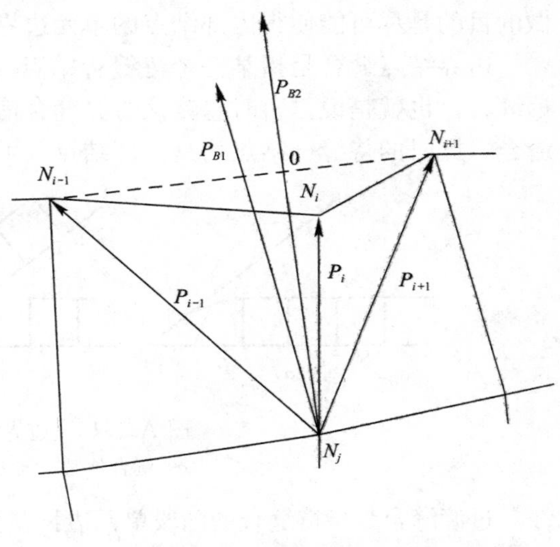

图 A.1.16　角度调整示意图

在网格铺砌过程中，各个边界点的夹角可能会太小甚至出现负夹角（边界重叠）的情况，这时候不适合继续铺砌单元（强行铺砌会得到错误网格），而必须采取缝合处理调整移动边界。边界缝合处理大体上可分为三类：（1）内部结点缝合；（2）边界结点缝合；（3）过渡缝合，下面分别介绍。

内部结点缝合是指待缝合的结点均是内部结点（可移动结点），这种情况下当边界点夹角 α 小于一定值时就执行缝合，夹角 α 的判别值如下：

$$\begin{Bmatrix} \alpha \leqslant \varepsilon_1, N_E \geqslant 5 \\ \alpha \leqslant \varepsilon_2, N_E \leqslant 4 \end{Bmatrix} \quad \varepsilon_1 > \varepsilon_2 \qquad (A.1.12)$$

其中，N_E 表示与当前边界点相连的单元边界数。之所以 $N_E \geqslant 5$ 比 $N_E \leqslant 4$ 的缝合标准更低，是因为单元边界数为 4 时（$N_E=4$）的网格质量最好，所以当 $N_E \leqslant 4$ 我们会提高缝合标准［见图 A.1.17（a）］，而 $N_E \geqslant 5$ 时我们会放宽缝合标准［见图 A.1.17（b）］，这样

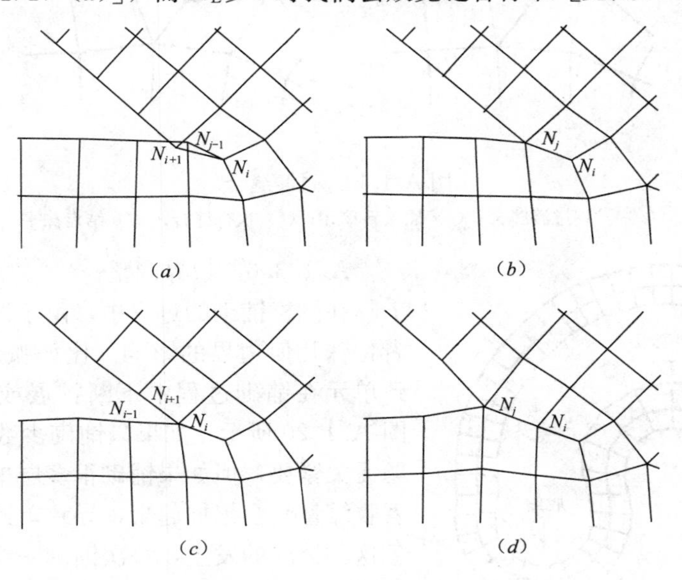

图 A.1.17　内部结点缝合

（a）4 边界结点；（b）4 边界结点缝合；（c）5 边界结点；（d）5 边界结点缝合

做的目的是尽可能使得内部结点的单元边界数等于4或者接近4。

边界结点缝合是指某一个待缝合结点为边界结点（固定结点），这种情况下通常会延迟缝合，也就是说，暂时忽略该边界缝合信息，继续下一边界段的单元，然后再执行边界缝合，此时的待缝合结点均是内部结点（可移动结点），如图 A.1.18 所示。

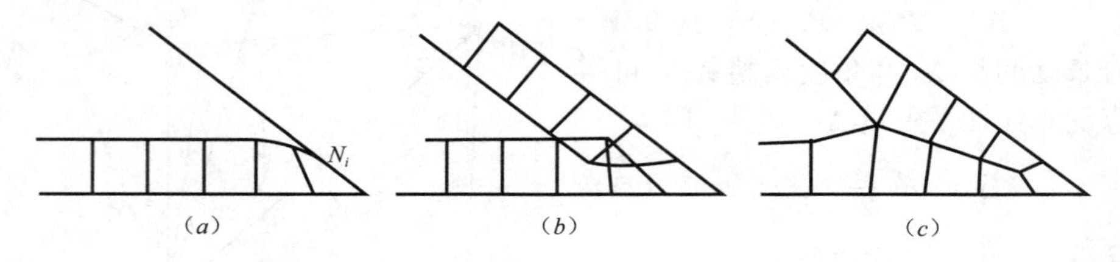

图 A.1.18　边界结点缝合（延迟缝合）
(a) 缝合延迟；(b) 继续铺砌；(c) 缝合边界

过渡缝合是指待缝合的两段单元边长差异过大，如图 A.1.19 所示，直接缝合可能产生畸形单元，因此将长边单元拆分成两个单元，然后再执行缝合，缝合结果如图 A.1.19 所示。

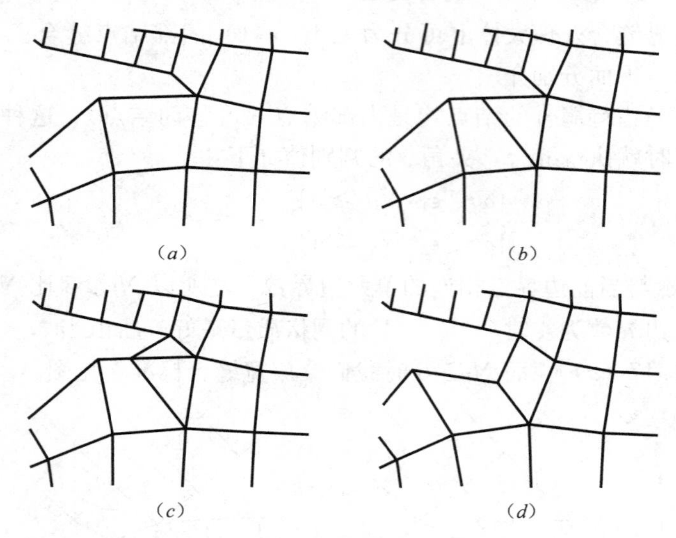

图 A.1.19　过渡缝合
(a) 发现过渡缝合；(b) 插入新单元；(c) 执行缝合；(d) 结点抹平

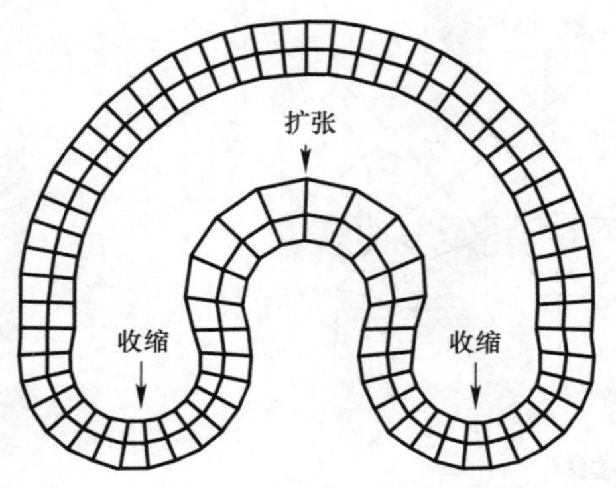

图 A.1.20　边界收缩和扩展示意图

A.1.3.6　边界调整

在网格铺砌的过程中，由于误差累计的作用或者特殊几何边界的影响（比如弧形边界），可能导致单元在铺砌过程中不断扩展或者不断收缩，如图 A.1.20 所示，如果只铺砌少数几层单元，该问题无关紧要，但如果铺砌很多层单元，扩展量（或者收缩量）会累加起来，导致单元形状畸变，为避免这种情况的发生，每次铺砌一整圈边界后，需进行适当的边界调整，可在适当位置插入一个新单元（Wedge insertion），如图 A.1.21 和图 A.1.22 所示，或者在适当的位置删除一个单元（Tuck formation），如图 A. 1. 23 和图 A. 1. 24 所示。通常来说，当单元数量（单个几何区域内）不多的时候，不需要执行上述调整，但如果单元数量很多的时候，上述调整会显得非常重要。

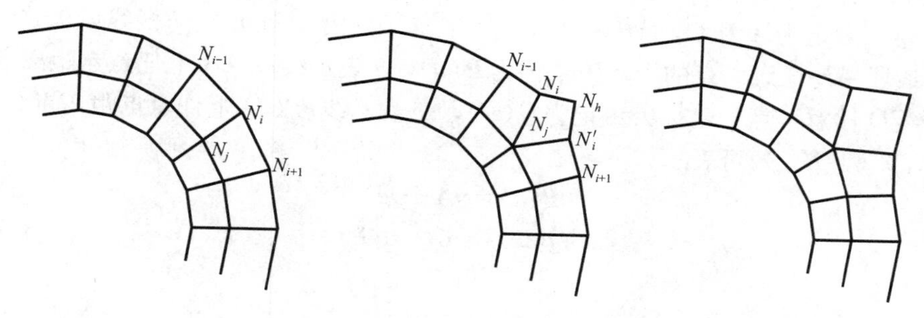

图 A. 1. 21　边界单元插入示意图

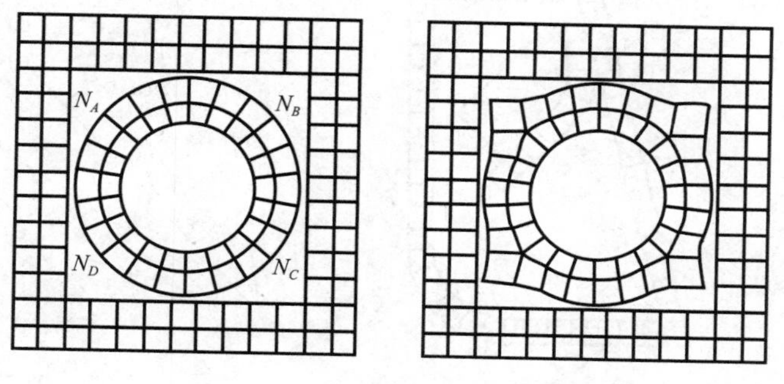

图 A. 1. 22　边界单元插入示例

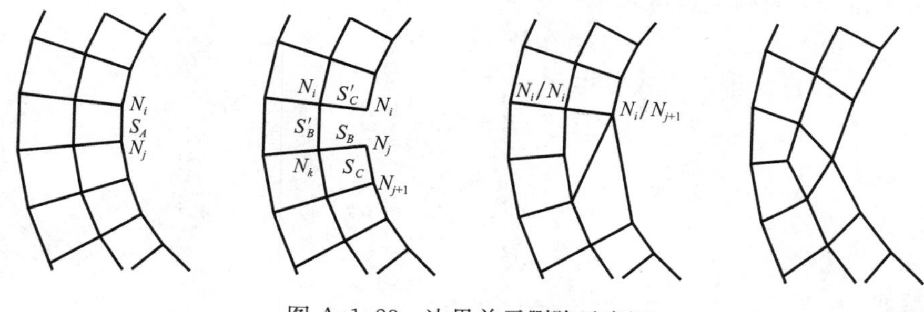

图 A. 1. 23　边界单元删除示意图

图 A. 1. 24　边界单元删除示例

A. 1. 3. 7　边界相交处理

在网格铺砌过程中，可能出现边界相交的情况，可能是自身边界相交，也可能是不同的边界相交，如图 A.1.25 所示，这种情况必须进行相交处理，否则会出现网格划分错误。

在执行网格相交处理之前，首先需判断边界相交，本文按如下方式计算线段相交。如图 A.1.26 所示，线段 AB 与 CD 相交于某个点，该点的坐标矢量记为 $\boldsymbol{R}$，A、C 两个结点的坐标矢量分别记为 $\boldsymbol{A}$ 和 $\boldsymbol{C}$，AB（沿 A 到 B）、CD（沿 C 到 D）两根线段矢量分别记为 $\boldsymbol{B}$ 和 $\boldsymbol{D}$，线段 AB 任意一点的坐标矢量记为 $\boldsymbol{P}(u)$，u 表示线段 AB 上任意点距离点 A 的长度，线段 CD 任意一点的坐标矢量记为 $\boldsymbol{Q}(w)$，w 表示线段 CD 上任意点距离点 C 的长度，显然，$\boldsymbol{P}(u)$ 和 $\boldsymbol{Q}(w)$ 可表示如下：

$$\boldsymbol{P}(u)=\boldsymbol{A}+u\boldsymbol{B} \tag{A.1.13a}$$

$$\boldsymbol{Q}(w)=\boldsymbol{C}+w\boldsymbol{D} \tag{A.1.13b}$$

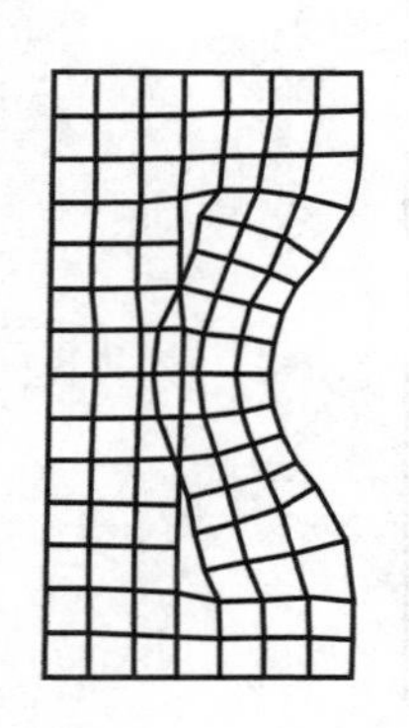

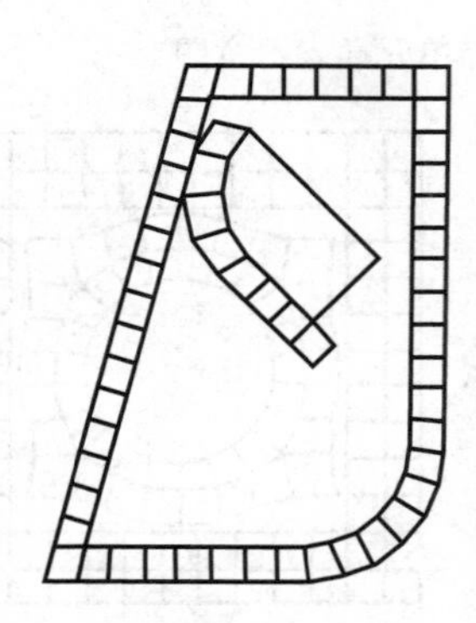

图 A.1.25 边界相交示意图

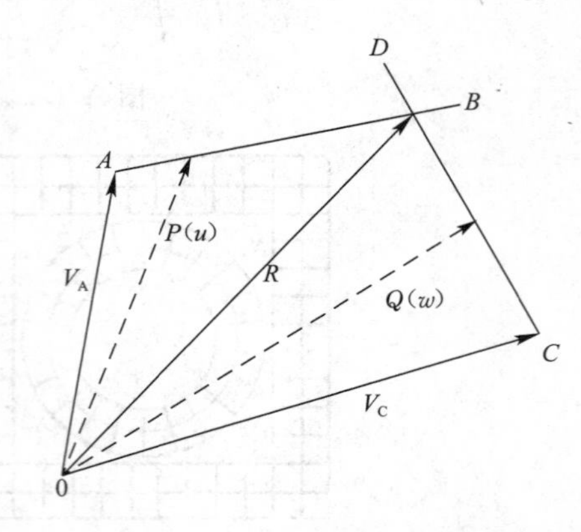

图 A.1.26 线段相交示意图

线段 AB 和 CD 的相交点可表示如下：

$$\boldsymbol{R}=\boldsymbol{P}(u)=\boldsymbol{Q}(w) \tag{A.1.14}$$

将公式（A.1.13）带入上式可得：

$$\boldsymbol{A}+u\boldsymbol{B}=\boldsymbol{C}+w\boldsymbol{D} \tag{A.1.15}$$

写成分量形式如下：

$$\begin{cases}A_x+uB_x=C_x+wD_x\\A_y+uB_y=C_y+wD_y\end{cases} \tag{A.1.16}$$

可改写如下：

$$\begin{cases}uB_x-wD_x=(C_x-A_x)\\uB_y-wD_y=(C_y-A_y)\end{cases} \tag{A.1.17}$$

求解上述方程可得（u，w），如果 $0\leqslant u\leqslant 1$，则说明交点位于线段 AB 上，如果 $u>1$ 则说明交点位于 AB 的延长线上，如果 $u<0$ 则说明交点位于 AB 的反向延长线上。同理，如果 $0\leqslant w\leqslant 1$，则交点位于线段 CD 上，如果 $w>1$ 则说明交点位于 CD 的延长线上，如果 $w<0$ 则说明交点位于 CD 的反向延长线上。显然，只有当 $0\leqslant(u, w)\leqslant 1$ 时，线段 AB 和线段 CD 才真正相交。

当确认边界相交后，就需要及时处理，否则会影响后续网格铺砌。这里需补充说明的是：如果存在边界相交，那么它一定是成对的出现，可能是 2 个交点，或者 4 个交点，或者更多，总之一定是偶数，而不可能出现奇数个交点。如果在相交判断时发现奇数个交点，则说明可能存在误差判断不一致的问题。边界相交的处理方式是“合并目标单元段”，大致可分为如下两类情况：(1) 自身边界相交处理；(2) 不同边界相交处理。

关于自身边界相交的处理（如图 A.1.27 所示），主要包括如下几个要点：

- **偶数结点限制**（Evenness constraint）：就是说边界相交处理后，新生成的移动边界必须包含偶数个边界点，因此在合并相交单元段时，必须事先判断合并后的边界结点数，如果产生奇数边界点则修改合并位置；
- **交点邻近边界搜索**：在有些情况下，合并交点邻近的边界段会比直接相交单元段得到更好的网格质量，因此在相交处理时，须事先判断合并后的单元质量，在相交点附件选择最佳的合并点；
- **不同尺寸边界处理**：在有些情况下，可能存在网格尺寸的边界相交问题，如果有必要的话，可将大尺寸的单元拆分成两个单元（与过渡缝合类似），然后再进行合并处理；
- **查找全边界所有交点**：移动边界相交时，至少有两处相交点，甚至更多，在做相交处理时，须遍历所有的相交点，查找能生成最佳网格的处理位置。

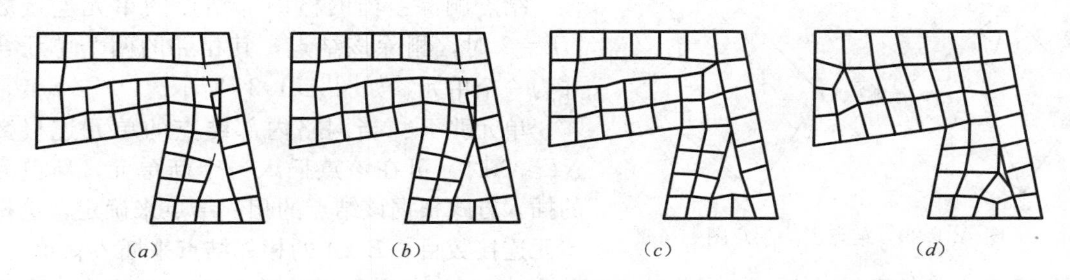

图 A.1.27　自身边界相交

(*a*) 发现边界相交；(*b*) 选择待处理边界段；(*c*) 边界相交处理；(*d*) 继续网格生成

关于不同边界相交的处理，其思路与自身边界相交基本相同，只不过不再有偶数结点限制，因为两条移动边界相交时，无论如何合并单元段，得到的新边界都是偶数个边界结点，如图 A.1.28 所示。

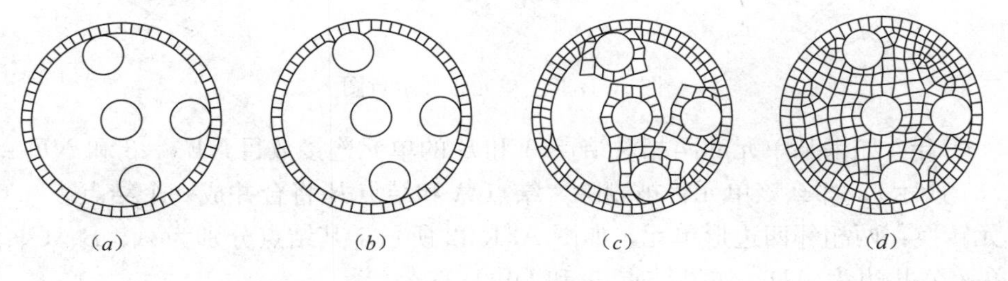

图 A.1.28　不同边界相交

(*a*) 边界铺砌；(*b*) 边界相交处理；(*c*) 继续网格铺砌；(*d*) 完成网格划分

A.1.3.8　网格后处理

网格后处理有时候又被称为网格清理（Clean-up），它是指网格划分初步完成后，通过适当的调整来改进网格质量。该部分工作在网格划分中非常重要，很多情况下，它对网格质量将有本质提升。网格后处理又可分为拓扑优化和结点抹平，由于这部分的工作比较多，本文将分成独立的小节来介绍，详述如下。

A.1.4 网格拓扑优化

前面说过，网格拓扑优化（Topological Improvement）是以减少奇异结点为目的，对于四边形单元来说，结点连接的单元数目不等于4（大于4或者小于4）则定义为奇异结点，如果网格中存在大量的奇异结点，那么无论采用哪种结点抹平算法，也不能得到高质量的有限元网格。因此，拓扑优化在划分中非常重要，但它的具体做法却非常繁琐，下面从“基本操作”和“复合操作”两方面来部分介绍本软件包内置的拓扑优化。

A.1.4.1 基本拓扑优化操作

网格拓扑优化中有5种最基本最常用的拓扑操作，均是根据结点的连接单元数（NE）来控制，它们分别是：（1）结点删除（Node elimination）；（2）单元张开（Element open）；（3）单元闭合（Element close）；（4）单元转换（Diagonal swap）；（5）单元边删除（Side elimination）。

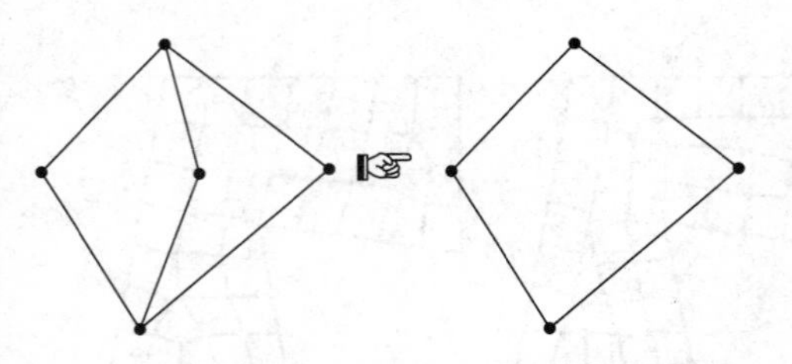

图 A.1.29 结点删除示意图

结点删除：当网格内部结点的单元连接数 $NE=2$ 时，删除该结点，其相邻的两个单元合并为一个单元，如图 A.1.29 所示。

单元张开：当网格内部结点的单元连接数 $NE\geqslant 6$ 时，可在该点插入一个新单元，新单元的插入方式根据该结点的相邻结点来确定，选择单元连接数目 $NE<4$ 的相邻结点来插入新单元，以避免产生新的奇异结点。如图 A.1.30 所示，B 结点的单元连接数 $NE=6$，它有6个相邻结点，但只有结点 A 和 C 的单元连接数目 $NE=3$，因此选择 A、B、C 来插入新单元。

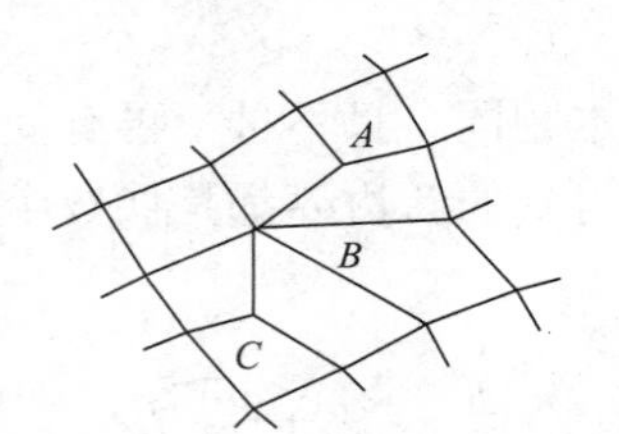

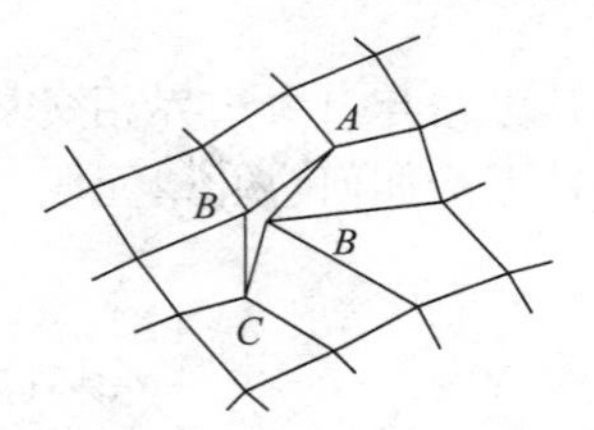

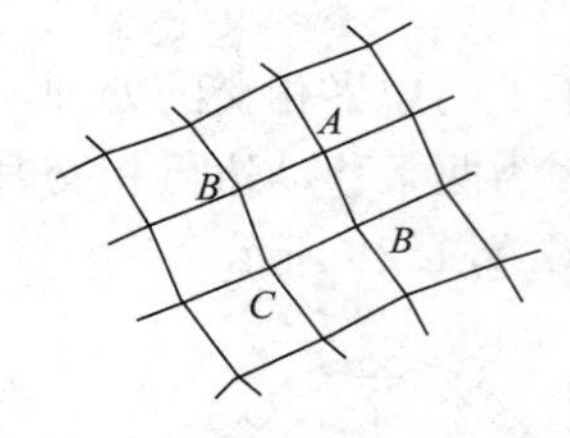

图 A.1.30 单元张开示意图

单元闭合：如果某单元的两相对结点 A 和 B 的单元连接数目 $NE_A=3$ 和 $NE_B=3$（如图 A.1.31 所示），那么该单元将被删除，结点 A 和结点 B 将合并成一个结点。

单元转换：两相邻四边形单元，如图 A.1.32 所示，其结点分别为 A、B、C、D、E、F，其单元公共边为 AD，如果结点 A 和 D 的单元连接数目之和大于9，即：

$$NE_A + NE_D \geqslant 9 \qquad \text{(A.1.18)}$$

那么需判断是否进行单元转换，如果公式（A.1.19）成立，那么对角线 AD 将用 BE 替换，如果公式（A.1.20）成立，那么对角线 AD 将用 CF 替换，如果公式（A.1.19）和公式（A.1.20）均不成立，那么将忽略该问题。

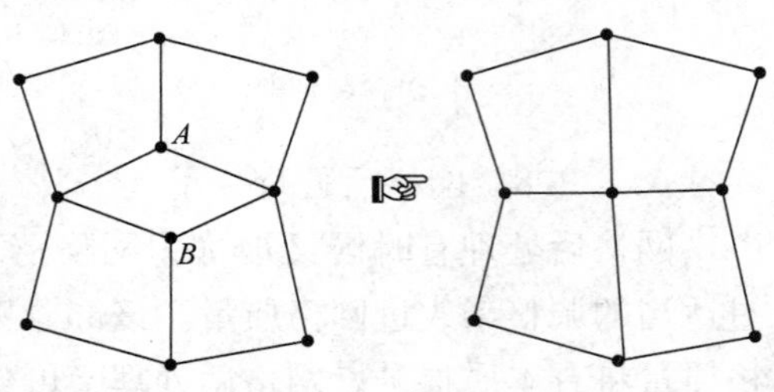

图 A.1.31 单元删除示意图

$$(NE_A+NE_D)-(NE_B+NE_E)\geqslant(NE_A+NE_D)-(NE_C+NE_F)\geqslant 3 \tag{A.1.19}$$

$$(NE_A+NE_D)-(NE_C+NE_F)\geqslant(NE_A+NE_D)-(NE_B+NE_E)\geqslant 3 \tag{A.1.20}$$

单元边删除：两单元的公共单元边 AB，如图 A.1.33 所示，其单元连接数目均等于 3，那么该单元边（包括结点 A 和 B）将被删除，同时其两个相邻单元也将被删除，同时再增加一条对角线，对角线的增加规则如下：如果公式（A.1.21）成立，那么将增加 DG 对角线，否者，将增加 FC 对角线。

$$NE_D+NE_G\leqslant NE_F+NE_C \tag{A.1.21}$$

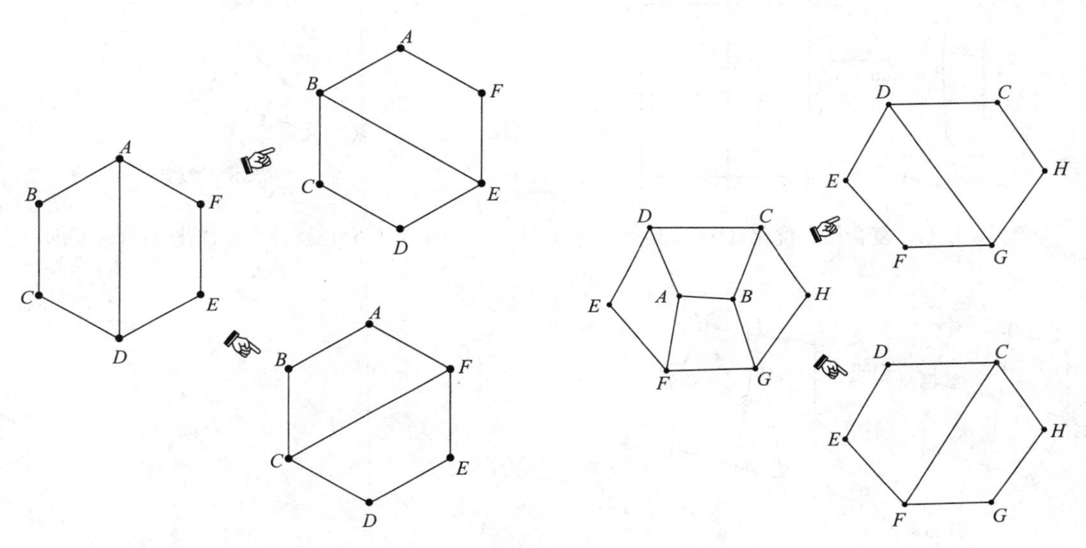

图 A.1.32　单元转换示意图　　　　图 A.1.33　单元边删除示意图

A.1.4.2　复合拓扑优化操作

复合拓扑优化是指在某些情况下，网格形态并不满足任何一种基本拓扑操作的要求，但通过 2 步或者 2 步以上的连续拓扑操作可大幅度提高网格质量，这种情况下，通常会放宽基本拓扑操作的要求，执行复合操作。复合拓扑操作很多种，下面简单介绍四种：Swap-Open、Close-Open、Swap-Close、Close-Close。

Swap-Open 操作如图 A.1.34 所示，通过连续执行单元转换（Swap）和单元张开（Open）操作，可将原始网格的 4 个奇异点全部消除。Close-Open 如图 A.1.35 所示，通过连续执行单元闭合（Close）和单元张开（Open）可将原始网格的 4 个奇异点全部消除。Swap-Close 如图 A.1.36 所示，通过连续执行单元转换（Swap）和单元闭合可将原始网格的 4 个奇异点全部消除。Close-Close 如图 A.1.37 所示，通过连续执行两次单元闭合（Close）可消除原始网格的 4 个奇异结点。

A.1.5　网格结点抹平

网格结点抹平是指修改结点坐标而不改变结点及单元间的连接关系（拓扑关系），为了提高网格质量，通常需要联合多种网格抹平算法。

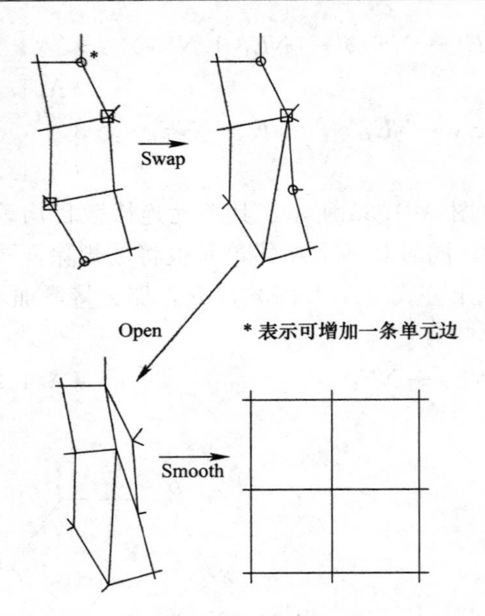

图 A. 1. 34　复合拓扑优化（Swap-Open）

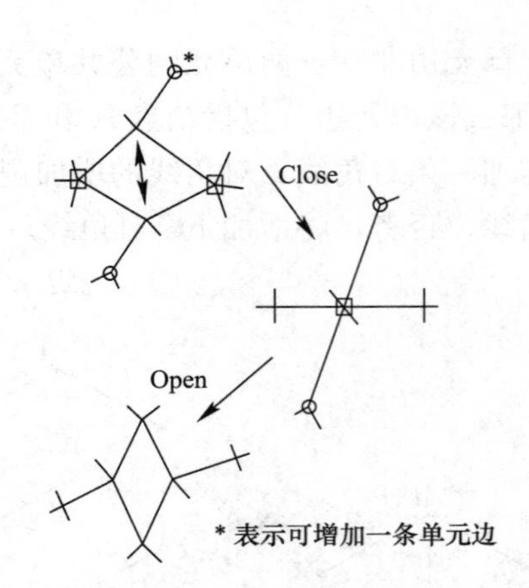

图 A. 1. 35　复合拓扑优化（Close-Open）

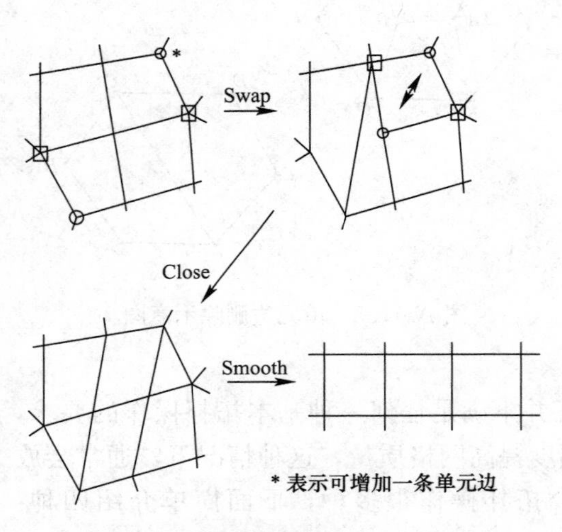

图 A. 1. 36　复合拓扑优化（Swap-Close）

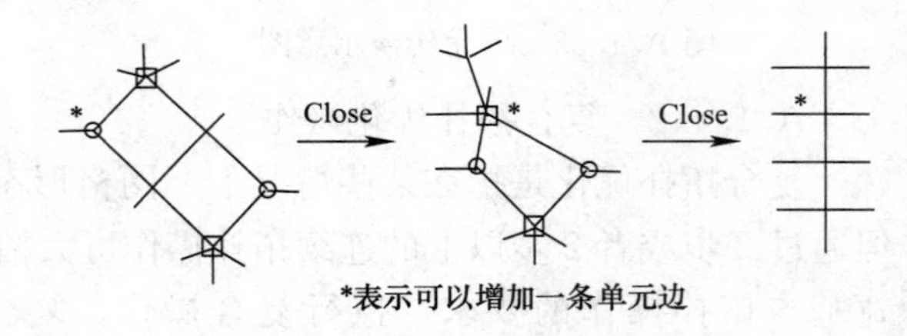

图 A. 1. 37　复合拓扑优化（Close-Close）

A. 1. 5. 1　网格质量的判别准则

在介绍网格抹平算法之前，首先介绍网格质量的判别准则，我们通常采用单元的畸变系数（Distortion coefficient）来判断单元质量，该系数的取值范围为（0～∞），当取为 0 时表示单元形状极好（比如正方形），当大于 5 时说明单元质量已不太适用于有限元分析。

对于三角形而言，其畸变系数采用如下公式计算：

$$\alpha(ABC)=(I)2\sqrt{3}\,\frac{\|\boldsymbol{CA}\times\boldsymbol{BC}\|}{\|\boldsymbol{CA}\|^{2}+\|\boldsymbol{AB}\|^{2}+\|\boldsymbol{BC}\|^{2}} \tag{A. 1. 22}$$

$$I=\begin{cases}1,(\boldsymbol{CA}\times\boldsymbol{BC})\cdot\boldsymbol{n}>0\\-1,(\boldsymbol{CA}\times\boldsymbol{BC})\cdot\boldsymbol{n}<0\end{cases} \tag{A. 1. 23}$$

上式中 **AB**、**BC** 和 **CA** 表示单元边长矢量（如图 A. 1. 38 所示），**n** 表示单元外法向，

$2\sqrt{3}$是标准化系数，目的是使等边三角形的畸变系数等于 1。

为计算四边形的畸变系数，将它沿对角线方向拆分成四个三角形，如图 A.1.38 所示，采用公式（A.1.22）和公式（A.1.23）可计算这四个三角形的畸变系数，分别记为 α_1、α_2、α_3 和 α_4，然后采用如下公式计算四边形的畸变系数 β：

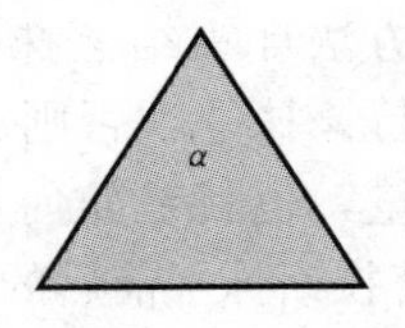

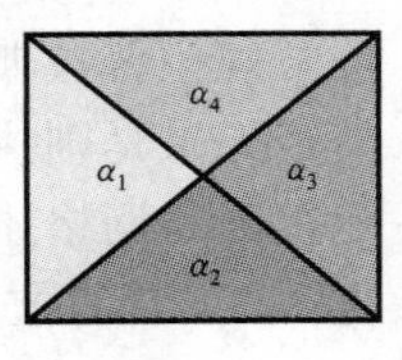

图 A.1.38　畸变系数示意图

$$\beta = \min(\alpha_1, \alpha_2, \alpha_3, \alpha_4) - k \tag{A.1.24}$$

其中，k 表示调整系数，它按如下方式取值：（1）如果四边形某个夹角小于 6 度或者某两个结点距离小于指定值（接近于重合）或者某两个三角形的畸变系数小于 0，那么 k 值取为 1；（2）如果有 3 个三角形的畸变系数小于 0，那么 k 值取为 2；（3）如果有 4 个三角形的畸变系数小于 0，那么 k 值取为 3；（4）其他情况下 k 值取为 0。

上述是针对单个单元的质量估算，对于总体网格的质量 $\bar{\beta}$，采用如下公式估算：

$$\bar{\beta} = \left(\prod_{j=1}^{m} \beta_j\right)^{1/m} \tag{A.1.25}$$

其中 m 表示单元总数，β_j 表示单个单元的畸变系数，采用公式（A.1.22）～公式（A.1.24）计算

为了提高单元质量判别准则的准确性，通常会在畸变系数的基础上增加单元夹角控制，通常采用如下标准：

$$45^\circ \leqslant \theta \leqslant 135^\circ, \text{网格质量好；} \tag{A.1.26}$$

$$\theta < 30^\circ \text{ 或 } \theta > 150^\circ, \text{不适用于有限元分析。} \tag{A.1.27}$$

其中 θ 表示四边形单元任意一个内角。

A.1.5.2　加权拉普拉斯抹平

长度加权拉普拉斯抹平算法（Length-weighted Laplacian）的计算公式如下：

$$\Delta_i = \frac{\sum_{j=1}^{n}(|\boldsymbol{C}_j|\boldsymbol{C}_j)}{\sum_{j=1}^{n}|\boldsymbol{C}_j|} \tag{A.1.28}$$

其中，Δ_i 表示目标结点 N_i 的抹平矢量（如图 A.1.39 所示），n 表示结点 N_i 所连接的结点数（图 A.1.39 中 $n=4$），$\boldsymbol{C}_j$ 表示 N_i 的第 j 个相连结点 N_j 的抹平贡献矢量，如果结点 N_j 是内部结点，那么 $\boldsymbol{C}_j$ 直接取为结点 N_i 至 N_j 的坐标矢量 $\boldsymbol{VD}_j$，如果结点 N_j 是固定边界结点，那么 $\boldsymbol{C}_j$ 按如下公式取值：

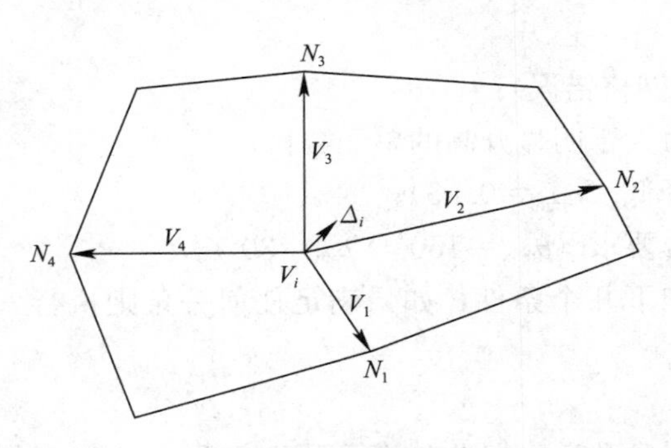

图 A.1.39　加权拉普拉斯抹平示意图

$$\boldsymbol{C}_j = \boldsymbol{V}_j + \Delta_{C_j} \tag{A.1.29}$$

其中 Δ_{C_j} 采用公式（A.1.11）计算。

A.1.5.3　约束拉普拉斯抹平

为了避免拉普拉斯抹平在某些特殊情况下降低单元质量，可采用约束拉普拉斯抹平（Constrained Laplacian），其基本思路是：首先

按常规拉普拉斯方法计算结点抹平矢量，然后判断该抹平是否能确保网格质量有所提高，如果是则执行该抹平，否则放弃该抹平。该算法的关键在于如何判断拉普拉斯抹平能否提高网格质量，也就是如何判断是否执行拉普拉斯抹平，大致可分为如下三个步骤：(1) 计算拉普拉斯抹平前后的单元畸变系数（仅针对目标结点的相邻单元）；(2) 比较抹平前后的单元畸变系数得到各单项指标；(3) 联合各单项指标判断是否执行该拉普拉斯抹平，下面详细介绍。

第1步：计算单元畸变系数

首先利用公式（A.1.27）和公式（A.1.28）计算拉普拉斯抹平矢量 Δ_i，然后假定执行该抹平，采用公式（A.1.22）和公式（A.1.24）计算抹平后的单元畸变系数，记为 $\bar{\mu}_j$，并与抹平前的单元畸变系数 μ_j 相减得到单元畸变系数改变量 $\Delta\mu_j$：

$$\Delta\mu_j = \bar{\mu}_j - \mu_j, \quad j = 1,2,\cdots,N \tag{A.1.30}$$

其中 N 表示目标结点（待抹平结点）的相邻单元数目。

第2步：计算各单项指标

利用第1步的结果可计算各单项指标，包括如下几项：

- $\Delta\mu = \left(\sum_{j=1}^{m} \Delta\mu_j\right)/m$：单元的平均畸变系数改变
- $N+$：畸变系数升高（即 $\Delta\mu_j > 0$）的单元数目
- $N-$：畸变系数降低（即 $\Delta\mu_j < 0$）的单元数目
- $N\uparrow$：畸变系数明显升高的单元数目（显然 $N\uparrow \leqslant N+$），判断明显升高的规则如下：(1) 畸变系数由负值转变为正值；(2) 畸变系数由低于 $\mu_{\min}$ 转变为高于 $\mu_{\min}$（$\mu_{\min} = 0.05$）；
- $N\downarrow$：畸变系数明显降低的单元数目（显然 $N\downarrow \leqslant N+$），判断明显降低的规则如下：(1) 畸变系数由正值转变为负值；(2) 畸变系数由高于 $\mu_{\min}$ 转变为低于 $\mu_{\min}$（$\mu_{\min} = 0.05$）；
- $N\downarrow\downarrow$：导致折叠的单元数目，对于三角形单元而言，因为不存在折叠，因此取 $N\downarrow\downarrow = N\downarrow$，对于四边形单元来说，显然 $N\downarrow\downarrow \leqslant N\downarrow$；
- $\bar{\theta}_{\max}$ 和 $\bar{\theta}_{\min}$：单元的最大内角和最小内角。

第3步：判断是否执行该抹平

利用第2步的各单项指标可判断是否执行该拉普拉斯抹平，具体做法如下：

[**IF**]：如果满足下列条件中的任何一条，则取消该拉普拉斯抹平：

- $(N- = N)$：畸变系数全部降低；
- $(N\downarrow\downarrow > 0)$：存在单元折叠的情况（会导致网格错误）；
- $(N\downarrow > N\uparrow)$：畸变系数明显降低的单元数目大于明显升高的单元数目；
- $(\Delta\mu < -\mu_{\min})$：临近单元的总体畸变系数会降低（$\mu_{\min} = 0.05$）；
- $(\bar{\theta}_{\max} > \theta_{\max})$ 或 $(\bar{\theta}_{\min} > \theta_{\min})$：单元内角不符合要求（$\theta_{\max} = 150°$，$\theta_{\min} = 30°$）。

[**ELSEIF**]：如果不满足上述条件，则判断如下几个条件，如果满足任何一条则执行该拉普拉斯抹平：

- $(N+ = N)$：畸变系数全部升高；
- $(N\uparrow > 0)\&(N\downarrow = 0)$：有的单元畸变系数明显升高，却没有单元明显降低；

- $(N\uparrow > N\downarrow)\&(\Delta\mu > \mu_{\min})$：畸变系数明显升高的单元数目大于明显降低的单元数目，并且临近单元的总体畸变系数会升高；

[**ELSE**]：如果不满足上述任何条件，则取消拉普拉斯抹平。

A. 1. 5. 4　网格抹平算法流程

网格抹平算法的基本流程可采用图 A. 1. 40 简单描述。

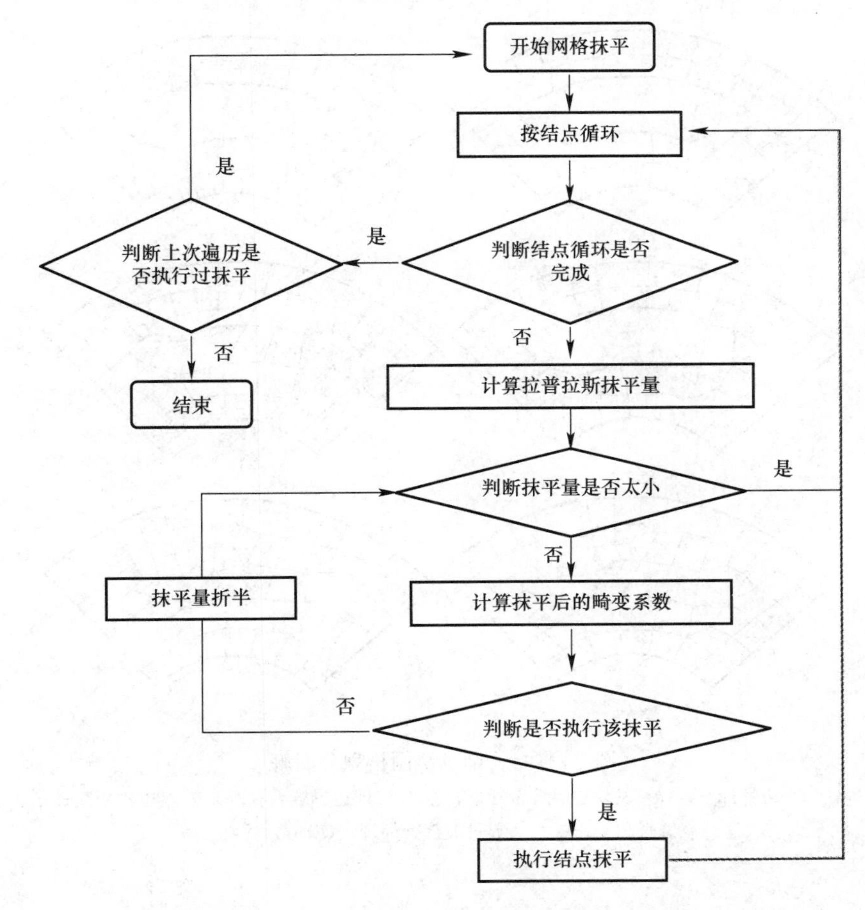

图 A. 1. 40　网格抹平流程图

A. 1. 6　铺砌法流程图解

下面采用一个简单例子来说明铺砌法网格划分的基本流程（如图 A. 1. 41 所示）：图（*a*）表示基本的边界铺砌（参见 A. 1. 3. 3 小节）；图（*b*）表示边界抹平（参见 A. 1. 3. 4 小节）；图（*c*）和图（*d*）表示边界缝合（参见 A. 1. 3. 5 小节）；图（*e*）表示边界相交处理（参见 A. 1. 3. 7 小节），相交后一条移动边界变成两条，左边一条只有 4 个边界点，依据边界闭合条件（参见 A. 1. 3. 2 小节）闭合该边界；图（*f*）表示继续铺砌相交处理后的边界，并发现边界重叠问题；图（*g*）表示缝合边界，在缝合过程中发现待缝合单元段长度差异太大，因此执行过渡缝合，插入一个新单元（参见 A. 1. 3. 5 小节）；图（*h*）表示执行优化和抹平后的最终网格（参见 A. 1. 4 小节和 A. 1. 5 小节）。

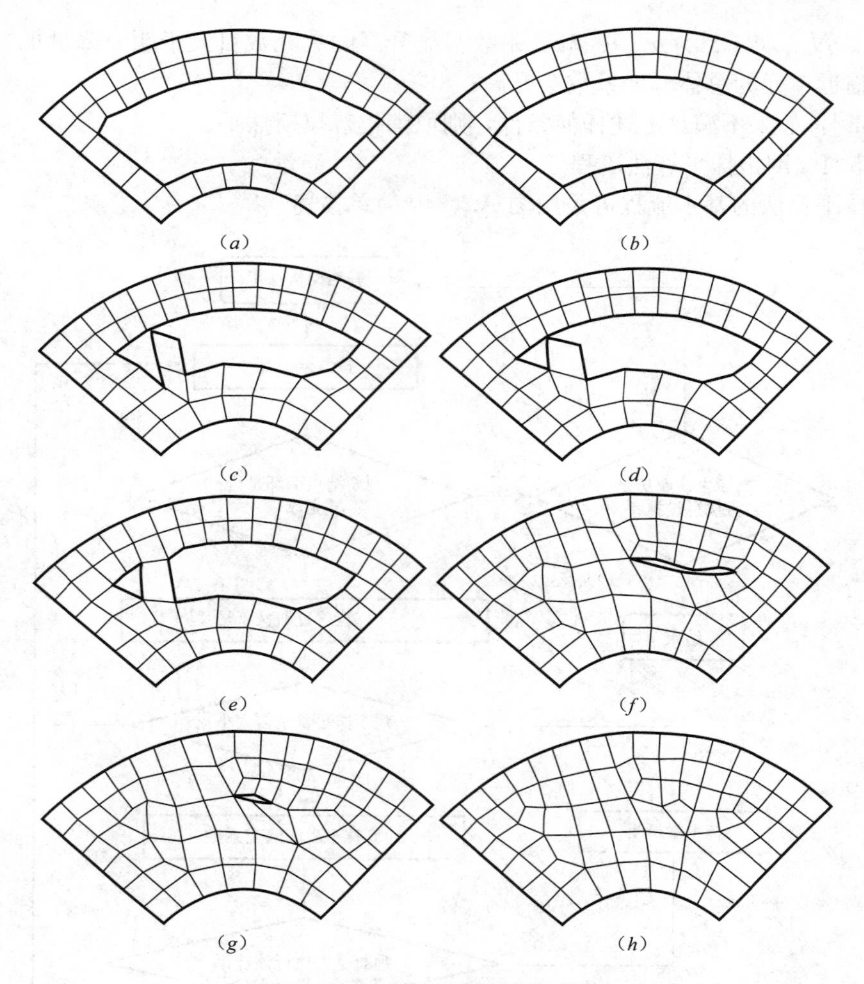

图 A.1.41 铺砌法网格划分图解

(a) 边界铺砌；(b) 边界抹平；(c) 发现边界缝合相交；(d) 处理边界缝合；(e) 处理边界相交；(f) 发现边界缝合相交；(g) 边界过渡缝合处理；(h) 最终网格

A.2 域内约束网格划分

前面A.1小节介绍了标准铺砌法的基本流程，但该算法仅适用于闭口几何边界（含多联通区域），而对于开口几何边界（比如建筑结构的桩筏基础、无梁楼盖等）它并不适用，为适应开口边界的网格划分（或者说复杂平面的定点定线约束网格划分），需对标准铺砌法进行适当修正，修正后的算法被称为“广义铺砌法”，该算法在处理域内约束线段的同时，还会处理域内约束结点，其基本操作主要包括两个部分：(1) 在铺砌网格时，每生成一个新单元都会判断该区域是否有孤立的约束结点（又称为定点），如果有则处理该结点，没有则继续生成新单元；(2) 将初始边界分成闭合式边界和开放式边界（又称为裂纹边界）两类，连接这两类边界并统一定义成广义闭合边界，然后以此边界作为初始固定边界调用标准铺砌法进行网格铺砌。

A. 2. 1　域内定点网格划分

对 A. 1. 3 节的标准铺砌法稍做修改，就可以直接用来处理域内约束结点问题（定点网格划分问题），具体来说，在边界铺砌时（参见 A. 1. 3. 3 小节），不论是端点、侧边点、角点或者拐点，在生成新单元时首先需要判断该单元区域内或者区域附近是否包含约束结点（定点），如果没有则继续 A. 1. 3 的后续步骤，如果有则将单元内最靠近约束结点的浮动结点挪动到约束结点处，如图 A. 2. 1 所示，然后再执行 A. 1. 3 的后续步骤。

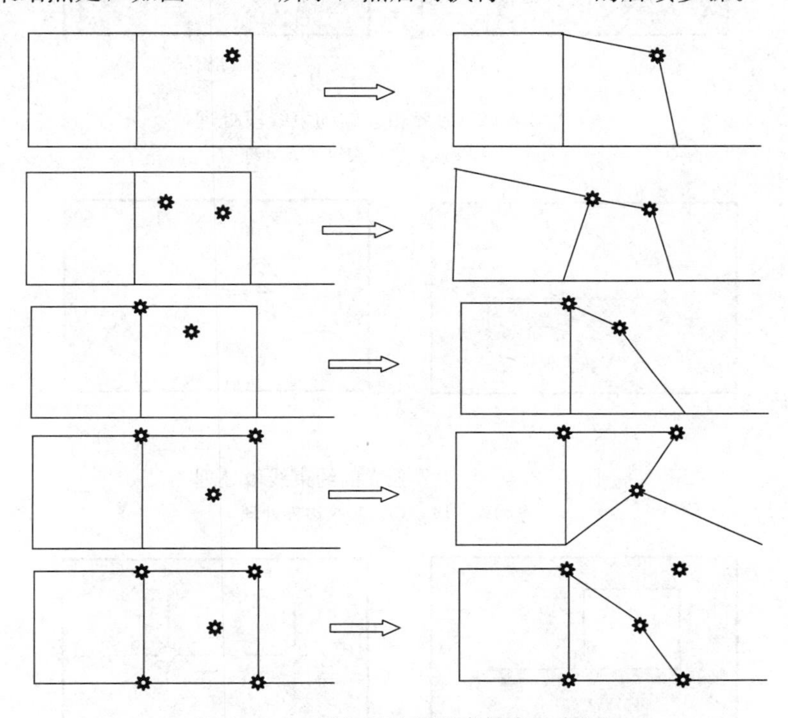

图 A. 2. 1　铺砌时处理约束结点示意图

A. 2. 2　域内定线网格划分

本书 A. 1. 3 的标准铺砌法可以处理任意多连通区域，但要求每个区域必须都是闭合边界，如图 A. 2. 2 所示，洞口边界必须是沿着顺时针方向的闭合边界，它可以有很多条，而区域外边界则必须是沿着逆时针方向的闭合边界，它有且只有一条。但对于域内约束线段（又称为定线）问题，它通常是开放式边界，因此不能直接套用铺砌法进行网格划分。关于这类问题，可通过修改本书 A. 1. 3. 1 小节的边界属性设置，然后稍微修改 A. 1. 3. 3 小节的网格铺砌即可，大致上可分为两个操作步骤：（1）定义广义闭合边界；（2）执行广义铺砌法，下面分别介绍。

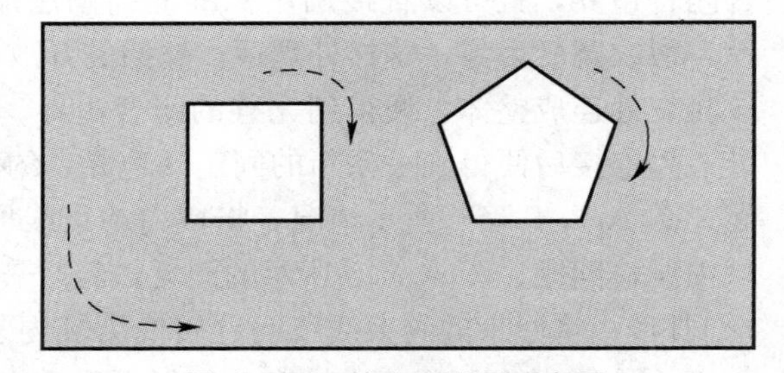

图 A. 2. 2　铺砌法边界示意图

A. 2. 2. 1　定义广义闭合边界

约束线段有两种基本类型，一种是与边界相连的约束线段，如图 A. 2. 3（*a*）所示，另一种是与边界独立的约束线段，如图 A.2.4（*a*）所示，然后利用这两种基本类型进行组合便可得到各种复杂的约束线段形式，如图 A.2.5 所示。

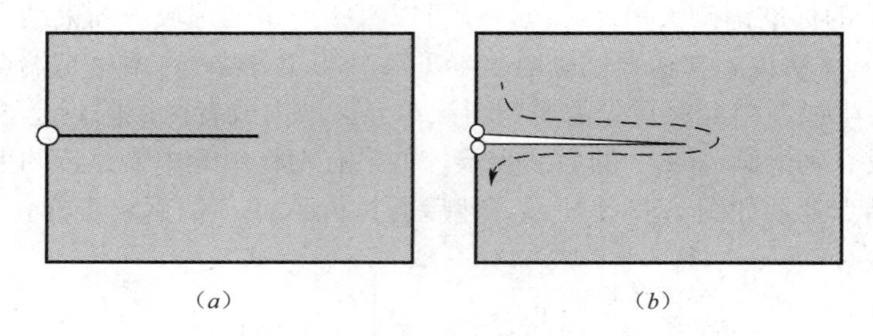

（*a*）　　（*b*）

图 A.2.3　与边界相连的约束线段处理

（*a*）约束线段；（*b*）裂纹边界处理

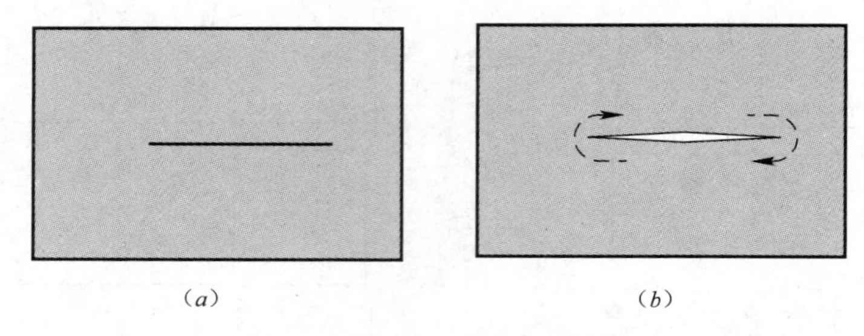

（*a*）　　（*b*）

图 A.2.4　与边界独立的约束线段处理

（*a*）约束线段；（*b*）裂纹边界处理

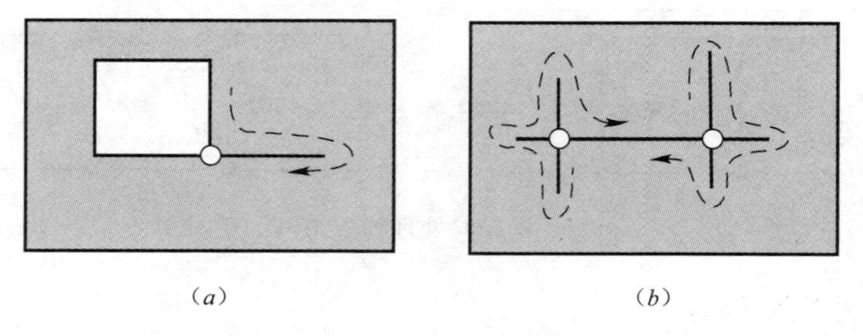

（*a*）　　（*b*）

图 A.2.5　复合边界处理

（*a*）洞口复合约束线段；（*b*）交叉复合约束线段

前面说过，本书 A.1.3 节的标准铺砌法可以处理所有闭合边界网格划分问题，唯独不能处理开放式边界，因此，只要将图 A.2.3（*a*）和图 A.2.4（*a*）所示的开放式边界转换为闭合边界，就可以直接调用标准的铺砌法流程。具体来说，可将约束线段均假设为裂纹，裂纹宽度为零，这样处理后，原始的开放式边界便全部转换为闭合式边界，然后将裂纹相交处连成整体，便得到完整的闭合边界。如图 A.2.3（*b*）所示的情况，裂纹与原始外边界连接后便得到一条新的固定外边界，约束线段问题转换为普通凹多边形网格划分问题；图 A.2.4（*b*）所示情况，将域内约束线段处理成裂纹后，约束线段问题转换为普通域内洞口问题；图 A.2.5 所示的图元，经过裂纹连接后便得到一条新的洞口边界（凹多边形洞口），将原来的约束线段问题转换为域内复杂洞口问题，这些边界类型均可直接调用本文 A.1.3 节介绍的标准铺砌法。但还里需指出的是：上述裂纹均是虚拟裂纹（或者说伪裂纹），其裂纹两边的结点实际上是同一个点，只不过在边界链表中处理成了两个边界点。

A. 2. 2. 2　广义铺砌法

广义铺砌法是指基于上述广义闭合边界的修正铺砌法，从算法上来说它与标准铺砌法（参见本书 A. 1. 3 节）并没有本质不同，但从编写程序的数据结构上来说，两者却相差很大，其主要原因在于对裂纹边界段的处理（同一个边界点可代表某条完整边界的不同边界段位置），对于非裂纹边界段，两者的处理方式完全相同。图 A. 2. 6 给出了一个复合裂纹

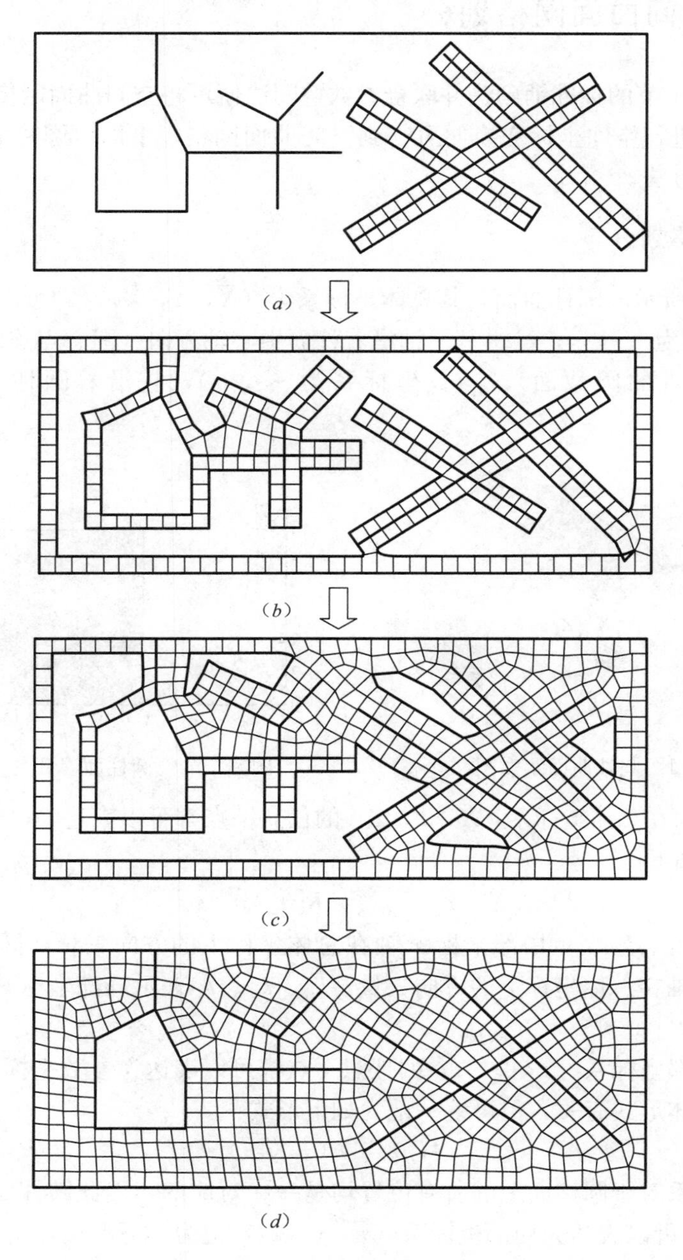

图 A. 2. 6　广义铺砌实例

（a）沿内边界铺砌；（b）沿外边界铺砌；（c）中间过程网格；（d）最终网格

边界网格划分实例（即广义铺砌实例），首先沿广义内边界铺砌四边形网格单元，它与标准铺砌法完全一致，如图 A. 2. 6（*a*）所示，其次沿广义外边界铺砌四边形网格单元，该部分网格铺砌与标准铺砌法不同，因为在铺砌单元的同时还需根据伪裂纹边界修正边界结点的相关属性，如图 A. 2. 6（*b*）所示，再次沿移动内/外边界继续铺砌四边形网格单元，如图 A. 2. 6（*c*）所示，最后完成所有四边形网格的铺砌，如图 A. 2. 6（*d*）所示。

A. 3 可展空间曲面网格划分

基于前面 A. 1 节的标准铺砌法并联合参数空间法便可将空间曲面网格划分转换为平面网格划分，然后进行空间坐标变换便可得到空间曲面网格，下面以圆柱面和圆台面为例，阐述其具体实现方法。

A. 3. 1 柱面网格划分

如图 A. 3. 1 所示的圆柱曲面，其总体坐标系为（$\bar{X}$，$\bar{Y}$，$\bar{Z}$）（它可以是任意空间坐标系），局部坐标系为（x，y，z）（其 z 轴沿着柱面中心轴方向（圆心点连线），x 轴和 y 轴位于与中心轴垂直的圆截面），参数坐标系为（ξ，η），它沿着圆柱面展开方向，如图 A. 3. 2 所示。

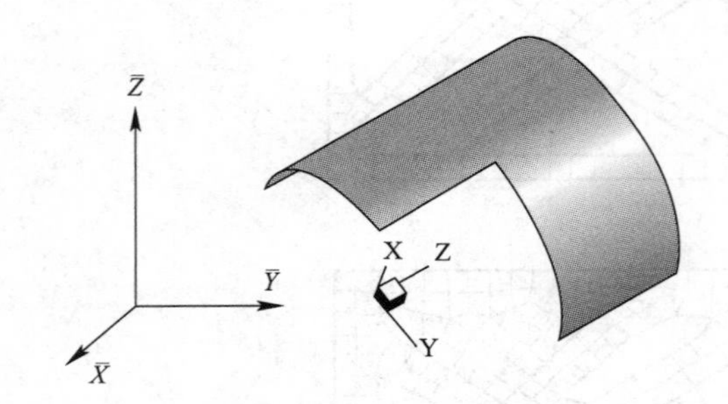

图 A. 3. 1 圆柱曲面示意图

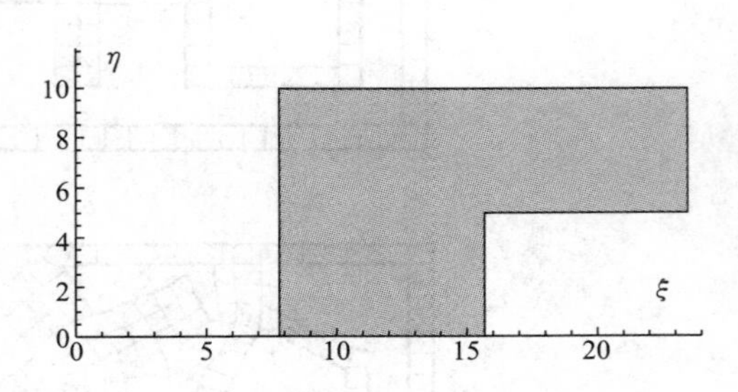

图 A. 3. 2 圆柱面展开（参数坐标系）

显然，圆柱面在总体坐标系（$\bar{X}$，$\bar{Y}$，$\bar{Z}$）的任意一点都可以表达为局部坐标系（x，y，z），其转换关系如下：

$$[\bar{X} \quad \bar{Y} \quad \bar{Z}]^{\mathrm{T}} = \boldsymbol{R}[x \quad y \quad z]^{\mathrm{T}} \tag{A.3.1}$$

其中，l_{x1}、l_{x2}、l_{x3} 表示局部坐标 x 轴在总体坐标下的方向矢量，同理，l_{y1}、l_{y2}、l_{y3} 表示局部坐标 y 轴在总体坐标下的方向矢量，l_{z1}、l_{z2}、l_{z3} 表示局部坐标 z 轴在总体坐标下的方向矢量。

圆柱面在局部坐标系（x，y，z）的任意一点都可以表达为参数坐标（ξ，η），其映射关系与柱面的具体形式有关，但可统一记为如下形式：

$$(\xi,\eta) = F(x,y,z) \tag{A.3.2}$$

上述映射关系对于圆柱面上的所有位置均是一一对应的，因此圆柱面在参数坐标（ξ，η）的任意一点都可以表达为局部坐标系（x，y，z），记为如下形式：

$$(x,y,z) = G(\xi,\eta) \tag{A.3.3}$$

当圆柱面展开后，可调用标准铺砌法（详见 A. 1 节）在参数坐标系下进行自由网格划分，其结果如图 A.3.3 所示，然后根据公式（A.3.3）将平面网格映射回局部坐标系（x，y，z），然后利用公式（A.3.1）的转置矩阵将其转换到原始空间坐标系（$\bar{X}$，$\bar{Y}$，$\bar{Z}$），其结果如图 A.3.4 所示。

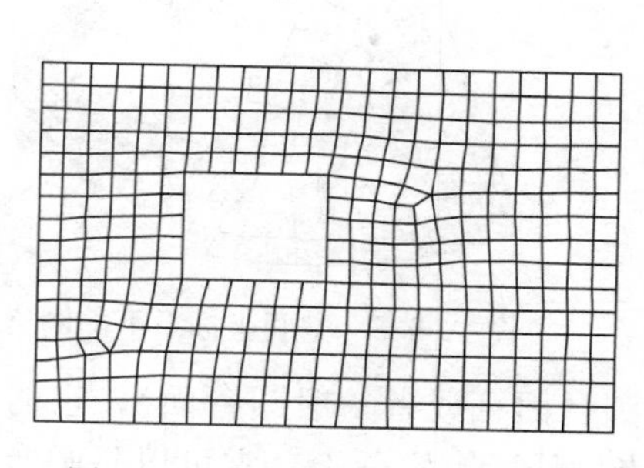

图 A.3.3　参数坐标系下的网格

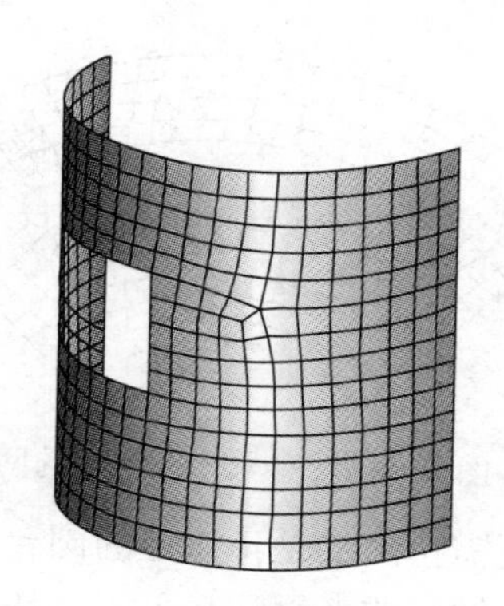

图 A.3.4　空间坐标系下的网格

另外还需指出的是：该处的圆柱面是指通用圆柱面（或者一般圆柱面），其边界线可以不是圆周线或者母线，可以是任意直线段或者曲线段，实际上，它可以是圆柱面与任意空间曲面或者平面进行布尔操作后剩下的圆柱面片段。

A.3.2　圆台曲面网格划分

如图 A.3.5 所示的圆台曲面，其总体坐标系为（$\bar{X}$，$\bar{Y}$，$\bar{Z}$）（它可以是任意空间坐标系），局部坐标系为（x，y，z）（其坐标顶点为圆锥面顶点），z 轴沿着圆台面中心轴方向（圆心点连线），x 轴和 y 轴位于与中心轴垂直的圆截面，参数坐标系为（ξ，η），它沿着圆台面（实际上是圆锥面）展开方向，如图 A.3.6 所示。

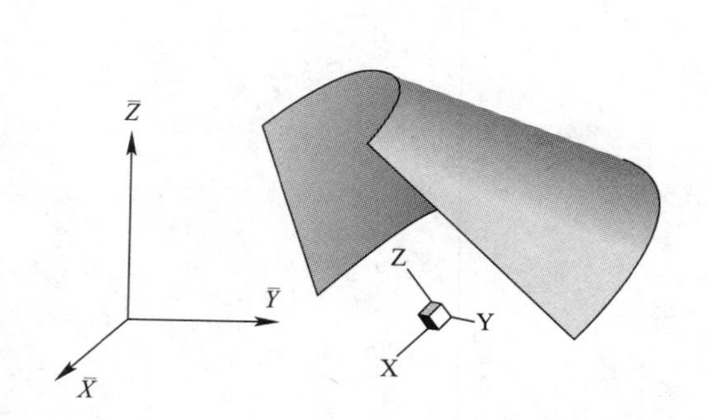

图 A.3.5　圆台曲面示意图

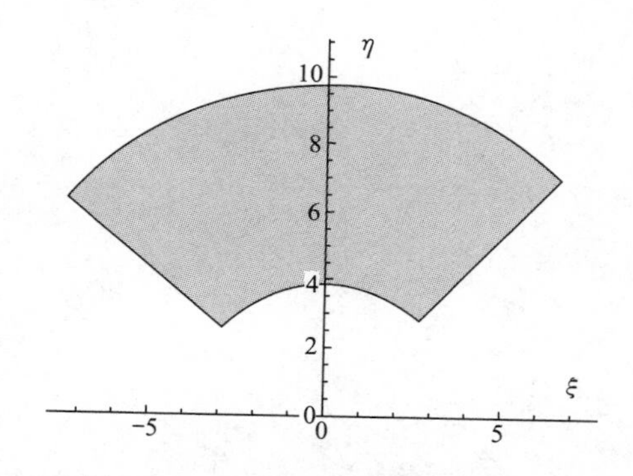

图 A.3.6　圆台面展开（参数坐标系）

与 A.3.1 节的圆柱面类似，总体坐标系（$\bar{X}$，$\bar{Y}$，$\bar{Z}$）的任意一点都可以表达为局部坐标系（x，y，z），其转换关系见公式（A.3.1），局部坐标系（x，y，z）的任意一点都可以表达为参数坐标（ξ，η），其映射关系见公式（A.3.2），参数坐标（ξ，η）的任意一点都可以表达为局部坐标系（x，y，z），其映射关系见公式（A.3.3）。

当圆台面展开后，可调用标准铺砌法（详见 A.1 节）在参数坐标系下进行自由网格划分，其结果如图 A.3.7 所示。然后根据公式（A.3.3）将平面网格映射回局部坐标系（x，y，z），利用公式（A.3.1）的转置矩阵将其转换到原始空间坐标系（$\bar{X}$，$\bar{Y}$，$\bar{Z}$），其结果如图 A. 3. 8 所示。

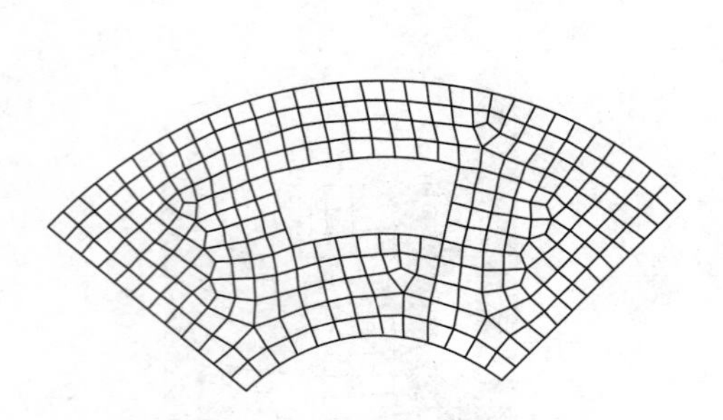

图 A. 3. 7　参数坐标系下的网格

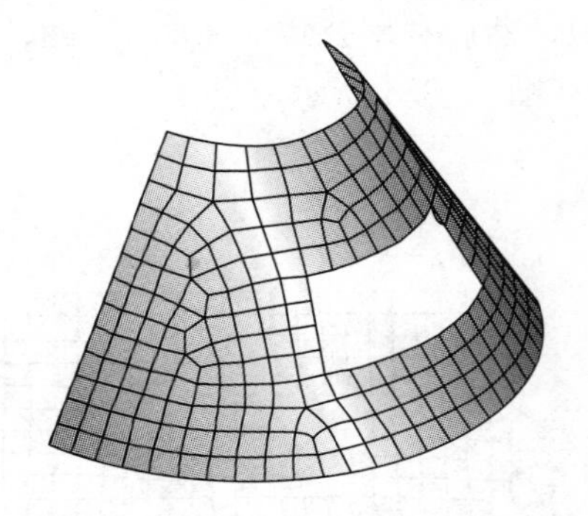

图 A. 3. 8　空间坐标系下的网格

另外还需指出的是：该处的圆台面是指通用圆台面（或者一般圆台面），它的边界线可以不是圆周线或者母线，可以是任意直线段或者曲线段。实际上，它可以是圆台面与任意空间曲面或者平面进行布尔操作后剩下的圆台面片段。

附录 B　结构仿真集成系统的计算模型生成

本书附录 A 介绍了结构仿真集成系统（ISSS）的底层网格算法（即单个几何图元的网格划分），下面介绍如何利用该底层网格算法将整栋建筑结构转换为有限元计算模型，包括全楼网格划分、截面配置、荷载配置、约束与连接配置等，然后再通过对比算例来说明这种模型转换方式的合理性和必要性。

B.1　建筑结构有限元模型离散

为了兼顾自由网格的通用性和映射网格的高效性，ISSS 集成系统以铺砌法自由网格为核心并联合映射网格和几何拆分法，专门针对建筑结构（尤其是剪力墙结构）提出了一套新的网格划分方案，其思路可简单描述如下：针对原始建筑结构模型布置协调边界点（梁柱撑墙板协调），然后对构件进行网格划分，其中，对框架构件直接划分一维单元，对楼板构件采用铺砌法划分二维网格，对于剪力墙构件则区分直墙和曲面墙而分别采用不同的方案，对于前者，直接判断能否拆分并分别采用映射网格或自由网格划分，而对于后者，则先将曲面映射到参数平面，然后调用直墙网格划分，最后再将参数平面网格映射回原始空间曲面以得到曲面网格。总体来说，其有限元网格划分具有如下特点：

- **几何任意性**：不限制结构的几何形状，适用于任意复杂建筑结构；
- **结点协调性**：各构件的边界结点严格协调，使得有限元离散模型更符合实际情况，适用于有限元分析；
- **边界敏感性**：优先保证边界附近的网格质量，因为边界网格对有限元分析结果的影响相比内部网格而言更显著；
- **网格均匀性**：整个结构的网格尺寸相对均匀，不同尺寸之间会自动增加过渡网格，避免结构刚度发生突变，有利于提高有限元计算的精度；
- **方向无关性**：网格划分依赖于结构的几何拓扑关系，与总体坐标系的选用无关。

此处需指出的是：本节的有限元网格划分重点关注对结构整体网格的控制，而对于单片几何图元的网格划分已在附录 A 中详细介绍。

B.1.1　全协调边界结点的自动布置

在正式划分网格之前，需布置结构各构件（梁、柱、撑、墙板）的边界结点，这些边界结点在网格划分的过程中不能删除或修改，被称为固定边界点。在布置这些边界点时，需考虑如下几个条件：

- **强制特征点**：梁、柱、撑、剪力墙、楼板的相交边界位置以及剪力墙边洞口位置强制给定边界点；
- **边界点协调**：框架构架、剪力墙、楼板的边界结点必须全部协调，也就是说，相邻构件必须共用边界结点；

- **边界点均匀**：除强制边界点之外，其他边界点之间的距离须最接近用户指定的网格划分尺寸（默认尺寸为1m）。

下面以剪力墙为例来简单介绍边界点的布置流程：

第一步：在梁、柱、撑、楼板等构件与剪力墙相交的边界位置以及剪力墙边洞口位置强制指定边界点，这些边界点在后续过程中不能做任何修改，如图B.1.1所示；

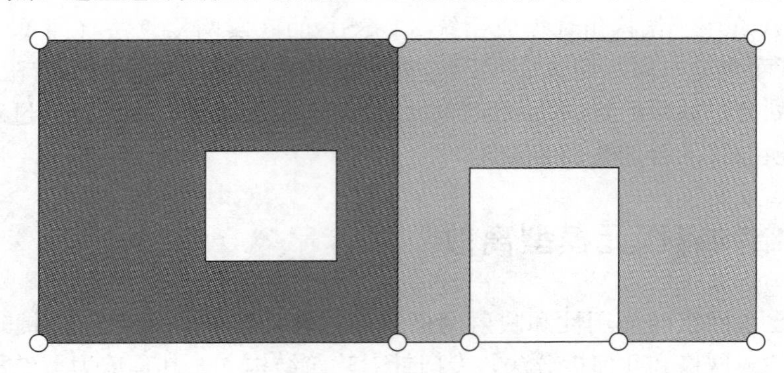

图B.1.1 布置边界点（第一步）

第二步：由洞口边界向墙边界做投影点，这些投影点可根据间距的大小做适当修正（比如合并），如图B.1.2所示；

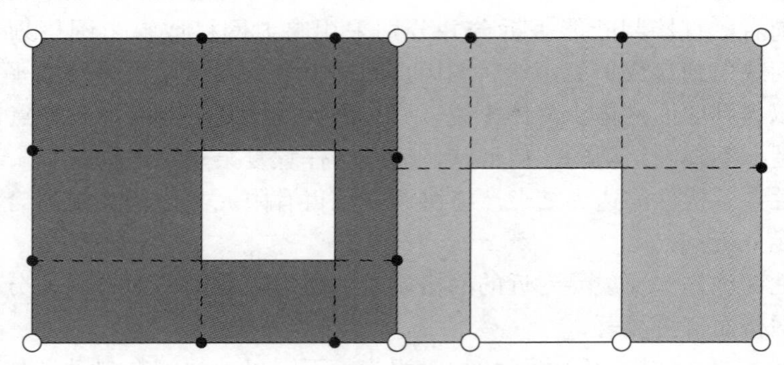

图B.1.2 布置边界点（第二步）

第三步：根据用户给定的网格划分尺寸在上述边界点之间插入新的边界点，这部分边界按均分插入，如图B.1.3所示；

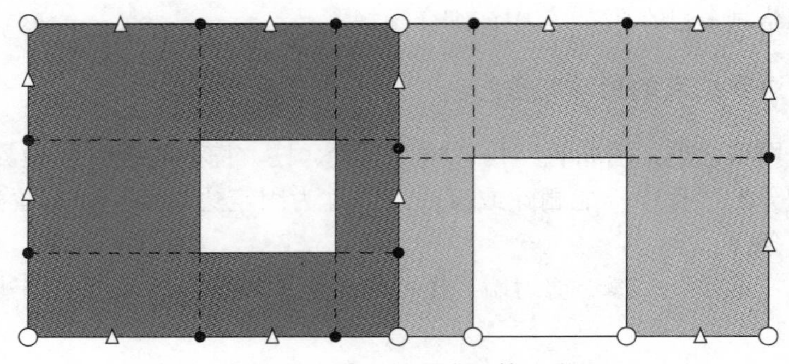

图B.1.3 布置边界点（第三步）

观察按上述剪力墙边界点的布置，可得出如下两个结论：

- 剪力墙边界结点全部协调，相邻墙边界共用边界点，在后续的有限元计算中将共同变形，与实际结构一致；
- 通常情况下，剪力墙边界都有对应洞口角点的投影点（如图 B. 1. 2 和图 B. 1. 3 的实心圆点所示），利用该投影点可将剪力墙拆分成几个无洞口的规整图元，有利于提高单元质量。

B. 1. 2　单片剪力墙的网格划分

对于剪力墙构件，首先采用几何拆分法将单片墙拆分几个简单区域，然后再对各拆分块调用底层网格划分库进行网格划分。这种几何拆分不仅有利于改进剪力墙网格质量和加快网格划分速度，同时还有利于有限元后处理中墙梁墙柱的内力统计。单片剪力墙通常是一个四边形外边界和一个四边形洞口所构成，如图 B. 1. 4 所示，该洞口可能居中，也可能靠边，或者靠墙角，或者占据半个墙面，或者不存在，经统计共有十六种可能情况，如图 B. 1. 5 所示。而在在给剪力墙布置边界固定结点时，剪力墙边界会布置有对应洞口角点的投影点（见 B. 1. 1 小节），根据这些边界点便可将墙元进行拆分，窗洞口墙元拆分成 8 块（如图 B. 1. 4 所示），门洞口墙元拆分成 5 块，角洞口墙元则拆分成 3 块，如图 B. 1. 6 所示。部分情况下，剪力墙元不能按上述模式拆分，比如图 B. 1. 7 所示的斜墙，此时则忽略拆分而直接对其划分自由网格，当然，其网格质量相对而言会受些影响。图 B. 1. 8 和图 B. 1. 9 给出了两个单片剪力墙的网格划分实例，其中前者是门洞口墙元，后者是窗洞口墙元，均可进行几何拆分。

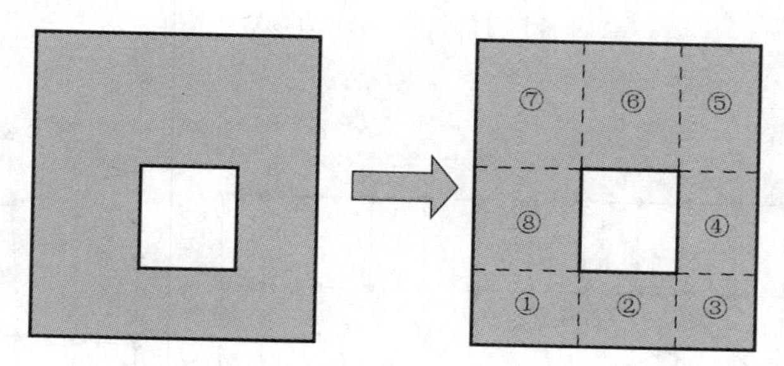

图 B. 1. 4　单片剪力墙拆分示意图

洞口类型	拆分块
无洞口	——
内部洞口	①②③④⑤⑥⑦⑧
左边洞口	②③④⑤⑥
右边洞口	①②⑥⑦⑧
上边洞口	①②③④⑧
下边洞口	④⑤⑥⑦⑧
横向贯通	②⑥
竖向贯通	④⑧

洞口类型	拆分块
左下角洞	④⑤⑥
左上角洞	②③④
右下角洞	⑥⑦⑧
右上角洞	①②⑧
左半墙洞	④
右半墙洞	⑧
上半墙洞	②
下半墙洞	⑥

图 B. 1. 5　单片剪力墙拆分示意图（续）

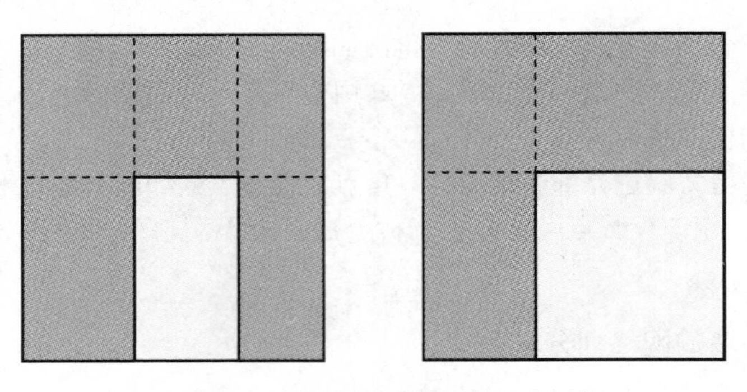

图 B.1.6　门洞墙元和角洞墙元的拆分

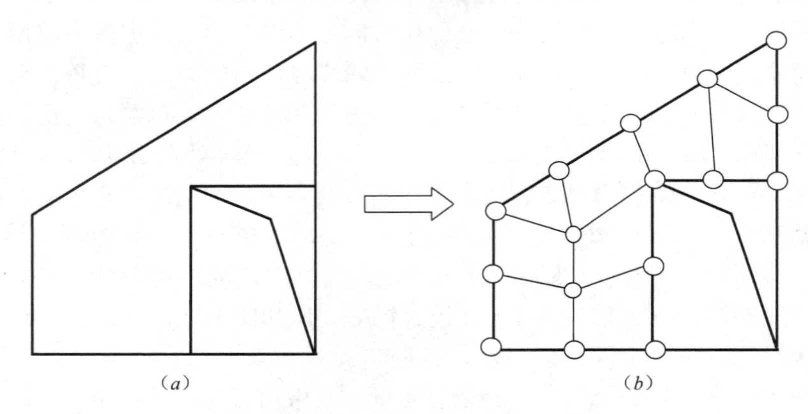

图 B.1.7　不能拆分的墙元

(a) 不能拆分的斜墙；(b) 直接划分网格

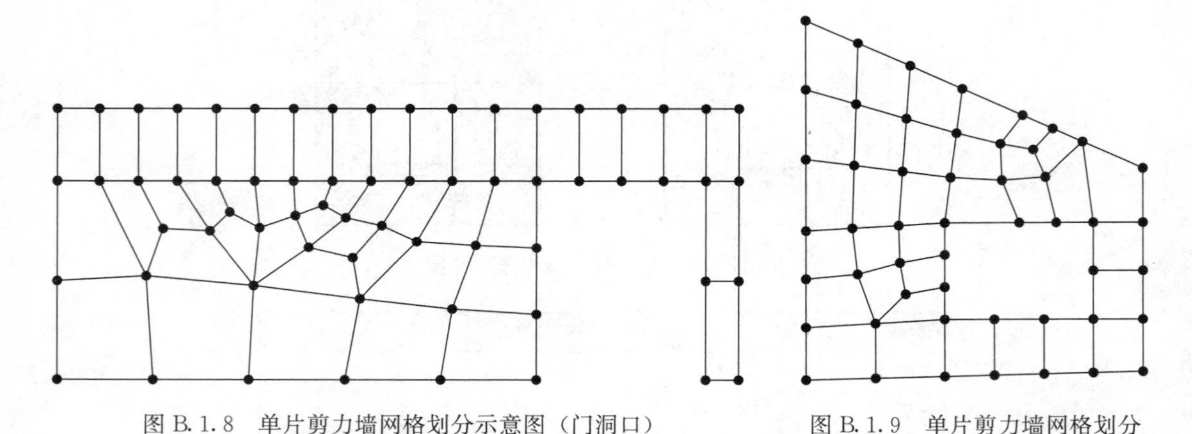

图 B.1.8　单片剪力墙网格划分示意图（门洞口）

图 B.1.9　单片剪力墙网格划分示意图（窗洞口）

B.1.3　单块楼板的网格划分

对于楼板构件，在完成协调边界结点的布置后就直接调用底层网格划分库进行自由网格划分，图 B.1.10 和图 B.1.11 给出了两块楼板的网格划分实例，其中图 B.1.10 是比较均匀的网格，而图 B.1.11 是非均匀网格，显然，对于不均匀的边界结点，本软件包会自动生成过渡网格，以避免网格形状过于畸变，这有利于确保后续有限元计算的准确性和可靠性。

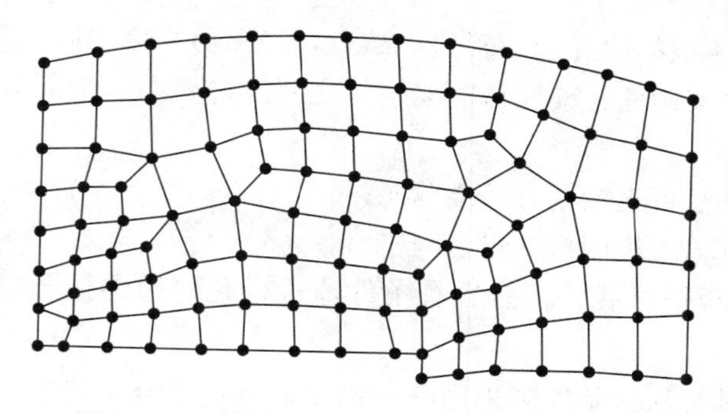

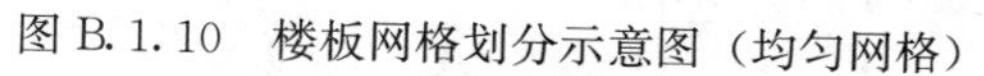

图 B. 1. 10　楼板网格划分示意图（均匀网格）

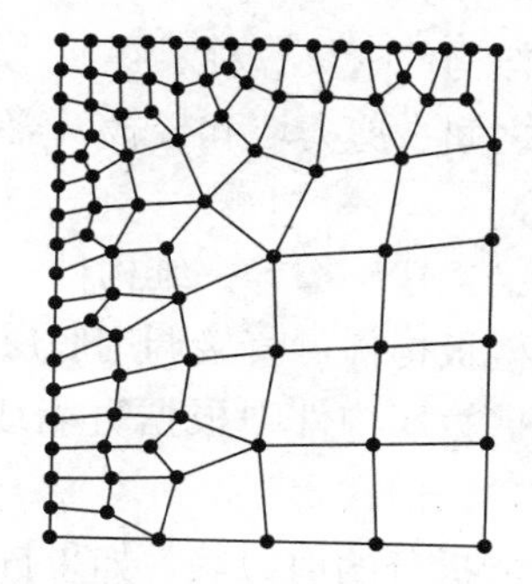

图 B. 1. 11　楼板网格划分示意图（非均匀网格）

B. 1. 4　建筑结构有限元网格划分

图 B. 1. 12 给出了建筑结构整体网格划分的主要流程，可简述如下：

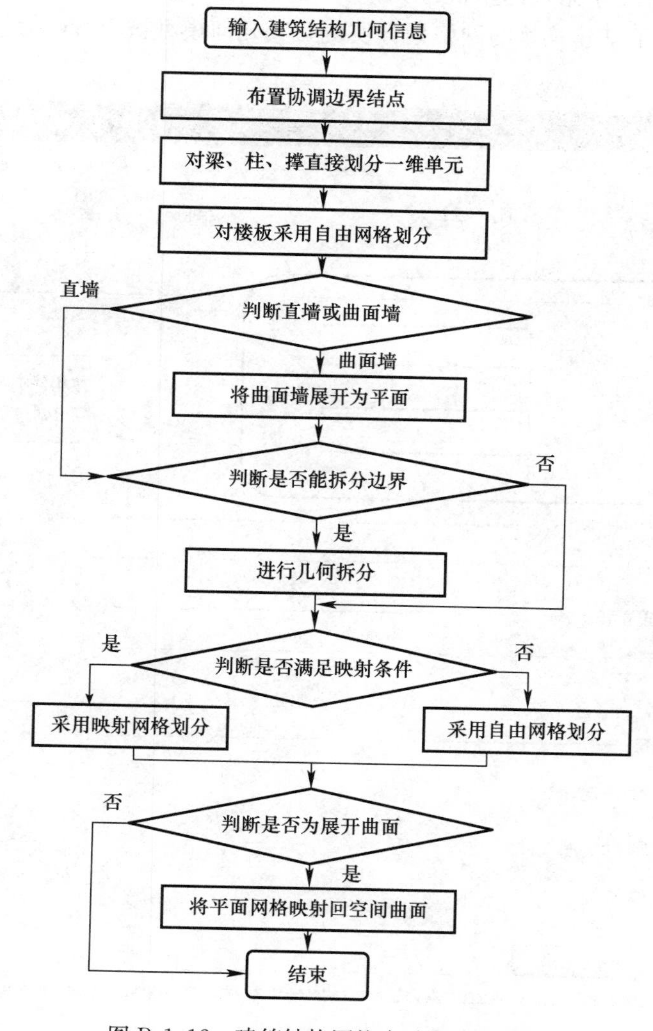

图 B. 1. 12　建筑结构网格自动划分流程图

- 对框架构件（梁、柱、撑）、剪力墙和楼板的边界线布置边界结点，确保剪力墙之间、楼板之间、剪力墙和楼板、剪力墙与框架构件、楼板与框架构件之间的边界结点全部协调；
- 对于梁、柱、撑等一维构件（框架构件）可直接划分一维单元；
- 对于楼板构件可直接调用底层网格库划分二维网格（自由网格）；
- 对于剪力墙构件则根据直墙或弧墙判断是否展开，然后有条件地进行几何边界拆分（洞口拆分）；
- 对于能拆分的剪力墙，如果拆分图元满足映射条件则采用映射网格划分，不满足映射条件则调用底层库进行自由网格划分；
- 对于不能拆分的剪力墙则直接调用底层网格库划分二维网格（自由网格）。

ISSS集成系统允许用户在“网格划分控制对话框”内（见图B.1.13）交互输入网格的总体尺寸、框架构件（梁、柱、撑）尺寸、剪力墙构件尺寸、楼板构件尺寸等信息，其中总体尺寸仅在构件尺寸无效的情况才采用，比如未输入构件尺寸或构件尺寸小于等于零。图B.1.14给出了某建筑物的网格划分实例，其几何模型被ISSS系统自动离散为有限元模型。

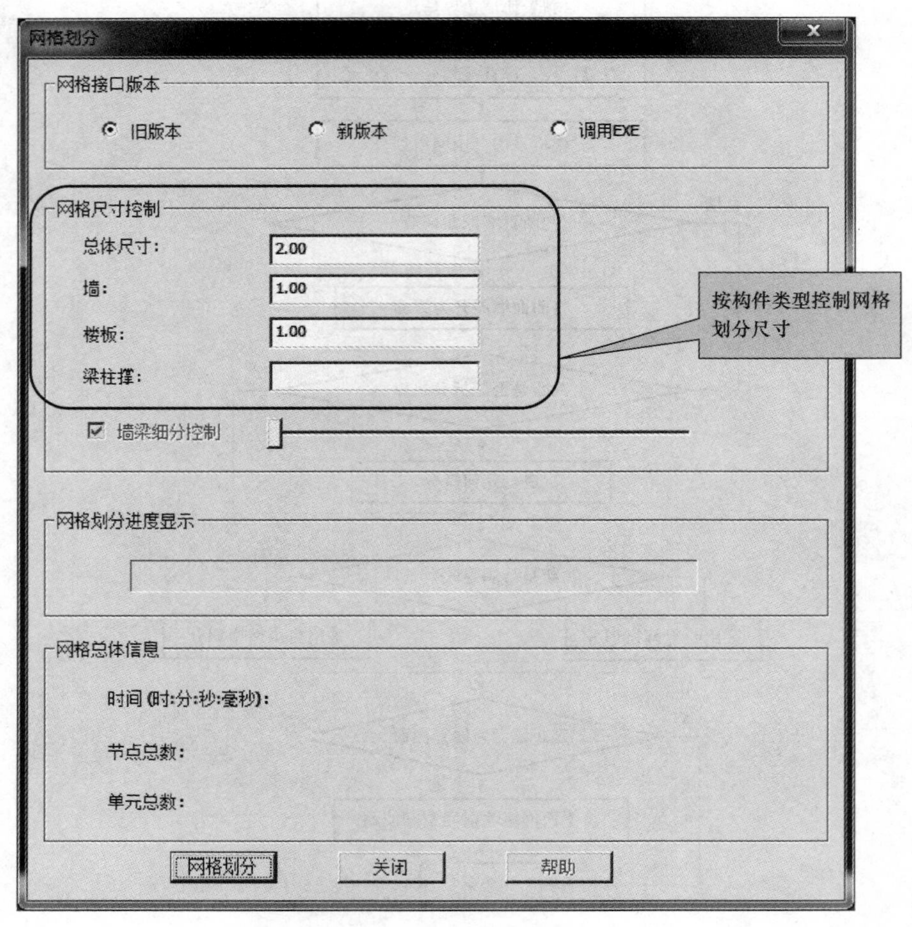

图B.1.13　建筑结构网格划分控制对话框

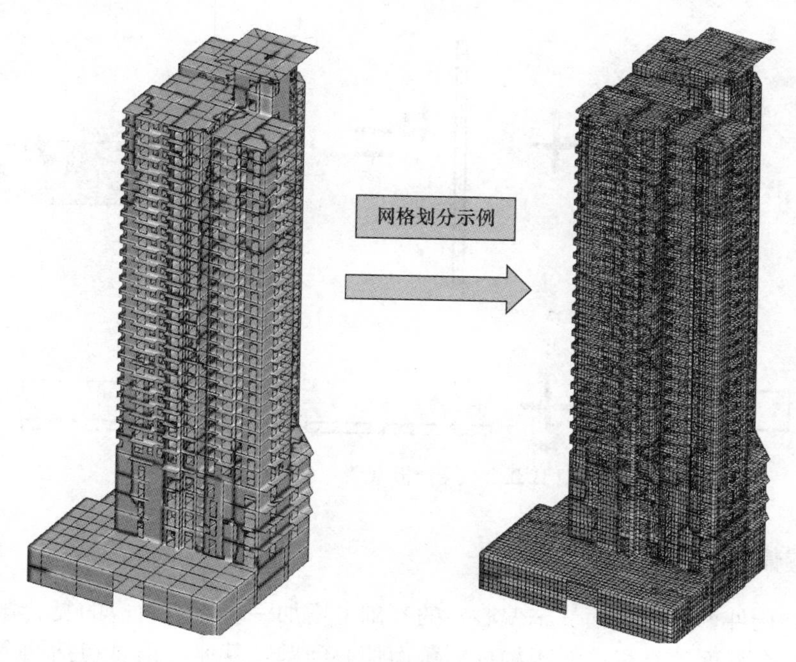

图 B. 1. 14　建筑结构网格划分实例

B. 2　构件截面重新配置

ISSS 集成系统采用有限元商业软件中（比如 ANSYS）广泛采用的复合截面模式来重新配置设计模型中的构件截面，下面详细叙述。

B. 2. 1　配置型钢混凝土截面

对于型钢混凝土截面，将其拆分成混凝土截面和型钢截面，如图 B. 2. 1 所示，其中型钢截面的位置和数量均可任意，该截面除了模拟常规的型钢混凝土截面外，还可模拟超高层建筑中常用的巨型柱等非常规截面。

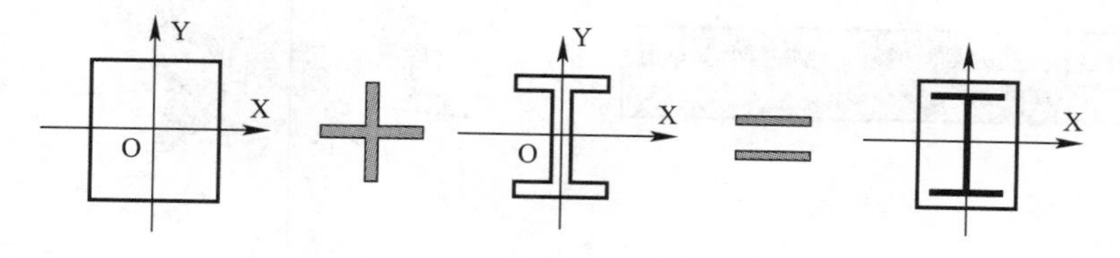

图 B. 2. 1　型钢混凝土截面配置

B. 2. 2　配置层合板（墙）截面

对于常规钢筋剪力墙和楼板，采用普通单层壳元截面描述，其内部钢筋采用杆单元（线元）插入（忽略钢筋与混凝土的粘接滑移问题）；而对于钢板剪力墙、箱型墙、叠合楼板等特殊截面，采用复合壳元描述，如图 B. 2. 2 所示。

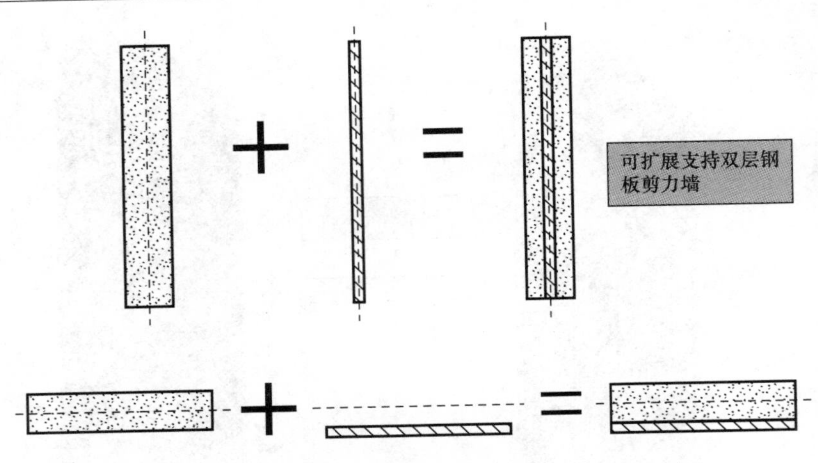

图 B. 2. 2　层合板（墙）截面配置

B. 2. 3　配置偏心构件截面

对于偏心构件，在原截面（未偏心）的基础上增加一组与之对应的复合截面，其偏心信息保存在复合截面信息里。对于梁柱的截面偏心问题，其偏心信息包括两个侧移值和一个转角值；而对于剪力墙和楼板的偏心问题，其偏心信息仅包含沿截面法向的侧移值，如图 B. 2. 3 所示。

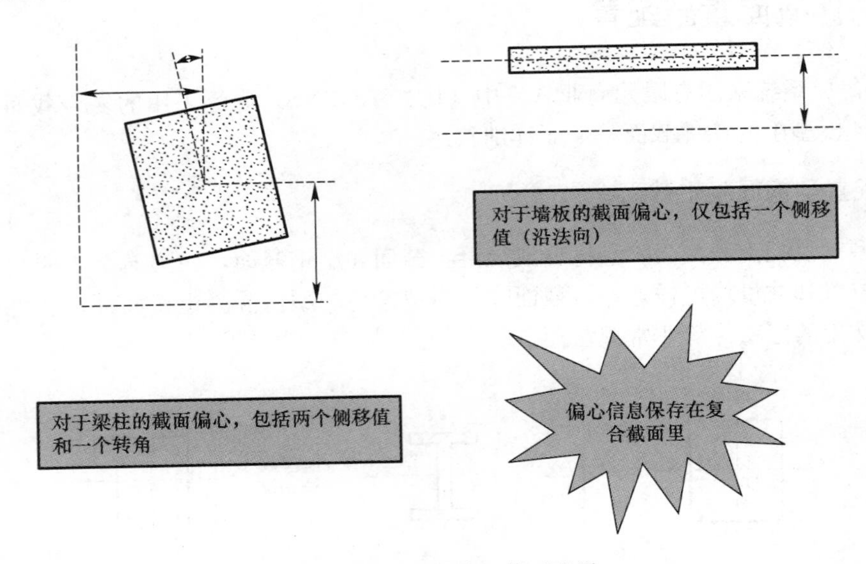

图 B. 2. 3　构件偏心截面配置

B. 3　结构荷载有限元离散及导算

结构荷载导算是指将原结构的荷载导算到离散后的有限元模型上，主要包括墙板框架构件荷载导算、刚性楼板和刚性杆荷载导算等。

B. 3. 1　墙板框架构件荷载导算

表 B. 3. 1 给出了本软件关于梁、柱、撑、剪力墙、楼板等构件的荷载导算，下面针对不同构件类型分别阐述。

墙板框架构件荷载导算　　表 B. 3. 1

构件类型	荷载描述	导算方法
框架构件	四点分段线性荷载； 可退化为集中、均布、三角、梯形等	对细分后的有限元模型，计算单元均布荷载
剪力墙	墙边跟框架一致； 面外沿高度方向四点分段线性荷载； 面外沿水平方向均布	对细分后的有限元模型，计算单元均布荷载
楼板	暂时只考虑均布荷载； 不考虑板内集中荷载、线荷载及其他特殊荷载	对细分后的有限元模型，计算单元均布荷载

(1) 对于梁、柱、撑等框架构件：采用类似 YJK 的四点分段线性荷载描述（如图 B. 3. 1 所示），该荷载可自动退化为集中荷载、均布荷载、三角荷载和梯形荷载等各种形式，导算后采用单元等效均布荷载描述。

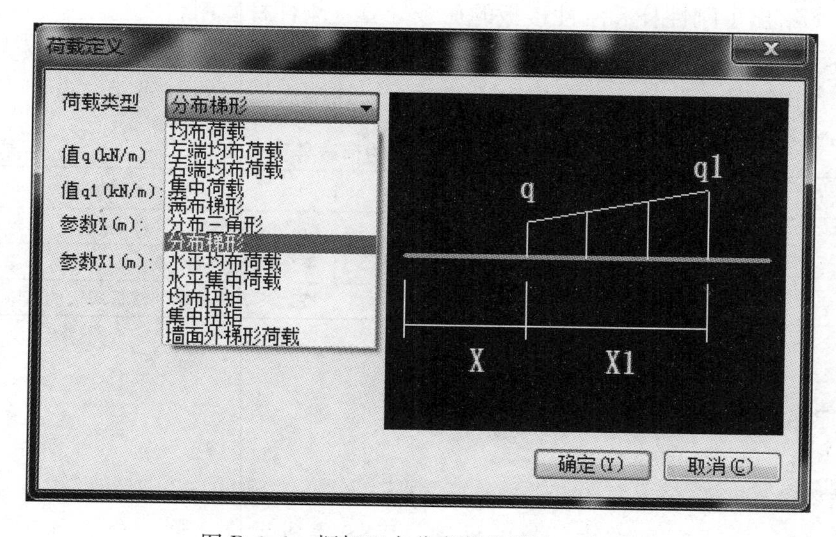

图 B. 3. 1　框架四点分布荷载描述（YJK）

(2) 对于剪力墙构件：其荷载分如下三种情况描述，但导算后均采用单元均布荷载描述：

- 剪力墙边界的线荷载跟框架构件一样，采用四点分段线性荷载描述；
- 剪力墙面外荷载（法向）沿墙高方向采用四点分段线性荷载描述，跟 YJK 类似（见图 B. 3. 2），它可以描述地下室外墙的侧向土压力和水压力；
- 剪力墙面外荷载（法向）沿墙宽方向（水平向）采用均布荷载描述；

(3) 对于楼板构件：暂时只考虑均布荷载描述，以后会逐步增加集中荷载、线性荷载及其他特殊荷载描述，楼板荷载导算后均采用单元均布荷载描述。

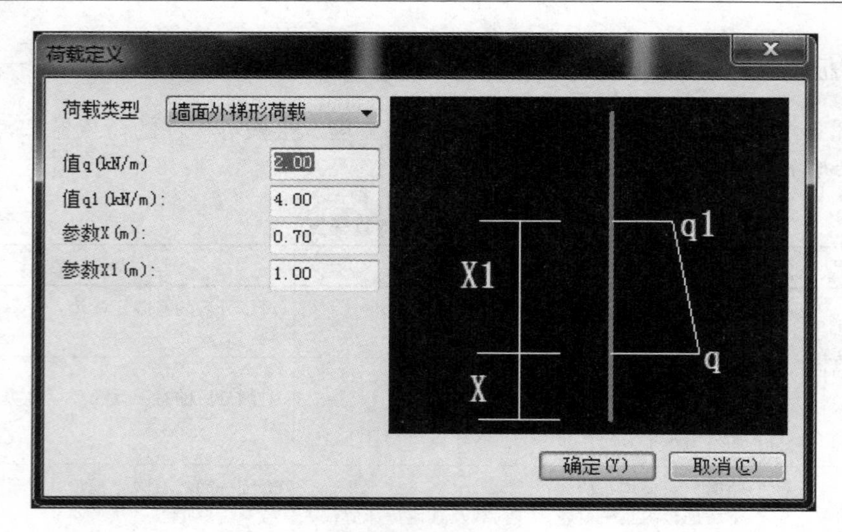

图 B. 3. 2　墙面外梯形荷载描述（YJK）

B. 3. 2　刚性楼板和刚性杆荷载导算

表 B. 3. 2 给出了刚性杆和刚性楼板的荷载导算，刚性杆暂时仅支持集中荷载和均布荷载两种形式，导算后按比例分配到刚性杆端部的两个有限元结点，刚性楼板仅支持均布荷载描述，首先计算其总荷载，然后按边长等效导算到楼板周边的有限元结点。

刚性杆和刚性楼板的荷载导算　　**表 B. 3. 2**

构件类型	荷载描述	导算方法
刚性杆	集中荷载	按比例分配到刚性杆端点
	均布荷载	等分到刚性杆端点
刚性楼板	仅支持均布荷载	按边长等效导算到楼板周边的有限元结点

B. 4　结构约束与连接处理

建筑结构的约束连接主要包括：支座、铰接、偏心、刚性杆、刚性楼板、梁墙连接以及其他特殊连接，对于这些约束连接的处理，ISSS 集成系统允许用户通过如图 B. 4. 1 所示的“选项框”进行交互控制，下面详细叙述其具体处理方式及算法实现。

B. 4. 1　结构约束连接的处理方式

B. 4. 1. 1　支座的处理

结构支座包括多种类型，比如：用于基底嵌固的固定支座、用来模拟不均匀沉降的支座位移、用于网架网壳的弹性支座、用于减震隔震的橡胶支座以及减振阻尼器等，当前软件版本（v1. 0）仅支持固定支座、支座位移以及弹性支座，其处理方式见表 B. 4. 1，其中支座位移的约束方程见公式（B. 4. 1）。

$$\boldsymbol{u}_i=\bar{\boldsymbol{u}};\quad \boldsymbol{\theta}_i=\tilde{\boldsymbol{\theta}} \tag{B. 4. 1}$$

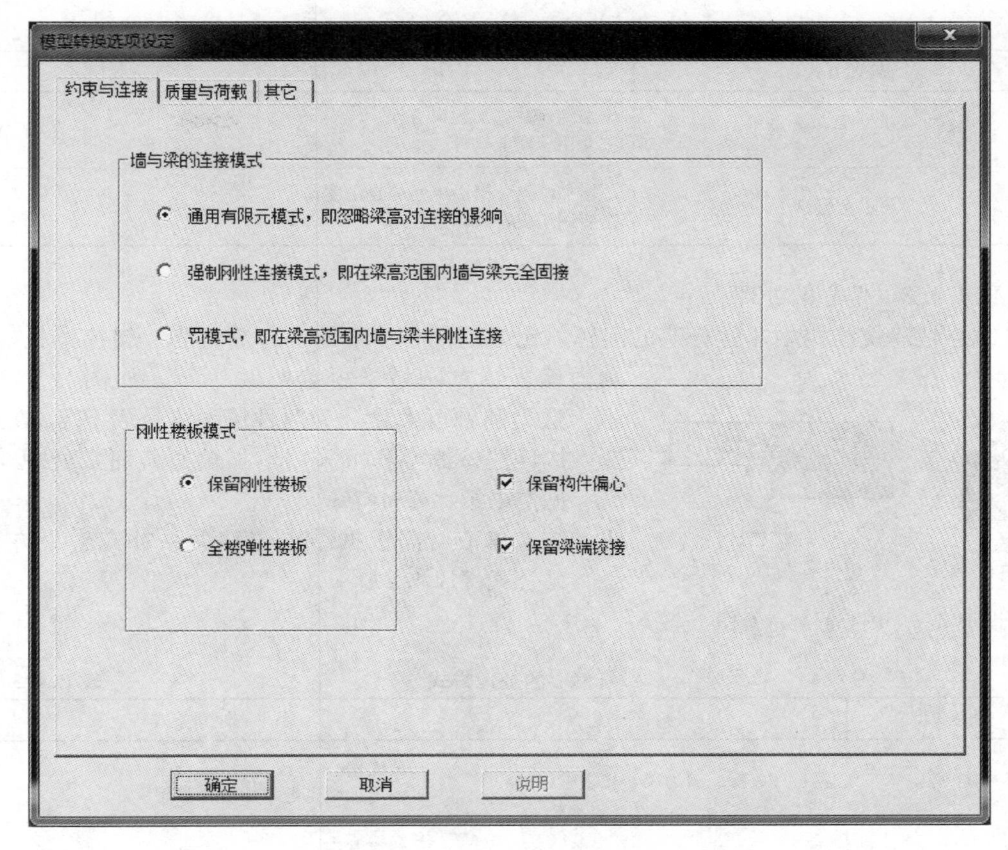

图 B.4.1　约束连接处理选项框

支座的处理　　**表 B.4.1**

支座类型	用　途	处理方式	补充说明
固定支座	基底嵌固	点约束或线约束	固定约束（0 位移）
弹性支座	网架网壳	多向弹簧	弹性约束
支座位移	不均匀沉降	点约束或线约束	给定位移约束方程

B.4.1.2　铰接的处理

铰接是建筑结构中的常见连接形式，对于钢结构和混凝土结构都经常出现，图 B.4.2 给出了一个梁柱铰接示意图。对于铰接问题，ISSS 系统内置了两种处理模式（见表 B.4.2）：

- **自由度绑定**：针对每个铰接点增加一个附加结点，该结点与原结点之间存在某种绑定约束关系（比如球铰是绑定三对平动位移，滑动铰则绑定三对转动位移），该方法主要用于商业软件接口（比如 ABAQUS 和 ANSYS 等）；
- **自由度凝聚**：该方法不增加结点，而是减少单元的输出自由度，该方法主要用于自开发计算程序。

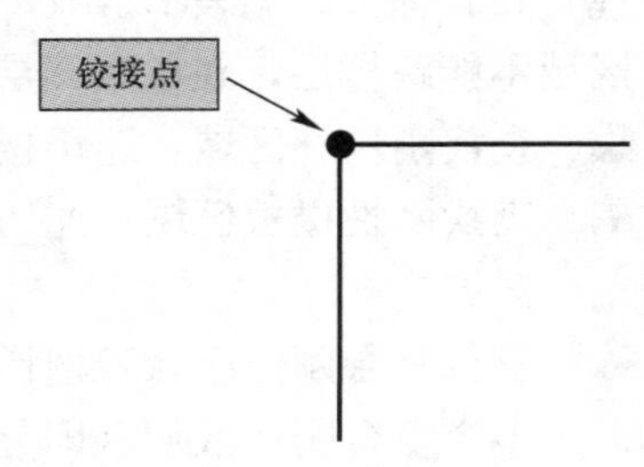

图 B.4.2　梁柱铰接示意图

铰接的处理方式　　表 B.4.2

处理方式	描　述
约束方程（自由度绑定）	增加结点并施加约束方程； 主要用于商业软件
自由度凝聚	不增加结点，减少单元的自由度输出； 主要用于自开发计算程序

B.4.1.3　偏心的处理

偏心是建筑结构中非常普遍的问题，比如柱偏心、梁偏心、墙偏心、转换梁托柱或剪力墙、结点刚域、短墙归并等等，如图 B.4.3 所示。这类问题可大致分为两种情况（见表 B.4.3）：

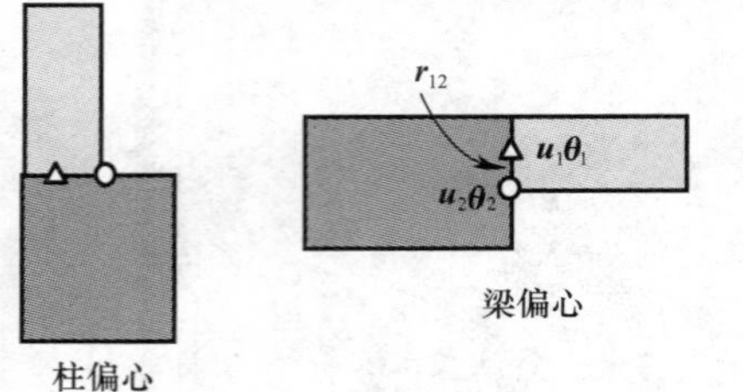

图 B.4.3　偏心问题示意图

- **构件整体偏心**：可采用增加偏心截面来处理，详见本书第 B.2 小节；
- **结点偏心**：需根据结点位移关系补充约束方程，见公式（B.4.2）。

偏心的处理方式　　表 B.4.3

偏心类型	偏心描述	处理方式
构件偏心	梁、柱、撑、剪力墙、楼板整体偏心	截面偏心 不增加结点但增加复合截面
结点偏心	构件端点偏心	约束方程 增加结点并施加约束方程

当然，ISSS 系统允许用户通过交互界面（图 B.4.1）选择是否考虑偏心。

$$\boldsymbol{u}_2=\boldsymbol{u}_1-\boldsymbol{S}(\boldsymbol{r}_{12})\boldsymbol{\theta}_1;\quad \boldsymbol{\theta}_2=\boldsymbol{\theta}_1 \tag{B.4.2}$$

其中，$\boldsymbol{S}(\boldsymbol{r})$ 表示矢量转动的偏斜矩阵，见公式（B.4.3）。

$$\boldsymbol{S}(\boldsymbol{r})=\begin{bmatrix}0 & -r_z & r_y\\ r_z & 0 & -r_x\\ -r_y & r_x & 0\end{bmatrix} \tag{B.4.3}$$

B.1.4.4　刚性杆和刚性楼板的处理

刚性杆和刚性楼板在实际结构中可能相互连接构成复杂刚性区域，因此需对其统一处理，其处理方式见表 B.4.4，其关键在于“查找分块刚性区域”，ISSS 集成系统默认刚性区域不能跨楼层，在单个楼层内部采用如下步骤：

- **查找刚性杆区域**：遍历楼层内的刚性杆，根据其相互连接关系分成多个刚性杆区域；
- **查找刚性楼板区域**：遍历楼层内的刚性楼板，根据其相互连接关系分成多个刚性楼板区域；
- **查找复合刚性区域**：遍历楼层内的刚性杆区域和刚性楼板区域，根据其连接关系分成多个复合刚性区域（即分块刚性区域），每个复合刚性区域可包含多个刚性杆区域和刚性楼板区域。

刚性杆和刚性楼板的处理方式　　表 B.4.4

处理方式	描　述
步骤 1：按楼层查找分块刚性区域	刚性杆和刚性楼板相互连接时定义为同一个区域
步骤 2：按刚性区域配置主从结点	主结点优先选择为刚性杆与刚性楼板的交点
步骤 3：按主从结点配置约束方程	刚性杆约束 6 个自由度，刚性楼板仅约束面内自由度

对于刚性杆，其端部结点的约束位移关系可采用公式（B.4.2）描述，而对于刚性楼板，通常假定“面内无限刚”，其周边结点（包括跟剪力墙相连的结点，如图 B.4.4 所示）均满足该假定，每块刚性楼板只有一个主结点，其余全部为从结点，主从结点之间的位移关系如图 B.4.5 所示，因为只考虑面内刚性约束，因此其约束方程可采用公式（B.4.4）描述。

$$u_2^x = u_1^x - r_{12}^y \theta_1^z ;\quad u_2^y = u_1^y + r_{12}^x \theta_1^z ;\quad \theta_2^z = \theta_1^z \tag{B.4.4}$$

其中：r_{12}^x 和 r_{12}^y 表示矢量 $\boldsymbol{r}_{12}$ 沿 x 轴和 y 轴的投影。

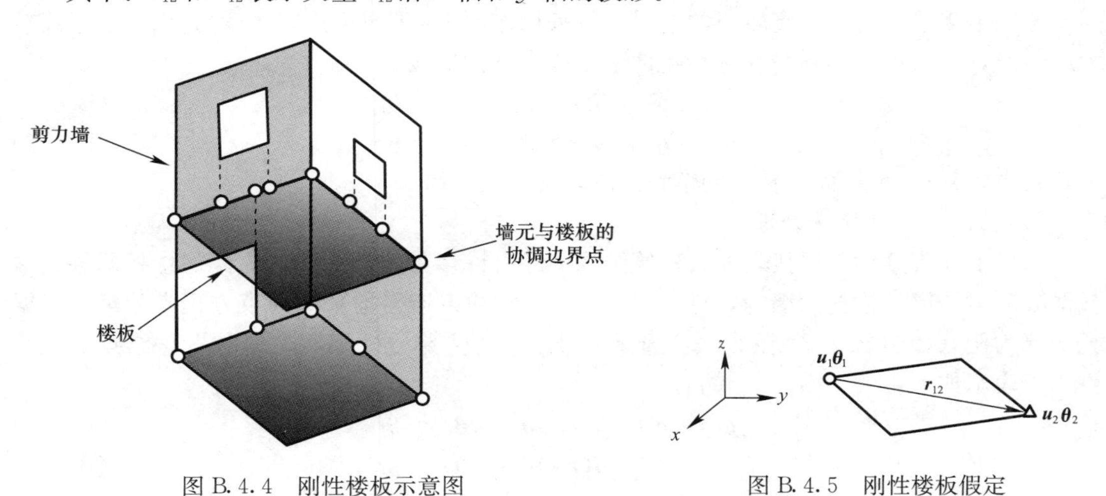

图 B.4.4　刚性楼板示意图　　　　图 B.4.5　刚性楼板假定

B.1.4.5　梁与墙的连接处理

当梁与剪力墙连接时，梁截面区域内剪力墙的水平应力和位移会受到明显影响，梁截面的面内弯矩也会受到明显影响，有限元分析时需特别考虑这个问题。剪力墙与梁连接的实际模型和有限元模型如图 B.4.6 所示，其中：剪力墙采用二维有限元模型，梁采用一维有限元模型。显然，实际模型中梁与剪力墙的连接区域在有限元模型中被简化为一个点，对于深梁而言，该简化会大大削弱梁与剪力墙的连接，因此需进行特殊处理。ISSS 系统

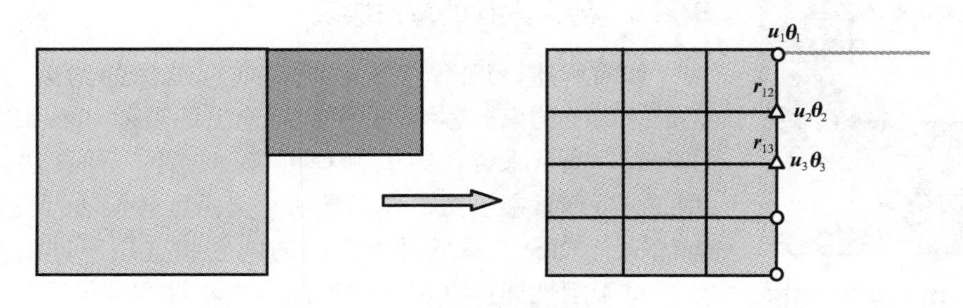

图 B.4.6　连梁与剪力墙的连接问题

提供了三种处理模式，如表 B.4.5 所示，用户可通过交互界面（图 B.4.1）自行选择：

- **忽略连接刚度**：采用通用有限元的标准流程处理梁墙连接，即梁壳通过结点连接；
- **刚性连接模式**：近似认为连接区域内的墙边界满足“平截面假定”且与梁截面的转角一致，其结点位移约束关系见公式（B.4.5）和公式（B.4.6）；
- **半刚性连接模式**：通过增加连接单元（罚单元）来考虑连接刚度，它依然采用公式（B.4.5）和公式（B.4.6）所示的约束方程，但与刚性连接不同的是，它还将引入罚系数矩阵对约束关系进行折减，因此其连接刚度将小于刚性连接模式。

梁墙连接的处理方式　　**表 B.4.5**

处理方式	描　述
忽略连接刚度	采用标准有限元的梁壳单元连接，仅连接一个结点（包括平动和转角）
刚性连接	在原结点基础上引入约束方程
半刚性连接	在原结点基础上引入连接单元（罚单元）

原则上来说，对于梁高较小的情况，可采用选项 1（即忽略连接刚度），而对于梁高较大的情况，则需根据实际情况选择刚性连接或半刚性连接。

$$\boldsymbol{u}_2 = \boldsymbol{u}_1 - \boldsymbol{S}(\boldsymbol{r}_{12})\boldsymbol{\theta}_1; \quad \boldsymbol{\theta}_2 = \boldsymbol{\theta}_1 \tag{B.4.5}$$

$$\boldsymbol{u}_3 = \boldsymbol{u}_1 - \boldsymbol{S}(\boldsymbol{r}_{13})\boldsymbol{\theta}_1; \quad \boldsymbol{\theta}_3 = \boldsymbol{\theta}_1 \tag{B.4.6}$$

其中，$\boldsymbol{S}(\boldsymbol{r})$ 表示矢量转动的偏斜矩阵，见公式（B.4.3）。

B.4.1.6　其他特殊处理

除了上述常见约束连接之外，建筑结构中还有许多其他特殊连接，比如柱托两柱、柱托两梁、梁托墙、梁托两墙等，见表 B.4.6，这些约束连接均采用约束方程来处理，以梁托两墙为例（如图 B.4.7 所示），若选择 1 号结点为主结点，那么 2 号和 3 号结点的约束方程可表示如下：

$$\boldsymbol{u}_2 = \boldsymbol{u}_1 - \boldsymbol{S}(\boldsymbol{r}_{12})\boldsymbol{\theta}_1; \quad \boldsymbol{\theta}_2 = \boldsymbol{\theta}_1 \tag{B.4.7}$$

$$\boldsymbol{u}_3 = \boldsymbol{u}_1 - \boldsymbol{S}(\boldsymbol{r}_{13})\boldsymbol{\theta}_1; \quad \boldsymbol{\theta}_3 = \boldsymbol{\theta}_1 \tag{B.4.8}$$

其中，$\boldsymbol{S}(\boldsymbol{r})$ 表示矢量转动的偏斜矩阵，见公式（B.4.3）。

其他特殊连接的处理　　**表 B.4.6**

约束类型	处理方式	描　述
① 柱托两柱 ② 柱托两梁 ③ 柱托墙 ④ 梁托两墙	约束方程	在原结点基础上增加约束方程，采用主从自由度法处理

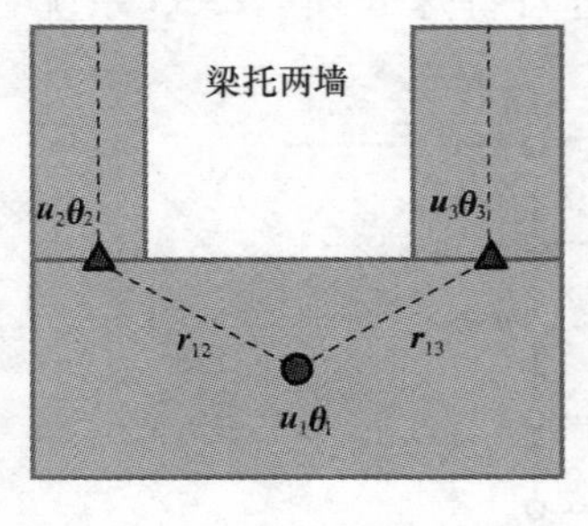

图 B.4.7　梁托两墙的剖面示意图

B.4.2　约束方程的算法实现

如前所述，ISSS 集成系统在处理结构的约束与连接时，大量应用“约束方程”，下面从理论上简要叙述约束方程的算法实现。通常来说，约束方程可采用如下三种算法的任意一种：拉格朗日乘子法、罚函数法、自由度转换法。三种算法各有优缺点，ISSS 系统对于不同的问题将选用不同的方案，比如：对于刚性连接（包括结点偏心、刚性构件等）采用自由度转换法，对于半刚性连接采用罚函数法，而对于指定支座位移

（比如支座沉降）和底座激励（包括地震激励）则提供拉格朗日乘子法和自由度转换法两个选项供用户选择。

B.4.2.1 拉格朗日乘子法

约束方程的通用格式可表达成如下形式：

$$\boldsymbol{CD}-\boldsymbol{Q}=\boldsymbol{0} \tag{B.4.9}$$

其中：$\boldsymbol{C}$ 表示约束方程系数矩阵，其维数为 $m\times n$，m 表示约束方程个数，n 表示结构自由度数；$\boldsymbol{D}$ 表示结构自由度向量；$\boldsymbol{Q}$ 表示常系数向量

记结构的原始平衡方程为：

$$\boldsymbol{KD}=\boldsymbol{R} \tag{B.4.10}$$

则引入拉格朗日乘子 $\boldsymbol{\lambda}=\{\lambda_1 \quad \lambda_2 \quad \cdots \quad \lambda_m\}^{\mathrm{T}}$ 修正后的结构平衡方程为：

$$\begin{bmatrix}\boldsymbol{K} & \boldsymbol{C}^{\mathrm{T}}\\ \boldsymbol{C} & \boldsymbol{0}\end{bmatrix}\begin{Bmatrix}\boldsymbol{D}\\ \boldsymbol{\lambda}\end{Bmatrix}=\begin{Bmatrix}\boldsymbol{R}\\ \boldsymbol{Q}\end{Bmatrix} \tag{B.4.11}$$

显然，公式（B.4.11）较公式（B.4.10）增加了 m 个拉格朗日乘子自由度，它本质上表示约束反力。由于拉格朗日乘子对应的刚度块为 $\boldsymbol{0}$，因此这些自由度无法凝聚，这必然增加结构求解规模，同时将导致总体刚度阵非正定，但该方法也有很大优点，它在求解结点位移的同时将求解结点反力。

B.4.2.2 罚函数法

对于公式（B.4.9）所示的约束方程，除了采用6.2.1小节的拉格朗日乘子法之外，还可采用罚函数法（又称罚单元），通过引入罚系数矩阵：

$$\boldsymbol{\alpha}=\begin{bmatrix}\alpha_1 & & & \\ & \alpha_2 & & \\ & & \cdots & \\ & & & \alpha_m\end{bmatrix} \tag{B.4.12}$$

公式（B.4.10）所示的原始控制方程将变为如下形式：

$$(\boldsymbol{K}+\boldsymbol{C}^{\mathrm{T}}\boldsymbol{\alpha C})\boldsymbol{D}=\boldsymbol{R}+\boldsymbol{C}^{\mathrm{T}}\boldsymbol{\alpha Q} \tag{B.4.13}$$

对比公式（B.4.13）和（B.4.11）可知，拉格朗日乘子法将增加自由度数，而罚函数法不增加，因此从程序实现的角度来说，罚函数法比拉格朗日乘子法要简单，但罚函数不能精确描述约束方程，只是一种近似，其近似程度与罚系数的取值有关，而且部分情况下它还会导致数值不稳定。

B.4.2.3 自由度转换法

约束方程除了采用公式（B.4.9）所示的通用格式描述外，还可采用如下主从自由度模式来描述：

$$u=au_1+bu_2+\cdots+const \tag{B.4.14}$$

其中，u 表示从自由度（待消去），u_1 和 u_2 表示主自由度，a、b 和 $const$ 表示常系数。

考虑公式（B.4.14），结构的总体自由度可表示为如下形式：

$$\begin{Bmatrix}\boldsymbol{u}_A\\ u\\ \boldsymbol{u}_B\end{Bmatrix}=\begin{bmatrix}\boldsymbol{I}_{n\times n} & & & \\ & a & b & \\ & & & \boldsymbol{I}_{m\times m}\end{bmatrix}\begin{Bmatrix}\boldsymbol{u}_A\\ u_1\\ u_2\\ \boldsymbol{u}_B\end{Bmatrix}+\begin{Bmatrix}\boldsymbol{0}\\ const\\ \boldsymbol{0}\end{Bmatrix} \tag{B.4.15}$$

其中，$\boldsymbol{I}_{n\times n}$和$\boldsymbol{I}_{m\times m}$分别表示$n$维和$m$维的单位矩阵。

若记包含从自由度的控制方程为：

$$\begin{bmatrix} \boldsymbol{K}_A & \widetilde{\boldsymbol{K}}_A & \boldsymbol{K}_{AB} \\ \widetilde{\boldsymbol{K}}_A^{\mathrm{T}} & \widetilde{K} & \widetilde{\boldsymbol{K}}_B \\ \boldsymbol{K}_{AB}^{\mathrm{T}} & \widetilde{\boldsymbol{K}}_B^{\mathrm{T}} & \boldsymbol{K}_B \end{bmatrix} \begin{Bmatrix} \boldsymbol{u}_A \\ u \\ \boldsymbol{u}_B \end{Bmatrix} = \begin{Bmatrix} \boldsymbol{R}_A \\ R \\ \boldsymbol{R}_B \end{Bmatrix} \tag{B.4.16}$$

那么引入约束方程（B.4.15）并消去从自由度u之后的控制方程可记为：

$$\hat{\boldsymbol{K}} \begin{Bmatrix} \boldsymbol{u}_A \\ u_1 \\ u_2 \\ \boldsymbol{u}_B \end{Bmatrix} = \hat{\boldsymbol{R}} \tag{B.4.17}$$

其中，$\hat{\boldsymbol{K}}$表示修正后的刚度阵，见公式（B.4.18），简化后可表达成公式（B.4.19）；$\hat{\boldsymbol{R}}$表示修正后的荷载阵，见公式（B.4.20）。

$$\hat{\boldsymbol{K}} = \begin{bmatrix} \boldsymbol{I}_{n\times n} & & \\ & a & \\ & b & \\ & & \boldsymbol{I}_{m\times m} \end{bmatrix} \begin{bmatrix} \boldsymbol{K}_A & \widetilde{\boldsymbol{K}}_A & \boldsymbol{K}_{AB} \\ \widetilde{\boldsymbol{K}}_A^{\mathrm{T}} & \widetilde{K} & \widetilde{\boldsymbol{K}}_B \\ \boldsymbol{K}_{AB}^{\mathrm{T}} & \widetilde{\boldsymbol{K}}_B^{\mathrm{T}} & \boldsymbol{K}_B \end{bmatrix} \begin{bmatrix} \boldsymbol{I}_{n\times n} & & & \\ & a & b & \\ & & & \boldsymbol{I}_{m\times m} \end{bmatrix} \tag{B.4.18}$$

简化后：

$$\hat{\boldsymbol{K}} = \begin{bmatrix} \boldsymbol{K}_A & a\widetilde{\boldsymbol{K}}_A & b\widetilde{\boldsymbol{K}}_A & \boldsymbol{K}_{AB} \\ a\widetilde{\boldsymbol{K}}_A^{\mathrm{T}} & a^2\widetilde{K} & ab\widetilde{K} & a\widetilde{\boldsymbol{K}}_B \\ b\widetilde{\boldsymbol{K}}_A^{\mathrm{T}} & ab\widetilde{K} & b^2\widetilde{K} & b\widetilde{\boldsymbol{K}}_B \\ \boldsymbol{K}_{AB}^{\mathrm{T}} & a\widetilde{\boldsymbol{K}}_B^{\mathrm{T}} & b\widetilde{\boldsymbol{K}}_B^{\mathrm{T}} & \boldsymbol{K}_B \end{bmatrix} \tag{B.4.19}$$

同理：

$$\hat{\boldsymbol{R}} = \begin{bmatrix} \boldsymbol{I}_{n\times n} & & \\ & a & \\ & b & \\ & & \boldsymbol{I}_{m\times m} \end{bmatrix} \left(\begin{Bmatrix} \boldsymbol{R}_A \\ R \\ \boldsymbol{R}_B \end{Bmatrix} - \begin{Bmatrix} \widetilde{\boldsymbol{K}}_A \\ \widetilde{K} \\ \widetilde{\boldsymbol{K}}_B^{\mathrm{T}} \end{Bmatrix} const \right) = \begin{Bmatrix} \boldsymbol{R}_A \\ aR \\ bR \\ \boldsymbol{R}_B \end{Bmatrix} - \begin{Bmatrix} \widetilde{\boldsymbol{K}}_A \\ a\widetilde{K} \\ b\widetilde{K} \\ \widetilde{\boldsymbol{K}}_B^{\mathrm{T}} \end{Bmatrix} const \tag{B.4.20}$$

由上述公式可知，自由度转换法通过消去从自由度引入约束方程，既不会引起数值不稳定问题，同时又能降低求解规模，因此很适用于各类工程问题，但该方法所得到的总体控制方程只能求解主自由度的位移响应，从自由度的位移需通过公式（B.4.14）补充计算。

另外还需指出的是：对于协调质量阵，其变换公式与式（B.4.19）一致，而对于集中质量阵，其变换公式为：

$$\hat{\boldsymbol{M}} = \begin{bmatrix} \boldsymbol{M}_A & \boldsymbol{0} & \boldsymbol{0} & \boldsymbol{0} \\ \boldsymbol{0} & a^2\widetilde{M} & ab\widetilde{M} & \boldsymbol{0} \\ \boldsymbol{0} & ab\widetilde{M} & b^2\widetilde{M} & \boldsymbol{0} \\ \boldsymbol{0} & \boldsymbol{0} & \boldsymbol{0} & \boldsymbol{M}_B \end{bmatrix} \tag{B.4.21}$$

显然，上式不再具有集中质量阵的对角阵形式，这将给动力学计算带来不便，因此为了简化计算通常仅保留对角位置的元素，即：

$$\hat{\boldsymbol{M}} = \begin{bmatrix} \boldsymbol{M}_A & \boldsymbol{0} & \boldsymbol{0} & \boldsymbol{0} \\ \boldsymbol{0} & a^2\widetilde{M} & 0 & \boldsymbol{0} \\ \boldsymbol{0} & \boldsymbol{0} & b^2\widetilde{M} & \boldsymbol{0} \\ \boldsymbol{0} & \boldsymbol{0} & \boldsymbol{0} & \boldsymbol{M}_B \end{bmatrix} \tag{B.4.22}$$

B.4.3　铰接自由度凝聚的算法实现

正如B.4.1节所述，ISSS集成系统提供两种铰接处理方式：其一是自由度绑定（即约束方程），其算法实现参见B.4.2节，该方式将用于通用有限元软件接口；另外一种方式则是自由度凝聚法，暂时仅用于自开发计算程序，下面简述其具体算法实现。

记某单元的平衡方程为：

$$\boldsymbol{K}^e\boldsymbol{a}^e = \boldsymbol{P}^e \tag{B.4.23}$$

其中，$\boldsymbol{a}^e$ 表示单元结点位移向量。

将铰接点放开的自由度（对于球铰是转角自由度，对于滑动铰是平动自由度）和不放开的自由度分解成两个部分，对应的结点位移向量分别记为 $\boldsymbol{a}_b$ 和 $\boldsymbol{a}_i$，刚度阵 $\boldsymbol{K}$ 和荷载阵 $\boldsymbol{P}$ 也分解成与 $\boldsymbol{a}_b$ 和 $\boldsymbol{a}_i$ 相对应的分块矩阵，式（B.4.23）可改写如下：

$$\begin{bmatrix} \boldsymbol{K}_{bb} & \boldsymbol{K}_{bi} \\ \boldsymbol{K}_{ib} & \boldsymbol{K}_{ii} \end{bmatrix} \begin{bmatrix} \boldsymbol{a}_b \\ \boldsymbol{a}_i \end{bmatrix} = \begin{bmatrix} \boldsymbol{P}_b \\ \boldsymbol{P}_i \end{bmatrix} \tag{B.4.24}$$

由上式的第二行可得：

$$\boldsymbol{a}_i = \boldsymbol{K}_{ii}^{-1}(\boldsymbol{P}_i - \boldsymbol{K}_{ib}\boldsymbol{a}_b) \tag{B.4.25}$$

将式（B.4.25）代入式（B.4.24）的第一行，可得凝聚后的方程：

$$(\boldsymbol{K}_{bb} - \boldsymbol{K}_{bi}\boldsymbol{K}_{ii}^{-1}\boldsymbol{K}_{ib})\boldsymbol{a}_b = \boldsymbol{P}_b - \boldsymbol{K}_{bi}\boldsymbol{K}_{ii}^{-1}\boldsymbol{P}_i \tag{B.4.26}$$

上式可简单地改写如下：

$$\boldsymbol{K}_{bb}^*\boldsymbol{a}_b = \boldsymbol{P}_b^* \tag{B.4.27}$$

其中：

$$\boldsymbol{K}_{bb}^* = \boldsymbol{K}_{bb} - \boldsymbol{K}_{bi}\boldsymbol{K}_{ii}^{-1}\boldsymbol{K}_{ib} \tag{B.4.28}$$

$$\boldsymbol{P}_b^* = \boldsymbol{P}_b - \boldsymbol{K}_{bi}\boldsymbol{K}_{ii}^{-1}\boldsymbol{P}_i \tag{B.4.29}$$

B.5　关于模型转换的对比测试

B.1～B.4节介绍了ISSS集成系统如何将建筑结构模型自动转换为有限元计算模型，包括协调网格的自动生成、不同构件网格密度的分区控制、构件截面的重新配置、模型荷载的自动导算、结构约束与连接的自动处理等，下面针对上述问题给出对比测试算例，以说明本文“结构模型自动处理”的合理性和必要性。

B.5.1　关于边界协调性的问题

边界网格的协调性是有限元分析的基本条件之一，如果网格不协调则会导致有限元计算结果不协调，从而出现开裂现象，如图B.5.1所示。但是因为非协调网格划分的难度远低于协调网格，而网格形状却通常优于协调网格，因此在网格划分遇到瓶颈时（比如复杂三维实体结构的网格划分）它依然可作为备选方案，不过这种情况下还需引入额外的约束条件（比如广义协调等），但这会增加问题求解的复杂度，同时给后续求解（尤其非线性分析）带来一定程度的不确定性，因此在条件允许的情况下，应尽量采用协调网格计算。正是因为这个原因，ISSS系统在模型转换时全部采用协调网格（详见B.1节）。

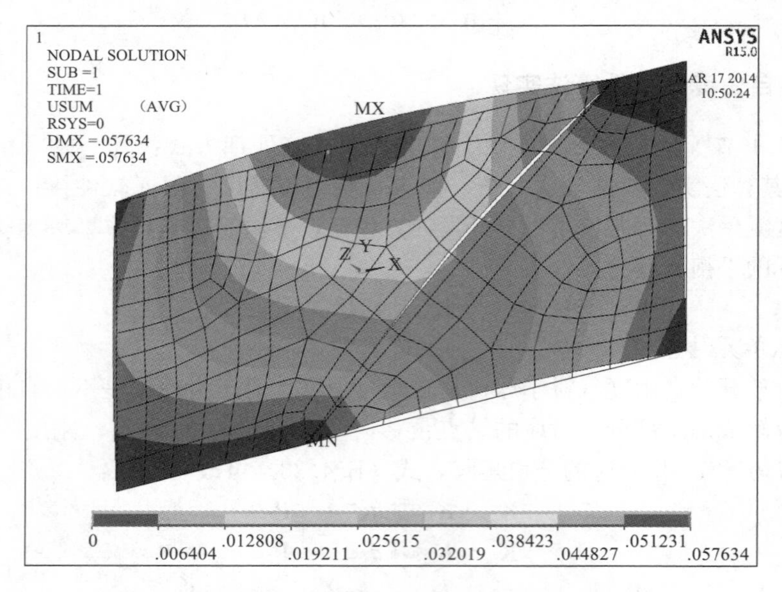

图 B.5.1　不协调边界的变形开裂示意图

下面针对某错洞口剪力墙结构，将设计软件里常用的部分协调网格（即大部分网格协调，但有少部分网格不协调，如图 B.5.2 所示）和 ISSS 系统提供的全协调网格（如图 B.5.3 所示）导入 ANSYS 软件进行计算并比较两者的结果差异。表 B.5.1 给出了分别采用全协调网格和部分协调网格计算得到的结构固有频率，显然，不协调网格会降低结构刚度，其固有频率低于协调网格，另外，对于当前剪力墙而言，部分协调网格对结构弯曲刚度的影响明显大于对扭转刚度的影响。表 B.5.2 给出了侧向力（300kN）作用下、网格协调性对结构位移的影响，部分协调网格的最大位移比全协调网格高出 8%。图 B.5.4 和

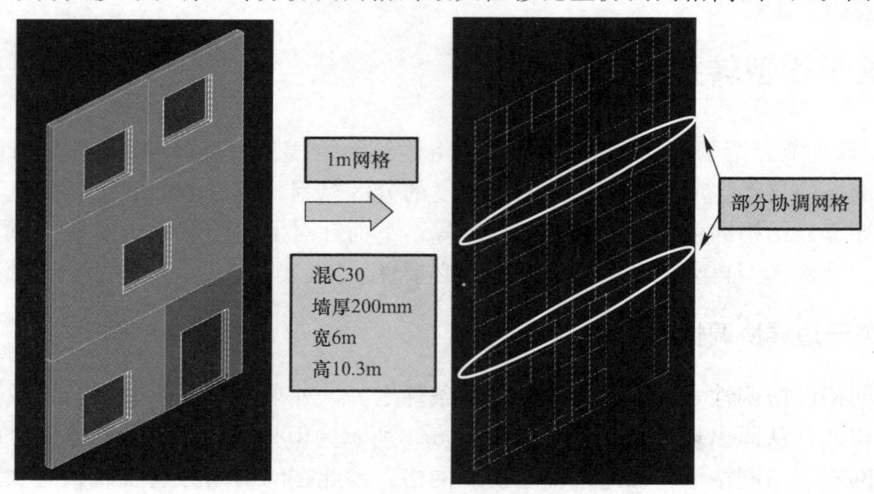

图 B.5.2　常规设计软件的部分协调网格

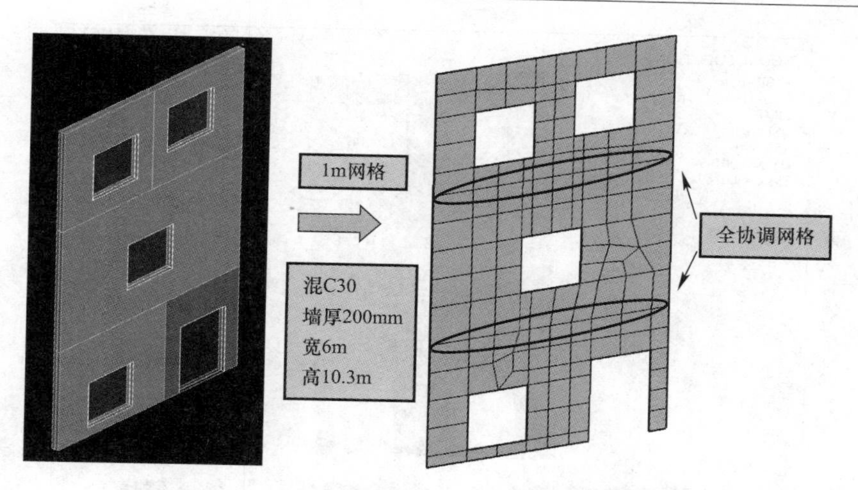

图 B.5.3　集成系统（ISSS）的全协调网格

网格协调性对固有频率的影响　　表 B.5.1

结构固有频率	全协调网格（ISSS）	部分协调网格（设计软件）	计算误差
1 阶（弯曲）	0.86272	0.83540	3.17%
2 阶（扭转）	3.7042	3.7000	0.11%
3 阶（弯曲）	5.6562	5.4422	3.78%
4 阶（扭转）	11.905	11.801	0.87%
5 阶（弯曲）	15.961	14.693	7.94%

网格协调性对位移的影响　　表 B.5.2

	部分协调网格	全协调网格	计算误差
结构最大位移（mm）	1.612	1.494	7.9%

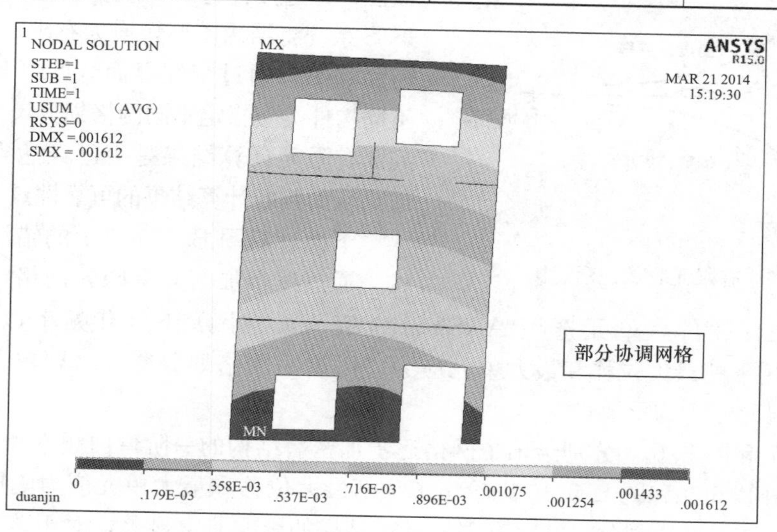

图 B.5.4　部分协调网格的位移云图

图 B.5.5 给出两者的位移云图，由图可知，除了两者的位移数值有差异外，网格不协调的位置还会明显出现裂缝，而这正是网格不协调会降低结构刚度的原因。

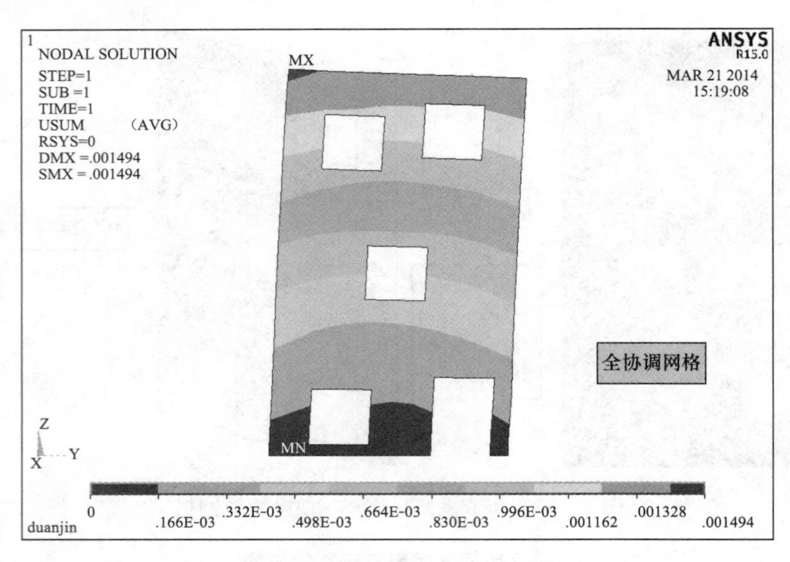

图 B.5.5　全协调网格的位移云图

B.5.2　关于网格密度的问题

收敛性是有限元的基本特征之一，它可描述如下：随着网格加密，有限元计算结果逐渐收敛于精确解，多数是单调收敛，也可能出现振荡收敛，如图 B.5.6 所示。换句话说，有限元计算结果的可靠性除了跟单元本身的力学性态有关之外，还跟网格密度和网格质量直接相关，因此，为确保有限元计算的准确性，通常需比较不同网格密度的计算结果、判断其收敛性，并选择合适的一组。正是因为这个原因，ISSS 系统将结构模型转换为有限元计算模型时，需允许用户通过交互界面（见图 B.1.13）针对不同构件类型指定不同网格划分尺寸，以便用户判断有限元计算结果是否已经达到或接近于收敛，从而判断计算结果的可靠性。

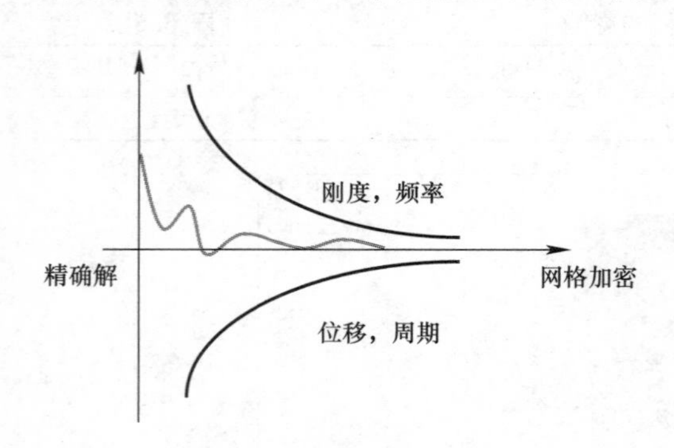

图 B.5.6　有限元收敛性示意图

下面针对图 B.5.3 所示的错洞口剪力墙结构，通过逐步加密其有限元网格，并将计算模型导入 ANSYS 软件（单元选用 ANSYS181 壳元），计算其固有频率以及在侧向力（300kN）作用下的最大位移和最大单元应力，以说明网格划分密度（即单元尺寸）对于建筑结构有限元分析的重要性。

图 B.5.7 和图 B.5.8 分别给出了网格逐步加密后结构的一阶弯曲频率和一阶扭转频率计算值，而图 B.5.9 和图 B.5.10 则给出了顶部最大位移和最大单元应力随网格加密的计算值。由图可知，网格划分尺寸对有限元计算结果的影响非常显著，对于该结构而言，采用 0.5m 总体尺寸进行网格划分能得到接近于收敛的计算结果。表 B.5.3 给出了 1.5m 和 0.5m 网格尺寸下的计算结果对比，其最大位移和最大应力的差值分别达到 13%和 18%，该误差显然不能直接忽略。

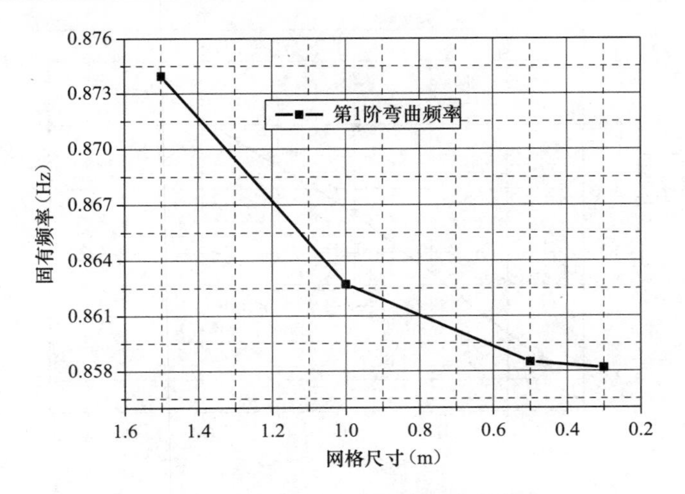

图 B. 5. 7　一阶弯曲频率的收敛性

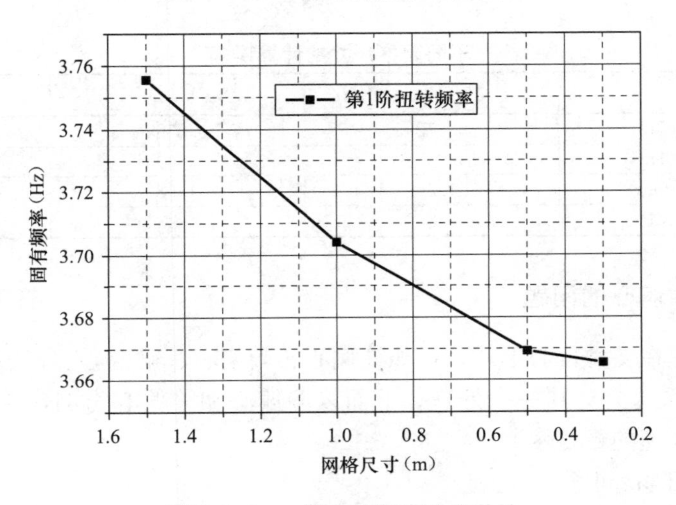

图 B. 5. 8　一阶扭转频率的收敛性

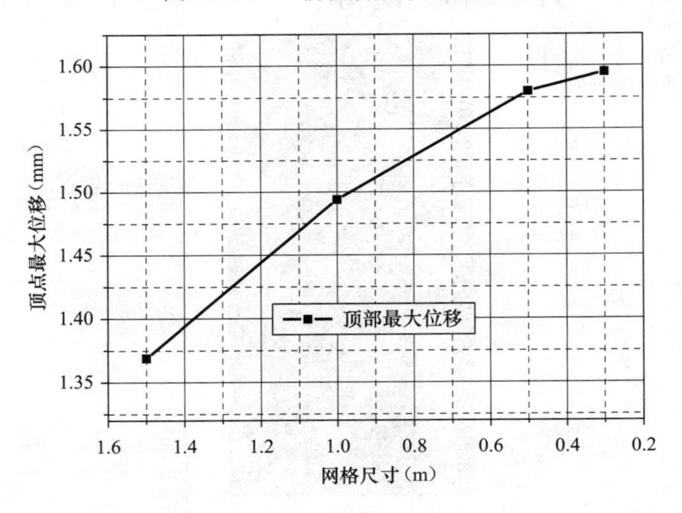

图 B. 5. 9　顶部最大位移的收敛性

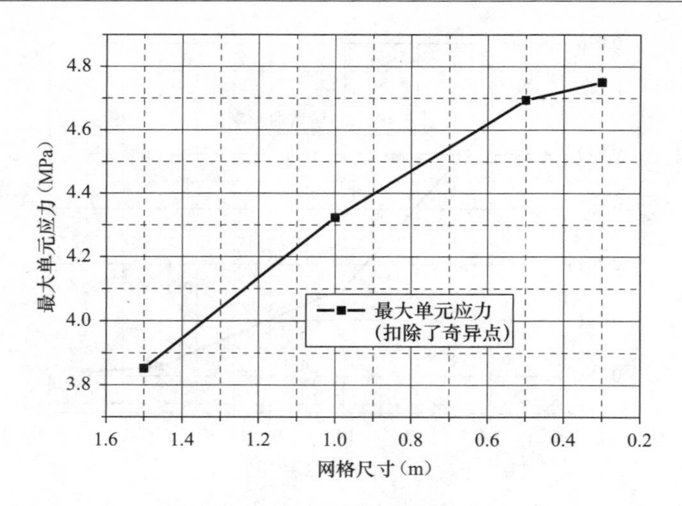

图 B.5.10 最大单元应力的收敛性

不同网格尺寸的计算误差 表 B.5.3

	1.5m	0.5m	误 差
一阶弯曲频率（Hz）	0.87395	0.8585	1.8%
一阶扭转频率（Hz）	3.7556	3.6693	2.35%
顶部最大位移（mm）	1.369	1.58	−13.35%
最大单元应力（MPa）	3.852	4.694	−17.94%

B.5.3 关于构件偏心的问题

建筑结构中存在多种偏心形式，比如柱偏心、墙偏心、梁偏心、楼板偏心以及结点偏心等，ISSS集成系统会对其一一处理。下面以墙偏心和梁偏心为例，通过具体数值算例来说明构件偏心处理的重要性。

B.5.3.1 墙偏心问题

图 B.5.11 给出了一个剪力墙偏心示意图，由于剪力墙与边柱采用外墙边对齐，从而

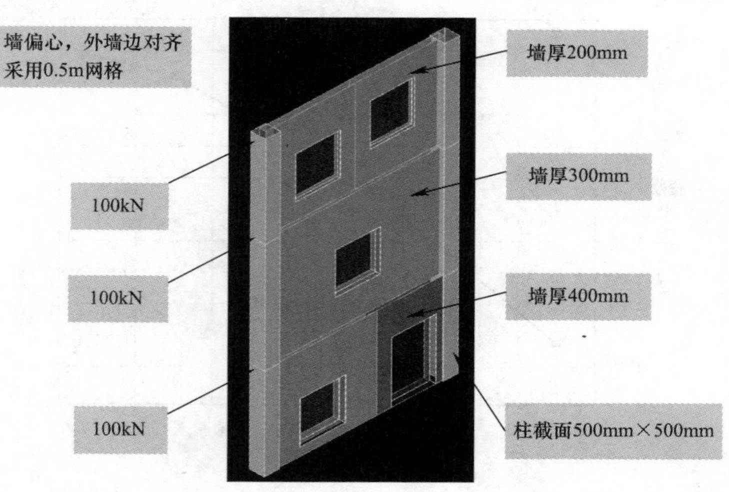

图 B.5.11 剪力墙偏心示意图

导致剪力墙中线相对柱中线存在 100mm 的偏心，关于该偏心，ISSS 集成系统会通过增加复合截面来自动处理（见本书 B.2 节），下面通过算例对比来说明该偏心处理是必需的，否则有限元分析的结果将不可靠。

图 B.5.12～图 B.5.14 给出了是否考虑偏心的位移云图对比，表 B.5.4 给出了是否考虑偏心的最大位移对比，由上可知，偏心会导致剪力墙发生明显的扭矩，忽略偏心则不出现扭转现象。图 B.5.15 给出了剪力墙端柱的扭矩云图，表 B.5.5 给出了是否考虑偏心对端柱的内力影响，由表可知，偏心会使端柱产生明显的扭转和面外弯矩。总之，对于该结构而言，墙偏心的影响非常显著，不能直接忽略。

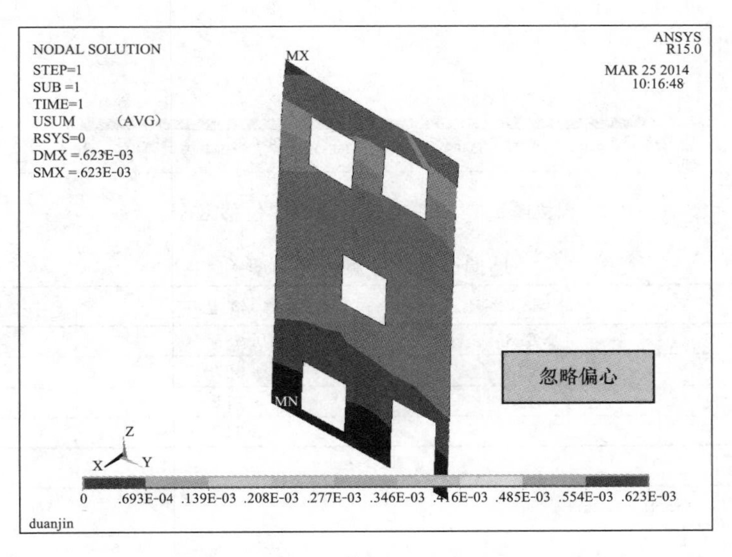

图 B.5.12 忽略偏心的位移云图

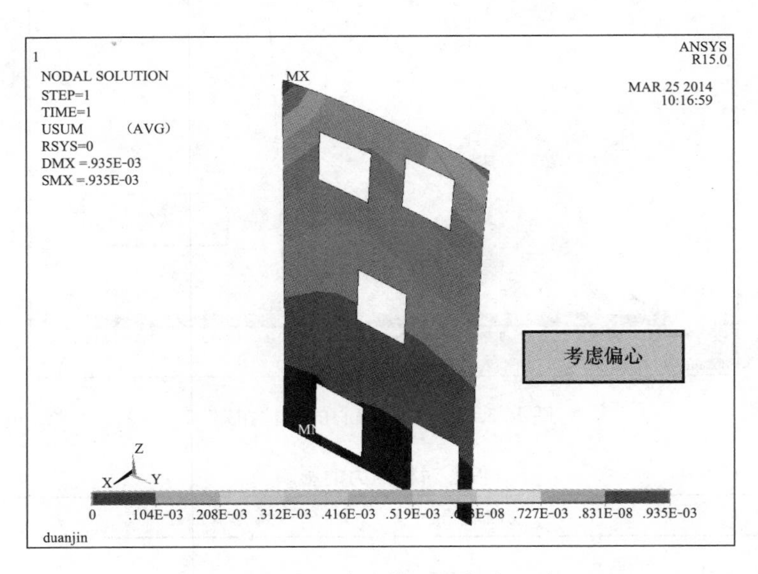

图 B.5.13 考虑偏心的位移云图

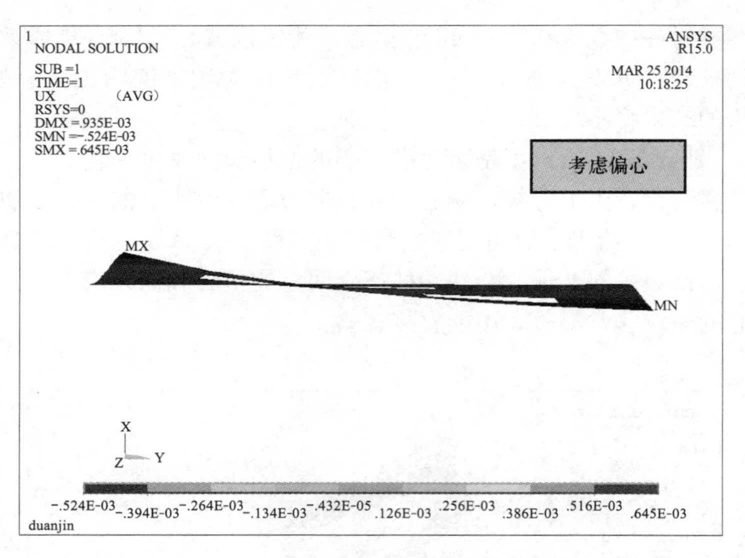

图 B. 5. 14 考虑偏心的侧向位移云图

墙偏心对于计算位移的误差 **表 B. 5. 4**

最大位移	忽略偏心影响	考虑偏心影响	计算误差
Disp	0. 623	0. 935	33%
Dy	0. 613	0. 667	−8. 1%
Dz	0. 113	0. 111	1. 8%
Dx	0	0. 645	100%

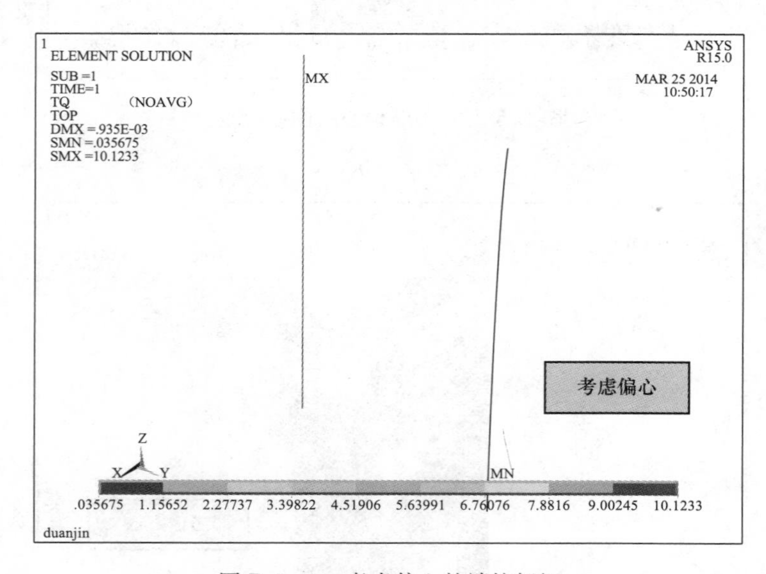

图 B. 5. 15 考虑偏心的端柱扭矩

偏心对柱内力的影响 **表 B. 5. 5**

柱内力	忽略墙偏心	考虑墙偏心	计算误差
横向剪力（F）	−210. 3 274. 7	−210. 2 274. 8	0

续表

柱内力	忽略墙偏心	考虑墙偏心	计算误差
面内弯矩（M_x）	−6.356 15.82	−6.366 15.82	0
面外弯矩（M_y）	0	−3.333 3.468	100%
扭矩（TQ_z）	0	0.036 10.12	100%

B.5.3.2　梁偏心问题

在建筑结构中，连梁与剪力墙通常采用顶面对齐，如图B.5.16所示，因此连梁中轴线与剪力墙顶面存在半个梁高的偏心（本例为250mm）。对于该问题，ISSS系统会通过增加复合截面来自动处理（见B.2节），下面通过算例对比来说明梁偏心处理的必要性。

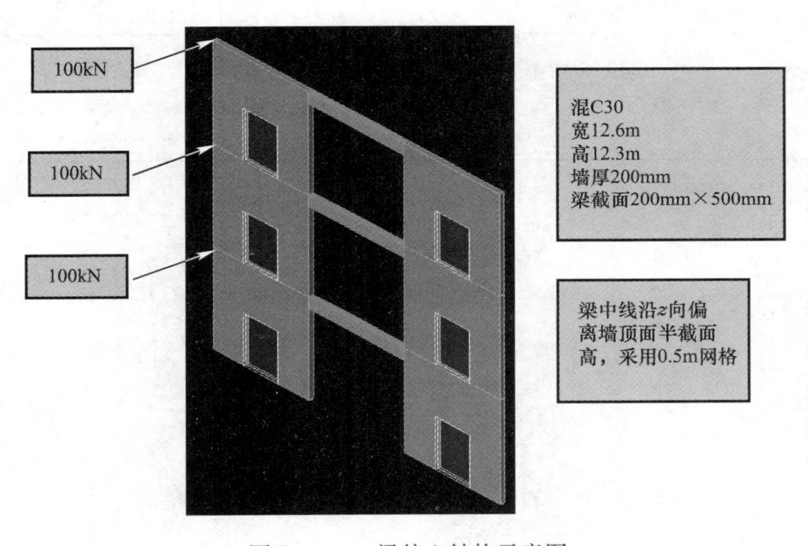

图B.5.16　梁偏心结构示意图

图B.5.17和图B.5.18给出了是否考虑梁偏心的位移云图，表B.5.6给出了偏心对于最大计算位移的影响，其最大位移误差约为5%。图B.5.19和图B.5.20给出了是否考虑梁偏心的应力云图，表B.5.7给出了偏心对于墙内最大应力以及梁构件内力的影响。观察表B.5.7可知，偏心对于梁弯矩将造成显著影响，不考虑梁偏心时，其梁弯矩仅为0.2kN·m，而考虑偏心时，其最大梁弯矩约为12kN·m，两者相差巨大。上述结果是基于ANSYS 181壳元的计算结果，这在一定程度上说明ANSYS 181壳元的面内转角自由度相对较弱，不适合直接模拟梁壳面内连接，而应附加约束方程或罚刚度。事实上，梁壳面内连接问题在商业软件中具有普遍性，正是因为这个原因，本软件在进行模型转换时会对梁墙连接问题进行特殊处理（详见B.4.1节），关于梁墙连接问题的数值测试可参见B.5.4节。

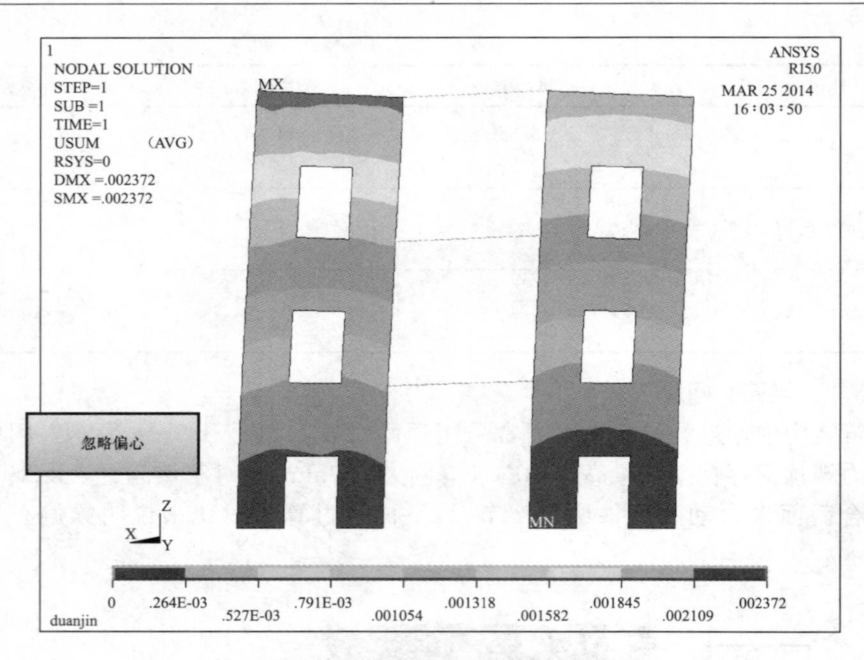

图 B.5.17　忽略偏心的位移云图

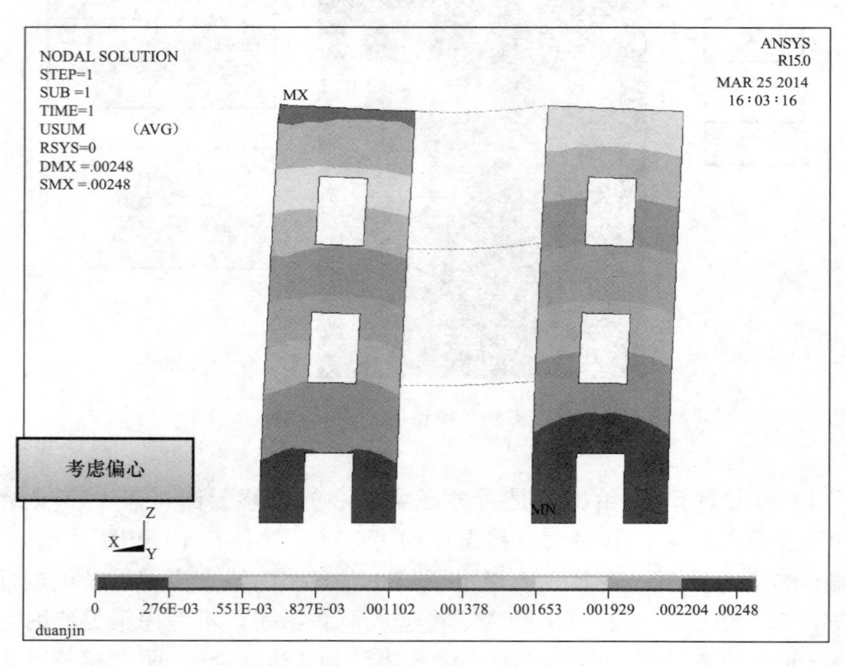

图 B.5.18　考虑偏心的位移云图

偏心对于最大位移的影响　　**表 B.5.6**

	忽略偏心	考虑偏心	计算误差
最大计算位移（mm）	2.372	2.48	4.55%

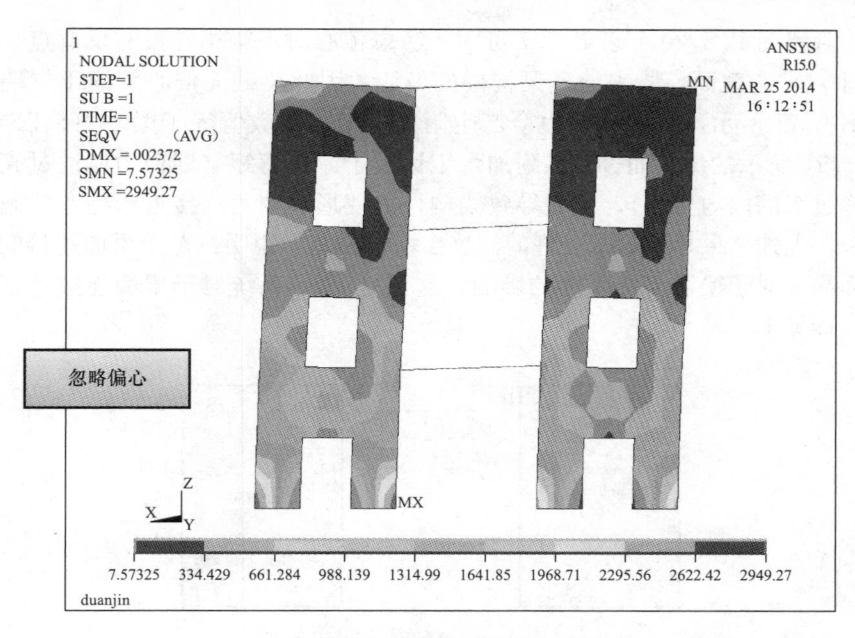

图 B. 5. 19　忽略偏心的应力云图

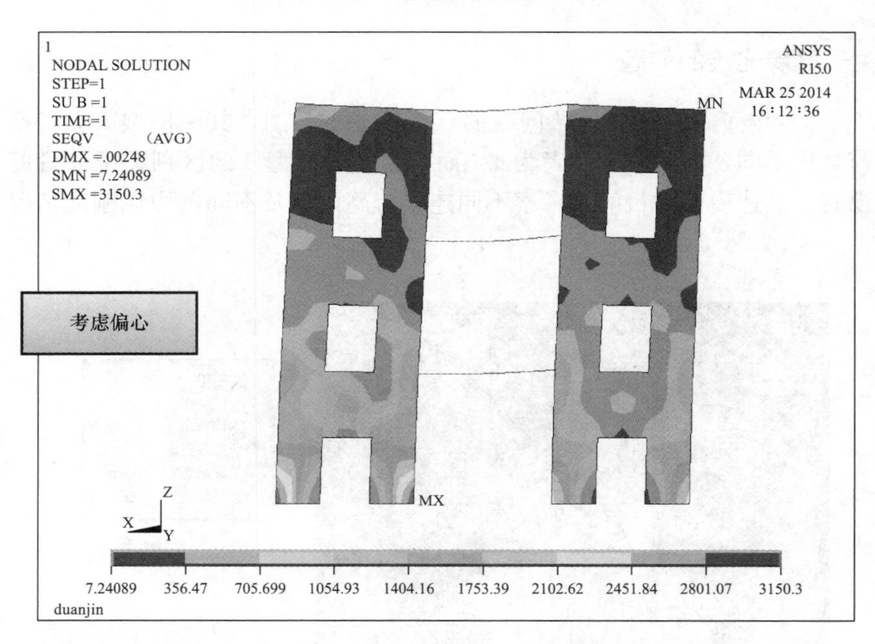

图 B. 5. 20　考虑偏心的应力云图

偏心对于墙应力和梁内力的影响　　　　**表 B. 5. 7**

	忽略偏心	考虑偏心	计算误差
最大墙应力（MPa）	2.95	3.15	6.35%
梁轴力（kN）	53.55 −29.19	−49.28 −21.90	8.66%
梁弯矩（kN·m）	−0.184 0.187	5.23 12.24	98.5%

另外，观察图 B. 5. 20 和表 B. 5. 7 可知：考虑偏心时，梁构件没有反弯点，这是因为 ISSS 系统采用偏心截面模式来处理梁构件的偏心，因此梁截面偏心等同于梁端附加刚性杆，如图 B. 5. 21 所示，杆件轴向力会产生附加弯矩，其数值等于梁轴力乘以半截面高，对于图 B. 5. 16 所示的结构而言，该附加弯矩远大于原始弯矩（即剪力墙通过壳单元转角自由度传递过来的面内弯矩），从而导致梁构件的变形和内力均接近于纯弯状态。但从实际情况来说，上述结果显然是不合理的，这在一定程度上说明：对于梁墙连接问题，必须考虑梁截面高度对于梁墙连接刚度的影响，这正是 ISSS 系统对于梁墙连接问题所采用的处理模式，详见 B. 4. 1 节。

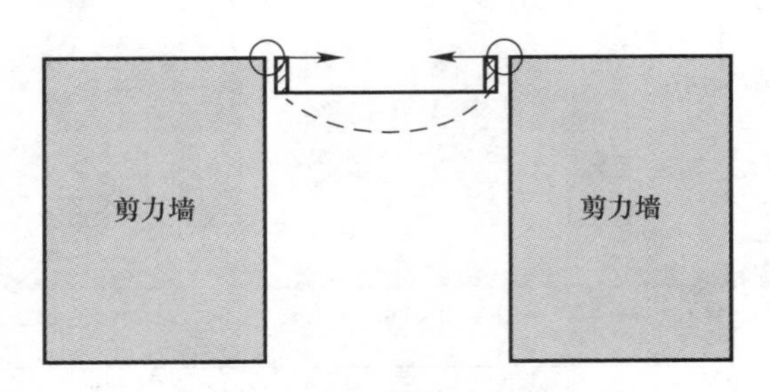

图 B. 5. 21 梁偏心的有限元处理示意图

B. 5. 4 关于梁墙连接的问题

图 B. 5. 22 给出了存在梁墙连接问题的三个模型示意图，其中模型 1 和模型 2 的区别在于连梁跨高比不同，前者为 8 后者为 4，而模型 2 和模型 3 的区别在于前者剪力墙有洞口而后者没有。上述模型的目的是考察不同连梁跨高比以及不同剪力墙刚度情况下的梁墙连接影响。

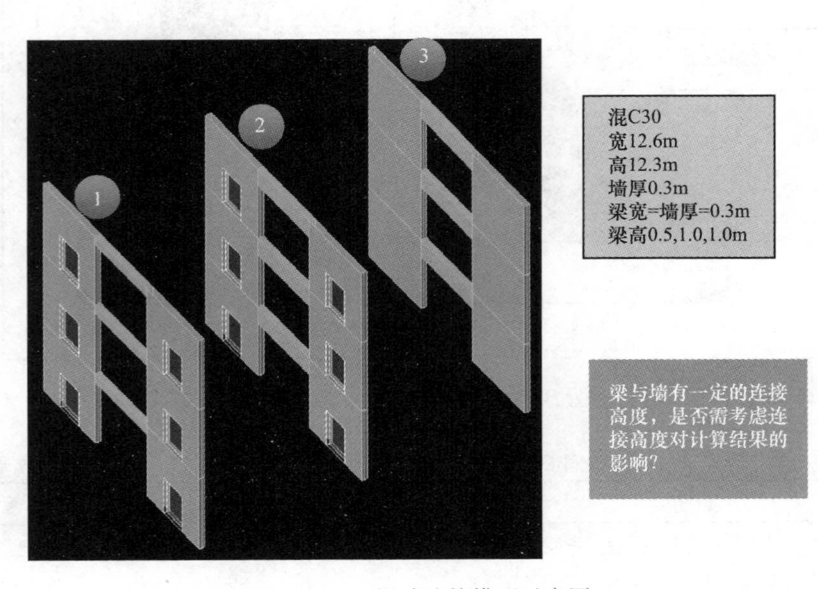

图 B. 5. 22 梁墙连接模型示意图

下面采用梁墙连接的第 2 种处理模式（即强制梁墙刚性连接，详见 B. 4. 1 小节）计算上述三个模型，并跟忽略梁墙连接的有限元模型进行比较（包括墙位移、墙应力、梁轴力以及梁弯矩等），其比较结果见表B.5.8。显然，对于跨高比较大的情况（连梁接近于细长梁），梁墙连接的影响相对较小，而对于跨高比较小的情况（连梁为深梁），梁墙连接的影响更为显著。另外，剪力墙是否有洞口对计算结果也存在明显影响，没有洞口时因为剪力墙的自身刚度将增加，它对连梁的约束作用会更强，因此梁弯矩的差值会更加明显。总言之，梁墙连接在部分情况下可能对计算结果产生本质影响，因此在进行有限元计算模型处理时不能简单忽略。

梁墙连接处理对于计算结果的影响

表 B.5.8

计算误差（%）	墙位移	墙应力	梁轴力	梁弯矩
模型1（剪力墙有洞口，梁跨高比为8）	12.86%	11.75%	10.2%	31.8%
模型2（剪力墙有洞口，梁跨高比为4）	32.19%	19.4%	31.8%	149.5%
模型3（剪力墙无洞口，梁跨高比为4）	36.84%	10.5%	20.66%	165%

为了进一步说明梁墙连接问题对有限元计算结果的影响，下面以图B.5.22中的模型2为例，详细对比其位移计算结果和内力计算结果。表B.5.9给出了是否考虑梁高（即是否考虑梁墙连接问题）的最大位移对比（其云图见B.5.23和B.5.24），显然，忽略梁墙连接的位移值比考虑梁墙连接高出约32%，说明其总体结构刚度比考虑梁墙连接时要低30%左右，因此该问题不能直接忽略。

梁墙连接问题对于最大位移的影响

表 B.5.9

	考虑梁高	忽略梁高	计算误差
最大结点位移（mm）	1.087	1.603	32.19%

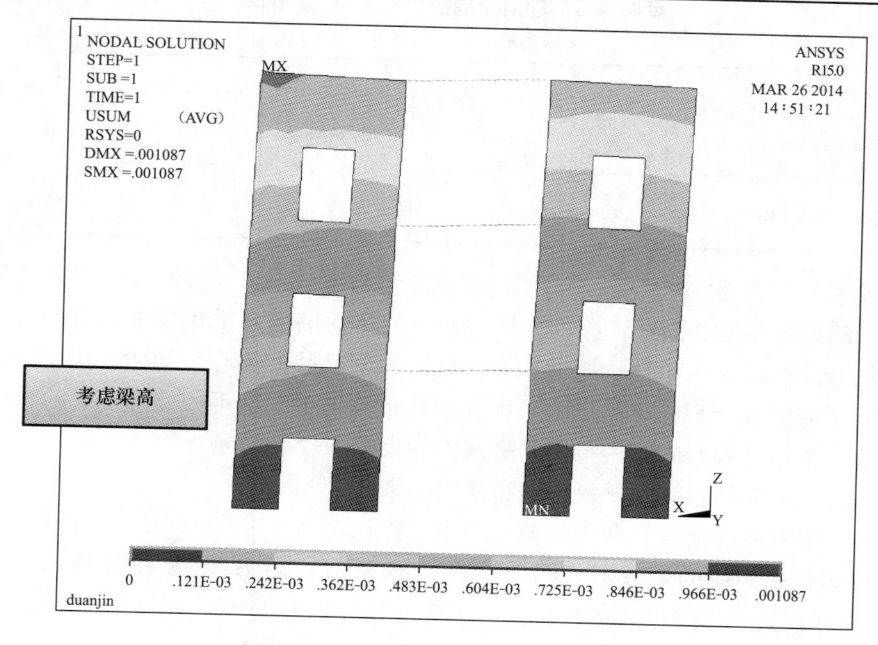

图B.5.23 考虑梁墙连接的位移云图

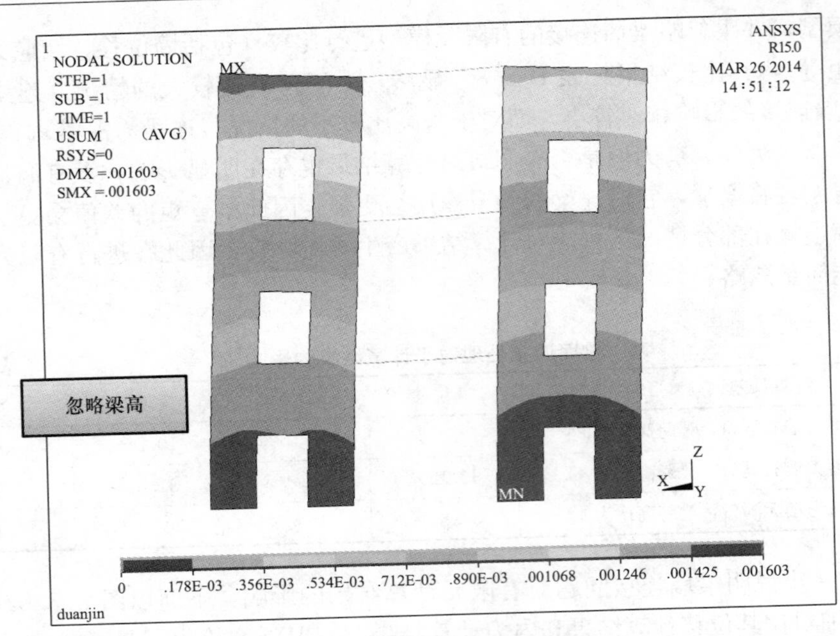

图 B. 5. 24 忽略梁墙连接的位移云图

表 B. 5. 10 给出了梁墙连接问题对于最大墙应力和梁内力（含轴力和弯矩）的影响，其应力云图见图 B. 5. 25 和图 B. 5. 26。显然，梁墙连接对于墙应力和梁轴力均有一定程度的影响（差值分别为 19%和 32%），而对于梁弯矩则会造成极为显著的影响。本例中，考虑梁墙连接的最大梁弯矩为忽略梁墙连接的 1.5 倍，因此，梁墙连接问题对于连梁的分析和设计尤为重要。

梁墙连接问题对于墙应力和梁内力的影响 **表 B. 5. 10**

	考虑梁高	忽略梁高	计算误差
最大墙应力（MPa）	1.62	2.01	19.4%
梁轴力（kN）	−58.0 −32.2	−44.0 −25.96	31.8%
梁弯矩（kN·m）	−60.75 62.38	12.5 25.0	149.5%

对于梁墙连接问题，除了上述“沿截面高度约束连接”之外，还同时存在本书第 B. 5. 3 节所阐述的梁偏心问题，因为连梁与相邻的剪力墙通常采用顶面对齐模式。上述图表的计算结果均同时考虑了“梁截面约束连接”和“梁截面偏心”问题，为了分别说明这两个问题对于有限元计算结果的影响，下面对比计算如下三种不同处理模式的梁弯矩：

- **模式 A**：忽略梁偏心问题，考虑梁高截面约束；
- **模式 B**：考虑梁偏心问题，忽略梁高截面约束；
- **模式 C**：同时考虑梁偏心和梁高截面约束（默认选项）。

三种处理模式对应的梁弯矩云图分别见图 B. 5. 27、图 B. 5. 28 和图 B. 5. 29。由图可知：模式 A 和模式 C 均有反弯点存在，而模式 B 没有反弯点，关于该现象的原因已在 B. 5. 3 节中讨论过，该处不再赘述。表 B. 5. 11 给出了三种处理模式所对应的梁端和跨中

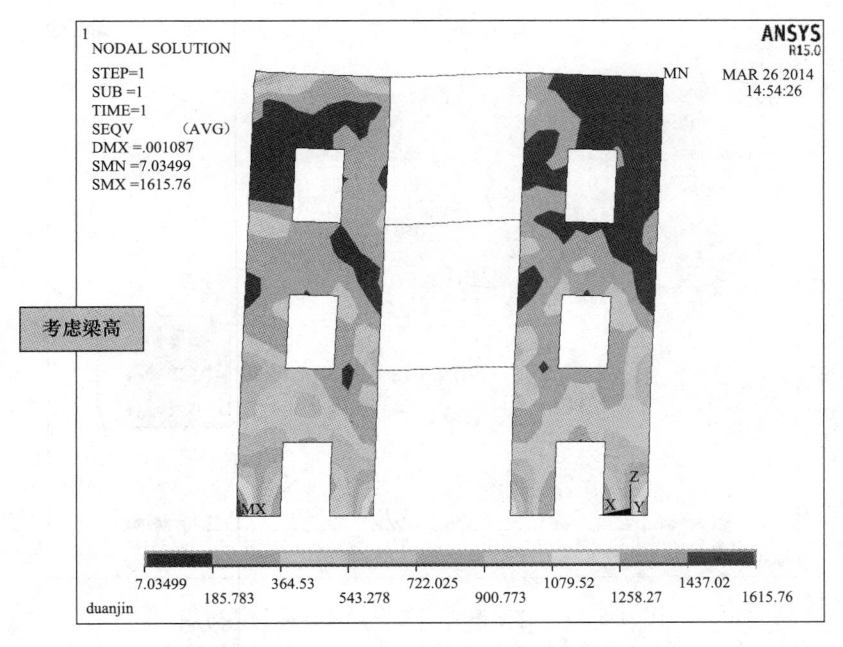

图 B.5.25 考虑梁墙连接的应力云图

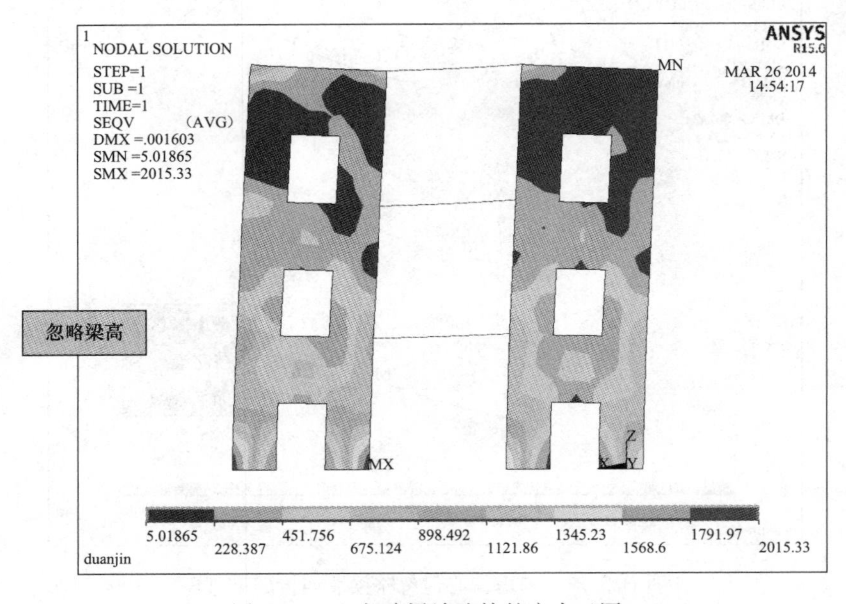

图 B.5.26 忽略梁墙连接的应力云图

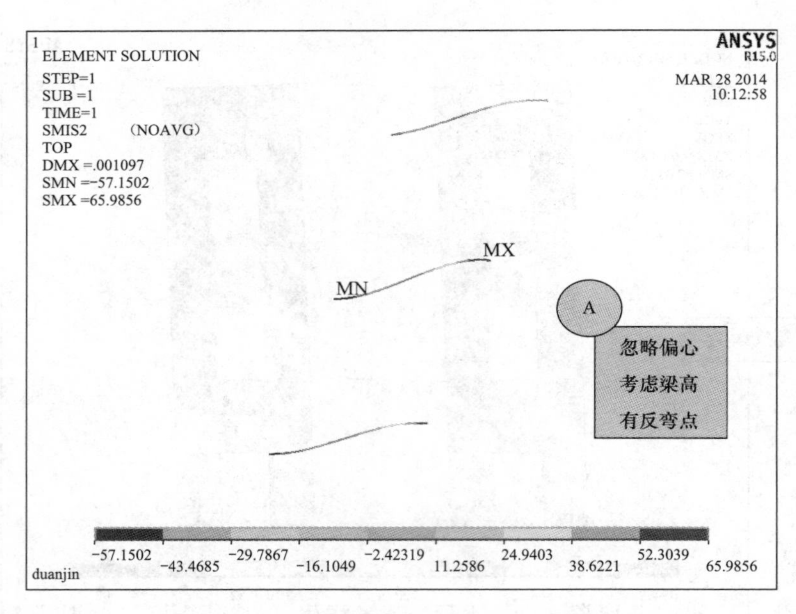

图 B. 5. 27 忽略偏心但考虑梁墙连接的梁弯矩

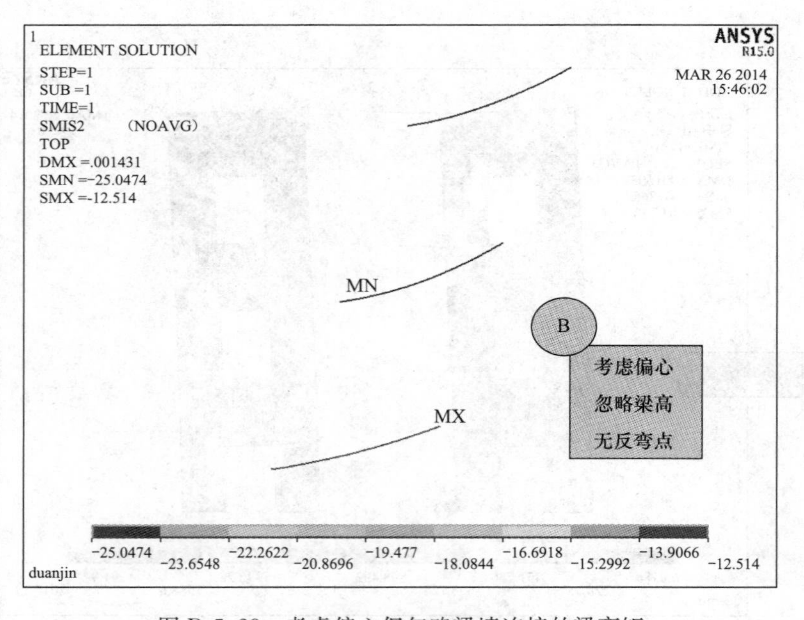

图 B. 5. 28 考虑偏心但忽略梁墙连接的梁弯矩

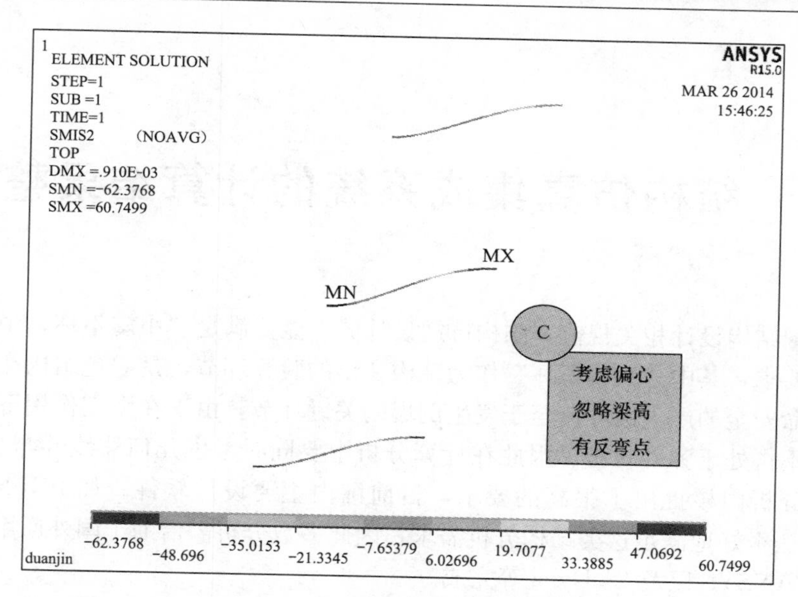

图 B.5.29 同时考虑偏心和梁墙连接的梁弯矩

不同处理方式的梁弯矩对比 **表 B.5.11**

梁弯矩（kN・m）	A（忽略偏心，考虑梁高）	B（考虑偏心，忽略梁高）	C（考虑偏心，考虑梁高）
左端	66	25	62
跨中	≅0	25	≅0
右端	−57	25	−61

弯矩值，由表可知：对于连梁问题（梁墙连接），“梁截面约束连接”对于计算结果的影响要比“梁截面偏心”大得多，因此需重点考虑而不能直接忽略。当然，本文的数值算例均采用“强制刚性连接模式”（见图 B.4.1）来考虑梁墙连接，而对于实际工程也可采用“罚模式”，但罚系数的取值需适当斟酌和考虑。

附录 C　结构仿真集成系统的计算结果整理

根据我国结构设计相关规范，结构抗震设计的性能要满足“小震不坏，中震可修，大震不倒”的要求，其中“大震不坏”作为结构变形的验算环节，是避免结构在地震作用下发生危及生命安全的严重破坏甚至于发生倒塌的关键环节，由于在大震作用下结构的变形较大且材料不再处于弹性状态，因此在计算分析中要同时考虑几何非线性与材料非线性，这对有限元分析内核提出了很高的要求，目前国内主要设计软件，如 PKPM、MIDAS、YJK 等尚无法很好地满足这类结构分析需求，因此多数分析需借助于国外通用有限元软件 ABAQUS、ANSYS 以及 Ls-Dyna 等完成。

确保结构在大震下不倒的最关键指标是地震波作用下各楼层位移角，即楼层内竖向构件的最大位移角。除此之外，底部剪力时程，框架-剪力墙结构或者筒体结构的 $0.2V_0$（框架柱承担的剪力与楼层总剪力的比例关系），框架柱承担的倾覆力矩等基于楼层的统计结果，以及构件的破坏情况，包括框架梁、柱以及墙柱墙梁等构件。这些结果无不是从结构设计概念出发的，而通用有限元软件由于不针对某一特定类型分析对象，因此分析对象是结点和单元，所提供的结果也主要是基于结点或者单元的相关结果，如结点位移、加速度等时程，单元的应力、损伤、塑性应变、截面力及能量等结果，这些结果与构件甚至楼层的结果仍有较大差距，因此其计算结果并不能直接反映结构的抗震性能。

为解决上述问题，中国建筑技术中心自主研发了“建筑工程仿真分析集成系统”，关于该系统，本书第 10 章已经有过简要介绍，而附录 A 和附录 B 则分别对其底层网格算法以及计算模型生成作了详细介绍，下面将详细介绍其后处理模块（即计算结果整理模块）。该模块是基于通用有限元的结点和单元结果，以及楼层、构件对单元与结点的索引，对楼层及构件的设计所需结果进行统计整理，以形成对结构设计具有直接指导意义的各种指标数据，并将所整理结果自动形成 RTF 格式计算书，从而实现了基于通用有限元软件 ABAQUS 软件进行结构抗震分析的数据整理。

C.1　数据后处理功能介绍

采用通用有限元软件对超高层结构进行弹塑性动力时程分析直接得到的结果一般为基于结点和单元的结果，因此为了转换为工程所需结果，需要进行数据后处理，主要包括如下几项内容：

- **从通用有限元软件 ABAQUS 中提取结点及单元数据**：通用有限元软件 ABAQUS 的结果文件为 *.ODB 文件，文件中包含了模型数据以及结果数据，数据文件为二进制格式，数据库中对结果采用了面向对象的保存方式，可以通过 Python 或者 C^{++} 二次开发直接访问数据库。集成系统采用 Python 二次开发，通过批处理指令从 *.ODB 文件中读取所需结果，并存储为指定形式的二进制文件，该二进制文件可以被一般的程序进行直接读取操作；

- **将所提取的结点及单元数据整理为楼层及构件结果**：根据楼层对构件的索引信息和构件对结点、单元的索引信息，首先对墙柱、墙梁进行应力磨平并积分，从而形成梁、柱、撑、墙柱、墙梁截面的损伤、塑性应变、内力时程、剪力与相对侧移滞回曲线以及 M-θ 曲线等，根据预定义的破坏水准形成构件的破坏等级，对构件的力进行统计，形成层或者塔的合力时程，包括框架柱承担剪力、楼层总剪力、框架柱承担的倾覆力矩，总倾覆力矩，楼层的剪切滞回曲线以及构件破坏统计等结构整体性能的判断指标；
- **自动形成结构设计所需计算书**：由于RTF（Rich Text File）格式可以直接采用Office的Word程序打开并转换，因此对上述基于通用有限元ABAQUS的整理结果，采用表格及图形方式自动生成RTF计算书，计算书中汇总了计算模型的描述以及计算得到的客观结果。

C.2 通用有限元数据提取

对于建筑结构的地震波分析，由于地震波的时长一般为几十秒，而地震波的时间步长一般为0.02秒，甚至更小，ABAQUS二进制格式结果*.ODB文件中，总输出步数可以达到到上千步甚至更多，因此该文件一般极为庞大，对文件中数据的操作必须考虑效率问题，对结果的提取宜采用多线程，且提取出来的结果再存储时也应采用可根据记录号直接读取的格式。

集成系统提取的数据内容包括：

（1）杆件的局部坐标系

杆件的局部坐标系，即ABAQUS中指定的梁单元 n_1 轴，该坐标轴一般对应为设计软件中截面的 x 轴，也是单元局部坐标系中的 y 轴，单元的切向即单元局部坐标系的 x 轴，由单元的结点顺序确定，由此则可以确定单元的局部坐标系，单元与构件的内力输出均基于该局部坐标系，在进行构件合力统计时，需要首先将构件内力从局部坐标系转换到整体坐标系。

n_1 轴的定义如图C.2.1所示。

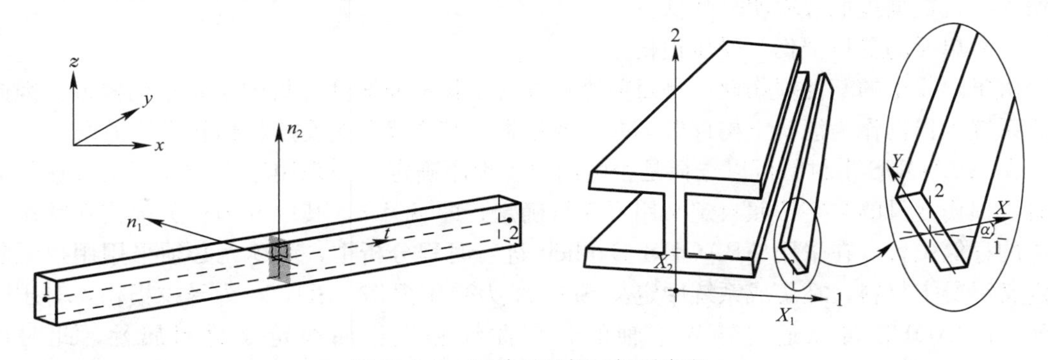

图C.2.1 梁单元局部坐标系定义

（2）结点的位移、速度、加速度

结点的位移分为平动位移与转角位移，在ABAQUS中分别记为“U”和“UR”。结点平动位移是必须在分析输出中指定的变量，用于计算位移角或者位移时程这些关键结果，也可用于计算楼层的最大侧移与平均侧移并判断楼层的扭转属性，或者楼层、构件的剪切滞回曲线；结点转角位移可以视需要决定是否选择输出，当输出转角位移时，则可以根据杆端弯矩值与转角形成杆件的M-θ曲线。

需要特别指出的是在选择施加地震波的加速度激励时，可以选用等效荷载模式或者直接在支座处施加加速度（此时支座约束为加速度约束），由于集成系统采用了后者，因此ABAQUS输出的结点位移实际上包含了结构的刚体位移，结点的真实平动位移需要扣除约束点的刚体位移。

结点的速度与加速度可以用来作为判断结构响应的辅助信息。

（3）支座反力

支座反力是约束结点产生的反力，包括平动反力和转动反力矩，分别标记为“RF”和“RM”，由于其结果不依赖于单元上的应力积分，因此具有更高的精度，在线弹性计算中可以直接用于校核平衡。在时程结果中，支座反力可以用于计算结构嵌固位置的剪力时程和竖向反力时程，另外也可以计算结构嵌固端位置的倾覆力矩。由于支座反力仅能用于首层剪力或者竖向反力时程的计算，而在其他楼层的合力时程则需要依赖于积分，因此也可以将支座反力计算得到的总反力时程与积分得到的首层总反力时程进行对比，以校验积分结果的准确性。

（4）单元的截面力及截面弯矩

单元的截面力和截面弯矩分别记为“SF”和“SM”，其中截面力可用于计算楼层的剪力时程以及由框架柱承担的剪力时程，以便于判断框架-剪力墙结构或者筒体结构的合理性。ABAQUS可以通过报告形式输出结果的文本文件，在输出该文本文件时可以选择输出积分点结果或者结点结果，其中结点结果是通过积分点结果外插得到，而结点结果又可以选择磨平结果或非磨平结果，通常为磨平结果，一般应力磨平只在单元的公共结点处做简单平均，磨平后结果可以用于积分计算。

在ABAQUS的结果数据库中同时包含了积分点和结点处截面力和截面弯矩，但数据库中的这些结果均为非磨平结果，因此提取后进行积分前由集成系统后处理进行磨平处理。相对于只输出积分点结果，同时输出积分点结果和结点结果会使得ABAQUS结果文件增大，且数据提取效率明显降低。

（5）单元的受拉损伤与受压损伤

由于混凝土的塑性损伤模型是目前进行混凝土材料非线性分析的主要本构模型，因此集成系统以损伤作为混凝土构件破坏的主要依据，其中又分为受压损伤和受拉损伤。

在ABAQUS中材料可以选择是否由用户子程序确定，当采用用户子程序定义材料属性时，损伤变量的名字按照自定义用户变量确定，即SDVn，其中n为相关损伤在状态变量中的存储位置，在采用ABAQUS/Explicit进行时程分析中，梁单元必须采用用户子程序定义混凝土材料，在集成系统中定义SDV24为受压损伤，SDV25为受拉损伤，对于壳单元，ABAQUS可以通过输入单轴的骨架曲线和损伤曲线定义材料属性，此时由ABAQUS定义的损伤相关参数分别为刚度退化系数SDEG，受压损伤DAMAGEC和受拉损伤 DAMAGET，如采用用户子程序，则受压损伤标记为 SDV13，受拉损伤标记为 SDV14。

通常，损伤的结果尤其是受压损伤的结果作为判断构件破坏程度的最重要参考依据。与单元的截面力相同，其结果可分为积分点结果和结点处结果，其中结点处结果通过外插得到，虽然在积分点处的损伤值可以由外部控制小于 1.0，但是 ABAQUS 在外插时并不受此限制，因此结点处损伤值会出现大于 1.0 的情况。

（6）单元的塑性应变

单元的塑性应变标记为 PEEQ，主要代表钢材的塑性应变，这里的钢材包括了型钢构件，型钢混凝土中的型钢，混凝土梁、柱、撑中的纵向等效钢筋，墙、板中的分布钢筋，边缘构件中的纵向钢筋，以及墙梁中的纵向钢筋。钢筋/型钢的塑性应变是判断构件破坏的另外一个指标。

ABAQUS 结果数据提取通过 Python 程序二次开发实现。对上述变量结果可以通过一个程序以单线程的形式实现，实际应用表明在此情况下，由于 ABAQUS 在数据库中索引效率较低，导致计算结果的提取时间甚至会超过计算分析所需时间，考虑到 *.ODB 文件可以按只读模式多次打开，因此集成系统对结果变量分别提取，所需时间可以缩短为单一读取程序的 1/5，从而大大提高了提取效率。

提取工作通过批处理命令实现，以位移、速度、加速度的提取批处理为例：

```
echo Project:           sec Version:1
callabaqus python odb_outDVA.py
pause
```

其实质是通过 ABAQUS 的 Python 环境调用集成系统中的 Python 程序，集成系统中目前包含的结果提取 Python 程序包括：

- **odb_outDVA. py**：　提取位移、速度、加速度；
- **odb_outRF. py**：　提取支座反力；
- **odb_outSF. py**：　提取单元截面力；
- **odb_outSM. py**：　提取单元截面弯矩；
- **odb_outSDVB. py**：　提取梁单元损伤；
- **odb_outSDVS. py**：　提取壳单元损伤；
- **odb_outPEEQ. py**：　提取钢材塑性应变。

通过上述数据提取工作，集成系统将各种结果分别存储为二进制文件，且存储时仅存储必要数据，以减小数据量，增加后续访问的效率。

C.3　通用有限元数据后处理

后处理的主要工作是将 ABAQUS 等通用有限元的分析结果转换为结构所需结果，即将基于结点、单元的结果整理为基于构件，楼层和塔的结果。

其中整理输出的构件结果包括：

- **内力时程**：包括构件两端截面的轴力、剪力及弯矩；

（1）名义轴压比时程：时程结果中构件轴力与截面当前受压承载力的比值；

（2）位移角时程：构件两端水平位移差与构件竖向高度比值的时程；

（3）受压、受拉损伤时程：杆件截面上各积分点损伤平均值或墙板中损伤加权积分结果；

（4）塑性应变时程：框架内型钢或者纵筋以及墙板内分布筋的塑性应变；

（5）剪切滞回曲线：框架柱、斜撑以及墙柱底部剪力关于相应方向两端水平位移差的曲线；

（6）梁、柱、撑的 M-θ 曲线：杆端弯矩关于相应方向杆端转角的曲线。

整理输出的分塔楼层结果包括：

- **平均位移时程及包络**：楼层标高位置结点位移时程的平均值；
- **位移角时程及包络**：楼层内竖向构件位移角最大值；
- **有害位移角时程及包络**：平均层间位移扣除下层转角引起的本层刚体转动部分后与层高的比值；
- **最大侧移与平均侧移时程**：楼层标高处各结点的最大侧移和平均侧移；
- **平均层间位移时程及包络**：楼层内各竖向构件层间位移的平均值；
- **剪力时程及包络**：每层框架/框支框架承担的剪力时程及楼层的总剪力时程；
- **倾覆力矩时程**：嵌固端处框架/框支框架承担的倾覆力矩时程和总倾覆力矩时程；
- **剪切滞回曲线**：楼层底部剪力关于楼层平均层间位移的曲线。

数据的转换及整理介绍如下：

C. 3. 1 索引等结构信息

由于在 ABAQUS 中只有结点、单元和组的定义，而结构所需结果则是基于构件、层和塔，因此在整理结果之前必须具备两者之间的索引关系等结构属性，包括：

- 构件与单元之间的索引关系；
- 楼层与构件之间的索引关系；
- 等效钢筋单元与构件之间的索引关系；
- 塔与构件之间的索引关系；
- 构件属性信息；
- 墙梁、墙柱的划分信息；
- 楼层标高。

C. 3. 2 位移转换

当地震波采用加速度激励时，ABAQUS 导出结点位移数据为包含刚体位移的结果，因此在用于数据整理前首先应扣除刚体位移，因此实际的平动位移结果应为：

$$\boldsymbol{u}' = \boldsymbol{u}^0 - \boldsymbol{u}_{\text{base}} \tag{C. 3. 1}$$

其中

$\boldsymbol{u}^0$ 为任一时刻 ABAQUS 计算位移；

$\boldsymbol{u}_{\text{base}}$ 为任一时刻支座位移。

此外，施加地震波激励时也可能考虑地震的主方向并不与坐标轴平行，即考虑所谓的最不利地震作用方向情况下施加地震波，则此时的结果可能需要整理为指定角度下的结果，以平动位移为例，经坐标旋转后位移为：

$$
\begin{aligned}
u &= u'\cos(\alpha) + v'\sin(\alpha) \\
v &= -u'\sin(\alpha) + v'\cos(\alpha)
\end{aligned}
\tag{C.3.2}
$$

其中

u'、v'为结点 x、y 坐标系下的结点位移；

α 为指定整理方向与 x 轴的夹角（逆时针为正）。

C.3.3　构件结果

（1）构件位移角

位移角以统计竖向构件为主，通常情况下可只考虑框架柱、墙柱，但个别情况下可能在某一楼层中抗侧力构件以支撑为主，甚至没有框架柱和墙柱，则此时需计算支撑的位移角。

单构件的位移角是某一时刻上下两端的侧向位移的差值与构件的高度比值，即构件两个方向的位移角分别为：

$$
\begin{aligned}
\alpha_x &= \frac{(u_{\rm up} - u_{\rm down})}{h_z} \\
\alpha_y &= \frac{(v_{\rm up} - v_{\rm down})}{h_z}
\end{aligned}
\tag{C.3.3}
$$

其中 h_z 为构件的竖直（z 向）高度。

构件位移角没有取绝对值，而是保留了计算结果的符号，这样可以体现地震波作用下往复变形的真实结果。

需要指出的是构件位移角与楼层位移角的概念存在差异，当结构中存在跃层或者错层时，构件的位移角与楼层位移角之间差异甚至可能很大，这是由于计算高度的不同引起的，同一般设计软件一样，为了避免此类构件引起的楼层位移角异常，集成系统在统计楼层位移角时进行了换算，换算方法参见楼层位移角计算。

（2）受压损伤、受拉损伤、刚度退化时程

对于框架柱等杆件可以直接取上、下端截面的损伤结果输出，对于墙柱墙梁采用与应力相同的磨平与积分方法计算截面的损伤结果，积分时采用了长度的加权，如下式所示：

$$
D_c = \frac{D_{ci}L_i}{L},\quad D_t = \frac{D_{ti}L_i}{L} \tag{C.3.4}
$$

其中

D_{ci}、D_{ti} 为积分点处的受压和受拉损伤值；

L_i、L 分别为积分点的相关长度（与左右积分点距离一半的和）和总积分长度。

（3）构件塑性应变时程

塑性应变指构件中钢材的塑性应变结果，该结果的计算方法与上述的损伤结果计算方法一致。

（4）构件内力时程

构件内力时程主要是剪力及轴力时程，这些内力时程都是基于构件的局部坐标系，轴力的符号定义为受拉为正，受压为负。

梁、柱、撑的局部坐标系可参见图 C.2.1 中的定义。

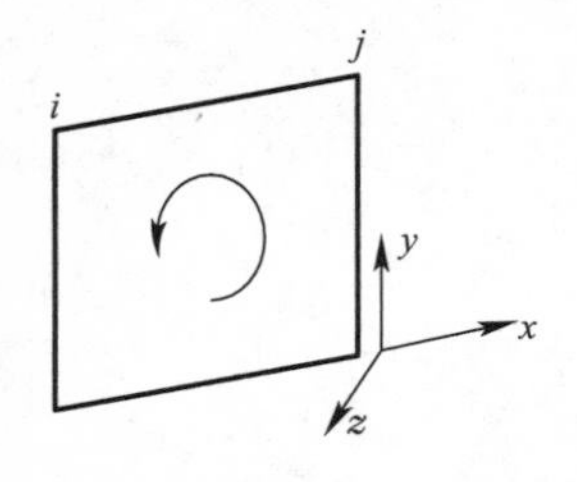

图 C. 3. 1 剪力墙的局部坐标系

墙的局部坐标系定义中，x 轴方向由原始几何模型的方向确定，如图 C. 3. 1 所示。

其中 i、j 两点的顺序由模型的几何定义确定。

梁、柱、撑构件的内力时程仅输出构件两端位置，当构件被细分单元时，会根据构件与单元之间的索引关系，查找端点单元处的截面力结果，如图 C. 3. 2 所示。

此外，由于弹塑性时程分析中除了需要考虑混凝土及其内部型钢参与计算外，还需要考虑钢筋的作用，而在 ABAQUS 显式计算中，无论是型钢还是钢筋都无法像隐式一样通过 Rebar 指令加入杆件混凝土截面，而不得不采用等效分离模型，如图 C. 3. 3 所示。

图 C. 3. 2 杆件内力输出截面

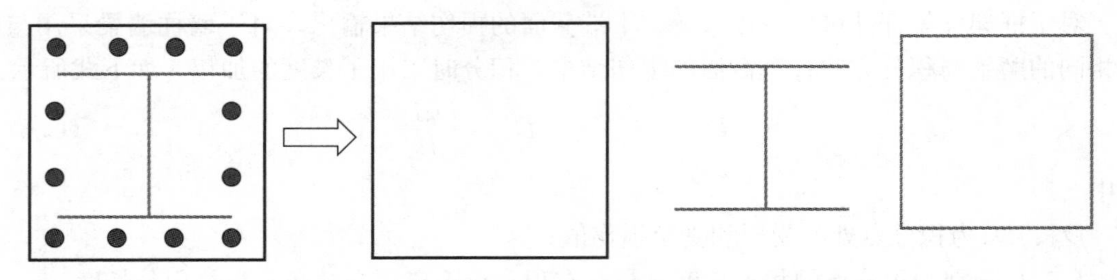
图 C. 3. 3 型钢混凝土截面及其配筋的离散

图 C. 3. 4 所示分别为混凝土杆件模型和等效钢筋模型。

因此构件截面的内力需要累加混凝土单元、钢筋单元以及型钢单元的内力：

$$SF_{\text{total}} = SF_{\text{concrete}} + SF_{\text{steel}} + SF_{\text{rebar}} \tag{C. 3. 5}$$

对于剪力墙构件，由于需要做网格剖分离散为壳单元，因此内力计算过程中需要做应力磨平与线段积分，且需要考虑边缘构件的内力，图 C. 3. 5 所示为一般剪力墙的计算模型，其中包括洞口两侧与墙两端的边缘构件。

图 C.3.4　混凝土模型（左）与等效钢筋模型（右）

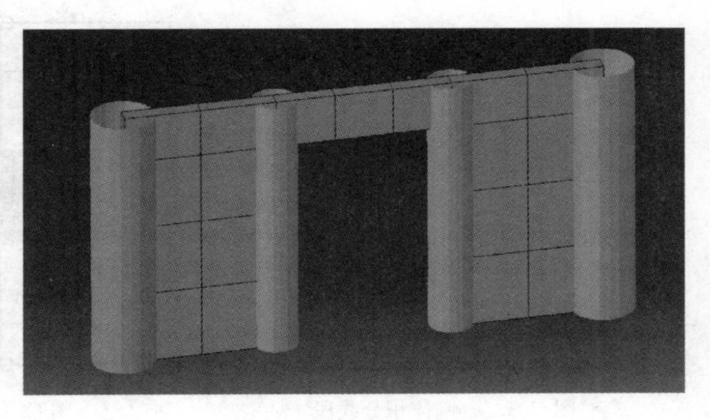

图 C.3.5　剪力墙计算模型

墙的内力一般最终以墙柱墙梁的形式体现，因此墙的内力整理需要依赖墙柱墙梁的划分信息，图 C.3.5 所示剪力墙中包含两个墙柱与一个墙梁。需要分别给出墙柱上下两端和墙梁左右两端的内力时程。

由于 ABAQUS 数据库中存储的原始结果为结点处未磨平结果［图 C.3.6（*a*）］，在图形输出时才进行磨平显示［图 C.3.6（*b*）］，未磨平结果只有在无限细分网格下才可以实现连续光滑，因此必须进行磨平才可以用于后续积分。集成系统采用了常用的结点平均法进行墙内单元应力磨平，即：

$$\sigma_i = \frac{1}{n}\sum_{e=1}^{n}\sigma_i^e \tag{C.3.6}$$

其中

σ_i 为所求 i 结点的应力；

n 为结点 i 关联单元数；

σ_i^e 为在单元 e 内结点 i 的应力结果。

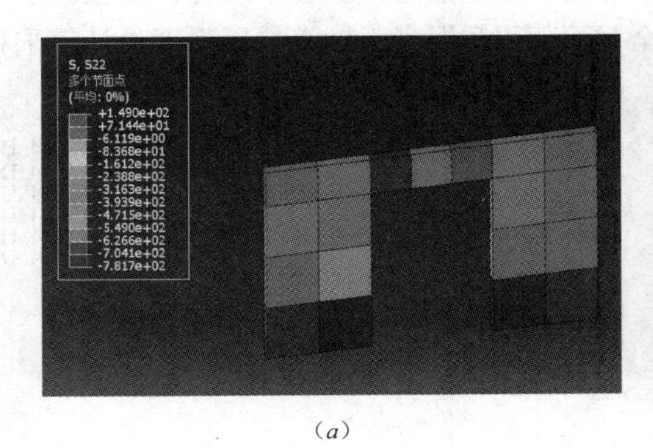

（*a*）

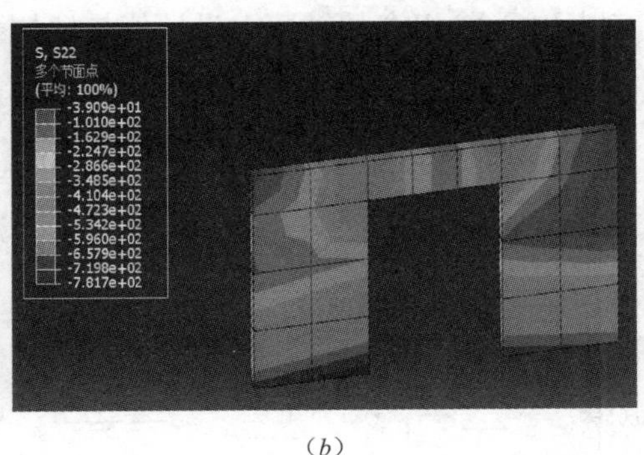

（*b*）

图 C.3.6　应力磨平示意

图 C.3.7 所示是为墙体的应力积分线段，当墙柱内含多片墙段，或者墙梁包含上下两层窗间墙时，还对相应积分线段上的结果进行了合并，如图 C.3.8 所示。

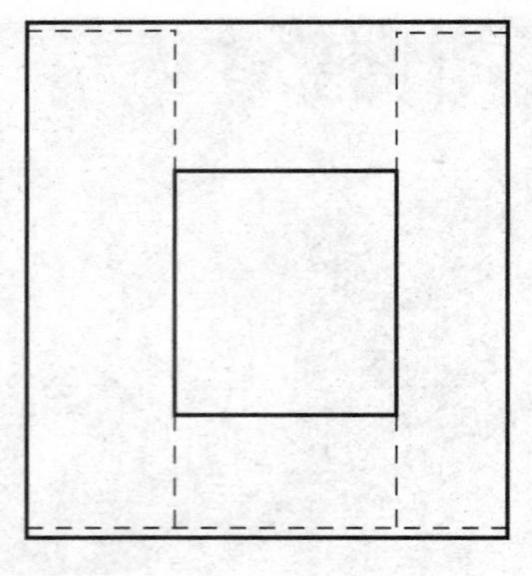

图 C.3.7　墙体积分线段

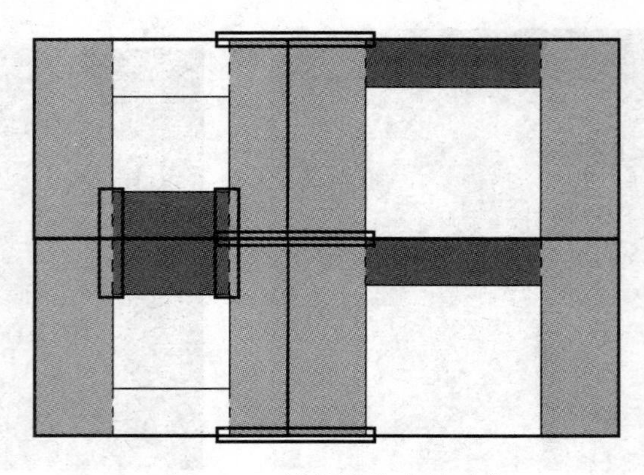

图 C.3.8　墙梁墙柱合并示意

积分过程中，在整个积分线段内分为四段，并在每段内采用 4 阶 Newton_Cotes 积分方法以保证积分的精度。积分点上的应力由所在单元的结点应力插值得到。

以三角形单元为例，采用 CST 单元的插值函数，即：

$$\sigma = \sum_{i=1}^{3} N_i \sigma_i$$
$$N_i = \frac{L_i}{2A} \tag{C.3.7}$$

其中 L_i 为三角形面积坐标分量而 A 为三角单元面积。

相对于损伤时程，通过内力时程可以更清楚得分析构件性能的变化，以图 C.3.9 所示框架柱结果为例。

从图 C.3.9 结果可以清楚地看到在 310gal 水平下当 14 号柱破坏发生突然卸载时，5 号柱承担了部分 14 号柱卸载的轴力，继而引发 5 号柱的损伤增加。因此通过结合损伤时程与内力时程甚至可以得到塑性内力重分布的过程。

(5) 构件名义轴压比时程

轴压比作为受压构件延性的控制因素是设计内容的重点之一。在小震分析阶段，框架柱的轴压比为柱组合的轴压力设计值与柱的全截面面积和混凝土轴心抗压强度设计值乘积

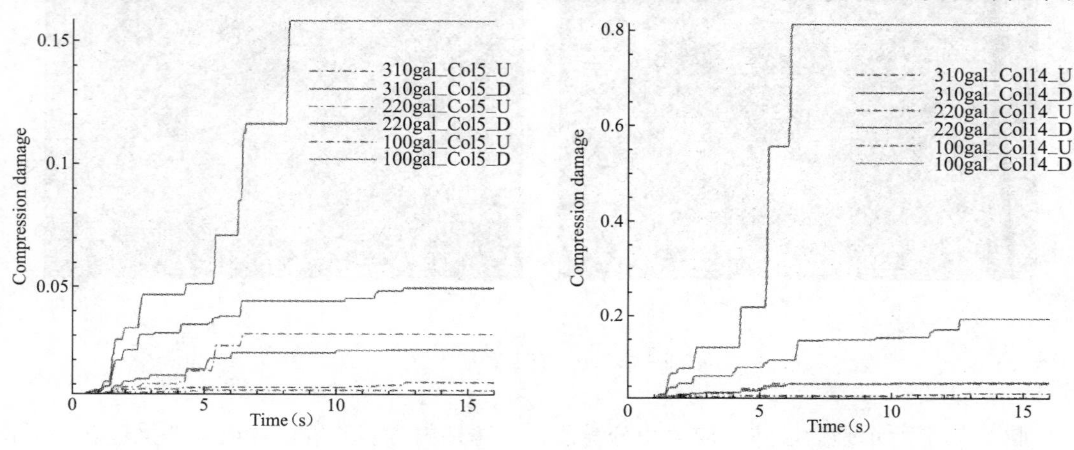

图 C.3.9　框架柱损伤及轴力时程（一）

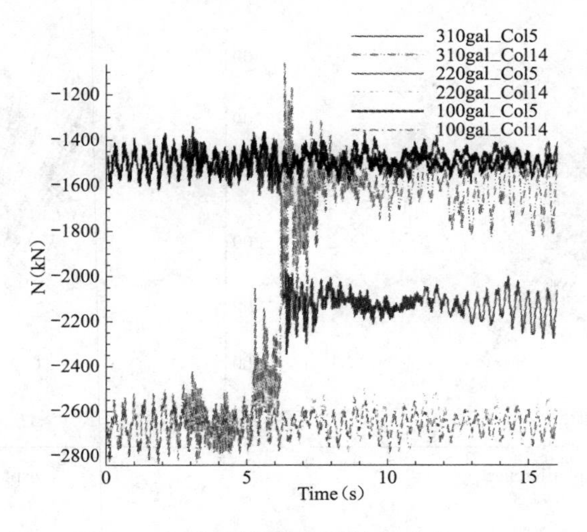

图 C. 3. 9 框架柱损伤及轴力时程（二）

之比；对于剪力墙考虑到在地震作用下墙体两侧受力的不均匀性，因而轴力取重力荷载代表值作用下的结果。

在大震分析中并不能体现上述规范中轴压比，因此只给出一个名义上的轴压比概念，即地震波作用下构件轴力与混凝土材料轴心抗压强度标准值、全截面面积乘积之比并考虑受压损伤，如下式所示：

$$u_{c}=\frac{N}{f'_{ck}A} \tag{C. 3. 8}$$

其中，f'_{ck}为考虑了受压损伤的混凝土抗压强度。在计算中需要对梁单元按照本构中的受压卸载点确定其受压损伤后的真实抗压强度。图 C. 3. 10 所示为框架柱中混凝土的抗压强度时程结果。

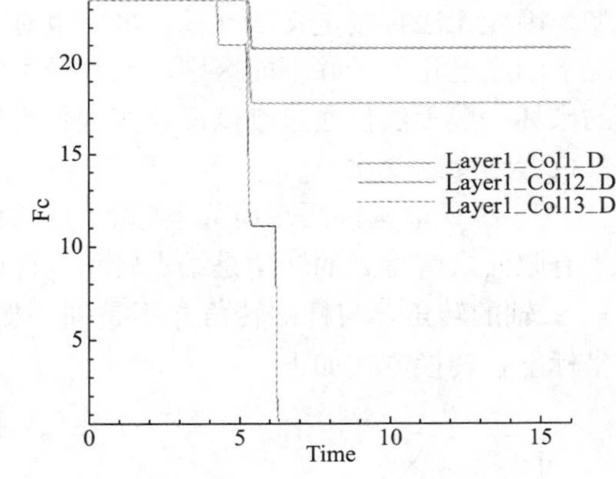

图 C. 3. 10 混凝土抗压强度时程

由于考虑了受压损伤引起的刚度退化，因此虽然名义轴压比时程与规范定义不同，但可以作为判断框架柱在大震作用下延性的一个重要依据。

（6）剪切滞回曲线

在地震波作用下构件因为损伤或者塑性应变会发生剪切刚度退化，由于通常情况下地震作用下的剪力是主要作用形式，因此通过剪切滞回曲线可以从一定程度上判断构件的刚度退化。图 C. 3. 11 所示为一框架柱和墙柱的剪切滞回曲线，其中墙柱的剪切滞回曲线中，上下两端的位移分别取墙柱左右两个结点位移的平均值。

与损伤及塑性应变的微观角度不同，剪切滞回曲线可以从宏观角度判断构件的刚度退化。随着构件整体刚度的退化，剪切滞回曲线的斜率会呈现出下降趋势，以图 C. 3. 11 结果为例，墙柱中存在较明为显的刚度退化，而框架柱则几乎没有刚度退化。

（7）M-θ 曲线

M-θ 曲线，即杆端弯矩-转角曲线。从工程角度讲，混凝土杆件抗弯刚度退化的直接

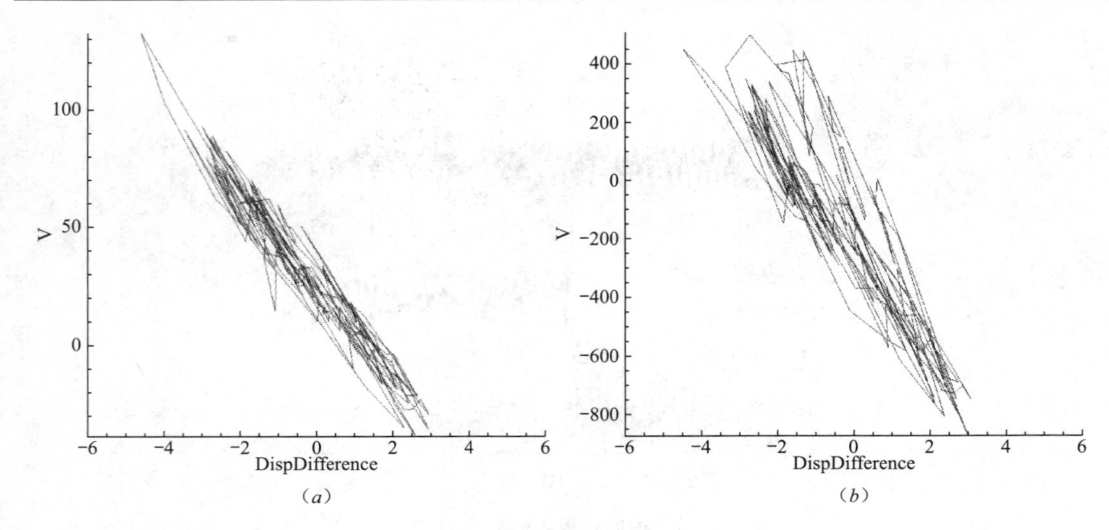

图 C.3.11 构件剪切滞回曲线

(a) 框架柱剪切滞回曲线；(b) 墙柱剪切滞回曲线

表现是塑性铰的发展，在理想塑性铰假定前提下，当达到极限弯矩时即使弯矩不变，转角也会持续增大。

如果采用塑性铰单元，该结果可以由计算程序直接给出，而 ABAQUS 采用纤维束模型，因此无法直接定义塑性铰。虽然也有软件通过刚度退化因子来定义塑性铰，但通常情况下刚度退化因子并不能区别单元的受力状态，因此对于塑性铰这种明显主要由弯曲引起的破坏一般无法仅通过刚度退化实现较为理想的定义，此时可以通过 M-θ 曲线直接观察构件抗弯刚度的变化。

其中 M 取构件两端局部坐标下的弯矩值，θ 取构件两端与弯矩相对应方向的转角。由于有限元求解得到的转角是结点转角，即转角 R_x、R_y、R_z，分别是结点处绕整体坐标 x、y、z 轴的转角，与杆端转角并不是同一概念，因此需要通过坐标变换转换到杆件的局部坐标下，转换方式如下：

$$\begin{Bmatrix} R'_x \\ R'_y \\ R'_z \end{Bmatrix} = \begin{bmatrix} v_{1,1} & v_{1,2} & v_{1,3} \\ v_{2,1} & v_{2,2} & v_{2,3} \\ v_{3,1} & v_{3,2} & v_{3,3} \end{bmatrix} \begin{Bmatrix} R_x \\ R_y \\ R_z \end{Bmatrix} \tag{C.3.9}$$

其中

$v_{1,i}$、$v_{2,i}$、$v_{3,i}$ 分别为杆件局部坐标系三个坐标轴的方向矢量。

图 C.3.12 所示为框架柱的 M-θ 曲线。

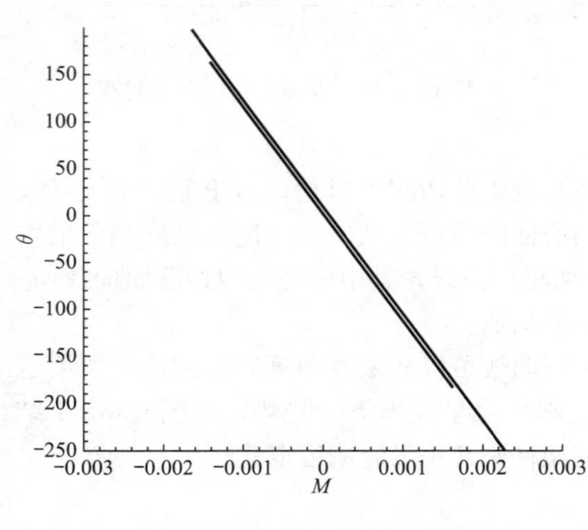

图 C.3.12 框架柱 M-θ 曲线

C.3.4 楼层、塔结果

(1) 层位移、速度、加速度时程

楼层位移、速度或者加速度时程为楼层标高处结点的平均时程，反应楼层整体的平动过程，该平均过程为简单平均，以位移为例，计算如下式所示：

$$\boldsymbol{u}=\frac{1}{n}\sum_{i=1}^{n}\boldsymbol{u}_i \tag{C.3.10}$$

通常情况下，多数设计软件会采用结点上的质量作为权值，但在显式动力计算中由于材料必须以真实的密度参与计算，由于无法得到每个结点的等效质量，因此采用了简单平均的方法。

由于平均计算没有采用权函数，因此对于平面不规则、楼层存在开大洞情况或者存在跃层、错层及刚度分布不均匀等情况，上述计算可能会存在较大误差，但通常情况下仍可以直观的考察楼层的位移或者加速度模式，如图 C.3.13 所示。

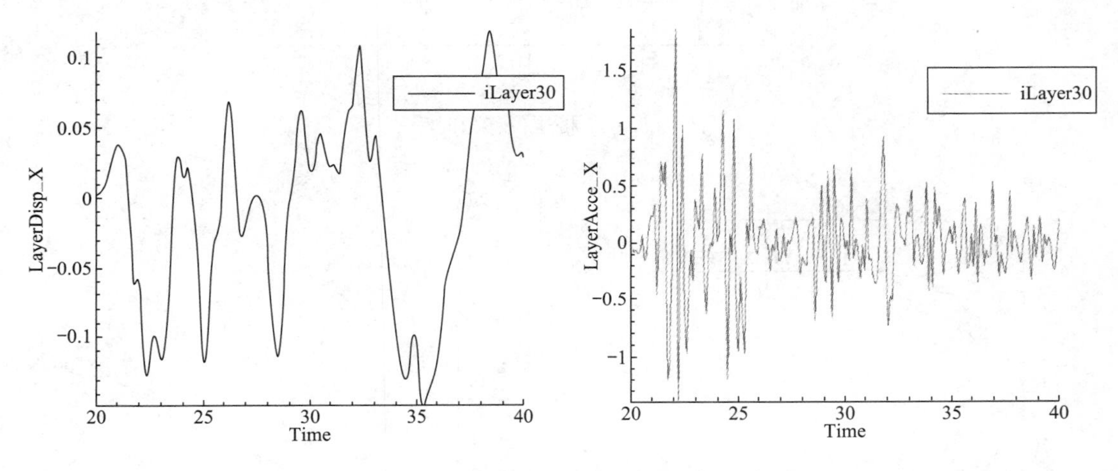

图 C.3.13 楼层平均位移时程及平均加速度时程

(2) 位移角

位移角结果是弹塑性动力时程分析的最重要结果，其中位移角包络是判断结构在大震作用下是否可以不倒塌的依据。

按照规范说明，位移角为楼层竖向构件的最大位移角，即位移角本身不是各竖向构件位移角的平均值，而是取各竖向构件位移角的最大值。

$$\alpha=\max(\alpha_{\mathrm{mem}}) \tag{C.3.11}$$

在实际计算中，如构件的竖向高度与层高不同，对该构件的位移角根据层高进行了换算。

除上述位移角外，一般在弹性阶段设计软件中还会给出有害位移角的结果，通常有害位移角为本层位移角扣除下层转动引起的本层刚体转动部分。由于有害位移角的定义存在争议，因此一般仅作为参考结果。

有害位移角与位移角不同，位移角为竖向构件的最大位移角，而有害位移角因为要扣除刚体转动部分，只能取各竖向构件的平均位移角进行计算，因此不能简单地将位移角上下相减结果作为有害位移角，两者在数值上可能存在较大差别。

除了位移角包络以外，集成系统也可以给出某一时刻整个结构的位移角分布，以及各楼层的位移角时程。图 C.3.14～图 C.3.16 所示为楼层的位移角结果。

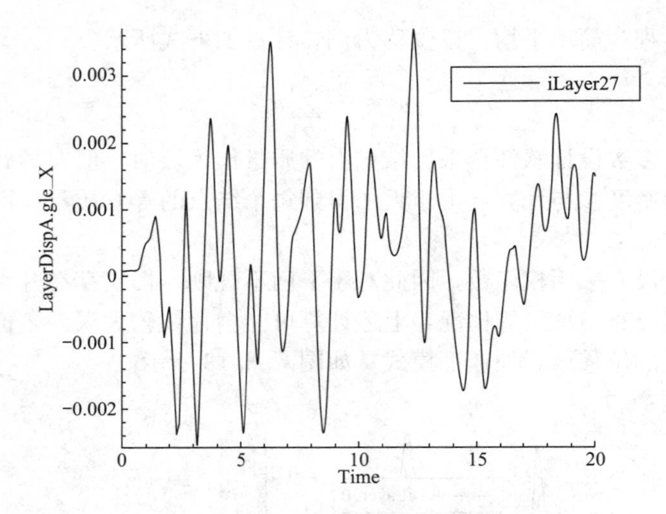

图 C. 3. 14　楼层位移角时程

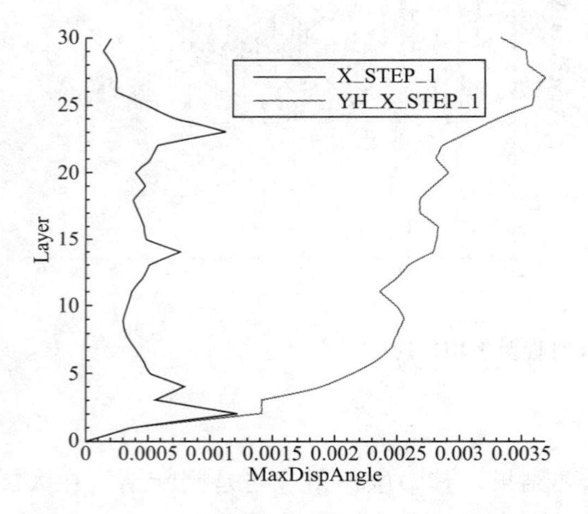

图 C. 3. 15　最大位移角包络与有害位移角包络

图 C. 3. 16　任意时刻各楼层位移角

(3) 用于判断扭转的最大水平位移和平均水平位移

在小震弹性设计阶段，位移比和周期比是控制结构扭转效应的两个主要参数。虽然大震主要采用位移角判断结构是否会发生倒塌，但因为结构扭转引起的周边构件的破坏要远大于平动引起的破坏，因此考察结构在地震波作用下的扭转对于方案的优化，减小结构因为扭转引起的破坏仍然具有重要意义。

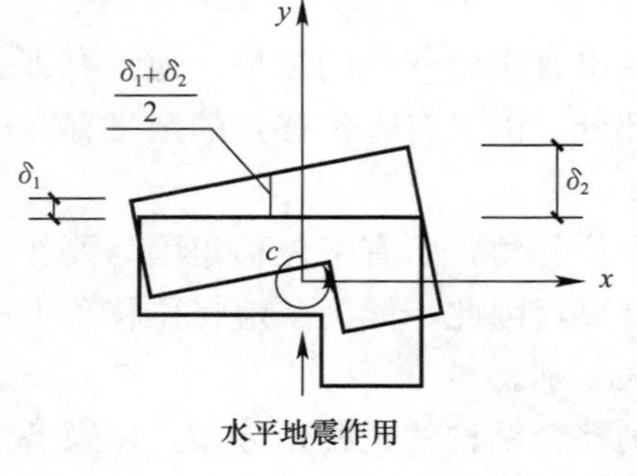

图 C. 3. 17　扭转位移比

根据规范，判断扭转不规则的的条件为：

$$\delta_2 > 1.2\left(\frac{\delta_1 + \delta_2}{2}\right) \tag{C. 3. 12}$$

从图 C. 3. 17 可知，判断扭转不规则通常情况下是基于刚性楼板假定，但该假定一般不能用于弹塑性动力时程分析，此外在时程结果中，由于平均值不可避免地要出现为 0 的情况，此时比值为奇异状态，但并不一定代表结构处于扭转最严重的状态下，以完全对称结构的初始状态为例，由于此时结构仅受重力作用，所以变形完全对称，则平均位移为0，最大位移与平均位移的比值为无穷大，但结构并不存在任何扭转变形。因此并不适宜给出最大位移与平均位移的比值，集成系统仅给出两者的时程结果，结构扭转是否严重需要通过两个时程结果的比较来判断。

另一方面，上述规范中扭转位移比是在反应谱分析下根据规定水平力计算得到的结果，属于单向地震作用性质，而时程结果一般均为双向地震作用，因此其性质有所不同，用户需根据需要确定采用单向地震波结果还是双向地震波结果。

图C.3.18所示为一结构双向地震波的最大位移与平均位移结果比较。其中左图为某一个时刻下，整个结构各楼层的最大位移与平均位移比较，右图为某一楼层最大平动侧移与平均平动侧移的时程结果。

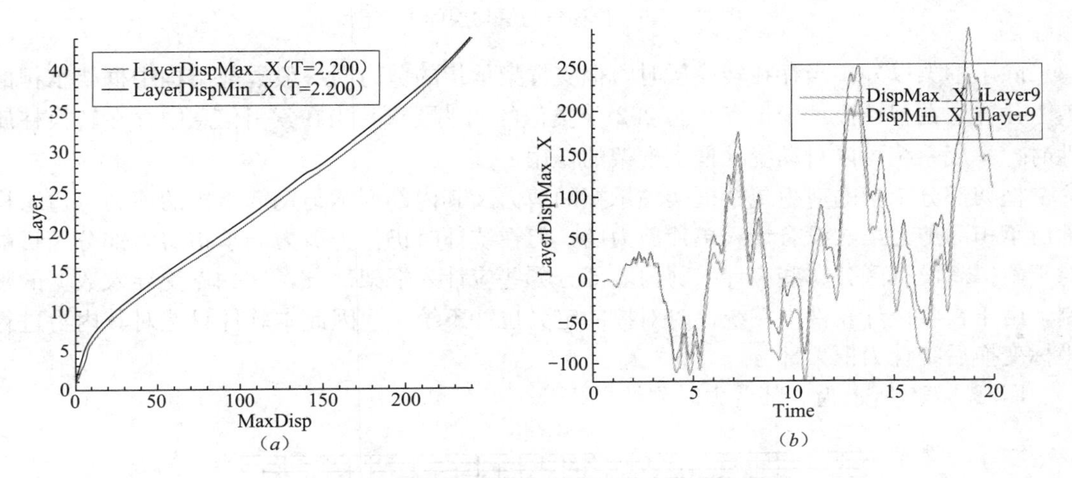

图C.3.18 最大平动位移与平均平动位移

（a）某一时刻下整个结构各楼层的最大位移与平均位移比较；（b）某一楼层最大平动侧移与平均侧移的时程结果

（4）层间位移时程

由于按照规范定义，位移角是楼层内竖向构件的最大位移角，而在个别情况下单个构件过度的变形并不能代表整个楼层的位移角行为，因此集成系统给出楼层的平均层间位移时程结果，当该结果除以层高时，可认为是一种平均意义的位移角。不考虑层高的影响，平均层间位移与位移角的相似程度取决于楼层平面布置的均匀性以及楼板的破坏程度，其中更是主要取决于平面布置的均匀程度，对于平面不规则情况两者形态可能完全不同，可以说两者的形态越吻合，则表示结构的平面刚度越均匀，也就对抗震更加有利。图C.3.19所示结果为多处楼层存在立面开大洞结构的位移角与平均层间位移形态的比较结果。

（5）框架/框支框架剪力及总剪力

除了位移角外，底部剪力时程及楼层剪力包络是弹塑性动力时程分析最重要的结果。此外，在弹性设计中的0.2V_0结果，即每层框架柱所承担的剪力与基础底部剪力或者分段底部剪力的比值是判断结构性能的重要依据，用于判断框架剪力墙结构或者筒体结构中框架部分能否起到有效的二道防线的作用。

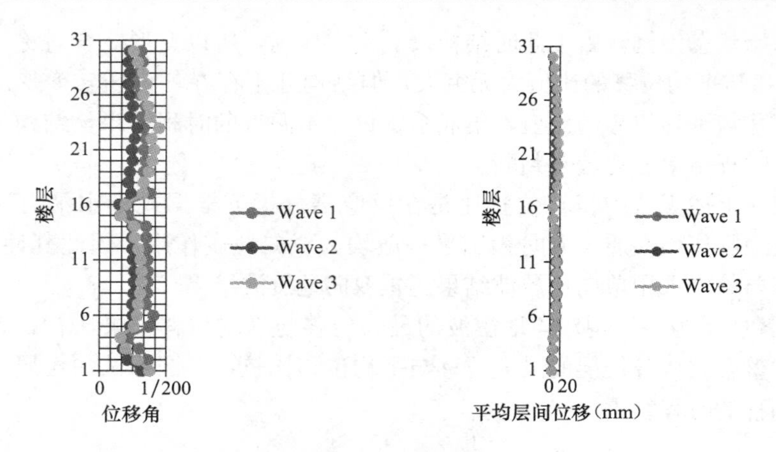

图 C. 3. 19 位移角与平均层间位移包络

除了框架以外，当存在转换层时，框支框架承担的剪力同一般框剪结构中框架承担的剪力一样，在弹性设计中也存在与 $0.2V_0$ 类似的调整要求，当在索引信息中存在转换柱属性时，集成系统可以自动统计框支框架的作用。

框架部分承担的剪力包括框架柱承担的剪力及其内部型钢与钢筋承担的剪力，边缘构件所承担的剪力虽然没有计入单片剪力墙，但在统计时仍作为剪力墙承担剪力部分，目前对于斜撑尚没有区分哪些应计入剪力墙部分哪些应计入框架部分，这一点受导入数据的限制，由于在各设计软件中在统计时对撑的定义也并不统一，因此本软件只是对其内力进行坐标变换后统计为框架部分。

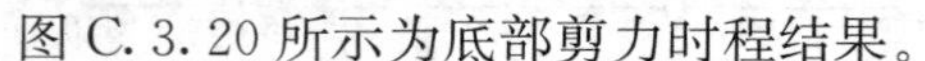

图 C. 3. 20 所示为底部剪力时程结果。

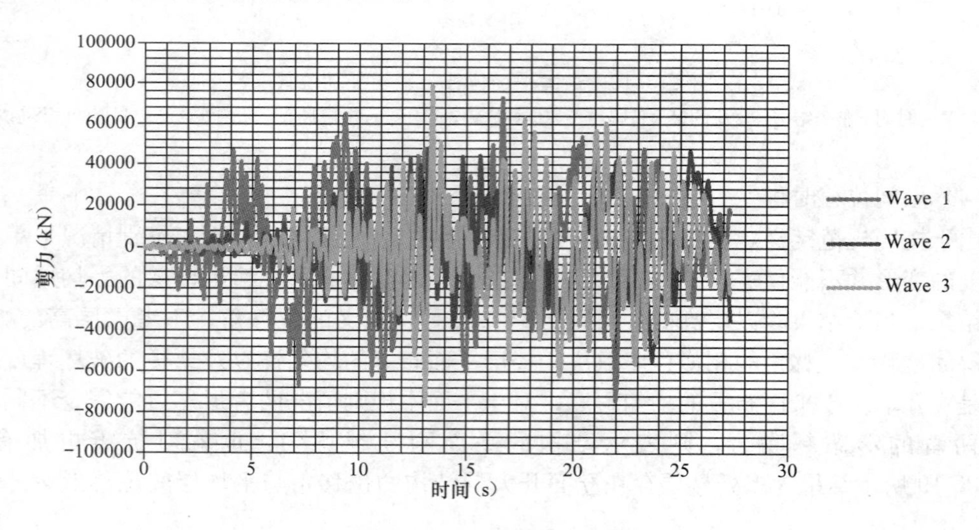

图 C. 3. 20 底部剪力时程

图 C. 3. 21 所示为各楼层框架柱承担剪力与楼层总剪力包络结果，图 C. 3. 22 所示为任意楼层的框架柱剪力时程与楼层总剪力时程。

(6) 嵌固端倾覆力矩

在规范中多处用到倾覆力矩的概念，如判断框架结构所承担的倾覆力矩，以此判断框架的抗震等级和轴压比等；用于控制短肢墙数量的短肢墙所承担的倾覆力矩；用于控制部分框支剪力墙结构落地墙数量的框支框架承担的倾覆力矩。因此，倾覆力矩的统计结果对于合理的结构布置来说意义重大，如何计算倾覆力矩变得尤为重要。

另一方面，上述倾覆力矩的主要参照依据均取自嵌固层处的统计结果，由此可见嵌固端所在层号与倾覆力矩这两个重要参数之间并不是独立的。鉴于规范的定义，集成系统仅给出嵌固端处倾覆力矩结果。

倾覆力矩的计算可以采用抗规方式即：

$$M_c = \sum_{i=1}^{n}\sum_{j=1}^{m} V_{ij} h_i \qquad (C.3.13)$$

其中

M_c——为规定水平力下的地震倾覆力矩；

n——结构层数；

m——框架 i 层的柱根数；

V_{ij}——第 i 层第 j 根框架柱的计算地震剪力；

h_i——第 i 层层高。

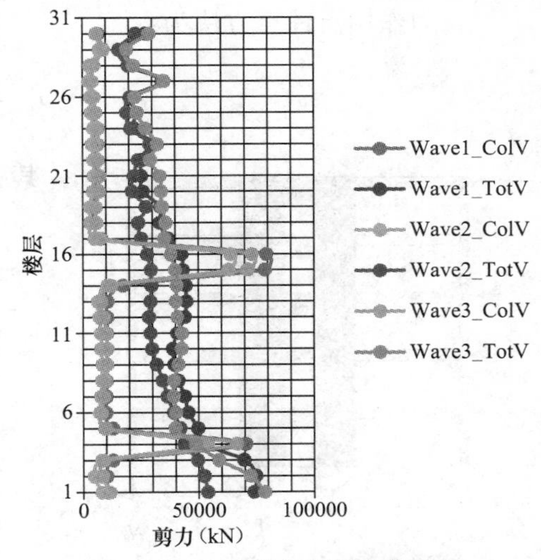

图 C.3.21 各楼层框架柱剪力与各楼层总剪力包络

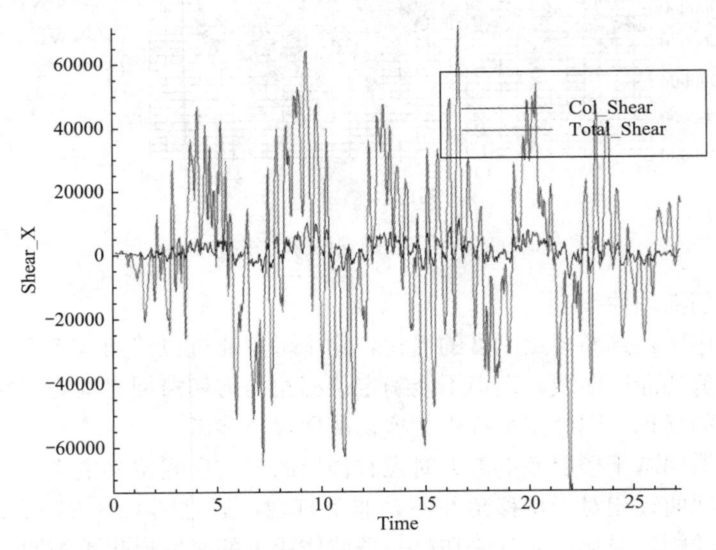

图 C.3.22 任意楼层的框架柱剪力时程与楼层总剪力时程

但上述《抗规》中提出的公式仅适用于上下连续的结构，且部分专业人员更偏向于采用力学方法计算筒体结构和转换结构的倾覆力矩。

按力学方法计算倾覆力矩，需要先计算竖向力的合力作用点，然后用底部轴力对合力作用点取矩。

合力作用点计算方法为：

$$x_o = \frac{\sum |N_i| x_i}{\sum |N_i|} \tag{C. 3. 14}$$

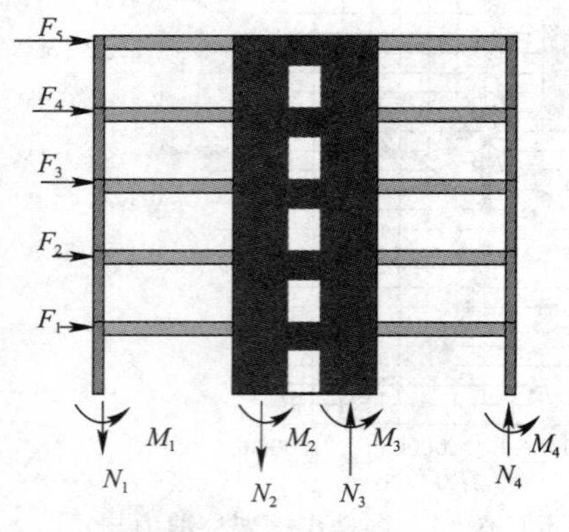

图 C. 3. 23　倾覆力矩计算简图

其中

x_o——x 向合力作用点；

N_i——重力作用下各竖向构件的轴力，在显式计算中即为初始时刻各竖向构件的轴力；

x_i——柱的 x 坐标或者墙柱的中心点 x 坐标。

以图 C. 3. 23 所示结构为例。

则框架柱承担的倾覆力矩按力学方法可以表示为：

$$M_{cx} = \sum_{i=1}^{n} [N_i(x_i - x_0) + M_{yi}] \tag{C. 3. 15}$$

图 C. 3. 24 所示为一个筒体结构的嵌固端倾覆力矩与总倾覆力矩的时程比较。

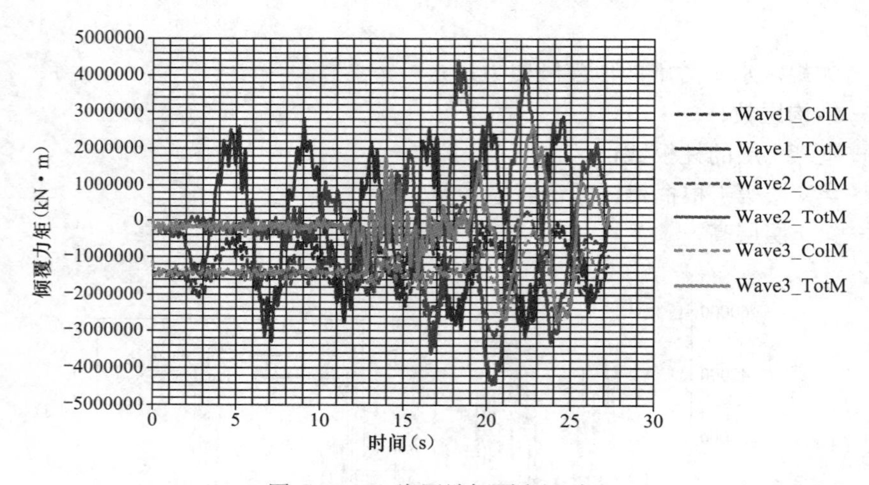

图 C. 3. 24　嵌固端倾覆力矩时程

(7) 楼层剪切滞回曲线

在地震波作用下，判断楼层刚度的退化，除了可以通过位移角或者有害位移角外，也可以借助于楼层剪切滞回曲线，但尚不能确定位移角与剪切滞回之间是直接相关的，由于位移角是最重要的指标，因此这里提供的剪切滞回仅作参考。

楼层的剪切滞回基于楼层底部剪力时程和楼层的平均层间位移生成。

楼层剪切滞回曲线相对于位移角并不是非常直观，通过图 C. 3. 25 可以看出在结构的首层有一定程度的刚度退化，尤其是在第一条波作用下的刚度退化更加明显。

(8) 楼层构件破坏统计

在单构件损伤的基础上可以定义构件的破坏等级，并对每层的构件破坏等级进行统计。目前，按照规范对构件的破坏可以分为五级，分别为无损坏、轻微损坏、轻度损坏、中度损坏、严重损坏、但规范并没有对上述五种破坏水平给出定量的判断标准。通常，混凝土构件的破坏可以根据其受压损伤定义，而对于钢结构或者混凝土中的钢筋则可以根据

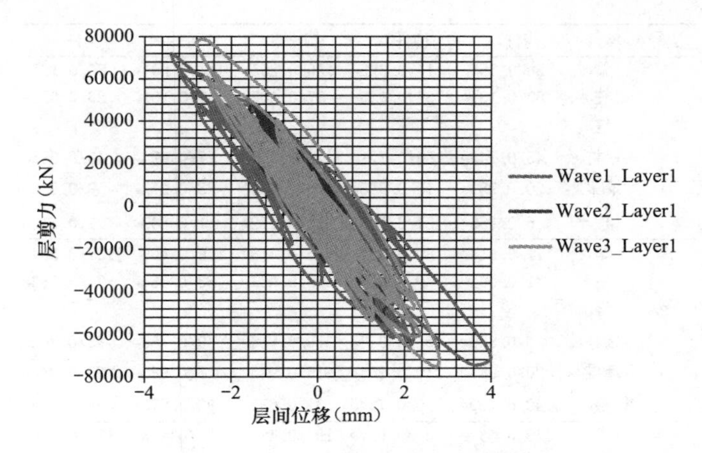

图 C. 3. 25　结构不同楼层剪切滞回

塑性应变进行定义，如表 C. 3. 1 所示。

构件破坏定义标准　　**表 C. 3. 1**

材料指标	破坏程度				
	无损坏	轻微损坏	轻度损坏	中度损坏	严重损坏
钢材塑性应变	好	0～0. 004	0. 004～0. 008	0. 008～0. 012	＞0. 012
混凝土受压损伤	—	—	0～0. 1	0. 1～0. 3	＞0. 3

需要指出的是上述标准并不是一个确定标准，但关于混凝土损伤的研究文献显式，多数研究者倾向于将受压损伤 0. 1 和 0. 3 这两个值作为破坏标准的主要限值，而将 0. 8 作为构件完全失效的限值。

在上述判断标准的基础上，集成系统可以给出每层的构件破坏统计以及破坏较为严重的构件编号及其损伤和塑性应变结果，如图 C. 3. 26、图 C. 3. 27 所示。

层号	塔号	构件类型	总数	轻微损坏	轻度损坏	中度损坏	严重损坏
		梁	3	0	3	0	0
		柱	0	0	0	0	0
44	1	撑	0	0	0	0	0
		墙柱	19	0	1	7	11
		墙梁	0	0	0	0	6
		板	4	0	0	0	4
		梁	60	2	37	14	7
		柱	28	0	18	0	0
43	1	撑	0	0	0	0	0
		墙柱	35	0	6	12	17
		墙梁	0	1	0	3	11
		板	28	0	4	9	15
		梁	64	1	37	14	12
		柱	28	0	18	0	0
42	1	撑	0	0	0	0	0
		墙柱	52	0	7	22	23
		墙梁	0	0	0	5	15
		板	32	0	3	15	14

图 C. 3. 26　楼层构件破坏统计

层号	构件	构件1	构件2	构件3	构件4	构件5
	梁	50/0.351	114/0.325	120/0.265	111/0.201	80/0.187
	柱	53/0.131	59/0.130	37/0.108	30/0.101	23/0.098
1	撑					
	墙柱	45/0.743	55/0.721	3/0.706	77/0.694	49/0.685
	墙梁	20/0.983	15/0.983	19/0.980	25/0.972	8/0.963
	板	6/0.756	27/0.698	53/0.652	1/0.649	21/0.612
	梁	177/0.614	189/0.507	35/0.418	176/0.406	187/0.394
	柱	31/0.065	30/0.064	23/0.061	53/0.054	27/0.053
2	撑					
	墙柱	3/0.829	55/0.817	59/0.814	49/0.768	23/0.765
	墙梁	20/0.983	19/0.983	15/0.983	5/0.983	25/0.983
	板	40/0.799	9/0.734	39/0.689	83/0.675	48/0.664
	梁	178/0.632	34/0.527	190/0.483	37/0.453	170/0.446
	柱	27/0.074	31/0.059	30/0.053	23/0.048	24/0.045
3	撑					
	墙柱	59/0.863	70/0.861	37/0.838	55/0.817	3/0.805
	墙梁	19/0.999	15/0.983	20/0.983	5/0.983	8/0.983
	板	9/0.760	1/0.755	40/0.753	83/0.733	85/0.720

图 C.3.27　主要构件受压损伤

C.4　计算书自动生成系统

在根据楼层与构件，构件与单元的索引关系，将通用有限元分析结果整理为基于构件或者楼层结果的基础上，集成系统进一步将其自动形成计算书，对结果进一步整理。

由于 RTF 格式文件是一种可以包含图片和表格的明码文件，且可以直接由 Office 中的 WORD 进行转换及编辑处理，因此较一般文本格式更适用于计算书的制作。

C.4.1　小震设计结果

计算书可以根据小震弹性阶段所采用设计软件，自动形成弹性阶段的主要计算参数及计算结果，包括楼层组装、材料定义以及周期、剪力、地震位移等结果。集成系统根据小震设计软件到相关结果文件中查找设计结果，并以表格形式统一输出，作为与大震分析下的对比用。

图 C.4.1 所示为计算书自动导入的地震作用计算相关结果。

C.4.2　计算模型描述

计算书中有关计算模型的描述包含了本构模型、阻尼模型、单元模型、荷载与约束、地震波、网格剖分与分析方法等关于非线性动力时程分析的主要内容。上述内容，软件会根据参数的定义自动形成，避免了工程师在力学及有限元等更深层次问题上花费过多时间的问题。

图 C.4.2 所示为计算书中对混凝土本构中受压骨架的描述。

其他关于混凝土本构的描述还包括：受拉骨架曲线，受压卸载，受压损伤及受拉损伤；钢筋的本构；材料强度及弹性模量的定义；箍筋的约束模型等内容。

Tbl. 4周期结果

振型	周期	平动系数	扭转系数
1	2.88	1.00(0.29+0.71)	0.00
2	2.64	1.00(0.71+0.29)	0.00
3	2.15	0.04(0.01+0.03)	0.96
4	0.85	1.00(0.99+0.00)	0.00
5	0.74	1.00(0.00+0.99)	0.00
6	0.67	0.05(0.02+0.03)	0.95

Tbl. 5底部剪力与倾覆力矩结果

方向	框架柱承担剪力 (KN)	总剪力 (KN)	框架柱承担倾覆力矩 (KN.m)	总倾覆力矩 (KN.m)
x	0.213E+04	0.455E+05	0.581E+06	0.438E+07
y	0.288E+04	0.455E+05	0.104E+07	0.448E+07

Tbl. 6 x向地震作用下位移结果

层号	塔号	层平均位移 mm	平均层间位移 mm	最大层间位移角	有害层间位移角
44	1	136.570	3.500	1/983	1/9999
43	1	133.100	3.440	1/993	1/9999
42	1	129.410	3.490	1/979	1/9999
41	1	125.930	3.460	1/955	1/9999

图 C.4.1　小震设计结果汇总

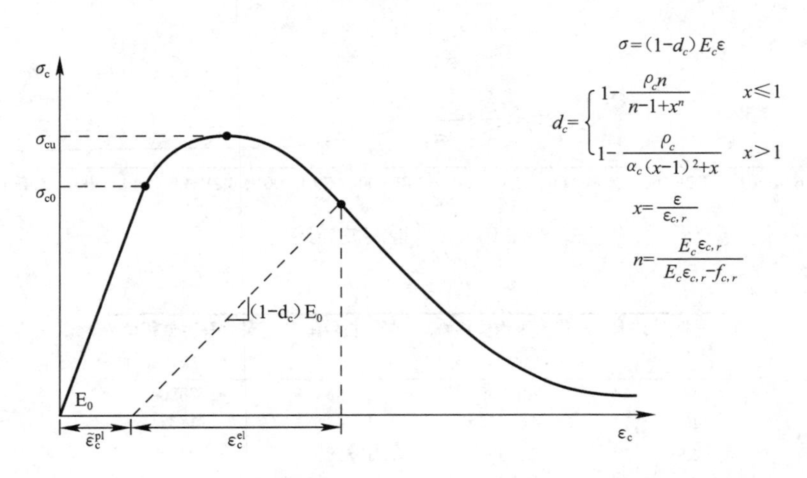

图 C.4.2　混凝土本构描述

图 C.4.3 所示为计算书对阻尼系统的描述。T_1 为一阶周期，β 为刚度比侧阻尼系数。图 C.4.4 所示为计算书对地震波的描述。

C.4.3　计算结果汇总

计算书自动生成了弹塑性时程分析的主要计算结果，并以表格和图形形式表达，理论上计算书中根据需要可以涵盖所有数据后处理结果，图 C.4.5、图 C.4.6 所示为部分统计结果示意。

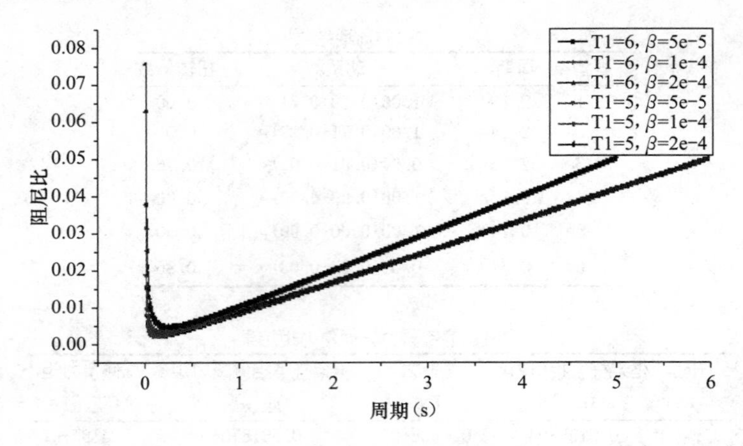

图 C.4.3　阻尼系统描述

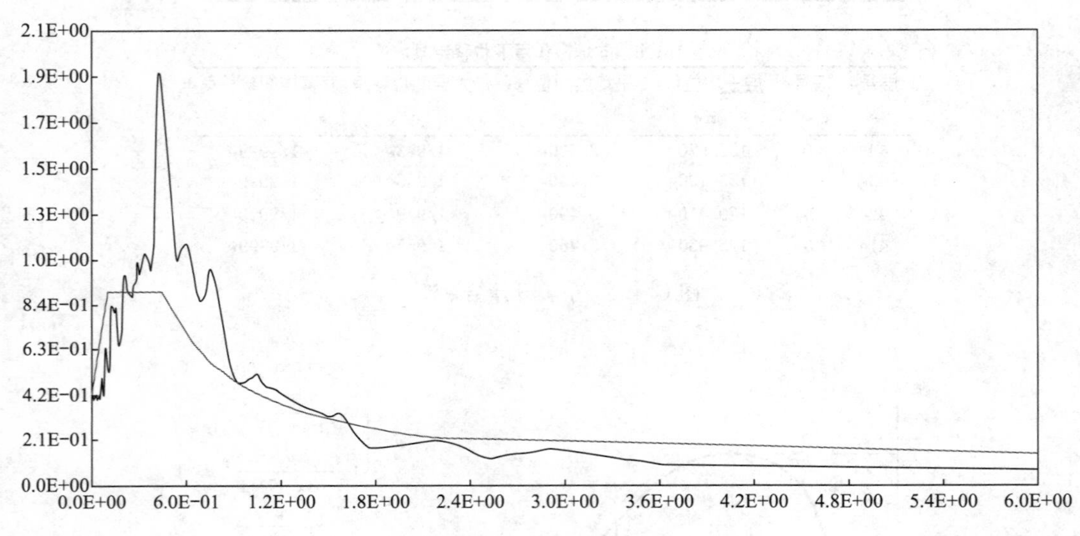

图 C.4.4　地震波描述

层号	塔号	最大平均位移 (mm)	最大位移角	最大有害位移角
44	1	440.265	1/203	1/2826
43	1	436.246	1/247	1/1732
42	1	433.993	1/218	1/3495
41	1	430.430	1/235	1/2927
40	1	424.318	1/218	1/2972
39	1	417.577	1/204	1/2668
38	1	410.614	1/192	1/2759
37	1	404.614	1/183	1/2840
36	1	398.496	1/168	1/3081
35	1	392.087	1/165	1/2958
34	1	385.399	1/165	1/3422
33	1	378.384	1/168	1/3369

图 C.4.5　位移角结果统计

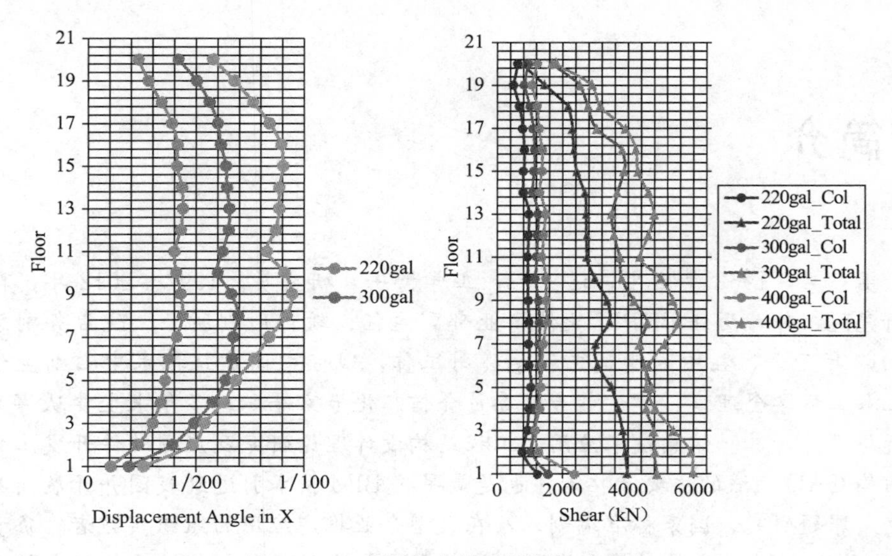

图 C. 4. 6 位移角包络及楼层剪力包络

作者简介

李云贵：男，1962年出生，辽宁人，工学博士，研究员。1992～2012年，在中国建筑科学研究院工作，历任PKPM软件事业部副主任、软件所副所长、院常务副总工程师等职；2012年至今，在中国建筑工程总公司工作，现任中国建筑技术中心副主任，并担任中国土木工程学会理事、建设部专家委员会信息化专家等职。多年来主要从事高层建筑结构分析与设计计算、信息技术应用、工程结构设计理论研究及应用软件开发工作，是我国建筑结构CAD领域的主要开拓者，也是最早将BIM技术引进到我国并开展商品化软件开发、重大课题研究、国家标准编制以及在大型企业推广应用的组织实施者。负责完成了"勘察设计和施工BIM发展对策研究"、"基于IFC标准的设计与施工系统研究"、"现代建筑设计与施工关键技术研究"等重大课题研究工作，参与起草了《住房和城乡建设领域"十二五"战略规划》、《2011～2015建筑业信息化发展纲要》、《关于推进BIM技术在建筑领域应用的指导意见》等行业技术政策文件。获国家和省部级科技进步奖11项，其中国家科技进步二等奖4项，省部级科技进步一等奖4项，1997年入选国家百千万人才工程，1998年成为获国务院特殊津贴专家。

段进：男，1978年出生，湖南人，工学博士，副研究员，主要研究方向为：计算固体力学、结构非线性仿真、有限元网格自动划分技术、通用有限元软件开发等。2001年毕业于同济大学工程力学与技术系，获工学学士学位，2007年毕业于清华大学工程力学系，获固体力学专业博士学位。2007～2012年工作于中国建筑科学研究院PKPM软件事业部，主要从事PKPM软件研发工作，独立完成新版SATWE软件的网格划分内核开发以及有限元计算内核的前期开发，并主持完成建设部课题"建筑结构中复杂平面和空间曲面的网格自动划分"。2012年至今工作于中国建筑股份有限公司技术中心，主要从事结构仿真集成系统研发以及结构工程咨询工作。在国内外核心刊物上发表学术论文二十几篇，其中SCI索引3篇，编写并公开出版过两本ANSYS使用教程，分别为：《通用有限元分析ANSYS7.0实例精解》和《ANSYS 10.0结构分析从入门到精通》。

陈晓明：男，1973年出生，山东人，工学博士，副研究员，主要研究方向为：有限元方法、结构分析软件研发、高层结构弹塑性时程分析等。2004年毕业于清华大学土木工程系，获结构工程专业博士学位。2005～2007年于清华大学固体力学专业博士后流动站从事博士后研究工作，2005～2007年于理正软件研究院作为主要研发人员完成地基基础与上部结构共同作用软件“理正基础CAD”，2007～2012年于中国建筑科学研究院PK-PM软件事业部从事结构分析软件研发，完成高层建筑结构有限元分析与设计软件（SAT-WE）08版、2010新规范版以及欧洲规范版的主要研发工作，并主持完成住房与城乡建设部课题“基于四边形面积坐标的高精度墙元模型”。2013年至今工作于中国建筑股份有限公司技术中心，主要从事结构仿真集成系统研发以及结构工程咨询工作。在国内外核心刊物上发表学术论文40余篇，其中SCI收录7篇。2002年获教育部提名国家科学技术奖自然科学一等奖（排名第六），2013年获国家自然科学二等奖（排名第五）。